U0284870

中国川菜史

蓝勇 著

四川文艺出版社

图书在版编目（CIP）数据

中国川菜史 / 蓝勇著. -- 成都 : 四川文艺出版社,
2019.9

ISBN 978-7-5411-5455-3

Ⅰ. ①中… Ⅱ. ①蓝… Ⅲ. ①川菜—文化史—研究
Ⅳ. ①TS972.182.71

中国版本图书馆CIP数据核字（2019）第166043号

ZHONGGUO CHUANCAI SHI

中国川菜史

蓝 勇 著

策 划 人　张庆宁　奉学勤
责任编辑　陈润路　燕啸波
内文设计　史小燕
封面设计　叶　茂
责任校对　荆　菁
责任印制　唐　茵

出版发行　四川文艺出版社（成都市槐树街2号）
网　　址　www.scwys.com
电　　话　028-86259287（发行部）　028-86259303（编辑部）
传　　真　028-86259306

邮购地址　成都市槐树街2号四川文艺出版社邮购部　610031
排　　版　四川胜翔数码印务设计有限公司
印　　刷　成都东江印务有限公司
成品尺寸　169mm × 239mm　　开　本　16开
印　　张　31.5　　字　数　460千
版　　次　2019年9月第一版　　印　次　2019年9月第一次印刷
书　　号　ISBN 978-7-5411-5455-3
定　　价　108.00元

作者简介

蓝勇，西南大学历史地理研究所所长、教授、博士生导师，兼任国家社会科学基金会议评审专家、中国地理学会历史地理专业委员会副主任等职。曾主持国家社会科学基金重大项目、教育部人文社科重大攻关项目等课题二十多项，出版《中国历史地理》《长江三峡历史地图集》《重庆历史地图集》《西南历史文化地理》《近两千年来长江上游森林分布与水土流失》等著作二十多部，在《历史研究》《中国史研究》《光明日报·理论版》等刊物上发表论文两百多篇，获教育部人文社会科学优秀成果奖、郭沫若中国历史学奖提名奖、中华优秀出版物奖、四川省和重庆市政府哲学社会科学优秀成果奖多项。

长期倡导田野考察，履迹大江南北，品味巴山蜀水。近二十年来，曾在《地理研究》《中国社会经济史研究》《历史地理》《南方周末》等刊物上发表饮食文化地理和饮食文化史方面论文多篇。2010年，曾开发出古川菜菜品，合伙组建了重庆鼎道餐饮服务股份有限公司，创立捌会馆餐馆。2017年组建西南大学西南地方史研究所川菜文化研究室和烹饪实验室。

目录

导 言 在边缘、琐碎中漫步的现实和学术诉求......001

第一章 可能并不辉煌的川菜起源

石器时代与青铜时代的巴蜀饮食文化......013

第二章 自娱自乐的“川食”与“蜀味”

秦至清中叶古典川菜的发展时期......020

第一节 古典川菜的发轫与甜麻食风的形成：秦汉两晋南北朝时期巴蜀的饮食文化......021

一 饮食食材越来越丰富......021

二 烹饪方法逐渐多样化......024

三 饮食特色越来越明显......025

（一）“尚滋味”概念与巴蜀食风繁盛......026

（二）“好辛香”：辛香料的实指问题......033

四 重要特色菜品和饮食甜麻口味特征......036

五 早期巴蜀地区内部饮食地域差异与商业饮食业的发展......040

第二节 文人视阈的“川食”与古典川菜的定型：唐宋元明时期巴蜀的饮食文化......042

一 食材的扩大与菜品的进一步开发......042

（一）主食的结构变化及特色主食的涌现......043

（二）动物类荤食菜品的开发利用......053

（三）植物类素食菜品的开发利用......066

二 烹饪方式的变化与古典时期川菜的味道味型......087

三 古典时期的游宴风尚与文人视阈下“川食”话语的出现......100

（一）古典时期的巴蜀游宴风尚对巴蜀饮食文化的促进......100

（二）巴蜀饮食文化的话语出现与巴蜀饮食的实际地位......107

附 录 古典时期的川酒、蜀茶与巴蜀饮食的关系......115

一 古典时期的川酒与巴蜀饮食的关系......116

二 古典时期蜀茶与巴蜀饮食休闲业的发展......126

第三章 本土传承与多元外域文化融合下的传统川菜

清中叶至20世纪中叶传统川菜的形成......133

第一节 移民、食材与复合调料创新：传统川菜形成的历史背景......133

一 承先启后：明清之际的历史与明代清代前期川菜的基本特征......133

二 辛香本色：辣椒传入中国的过程及对传统川菜形成的影响 138

三 复合神器：郫县豆瓣与传统川菜味型特征的形成 147

第二节 多方式、广食材与经典菜品：晚清传统川菜雏形的显现 151

一 传统川菜的烹饪方式的多元化与食材进一步广谱性 151

二 熟悉味道出现之一：晚清传统川菜的代表性菜品的出现和发展 160

（一）“川菜之王”回锅肉的出现与名实变化 160

（二）名声在外的麻婆豆腐的出现与变化 170

（三）有故事和传奇的宫保鸡丁与荔枝味型川菜的发展 175

（四）安徽、江西粉蒸方式传入与巴蜀样式的粉蒸肉定型 179

（五）巴蜀田席代表菜烧白（扣肉）的出现与名实变化 182

（六）巴蜀田席夹沙肉和酥肉的出现与变化 185

（七）川式腊肉和风肉的出现与相关菜品 187

（八）火爆类菜品的大量出现与川菜小炒小煎特征 190

（九）经典的豆瓣鲫鱼与大蒜鲢鱼的出现 191

（十）从满族跳神肉到川式蒜泥白肉 194

（十一）中国传统白切鸡与川味白砍鸡 197

（十二）象形类的樱桃肉和芙蓉类名菜品的出现与名实变化 200

（十三）调、俏、佐三合一的巴蜀豆豉与水豆豉的制作历史 203

（十四）传统川式腌制菜的发展与菜品烹饪的进入 208

（十五）川菜中第二豆腐菜家常豆腐的来历 217

（十六）最有历史感的东坡肉与川式红烧肉 218

（十七）有区县地名标识的川菜：合川肉片和江津肉片......222
（十八）江南地区米花糖的传入与巴蜀米花糖的发展......224
（十九）影响深远的巴蜀辣子鸡......225
（二十）历史悠久的巴蜀平民小吃担担面......226
第三节 清末民初饮食商业发展与川菜的发展......228
一 清代成都、重庆的城市发展与商业性饮食业的发展......229
二 近代川酒地位的抬升及对川菜的影响......244
第四节 民国时期巴蜀饮食商业的发展......259
一 开埠和陪都背景下重庆城市饮食业的繁荣......260
二 历史积淀深厚的成都饮食业的再度繁荣......281
三 民国时期巴蜀其他城市的发展与饮食业的繁荣......297
（一）自贡......298
（二）泸州......300
（三）绵阳......302
（四）内江......303
（五）遂宁......304
（六）广汉与德阳......304
（七）乐山......305
（八）南充......305
（九）宜宾......306
（十）雅安与西昌......307
（十一）灌县......307

（十二）巴中、达州、广元......308
（十三）广安......308
（十四）三台、射洪、阆中......309
（十五）万县......309
（十六）涪陵......311
（十七）江津......311
（十八）合川......312
（十九）永川与资中......313
第五节　改良与创新：民国以来传统川菜菜品的定型......313
一　在创新中完成传统川菜从雏形到定型的过程......314
二　熟悉味道出现之二：民国以来出现和完善的传统川菜代表性菜品......329
（一）鱼香肉丝与鱼香味型的推广应用......329
（二）水煮肉片的出现与水煮方法的推广......331
（三）锅巴肉片的出现与“轰炸东京”的历史迷案......334
（四）酱爆肉、盐煎肉的出现与小炒肉的发展......335
（五）干煸鳝鱼与干煸烹饪方式的出现和推广......337
（六）陈皮鸡兔与川菜的陈皮味型的出现......338
（七）樟茶鸭子与巴蜀鸭类烹饪方式的多元......339
（八）蚂蚁上树与开水白菜的出现......341
（九）巴蜀第一江湖菜重庆火锅的起源问题......342
（十）夫妻肺片的名实与菜品的发展......349
（十一）南北豆腐汇集地的豆腐类菜品的发展......350

第六节 “川菜”的名实与传统田席菜品的定型 354

一 作为菜系名称的“川菜”名称出现的内外认知 354

二 近代巴蜀传统田席的发展与巴蜀民间饮食风俗 371

第七节 “时人”与“后人”认知的差异：传统川菜内部亚菜系的出现 384

一 近代川菜五大亚菜系话语出现的来龙去脉 385

（一）成都帮 387

（二）重庆帮 388

（三）大河帮 389

（四）小河帮 389

（五）自内帮 390

二 老四川饮食文化的保存与巴蜀特殊的历史发展过程 391

（一）食糯文化鲜明 391

（二）菜品辛辣指数高 394

（三）擅长用蜀姜烹饪 395

第四章 饮食商业化背景下“新派”与“江湖”的不同结局 396

第一节 新派川菜的不断涌现与昙花一现 396

第二节 新派川菜的发展与江湖菜的盛行 413

一 江河鱼类江湖菜的历史发展 414

（一）成渝公路运输繁忙与璧山来凤鱼的发展 414

（二）资中球溪河鲶鱼的历史发展 416

（三）成渝交通、大足石刻与邮亭鲫鱼 417
（四）205省道与重庆潼南太安鱼的发展 419
（五）成渝公路与江津酸菜鱼的发展 420
（六）川黔公路与綦江北渡鱼的发展 422
（七）机场高速公路与渝北翠云水煮鱼的发展 423
（八）北碚三溪口豆腐鱼与国道212线 424
（九）巫溪烤鱼与万州烤鱼的产生与发展 425
（十）成都谭鱼头的发展与衰落 427
（十一）宜宾南溪黄沙鱼与新津黄辣丁的发展与衰落 427
二 鸡鸭鹅类江湖菜的历史发展 429
（一）南川、璧山烧鸡公的历史发展 429
（二）重庆万盛碓窝鸡的历史发展 430
（三）歌乐山辣子鸡（现南山泉水鸡）的历史发展 431
（四）渝中坝梁山鸡和奉节紫阳鸡的历史发展 432
（五）古蔺麻辣鸡与黔江李氏鸡杂的历史发展 434
（六）彭州九尺鹅肠与荣昌卤鹅的形成与发展 435
（七）乐山甜皮鸭与梁平张鸭子 436
三 牛羊兔等杂类江湖菜的发展 438
（一）乐山苏稽跷脚牛肉的历史发展 438
（二）黔江青菜牛肉的发展 439
（三）自贡冷吃兔、鲜锅兔与双流老妈兔头的历史发展 439
（四）成都老妈蹄花汤的历史发展 442

（五）简阳羊肉汤锅与荣昌羊肉汤的历史发展......442
（六）沙坪坝磁器口毛血旺与叙永江门荤豆花的发展......444
（七）白市驿辣子田螺与武陵山珍的历史发展......446
（八）巴蜀传统豆腐菜品宴的形成与发展......447

第五章　川菜食性小事件与巴蜀社会大世界
传统川菜的基本特征与文化内涵......453
第一节　从“百菜百味，一菜一格”到“八字”特征......454
一　关于“麻”：从全国微麻到独麻天下......454
二　关于“辣”：从多元辣味到辣得最香......455
三　关于“鲜”：依甜而生的复合鲜......456
四　关于“香”：依油而生的复合香......457
五　关于“复合”：百菜百味下味厚的基础......458
六　关于“重油”：内陆性菜系增香保鲜之道......459
第二节　世界内陆平民菜系永远姓“川”姓“蜀”：传统川菜特征的保护与川菜文化的提炼......460

参考文献......466

后　记......488

【导 言】

在边缘、琐碎中漫步的现实和学术诉求

食色，人性。民以食为天，饮食文化是民族文化、区域文化中十分重要的一个组成部分，也是民族文化和区域文化十分重要的一个特征所在。"靠山吃山，靠水吃水"，一定区域的饮食文化的产生、发展与其区域的文化传统、社会形态、生产力水平等因素有关，也与其区域的地理环境关系密切。由于诸多因素的不同，区域的饮食文化因此而丰富多彩，各具特色。反过来，一个区域的饮食文化一旦形成，则实际上又成为一个民族和区域居民维系共同感情和心态的重要因素，其在文化中的重要性可想而知。可以说，饮食菜系在历史上可以成为维系一个特定地区民众共同的文化心理的重要因素。然而，饮食菜品的历史研究在主流领域中却是完全边缘而琐碎的，是进不了历史研究的主体叙事中的。即使这样，目前学术界从饮食史、烹饪史的角度研究中国菜品史的成果，也有许多值得提及的。如徐海荣主编的《中国饮食史》六卷本，近300万字，是目前关于中国饮食史最系统的成果。[①]其他还有王利华的《中古华北饮食文化的变迁》[②]、林乃燊的《中国饮食文化》[③]、姚伟钧的《中国饮食文化探源》[④]《长江流域的饮食文化》[⑤]、陶文台的《中国烹饪史略》[⑥]、王子辉的《中国饮食史》[⑦]、曾纵野的《中国饮馔史》[⑧]、尹德寿的《中国饮食史》[⑨]、王仁兴的《中国饮食谈古》[⑩]、林久华的《中国烹饪史概述》[⑪]、赵荣光的《中国饮食史论》[⑫]、邱庞同的《中国菜肴史》[⑬]、陈勇的《中国烹饪简史》[⑭]等论著。至于从中国文化或某一专题、某一断代史角度研究中国饮食史的著作就更是众多，如季羡林的《中华蔗糖史》、王仁湘的《饮食与中国文化》、俞为洁的《中国食料史》、姚伟钧的《中国传统饮食礼俗研究》、唐鲁孙的《中国吃的故事》、陈伟明的《唐宋饮食文化初探》、黎虎的《汉唐饮食文化史》等等[⑮]，难以一一罗列。有关论文更是相当多，也不在此陈述。

海外也有一些学者关注中国饮食文化史，特别是日本学者，如筱田统的《中国食物史》[⑯]、田中静一与小川久惠的《中国食物事典》[⑰]、中山时

---

① 徐海荣主编《中国饮食史》，华夏出版社，1999。
② 王利华：《中古华北饮食文化的变迁》，中国社会科学出版社，2000。
③ 林乃燊：《中国饮食文化》，上海人民出版社，1989。
④ 姚伟钧：《中国饮食文化探源》，广西师范大学出版社，1989。
⑤ 姚伟钧：《长江流域的饮食文化》，湖北教育出版社，2004。
⑥ 陶文台：《中国烹饪史略》，江苏科技出版社，1983。
⑦ 王子辉：《中国饮食史》，内部刊印，时间不明。
⑧ 曾纵野：《中国饮馔史》卷一、卷二，中国商业出版社，1988、1996。
⑨ 尹德寿：《中国饮食史》，台湾新士林出版社，1977。
⑩ 王仁兴：《中国饮食谈古》，中国轻工业出版社，1985。
⑪ 林久华：《中国烹饪史概述》，广州市服务中等专科学校，内部印刷，1992。
⑫ 赵荣光：《中国饮食史论》，黑龙江科技出版社，1990。
⑬ 邱庞同：《中国菜肴史》，青岛出版社，2010。
⑭ 陈勇：《中国烹饪简史》，四川烹饪专科学校，内部印刷，时间不明。
⑮ 季羡林：《中华蔗糖史》，经济日报出版社，1997。王仁湘：《饮食与中国文化》，青岛出版社，2012。俞为洁：《中国食料史》，上海古籍出版社，2011。姚伟钧：《中国传统饮食礼俗研究》，华中师范大学出版社，1999。唐鲁孙：《中国吃的故事》，百花文艺出版社，2003。陈伟明：《唐宋饮食文化初探》，中国商业出版社，1993。黎虎：《汉唐饮食文化史》，北京师范大学出版社，1998。
⑯ 筱田统：《中国食物史》，柴田书店，1974。
⑰ 田中静一、小川久惠：《中国食物事典》，柴田书店，1991。

子的《中国饮食文化》[①]，其他如张光直的《中国文化中的食品》[②]、尤金·N.安德森的《中国食物》[③]、罗伯茨的《东食西渐——西方人眼中的中国饮食文化》[④]等也是代表之作。

关于中国传统饮食文化的史料整理方面，主要有20世纪80年代中叶由中国商业出版社组织整理和出版的“中国烹饪古籍丛书”，将大部分中国传统饮食文化典籍做了点校整理。另外日本学者筱田统、田中静一编著的《中国食经丛书》[⑤]，收录了大量中国传统饮食文化典籍，特别是其中个别流传在海外的中国传统饮食文化典籍尤为珍贵。再者刘大器主编的《中国古典食谱》[⑥]将中国传统饮食典籍中的具体菜谱做了分类、分代整理，也有很大价值。

应该说以上的研究已经为中国饮食文化史的研究奠定了良好的基础，以上作者都为中国饮食史的研究做出了许多贡献。不过，目前学术界关于饮食文化历史的研究还存在一些关注不够或研究相对薄弱之处。这些薄弱之处主要呈现在技术、断代、分区中的以下三个方面：

第一，从研究对象的时间范围来看，学者们更多关注古代饮食的一些菜品考证，但由于饮食史料缺乏，有关成果的系统性不够。同时，由于中国古代食材、菜品与今天的名实之间出入较大，要求考证者既要知晓烹饪技术与食材情况，同时也对传统文献非常熟悉，考证起来难度相对较大，而已经有的考证成果往往众说纷纭。许多学者注重于对近现代饮食文化历史的研究，同样面临资料不系统的困境，往往集中于个别至今影响较大的菜品、餐店、厨师的研究上，缺乏总体上从食材结构、烹饪方式、味型味道、成菜方式变化四大方面对近现代饮食文化发展变化的系统研究。笔者注意到由烹饪界的王子辉、邱庞同、熊四智等编写的《中国饮食史》，虽

① 中山时子：《中国饮食文化》，徐建新译，中国社会科学出版社，1992。
② K.C.Chang，*Food in Chinese Culture*. Yale University Press，1977.
③ 尤金·N.安德森：《中国食物》，马缨、刘东译，江苏人民出版社，2003。
④ 罗伯茨：《东食西渐——西方人眼中的中国饮食文化》，杨东平译，当代中国出版社，2008。
⑤ 筱田统、田中静一：《中国食经丛书》，书籍文物流通会，1972。
⑥ 刘大器主编《中国古典食谱》，陕西旅游出版社，1992。

然是内部出版，但因其相当重视烹饪技术的发展变化，故许多结论是很有价值的。

第二，作为专门史研究中的饮食史研究，对研究中的时间断面要求应该很严格，这本应该是撰写历史的一个最基本的素质要求。但一方面由于很多撰写者往往都没有经过专业的历史学基本训练，历史专业素质缺乏；一方面本身受历史文献记载中有关烹饪资料缺乏的影响，研究中普遍缺乏具体时间断面考证，用现代时间断面的内容去解释历史上的烹饪文化现象，或者用一个朝代资料去说明另一个朝代情况的状况相当多，这就使我们的饮食史的研究科学信度不高，受到许多责备。所以，至今许多大家熟悉的饮食菜品的历史仍是纷争不断，说法众多。而徐海东主编的《中国饮食史》完全按断代来严格撰写，突出了饮食文化的时代性。当然，其中有的卷次由于资料缺乏，也存在上面谈到时间断面替代或不清的一些不足之处。

第三，饮食文化是地域性相对较强的一种文化，特别是在中国，从古到今，不同的地域，饮食文化千差万别。现代中国市与市之间、县与县之间，饮食文化的差别也很明显。从已经有的相关研究的空间上来看，更多是注重于对几大菜系和少数民族的特色饮食文化的研究，缺乏对小区域内历史上汉民族饮食文化差异的研究。虽然各地对于各自的饮食文化都分别有许多较为深入的研究，但却十分缺乏将各地饮食文化进行系统比较的研究，使我们对饮食文化的地域性还是处于一种较为模糊的认知状态。所以，今天中国现代菜系不断涌现，但在地域上却没有一个可以说清的界线。比如，目前中国有四大菜系、八大菜系之说，但这些菜系认知产生于何时？其菜系的区分要素有哪些？菜系的地域边界在哪里？各菜系的亚菜系怎样划分？这些都急需要从学理上进行研究。

中国西南的巴蜀地区山高水险，四向闭塞，而区域内地形地貌多种多样，气候多样，生物多样性明显，物产丰富，民族众多，生产力发展水平极不平衡，这就使巴蜀地区的饮食文化与其他区域差异较大，拥有自己的鲜明特色，形成了今天享誉天下的川菜与川菜文化。由于川菜在中国的四大菜系或八大菜系中是平民化程度最高而影响力最广阔的一个菜系，川菜在世界上的影响力也是极大的。在当今海外，麻婆豆腐、鱼香肉丝、回锅肉、宫保肉丁等已经成为中国菜的代表之作。但是，对于这样有世界影响力的川菜，我们至今还没有一部完整的《中国川菜史》面世，这与我们拥有川菜这样一个世界级的文化品牌地位很不相称，所以，很有完成一部川菜史的必要。

川菜这个名称出现的时间较晚，一般认为出现在民国初年。虽然宋代开始有了“川食”的说法，但彼“川食”与此“川菜”的内容相去较远。而对于宋代“川饭”是否指巴蜀饮食还存在争议。所以，我们这里的川菜史，严格讲是指以四川盆地为核心的巴蜀先民共同创造饮食菜品的一个历史过程，包括“川菜”这个名称出现前巴蜀地区饮食文化发展的过程。也因此，这里的“川菜史”并不是川菜名称出现后的这一百多年的历史，而是用川菜这个名称来代指巴蜀地区饮食文化的发展历史。

目前有关川菜历史的学术研究已经有较多的成果。早年张富儒曾主编《川菜烹饪事典》[①]，这是目前学术界较早的一部有关川菜历史的事典，但此事典仅是一种资料汇编，涉及的资料也十分有限。近来，方铁、杜莉的《中国饮食文化史·西南地区卷》[②]中，对川菜发展的基本轨迹作了分析，但失之过简，特别是对相关食材结构（主料、俏料、调料）、烹饪方式、味型味道、成菜方式的论述严重不足。其他如熊四智、杜莉等的《川食奥秘》，车辐的《川菜杂谈》，车辐、熊四智等《川菜龙门阵》，李树人等的《川菜纵横谈》，对川菜的历史也有一些很好的总结，有的很有史料价值，但失之零散，论证方式上往往缺乏学术味道，没有将许多传说与历史区别开。[③]其他如四川省民俗学会编的《川菜文化研究》《川菜文化研究续编》中，谭继和、杜莉、陈世松、江玉祥、钱正杰、魏启鹏、杨代欣、

---

① 张富儒主编《川菜烹饪事典》，重庆出版社，1985。后于1999年出修订本，由李新主编。

② 方铁、杜莉：《中国饮食文化史·西南地区卷》，中国轻工业出版社，2013。

③ 熊四智、杜莉、高海薇：《川食奥秘》，四川人民出版社，1993。车辐：《川菜杂谈》，重庆出版社，1990。车辐、熊四智等：《川菜龙门阵》第一辑，四川大学出版社，2004。李树人等：《川菜纵横谈》，成都时代出版社，2002。

李映发、张学君、廖伯康、陈柏青、范小平、陈剑、沈涛等对川菜有关文化与历史都进行了有价值的研究。[①]特别要说到王大煜写过一篇《川菜史略》[②]，发表在1988年《四川文史资料选辑》第38辑上，对川菜的历史有一个简略的概述，但论及历史仅5000字左右，失之过简，且缺乏学术规范，错漏较多。近来重庆唐沙波曾写《川味儿》[③]一书，书中对川菜历史的一些问题有自己的思考。值得指出的是杜莉的《川菜文化概论》[④]中对川菜的历史发展概述得较为全面，但失之简略。肖崇阳的《川菜风雅颂》[⑤]中对川菜的历史也有自己的一些考证，但学术味道不够。向东的《百年川菜传奇》[⑥]一书，以纪传体的形式对川菜近百年的发展作了论述，对我们厘清川菜近百年的发展史做出了重要的贡献。近来，司马青衫《水煮重庆》[⑦]一书中也有川菜历史的分析，可谓文笔生动，许多分析也较有道理。但以上两书没有严格的学术资料和观点的出处标注，一定程度上影响了著作的科学性和严肃性。2016年四川省地方志编纂委员会推出了《四川省志·川菜志（1986—2005）》[⑧]，对近代四川地区川菜的重要饭店、厨师、菜品等方面的发展过程作了系统总结，有较大的参考价值。2017年，李伟所著的《回澜世纪：重庆饮食（1890—1979）》[⑨]则对近代重庆饮食发展史作了较为全面的梳理，也有一定的参考价值。但两书对资料信息来源没有注明，有个别资料明显存在不实之处，影响了两书的科学信度。

在众多研究川菜的学者中，江玉祥、杜莉是对川菜历史研究较为执着的学者。如江玉祥发表了《唐代剑南春酒史实考》《辣椒再考》《说辣

---

① 四川省民俗学会：《川菜文化研究》，四川人民出版社，2001。四川省民俗学会：《川菜文化研究续篇编》，四川人民出版社，2013。
② 王大煜：《川菜史略》，《四川文史资料选辑》第38辑，1988，182—187页。
③ 唐沙波：《川味儿》，生活·读书·新知三联书店，2011。
④ 杜莉：《川菜文化概论》，四川大学出版社，2003。
⑤ 肖崇阳：《川菜风雅颂》，作家出版社，2008。
⑥ 向东：《百年川菜传奇》，江西科技出版社，2013。
⑦ 司马青衫：《水煮重庆》，西南师范大学出版社，2018。
⑧ 四川省地方志编纂委员会：《四川省志·川菜志（1986—2005）》，方志出版社，2016。
⑨ 李伟：《回澜世纪：重庆饮食（1890—1979）》，西南师范大学出版社，2017。

椒》《蜀姜考》《蜀椒考》《略论川菜的求鲜之道》《腊肉考》《丙穴鱼、雅鱼、嘉鱼考》等文[①]，而杜莉发表了《川菜的历史演变与非物质文化遗产保护发展》《人口迁移对川菜调味料及调味特色的影响》《古代蜀国宴饮习俗的特色与反思》《四川泡菜的历史演变与未来发展研究》《试论四川满汉席的沿革及特点》《川人喜庆皆设宴》等文[②]。另沈涛发表了《四川麻辣火锅调味料的演变》《田席"九大碗"介绍》对川菜的历史研究中的两个具体问题推动较大。[③]特别是江玉祥先生的相关论文，资料丰富，考证精严，引文规范，学理性强，克服以往饮食文化史研究上不够严谨的诟病，值得一读。

在川菜内部的地方亚菜系研究方面，盐帮菜、成都菜与泸菜的历史研究有一定成果，对渝菜的研究也开始了。特别是对盐帮菜的研究，相关的论述较多，如陈茂君的《自贡盐帮菜》《自贡盐帮菜经典菜谱》[④]，吴晓东的《自贡盐帮菜》[⑤]，宋良曦的《中国盐文化奇葩——自贡盐帮菜》[⑥]，吴晓东的《论自贡盐帮菜的形成与发展》[⑦]，康君的《自贡盐帮菜文化的发展与变迁》[⑧]，吴晓东、曾凡英的《自贡井盐对自贡盐帮菜影响初探》[⑨]，吴

---

① 江玉祥：《唐代剑南春酒史实考》，《四川大学学报》1999年4期。江玉祥：《辣椒再考》，《四川烹饪高等学校学报》2012年6期。江玉祥：《说辣椒》，《文史杂志》2000年6期。江玉祥：《蜀姜考》，《文史杂志》2001年4期。江玉祥：《蜀椒考》，《中华文化论坛》2001年3期。江玉祥：《略论川菜的求鲜之道》，《中华文化论坛》2002年3期。江玉祥：《腊肉考》，《四川旅游学院学报》2016年2—3期。江玉祥：《丙穴鱼、雅鱼、嘉鱼考》，《四川烹饪高等学校学报》2006年2期。

② 杜莉：《川菜的历史演变与非物质文化遗产保护发展》，《农业考古》2014年4期。杜莉：《人口迁移对川菜调味料及调味特色的影响》，《中国调味品》2011年8期。杜莉：《古代蜀国宴饮习俗的特色与反思》，《美食研究》2016年3期。杜莉：《四川泡菜的历史演变与未来发展研究》，《农业考古》2015年2期。杜莉：《试论四川满汉席的沿革及特点》，《中国烹饪研究》，1998年第2期。杜莉：《川人喜庆皆设宴》，《中国烹饪研究》1998年第3期。

③ 沈涛：《四川麻辣火锅调味料的演变》，《中国调味品》2010年5期。沈涛：《田席"九大碗"介绍》，《中国烹饪研究》1996年第3期。

④ 陈茂君：《自贡盐帮菜》，四川科学技术出版社，2010。陈茂君：《自贡盐帮菜经典菜谱》，四川科学技术出版社，2012。

⑤ 吴晓东：《自贡盐帮菜》，巴蜀书社，2009。

⑥ 宋良曦：《中国盐文化奇葩——自贡盐帮菜》，《盐业史研究》2007年3期。

⑦ 吴晓东：《论自贡盐帮菜的形成与发展》，《盐业史研究论丛》第二辑。

⑧ 康君：《自贡盐帮菜文化的发展与变迁》，《理论园地》2012年第11期。

⑨ 吴晓东、曾凡英：《自贡井盐对自贡盐帮菜影响初探》，《江南大学学报》2008年第1期。

晓东的《自贡盐帮菜的风味浅析》《自贡盐帮菜分类初探》[①]，张茜的《成都川菜的历史与发展刍论》[②]，石自彬等《泸菜形成初探》[③]，都可谓代表之作。不过，笔者发现对于所谓渝菜的研究，多停留在新闻宣传与标准制定上，真正渝菜形成历史的研究远远没有开始。不过，对于近代川菜亚菜系（帮派）的形成说法众多，连名实所指都差异较大。王大煜的《川菜史略》中较早系统地提出了近代川菜的五大帮派的说法，但是小河帮是指内自帮或沱江小河帮，还是指流行于嘉陵江一带的亚菜系，无法说清，内自帮与盐帮菜、盐工菜的关系，也是不能说清楚的。至于可与川菜并列的渝菜在历史上或者在当下是否存在，更是一个需要研究才能清楚的问题。

近来对于麻辣火锅起源的研究较有热度，沈涛先后发表了《四川麻辣火锅起源地辨析》《四川麻辣火锅调味料的演变》《从水煮牛肉看四川麻辣火锅的起源地》等文[④]，特别是林文郁的《火锅中的重庆》[⑤]一书对重庆火锅的来龙去脉有了一个较为全面的研究。林氏虽然不是一位专业的历史研究者，但出于对重庆火锅历史文化的热爱，其查阅了大量历史文献资料，应该说对重庆火锅的来龙去脉的研究是可信的。只是由于写作较为松散，有的问题考证显得有些零乱。

近来学者们也研究了川菜的整体发展轨迹，如王剑华发表了《川菜发展史的断裂及其背景》[⑥]，认为1861年到1905年为现代川菜的酝酿期，即清咸丰、同治时期，而1906年至1937年为现代川菜的第一次繁荣时期，这个时期也为定型时期。杜莉、张茜的《川菜的历史演变与非物质文化遗产保护发

---

① 吴晓东：《自贡盐帮菜的风味浅析》，《四川理工学院学报》（社会科学版）2008年4期。《自贡盐帮菜分类初探》，《盐业史研究》2008年4期。

② 张茜：《成都川菜的历史与发展刍论》，《南京职业技术学院学报》2012年第5期。

③ 石自彬等：《泸菜形成初探》，《江苏调味副食品》2016年第2期。

④ 沈涛：《四川麻辣火锅起源地辨析》，《中华文化论坛》2010年2期。沈涛：《四川麻辣火锅调味料的演变》，《中国调味品》2010年第5期。《从水煮牛肉看四川麻辣火锅的起源地》，《四川烹饪高等专科学校学报》2010年第3期。

⑤ 余勇主编、林文郁编著：《火锅中的重庆》，重庆出版社，2013。

⑥ 王剑华：《川菜发展史的断裂及其背景》，《“中国历史上的环境与社会”国际学术讨论会论文集》，2005。

展》[①]，则从广义的川菜历史角度认为商周为川菜的萌芽时期，秦汉至魏晋为川菜的初步形成时期，唐宋为川菜的发展时期，明清为川菜的成熟定型时期。朱多生、张宏琳发表的《试述现代川菜形成的时间》[②]则认为现代川菜应该形成于清道光年间，刘军丽的《近代川菜菜肴发展综述》[③]一文也讨论了近代川菜的发展特点。

笔者孩提时代观察父亲在家中做菜，有一些感性的认知；成家后一度曾承担家庭做饭的重要责任，开始用心去思考研究一些具体烹饪问题。所以，20世纪90年代撰写的《西南历史文化地理》中的饮食文化地理一章，最有感性认知。[④]后来又相继发表了《中国饮食辛辣口味的地理分布及其成因研究》《中国古代辛辣用料的嬗变、流布与农业社会发展》《口舌田野——（川菜）饮食漫谈》《中国辛辣文化与辛辣革命》《历史时期中国豆腐产食的地理空间初探》等文。[⑤]后来因为与商家合作开发古川菜，向市场推出古川菜捌会馆，对古代川菜在文献上作了较为系统的梳理，为此自己也喜欢在家中动手烹制一些古川菜，甚至曾找来苏东坡食用的木鱼子在家中烹食。三十多年来，笔者在西南地区到处做田野考察，品味江湖，系统品尝了巴蜀地区各地的传统川菜菜品，也感受到新派川菜与江湖菜双重影响下传统川菜的变化。现在传统川菜在外来文化的影响下，传统风味有一定的丧失，因此应该总结一下川菜发展的历史轨迹，使我们的传统川菜的诸多历史特征总结出来、传承下去。从学术史的角度来看，作为四大菜系中国际影响较大的川菜，至今没有一部系统的川菜史，确实也是不应该的。在这样的背景下，笔者感觉应该去完成这个填补空白的事情，于是就

---

① 杜莉、张茜：《川菜的历史演变与非物质文化遗产保护发展》，《农业考古》2014年第4期。

② 朱多生、张宏琳：《试述现代川菜形成的时间》，《四川高等烹饪专科学校学报》2012年第1期。

③ 刘军丽：《近代川菜菜肴发展综述》，《四川高等烹饪专科学校学报》2008年第1期。

④ 蓝勇：《西南历史文化地理》，西南师范大学出版社，1997。

⑤ 蓝勇：《中国饮食辛辣口味的地理分布及其成因研究》，《地理研究》2001年2期。蓝勇：《中国古代辛辣用料的嬗变、流布与农业社会发展》，《中国社会经济史研究》2000年4期。蓝勇：《口舌田野——（川菜）饮食漫谈》，《三峡论坛》，2012年6期。蓝勇：《中国辛辣文化与辛辣革命》，《南方周末》2002年2月1日。蓝勇、秦春燕：《历史时期中国豆腐产食的地理空间初探》，《历史地理》第36辑。

开始了这段行走在边缘、琐碎之中的行旅。

怎样才能写好一部川菜史呢？对川菜史研究做了学术回顾后，笔者发现目前学术界对于川菜历史研究也呈现三个特点，也可以说是三个薄弱之处，自然是在撰写川菜史中应该注意的地方：

第一，由于受川菜研究者整体上历史学研究专业素质缺乏和有关川菜历史文献记载较少的局限，川菜史研究成果中普遍缺乏具体时间断面界定。在生产力提高、农作物变化、外来移民和外来文化的影响下，特别是外来食材调料的引进、外来烹饪方式的介入，烹饪文化从食材结构（含主料、俏料和调料）、烹饪方式、味型味道、成菜方式等变化巨大，不能因为有的朝代没有相关记载就盲目将一些事物推得越早越好。如我们说的川菜，两汉、唐宋时期是以甜麻为味型特色，食必兼肉，以炙煮为主要烹饪方式，但明清以来发生了重大变化，近代川菜形成麻辣鲜香复合味特色，在烹饪方式上以小煎小炒火爆为特色。所以，我们研究一定要尽量做到一个时代史料说明一个时代的事实，绝不能简单推论，更不能用今天的现象去反推过去的事实。

第二，从研究的空间上来看，以前的川菜研究由于受有关巴蜀地区饮食文化史料缺乏的限制，往往用一些全国资料和其他区域的材料来说明巴蜀地区的饮食现象。但我们知道，历史上的中国曾有1300万平方公里的陆地疆域，巴蜀地区的饮食文化圈也近100万平方公里，各地饮食文化可谓千差万别。现在中国几乎市与市、县与县，乃至乡与乡之间饮食的差异都很大。而且，历史上由于交通、通信的局限，使得地域上的饮食文化交流较少，饮食文化上的地域差异就更明显。就近代而言，川菜已经形成一些亚菜系（帮派），显现出明显的地域差异。所以，用全国性的材料和其他地区材料来佐证川菜历史的时候应该特别小心。而且，一旦地域空间差异与历史时间差异两个参数混杂在一起后，情况就更为复杂。所以，本书虽然不时有引用全国或其他地区的相关材料，但均具体做了说明，即是作为比较之需要，并不简单以此类推本区域情况。

第三，从研究的方法上来看，以往的川菜研究中对一些长时段菜品的历史往往习惯于笼统地描述，并没有从川菜的食材结构（主料、俏料、调料）、烹饪方式、味型味道、成菜方式等进行按时代分类研究比较。正是研究不系统，使我们对许多问题不能从整体上去把握。之前，许多学者对川菜中古代的重要菜品和调料，如蒟酱、辣椒、花椒、腊肉、黄鱼、丙穴鱼、蜀姜等做了考证，对川菜历史的研究推动很大。但近现代以来有关川菜的许多问题还需要我们进一步研究，如古代各种蔬菜的名实考察，近代鱼香肉丝、宫保鸡丁、回锅肉的起源问题，至今仍然缺乏学术研究层面的充分证明，仍是一个个未解之谜。就是我们认为考证较为清楚的重庆火锅也还是有一些需要进一步证明的地方。还有近几十年来兴起的巴蜀江湖菜，虽然起源时间都不是太长，社会上和学术界仍然对各种江湖菜的最早起源、发展脉络争论不清。从学理上来看，传统川菜作为菜系出现的时间并不算长，应该是20世纪初的事情，“川菜”之名首先是一种自我认知还是外来认知，何时出现的这种认知，这些问题都是需要解决的。

在对中国传统社会的历史研究过程中，人们往往习惯用“自古以来”“历史悠久”等话语，以往我们的川菜史研究也同样如此。其实，历史往往并不像人们认知的那样是一种有规律性的发展过程。以川菜为例，严格讲传统川菜定型只有不到一百年的历史，但由于中国传统社会往往未将饮食文化列入中国历史的主体叙事之中，历来对其记载和研究较为少见。川菜就是以近五十年的尺度来看，发展变化都是相当大的，许多近三十年的饮食历史往往都有许多说不清楚的地方，所以，笔者认为应该将川菜史的研究时间线拉近一点，因此我们组织了“巴蜀江湖菜历史调查”工作，对三十多种近几十年来流行于巴蜀地区的江湖菜的起源、发展过程做了较为全面的调查，同时编辑出版了《巴蜀江湖菜历史调查报告》一书，试图为研究中国川菜轨迹史提供更为全面直接的史料支撑，也为后来者研究20世纪与21世纪之交的巴蜀江湖菜提供可信的资料。

通过我们的研究，可以基本发现川菜发展历史的基本脉络，相对科学地认知川菜发展的过程。总的看来，川菜的发展历史可以分成四个时期：第一时期是原始川菜时期，主要是指先秦以前的巴蜀地区原始人类的饮食文化，这个时期原始民族饮食文化的共性与巴蜀地域的特殊性已经体现出来。第二个时期为古典川菜时期，时间上主要是指秦汉到清中叶以前的时期，这个时期的川菜既有中国古代传统饮食文化的基本特征，也显现出巴蜀地区突出的地域特色。第三个时期是传统川菜时期，时间上主要是指清中叶到20世纪80年代这一百多年的时间，这个时期是我们狭义上的传统川菜时期。第四个时期是新派川菜时期，即从20世纪80年代至今，主要特征是在传统川菜的基础上新派川菜大量涌现，江湖菜风行天下。

应该看到，第三个时期形成的传统川菜面临现代各种外来文化的影响而受到巨大的冲击。上了点年纪的人总感觉现在的川菜不如以往的好吃了，除了食材变化、生活水平提高的因素外，烹饪技术的变异也是一个重要的原因，所以如何做到既要保护传统川菜的根脉，又要与时俱进汲取外来饮食文化的因子，仍是我们研究和实践层面的重要工作。在这个时候我们是否能从川菜发展史上的点点滴滴中汲取经验教训，仍然是值得大家共同思考的问题，也是笔者撰写此书的现实诉求之一。

研究川菜历来被人视为边缘，视为琐碎的生活闲情，就像近代黄敬临开餐馆自称为办“姑姑筵”一样，往往被看作成不了大气，搞着玩的。但是，很多时候沉入社会底层局部去透视上层整体，走到边缘去回望中心，也不失是一种思考研究的方式。对于一位学者而言，研究对象处于边缘底层并不可怕，只要有坚实的史料、全局的视野、严密的逻辑、学理的话语，就仍然可以从边缘、底层、琐碎中洞察现实社会，思辨主体历史。至少我们在一部川菜史的撰写过程中感受到了历史辉煌的时代性、文人话语与社会视阈的差异性、时人与后人的认知差异性、社会世俗的影响的深刻性、作为文化的历史的连续性和顽固性等。这种感受在笔者以前的历史研究中往往是少有的，这对人们理解我们的历史研究的真与伪十分有用。而这，也是笔者撰写此书的学术诉求之一。

第一章　可能并不辉煌的川菜起源

石器时代与青铜时代的巴蜀饮食文化

一般历史研究的书写往往会有一种习惯性的心态，喜欢用“自古以来”“由来已久”“向来悠久”的话语，或者可以说地方历史学者倾注了乡土情感后在这点上显得更加突出。其实，在不同的自然环境、不同的技术条件下，一种历史现象往往并不可能自古以来就是突出的。至少我们从川菜的历史轨迹中发现，川菜并不显现自古以来就那样辉煌夺目，没有我们臆想的巴蜀原始烹饪文化的高度发达文明的存在。

一般而言，一旦人猿揖别，人类出现，早期人类都是以采集和狩猎为主。我们认为，饮食与烹饪是两个不同的话语。如果仅是简单地采集狩猎后直接食野啖生，可能只能称为饮食。如果对采集或狩猎物进行初步的加工，就有了食物加工后而食的烹饪行为，严格意义上的烹饪加工过程就开始出现。只是从人类学的基本发展过程来看，原始人的烹饪囿于自然条件和生产力，都存在一些基本的特征，如食材单一、烹饪方式简单、味道原生、进餐粗野等。如果从烹饪炊具的角度来看，按目前学术界的观点，中国从古至今大体历经了无炊具的火烹时代（直烧、石燔、炮烧）、石烹时代、陶烹时代、铜烹时代、铁烹时代到电气烹时代。[①]如果从介热方式的角度来看，存在有火介、水介、油介三种方式，分别体现不同时代的特征。如果从烹饪方法来看，有我们习惯说的五种基本烹调法“烤、煮、炸、炒、拌”的五原法。具体讲烹饪在历史上同样经历了炙烤、蒸煮、炒爆各具时代特征的三个时期。巴蜀地区原始人类可能在饮食和烹饪发展上同样经历了这些阶段。当然，由于各地自然环境的差异，在利用自然方面，饮食文化也开始显现本地域的基本特征。

巴蜀地区很早就有古人类活动，巫山人一般认为生活在距今204万年之时，奉节人一般认为生活在距今14万年之时，资阳人一般认为生活在距今3.5万年之时。近几十年来，考古工作者在巴蜀地区先后发现了巫山龙骨坡、奉节兴隆洞、资阳黄鳝溪、资阳鲤鱼桥、成都羊子山、汉源富林镇、铜梁西郊水库、筠连拱猪洞、重庆马王场、黔江红土湾等旧石器文化遗址。[②]特别是近些年来，因为配合三峡工程的需要，考古工作者在三峡地区做了大量考古发掘，到20世纪末已经发现了三峡地区重庆段的旧石器时代的考古遗址多达50余处。[③]

不过，从考古发掘来看，巴蜀地区旧石器时代的饮食文化并没有后来川菜的历史那样辉煌。巴蜀地区旧石器时代技术偏于保守，主要以尖状切割器、砍劈器为主，骨角器水平较高，虽然已经开始磨制，但总体上器形单一，缺乏手斧、切割器、挖掘器及矛头、箭镞等锋利器。这表明巴蜀地区旧石器时期，人类的物质资料生产方式主要是采集业和狩猎业，食物主要来源于野生资源，食物的加工过程可能并不多，有也可能较为粗野简单。究其原因，主要是巴蜀地区自然环境优越，生物多样性明显，茂密的森林向人们提供了大量野生果蔬，森林中的野生动物和天然水面中的野生鱼类极其丰富，使人类很容易获取到基本的维生素和蛋白质。在这种背景

---

① 王子辉等：《中国饮食史》，内部出版，时间不明，第1—101页。徐海东主编《中国饮食史》第一卷，华夏出版社，1999，第273—291页。

② 蓝勇：《西南历史文化地理》，西南师范大学出版社，1997，第11页。

③ 同上，第12页。

下，人类食野食杂就更成为常态。这种常态虽然为后来巴蜀饮食文化中食材的多元性、广谱性奠定了基础，一直影响到当下。但在这样的自然与生产力背景下，人们没有必要保存加工食物，随时可以获取采集物和狩猎物直接食用，故往往习惯于简化采集和简易的烹饪，当时人们在饮食加工上也就并不见得先进。

到了新石器时代，整个中国新石器时代文化遗址处于一种星罗棋布的局面，早期农业的产生给饮食结构、烹饪方式都带来较大变化。首先早期农业的产生，使人类的食物资源获取更加稳定，而农业耕作使人类居处更为稳定，也使人类有更多的时间来对食物进行加工烹制，人类的烹饪使用面大大扩大，烹饪技术也有大的提高。

新石器时代，巴蜀地区在石器文化上主要是受西北内陆文化和东南百越文化两种文化的碰撞，在两种文化的碰撞融合下形成了自己独特的文化特质。据川西北茂县营盘山遗址考古发现来看，距今四五千年前居民生活区已发现了粟、黍，也有桃、李、梅、杏等植物，只是不知是野生还是种植的。在成都宝墩文化遗址中，发现了大量炭化植物种子，其中稻谷占45%，粟占1.6%，薏苡占1.3%。[①]说明在这个时期稻、粟等已经开始作为饮食主料了；并且在这个时期巴蜀地区已经开始养殖猪、黄牛、山羊等家畜，说明巴蜀地区含维生素、蛋白质的食材的人工获取都同时存在于饮食之中了。

巴蜀地区新石器时代文化遗址众多，我们仅以成都平原的宝墩文化遗址、川东地区的大溪文化遗址的情况来看新石器时代的饮食文化。宝墩文化以在成都平原上相继发现的新津宝墩村、都江堰芒城村、崇州双河村和紫竹村、郫都古城村、温江鱼凫村、大邑高山古城遗址等史前遗址群为代表。从这些遗址考古发现可以看出，生产工具主要是石器，同时当时的人们也能制作陶器了，主要以绳纹花边陶、敞口圈足尊、喇叭口高领罐、

① 陈剑：《品味舌尖上的历史：近年来四川地区饮食考古研究的新成果类述》，四川民俗学会编《川菜文化研究续编》，四川人民出版社，2013，第422、423、427页。

宽沿平地尊为标志。陶器的制作，为饮食加工提供了更方便的条件。在大溪文化遗址中发现了大量鱼骨、网坠、鱼钩、矛、镞等捕鱼工具，还出土猪、狗、牛、羊、马、虎、鹿等兽骨，说明在原始农业出现后，渔猎、兽猎的地位还相当高，家畜饲养已经较为普遍。从忠县中坝遗址发掘的动物骨骼来看，鱼类骨骼的比例比其他地区大得多，反映了忠县特殊的地理环境和特殊的地理区位上的饮食结构的特殊性。[①]应该承认在这种背景下，饮食中野生动植物的比例较大，丰富的生物资源使食品的加工保存地位并不高，也还一定程度影响了饮食业的发展。不过，在巴蜀地区的新石器文化遗址中发现了大量饮食陶器，如罐、钵、豆、盘、碗、盆、甗、杯、盉等，特别是以尖底器、小平底器为特色，说明当时巴蜀饮食已经有较多的特色。

巴蜀地区进入青铜时期较晚，相当于中原地区商周至春秋战国时期，对应蚕丛时期到开明王朝。具体讲，一般认为考古学上的早期巴蜀文化相当于历史上的商周时期，相对于蚕丛、鱼凫到望帝杜宇王朝时期，历史上的金沙遗址、三星堆遗址二至四期都是处于这个时期。考古学上的晚期巴蜀文化时期，相当春秋战国，对应鳖灵的开明王朝。其中蚕丛时期应该是从新石器时代向青铜时代的过渡时期，而开明王朝后期为青铜时代向铁器时代的过渡时期。

在这个时期，巴蜀地区农业生产已经发展到较高的水平，所以，杜宇王在成都平原地区“教民务农”，而巴地也有“化其教而力农务”的说法。[②]成都平原地势平坦，江河纵横，气候湿润，土地肥沃，自古就物产丰富，特别是战国时李冰父子开都江堰，为成都平原的农田水利建设提供了良好的条件，故战国时期就有了“爰有膏菽、膏稻、膏黍、膏稷，百谷自生，冬夏播琴”[③]之称，显现当时农业种植物中水稻、豆类、黄米、小米等已成为主要的农作物。考古发掘表明，金沙遗址中发现的碳化水稻占农作

---

① 同上，第428页。
② 《华阳国志》卷三《蜀志》，刘琳注本，巴蜀书社，1984，第182页。
③ 《山海经》卷十八《海内经》，时代文艺出版社，2000，第218页。

物的77.6%，粟占22.4%，稻米已经成为成都平原的重要大田农作物。[①]在成都十二桥遗址中，考古工作者发现了大量的动物标本，家猪、狗、黄牛、马占69.83%，其中以猪比例最大。另从成都商业街文化遗址中发现大量动物骨骼来看，其中有猪、鸡、狗、牛、马、羊，主要的家畜较为完备了。[②]当时在盆地东部地区的农业种植物以黄米和小米为主，《华阳国志》卷一《巴志》引巴人古诗曰："川崖惟平，其稼多黍，旨酒嘉谷，可以养父。野惟阜丘，彼稷多有，嘉谷旨酒，可以养母。"[③]此诗表明巴地平坝产黍，丘陵产稷，水稻的种植可能并不广泛，亦表明四川盆地东部地区水稻种植的地位并不高，自然民食中稻米是相当罕见的。

这个时期巴蜀地区的盐业发展已经到较高的水平，据《华阳国志·蜀志》，秦昭王时蜀郡守李冰"穿广都盐井、诸陂池，蜀于是盛有养生之饶焉"[④]，而东部巫巴山的虡民不稼不穑，也主要发展盐业。所以，一般认为巴蜀地区出现的大量尖底器主要是用于制盐之用，当然也有学者认为是为了汲取水源之用。

在这个时期，随着人口的增加，平坝、浅丘地区的农业开发深入，人类长期活动涉及空间范围内的原始的生物多样性相对削弱，而整体的生物多样的生态背景仍存，同时青铜、铁工具的广泛使用，陶器的器形增多。在这样的环境与技术背景下，生物多样性所形成的创造惰性相对削弱，而以生物多样性为背景的食物多样选择反过来为烹饪文化的发展创造了条件。特别是春秋战国时期成都平原地区的经济发展水平，为烹饪文化的发展奠定了坚实的物质基础和商业市场。

在这样的生产和生活条件下，巴蜀地区的饮食业已经发展到较高水平，出现了一些很有特色的烹饪方式。我们从大量考古发现中的炊饮食器具可以看出这一点。当时巴蜀地区的饮食器具有青铜、漆器、陶器三大

---

① 陈剑：《品味舌尖上的历史：近年来四川地区饮食考古研究的新成果类述》，载四川民俗学会编《川菜文化研究续编》，四川人民出版社，2013，第424页。
② 同上，第429、431页。
③ 《华阳国志》卷一《巴志》，刘琳注本，巴蜀书社，1984，第28页。
④ 同上，卷三《蜀志》，第210页。

类，青铜器不仅有中原地区重要的祭祀用食器鼎，也有盛放、蒸煮食物的敦、豆、甗、甑等器具；在陶器中有杯、盉、觚、壶、缸、碗、碟、豆、罐、勺、瓮、盘等；而漆器中以漆盒、漆盘最多。这些丰富的炊饮食器具显现了巴蜀地区已经有相应丰富的饮食菜品存在的可能。从这些器物可以看出，当时巴蜀地区的烹饪方式还是主要以炙、烤、蒸、煮为主。有学者以河南新郑市李家楼发现的春秋时期的“王子婴次之燎卢”可能是用于炒菜的炊器为由，提出了早在春秋时期，中国就出现了炒这种烹饪方式[①]，现在看来这种说法还缺乏更多直接的证据。因为，从汉晋时期的有关记载来看，炒这种烹饪方式还相当少见。而关于此炉的用途，学术界多认为是燃炭以取暖的燎炉。从烹饪知识来看，一般平底器并不适用于炒，更多适用于煎这种方式。而我们知道，从文献上来看，先秦时期在八珍烹饪中确实出现过“煎”这种方式，《楚辞》中也出现过煎的菜品。所以，这种器物如果不是燎炉，可能最多也仅是煎锅，而不是炒锅。现在有的学者以重庆蓝家寨遗址中发现猪骨有部分火烧痕认为可能出现火烧去毛或熏制腊肉，进而认为巴蜀很早就有腊肉制作[②]，现在看来可能性也不大。当时四川盆地东部地区饮食文化还相当原始，腊肉的出现应该有两个条件，即用盐腌、烟熏烤保存的可能和必要。从可能性来看，当时主要以野生猪类为主，并没有更多的肉类食材用来盐腌、烟熏烤保存的可能。从必要性来看，当时的自然背景下，可以随时获取动物类食材补充，可能也没有用盐腌、烟熏烤保存的必要。所以，蓝家寨出现有火烤类的猪骨更多可能是用火去毛或者在多次炙烤食用时的遗留。

随着农业经济的发展，剩余粮食的出现，酿酒业也发展起来。在巴蜀地区的考古发掘中，发现了大量的酒器酒具，如罍、壶、尊、彝、盉、钫、觚、爵、鍪、勺等，可以发现饮酒已经是社会生活中的一个常态。这种常态为后来巴蜀地区酒业在全国的地位奠定了较好的基础。巴蜀地区的

---

① 徐海荣主编《中国饮食史》第一卷，华夏出版社，1999，第52—53、301页。

② 武仙竹：《微痕考古研究》，科学出版社，2017，第82—83页。

自然条件适合茶树的生长，所以茶业也是较早发展起来的，《华阳国志》卷一《巴志》中就记载周代巴地贡品中有茶，这也为后来唐代蜀茶的辉煌奠定了历史基础。

毋庸讳言，对于先秦时期巴蜀地区的饮食文化，由于史料的缺乏，研究起来相当困难。这里我们要从方法上来做一些总结，以前对于这个时期的巴蜀饮食文化的研究往往具有这样三个特点：一是多用汉代以后的史料来说明这个时期的情况，如用《华阳国志》中不明时代的资料来证明先秦时期的情况，甚至用明清史料来证明这个时期情况；一是用先秦时期其他地区，特别是中原的资料来说明巴蜀地区的情况；一是用当代人类学的资料来证明这个时期的饮食文化现象。应该说，如果我们有直接的先秦文献的记载或考古材料的支持，用这三种史料作为旁证，也不是不可，但如果只用这三种材料来说明先秦时期的情况，就显得缺乏科学的信度了。比如苌弘之人在历史文献中记载相当少，有人以苌弘为蜀中资州人，民间传言其曾撰《苌膳斋》一书，虽早已失传，但现在有口述的《苌膳斋》。以上这段历史本身就缺乏历史文献记载支撑，极不可靠，而将苌弘列为川菜鼻祖，就更不可信了。所以，我们需要做的是以后在考古发掘中更多关注文物的信息，这才是我们深入研究巴蜀地区先秦饮食文化的重要路径。

第二章　自娱自乐的“川食”与“蜀味”

秦至清中叶古典川菜的发展时期

在以往的研究中，学者们无一例外地对秦汉以来的巴蜀饮食文化的地位有很高的评价，仿佛从秦汉以来巴蜀地区的饮食文化就一直发达且在全国影响巨大。真的如此吗？我们先从历史研究的方法论角度来做一点分析。在历史研究的书写表述上，笔者一直认为存在两种差异，一种是区域内的本体发展的“实”与区域内本体发展的“名”形成的“名实时间差”；一种是区域的自我认同话语与外界的他者认同话语之间的“内外认同差”。巴蜀地区的饮食文化，就一直存在这两种差异。

从秦汉以来直到清代前期，巴蜀地区的饮食文化本身有自己的特殊发展进程，也形成了自己独特的饮食风味，如我们认为的好辛香、喜甜味、食材众多，已经在本土出现了川食、蜀味等话语，但在本土川菜独立的“名”的影响力和流传度并不是人们想象的那样突出，“名”的形成远远落后于本体发展的“实”。同时，在对本体的“名”的认同这个时期，“川食”“蜀味”的认同大都是存在本土文人的话语中，“名”的认同往往更多局限于区域内部，外部的认同较为缺乏，而我们以前一直认为的“川饭分茶”，“川饭”现在看来是否特指巴蜀饮食可能还有存疑。

具体地讲，古典川菜可分成秦汉两晋南北朝时期、唐宋元时期、明代清代前期三个时期。总体上来看，这三个时期在以花椒、蜀姜为主的好辛香、食肉食甜的特点形成后变化并不太大，但在烹饪方式、食材的多少方面变化却是明显的。

第一节 古典川菜的发轫与甜麻食风的形成：秦汉两晋南北朝时期巴蜀的饮食文化

秦汉时期，巴蜀地区设立郡县，纳入了中央大一统的统治之下，大量中原移民进入巴蜀地区。巴蜀地区的社会经济发展加快，表现在以都江堰等为主的水利工程修建，水稻种植面积大大扩展，农副业大大发展，农副产品越来越多，井盐业发展成为巴蜀地区的特色矿业，交通通道纳入中原交通驿传系统，大量西域食材传入，有的地区的文化教育可与中原地区比肩。在这样的背景下，巴蜀地区的饮食特色越来越明显，表现为食材越来越丰富，烹饪方式越来越多样化，饮食特色越来越鲜明，重要菜品不断见于文献记载，商业饮食业发展较快等方面。

一 饮食食材越来越丰富

秦汉时期，巴蜀地区社会经济文化发展很快，水稻开始逐渐被广泛种植，农副产品逐渐丰富起来。据《华阳国志》卷一《巴志》记载：巴地“土植五谷，牲具六畜。桑、蚕、麻、纻，鱼、盐、铜、铁、丹、漆、茶、蜜、灵龟、巨犀、山鸡、白雉、黄润、鲜粉，皆纳贡之。其果实之珍者：树有荔芰，蔓有辛蒟，园有芳蒻、香茗、给客橙、葵。其药物之异者有巴戟、天椒；竹木之璝者有桃支、灵寿。”[①]另还谈到有蒲蒻、蔺席。

① 《华阳国志》卷一《巴志》，刘琳注本，巴蜀书社，1984，第25页。

《华阳国志》卷二《汉中志》和卷三《蜀志》也记载蜀地产稻谷，还有桑、麻、纻、细布、枣、鱼梁、巴菽、桃枝、蒟、给客橙、鱼、漆、药、丹、蜜等物产。[①]据《太平御览》引《云南记》称："雅州荥经县土田岁输稻米亩五斟，其谷精好，每一斟谷近得米一斟，炊之甚香滑，微似糯味。"[②]而《华阳国志》卷一《巴志》中还记载江州出巴县"北有稻田出御米"。从这两条史料可以看出，在秦汉时期，巴蜀地区的主食材中已经有较有影响的品牌。

这个时期的文学作品中对巴蜀的物产多有记载，如汉代扬雄《蜀都赋》称巴蜀地区"尔乃其菰，罗诸圃畋，缘畛黄甘，诸柘柿桃，杏李枇杷，杜樼栗棕，棠黎离支。杂以梃橙，被以樱梅，树以木兰……尔乃五穀冯戎，瓜瓠饶多，卉以部麻，往往薑梔。附子巨蒜，木艾椒蘺。蒟酱酴清，众献储斯。盛冬育笋，旧菜增伽"，同时还谈到"其浅湿则生苍葭蒋蒲，藿芋青苹，草叶莲藕，茱华菱根。其中则有翡翠鸳鸯，袅鸬鷁鹭，霍鹍鹈鹅。其深则有猵獭沈鳝，水豹蛟蛇，鼋蟺鳖龟，众鳞鳎鳙"。[③]历史上对于这段文字中这些生物的名实有不同的解释，同时，对于这些生物是否用于饮食也有不同的意见，我们可能一时并不能完全考证清楚这些生物的名实，但至少可以看出当时人们心中巴蜀物种多样性的印象。另外晋代左思《蜀都赋》也称："家有盐泉之井，户有橘柚之园。其园则有林檎枇杷，橙柿梬楟。榹桃函列，梅李罗生。百果甲宅，异色同荣。朱樱春熟，素柰夏成。若乃大火流，凉风厉，白露凝，微霜结，紫梨津润，樼栗罅发。蒲萄乱溃，石榴竞裂。甘至自零，芬芬酷烈。其圃则有蒟蒻茱萸，瓜畴芋区。甘蔗辛姜，阳蓝阴敷。日往菲薇，月来扶疎。"[④]以上生物我们大部分能够考证出来，这自然显现了晋代文人眼中的巴蜀生物繁多的印象。如果我们说两篇《蜀都赋》只显现了巴蜀生物多样性的特征，下面这些史料却直接可以证明巴

① 《华阳国志》卷二《汉中志》、卷三《蜀志》，刘琳注本，巴蜀书社，1984，第109页、1289页。
② 李昉：《太平御览》卷八三九引《云南记》，中华书局，1960，第3751页。
③ 扬雄：《蜀都赋》，载《全蜀艺文志》卷之一，线装书局，2003，第3页。
④ 左思：《蜀都赋》，载《全蜀艺文志》卷之一，线装书局，2003，第9页。

蜀地区的食材情况。如《太平御览》引魏武《四时食制》记载郫县子鱼、江阳、犍为黄鱼[①]，为当时食用鱼种之特殊品。而王褒《僮约》记载当时种植了姜、芋、茄、葱、蒜、豆、黄甘、桑柘、藕、柿、桃、李、梨等农作物，饲养了鱼、雁、鸭、鹜、猪、狗、牛、羊等为家畜，还捕获野生的鸟、鱼、鸭、龟、鸦等动物。其中茄子原产于印度，汉代才开始引种到中国，而四川当时就有种植了。[②]晋代张载《登成都白菟楼》有“披林采秋橘，临江钓青鱼”之句，可见当时成都平原生长着秋橘，河里有许多青鱼可钓，从侧面显现了当时成都平原地区农业发展的背景下，农副业发展，秋橘挂树，自然水面的鱼资源为人食用。据魏武《四时食制》记载：“郫县子鱼，黄鳞赤尾，出稻田，可以为酱。”[③]看来当时郫县子鱼酱已经较为有名，只是这种子鱼酱是怎样制作已经不清楚了。

总的来看，当时巴蜀地区的大田农作物有稻、菽、稷（又称粟）、黍（黄米）、麦，有所谓“五谷冯戎”。但我们应该知道，虽然这个时期已经开始种植小麦，但在巴蜀地区小麦的种植并不普遍。据《华阳国志》卷三《蜀志》记载，这个时期唯汶山郡“不宜五谷，惟种麦”，这里的“麦”是否指小麦，不可得知。但可以肯定的是在四川盆地内，小麦的种植还不见记载。这个时期，农副产品中可作食材的有荔枝、姜、蒟、茱萸、芋、桑、笋、橙、茶、葵、鱼、盐、鸭、鸡、猪、牛、羊、狗、茄、茶、蜜、山鸡、白雉、芳蒟、天椒、枣、柿、桃、杏、李、枇杷、樱梅、梨、栗、甘蔗等。这个时期巴蜀地区农林牧渔业发展起来，为食材的多样性提供了条件。食材的多样性又为烹饪技术的多样性提供了条件，也为烹饪文化的丰富提供了可能。

两汉三国两晋南北朝时期，巴蜀地区的饮食文化还保留了一些原始民族的食野食杂的传统，如郭璞《尔雅》卷下和《广志》都谈到犂牛，其中

① 李昉：《太平御览》卷第九百三十六，中华书局，1960，第4160、4161页。
② 黎虎：《汉唐饮食文化史》，北京师范大学出版社，1998，第35页。
③ 李昉：《太平御览》卷九百三十六，中华书局，1960，第4160页。

《尔雅》卷下称“犎牛即犪牛也，如牛而大，肉数千斤，出蜀中。”[①]《广志》也称：“有犘犘牛，牛出巴中，千斤……犎牛如牛而大，肉数千斤，出蜀中。夔牛，重千斤，晋时此牛出上庸郡。”[②]只是我们已经无法弄清楚这种牛相当于今天的哪一种动物，更不知道这种动物是怎样被烹饪食用的。

二 烹饪方法逐渐多样化

原始人类烹饪方式简单而单一，煎烤（煎、烤、炙等）和蒸煮（蒸、煮、炖、涮等）是最原始的两大类烹饪方式。所以，这个时期巴蜀地区的主要烹饪方式也应该是这两大类。如果从烹饪中介形式来看，可以分成火介、水介、油介三大类，早期的巴蜀也主要是以火介和水介为主。不过，有关这个时期具体烹饪方式的记载相当少，魏武《四时食制》中记载了当时有蒸鲇，《僮约》中记载了巴蜀有脯，推知可能当时就已出现腊肉之类的东西。同时，《僮约》也记载了“筑肉臛芋”的烹饪方式，即碎肉蒸芋头。还记载有“脍鱼炰鳖”[③]，也是用一种蒸炖的方式来烹饪鱼鳖。对此黎虎先生考证认为，汉唐时期中国的烹饪方式主要是炙、脍、羹、脯、鲊、菹[④]，实际上秦汉时期中国已经有14种重要的烹饪方式，如炙、炮、煎、熬、羹、蒸、脍、腊、锻、脯、醢、酱、鲍、菹[⑤]。不过，一般而言，烹饪方式应该是指食材的最后一道加工方式，如果做出的脯、脍、鲊直接可以食用，可算烹饪方式，但如果还需要用火加熟，其方式应该是加工方式，而不是烹饪方式。根据《齐民要术》的记载，可能北魏时期就已经有炒这种烹饪方式了，如《齐民要术》中记载有一种鸭煎法：“鸭煎法，用新成子鸭极肥者，其大如雉，去头，烂治，却腥翠五藏。又净洗，细剉如笼

① 郭璞：《尔雅》卷第十，上海古籍出版社，2015，第199页。
② 李昉：《太平御览》卷第八百九十八引《广志》，中华书局，1960，第3985页。
③ 王褒：《僮约》，中华书局，1985，第134页。
④ 黎虎：《汉唐饮食文化史》，北京师范大学出版社，1998，77—95页。
⑤ 徐海荣主编《中国饮食史》第一卷，华夏出版社，1999，第481—486页。

肉，细切葱白，下盐豉汁，炒令极熟，下椒姜末食之。”[1]显然，炒这种相对快速的烹饪方式已经出现在中国北方。不过，我们还没有发现巴蜀地区在这个时期有炒这种烹饪方式出现。

从当时的烹饪器具中我们也可以看出一些烹饪方法概略。如秦汉至南北朝时期，炊食器具的质地多样，有青铜、铁器、陶器、瓷器、漆器、金银器、竹器。陶器主要有罐、豆、鼎、鉴、盂、盆、盘、碗、碟、钵、甑、杯、壶、瓮、勺等，铜器中有鍪、釜、甑、壶、鼎、甗、罍、匜、盘、钫、盉、盆、尊、锅，这个时期已经出现少量铁制饮食器具。汉代蜀地的漆器相当普遍，尤其是饮食器特别多，如耳杯、卮、鼎、盂、匜、钫、筷、盘、壶、盒、扁壶、樽、勺等。[2]炊器和食器的多样化，折射出当时饮食方式的多样和饮食菜品的增多。同样，我们从东汉刘熙《释名・释饮食》中可以看出，当时烹饪方式主要是煮、炙、菹、烤等方式，巴蜀地区应该差异不会太大。[3]

我们注意到扬雄《蜀都赋》中称：“乃使有伊之徒，调夫五味。甘甜之和，勺药之羹。江东鲐鲍，陇西牛羊。粂米肥腯，麠麀不行。鸿䝤獹乳，独竹孤鸧。炮鸮被纰之胎，山麇髓脑，水游之腴。蜂豚应雁，被鸧晨凫。戮鹍初乳，山鹤既交。春羔秋鼦，脍鲮龟肴。秔田孺鹜，形不及劳。五肉七菜，朦猒腥臊。可以练神养血脉者，莫不毕陈。”[4]应该是对汉代巴蜀地区饮食方法多样的一种折射。只是这里的“五味”是指哪五味，“五肉七菜”是指哪五种肉、哪七种菜，已经难以确考了。

三 饮食特色越来越明显

秦汉时期西南汉民族主要活动在今成都平原地区、川北嘉陵江阆中地

---

① 贾思勰：《齐民要术》卷八，中华书局，1956，第140页。
② 方铁、冯敏：《中国饮食文化史》（西南卷），中国轻工业出版社，2013，第48—50页。
③ 刘熙：《释名・释饮食》，中华书局，1985，第61—67页。
④ 扬雄：《蜀都赋》，载《全蜀艺文志》卷一，线装书局，2003，第3—4页。

区、长江岷江两岸地区。这个区域在秦汉时期受以关中平原为主的秦陇文化的影响明显，其饮食文化多少可能受其影响，但由于这个区域内特殊的地理环境和文化根基，故这个区域内饮食文化仍然呈现十分明显的本土地域特色。

成都平原地势平坦，江河纵横，气候湿润，土地肥沃，自古就物产丰富。对此古代文献多有记述，如早在《山海经》卷十八《海内经》就记载都广之野（成都平原地区）“爰有膏菽、膏稻、膏黍、膏稷，百谷自生，冬夏播琴”，《汉书·食货志》称“民食稻鱼，亡凶年忧”，而《后汉书·公孙述传》称“果实所生，无谷而饱”，扬雄《益州箴》则称成都平原一带“有粳有稻，自京徂畛，民攸温饱”，而其《蜀都赋》又称“五谷冯戎，瓜瓠饶多矣”。在这种情形下，汉代成都平原一带“民食稻鱼，亡凶年忧”就很自然了。

晋代《华阳国志》卷三《蜀志》则明确称成都平原一带“山林泽渔，园囿瓜果，四节代熟，靡不有焉”，这种自然物产丰富的地理环境，为四川饮食文化的发展奠定了坚实的物质基础，此所谓“盖亦地沃土丰，奢侈不期而至也”，衣食谋取的容易，使人们有更多的时间来注重饮食文化的研讨，因此早在汉晋时期，以成都平原为中心的四川汉民族饮食文化便有其十分鲜明的特色。

在研究巴蜀饮食文化时，我们都会注意到《华阳国志》卷三《蜀志》称蜀人“尚滋味”和“好辛香”，简明地概括了当时四川饮食文化中讲求口福的风尚和以“辛香”为风味的饮食特征。应该说这是秦汉两晋南北朝时期，乃至后来巴蜀地区饮食文化的最重要的地域饮食特征。

（一）“尚滋味”概念与巴蜀食风繁盛

关于《华阳国志》所称的“尚滋味”应该是指蜀人注重饮食文化，喜欢研究琢磨饮食之意，并不是有人所指的“喜欢味重的东西”。在中国古代，使用“滋味”一词并不少见，如《吕氏春秋·适音》记载“口之情欲滋味”，《礼记·月令》中也记载“薄滋味，毋致和”，张衡《七辨》曰：“芳以姜椒，拂以木兰。滋味既殊，遗芳射越。”《史记·殷本记》卷三：“负鼎俎以滋味说汤致于王道。”汉《韩诗外传》卷五称：“节滋味奄治天下。”所以，历史上道家往往有“息情欲，节滋味，清五藏”之说。这里“滋味”就是指饮食、烹饪、味道之意，并不是人们所说的厚重之味道。

我们注意到中国古代往往将地域与星宿分野结合在一起，认为西南地区“其辰值未，故尚滋味”，《史记·律书》称：“未者，言万物皆成，有滋味。”实际上这个逻辑关系应该反过来，我们的分野星宿体系构建时往往是以中国特殊的地理环境为背景生成的，西南地区生物资源丰富是“万物皆成”的地理背景。

应该看到，巴蜀人的这种“尚滋味”传统，一直发展到唐宋，相沿至今。巴蜀社会中对饮食的关注度可能在中国，乃至全世界都是独一无二的。

从文献描述来看，在当时巴蜀地区社会生活中，饮食文化确实是一个相当重要的大事。早在汉代，成都城已是全国五大商业都市，经济很发达。成都平原地区物产的丰富、崇尚口福的传统和相对和平的环境，养成了以成都平原为中心地区的居民喜设宴欢聚的风尚。据记载，早在秦并巴蜀后，成都平原地区便形成了“娶嫁设太牢之厨膳”的风俗。汉代扬雄《蜀都赋》记载当时的宴饮“调夫五味。甘甜之和，勺药之羹。江东鲐鲍，陇西牛羊。籴米肥猪”和野味中的“五肉七菜”，原料来自全国各地，风味品种繁多。[①]据左思《蜀都赋》记载，当时成都一带豪贵的宴席上有鳢（鲤的一种）、鲔（鲟）、鳟、鲂、锑（火鲇鱼）、鳣（圆口铜鱼）、鲨（吹沙小鱼）、鲿（黄颊鱼）[②]，可见当时食鱼风尚之盛。蜀人已经开始加工鱼类食品，郭注《尔雅》称：“蜀人取鱼为鮨，今考说文鱼部，鮨鱼脂酱也，出蜀中。”在这个时期可能外来的饮食文化也传入了巴蜀地区，王隐《晋书》谈到王文长在成都曾吃到一种胡饼，这种胡饼显然

① 扬雄：《蜀都赋》，载《全蜀艺文志》卷一，线装书局，2003，第3—4页。
② 左思：《蜀都赋》，载《全蜀艺文志》卷一，线装书局，2003，第9页。

是从外面传入的。

左思《蜀都赋》还记载当时成都平原一带的大族富豪家中吉宴十分讲究，有专门的“巴姬”和“汉女”组成乐队演奏，演唱《西音》《江上》等曲，并伴以轻歌曼舞助兴。其情景是“吉日良辰，置酒高堂，以御嘉宾。金罍中坐，肴核四陈，觞以清醥，鲜以紫鳞，羽爵执竞，丝竹乃发”，“合樽促席，引满相罚。乐饮今夕，一醉累月”。[①]晋代成都平原的开发还没有达到后来“无寸土之旷”的地步，还有许多森林资源，有一些飞禽走兽存在，故豪族们以在空旷的成都平原上举行“猎宴”为一时尚。汉晋时期四川荔枝种植十分普遍，四川长江一线在宴饮上还以有荔枝宴为一大特色。据《华阳国志》卷一记载，汉时江州有“荔枝园（荔枝）至熟，二千石常设厨膳，命士大夫共会树下食之”[②]，这种风俗历代相承，直到唐宋时期。

考古材料也证明了这个时期巴蜀地区饮食文化在全国有着不可替代的重要地位。目前我们发现的有关巴蜀地区汉代饮食文化的文物主要有陶俑、画像砖和画像石中的饮食场面。

汉代是一个讲究“厚葬”的时代，这是一个不争的事实。汉人讲“事死如事生”而进行厚葬，所以，汉人往往将生世的生活场景完整地通过明器埋在地下，重现昔日在世的生活场景。巴蜀汉墓中陶俑数量多，且厨俑占的比例相当大，反映了当时现世巴蜀饮食生活的重要，这是汉代其他地方不存在的情况。如重庆忠县涂井蜀汉墓出土四件庖厨俑，其中俎案上堆放着鸡、鸭、龟、猪、牛头、菜、鱼、笋等。[③]另外的一件东汉庖厨俑上则有狗头、羊头、猪头、鳖、蹄、脚、青笋、面食等。[④]实际上近几十年来，在巴蜀地区汉墓中出土和发现了大量庖厨俑，如成都天回山厨丁俑、西昌东汉庖厨俑、乐山汉代庖厨俑、宜宾黄伞汉代厨俑、三台县汉代厨俑、重

① 左思：《蜀都赋》，载《全蜀艺文志》卷之一，线装书局，2003，第10页。
② 《华阳国志》卷一《巴志》，刘琳注本，巴蜀书社，1984，第65页。
③ 《忠县出土东汉庖厨俑》，载《四川省志·文物志》，1990（报审稿），第65页。
④ 《东汉灰陶庖厨俑》，载《四川省志·文物志》，巴蜀书社，2005。

庆汉代庖厨俑、忠县蜀汉庖厨俑①、巫山土城坡庖厨俑、涂井乡汉代庖厨俑、奉节谢家包汉代庖厨俑②等，展现了一幅尚滋味、重厨艺的巴蜀世俗生活场景。同时我们还发现了一些汉代四川稻田养鱼的水田模型，可以折射出当时巴蜀民间养鱼食鱼风盛行之状。

如果说巴蜀地区汉代庖厨俑仅是一种个体形象，那四川画像砖、画像石中的巴蜀饮食文化方面的整体场景反映的饮食生活就更全面。汉代画像砖石中，以巴蜀地区的画像砖石尤为世俗化，其中特别是以宴乐烹饪题材偏多为特色，这正是巴蜀地区“尚滋味”的重要体现之一。巴蜀汉代画像砖石中反映厨房烹饪过程的其实并不多，但几幅都有较大的影响。一幅是出土在四川彭州的庖厨砖：厨房中两位厨子在配备食材，上面挂着两个牛羊猪的大脚蹄，旁边同时挂着一个二刀一类肉条，一个厨子正跪着为一个烤罐扇火，画面上方有一个四层格子，放有大量器皿。一幅是成都出土的东汉庖厨砖：场面宏大，厨架上挂着大量鱼类、家禽，一庖丁正在剖鱼，一庖丁正在牵狗进来，一庖丁正在置釜的灶下吹气催火，一庖丁正在跪地剁肉，二庖丁正在操作灶台。这是一个较大的集体烹饪的场面。一幅是德阳柏隆镇出土的画像砖：上面两个庖丁正在案上操作，上面挂着畜肉，一庖厨正在灶台上烹制。还有一幅藏于四川博物院的与德阳的十分相似，只是灶台上两个炊具更大。

在巴蜀地区汉代画像砖石中，宴乐场面尤为多，表现出当时世风中“宴饮”成为常态，这些画像人们往往以宴饮图、饮食图、猜拳饮酒图、宴乐图相称。这种画像砖石中的宴饮场面与扬雄《蜀都赋》、左思《蜀都赋》描述的场面互为佐证，充分体现了巴蜀地区饮食文化在社会生活中的重要地位。总的来看，仅仅“尚滋味”三个字，道出了巴蜀地区饮食之事在社会生活中的地位之重要，川菜的发展正是在这样的社会背景中开始发展成形的。

---

① 蓝勇：《西南历史文化地理》，西南师范大学出版社，2001，附图。
② 重庆文物考古所：《考古重庆》2007年，2010年，2015年。

汉代·四川成都庖厨俑之一

汉代·四川成都庖厨俑之二

汉代·四川忠县提鱼俑

汉代·四川成都庖厨砖

汉代·四川彭州庖厨砖之一

汉代·四川德阳庖厨砖

汉代·四川彭州庖厨砖之二

汉代·成都羊子山庖厨场面

（二）“好辛香”：辛香料的实指问题

长期以来，花椒、姜、欓（茱萸）号称“三香”，是中国古代很长时期内最常用的辛香调料，胡椒、辣椒只是在中国古代后期才逐渐产生较大影响的，而花椒与胡椒是在传统社会后期才被称为“二椒”的。

巴蜀地区历史上形成的“好辛香”主要是指以蜀椒为主要特色调料而注重口舌上感官刺激的饮食特征。《华阳国志》称“德在少昊，故好辛香”，源于《礼记·月令》：“其日庚辛，其帝少昊……其味辛。”又据《逸周书》卷六：“孟秋之月，日在翼，昏斗中，旦毕中，其日庚辛，其帝少昊，其神蓐收，其虫毛，其音商，律中夷则，其数九，其味辛，其臭腥，其祀门，祭先肝。”故一般认为四方配四时，西南属秋。秋又有孟、仲、季三秋之分。也就是说，蜀人好食辛辣的食物，从五行八卦的角度看，是一种自然的现象。实际上，这里的秋、庚辛、少昊与辛辣对应起来本身就较为生硬。同样，我们对于这种现象的认知应该反过来看，实际上，中国传统五行八卦往往是依据一定的自然规律和社会环境作为背景来设计的，但在社会上又反过来，人们认为一种具体的文化现象正与一定的自然现象吻合。

这里要说的，古时的“辛香”可能是一个偏正结构，巴蜀历史上辛香料主要是用来增香加味的，其次才是压腥降膻。所以，至今川菜仍善于用辛辣料增香而不仅仅是加辣压腥。

中国古代虽然以“三香”为主，但三种香料在各地使用中的重要程度并不完全一样。花椒自古以来就是巴蜀地区使用最多的辛香料，所以巴蜀历史上所谓“三香”最重要的是花椒，而不是历史上其他地区使用较多的欓（茱萸）。

中国是花椒的原产地，在中国历史上，花椒有蜀椒、巴椒、川椒、秦椒、汉椒、南椒、唐蓛、点椒等称法。在上古中古时期，花椒使用的地区比现在更广阔，《诗经》中专门有《椒聊》篇，东汉刘熙《释名·释饮食》炙肉用花椒[1]，《齐民要术》中大量使用花椒炙肉[2]。巴蜀地区很早以来便出产蜀椒，《范子计然》称："蜀椒出武都，赤色者善。"[3]有的学者认为这里的武都是指蜀郡北部山区。[4]自然，巴蜀文化人的诗赋中也少不了花椒，如扬雄《蜀都赋》中有"木艾椒蓠"之称，左思《蜀都赋》有"或蕃丹椒"之称。

我们注意到齐梁时的陶弘景称：

> （蜀椒）出蜀都北部，人家种之。皮肉厚，腹里白，气味浓。江阳、晋原及建平间亦有而细赤，辛而不香，力势不如巴郡。巴椒有毒不可服，而此为一名，恐不尔。又有秦椒，黑色，在中品中。[5]

这里称"人家种之"，就是每个家庭都在住宅前后种植花椒自食，这是当时巴蜀地区广泛种植花椒并普遍食用花椒作为调料的证据，也是那个商品流通还不很发达背景下的产物，我们可以由此想见当时巴蜀地区花椒在饮食文化中占有的重要地位，难怪《齐民要术》记载的食谱中许多中原地区食品都要用川椒做配料。《齐民要术·种椒》："蜀椒出武都，秦出天水"，并注明："今青州有蜀椒种。本商人居椒为业，见椒中黑实，乃遂生意种之。凡种数千枝，止有一根生。数岁之后，更结子，实芳芳，香、形、色与蜀椒不殊，气势微弱耳。遂分布种移，略遍州境也。"[6]以前我们的研究也表明，古时中国花椒的种植比现在广阔得多，使用面也更广大，在中国北方，山东一直是重要的食花椒地区，看来确实受到蜀椒的影响。直到今天山东仍是北方地区食用花椒最多的地区。[7]

---

① 刘熙：《释名·释饮食》，中华书局，1985，第64页。
② 贾思勰：《齐民要术》，中华书局，1956。
③ 欧阳询：《艺文类聚》卷八十九引，上海古籍出版社，1999，第1535页。
④ 江玉祥：《川味杂考》，载《川菜文化研究》，四川大学出版社，2001，第147页。
⑤ 唐慎微：《证类本草》卷第十四引《图经》，华夏出版社，1993，第402页。
⑥ 贾思勰：《种椒第四十三》，载《齐民要术》，中华书局，1956，第59页。
⑦ 蓝勇：《中国古代辛辣用料的嬗变、流布与农业社会发展》，《中国社会经济史研究》2000年第4期。

不过这个时期的“好辛香”还不仅只表现在注重用蜀椒上，烹饪上用“姜”也是一大特色，这个反而在以往注重不够，除川南地区外至今也没有很好地传承。姜是中国古代使用较多的辛香用料，《周礼》《论语》《说文解字》等都有记载。早在《吕氏春秋·本味篇》中便有“和之美者，阳朴之姜”[①]的记载。据后汉高诱注称“阳朴，地名，在蜀郡”，近代学者讨论到此时多相沿袭，便肯定这个“阳朴”是在四川无疑。据近代一些学者考证，这个“阳朴”是指今重庆北碚区[②]，有的人认定是在川西某个地方[③]。其实其考证的材料和方法都显得十分牵强。虽然我们一时不能考证出这个“阳朴”究竟具体在哪里，倒也不能否认四川地区很早便以姜为烹饪用料了。《史记·货殖列传》记载：“巴蜀亦沃野，地饶卮姜。”这里的“卮姜”就是指“紫姜”。左思《蜀都赋》也记载有“辛姜”。《齐民要术》卷三《种姜》中认为蜀姜最美。陶弘景《名医别录》认为：“生姜、干姜生犍为川谷及荆州、扬州。”张华《博物志》逸文记载蜀中伏波将军的蜀人熬姜法。对于蜀姜，我们习惯举左慈和介象的故事来分析蜀姜的地位，如《后汉书》卷八二《左慈传》记载，曹操“即已得鱼，恨无蜀中生姜耳”，表明汉代长江下游地区人民对蜀姜非常感兴趣，烹饪鱼类用蜀姜好像是一种标配。而葛洪《神仙传》卷九《介象》记载介象为孙权食鱼买蜀姜，表明蜀姜在江南地区也是名气很大。其实，这个时期并没有川菜的概念和话语存在于世，巴蜀的餐饮整体上在全国也没有太大的影响，唯独蜀椒和蜀姜这两种辛香料却在全国有较大的影响，这可能是汉晋南北朝时期巴蜀饮食文化地位的关键点所在。

在中国古代，用食茱萸来作为调料相当普遍，巴蜀地区在这个时期也用茱萸为烹饪用料，扬雄《蜀都赋》中记载有“木艾”，即指茱萸，其茱萸子即艾子。后来左思《蜀都赋》称当时园圃也有“茱萸”。据皇侃《论语集解义疏》：“煎茱萸，蜀郡作之，九月九日取茱萸折其枝连其实，广

---

① 邱庞同：《吕氏春秋本味篇译注》，中国商业出版社，1983，第10页。
② 邓少琴：《巴蜀史迹初探》，四川人民出版社，1983，第28页。
③ 熊四智：《川食探秘》，四川人民出版社，1993，第37—38页。

长四五寸，一升实可和十升膏，名之薮也……今蜀人犹呼其实为艾子，薮之讹也。”[①]不过巴蜀地区广泛用茱萸为烹饪用料可能是兴盛在宋明时期，但到明清时期就使用较少了。相对而言，由于蜀中蜀椒和蜀姜的地位突出，茱萸在巴蜀地区的历史地位一直不是太高。

所以，总体上来看，秦汉两晋南北朝时期，巴蜀地区的饮食文化特征中的好辛香主要是指蜀椒、蜀姜为主的饮食烹饪风味特征。这个特征一直延续到现代巴蜀饮食中，特别是在川菜的小河帮（内自帮）中体现得更明显。

四　重要特色菜品和饮食甜麻口味特征

前面我们谈到，秦汉两晋南北朝时期巴蜀地区食材面已经较为扩大，烹饪方式比以前更加丰富，主要使用煮、炙、烤等烹饪方式，形成“尚滋味”“好辛香”的总体饮食特征。在这种背景之下，巴蜀地区出现了一些重要的特色菜品，并形成自己独特的饮食口味特征。

1. 食蒟酱。蒟酱，一般认为是指胡椒科的扶留藤，即人们习惯称的蒌叶，为常绿攀缘藤本植物。果为酱果肉质，绿黄色至红色，互连成圆柱状串，长5—7厘米，似桑葚。秋后成熟。一般采收后晒一天，纵剖为二，再晒干备用。其味微辛辣而甘甜，故可调食，有称蒟酱。一般用蜜腌后而食，仍称“蒟酱”。秦汉时期四川地区以产蒟酱十分出名，东汉人刘德说当时“今蜀土家出蒟”[②]，据有关记载表明，汉晋南北朝时期巴郡、犍为郡南安县、僰道县、江阳郡等长江干流地区出产蒟酱最有盛名[③]，故左思《蜀都赋》称“蒟酱流味于巴蜀”，赞许之辞看来确非虚语。正是因为这样，早在秦汉时期巴蜀的商人就取“南夷道”将用盐和蜜腌渍而成的蒟酱贩运到南越地区，一则说明蒟酱在当时巴蜀饮食文化中地位重要，一则说明巴

---

① 张澍：《蜀典》卷六《风俗类》引。
② 《史记》卷一一六引《索引》刘德语，中华书局，1959，第2994页。
③ 《华阳国志》卷一《巴志》、卷三《蜀志》、《齐民要术》卷十引《广志》。

蜀饮食文化对外已经有一定的影响了。

2. 食魔芋。魔芋，亦称蒟蒻、花杆莲、蒻头、蒻草、鬼斗、鬼芋，为天南星科多年生草本植物。其地下块茎形似芋，含有丰富的淀粉，经石灰水漂煮后，可以食用和酿酒。民间常用其制成魔芋豆腐，亦可制成魔芋粉“蒟蒻粉”。巴蜀地区在汉晋南北朝时期便以产魔芋出名。《华阳国志》卷一《巴志》记载“园有芳蒻”[①]，左思的《蜀都赋》则称“其圃则有蒟蒻茱萸”[②]。《蜀都赋》刘逵注记载最为详细，其称：“蒻，草也，其根名篛头，大者如斗，其肌正白，可以灰汁煮则凝成，可以苦酒淹食之，蜀人珍焉。”[③]再者《益州记》：“蜀人以冬月取蒻茎舂碎炙之，水淋一宿为俎葅。”[④]由此来看，汉晋南北朝时期巴蜀地区已经开发魔芋为一种特色食品了。从时间上来看，巴蜀地区是我国最早种蒟蒻和食魔芋的地方。

3. 食蹲鸱。蹲鸱即今天巴蜀人称的芋头。芋，俗称“芋艿”，也是天南星科草本植物。其球状茎供食，称为芋头，为巴蜀古代重要的特产。秦代成都平原便有“下有蹲鸱，至乱不饥”之称，左思《蜀都赋》则称“瓜畴芋区”，说明川西成都平原这个时期蹲鸱是作为一种主食食用的，难怪晋代张载《登成都白菟楼》描绘成都平原“蹲鸱蔽地生，原隰殖嘉蔬。”晋代郭义恭《广志》记载了诸多巴蜀芋头的名称和特点，其称：“蜀汉既繁芋，民以为资，凡十四等，有君子芋，大如斗，魁如杵簇，有草毂芋，有锯子芋，有旁巨芋，有青边芋。此四芋多子。有淡善芋，魁大如瓶，少子，叶如散盖，绀色，紫茎，长丈余，易熟长味，芋之最善者也，茎可作羹臛，肥涩，得饮乃下。有蔓芋，缘枝生，大者次二三升。有鸡子芋，色黄。有百果芋，魁大，子繁多，亩收百斛，种一百亩，以养彘。有旱芋，七月熟。有九面芋，大而不美。有象空芋，大而弱，使人易饥。有青芋，有素芋，子皆不可食，茎可为菹。凡此诸芋，皆可干，又可藏至夏食

① 《华阳国志》卷一《巴志》，刘琳注本，巴蜀书社，1984，第25页。
② 左思：《蜀都赋》，载《全蜀艺文志》卷一，线装书局，2003，第9页。
③ 萧统：《六臣注文选》卷第四引。
④ 曹学佺：《蜀中广记》卷六十四，文渊阁四库全书本。

之。”[1]从以上记载看出其中有芋头专门种来用于养猪，可以想见当时种植量是较大的。只是以上这些芋头名称相当于今天的何种芋头大都不是太清楚了。

许多后来在巴蜀饮食中较为常见的食物都已开始有记载，如竹笋，戴凯之《竹谱》谈到蜀中的邛竹，而陆玑《诗疏》专门谈到巴竹笋，可见巴蜀人食用竹笋历史已经很悠久了。蜀人自古喜欢腐臭物，《吕氏春秋·孝行览·本味》高诱注称：“臭恶犹美，若蜀人之作羊腊，以臭为美，各有所用也。”[2]这种羊腊应该是一种用羊肉做成的食物，具体制作法已经不得而知。后来唐代蜀中出现的鹿之类也是这类食物。晋代张载《登成都白菟楼》记载了晋代成都的一些饮食情况，有秋橘、青鱼、黑子、果馔、龙醢、蟹蝑食品[3]，只是这些食品的具体食材、烹饪方式已经不可得知了。

巴蜀地区很早以来便是重要的酒类生产地区。现代意义上的白酒（即蒸馏酒）出现在宋代，在此以前主要是米酒一类的非蒸馏酒。但不管哪种酒，其主要原料都是粮食。一个地区的农业经济发达程度往往是一个地区酒类生产的重要条件。巴蜀地区特别是成都平原地区开发较早，经济较为发达，早在商周时期就有十分辉煌的人类文明，这就为酒类生产创造了条件。汉代成都平原上的成都城是全国五大商业都市之一，三国时期成都平原已经有了“天府”的美誉，唐代成都又有“扬一益二”的美名。宋元以来巴蜀地区的经济重心东移南迁，整个四川盆地地区的经济都有了十分大的发展，这便为四川地区酒类的生产奠定了基础。

从考古发现来看，巴蜀地区出土的酒器十分多，且十分有特色。《华阳国志》卷三《蜀志》载：“九世有开明帝，始立宗庙，以酒曰醴，乐曰荆。”[4]从历史记载来看，川东地区生产的酒当时已经十分有名，巴人古诗中有称：“川崖惟平，其稼多黍。旨酒嘉谷，可以养父。野惟阜丘，彼

① 贾思勰：《齐民要术》种芋第十六，中华书局，1956，第30-31页。
② 吕不韦：《吕氏春秋》第十四卷《孝行览》第二，高诱注，上海书店，1986，第141页。
③ 张载：《登成都白菟楼》，载欧阳询《艺文类聚》卷二十八人部十二。
④ 《华阳国志》卷一《蜀志》，刘琳注本，巴蜀书社，1984，第185页。

稷多有。嘉谷旨酒，可以养母。”可见汉时川东地区酒在巴人生活中的影响已经很大。又《水经注·江水》中记载当时川东地区“江之左岸有巴乡村，村人善酿，故俗称巴乡清，郡出名酒”[①]。据《北堂书钞》卷一四八引盛弘之《荆州记》称：“永安宫西巴乡村，村善酿酒。”[②]此处的巴乡酒可能便是当时的清酒。因秦汉时期清酒是酒品中最高的一种，秦政府与巴人订盟便有“夷犯秦，输清酒一钟”的说法。当时川东地区巴人之所以善饮，主要是与他们强悍尚武的性格有关，而善饮的风尚又促进了其酿酒业的发展。其对这个时期川西地区的酿酒业也产生了较大的影响，贾思勰《齐民要术》卷六六《选并酒》载：“蜀人作酴酒法：十二月朝取流水五斗，渍小麦曲二斤，密泥封，至正月二月冻释，发，漉去滓。但取汁三斗，杀米三斗，炊作饭，调强软，合和，复密封，数十日便熟，合滓餐之，甘辛滑，如甜酒味，不能醉人，多啖，温温小煖而面热也。”[③]这明显是一种制造酒糟食品的方法，从侧面说明当时蜀地酿酒业已经较为发达，才有可能开发出酒糟类食品来食用。其实，从成都平原出土的汉代画像砖和画像石来看，当时成都平原一带酒类生产规模可能已经较大，销售也较为普遍。不过，我们还没有发现这个时期用酒作为菜品调料的记载。

汉晋南北朝时期，巴蜀已经形成甜麻姜香相兼的口味特征。巴蜀地区一直产蜜和甘蔗，《华阳国志》多处谈到巴蜀产蜜，扬雄《蜀都赋》记载有诸柘，左思《蜀都赋》中记载有甘蔗，这种物产资源环境自然对巴蜀的烹饪口味有较大的影响。早在扬雄《蜀都赋》中就谈到蜀地的饮食有“甘甜之和，勺药之羹”菜品，这里的“甘甜之和”显现了川菜对甜味复合味道的重视。现在人们往往也引用《魏文帝与孙权书》来说明魏晋时期巴蜀菜品的味型，其称：“新城孟太守道，蜀猪、豚、鸡、鹜味皆淡，故蜀人作食又喜着饴蜜。”说明巴蜀饮食口味用甜增味的特征[④]，反衬当时北方饮

---

① 郦道元：《水经注》卷三十三，岳麓书社，1995，第495页。
② 虞世南：《北堂书钞》卷一四八，中国书店，1989，第425页。
③ 贾思勰：《齐民要术》笨曲并酒第六十六，中华书局，1956，第109页。
④ 《太平御览》卷八五七引，另《蜀中广记》卷五八引《魏略》引称：“新城孟太守道，蜀猪、豚、鸡、鹜味皆淡，故蜀人作食喜着煮饴蜜以助味也。”

食味道偏咸偏重的特征。同时，我们发现梁刘孝仪《谢东宫城傍橘启》中也称："岂如蜀食，待饴蜜而成甜。"[1]我们发现《魏略》引用《魏文帝与孙权书》此条时在后面加有"以助味也"之称，也是说明蜀人喜欢加蜜来助味。需要说明的是蜀人喜欢蜜饴主要是助味，并不是直接食甜嗜甘，这在后来的川菜中也有体现。所以，早在汉晋南北朝时期巴蜀地区因"好辛香"喜欢用花椒、姜和加蜜"以助味"的方式，已经形成了巴蜀特殊的甜麻姜香相兼的复合口味了。这里要强调的是以前几乎所有的川菜史论著都没有认识到川菜甜味的重要性，20年前笔者在《西南历史文化地理》饮食篇中首先发现了这个特征。实际上这种风味特征在当下的川菜烹饪中仍有保留，是我们做好川菜的重要之处。

五 早期巴蜀地区内部饮食地域差异与商业饮食业的发展

饮食文化的地域差异是客观存在的，一个饮食文化发达的地区往往会出现更明显的小区域的地域差异，从某种意义上讲，越是小区域地域差异多的饮食区，越能展现饮食烹饪文化的丰富性，也更能体现该地区饮食文化的发达。

汉晋南北朝，巴蜀地区饮食文化在地理特征上已经呈现一定的区域空间特色。具体而言，饮食文化发达且特色鲜明的地区主要在川北金牛道一线，成都平原及岷江以下的乐山、宜宾和长江上的泸州、重庆一带，四川历史上的蜀椒、蜀姜、蒟酱主要出产于这些地区，富有特色的猎宴、荔枝宴也是出现在这些地区。这些地区处在秦汉金牛道和岷江长江通道上，在秦汉时期是汉族移民重要的迁入地区，也是移民开发的重点区，经济开发程度高，相应其饮食文化也更发达。从目前考古发掘的汉代庖厨俑来看，主要分布在成都、宜宾、重庆、忠县、三台、乐山、西昌等地，基本上也在这个范围内。

---

① 刘孝仪：《谢东宫城傍橘启》，载《艺文类聚》卷八十六引。

具体来讲：第一，成都平原是饮食文化发达的地区，汉化程度最高，由于大量移民的进入，形成“汉家食货，以为称首”的局面，汉代画像砖和画像石所反映的庖厨和宴饮场面可能主要是反映这个地区的情况。第二，岷江、长江沿线的气候带呈现南亚热带气候特征，物产丰富而富有特色，蜀椒、蜀姜、荔枝、蒟蒻、蒟酱都主要是产于这个地区。汉晋南北朝时期这个地区既保存了土著僚、僰等民族的饮食习尚，也渗入了汉族移民的饮食风俗，饮食特色最为鲜明。

在这个时期，随着城市商业经济的发展，商业饮食业发展也较快，特别是成都地区，出现了许多酒肆，如我们发现大量画像砖石中都有酒肆场景。我们经常引用的司马迁《史记》卷一百十七《司马相如列传》载：“相如与俱之临邛，尽卖其车骑，买一酒舍酤酒，而令文君当炉，相如身自着犊鼻裈与庸保杂作。”而班固《汉书》卷五十七上也称：“令文君当炉，相如身自着犊鼻裈与庸保杂作。”这就是历史上的“文君当炉”“相如涤器”历史故事出处。不过，一般百姓的饮食可能更简单一些，这个时期的巴蜀粗茶淡饭是何种饭，据王褒《僮约》记载有“饭豆饮水”的话语，可能在当时，一般下层百姓往往并不能食稻米、黄米、小米之类细粮，只能食豆菽配食水当主食，成为当时老百姓的粗茶淡饭。

秦汉两晋南北朝时期，巴蜀地区周边仍是夷多汉少的西南夷地区，西南地区民族饮食文化与汉民族的饮食文化之间互相的影响应该都较明显。汉晋南北朝时期，西南地区经过不断开发，曾广泛设立郡县，但总的来看，真正长期设立郡县，汉族文化影响较大的地区不过只是在四川的部分地区，如巴蜀金牛道一线、成都平原、岷江长江沿线地区，故这些地区的饮食文化汉化程度较高。又由于区域文化传统和地理环境的特殊，巴蜀地区饮食文化在汉族饮食文化中已经初具特色了。

第二节　文人视阈的“川食”与古典川菜的定型：唐宋元明时期巴蜀的饮食文化

唐宋时期，川峡四路的经济文化开发进入了一个新阶段，成都平原经开发后已经“无寸土之旷”，经济的发展和外来文化的影响，使川峡四路，特别是以成都平原为核心区的巴蜀饮食文化有了更加鲜明的特色，“川食”已经成为当时巴蜀文人眼中有影响的饮食。加上这个时期巴蜀相对安定，所谓“地富鱼为米，山芳桂为樵”，巴蜀人继承了汉晋南北朝时期喜宴聚的风尚，并在其基础上发展形成了奢华的饮食风俗。

这个时期的巴蜀饮食文化的发展，表现在食材不断扩大，烹饪方式越来越多，饮食器具中瓷器比例大增，菜品越来越丰富，小吃类饮食出现，游宴风尚越来越盛行，饮食的奢侈之风甲于中国。由于有较好的物质基础，加上阴湿多雨的气候背景，巴蜀汉中之人“性嗜口腹，多事田渔，虽蓬室柴门，食必兼肉”[①]。这里，《隋书·地理志》虽然主要是在谈梁州汉中之人的风俗，但汉唐时期的今汉中盆地、大巴山南麓的汉中移民本是在巴蜀文化圈内，在汉唐对巴蜀核心地区影响较大，从后来的资料印证显示，这种“性嗜口腹”“食必兼肉”的风尚在巴蜀核心区体现得也很明显。应该看到，这种“性嗜口腹”“食必兼肉”的风尚在一定程度上促进了川菜饮食文化的发展，特别是猪肉成为农耕民族最家常的肉食，促使川菜成为中国四大菜系中猪肉烹制最擅长而平民化程度最高的菜系。

一　食材的扩大与菜品的进一步开发

前面已经谈到，秦汉两晋南北朝时期，巴蜀地区的大田农作物有稻、菽、稷（又称粟）、黍（黄米）、麦，小麦的种植并不普遍。这个时期，

① 《隋书》卷二九《地理志》，中华书局，1973，第829页。

农副产品中可作食材的有荔枝、姜、蒟、茱萸、芋、桑、笋、橙、茶、葵、鱼、盐、鸭、鸡、猪、牛、羊、狗、茄、荼、蜜、山鸡、白雉、芳蒻、天椒、枣、柿、桃、杏、李、枇杷、樱梅、梨、栗、甘蔗等。

到了唐宋时期，随着社会经济的发展，食材上扩展较快，显现了更加广谱化的发展趋势，具体表现在主食结构、动物类荤食、植物类蔬食的三大变化上。据元代《饮食须知》记载，当时传统的芸苔菜、薤、苦菜、葵菜（蜀葵苗）、蕺菜等巴蜀传统菜品仍然流行，同时已经有藕、烧酒、海带、犀肉、象肉等出现在饮食菜品之中。[①]只是这些新出现的菜品并不是所有都已经在巴蜀地区出现。今天被人们称为野菜的元明时期，往往作为家常菜，元代贾铭《饮食须知》卷三称苦菜家种者为“苦苣”，朱棣《救荒本草》卷八称苦荬菜苗叶用盐调食。王祯《农书》中记载有诸葛菜，明代何宇度《益部谈资》卷上记载，明代诸葛菜的根、叶、心、茎四种全都可食用。鄂尔泰等《钦定授时通考》卷五九记载的诸葛菜、龙葵、苦菜、巢菜等并不是完全作为野蔬的。

（一）主食的结构变化及特色主食的涌现

随着农业经济的发展，唐宋时期在主食方面发生了较大的变化。具体讲，唐宋时期小麦开始被广泛种植，稻麦两熟制开始出现，所以，在巴蜀经济较为发达的地区，稻米、小麦已经逐渐成为重要的主食，但在广大山地、中丘地区，粟的种植尤多。水稻、小麦再加上荞、黍（黄米）、高粱（蜀秫）、粟（稷，即小米）等食材，与汉晋相比主食花样明显多起来，主食上更加体现了广谱性。这正如陈伟明所指出的唐宋时期主食“由单一的饭品向多种食物搭配发展”[②]，主食越来越丰富，且互相掺合搭配成新的饭品。

---

① 贾铭：《饮食须知》，人民卫生出版社，1988。
② 陈伟明：《唐宋饮食文化初探》，中国商业出版社，1993，第7页。

研究表明，就水稻种植来看，宋代四川盆地较低平原、河川和峡谷地带已经广泛种植，并且在一些水源好的高地也开始种植，开始出现了梯田。[①]水稻品种不断增加，既有籼稻、粳稻，也有糯稻。同时也可能有早稻、中晚稻，出现了双季稻。这为饮食生活中大米的广泛使用和主食品种的多样化发展创造了条件。唐宋时期，已经发明了许多用稻米制成的特色主食，如可用稻米做成青精（一作䭀）干腿饭和金羹玉饭。

巴蜀地区是中国道教的发源地之一，道家在宋以前的地位很高，巴蜀地区青精饭不仅在道家场合食用，也成为民间重要的稻米食品。早在唐代王悬河《三洞珠囊》卷三中就记载有太极真人的青精干石饭[②]，据吴曾《能改斋漫录》卷七《事实》："青精饭，神仙王褒传，太极真人以太极青精饭，上仙灵方授之，可案而合服，褒案方合炼，服之五年，色如少女，杜诗，岂无青精饭，使我颜色好，是也。"[③]原来民间传说这种道家饭可以延年益寿、返老还童，故这种青精饭在唐宋名气相当大，所以，杜甫诗《赠李白》一诗中才有"岂无青精饭，使我颜色好"之句。宋代《岁时广记》卷十五谈到有染青饭，道家称之为青精干石饭。宋代林洪《山家清供》也记载有青精饭、青精石饭。在唐宋的诗文中对青精饭也多有记载，如唐代南阳人张贲《以青䭀饭分送袭美鲁望因成一绝》诗中称"谁屑琼瑶事青䭀，旧传名品出华阳"[④]，说明这种食品在中原一带已经有影响了。宋代佚名《锦绣万花谷》记载透视出了这种饭的烹饪特色，其称："青精饭，杜诗：岂无青精饭，使我颜色好。注：陶隐居《登真隐诀》载太极真人青精干石食饭。注云：以南烛草木煮汁渍米为之，真诰云：有道士邓伯元者，受青精石饭之法。"[⑤]从此可以看出是用草木汁来渍米而成，特色鲜明。

唐宋巴蜀之民往往将这个道家饭在寒食日引入民间，又称为杨桐饭，如明代《天中记》卷四记载："杨桐饭，蜀人遇寒食日，采杨桐叶染饭色

① 郭声波：《四川历史农业地理》，四川人民出版社，1993，第151页。
② 王悬河：《三洞珠囊》卷三，明正统道藏本。
③ 吴曾：《能改斋漫录》卷七《事实》，中华书局，1985，第173页。
④ 陆龟蒙、皮日休：《松陵集》卷九，文渊阁四库全书本。
⑤ 《锦绣万花谷》卷三十，文渊阁四库全书本。

青而有光，食之资阳气，谓之杨桐饭，道家谓之青饭。”清人汪灏《广群芳谱》引《零阳总记》载：“蜀人遇寒食，用杨桐叶并细冬青叶染乌柏叶染乌饭作糕，是此遗煮。”不过，我们发现宋祝穆《事文类聚》前集卷八天时部载：“青精饭，杨柳桐叶细冬青，居人遇寒食，采其叶染饭，色青而有光，食之资阳气，道家谓之青精干石䭀饭。陶隐居《登真隐诀》有太祖真人青精干石䭀饭法，又云取南烛草木叶煮汁渍米炊，又名黑饭。”[1]这里称“居人”而不是“蜀人”，可能是笔误。另据明代杨升庵《升庵外集》中记载也是青精饭，称：“杜诗岂无青精饭，使我颜色好。青精一名南天烛，又曰墨饭，草以其可染黑饭也。道家谓之青精饭，故《仙经》云服草木之正气与神通食青烛之精命不复陨，谓此也。”[2]这里称“墨饭”，但前面祝穆称“黑饭”，也存在差异。总的来看，这种青精（䭀）饭（杨桐饭）是用植物叶汁染色而成的米饭，至今在道家和部分少数民族中仍然流行，民间称为五彩饭、乌饭。

另一种金虀玉饭在历史上有两个版本：一个据宋代罗愿《尔雅翼》卷二九记载鲸鱼与虀称之为金虀玉饭[3]，后明代陈耀文《天中记》卷五六中也记载了这种金虀玉饭[4]。另一说金虀玉饭是用鸭子与大米配制而成的，因鸭子在以前可称为红腊、紫黎、金虀而得名。对此，宋代《舆地纪胜》卷一六五《广安军》和《方舆胜览》卷六五中都谈到金虀玉饭，并称金虀为鸭子。[5]后来陈耀文《天中记》更是明确记载：“金虀，蜀广安有金虀玉饭，红腊、紫黎、金虀，谓鸭也。”[6]不过，这两种金虀玉饭做法已经失传，今人不得其法了。

从宋代开始，蜀人普遍喜欢食用火米，据陈师道《后山谈丛》记载：

---

① 祝穆：《新编古今事文类聚》前集卷八天时部，中文出版社，1989，第110页。
② 杨升庵：《升庵外集》，中国商业出版社，1989，第138页。
③ 罗愿：《尔雅翼》卷二九，中华书局，1985，第292页。
④ 陈耀文：《天中记》卷五六，文渊阁四库全书本。
⑤ 《舆地纪胜》卷一六五《广安军》。《方舆胜览》卷六五。
⑥ 陈耀文：《天中记》卷五八，文渊阁四库全书本。

> 蜀稻先蒸而后炒谓之火米，可以久积，以地润故也。蒸用大木空中为甑，盛数石，炒用石板为釜，凡数十石。[①]

这种火米，实际上就是今天四川人经常食用的阴米。所以《石湖诗集》中记载有“成都火米不论钱”[②]之称。据明代李时珍《本草纲目》卷二五称：“火米有三，有火蒸治成者，有火烧治成者，又有畬田火米，与此不同。”[③]这里火米主要是指第一种。实际上唐代文献中的火米就较多，如元稹《元氏长庆集》卷十中就有“火米粗粝不精”[④]之说，杨炯《盈川集》卷六中也谈到“龙山火米者，又不逾于古矣”[⑤]。宋代黄伦《尚书精义》卷八中谈到“火米以养人，粉以泽物”[⑥]，只是指哪一种意义上的火米不是太明确。可以肯定的是，“火蒸治成者”的火米在巴蜀地区一直沿袭到清代民国，如陈祥裔《蜀都碎事》卷一记载：“火米，蜀皆有之，以稻谷蒸然后舂以为米，即南中之蒸谷米也，但蜀盛行之耳，又有稻米作饭甚香，食之令人胀，曰香稻米。”[⑦]清代王培荀《听雨楼随笔》卷六记载：“蒸谷家家炊火米”，认为“雅人以熟谷碾米为火米”。[⑧]对此民国《雅安县志》记载：“俗多食火米，不火者谓之灿米。曝谷俟碾，火米先盛釜煮半熟，先谷得米石可四斗五升，火谷得米石五斗，‘二谷一米’之说为火谷言之也。”[⑨]

道光《遵义府志》卷十七记载：

> 《蜀语》，熟谷名火谷，舂成米曰火米，用粳稻水煮滚，住火停锅中一夜，次早漉去水，又用火蒸，上气晒干为米，每斗谷多得米一

① 陈师道：《后山谈丛》卷四，中华书局，1985，第31页。
② 范成大：《石湖诗集》卷一八，四部丛刊本。
③ 李时珍：《本草纲目》卷二五，人民卫生出版社，1978，第1533页。
④ 元稹：《元氏长庆集》卷十，四部丛刊本。
⑤ 杨炯：《盈川集》卷六，四部丛刊本。
⑥ 黄伦：《尚书精义》卷八，文渊阁四库全书本。
⑦ 陈祥裔：《蜀都碎事》卷一，清康熙漱雪轩刻本。
⑧ 王培荀：《听雨楼随笔》卷六，巴蜀书社，1987，第389页。
⑨ 民国《雅安县志》卷四《风俗志》。

升，每升多食一人，疑是仙传，如糯稻依此法作炒米，甚松。[1]

清末徐心余《蜀游闻见录》记载：

> 有所谓火米者，系先将谷蒸熟，于烈日中曝干，储之仓中，用时方碾出。邑人云“火米能经饱，食之已惯，不可更也”，然米色黄而且黯，以之登筵席，似不甚雅观也。[2]

民国《名山县新志》引旧志记载火米制作方式，谈到古今的差异：

> 用大釜和水煮谷，候其皮欲裂，淅之蒸之是也。至云煮时，候其皮欲裂，亦有未尽。大抵煮谷之法，以谷数多少审用水分量，火不欲过烈，水以热为度，淅后再蒸，始以皮微裂为要，若煮时即裂其皮，则为米不佳矣。又蒸后暴之以栈，非不得已鲜有用炒者。古今法殊，传闻亦或异也。别炒而不蒸者，曰炒谷米，味较香。不炒、不煮，乃曰仙米，精凿有之，不耐饥，乡民少用也。[3]

实际上，据《本草纲目》中记载的三种火米概念，第一种是四川等地普遍食用的阴米，第二种实际上是我们称的米花、炒米，第三种即指畲田种植出来的大米。对于第二种，徐珂《清稗类钞》记载：“炒米，古之火米也，或曰米花，或曰米泡，盖以米杂砂炒之。粳米、糯米则不拘，极松脆，以之作点心，或干嚼或水冲皆可。”[4]所以《本草纲目》中第二种火米即我们称的米花、炒米，以此做了我们现在经常食用的炒米糖或米花糖。明代《宋氏养生部》中记载有炒米糕[5]，可能就是较早的米花糖类食物。对

---

① 道光《遵义府志》卷一七《物产》。
② 徐心余：《蜀游闻见录》，四川人民出版社，1985，第63页。
③ 民国《名山县新志》卷十引《旧志》。
④ 徐珂：《清稗类钞》第四十八册，商务印书馆，1928，第209页。
⑤ 宋诩：《宋氏养生部·饮食部分》，中国商业出版社，1989，第60页。

于第三种火米，章穆《调疾饮食辨》中记载："又有畲田火米，乃新垦之地，用火烧过，然后插禾，故名火米，与此不同。"[①]章氏的解释是较为准确的。清初陈聂恒谈到制作火米的原因为："川米广收价贱，土气蒸湿，民间皆贮谷，日就水碓，量口取给，焙以火者，为火米，耐久不蠹，味不佳。"[②]

小麦的原产地在西域，两晋南北朝时期才大量传入中国，唐代"安史之乱"时，四川盆地的小麦已经成为寻常农作物，而宋代小麦已经开始在盆地内广泛种植，到南宋末年已经相当普遍，出现了春冬两季小麦，稻麦两熟制已经较为明显，有的地区小麦已经成为仅次于水稻的粮食，[③]所以，南宋已经有"四川田土，无不种麦"[④]之称了。这样，唐宋时期巴蜀地区很多已经用小麦作为主食了。

有一种槐叶面淘，是用面粉与槐树叶汁做成。据林洪《山家清供》："于夏采槐叶之高秀者，汤少瀹，研细滤清，和面作淘，乃以醯、酱为熟蒸，簇细茵以盘行之，取其碧鲜可爱也。"[⑤]这里的所谓"淘"，即一种特色面食品。后来明代人的记载也称："取稚槐叶捣自然汁，匀面，轴开薄切之，细切如缕，投猛水汤中煮熟。"[⑥]更是明确指一种如缕丝一样的面条。还有一种冷淘，元代倪瓒《云林堂饮食制度集》中记载有一种冷淘面法："冷淘面法，生姜去皮，擂自然汁，花椒末用醋调，酱滤清，作汁。不入别汁水。以冻鳜鱼、鲈鱼、江鱼皆可。旋挑入咸汁内。虾肉亦可，虾不须冻。汁内细切胡荽或香菜或韭芽生者。搜冷淘面在内。用冷肉汁入少盐和剂。冻鳜鱼江鱼等用鱼去骨、皮，批片排盆中，或小定盘中。用鱼汁及江鱼胶熬汁，调和清汁浇冻。"[⑦]据记载这种冷淘面在明代仍然流行，如宋诩《竹屿山房杂部》卷二十尊生部和佚名《明内廷规制考》卷三仍有记

---

① 章穆：《调疾饮食辨》，中医古籍出版社，1999，第129页。
② 陈聂恒：《边州闻见录》卷九，康熙年间刻本。
③ 郭声波：《四川历史农业地理》，四川人民出版社，1993，第163—164页。
④ 汪应辰：《文定集》卷四《御札再问蜀中旱歉》，学林出版社，2009，第32页。
⑤ 林洪：《山家清供》卷上，中国商业出版社，1985，第18页。
⑥ 宋诩：《宋氏养生部·饮食部分》，中国商业出版社，1989，第38页。
⑦ 倪瓒：《云林堂饮食制度集》，中国商业出版社，1984，第7、8页。

载。另据《东京梦华录》卷四《食店》中记载，当时川饭店有插肉面、大燠面、生熟烧饭，如果这里的川饭店是指巴蜀地区的风味店，这里的三种主食自然就是巴蜀地区的特色主食，只是我们还不敢肯定这里的“川饭”就是特指巴蜀地区的饮食。

在这个时期，巴蜀地区用面来做饼和馄饨也较普遍了。

据记载，蜀地曾出现一种大饼称为赵大饼，《太平广记》卷二三四《大饼》条记载：“有能造大饼，每三斗面擀一枚，大于数间屋，或大内宴聚，或豪家有广筵，多于众宾内献一枚，裁剖用之皆有余矣。虽亲密懿分莫知擀造之法，以此得大饼之号。”[①]当然，我们而今也不知道这种大饼的具体制作方法了。

据考证，馄饨之食出现较早，早在两汉三国时期就有腽肫之名，南北朝开始有记载具体的形状，元代开始有具体的烹饪方法。[②]到了宋代巴蜀地区也流行吃馄饨了，所以有宋代张乘崖“蜀中盛暑食馄饨”[③]。到了元明以后，巴蜀食馄饨就相当平常了，并且后来因为移民文化的影响有了抄手、包面等称呼。当时还有一种饼称为消灾饼，据陶谷《清异录》卷四：“消灾饼，僖宗幸蜀，乏食，有宫人出方巾所包面半升许，会村人献酒一提，偏用酒溲面，煿饼以进，嫔嫱泣奏曰：此消灾饼，乞强进半枚。”[④]这里明确唐中叶四川已经用面来做饼。另有一种唐安餤，出现在陶谷《清异录》卷四的记载中[⑤]，元代《馔史》中也曾记载此饼[⑥]，后来明代文献中也有记载，只是不知道这种饼是不是面粉做成的。

另有文献记载有一种通义饼（眉州红绫饼），在巴蜀有较大的影响，葛立方《韵语阳秋》卷十九记载：

① 《太平广记》卷二三四《大饼》，民国景明嘉靖谈恺刻本。
② 朱伟：《考吃》，中国书店，1997，第85—86页。
③ 释文莹：《玉壶清话》，凤凰出版社，2009，第37页。
④ 陶谷：《清异录》卷四，中国商业出版社，1985，第16、17页。
⑤ 同上，第8页。
⑥ 佚名：《馔史》，清学海类编本。

唐御食，红绫饼餤为上。光化中，放进士裴裕、卢延逊等二十八人，宴于曲江，敕太官赐饼餤，止二十八枚而已。延逊后入蜀，颇为蜀人所易，尝有诗云：莫欺零落残牙齿，曾吃红绫饼餤来。其为当世所贵重如此。《酉阳杂俎》载：衣冠家有萧家馄饨、庾家粽子、韩约樱桃毕罗。又有胡突脍、鹿皮索饼之类，号为名食，不至于甚侈而美有余，亦红绫饼餤之类也。[①]

叶梦得《避暑录话》卷下：

唐御膳，以红绫饼餤为重。昭宗光化中，放进士榜，得裴格等二十八人，以为得人，会燕曲江，乃令大官特作二十八饼餤赐之。卢延逊在其间，后入蜀为学士，既老，颇为蜀人所易。延让诗素平易近俳，乃作诗云：莫欺零落残牙齿，曾吃红绫饼餤来。王衍闻知，遂命供膳，亦以饼餤为上品，以红罗裹之。至今蜀人工为饼餤，而红罗裹其外，公厨大燕设为第一红绫饼馅。[②]

不过宋元时期，对此还有另外两种说法，如宋曾慥《类说》卷十二："僖宗食饼馅美，进士有闻喜宴上，各赐红绫饼馅一枚。徐寅诗曰"莫欺缺落残牙齿，曾吃红绫饼馅来。"而元刘埙《隐居通议》卷十一也称："又唐薛能诗：莫欺缺落残牙齿，曾吃红绫饼餤来。红绫饼餤亦是唐新进士时事。"显然，同一首诗作者有卢延逊、徐寅、薛能三人说法，不知真实，但可以肯定的是红绫饼在唐代很有名气，特别是蜀人尤重视这个小吃的传承。

在中古时期，煮羹是重要的烹饪方式，所以食羹是相当普遍的，巴蜀地区也不例外，如巴蜀的自然羹（道人）很早就有名气了。《清异录》卷

① 葛立方：《韵语阳秋》卷十九，中华书局，1985，第159页。
② 叶梦得：《避暑录话》卷下，中华书局，1985，62页。

四记载有这款“自然羹”：

蜀中有一道人卖自然羹，人试买之。盌中二鱼，鳞鬣肠胃皆在，鳞上有黑纹，如一圆月。汁如淡水。食者旋剔去鳞肠，其味香美。有问“鱼上何故有月”？道人从盌中倾出，皆是荔枝仁，初未尝有鱼并汁。笑而急走，回顾云：蓬莱月，也不识。明年时疫，食羹人皆免，道人不复再见。①

显然，这里面谈到的是一款用荔枝仁做的仿鱼羹，其烹饪方法已经不可得知了。

宋代有关东坡的羹类菜品较多，一是用蔓菁、萝卜等一类做成的东坡羹，对此苏轼《东坡羹颂并引》有更详细的记载：

东坡羹，盖东坡居士所煮菜羹也，不用鱼肉五味，有自然之甘。其法以菘，若蔓菁、若芦菔、若荠，皆揉洗数过，去辛苦汁。先以生油少许涂釜缘及瓷碗，下菜汤中。入生米为糁，及少生姜，以油碗覆之，不得触，触则生油气，至熟不除。其上置甑，炊饭如常法，既不可遽覆，须生菜气出尽乃覆之。羹每沸涌，遇油辄下，又为碗所压，故终不得上。不尔，羹上薄饭，则气不得达而饭不熟矣。饭熟羹亦烂可食。若无菜，用瓜、茄皆切破，不揉洗，入罨，熟赤豆与粳米半为糁。余如煮菜法应。纯道人将适庐山，求其法以遗山中好事者。以颂问之，甘苦尝从极处回，咸酸未必是盐梅。问师此个天真味，根上来么尘上来。②

这个东坡羹历代相传，到了清代《调鼎集》中也专门记载有这种做法。

① 陶谷：《清异录》卷四，中国商业出版社，1985，第2—3页。
② 苏轼：《苏东坡集》下《续集》卷十，商务印书馆，1933，第1页。

一是用山芋做成的东坡玉糁羹，苏轼《苏文忠公全集》东坡续集卷二也有记载：

过子忽出新意，以山芋作玉糁羹，色香味皆奇绝，天上酥陀则不可知，人间决无此味也。香似龙涎仍酽白，味如牛乳更全清。莫将北海金齑鲙，轻比东坡玉糁羹。[1]

从这首《玉糁羹》诗来看，是其儿子苏过发明，经过东坡命名的。所以，陆游《即事》也记载："渭水岐山不出兵，却携琴剑锦官城。醉来身外穷通小，老去人间毁誉轻。扪虱雄豪空自许，屠龙工巧竟何成。雅闻岷下多区芋，聊试寒炉玉糁羹。"[2]谈到自己用芋头制作玉糁羹，后来在《晚春感事》《病中杂咏》也多有记载，只是好像陆游做的羹与苏轼的玉糁羹略有差异。

一是用荠菜做成的荠羹，陆游《剑南诗稿》卷七十四也称："食荠糁甚美，盖蜀人所谓东坡羹也。荠糁芳甘妙绝伦，啜来恍若在峨岷。莼羹下豉知难敌，牛乳抨酥亦未珍。异味颇思修净供，秘方常惜授厨人。午窗自抚膨脝腹，好住烟村莫厌贫。"[3]显然，这里谈的蜀人东坡羹是用荠做成的，所以又称"荠羹"，只是在北宋并不见记载，在南宋才发明的。

冯贽《云仙杂记》卷一："杜甫在蜀，日以七金，买黄儿米半篮、细子鱼一串、笼桶衫、柿油巾，皆蜀人奉养之粗者。"[4]说明早在唐代，四川地区黄儿米、细子鱼为家常便饭，为区域特色。这里的黄儿米即是指黍（黄米），为当时一般百姓的常食，而稻米、小麦面粉类往往是较珍贵的食品，只是多在经济发达的地区和社会上层食用，一般百姓的家常便饭可能就是以黄米为主食。唐宋时期，粟是巴蜀地区从丘陵到山地种植得较

① 苏轼：《苏东坡集》下《续集》卷二，商务印书馆，1933，第70页。
② 陆游：《剑南诗稿》卷三，《陆放翁全集》，中国书店，1986，第56页。
③ 同上，卷七十四，第1019页。
④ 冯贽：《云仙杂记》卷一，中华书局，1985，第4页。

为广泛的农作物，可能也是当时一般大众食用的主食之一。今天，薏米在巴蜀饮食中虽然有使用，但并不常见，一般是作为粥的一种配料，但唐宋时期，唐安餤、唐安饭中，薏米已成为蜀人经常食用的主食之一，陆游诗《薏以》称这种饭“唐安所出尤奇”，味道“滑欲流匙香满屋”，所以他的《蔬食戏书》中称“还吴此味那复有”，而《思蜀》中称：“流匙抄薏饭，加糁啜巢羹。”[①]另元稹《酬乐天东南行诗一百首韵》中谈到“和黍半蒸菰”“芋羹真暂淡”，说明当时有黍与菰合蒸饭食，还有用芋做成的羹。[②]

（二）动物类荤食菜品的开发利用

唐宋时期，巴蜀地区动物食材开始更显现广谱性的特征了。元稹《酬乐天东南行诗一百韵》称：“杂莼多剖鳝，和黍半蒸菰。绿粽新菱实，金丸小木奴。芋羹真暂淡，䶉炙漫涂苏。炰鳖那胜羜，烹鯄只似鲈。”并称“通州俗以鯄为脍”[③]，其中的“䶉”“鳖”“鯄”“鳝”都是以前少有使用的动物食材。总的来看，这个时期的菜品涉及猪、鱼、鸡、鸭、羊、牛、虾、兔、鹤、蟹，还涉及野生的玃、熊、蟾、蚁等，鱼类资源利用更加广泛，黄鱼、丙穴鱼、鲟鱼、鳝鱼、鯄鱼成为重要的食材，表明巴蜀饮食文化南北兼容，虽然历史上北方移民对饮食文化的影响巨大，但仍保留有南方地区食野的传统特征。有一些动物食材来自远处，如陆游《东山》谈到三台县东山的宴饮上就有来自陇右的驼酥和来自黔南的熊肪。[④]

四川地区江河纵横，鱼类资源十分丰富，汉晋时期经常出现夏秋涨水漫入农田，鱼吃禾稼成为一害，出现“鱼害”的现象。[⑤]这样的环境下，食

① 陆游：《剑南诗稿》卷十六、卷二四、卷十七，《陆放翁全集》，中国书店，1986，第274、401、299页。
② 元稹：《元稹集》卷十二，中华书局，1982，第136页。
③ 同上。
④ 陆游：《剑南诗稿》卷三，《陆放翁全集》，中国书店，1986，第53页。
⑤ 常璩：《华阳国志》（刘琳校本）卷三《蜀志》，巴蜀书社，1984，第286页。

鱼、鳖自然是饮食文化中的重要项目。沱江流域在巴蜀江河中，河流流速相对较慢，水面相对平缓，适宜众多巴蜀的静水水流下生存的鱼类生活，而当时沱江流域两岸农业经济发达，人口密度相对较大，人类遗弃的浮游生物较多，又提供给了鱼类更多的食材。所以，在巴蜀的江河中沱江“多鱼鳖”在那个时代是正常的。[①]而宋代万州有“民赖渔罟”之称[②]，可能民间食鱼十分普遍。万州所处峡江地区，河流速度较快，除一些回水沱湾适宜静水鱼类外，更多是适宜急流的鱼类生存。鱼类资源在巴蜀地区日常生活中地位极其重要，所以，巴人就有以鱼为图腾的一支。唐代杜甫诗《戏题寄上汉中王三首》有“蜀酒浓无敌，江鱼美可求”之称，将蜀酒与江鱼相比，可以想见当时人对巴蜀鱼类的看重。

汉晋以来，四川地区丙穴鱼（也称雅鱼，即齐口裂腹鱼和重口裂腹鱼）一直为重要特产，任预《益州记》称“嘉鱼，细鳞似鳟鱼，蜀中谓之拙鱼。蜀郡山处处有之”[③]。其时巴蜀地区的雅州、成都、泸州、嘉州、梁州、利州、天全六番、广安州、长宁县、綦江、夔州等地都出产，唐代杜甫曾有“鱼知丙穴由来美”的美称，宋代宋祁则称“蜀人甚珍其味”[④]。清代初年，陈聂恒曾谈到当时巴蜀地区称这种鱼为细鳞鱼，认为味道可以与熊掌并称。[⑤]

另据段成式《酉阳杂俎》记载：“鲵鱼，如鲇，四足长尾，能上树，天旱辄含水上山，以草叶覆身，张口，鸟来饮水，因吸食之。声如小儿。峡中人食之，先缚于树鞭之，身上白汗出如构汁，去此方可食，不尔有毒。”[⑥]说明唐代巴蜀地区东部已经开始吃今天的娃娃鱼了。李时珍《本草纲目》卷四十四也记载：“按郭璞云，鲵鱼似鲇，四足前脚似猴，后脚似狗，声如儿啼，大者长八九尺。山海经云：决水有人鱼状如鳑，食之已疫

---

① 李吉甫：《元和郡县志》卷三一《剑南道》，中华书局，1983，第785页。
② 祝穆：《方舆胜览》卷五九《万州》，中华书局，2003，第1043页。
③ 《太平御览》卷九三七引《益州记》，中华书局，1960，第4165页。
④ 宋祁：《益部方物略记》，中华书局，1985，第21页。
⑤ 陈聂恒：《边州闻见录》卷七，康熙年间刻本。
⑥ 段成式：《酉阳杂俎》前集卷十七，中华书局，1981，第164页。

疾。《蜀志》云雅州西山峡谷出魶鱼，似鲇，有足，能缘木声如婴儿，可食。”看来，当时峡中和雅安一带食用鲵鱼名气较大了，可能当时自然状态的鲵鱼资源较为丰富。

宋祁《益部方物略记》记载了许多蜀中食用的鱼类，有鲵（魶）、嘉鱼（齐口裂腹鱼）、鮇鱼、黑头鱼、沙绿鱼和石鳖鱼，其中有的鱼类已经难以对应今天的鱼类。

> 有足若鲵，大首长尾，其啼如婴，缘木弗坠。右魶鱼（出西山溪谷及雅江，状似鲵，有足能缘木，其声如儿啼。蜀人养之）。
>
> 二丙之穴，厥产嘉鱼，鲤质鳟鳞，为味珍腴。右嘉鱼（丙穴在兴州，有大丙小丙山，鱼出石穴中。今雅州亦有之。蜀人甚珍其味。左思所谓嘉鱼出于丙穴中）。
>
> 比鲫则大，肤缕玉莹，以鲙诸庖，无异隽永。右鮇鱼（出蜀江，皆鳞黑而肤理似玉。蜀人以为鲙，味美）。
>
> 黑首白腹，修体短额，春则群泳，促罟斯获。右黑头鱼（形若鳣，长者及尺。出嘉州。岁二月则至，惟郭璞台前有之。里人欲怪其说，则言璞著书台，鱼吞其墨，故首黑云）。
>
> 长不数寸，有驳其文，浅濑曲隈，唯泳而群。右沙绿鱼（鱼之细者。生隈濑中，状若鳝，大不五寸，美味，蜀人珍之）。
>
> 鲰鳞么质，本不登俎，以味见录，虽细犹捕。右石鳖鱼（状似鲂鮀而小，上春时出石间，庖人取为奇味）。[1]

所以，在唐宋时期巴蜀人食谱里，鱼类菜品比例相当大，见于诗文记载的鱼类甚多，如《剑南诗稿》卷六《成都书事》记载有斫脍鱼，称：“剑南山水尽清晖，濯锦江边天下稀。烟柳不遮楼角断，风花时傍马头飞。芼羹笋似稽山美，斫脍鱼如笠泽肥。客报城西有园卖，老夫白首欲忘

① 宋祁：《益部方物略记》，中华书局，1985，第21—22页。

归。”[①]南宋汪元量《水云集》记载泸州斫鲸鱼，称：“复作泸州去，轻舟疾复徐。峡深藏虎豹，谷暗隐樵渔。西望青羌远，南瞻白帝迂。晴岚侵簟枕，寒露湿衣裾。野沼荷将尽，山园荔已疏。长官相见后，置酒斫鲸鱼。”[②]另杜甫《观打鱼歌》记载了绵州鲂鱼脍，元稹《酬乐天东南行诗一百韵并序》称“通州江以鯀鱼为脍”，苏东坡有《戏作鮰鱼》一诗。据统计，当时巴蜀的鱼类菜品可能有雅州雅鱼（嘉鱼）、泸州斫鲸鱼、绵州鲂鱼脍、沙绿鱼、鲧鱼脍、细子鱼、石鳖鱼、嘉州墨头鱼、鮰鱼（江团）、通州鯀鱼脍、莼菜鳝鱼、峡中鲵鱼（蜀中魶鱼）等菜品。

历史上关于巴蜀地区的鱼类有一桩历史的疑案，就是历史语境中的黄鱼究竟是今天的何种鱼类？我们知道在峡江地区杜甫有诗称“家家养乌鬼，顿顿食黄鱼”，宋代就有人认为这是因为“川峡路人家多供祀乌蛮鬼，以临江故顿顿食黄鱼耳。俗人不解，便作养畜字读，遂使沈存中自差乌鬼为鸬鹚也”[③]。这里谈到的黄鱼和乌鬼究竟相当于今天何物，争论一直较大。

对于乌鬼存在多种说法，一种说法是指黑色的猪，一种认为是捕鱼的鸬鹚，也有认为是指乌鸦、神名等。而黄鱼也有两种说法，一是说为鲟鱼，一为黄辣丁（黄颡鱼）。实际上历史时期，巴蜀地区的家猪普遍是黑毛猪，没有必要单独说明是乌鬼。而且这里与鱼相对，应该与捕鱼有关，这样，指捕鱼的鸬鹚更有可能。有关黄鱼的记载早，但历史上的黄鱼所指的鱼类可能并不是一种，而是对鱼体黄色的鱼类的统称。如魏武《四时食制》记载：“鳣鱼，一名黄鱼，大数百斤，骨软可食，出江阳、犍为。”[④]这是一种大型的鱼类，可能是指鲟鱼。而《南中八郡志》记载有交州黄鱼、武宁县黄鱼，郭义恭《广志》称：“犍为郡僰道县出臑骨黄鱼。”[⑤]这里谈到的却不一定是指鲟鱼了。唐代宰杀黄鱼较为普遍，所以《酉阳杂

---

① 陆游：《剑南诗稿》卷六，《陆放翁全集》，中国书店，1986，第104页。
② 汪元量：《水云集》，清武林往哲遗著本。
③ 惠洪：《冷斋夜话》卷四，中华书局，1985，第21页。
④ 魏武：《四时食制》，载《太平御览》卷九三六引，中华书局，1960，第4161页。
⑤ 郭义恭：《广志》，《太平御览》卷九四〇引，四部丛刊本。

俎》记载：“蜀中每杀黄鱼，天必阴雨。”[①]我们知道由于鲟鱼是一种大型鱼类，传统时代虽然野生鲟鱼存量较大，但用传统的捕鱼方法捕获这种鱼并不容易。笔者小时候见到往往要用电打，因此其时要做到人或猪“顿顿食黄鱼”是不现实的。反而是黄辣丁在峡江存量巨大，个体小，较为容易捕获，正是捕鱼的鸬鹚类捕获的对象。王培荀《听雨楼随笔》记载：“蜀中有驾舟养鸬鹚捕鱼者，色黑，说者以为杜诗‘家家养乌鬼’即此。但水际偶有以是为业，非家家养之，其说未确也。”[②]如果按王氏的说法，杜诗显然有诗歌的夸张之处。笔者小时曾随大人捕获黄辣丁，感受到捕获的容易。而且黄辣丁肉脂丰美油膻，正符合杜甫《黄鱼》诗中“脂膏兼饲犬，长大不容身”之状。而且用“筒桶”这类竹器捕鱼，也不可能捕获上千斤的鲟鱼。从古至今，学术界对鳇、鲟鱼之间的关系一直没有完全理清。实际上在中国古代，鲟鱼与鳇鱼之称往往是分开的，但又将它们放入一类，如明代宋诩《竹屿山房杂部》中鳇鱼、鲟鱼、鱑鱼的许多名称、特性就是混杂在一起。清代《随息居饮食谱》中将鲟鱼、鳇鱼（黄鱼）、黄颡鱼（黄刺鱼，即黄辣丁）是分开了的。[③]《食宪鸿秘》中也将鲟鱼与黄鱼并列。[④]一般而言，称其黄鱼，则往往鱼体为黄色。明代菜谱《多能鄙事》卷一中记载“鲟鳇鱼鲊”都是作为同一类菜品出现。可能正是如此，古代往往将主要生长在北方地区的大型鱼类鳇鱼与主要生长在长江流域的大型鱼类鲟鱼混杂在一起。也正如此，将“鲟鱼”与“鳇鱼”“黄鱼”混杂在一起，即可能是将“鳇”与“黄”混在了一起。

冯贽《云仙杂记》卷一：“杜甫在蜀，日以七金买黄儿米半篮、细子鱼一串、笼桶衫、柿油巾，皆蜀人奉养之粗者。”[⑤]说明早在唐代，四川地区黄儿米、细子鱼为家常便饭，为区域特色，但这里的细子鱼为何种鱼呢？从其“奉养之粗”来看，这种鱼应该量大且容易捕获。照此推断巴蜀

---

① 段成式：《酉阳杂俎》前集卷十七，中华书局，1981，163页。
② 王培荀：《听雨楼随笔》卷六，巴蜀书社，1987，第361页。
③ 王士雄：《随息居饮食谱》，中国商业出版社，1985，第122，123页。
④ 朱彝尊：《食宪鸿秘》，中国商业出版社，1985，第154、155页。
⑤ 冯贽：《云仙杂记》卷一，中华书局，1985，第4页。

常见的细鳞白条鱼很有可能就是细子鱼，这种鱼在古代称为“白小”，如杜甫诗《白小》称：“白小群分命，天然二寸鱼。细微沾水族，风俗当园蔬。入肆银花乱，倾筐雪片虚。生成犹拾卵，尽取义何如。”巴蜀地区细鳞白条子、小白鱼，至今四川民间称鲳鲳鱼、鲳子、鲳鲳。

在中国四大菜系中，只有川菜是完全的内陆菜系，动物类荤食材中主要以农耕民族的猪、鸡类荤食材为主。所以，唐宋时期巴蜀地区主要的荤食菜品包括猪肉类、牛肉类、羊肉类、鸡肉类菜品，见于记载的菜品主要有东门彘肉、成都蒸鸡、龙鹤羹、大小拌肉、淘煎燠肉、杂煎事件、甲乙膏、川炒鸡、酒骨糟（羊肉）、蒸猪头、蜀祷炙、芜菁彘肉、川猪头，等等。

唐宋时期成都的东门彘肉和成都蒸鸡可能已经成为名食。陆游《蔬食戏书》载：“东门彘肉更奇绝，肥美不减胡羊酥。”[①]只是没有说明具体制作方法。另其《饭罢戏作》称：“南市沽浊醪，浮蚁甘不坏。东门买彘骨，醋酱点橙齑。蒸鸡最知名，美不数鱼蟹。轮囷犀浦芋，磊落新都菜。”[②]可以知道当时成都东门的猪肉和成都城内的蒸鸡名声在外，但具体烹饪方式不明。《证类本草》卷十三中谈到蜀椒用于“蒸鸡豚最佳”[③]，可以看出成都蒸鸡可能要放花椒。

在中古时期的烹饪中，炙烤是较为传统的方式，巴蜀地区仍然习惯用这种方式来烹饪肉类，如段成式《酉阳杂俎》前集卷七记载有蜀梼炙，只是不知炙的何种动物。[④]宋代陈彭年《重修广韵》卷二：“熷，蜀人取生肉于竹中炙。”[⑤]显然，巴蜀地区将肉放在竹筒中烧烤，很早就有流行，应该有熷肉这道菜。只是这道菜应该放何种调料，是何种味型，烤炙多久为好，我们已经无法得知了。

北宋苏东坡《答史彦明主簿二首》诗中谈到了龙鹤羹，南宋陆游《剑

① 陆游：《剑南诗稿》卷二四《蔬食戏书》，《陆放翁全集》，中国书店，1986，第401页。
② 同上，卷九《饭罢戏作》，第143页。
③ 唐慎微：《证类本草》卷一三，华夏出版社，1993，第287页。
④ 段成式：《酉阳杂俎》前集卷七，中华书局，1981，第70页。
⑤ 陈彭年：《宋本重修广韵》卷二，中华书局，1985，第181页。

南诗稿》卷十七中诗《冬夜与溥庵主说川食戏作》称：“唐安薏米白如玉，汉嘉栮脯美胜肉。大巢初生蚕正浴，小巢渐老麦米熟。龙鹤作羹香出釜，木鱼瀹菹子盈腹。未论索饼与饡饭，掫爱红糟并缹粥。东来坐阅七寒暑，未尝举箸忘吾蜀。何时一饱与子同，更煎土茗浮甘菊。”[①]将龙鹤羹与巴蜀众多的美食并列在一起，可见其重要性，只是我们并不知道这道菜的主料是啥，更不知道其菜是如何烹饪的。陆游《剑南诗稿》卷四中诗《题龙鹤菜帖》也称：“东坡先生元祐中与其里人史彦明主簿书云：新春龙鹤菜羹有味，举箸想复见忆邪。先生直玉堂，日羞太官羊。如何梦故山，晓枕春蔬香。春蔬尚云尔，况我旧朋友。万里一纸书，殷勤问安否。先生高世人，独恨不早归。坐令龙鹤菜，犹愧首阳薇。”[②]如果我们仅从菜名上来看，好像是一道蛇与禽类的荤菜，但从陆游的诗文来看，又像一道素菜。当然，也可能是一道荤素相兼的菜品。具体为何种菜品，只有待考了。

其实，唐宋时期蜀人确实已经习惯荤素搭配来烹饪菜品了。如宋代蜀人喜欢用猪肉与芜菁类菜配搭烹饪，可能是将芜菁类菜吸油结合起来的缘故。苏轼《送笋芍药与公择二首》一诗称：“久客厌虏馔，枵然思南烹。故人知我意，千里寄竹萌。骈头玉婴儿，一一脱锦绷。庖人应未识，旅人眼先明。我家拙厨膳，彘肉芼芜菁。送与江南客，烧煮配香粳。”[③]（馔，蜀人谓东北人虏子。）如这里的“彘肉芼芜菁”就应该是一道芜菁肉的菜品，只是我们已经无法复原这道菜的具体烹饪方法了。另黄山谷谈道：“蜀人凡果蔬皆渍之醯中以为蒸餗。”[④]这实际上可能也是一种荤素共烹的方式，我们现在也不能完全复原这种烹饪方式了。

在中国烹饪史上，煎这种方式出现相对较早，但炒这种方式出现较晚。前文谈到《齐民要术》中就有炒这种烹饪方式，可能是源于北方的一种烹饪方式。唐宋时期的文献中已经有一些记录是以炒这种方式来烹饪

---

① 陆游：《剑南诗稿》卷十七，《陆放翁全集》，中国书店，1986，第288—289页。
② 同上，卷四，第74页。
③ 苏轼：《苏东坡集》卷九，商务印书馆，1933，第70—71页。
④ 黄庭坚：《黄庭坚全集》别集卷十一，四川大学出版社，2001，第1697页。

食物了。不过，炒这种烹饪方式到了元明时期才真正较为普遍起来。所以，元代出现了川炒鸡这道名菜。元代《居家必用事类全集》庚集记载其做法是“每只洗净剁作事件，炼香油三两炒肉，入葱丝盐半两，炒七分熟，用酱一匙同研烂，胡椒、川椒、茴香入水一大碗，下锅煮熟为度，加好酒些小为妙。”[①]明代刘基《多能鄙事》卷二饮食类也有类似的记载，其称：“川炒鸡，每只治净切作事件，炼香油三两炒肉，入葱丝盐半两炒七分熟，以酱一匙，同研烂胡椒、茴香入水一大碗，下锅煮熟，加好酒少许。”[②]我们复原这道菜的具体烹饪方法：就是将剖好的鸡先清洗干净，剁成碎块，炼香油三两炒肉，加上葱花、盐半两（五钱），炒至七成熟时用酱油一匙加上胡椒、川椒、茴香并同时掺水一大碗下锅煮熟，在起锅时再加少许料酒。现在看来，川炒鸡的烹饪方法并不复杂，但在四川已经较少使用。总体上来看，炒这种烹饪方法在唐宋时期相当少见。

谈到川炒鸡，自然又涉及“川饭”的问题。这里的“川”字是烹饪方式的“川”字，还是特指巴蜀，我们还不敢定论。在研究宋代饮食时，我们经常引宋孟元老《东京梦华录》卷四：“更有川饭店，则有插肉面、大燠面、大小抹肉、淘煎燠肉、杂煎事件、生熟烧饭。”[③]以前我们往往根据这一点来证明当时已经有“川饭”的话语，进而证明还有这几样巴蜀菜品存在。但是我们从《东京梦华录》的前后来看，当时的饭馆共分成分茶店、川饭店、南食店三种。对于宋代这里“川”字是指巴蜀地区，还是与“穿”字相通的“川”字的烹饪语言，我们一时还难以完全确定。我们知道“川”在烹饪历史上是一种较为普遍的烹饪方式，主要是北方话语下的一种烹饪方式，正好与后来的“南食店”相对。我们发现日本人井上红梅《支那料理的见方》一书中解释“川”为北方的烹饪方法，其称：“川，北方语，是与清汤一样的高汤，原料混杂在汤里面，几乎注意不到。”然后大量列举了中国料理的川鱼片、川四件、川虾丸、川鲤片、川三丝、川

---

① 《居家必用事类全集》庚集，书目文献出版社，第155页。
② 刘基：《多能鄙事》卷二饮食类，明嘉靖四十二年范惟一刻本。
③ 孟元老：《东京梦华录》卷四《食店》，中华书局，1982，127页。

三鲜、川腰片、川软肝、川二冬、川三冬、川口蘑，都是属于有关蒙古、京城特色的菜品。1941年编的《天厨食谱》中也记载“川”这种烹饪方法是将“物品投入沸水锅中，急火煮之，一滚即起锅。实为穿字，如川鲫鱼汤、川三片汤、川糟青鱼汤”[①]。我们仔细分析了民国时期“川粉肉片”[②]的烹饪方式，发现类似今天的四川菜中的滑肉片汤，这里的“川”字确实是在沸水中急煮急起的意思。[③]我们的分析结论与《东京梦华录》中的大肉、各种面食的北方味道相吻合。所以，这里的“川饭店”也有可能主要是指北方食店，而不是巴蜀的饭店。而最终要解决这个问题可能还需要更多资料来证明。

唐宋时期巴蜀地区有“甲乙膏”“酒骨糟”“吐绶鸡”等荤食。唐代蜀人喜欢吃甲乙膏，据冯贽《云仙杂记》卷七：“蜀人二月，好以豉杂黄牛肉为甲乙膏，非尊亲厚知，不得而预，其家小儿，三年一享。”[④]这种用豆豉为俏料的牛肉食表明当时对牛肉的加工烹饪已经较为繁杂，所以才有“三年一享”，并不容易吃到。酒骨糟则是五代宋人喜欢食用的菜品，据宋代陶谷《清异录·馔馐门》：“孟蜀尚食，掌食典一百卷，有赐绯羊。其法，以红曲煮肉，紧卷石镇，深入酒骨淹透，切如纸薄，乃进。注云：酒谷，糟也。”[⑤]这道菜以加酒糟透骨的方法也是相当特殊，可能是历史上一些酒糟类菜品的代表。宋代巴蜀有食用吐绶鸡，宋代林洪《山家清供》卷下：“蜀有鸡，嗉中藏绶如锦，遇晴则向阳摆之，出二角寸许……杜甫有‘香闻锦带羹’之句，而未尝食。”[⑥]后面记载江南地区食品鸳鸯炙，系用油煎后下酒、酱和香料燠熟的，形成鸳鸯炙，不知蜀中吐绶鸡是否用此烹饪方式。

实际上巴蜀地区猪肉的食用最为普遍，从古到今猪的各个部位都能食

① 庖丁：《烹饪名汇》，载天厨食谱编辑室编《天厨食谱》，1941。
② 《家政》，《女铎报》1917年6卷1期。
③ 井上红梅：《支那料理的见方》，东亚研究会，1927，第50-51页。
④ 冯贽：《云仙杂记》卷一，中华书局，1985，第51页。
⑤ 陶谷：《清异录》，中国商业出版社，1985，第31—32页。
⑥ 林洪：《山家清供》卷下，中国商业出版社，1985，第81页。

用，且烹饪方式多样。《隋书·地理志》中称蜀人“食必兼肉”，可能主要是指猪肉而言。巴蜀地区对猪头的烹饪很有传统，其中一个菜品就是蒸猪头。据胡仔《苕溪渔隐丛话》前集卷五十七记载：

> 东坡云：王中令既平蜀，捕逐余寇，与部队相远。饥甚，入一村寺中，主僧醉甚，箕踞。公怒欲斩之，僧应对不惧，公奇而赦之。问求蔬食，僧曰：有肉无蔬，公益奇之，馈以蒸猪头，食之甚美，公喜，问僧：止能饮酒食肉邪，为有他技也？僧自言能为诗，公令赋蒸豚诗，操笔立成，云：嘴长毛短浅含膘，久向山中食药苗。蒸处已将蕉叶裹，熟时兼用杏浆浇。红鲜雅称金盘荐，软熟真堪玉箸挑。若把毡根来比并，毡根自合吃藤条。公大喜，与紫衣师号。①

从上记载可以看出，这种蒸猪头是王全斌平蜀时蜀僧人所进，其做法“蒸处已将蕉叶裹，熟时兼用杏浆浇”，可见当时此食系用杏浆醮食猪头肉，显现了巴蜀人喜欢吃猪肉，并且喜欢微甜的口味。

在历史上还有一种川猪头菜品，这个川猪头的“川”是指巴蜀地区，还是指一种烹饪方法，也还有待考证。元代倪瓒《云林堂饮食制度集》记载了川猪头的烹饪方法是将猪头肉用调料腌制并蒸后切片卷饼食之的方法②，元代韩奕《易牙遗意》也记载川猪头法：“猪头先洗以水煮熟，切作条子，用砂糖、花椒、砂仁、酱拌匀，重汤蒸顿。”③这种烹饪猪头的传统一直延续到明代，明代高濂《遵生八笺》中记载：首先将洗净的猪头用水煮熟后切成条子，用砂糖（红糖）、川椒、砂仁酱拌匀作汤蒸片刻，煮烂后剔去骨头，扎缚作一块，大石压实，作膏糟食。④到了清代《食宪鸿秘》中，仍记载了这种川猪头如其记：“猪头洗净，水煮熟，剔骨切条。用砂

---

① 胡仔：《苕溪渔隐丛话》卷五十七，人民文学出版社，1962，第393页。
② 倪瓒：《云林堂饮食制度集》，中国商业出版社，1984，第26页。
③ 韩奕：《易牙遗意》，中国商业出版社，1984，第24页。
④ 高濂：《遵生八笺·饮食服务笺》，巴蜀书社，1988，第679页。

糖、花椒、砂仁、橘皮，好酱拌匀，重汤者极烂。包扎。石压，糟用。”[1]总的来看，这种猪头肉便于携带，是出游的好佐菜。不过，在元明清时期，川猪头的食法记载差异较大，而且这个川猪头从后来的记载来看，并不一定是源于巴蜀的食品。所以，“川猪头”菜名上的“川”字作何解释，还需要我们继续考证。

巴蜀处于亚热带地区，加上地形地貌复杂多样，生物多样性一直体现得较为明显，进而食材的广谱性就十分明显。所以，除上面谈到动物食材外，巴蜀地区还有虾羹、浮蚁、炙蟾、熊肪、蒸玃、麂、竹鼬炙、雪蛆、炰鳖、野鹜、野鸡、鸠脍等野生动物的菜品。

冯贽《云仙杂记》卷三：“成都薛氏家，士风甚美，厨司以半瓠为杓，子孙就食虾羹肉脔一，取之，饭再取之。”[2]这里谈到虾羹，但并没有记载烹饪方法。后来李化楠《醒园录》卷上专门记载了虾羹法：“将鲜虾剥去头尾足壳，取肉切成薄片，加鸡蛋、菉豆粉、香圆丝、香菰瓜子仁，和豆油、酒调匀，乃将虾之头尾足壳用宽水煮数滚，去渣澄清，再用猪油同微蒜炙滚，去蒜将清汤倾和油内煮滚，乃下和匀之虾肉等料，再煮滚取起，不可太熟。”[3]据张世南《游宦纪闻》卷二记载，宋代在成都炙蟾（螃蟹）以为珍味，其称：“世南嘉定甲戌侍亲自成都归夔门官所。舟过眉州见钓于水滨者，即而观之。篮中皆大虾蟆，两两相负，牢不可拆，极力分而为两，旋即相负如初。扣钓者云，市间以为珍味。乃知成都人最贵重，以料物和酒炙之，曰炙蟾，亲朋更相馈遗者，此也。辛巳，侍亲守酉阳，一日游郡圃池岸，亦有相负者数十对。沅陵胡宰留，栝苍人，闻之，亟令人捉去，谓其乡里以为珍品，名曰：风蛤。”[4]当时可能嘉州、眉州一带的螃蟹最有名，以致陆游在咏叹“江清犹有蟹堪持”后也错误认为“蜀中惟嘉州有蟹”。[5]

① 朱彝尊：《食宪鸿秘》，中国商业出版社，1985，第126页。
② 冯贽：《云仙杂记》卷三，中华书局，1985，第18页。
③ 李化楠：《醒园录》，中华书局，1991，第23页。
④ 张世南：《游宦纪闻》卷二，中华书局，1981，第11—12页。
⑤ 陆游：《陆放翁全集》下《冬日》诗，中国书店，1986，第73页。

许多野兽也是蜀中的美味，宋祁《益部方物略记》称："玃与猿猱同类异种，彼美丰肌，登俎见用。右玃，出邛蜀间，与猿猱无异，但性不燥，动肌质丰腴，蜀人炮蒸以为美味。"[①]这种玃应该属于今天的灵长类动物，具体相当于今天的何种动物难以确考，但文中将其作为美味是可以肯定的。另洪迈《夷坚志》卷二十谈道："蜀猕猴皮，彭仲讷送其兄仲和往临安，置钱于鄱江之南天王寺，见村民数十，列坐廊下探筹相向，若有所营，就视之皆江岸渔人也。问其所议何事，曰有川客猕猴皮来售，其价十三贯足，我曹恰二十六人，各人出钱五百分买，今将割裂以去。彭曰：一猴之直至微，安得买皮而有此价，渔人曰：是川中猴皮以置钩上用钓白鱼，百无一失，一番入水则愈更紧洁，久而不坏，如吾乡土产者皮着水即烂，只堪三两次用耳，故不惜高价，惟恐失之。予仲子前岁自夷陵得一猴高二尺，形状狞丑可憎，携归马厩，逾年而死，马卒剥其肉烹食，渔者适过而见之，谓峡蜀相连，遽以五百钱买其皮去，喜不可言，盖正济所须，且难值也。"[②]三峡地区马卒将猴肉烹食情况，说明当时食猴肉似十分普遍。不过，唐宋以后蜀中的这种食用灵长类动物的习惯似乎已经不存在了。

巴蜀地区唐宋已经有吃食雪蛆的传统。陆游《老学庵笔记》引《嘉祐杂志》记载："峨眉雪蛆治内热。予至蜀，乃知此物实出茂州雪山。雪山四时常有积雪，弥遍岭谷，蛆生其中，取雪时并蛆取之，能蠕动。久之雪消，蛆亦消尽。"[③]另据宋代江休复《江邻几杂志》记载："峨眉雪蛆，大治内热。"[④]明代何宇度《益部谈资》卷上也记载："雪蛆，产于岷峨深涧中，积雪春夏不消而成者，其形如猬，但无刺，肥白，长五六寸，腹中惟水，身能申缩，取而食之，须在旦夕，否则化矣。"[⑤]清陆廷灿《南村随笔》卷六也称："《江邻几杂志》载：四川峨眉雪蛆大治内热。形如小猪，无口足眼鼻，俨然蛆也。其身全脂切片而食，不易得也。《癸辛杂

① 宋祁：《益部方物略记》，中华书局，1985，第21页。
② 洪迈：《夷坚志》卷二十，民国时期进步书局本，第4册。
③ 陆游：《老学庵笔记》卷六，中华书局，1979，第81—82页。
④ 江休复：《江邻几杂志》，中华书局，1991，第14页。
⑤ 何宇度：《益部谈资》卷上，中华书局，1985，第9页。

志》西域雪山中有虫如蚕，味甘如蜜，其冷如冰名，曰冰蛆，能治积热。《滇黔纪游》又云：丽江小雪山望见大雪山，小雪山亦出雪蛆，大者如兔，味如乳酥，多食口鼻出血。”[①]可见峨眉雪蛆从宋代直到明清时期一直是巴蜀的名食。

在巴蜀饮食中，食用野生动物中的兽禽也曾较为普遍，其中食用麂子类动物较多，杜甫《麂》诗中谈到用麂作为食物的感叹。苏轼《食雉》中谈到“烹煎杂鸡鹜”，说明当时用野鸡野鸭煎来吃。唐代元稹《酬乐天东南行诗一百韵》中谈到飕炙，后来苏轼专门有《竹鼺》一诗，表明唐宋时巴蜀民间食用竹鼺之风。到了清末仍有记载：“竹鼺，大如猫，灰黑色，善食竹根，烹食美味。”[②]所以四川民间专门有民谚称“天上的斑鸠，地下的竹鼺”，言其肉质肥美。另据苏东坡《东坡八首》自注“蜀人贵芹芽，脍杂鸠肉作之”[③]，周必大《二老堂诗话》也谈到“蜀人缕鸠为脍，配以芹菜”[④]，可见当时蜀人喜欢用芹菜配鸠脍，用芹菜的辛香来压野禽的腥膻，形成芹菜鸠脍这道巴蜀名菜。

总的来看，这个时期巴蜀地区的动物类荤食材主要还是以内陆农耕家畜、丘陵和山地野生动物、江河鱼蟹为主，海参、鱼翅、鱼肚、鲍鱼类海鲜还相当少见或根本没有，巴蜀菜品的内陆性特征相当明显。从《隋书·地理志》记载巴蜀地区的“食必兼肉”与相关文献的记载来看，家庭养殖的猪肉是巴蜀地区动物类荤食的最主要的食材，但由于本身饮食文化的原始性和受周边少数民族影响的因素，巴蜀地区饮食中仍保留一定的食野吃杂的特色。

在巴蜀菜品发展的历史中，猪肉的大量使用对其菜品的发展起了很大的作用。《隋书·地理志》中曾谈到当时巴蜀人“食必兼肉”的状况。[⑤]中国古代社会由于畜牧业不够发达，肉食的比例一直十分小。但从上面记载

---

① 陆廷灿：《南村随笔》卷六，清雍正十三年陆氏寿椿堂刻本。
② 彭遵泗：《蜀故》十九，乾隆补修本。
③ 苏轼：《苏东坡集》卷十二，商务印书馆，1933，第120页。
④ 周必大：《二老堂诗话》，中华书局，1985，第57页。
⑤ 《隋书》卷二九《地理志》，中华书局，1973，第829页。

来看，四川地区却十分例外，一般老百姓也能“食必兼肉”，难怪宋代成都人“民无赢余，悉市酒肉为声技乐”[①]，而范成大也谈到的“巴馔菜先荤”现象[②]，这种传统习俗主要是因为历史上四川盆地农业生产较为发达，农副产品多样化，为家畜业的发展创造了条件。同时，巴蜀地区冬季冷湿的气候背景，也为巴蜀居民提供了食用荤食猪肉增加脂肪的必要性。正是在这样的背景下，唐宋以来巴蜀地区的生猪饲养业相当发达，这自然为巴蜀菜品中猪肉的菜品比例大创造了条件。实际上后来巴蜀地区生猪出栏率最高，人均食用猪肉比例最高，川菜中猪肉菜品数量最多，奠定了川菜重油而作为平民化程度最高的一种菜系的基础。

（三）植物类素食菜品的开发利用

唐宋时期许多蔬菜被开发出来，如蔓菁、胡瓜（黄瓜）、莙菜、冬葵、薤、棕笋、芸苔、韭菜、芹菜、生瓜菜、落葵等，有的海外传入的蔬菜已经在巴蜀使用，如菠菜、佛豆，特别是大量野生菜被开发成为菜品，如杜甫《园官送菜》中谈到苦苣、马齿，另《赠王二十四侍御四十韵》谈到食用莼菜，《琅嬛记》谈到峡中的野生蕨芽，《明皇杂录》中谈到巫山一带的芥菜。

具体讲这个时期蔬菜类食物更是众多，许多在全国都有一定的影响，如诸葛菜、元修菜、苦菜、蕺菜、冬葵、芹菜、笔羹笋、醯酱橙薤、木鱼菹、新津韭黄、密渍真珠菜、蜀竹萌、犀浦芋、新都菜、苦笋、峨眉摒脯、蜀薯（山药）、芸苔菜、芹菜、温食瓜和秋食瓜、资州生瓜菜、烂蒸香荠、碎点青蒿、菠菜、莼菜、落葵、荠羹、芹菜等，有一些是很有特色或很有文化气息的菜品。

如诸葛菜，据唐代韦绚《刘宾客嘉话录》记载：

---

① 《宋史》卷二百五十七《列传》第十六，中华书局，1977，第8950页。
② 《范石湖诗集》卷十六，顾氏秀野草堂刻本。

> 公曰，诸葛所止，令兵士独种蔓菁者何？绚曰，莫不是取其才出甲者生啖，一也；叶舒可煮食，二也；久居随以滋长，三也；弃去不惜，四也；回则易寻而采之，五也；冬有根可剧而食，六也。比诸蔬属，其利不亦博乎。曰，信矣。三蜀人今呼蔓菁为诸葛菜，江陵亦然。[①]

这是最早的有关诸葛菜的记载。宋代高承《事物纪原》卷十描绘了诸葛菜的具体形态：“诸葛菜，今所在有菜野生，类蔓菁，叶厚多岐差，小子如萝卜，腹不光泽，花四出而色紫，人谓之诸葛亮菜。”[②]另李石《方舟集》：“诸葛菜……韦齐休记：孔明南征种菜于此，名诸葛菜。问黎人士皆不之识，因阅《本草》即今之白芥，郡圃日给此菜，甚美，亦一幸也。”[③]《太平御览》卷九八〇引《云南行记》也记载：“嶲州界缘山野间有菜，大叶而粗茎，其根若大萝卜，土人蒸煮其根叶而食之，可以疗饥，名之为诸葛菜。”[④]今天，我们无法确考诸葛亮是否与这种菜有关，不过从以上文献的记载中，我们发现唐宋时期四川人对诸葛菜的食用方法与今天不同，当时主要是生啖嫩叶、煮食大叶和根（即红萝卜），特别是以蒸煮食为主。如上面《云南行记》称嶲州土人“蒸煮其根叶食之”。苏轼《狄韶州煮蔓菁芦菔羹》诗中有“东坡羹”，并有专门的《菜羹赋》留世。东坡羹，即是用诸葛菜、萝卜等煮成的菜羹。后来陆游《成都书事》中谈到“芼羹笋似稽山美，斫脍鱼如笠泽飞”，其中的芼羹便是指此菜羹。不过元代贾铭《饮食须知》卷三：“芜菁，味辛苦，性温，即诸葛菜。北地尤多，春食苗，夏食心，秋食茎，冬食根。多食动风气。”[⑤]反映出元代人们吃此菜在季节上有差异，基本上是苗、心、茎、根均可食用。明代四川地区仍普遍食诸葛菜，何宇度《益部谈资》卷上：“诸葛菜，即古之蔓菁，

---

① 韦绚：《刘宾客嘉话录》，中华书局，1985，第6页。
② 高承：《事物纪原》卷十，中华书局，1989，第549页。
③ 李石：《方舟集》卷三，文渊阁四库全书本。
④ 《太平御览》卷九八〇引《云南行记》。
⑤ 贾铭：《饮食须知》卷三，中国商业出版社，1985，第25页。

今之红萝卜也，武侯谓视诸蔬有六利，四时各食其根茎心叶，令军中所至咸种，蜀故以是名之。”[①]何宇度的记载已经明确诸葛菜是指今天四川的紫红萝卜。清代吴其濬《植物名实图考》认为芜菁“蜀人谓之诸葛菜，今辰沅有马王菜，亦即此”[②]。综合以上诸多文献记载来看，以上所谓“诸葛菜”即今天四川人主要用于泡腌和生腌的紫红萝卜叶和茎，至今四川民间仍在这样食用。其叶茎与“芜菁”“蔓菁”之类相似，故古代多将其划入该类。今四川仍用各类青菜煮汤和煮粥，但多不用蔓菁、萝卜类煮粥了。此外，在历史上也有认为诸葛菜相当于蔓菁类的大头菜，也当一说。

又如元修菜，又称苕菜、巢菜、小巢，一说称红花菜，即翘摇、翘摇车、漂摇草、野蚕豆，早在唐宋时四川民间就较广泛食用。宋代因诗人苏东坡爱吃，他的朋友元修也爱吃，故取名为“元修菜”。苏东坡《元修菜并序》称：“菜之美有吾乡之巢。故人巢元修嗜之，余亦嗜之。元修云，使孔北海见，当复云吾家菜耶？因谓之元修菜。余去乡十有五年，思而不可得，元修适自蜀来见余于黄，乃作是诗，使归致其子而种之东坡之下云。”[③]看来此菜果然很有吸引力，十五年不见惹得苏东坡不尽思念。无独有偶，南宋的陆游受其影响也甚大，陆游曾写有《巢》一诗称：“昏昏雾雨暗衡茅，儿女随宜治酒肴。便觉此身如在蜀，一盘笼饼是豌巢。”[④]其诗称“此行忽似蟆津路，自候风炉煮小巢”之句，也是咏巢菜的。[⑤]从这些记载来看，当时巢菜主要是煮食。

唐宋时期四川人食用巢菜并不是作为一种野菜，而是作为一种家常蔬菜。宋谢维新《事类备要》别集卷六十蔬门：“巢菜，《格物总论》：巢，蜀菜，一名漂摇草，一名野蚕豆，一名元修菜。”[⑥]元盛如梓《庶斋老学丛谈》卷下：“巢菜，有大巢、小巢。大巢即豌豆之不实者。小巢生

---

① 何宇度：《益部谈资》卷上，中华书局，1985，第6页。
② 吴其濬：《植物名实图考》，商务印书馆，1957，第73页。
③ 苏轼：《苏东坡集》卷十三，商务印书馆，1933，第4页。
④ 陆游：《剑南诗稿》卷十三，《陆放翁全集》，中国书店，1986，第234页。
⑤ 同上，卷十六，第279页。
⑥ 谢维新：《古今合璧事类备要》别集卷六十蔬门，文渊阁四库全书本。

稻畦中，东坡所赋元修菜是也。吴中名漂摇草，一名野蚕豆，人不知取食耳。放翁诗曰：此行忽似蟆津路，自候风炉煮小巢。"①

李时珍《本草纲目》卷二十七：

> 翘摇拾遗，释名：摇车（尔雅）、野蚕豆（纲目）、小巢菜。藏器曰：翘摇，幽州人谓之苕摇。尔雅云：杜夫摇车，俗呼翘车是矣。蔓生细叶，紫花可食。时珍曰：翘摇言其茎叶柔婉，有翘然飘摇之状，故名。苏东坡云：菜之美者，蜀乡之巢，故人巢元修嗜之，因谓之元修菜。陆放翁诗序云：蜀蔬有两巢，大巢即豌豆之不实者，小巢生稻田中，吴地亦多，一名漂摇草，一名野蚕豆，以油炸之，缀以米糁，名草花，食之佳，作羹尤美。集解：藏器曰、翘摇生平泽，蔓生如登豆，紫花。时珍曰：处处皆有，蜀人秋种春采，老时耕转壅田，故薛田诗云：剩种豌巢沃晚田，蔓似登豆而细，叶似初生槐芽及蒺藜，而色青黄。欲花未萼之际，采而蒸食，点酒下盐，芼羹作馅，味如小豆藿。至三月开小花，紫白色。结角，子似豌豆而小。②

从李时珍的记载来看，明代"蜀人秋种春采，老时耕转壅田"，说明蜀人已经在培种，并不是作为一种野菜。而且烹饪方式可以蒸食，作羹作馅。而且当时四川农夫多种此菜以肥田。清嘉靖《四川总志》卷三《成都府》称："巢菜，州县俱出……其苗可食。"《广群芳谱》也引《四川志》称："巢菜州县俱出。"不过，明弘治《黄州府志》卷二记载："元修菜，似芥而味美，苏东坡因西蜀有此菜，偶遇故人杨元修带此菜经过，坡得之以种东坡下果效，因名元修菜。今失其真种也。"认为当时湖广黄州一带失其真种，可能已经少有食用而少有种植。实际上清以来巴蜀地区虽然食用野豌豆不多了，但民间仍然较为熟悉。笔者小时候在川南宜宾，常在乡

① 盛如梓：《庶斋老学丛谈》卷下，知不足斋丛书本。
② 李时珍：《本草纲目》卷二十七，人民卫生出版社，1982，第1670页。

村发现这种当地称为野豌豆的植蔬，不过，当时已经作为野菜存在了。

芋头仍是巴蜀重要食材，《益部方物略记》记载益州“为珍木，为怪草，为鸟、鱼、芋、稻之饶”，将芋与这些蔬菜大类相提并论，可以看出巴蜀地区芋的地位之高。所以其记载：“芋种不一，鹯芋则贵，民储于田，可用终岁。右赤鹯芋（蜀芋多种，鹯芋为最美）俗号赤鹯头芋，形长而圆，但子不繁衍。又有蛮芋，亦美，其形则圆，子繁衍，人多莳之。最下为樽果芋，樽，接也，言可接果山中，人多食之。惟野芋人不食。本草有六种，曰青芋、紫芋、白芋、真芋、莲禅芋、野芋。”[①]直到明清时期，芋头作为巴蜀地区重要的蔬菜，不仅可以度荒充饥，清代还出现了锅烧芋头的名菜[②]，近代则出现芋儿烧鸡名菜。不过，长期以来蜀人认为芋头是度荒充饥之物，且多吃胀气，所以以前有关芋头的菜品并不是太多。

又如苦菜，又称苦茧、游冬，即龙葵。《本经·上品》记载当时全国都有此菜，但以益州所产最为出名。《太平寰宇记》卷七二记载当时益州苦菜还是作为土产：“《本草》菜部，苦荼，一名选，一名游冬，生益州川谷，凌冬不死。三月三日，采干为饮，令人不睡。”[③]李时珍《本草纲目》卷二十七：“荼（音荼。《本经》）、苦苣（《嘉祐》）、苦荬（《纲目》）、游冬（《别录》）、褊苣（《日用》）、老鹳菜（《救荒》）、天香菜。时珍曰：苦荼以味名也，经历冬春故曰游冬。许氏说文，苣作蒘。吴人呼为苦荬，其义未详。《嘉祐本草》言：岭南、吴人植苣供馔名苦苣，而又重出苦苣及苦荬条，今并并之。集解：《别录》曰：苦菜生益州川谷山陵道旁，凌冬不死，三月三日采，阴干。”[④]从以上记载可以看出，苦菜虽然在唐宋食用较多，但一直处于野生状态供人采集，并没有实现人工种植，所以至今游冬在巴蜀地区仍是作为野菜存在的。

绿菜，也称真珠菜，宋祁《益部方物略记》记载真珠菜：“戎、泸

① 宋祁：《益部方物略记》，中华书局，1985，第14页。
② 佚名：《筵款丰馐依样调鼎新录》，中国商业出版社，1987，第117页。
③ 乐史：《太平寰宇记》卷七二《益州》，中华书局，2007，第1463页。另见唐慎微：《证类本草》卷二九，华夏出版社，1993，第612页。
④ 李时珍：《本草纲目》卷二十七，人民卫生出版社，1982，第1658页。

等州有之，生水中石上，翠缕纤蔓首贯珠。蜀人以蜜熬食之，或以醯煮，可行数千里不腐也。”并赞曰：“植根水中，端若冲珠。皿而瀹之，可代蔬。”[①]可见唐宋时期四川人食用苦菜一般有两种方法，一是用蜜熬食，一是用醋煮食。而且当时四川人并没有将苦菜当成一种野菜，日常食用较多。特别是这种苦菜经过加工后，易为保存，携带至千里也不至腐坏，十分方便，故当时四川人行旅出门多携带其作为蔬菜。黄庭坚亦有《绿菜赞》：“有茹生之，可以为蔌”，“芼以辛咸，宜酒宜餗。在吴则紫，在蜀则绿”，[②]可知绿菜在宋代即可下酒，也可下饭，相当流行。岳珂《宝真斋法书赞》卷十五：“真珠菜净濯，去腥气，入葱白数寸，椎姜一块，椒数粒，沸汤绰过，研五味齑醋，食之甚佳。棕花剥去皮及茎干，取成块者，汤中煮令熟，炼薤油炒令香，葱姜椒醋水相半沸，微入盐，甚美，比之二种菜食之殊佳。”[③]这里记载的是一道真珠菜做的汤品。黄鲁直在四川做官甚久，这道菜也有可能就是受四川绿菜烹饪技术的影响发明的。

但明清以后这种菜虽然有相关记载，但食用日见少。王培荀《听雨楼随笔》卷一：“绿菜序云：吾浙紫菜生海中石上，见《绀珠》。蜀中绿菜，色、味、形皆绝似，惟色差绿耳。黄山谷令芦山时作《绿菜颂》，今则嘉雅水石间多有之。又《益部方物略记》：戎泸真珠菜，生水中石上，翠缕纤蔓首贯珠，致数千里不坏。殆亦绿菜之族类欤。”[④]清代王汝璧《铜梁山人诗集》卷二有“绿菜出蜀玻璃江”[⑤]之称，而吴庆坻《蕉廊脞录》卷八也记载：“蜀中产绿菜，山谷令芦山作绿菜颂。今则嘉定雅州水石间多有之，色味形状与吾乡紫菜绝相似。”至今绿菜仍是芦山县特产的一种山珍野菜，在罗顺山与蒙山溪谷的沫东镇大林溪生长的绿菜品质最好，但已经不是作为一种日常家蔬出现了。

又如蕺菜，三白草科多年生草本植物，古称菹，即侧耳根、摘儿根、

① 宋祁：《益部方物略记》，中华书局，1985，第14页。
② 黄庭坚：《山谷别集》卷二，文渊阁四库全书本。
③ 岳珂：《宝真斋法书赞》，中华书局，1985，第215页。
④ 王培荀：《听雨楼随笔》卷一，巴蜀书社，1987，第43—44页。
⑤ 王汝璧：《铜梁山人诗集》卷二，清光绪二十年京师刻本。

猪鼻孔、鱼腥草、狗贴耳。唐代孟诜《食疗本草》中就记载此菜，认为“多食令人气喘，不利人脚，多食脚痛”[①]。孙思邈《千金食治》中也有类似的记载。[②]宋代人们又将蕺菜称为银茄，如黄鲁直《谢杨履道送银茄》四首称：“藜藿盘中生精神，珍蔬长蒂色胜银。朝来盐醯饱滋味，已觉瓜瓠漫轮囷。君家水茄白银色，殊胜埧里紫彭亨。蜀人生疏不下箸，吾与北人俱眼明。白金作颗非椎成，中有万粟嚼轻冰。戎州夏畦少蔬供，感君来饭在家僧。畦丁收尽垂露实，叶底犹藏十二三。待得银包已成穀，更当乞种过江南。”[③]早在宋代的医书中就有鱼腥草，只是不知是否就是我们称的蕺菜。称此菜为《别录》下品之菜，说明地位不高。到了明代《本草纲目》中已经明确记载这蕺菜就是鱼腥草。侧耳根的名字出现较晚，一般认为是在清代才开始指蕺菜的。以《蜀都赋》称“樊以蒩圃”来看，似当时也有人工苗圃培植了。唐宋时期蜀人又称土茄、香葙、银茄。唐慎微《重修政和经史证类备用本草》卷二十九引《唐本草》记载：“此物叶似荞麦，肥地亦能蔓生，茎紫赤色，多生湿地、山谷阴处。山南江左人好生食之，关中谓之蒩菜。”[④]看来，唐宋时期长江中下游和关中地区仍然食用此菜，但现在只有在巴蜀地区较多食用，并且已经发展到人工种植了。

冬葵是四川传统的一种蔬菜，历史上民间有称葵菜、冬葵、滑菜、冬苋菜、光菜等，早在《诗经》中就对此菜有记载，汉代《盐铁论》中记载冬葵，《本经》上称其为“上品之菜”，为百菜之主，《灵枢·五味篇》将其列为五菜之首，《齐民要术》卷三记载：“伏后可种冬葵。”[⑤]《博物志》卷二记载：“终葵，俗名冬葵。”[⑥]唐代韩鄂《四时纂要》记载有耕冬葵地和剪冬葵的农业时节[⑦]，说明冬葵在当时已经是作为普遍的蔬菜在食用。

明以前这种菜种植食用都较为广泛，宋罗愿《尔雅翼》卷四：“葵为

---

① 孟诜：《食疗本草》，人民卫生出版社，1984，第154页。
② 孙思邈：《千金食治》，中国商业出版社，1985，第51页。
③ 黄庭坚：《黄山谷诗集》，世界书局，1936，第144页。
④ 唐慎微：《证类本草》卷二十九，华夏出版社，第632页。
⑤ 贾思勰：《齐民要术》卷三，中华书局，1956，第35页。
⑥ 张华：《博物志》卷二，中华书局，1985，第7页。
⑦ 韩鄂：《四时纂要》卷四、卷三，农业出版社，1981，第223、114页。

百菜之主，味尤甘滑。"唐慎微《重修政和经史证类备用本草》引图经："冬葵子，生少室山，今处处有之。"[①]所以王桢《农书》称："葵为百菜之主，备四时之馔，本丰而耐旱，味甘而无毒，供食之余，可为菹腊。"[②]但明代开始许多地方已经不食用此菜了，李时珍《本草纲目》记载："葵菜古人种为常食，今之种者颇鲜……今人不复食之，亦无种者。"[③]故将其列入草部。清末吴其濬《植物名实图考》中记载："江西、湖南皆种之，湖南亦呼葵菜，亦曰冬寒菜，江西蕲菜……六朝人尚恒食葵，故《齐民要术》栽种葵术甚详……唐宋以后，食者渐少，今人直不食此菜，亦无知此菜者矣，然则今为何菜耶？"[④]可见从明代开始，中国大多数地区已经不食用此菜了。民国时期江西、四川、湖南一带仍然喜欢吃食这种菜，但浙江一带人误以为这种菜有毒。[⑤]现在只是在巴蜀地区还保留了食用的传统。所以，虽然全国许多地方人们对此菜已经生疏了，但当下冬寒菜仍是四川人饭桌上的重要蔬食。

这里要说明的是，中国古代葵类植物很多，历史上往往将冬葵、蜀葵、向日葵等混在一起，如高濂《遵生八笺》谈道："葵菜，比蜀葵丛短而叶大，性温，采叶与作菜羹同法食。"[⑥]如顾仲《养小录》谈道："葵菜，比蜀葵丛短而叶大，取叶与作菜羹同法。"[⑦]以上两则谈到的是可以食用的冬葵。但早在孙思邈《千金食治》中谈到吴葵，一名蜀葵，认为"不可久食，钝人志性"[⑧]，故一般认为蜀葵并不能食用，唐代就有记载："蜀葵，本胡中葵也一名胡葵。似葵大者红，可以缉为布。"[⑨]一般只能用于纺织，但元代贾铭《饮食须知》记载："蜀葵苗亦可食。"[⑩]李时珍也谈道：

---

① 唐慎微：《证类本草》卷二十九，华夏出版社，1993，第603页。
② 王桢：《农书》卷八，中华书局，1956，第74页。
③ 李时珍：《本草纲目》卷十六，人民卫生出版社，1977，第1038—1039页。
④ 吴其濬：《植物名实图考》，商务印书馆，1957，第48—49页。
⑤ 陈子展：《巴蜀风物小记》，《论语》1946年第118期。
⑥ 高濂：《遵生八笺》，巴蜀书社，1988，第715页。
⑦ 顾仲：《养小录》，中国商业出版社，1985，第55页。
⑧ 孙思邈：《千金食治》，中国商业出版社，1985，第48页。
⑨ 段成式：《酉阳杂俎》前集，中华书局，1981，186页。
⑩ 贾铭：《饮食须知》，人民卫生出版社，1988，第24页。

"蜀葵处处人家植之，春初种子，冬月宿根亦自生，苗嫩时亦可茹食。"[①]显然，从这些记载可以看出蜀葵不仅是花可以食用，其嫩苗也可以食用。实际上，古人很早就将诸多葵菜混在一起了，明代陆容《菽园杂记》中记载："尝见一士人家《葵轩卷》中记序题咏，皆形状今蜀葵花，盖不知倾阳、卫足，自是冬葵可食者，《诗·七月》：'烹葵及菽'，'公仪休拔园葵'，皆是也。"[②]当下也有学者认为葵菜主要是生长期不同而称法异，宋以后葵菜逐渐不被普遍食用，沦为野菜和药用，只有西南地区还在食用冬寒菜。[③]人们不了解葵的多样性，甚至将完全不属于同一科属的落葵列为一类。[④]实际上在中国古代，葵类是一个大家族，也只食用其中的冬葵和蜀葵的嫩苗，其他葵类一直是不食用的。对此，清代吴其濬已经发现了这种区别，所以在他的《植物名实图考》中最后考证认为，葵分成四种，一是高大的向日葵，茎叶均不可食；一是蜀葵，一般也不可食，只是可将白花与面裹在一起油炸而食；一是金钱紫花葵，即我们食用的冬葵；一是秋葵，也可食用。[⑤]所以，在中国文献中，谈到葵类并不是所有的都可以食用的，需要区分开。

大豆在古代一度作为五谷之一存在，但将大豆制成豆腐食用相对较晚。一般认为豆腐产生于汉代淮南地区，一度形成一个"皖豫鲁豆腐发源三角区"，但巴蜀地区豆腐出现时间较晚，而且名称相当特别。南宋陆游在《山庖》诗中称"旋压黎祁软胜酥"，在《邻曲》中称"洗鬴煮黎祁"，下注释道"蜀人以名豆腐"，故当时四川人称豆腐为"黎祁"[⑥]，称法尤为特别。南宋马廷鸾也谈到巴蜀地区"苜蓿黎祁汤饼供"[⑦]，证明宋代的四川地区豆腐产食已经较普遍了。据我们的研究表明，巴蜀地区属于豆腐生产的北豆腐地区，在明代以前主要是用卤水（巴蜀地区称为皽水）来

---

① 李时珍：《本草纲目》卷十六，人民卫生出版社，1977，第1042页。
② 陆容：《菽园杂记》卷十二，中国商业出版社，1989，71页。
③ 徐海荣主编《中国饮食史》第二卷，华夏出版社，1999，第17页。
④ 同上，第三卷，第43页。
⑤ 吴其濬：《植物名实图考》，商务印书馆，1957，第48—49页。
⑥ 陆游：《剑南诗稿》卷七二、五六，《陆放翁全集》，中国书店，1986，第999、903页。
⑦ 马廷鸾：《碧梧玩芳集》卷二三，民国豫章丛书本。

点制的，这是与巴蜀地区在元代以前属于北方移民为主的时期相吻合的，也与巴蜀地区古代井盐业发达而产生大量卤水有关。[1]所以，在万历《嘉定州志》中谈到乐山一带普遍用卤水来点豆腐。[2]巴蜀地区用石膏等凝固剂来点制豆腐出现较晚，可能是在明代以后，主要是与外来移民的影响有关，如《湖雅》的一则记载，其称：“今四川、两湖等处设豆腐肆，谓之甘脂店，大率皆湖人也。”[3]可以看出江南移民对四川饮食中豆腐的影响也是存在的。

薤为百合科葱属多年生宿根草本植物，也称薤白，即我们称的藠头，是一种相当古老的食材，汉唐以来的文献多有记载，陆游《饭罢戏作》称“东门买彘骨，醯酱点橙薤”，可见当时用醋、甜酱、橙皮与薤白调合食用十分流行。今天，巴蜀地区仍然食用，只是食用方式已经与中古时期有较大的差异，现在巴蜀地区更多是用来凉拌和腌制为泡菜，其他地区也有用于炒肉的。另有一种称为苦藠的，古代也称薤白，现在也是百合科的植物，也称为亚实基隆葱，应该是薤白的一种变种，现在在川菜中普遍用其来烹制鸡、鸭、鹅、肚条等汤菜。

落葵，又名承露、终葵、天葵、繁露、御菜、燕脂菜等，清代开始有称木耳菜，今也有称软浆叶、豆腐菜。晋代郭璞《尔雅疏》中记载：“慈葵繁露，承露也，大茎小叶，叶紫黄色。”[4]《齐民要术》卷第三种葵第十七中专门谈到了落葵。传唐代孙思邈《千金食治》记载落葵“味酸，寒，无毒，滑中散热，实悦泽人面，一名天葵，一名繁露”[5]。李白《赠闾丘处士》也有“园蔬烹承露”之称。宋代有关落葵的记载多了起来，唐慎微《证类本草》卷二十九：

---

① 蓝勇、秦春燕：《历史时期中国豆腐产食的地理空间初探》，载《历史地理》第38辑，上海人民出版社，2018。

② 万历《嘉定州志》，乐山市市中区地方志办公室影印本。

③ 汪日桢：《湖雅》卷八，载《中国食经丛书》，书籍文物流通会，1972。

④ 郭璞：《尔雅疏》卷八，嘉庆刻本。

⑤ 孙思邈：《千金食治》，中国商业出版社，1985，第49—50页。

落葵，味酸，寒，无毒。主滑中，散热。实，主悦泽人面。一名天葵，一名繁露。陶居云：又名承露，人家多种之。叶惟可征鲊，性冷滑，人食之。为狗所啮作疮者，终身不差。其子紫色，女人以渍粉傅面为假色，少入药用。今注一名藤葵，俗呼为胡燕脂。臣禹锡等谨按蜀本图经云：蔓生，叶圆，厚如杏叶。子似五味子，生青熟黑，所在有之。[①]

李时珍《本草纲目》记载："释名：蘩葵，《尔雅》藤葵，《食鉴》藤菜，《纲目》天葵，《别录》繁露，同御菜，俗燕脂菜。志曰：落葵一名藤葵，俗呼为胡燕脂。时珍曰：落葵叶冷滑如葵，故得葵名，释家呼为御菜，亦曰藤儿菜。尔雅云：蘩葵，繁露也。一名承露，其叶最能承露，其子垂垂亦如缀露，故得露名。而蘩、落二字相似，疑落字乃蘩字之讹也……时珍曰：落葵三月种之，嫩苗可食，五月蔓延，其叶似杏叶，而肥厚软滑作蔬和肉皆宜。"[②]不过今天四川以其"和肉"来食已经不多见了，主要是用来煮汤。对于木耳菜，吴其濬《植物名实图考》称："大茎小叶，华紫黄色，即燕脂豆也。湖南有白茎绿叶者，谓之木耳菜，尤滑。"[③]从此可知原来是湖南人较早将承露称为木耳菜，所以，今天巴蜀地区将承露称为木耳菜可能是受"湖广填四川"湖南移民的影响而产生的另一个名称。

又如棕笋，俗称木鱼子，曾经是巴蜀地区风光一时的食品。宋代陈景沂《全芳备祖》后集卷十九木部引《碎录》称："一名棕榈，叶似车轮，乃在颠上有皮缠之，附地起二旬，一采转复上生。《广志》棕树高一丈许，无枝，叶大而圆，岐生枝头，美实皮相重复，一行一皮，各有节皮，可为索也。《山海经》：棕笋状如鱼子，味似苦笋而加甘芳，蜀人以馔，佛僧甚贵之，而南方不知也。笋生肤毳中，盖花之方孕者正二月间可剥而取，过此苦涩不可食矣。取之无害于木，而宜于饮食，食法当蒸熟，所施

① 唐慎微：《证类本草》卷二十九，华夏出版社，1993，第631页。
② 李时珍：《本草纲目》卷二十七，人民卫生出版社，1982，第1666页。
③ 吴其濬：《植物名实图考》，商务印书馆，1957，第83页。

略与竹笋同，蜜煮酢浸可致千里外。”[①]从这则记载来看，食用棕笋的地方很有限，只是在巴蜀地区流行，此所谓“南方不知也”。宋葛立方《韵语阳秋》卷十九也记载：“蜀中食品，南方不知其名者多矣……所谓赠君木鱼三百尾中有鹅黄子、鱼子者，棕笋也，是此物者，蜀川甚贵重。”[②]木鱼子作为菜品出名，还是因为苏东坡的影响。据苏轼《棕笋》诗称：“赠君木鱼三百尾，中有鹅黄子鱼子。夜叉剖瘿欲分甘，箨龙藏头敢言美。愿随蔬果得自用，勿使山林空老死。问君何事食木鱼，烹不能鸣固其理。”[③]宋代林洪《山家清供》也记载：“木鱼子，坡诗云：赠君木鱼三百尾，中有鹅黄木鱼子。春时剥梭鱼蒸熟，与笋同法，蜜煮醋浸，可致千里。蜀人供物，多用之。”[④]这里所谓的棕笋，即棕榈树的果实棕榈子，笔者儿时发现同龄小孩经常用其作为子弹放入口中，从竹筒中吹出击人玩耍。由上记载我们可知唐宋时期四川曾以这种棕榈子为美味，不过现代四川除乐山个别地区偶有食用外，大多已经不用其作为食品了，但江西许多地方和云南腾冲等地仍在食用，称为棕包，可以用于炒肉、煮鱼，也用做棕包饼。笔者以前为了开发古川菜，曾经将棕榈子从树上采取回家蒸食，味道苦不堪言。后来发现必须是“正二月间”采食的极大限制，说明这种菜的消失可能与其采食时间的限制有关。

竹笋类食材一直是巴蜀地很流行的食品，据陆玑《诗疏》记载有“巴竹笋，八九月生，始出地长数寸，鬻以苦酒豉汁浸之，可以就酒及食”[⑤]，看来早在汉晋时期巴蜀就有著名的竹类食品了。唐宋时期巴蜀的苦竹笋、邛竹笋、芭竹笋在外有较大的影响，如邛竹笋“中实，食美”[⑥]，就是一道名菜。特别是苦竹笋早在唐宋就是巴蜀地区声名在外的重要菜品。据黄山谷《苦笋赋》：“余酷嗜苦笋凡事，谏者至十人，戏作《苦笋赋》，其词

① 陈景沂：《全芳备祖》后集卷十九木部，农业出版社，1982，1293页。
② 葛立方：《韵语阳秋》卷十九，中华书局，1985，第159页。
③ 苏轼：《苏东坡集》卷十八，商务印书馆，1933，第100—101页。
④ 林洪：《山家清供》，中国商业出版社，1985，第97页。
⑤ 《蜀典》卷六引陆玑《诗疏》，清道光刻本。
⑥ 释赞宁：《笋谱》，当代中国出版社，2014，第217、219、228页。

曰：僰道苦笋，冠冕两川，甘脆惬当，小苦而反成味，温润缜密，多啖而不疾人。盖苦而有味，如忠谏之可活国。多而不害，如举士而皆得贤。是其钟江山之秀气，故能深雨露而避风烟。食肴以之开道，酒客为之流涎。彼桂玫之梦汞又安得与之同年。蜀人曰：苦笋不可食，食之动痼疾，令人萎而瘠。予亦未尝与之言，盖上士不谈而喻，中士进则信，退则悬焉。下士信耳而不信目，其顽不可镌。李太白曰：但得醉中趣，勿为醒者传。"[1]看来黄庭坚对苦笋的热爱不仅使他对他人关于食苦笋成疾的劝说不理睬，而且还自创了一套吃食苦笋与社会伦理相关的理论。另黄庭坚的《书自作苦笋赋后》又称："余生长江南，里人喜食苦笋。试取而尝之，气苦不可于鼻，味苦不可于舌，故尝屏之。未始为客一设。雅闻简寂观有甜苦笋，每过庐山，常不值其时，无以信其说。及来黔中，黔人冬掘苦笋，萌于土中才一寸许，味如蜜蔗，而春则不食。唯僰道食苦笋，四十余日，出土尺余，味犹甘苦相半，觉斑笋辈皆枯淡少味，盖神农之所漏，有莘庖圣所未达者耶？故作此赋以晓蜀人。方苦笋时，砻姜和醯，然茅火中而荐之，日食百数，至老不可食而后已，未尝能作病也。"[2]可见同样是苦竹笋，地域差异较大，巴蜀地区的苦竹笋食用周期长，味道也堪称上品，这可能是巴蜀自古食用苦竹笋的重要原因。早在宋代民间已经有一些苦笋的食用方法记载了，如宋释赞宁《笋谱》："苦笋最宜久……民间有煮苦笋方，入出水自贻伊毒。竹肉一周时，临熟为水溅食，可以皮肤爆裂。苦笋与竹实同气而降一等也。"[3]宋代有关苦竹笋的记载较多，如宋代周守中《养生类纂》卷二十中就记载有苦竹笋，陆游《剑南诗稿》卷五谈到蜀州也有"苦笋"，特别是陆游《春菜》一诗中就谈到"苦笋江豚那忍说"，将苦笋与江豚相比，可见苦笋在陆游眼中的地位之高。据嘉靖《四川总志》卷八记载，当时宜宾、长宁一带仍出产，李时珍《本草纲目》卷二十七记载四川

① 《黄庭坚全集》第1册，四川大学出版社，2001，第303-304页。
② 同上，第4册，第2288页。
③ 释赞宁：《笋谱》，当代中国出版社，2014，第228页。

叙州宜宾长宁所出苦笋。清代长宁一带百姓已经开始将苦竹笋用来生食。[①]其实，这种苦竹笋至今川南宜宾、泸州、乐山地区仍出产，当地老百姓仍时常食用，也可生食，笔者儿时也经常食用，现在每回老家若正当季节也一定要食用。现在川南一带成功开发出干苦笋，可避免非产季节食用的不足。今天我们称的竹荪唐宋时又称竹萌，宋代释赞宁《笋谱》中谈到“笋萌可食，出成都”[②]，可见成都竹荪名气较大，实际上后来笋萌也在巴蜀大量使用。清末薛宝辰《素食说略》记载：“竹松，或作竹荪，出四川。”[③]明清之际，嘉定州的月竹“笋鲜美，木可食”，而当时蜀地的慈竹“可供蔬餐，味甚美”。[④]巴蜀地区至今在食用的竹类中，月竹食用较少，但慈竹笋仍是食用比例较大的笋类。

芹菜是中国一种较为古老的蔬菜，又名芒蕲、水芹、水英、楚葵，另有蜀芹、旱芹别种，我们现在经常食用的应该是旱芹、蜀芹。据汉毛亨《毛诗注疏》记载，特别是在《蜀本草》中大量记载了芹菜：“生水中，禁似芎䓖，花白色而无实，根亦白色。”[⑤]后来周必大《二老堂诗话》云：“蜀人缕鸠为脍，配以芹菜。”[⑥]这道菜名应该正是前面所称的芹菜鸠脍。不过，历史文献中对芹菜的种类记载较混，如李时珍《本草纲目》卷二十六记载了四种芹菜，在名称上水芹又称水葵、楚芹，苦芹又名堇芹、旱芹，紫芹又名蜀芹、楚芹、苔菜、水卜芹，马蕲又称牛蕲、野茴香。[⑦]今天，我们经常食用的主要为水芹、旱芹，另引进有西芹。

唐宋时期四川除了以上较有特色的风味饮食外，还有许多食用的菜品，如芸薹菜。早在《齐民要术》卷三中便谈到有蜀中“芸薹”，即今红油菜。其《种蜀芥芸薹芥子》第二十三称：“吴氏本草云：芥葙一名水苏，一名劳租。蜀芥、芸薹取叶者，皆七月半种，地欲粪熟，蜀芥一亩用

① 陈聂恒：《边州闻见录》卷二，康熙年间刻本。
② 释赞宁：《笋谱》，当代中国出版社，2014，第220页。
③ 薛宝辰：《素食说略》，中国商业出版社，1984，第17页。
④ 彭遵泗：《蜀故》卷十九、二十。
⑤ 唐慎微：《证类本草》卷二十九，华夏出版社，1993，第628页
⑥ 周必大：《二老堂诗话》，中华书局，1985，第57页。
⑦ 李时珍：《本草纲目》卷二十六，人民卫生出版社，1982，第1632、1636页。

子一升，芸薹一亩用子四升，种法与芜菁同。既生亦不锄之，十月收芜菁讫时收蜀芥，中为咸淡二菹，亦任为干菜。芸薹足霜乃收，不足霜即涩。种芥子及蜀芥、芸薹取子者，皆二三月好雨泽时种。三物性不耐寒，经冬则死，故须春种。旱则畦种水浇，五月熟而收子。芸薹冬天草覆，亦得取子，又得生茹供食。”[①]唐代韩鄂《四时纂要》中记载了蜀芥芸薹的种植时节[②]，也说明当时这种菜的种食是较普遍的。我们发现，清代才开始有红油菜的称呼，以前一直称为芸薹。

韭菜也是中国地道的传统菜，早在《灵枢经·五菜》记载：“五菜，葵甘，韭酸，藿咸，薤苦，葱辛。”所以，韭菜为中国先秦五菜之一，早在《汉书》中就有记载。宋人们以食韭黄为时尚，多有记载，宋陈元靓《岁时广记》卷八：“飧冷淘，《岁时杂记》：立春日京师人家以韭黄、生菜食冷淘。”[③]宋洪迈《夷坚志》丙志卷四记载：“韭黄鸡子，张魏公居京师赴客饭，以韭黄鸡子为馔。”[④]巴蜀地区的韭菜首见《广志》中的记载称“弱韭长一尺，出蜀汉”[⑤]。另陆游《蔬食戏书》盛赞新津韭黄，称“新津韭黄天下无，色如鹅黄三尺余”。清末《成都通览》中家常菜的第一道就是韭黄肉丝，由此可知韭菜、韭黄在川菜中的影响和地位。

历史上巴蜀地区的瓜类食材也较为丰富，出现了诸多瓜类。《蜀中广记》卷六十四引《广志》记载：“蜀地温，食瓜至冬熟，有秋泉瓜，秋种亦冬熟。”贾思勰《齐民要术》卷第二：“蜀地温，食瓜至冬熟，有春白瓜，细小小瓣，宜藏，正月种，二月成者。秫泉瓜，秋种十月熟，形如羊角，色黄黑。”[⑥]显然当时四川有冬天播种的春白瓜和秋天播种的秋泉瓜，只是这两种瓜究竟为今天何种瓜已经不得其详，但其食用的方法倒是十分有特色，如记载：“取白米一斗，�中熬之，以作糜。下盐使咸淡适口。

① 贾思勰：《齐民要术》卷三《种蜀芥芸薹芥子》第二十三，中华书局，1956，第38—39页。
② 韩鄂：《四时纂要》卷四，农业出版社，1981，第175页。
③ 陈元靓：《岁时广记》卷八，中华书局，1985，第84页。
④ 洪迈：《夷坚志》丙志，卷四，第5册，中华书局，1985，第32页。
⑤ 贾思勰：《齐民要术》卷三《种韭》第二十二，中华书局，1956，第38页。
⑥ 同上，卷三《种瓜》第十四，第26页。

调寒热，熟拭瓜以投其中，密涂瓮，此蜀人方，美好。又法：取小瓜百枚，豉五升，盐三升，破去瓜子，以盐布瓜片中，次着瓮中，绵其口，三日豉气尽，可食之。”[①]可见这是用白米加盐熬成糜，将瓜划开一口，然后将白糜灌入，再以蜜涂封后才食用。另有资州生瓜菜，宋唐慎微《证类本草》卷三十：“《图经》曰生瓜菜，生资州平田阴畦间，味甘，微寒，无毒。”[②]这里记载资州有生瓜菜，生长在平田阴畦，味甘，只是不知具体为何菜。另有石瓜，宋祁《益部方物略记》记载：“石瓜生峨眉山中，树端挺，叶肥滑，如冬青，甚似桑花，色浅黄，实长不圆，壳解而子见，以其形似瓜里人名之，煮为液黄，善能治痹。”[③]另《广群芳谱》中也谈到乌撒军民府出产石瓜，不知是否是指同一样东西。李调元《雨村诗话》记载绵州冬瓜树便是这种石瓜[④]，但也有称是今天番木瓜的。

菠薐，即菠菜，本产于西域，唐代才开始出现在中国，唐郭橐驼《种树书》卷上称：“菠菜宜月末下旬。”[⑤]吴自牧《梦粱录》卷十八记载有菠薐菜[⑥]，宋西湖老人《西湖繁胜录》将菠菜与芋头、山药之类并列[⑦]。唐宋时期在四川已经较广泛食用，东坡诗称：“北方苦寒今未已，雪底菠薐如铁甲。岂知吾蜀富冬蔬，霜叶露芽寒更出。”不过，菠菜在唐宋巴蜀地区的饮食中地位并不突出。

莼菜，早在毛亨《毛诗注疏》第二十就记载：“正义曰：陆机：疏云茆，与荇菜相似，叶大如手，赤圆，有肥者着手中滑不得停，茎大如匕柄，叶可以生食，又可鬻，滑美。江南人谓之莼菜，或谓之水葵，诸陂泽水中皆有。”[⑧]北魏贾思勰《齐民要术》卷六记载：“莼，南越经云：石莼，似紫菜，色青。诗曰：思乐泮水，言采其茆。毛云：茆，凫葵也。诗

① 同上，卷九《作菹生菜法》第八十八，第161页。
② 唐慎微：《证类本草》卷二十九，华夏出版社，1993，第642页。
③ 宋祁：《益部方物略记》，中华书局，1985，第16页。
④ 詹杭伦、沈时蓉：《雨村诗话校正》，巴蜀书社，2006，第161页。
⑤ 郭橐驼：《种树书》卷上，中华书局，1985，第15页。
⑥ 吴自牧：《梦粱录》卷十八，中国商业出版社，1982，第151页。
⑦ 西湖老人：《西湖繁胜录》，中国商业出版社，1982，第16页。
⑧ 毛亨：《毛诗注疏》第二十，商务印书馆，1935，第1870页。

义疏云：茆与葵相似，叶大如手，赤圆，有肥，断著手中，滑不得停也。茎大如箸，皆可生食，又可汋，滑美。江南人谓之莼菜，或谓之水葵。本草云：治消渴热痹，又云冷补下气，杂鲤鱼作羹，亦逐水而性滑，谓之淳菜，或谓之水芹，服食之不可多。”①唐代杨晔《膳夫经手录》也称：“水葵本莼菜也，避顺帝讳改。味甘，平，无毒，性冷而踈，不宜多食，损人出镜。湖者瘦而味短，不如荆郢间者。”②杜甫《赠王二十四侍御契四十韵》描述过成都出产“细莼”，后来汪灏等《广群芳谱》卷第十五蔬谱引《四川志》称：“绵竹县武都山上，出白莼菜甚美。”③但历史上莼以江南所产为佳，四川并不是最重要的莼菜产地，食用也不是最普遍的。

唐宋时期四川地区也多食用野菜，如野蕨芽，《云仙杂记》记载：“猿啼之地，蕨乃多有，每一声，遽生万茎。”④曹学佺《蜀中广记》卷六十四引《琅嬛记》：“猿啼之地，蕨乃多有，每一声遽生万茎。今峡人以为粉用作饼饦。东坡《送蜀僧去尘诗》：‘拄杖挂经须倍道，故乡春蕨已阑干。’《丹铅录》云：黄山谷有‘蕨牙初长小儿拳’，以为奇句。然太白诗已有‘不知行径下，初拳几枝蕨’之句矣。”⑤由此可知，古代滇蜀一带的人多喜将野蕨晒为干菜或磨粉成饼食用，以备蔬荒。野荠也是巴蜀的特产，唐郑处诲《明皇杂录》补遗：“高力士既遣于巫州，山谷多芥，而人不食，力士感之，因为诗寄意：‘两京作斤卖，五溪无人采。夷夏虽有殊，气味终不改。’”⑥刘昫《旧唐书》卷一百八十四也有此记载。据记载宋代蜀人还做一种豨莶菜，具体做法如下：“蜀人单服豨莶法，五月五日、六月六日、九月九日，采叶，去根茎花实，净洗暴干，入甑中，层层洒酒与蜜蒸之，又暴，如此法九过，则气味极香美，熬捣筛末，蜜丸服之，云甚益元气。”⑦同样，我们现在已经无法确切地知道这种菜今天为何

① 贾思勰：《齐民要术》卷六《养鱼》第六十一，中华书局，1956，第95页。
② 杨晔：《膳夫经手录》，清初毛氏汲古阁钞本。
③ 汪灏等：《广群芳谱》卷第十五蔬谱引《四川志》，上海书店，1985，第362—363页。
④ 冯贽：《云仙杂记》卷二，中华书局，1985，第13页。
⑤ 曹学佺：《蜀中广记》卷六十四，影印文渊阁四库全书本。
⑥ 郑处诲：《明皇杂录》补遗，中华书局，1994，第41页。
⑦ 李时珍：《本草纲目》卷十五引苏颂语，华夏出版社，2008，第998页。

种菜了，估计是一道药膳性质的菜品。

在巴蜀历史上，真菌类的食材也较早食用，如五木耳，唐慎微《证类本草》卷十三：“五木耳，名檽，音软。益气不饥，轻身强志。生犍为山谷，六月多雨时采，即暴干。”[1]这种生长在当时犍为山谷中的木耳，六月多雨时采集，晒干便可食用，只是不知这里的五木耳是否就是今天的野生木耳。不过陆游《思蜀》中称“玉食峨眉栮，金齑丙穴鱼”，可以肯定木耳是作为野蔬的。为此，陆游《冬夜与溥庵主说川食戏作》称“唐安薏米白如玉，汉嘉栮脯美胜肉”，将汉嘉栮脯与肉味道相比，可见古人对巴蜀真菌的赞美。

唐宋时期巴蜀地区饮食业发达，表现在出现了许多特色鲜明的副食类食品，如唐安薏米（茨仁、芡实、鸡头米）。陆游《薏苡》诗序：“蜀人谓其实为薏米，唐安所出尤奇。”然后诗称：“初游唐安饭薏米，炊成不减雕胡美。大如芡实白如玉，滑欲流匙香满屋。腹腴项脔不入盘，况复餐酪夸甘酸。东归思之未易得，每以问人人不识。呜呼，奇材从古弃草菅，君试求之篱落间。”[2]陆游《冬夜与溥庵主说川食戏作》又称“唐安薏米白如玉，汉嘉栮脯美胜肉”[3]，更是夸说唐安薏米。

再如狮子糖，据孟元老《东京梦华录》卷二载：“西川乳糖、狮子糖”[4]，曾慥《高斋漫录》和周密《武林旧事》都记载了这种乳糖狮子[5]，当时是巴蜀民间流行的食品，在外面的影响也很大，故宋陶谷《清异录》中已经将“川糖”作为与“蜀椒”一样著名的食品流行于江湖之中来记载[6]。

唐宋时期四川地区仍产蒟酱，《益部方物略记》记载：“蒟，出渝泸茂威等州，即汉唐蒙所得者。叶如王瓜，厚而泽，实若桑椹，缘木而蔓。

---

① 唐慎微：《证类本草》卷十三，华夏出版社，1993，第372页。
② 陆游：《剑南诗稿》卷十六《薏苡》，《陆放翁全集》，中国书店，1986，第274页。
③ 同上，卷十七《冬夜与薄庵主说川食戏作》，第288页。
④ 孟元老：《东京梦华录》卷二，中州古籍出版社，2010，第51页。
⑤ 曾慥：《高斋漫录》，守山阁丛书本。周密：《武林旧事》卷六，山东友谊出版社，2001，第114页。
⑥ 陶谷：《清异录》，中国商业出版社，1985，第147页。

子熟时外黑中白，长三四寸。以蜜藏而食之，辛香能温五脏。或用作酱，善和食味。或言即南方所谓浮留藤，取叶合槟榔食之。”[①]涪州曾将其作为贡品。[②]宋代茂州、威州、泸州、渝州、夔州和长宁军都出产。[③]宋代川南长宁军还用蒟入药，以苗为曲制成酒。[④]到了明代，关于蒟酱为何物已经不清楚了，故明代何宇度《益部谈资》记载：“问之莫答，或云今之鸡宗油及滇中篓叶皆相仿佛。”[⑤]正如此，对于蒟酱中的蒟为今天何物，从唐宋以来一直不能确指，争论较大。早在《太平寰宇记》中就记载：“蒟酱，如今之大笔拔。”[⑥]杨升庵认为：“嵇含《南方草木状》云：蒟酱，荜茇也。大而紫月荜茇，小而青月蒟酱。可以调食，故曰酱。今永昌人犹以荜茇为豆豉，是可证也。自《本草注》以蒟酱为槟榔蒌子，非也。佐槟榔蒌子，自名扶留藤，见《蜀都赋》，《草木状》亦具，列于槟榔条下，与蒟酱全不同。”[⑦]可见以前认为蒟酱为扶留藤不对，故杨慎认为是指荜茇。对此，清代吴其濬《植物名实图考》中就谈到蒟有蒌叶（扶留滕）、毕拔、芦子三种可能，不敢定论。[⑧]

唐宋时期豆类副食品也较多，如佛豆，古称戎菽，即今蚕豆、胡豆。唐宋时期因认为吃佛豆入羹能避瘴气，故十分盛行。黄山谷《答李任道谢分豆粥》便有“豆粥能驱晚瘴寒，与公同味更同餐”之句。《益部方物略记》专门记载了一种盐渍佛豆，称：“佛豆豆粒甚大而坚，农夫不甚种，唯圃中莳以为利，以盐渍食之，小儿所嗜。”[⑨]称当时四川农夫多在园圃中种植，成熟后用盐渍而食之，特别讨小孩喜欢。红豆也是巴蜀的重要菜

① 宋祁：《益部方物略记》，中华书局，1985，第13—14页。
② 李吉甫：《元和郡县志》卷三十一《涪州》，中华书局，1983，第738页。。
③ 宋祁：《益部方物略记》，中华书局，1985，第13—14页。《蜀中名胜记》卷二二；王象之：《舆地纪胜》卷一六六，四川大学出版社，2005，第502页。唐慎微：《证类本草》卷九，华夏出版社，1993，第260页。
④ 王象之：《舆地纪胜》卷一六六，四川大学出版社，2005，第5021页。
⑤ 何宇度：《益部谈资》卷上，中华书局，1985，第7页。
⑥ 乐史：《太平寰宇记》卷七十二，中华书局，2007，第1462页。
⑦ 杨升庵：《升庵外集》，中国商业出版社，1989，第165页
⑧ 吴其濬：《植物名实图考》，商务印书馆，1957，第636—638页。
⑨ 宋祁：《益部方物略记》，中华书局，1985，第9页。

品，所以《益部方物略记》记载有红豆果饤：“红豆，花白色，实若大红豆，以似得名，叶如冬青，蜀人以为果饤。”①

巴蜀地区在历史上曾与广东、福建并列为中国三大荔枝产地，很早就开发出了荔枝煎类食品。《元和郡县志》卷三十二《戎州》、《太平寰宇记》卷七九《戎州》、《新唐书》卷四二《地理志·土贡》中都有荔枝煎。宋蔡襄《荔枝谱》记载有渍荔枝煎法：“蜜煎剥生荔枝，笮去其浆，然后蜜煮之。”②早在汉晋时，四川人便用荔枝来造醯。唐宋以来，四川荔枝的种植分布十分广，产量较大，四川人普遍将荔枝加工成为成品，有时人们食用荔枝多了，嘴上还会长满热疮。宋钱易《南部新书》卷八：“戎州，荔枝煎五斗兼皮蜜浸四斗。”③李贤《明一统志》卷六十九：“本府出，土人善为荔枝煎，可以致远。”④宋代还出产一种隈枝的东西，据说与荔枝相似。另据《益部方物略记》记载：“右隈枝，生邛州山谷中，树高丈余，枝修弱，花白实似荔枝，肉黄肤甘，味可食嚼。”⑤这种隈枝与荔枝有何种关系，目前还不完全弄清楚。唐宋时期，仍然传承了荔枝园开园品酒食荔的风俗。如江津荔枝园仍是每当荔枝熟时，士大夫共食树下，称“犹有汉之遗风”⑥。合州荔枝阁荔枝熟时，“郡守率僚佐置酒阁上，临槛俯摘以为胜赏”⑦。宜宾锁江亭荔枝园荔枝熟时太守也率宾客共同品尝。⑧

表1　巴蜀古代著名荔枝园表

园名	朝代	地点	园名	朝代	地点
官荔枝园	汉晋	重庆	荔枝圃	唐宋元	重庆
荔枝园	唐	宜宾	定夸山园	宋	宜宾

① 宋祁：《益部方物略记》，中华书局，1985，第3页。
② 蔡襄：《荔枝谱》，福建人民出版社，2004，第6页。
③ 钱易：《南部新书》辛集，中华书局，1985，第86页。
④ 《明一统志》六九《重庆府》，三秦出版社，1990，第1073页。
⑤ 宋祁：《益部方物略记》，中华书局，1985，第6页。
⑥ 《明一统志》卷六九《重庆府》，三秦出版社，1990，第1083页。《蜀中广记》卷十七，文渊阁四库全书本。
⑦ 王象之：《舆地纪胜》卷一五九《合州》，四川大学出版社，2005，第4816页。
⑧ 《蜀中广记》卷六五《方物记》，文渊阁四库全书本。

续表

园名	朝代	地点	园名	朝代	地点
撕西园	宋	泸州	杜园	宋	泸州
毋氏园	宋	泸州	妃子园	唐	涪陵
安乐园	宋	雅安	荔枝园	唐宋	江津
荔枝阁	宋元	合川	荔枝园	宋	泸州

当时四川还有许多特殊的保藏和制作食品的方法，如藏梅之法，《食经》称："蜀中藏梅法，取梅极大者，剥皮阴干，勿令得风，经二宿去盐汁，内蜜中月许，更易蜜，经年如新也。"①在唐宋时曾出现一种邛州醋林子，像今樱桃似的醋林子，可制食品。《重修政和经史证类备用本草》记载："图经曰：醋林子，出邛州山野林箐中，其木高丈余，枝条紫茂，三月开花，色白，四出。九月、十月结子，累累数十枚，成朵，生青熟赤，略樱桃而蒂短，味酸，性温，无毒。……又土人多以盐醋收藏以充果子食之。生津液，醒酒，止渴，不可多食，令人口舌麄拆。及熟采之阴干，和核同用，其叶味酸。夷僚人采得入塩和鱼鲙食之，胜用醋也。"②即将这种植物采下后用盐拌上，与鱼鳑一起食用，比用醋的效果好得多。

西南民族地区历史上有食臭腐和食野的传统，受其影响巴蜀地区很早就有食臭腐和食野生虫类的风俗。《太平广记》卷四八三引《玉堂闲话》："于是烹一犊儿，乃先取犊儿结肠中细粪置在盘筵，以箸和调在醯中，方餐犊肉。彼人谓细粪为圣虀，若无此一味者，即不成局筵矣。以诸味将半然后下麻虫裹蒸，裹蒸乃取麻蕨蔓上虫，如今之刺猱者是也。以荷叶裹而蒸之，隐勉强餐之，明日所遗甚多。"③这里谈到两道菜，一道是牛粪调醋肉，一道是蒸麻虫。前者将牛粪与醋调食，实际上是将幼牛反刍的草食与醋合食，现在西南的个别少数民族中仍有用牛反刍物和反刍汁来煮食肉类的习惯，称为牛瘪。而食用虫类并不是个别现象，如元代佚名《馔

① 贾思勰：《齐民要术》种梅杏第三十六，中华书局，1956，第54页。
② 唐慎微：《证类本草》卷三十，华夏出版社，1993，第650页。
③ 《太平广记》卷四八三引《玉堂闲话》，团结出版社，1994，第2341页。

史》记载：“唐剑南节度使鲜于叔明嗜臭虫，每采拾得三五升，浮于微热水泄其气，以酥及五味，熬卷饼食之，云天下佳味。”[1]

前面谈到宋代至元明时期，豆腐已经是巴蜀地区重要的食品了，早在万历《嘉定州志》中就记载了嘉定州产豆腐，明末清初《蜀语》中就记载豆脯，也记载了丰都豆腐乳。[2]相应的，巴蜀地区臭豆腐，即发酵毛霉类豆腐制品众多，如丰都豆腐乳、忠县豆腐乳、秀山清溪豆腐乳、乐山五通桥豆腐乳、夹江豆腐乳、大邑唐场豆腐乳、筠连红豆腐乳等声名在外。

汉晋南北朝时期，巴蜀地区已经开发出魔芋产品。《北梦琐言》卷三记载崔安潜“镇西川三年，唯多蔬食，宴诸司，以面及蒟蒻之染作颜色，用象豚肩、羊臑、脍炙之属，皆逼真也”[3]。可见唐五代时甚至出现用魔芋染色做成猪、羊臑、脍炙之类的仿荤类菜品，这说明当时巴蜀地区的饮食文化中以素仿荤的象形烹饪法已经相当老道了。陆游《冬夜与溥庵主说川食戏作》谈到的川食大多是指素食，其诗云：“唐安薏米白如玉，汉嘉栮脯美胜肉。大巢初生蚕正浴，小巢渐老麦米熟。龙鹤作羹香出釜，木鱼瀹菹子盈腹。未论索饼与饡饭，最爱红糟并缹粥。东来坐阅七寒暑，未尝举箸忘吾蜀。何时一饱与子同，更煎土茗浮甘菊。”[4]显然，即使是在有“食必兼肉”背景下的巴蜀地区，在传统农耕社会荤食比重较低的条件下，可能大多数人更多是将烹饪的关注放在素食上。其实，在中国烹饪史上，豆腐的发明和后来豆腐菜品的不断发展，都是因为在农耕社会里，豆腐在口感和营养方面一定程度上可替代肉类的结果。

二 烹饪方式的变化与古典时期川菜的味道味型

秦汉两晋南北朝时期巴蜀地区的主要烹饪方式是煎烤（煎、烤、炙

---

① 佚名：《馔史》，《学海类编》本。
② 李实：《蜀语》，巴蜀书社，1990，第22页。
③ 孙光宪：《北梦琐言》卷三，中华书局，2002，第57页。
④ 陆游：《剑南诗稿》卷十七《庵主说川食戏作》，载《陆放翁全集》，中国书店，1986，第288—289页。

等）和蒸煮（蒸、煮、涮、炖等）这两大类。应该说唐宋时期烹饪方式变化并不是太大，仍然是这两大类。但不同的是，唐宋时期巴蜀地区食材的进一步扩大，进餐方式从席地分餐向围桌同餐转变，在具体烹饪方式上也出现一些新的方式。有学者研究表明，这个时期全国各地已经出现了蒸、煎、煮、烙、爊、焐、焊、烧、炙、醢、焞、炸、炒、煨、爦、焙、燠、炊、熬、炬、臛、腊、脯、炰、擣、脍、掇、酿、酢、醋、润、糟、燥、烘等二三十种之多[①]，实际上这个时期还出现了拌、渍、炰等烹饪方式。不过，我们应该将烹饪前的主料加工方式与最后的烹饪熟化过程分开来讨论，有一些不需要最后熟化的过程直接食用的可以称烹饪方式，而有一些仅是熟化过程的前期工作，应该在烹饪方式上作一些区别。所以，进一步在统一标准的基础上来计算烹饪方式尤为必要。

总的来看，唐宋时期中国的烹饪方式仍然以煎烤和蒸煮为主体，但这个时期烧、拌、燠、炒、淘、渍方法在饮食中都有运用，有一些是复合性烹饪方法，如陆游《送笋芍药与公择二首》谈到“烧煮配香粳”，烧煮并用。如我们前面谈到的生熟烧饭、大小拌肉、大燠面、淘煎燠肉、川炒鸡、盐渍佛豆、蜜渍余甘子等，有的就是淘煎燠并用。这个时期，许多食物都用了淘这种方法来加工，所谓淘是以液汁拌和食品，杜甫诗有《槐叶冷陶》，记载了用槐叶拌面烹饪出的凉面，历史上还有甘菊冷陶、槐牙温陶、水花冷陶等，另如《警世通言·宋小官团圆破毡笠》谈到“茶淘冷饭”。

在烹饪方式中炒的出现相对较晚，但宋代已经有许多炒的菜品，宋代《玉食批》中记载了糊炒田鸡、炒鹌子。[②]在《武林旧事》中记载宋代张俊请宋高宗的菜品中已经有“炒沙鱼衬汤”“鳝鱼炒鲎”“南炒鳝”。[③]当然，炒这种方式真正是到元明时期才较多的。前面我们谈到有川炒鸡[④]，另

① 徐海荣：《中国饮食史》第四卷，华夏出版社，1999，第111—113页。
② 司膳内人：《玉食批》，中国商业出版社，1987，第75页。
③ 周密：《武林旧事》卷九，西湖书社，1981，第141页。
④ 《居家必用事类全集》庚集，书目文献出版社。

《元通事谚解》中记载有当时的“川炒猪肉”。[1]现代烹饪中炒、爆、熘、煎、烩等方法往往是一种相对快速而讲求口感的烹饪方式，这种烹饪方式的出现，可能与中国传统餐饮就餐方式从几案分餐制到围桌共餐制、商业性餐饮大量出现有关。宋元之际正是中国从几案分餐制到围桌共餐制转变的过渡时期，几案分餐制往往是有分阶段进餐过程，随到随食，对时间要求并不高，但围桌共餐制往往要求一定时间内上齐菜品才能较好进餐。同时，宋元之际也是中国传统餐饮商业性服务大量出现的时期，商业性餐饮的大量出现，出于竞争关系也要求餐饮企业菜品的完成速度，因此快速的烹饪方式就应运大量产生。炒、爆一类快速烹饪方式的大量出现正好是在元明时期，与北方游牧民族的生活习惯有关，即游牧民族流动性大的特征，对于快速烹饪的客观需求更明显；而以前中国南方地区更擅长于煨、炖等相对慢节奏的烹饪方式，这可能与农耕民族相对稳定缓慢的生活节奏有关。这种状况可能在清代以后才有所改变，即清以后就全国来说，小煎小炒之类快速烹饪的地位越来越高。就巴蜀地区来看，炒、爆这类烹饪方式的出现较晚，因我们还不敢完全断定元代出现的川炒鸡、川炒猪肉一定是指巴蜀地菜品，主要是在对“川”字的理解上还有分歧。

同时，我们发现这个时期，在传统的菜品开发深度越来越深的背景下，巴蜀传统的辛香类调料的类型更多。

唐宋时期巴蜀饮食尤以善用姜作调料而出名。首先是蜀姜在全国仍负有盛名。《证类本草》引《图经》称“生姜生犍为山谷及荆州扬州，今处处有之，以汉、温、池州者为良”，说明当时汉州、温州、池州的姜最好。[2]另刘禹锡《传信方》也称“用干姜须是合州至好者”[3]，称治病以合州姜最好，难怪李义山称“蜀姜供煮陆机莼”为一名菜。唐代段文昌食品中仍记载有杨朴之姜。只是这个杨朴（一说阳朴）在巴蜀可能并不如前人所考的在今天重庆北碚。宋代杨佐《云南买马记》中记载他带上“醋、

① 《元通事谚解》，奎章阁丛书影印本。
② 唐慎微：《证类本草》卷八引《图经》，华夏出版社，1993，第214页。
③ 同上，第214页。

醢、盐、茗、姜、桂”为干粮，可见当时姜是作为日常食品运用的。前文我们谈到早在三国时期蜀姜的名气在全国就已经很大了，实际上到了宋代“蜀姜”仍是一个全国性的品牌，宋代刘攽《彭城集》卷八《和梅圣俞食鱼会鱼歌》中称：“蜀姜吴橘正相益，炊菰絮羹还慊然。”[①]将蜀姜与吴橘相提并论，都是言其声名之大。而晁公遡《嵩山集》卷三《此以酒饷师伯浑辱诗为谢今次韵》中也有“取君池中鱼，酌此脍蜀姜”[②]之称，仍是以蜀姜为名贵调料。《东坡杂记》称当时四川以姜为原料还有姜乳饦、姜粥、干姜等几样风味食品，《植物名实图考》卷三引《东坡杂记》称：“有僧服姜四十年，其法取汁贮器中，滤去其上黄而清者，取其下白而浓者，干刮取如面，谓之姜乳饭。”[③]这里的“姜乳饭”即姜汁，江湖中的人多食用。另蜀中当时还有专门的“姜粥”，据记载：“东坡又云食姜粥甚美，一瓯梦足，得不汗出如浆耶。”[④]汉州由于产姜，老百姓发明了“汉州干姜法”：“以水淹姜三日，去皮又置流水中六日，更刮去皮，然后曝之令干。酿于瓮中三日乃成也”。[⑤]这种干姜法有点像现在巴蜀的泡嫩姜，只是不知这里的“酿”是指干渍还是水泡，可以肯定的是清洗去皮过程已经简化了。在宋代，巴蜀的梁山姜已经有一定的影响，高都山一带“民以种姜为业，衣食取给焉”[⑥]，所以至今梁平县和林镇的姜仍然是一方之名产。

在善用姜作为调料的同时，蜀人在汉晋食茱萸的基础上更擅长以茱萸入膳。我们知道食茱萸，树较高大，其小白点子当时人称为“艾子”。蜀人将艾子捣碎轧开取其汁烹调蔬菜，十分辛香，是唐宋时期烹饪川食的重要调料。其实巴蜀地区早在汉晋时期便用“茱萸”为烹饪调料，不过广泛用“茱萸”为烹饪用料可能是在宋明时期。《礼记·内则》言“三牲用藙”，注疏称：“今蜀郡作之。九月九日，取茱萸折其枝，连其实，广长

① 刘攽：《彭城集》卷八《和梅圣俞食鱼会鱼歌》，中华书局，1985，第98页。
② 晁公遡：《嵩山集》卷三中《此以酒饷师伯浑辱诗为谢今次韵》。
③ 吴其濬：《植物名实图考》卷三，商务印书馆，1957，第60页。
④ 同上，第60页。
⑤ 唐慎微：《证类本草》卷八引《图经》，华夏出版社，1993，第214页。
⑥ 王象之：《舆地纪胜》卷一七九《梁山军》，四川大学出版社，2005，第5213页。

四五寸。一升实可和十升膏，名之藤也。”[①]据传孙思邈《千金食治》记载有食茱萸，又称艾子、辣子。[②]宋代宋祁《益部方物略记》：“艾木大抵茱萸类也，实正绿，味辛。蜀人每进羹臛，以一二粒投之，少选香满盂盏。或曰作为膏尤良。按扬雄《蜀都赋》当作蘱。蘱、艾同字云。”[③]按照宋祁的说法，这种食茱萸“椒桂之匹”，竟能与当时辛香料花椒、桂子相比。当时蜀人喜欢在吃肉羹时放一二粒艾子，使肉羹十分清香。宋代蜀人甚至用以佐酒，范石湖《成都古今记》载：“艾子，茱萸类也，实正绿，味辛，蜀人每进酒，辄以一粒投之，少顷香满盂盏。”[④]显然这里的记载有两种状况，一种是进酒加艾子，一种是进羹膏加艾子，都会使味道更清香。不过，明代杨升庵认为：“《本草》蜀州食茱萸甚高大，有长及百尺者，蜀人呼其子为艾子。”但考证认为艾子并不是茱萸，用艾子油可以烹饪笋蕨，“今渝、泸皆有之”。[⑤]

据有关记载来看，宋元时期是中国饮食文化中麻味发展最盛、影响最大的时期。唐宋时期，花椒在名称上分成蜀椒（黎椒）、巴椒、秦椒三大地域品种，中心仍是在巴蜀地区。唐宋时期“黎椒”是作为贡品存在，《新唐书·地理志》中便记载黎州贡“椒”，《元和郡县志》《方舆胜览》等都记载为贡品。

这个时期花椒种植和食麻的范围比现在更广，宋代《图经》记载：“秦椒，生泰山川谷及秦岭上，或琅琊，今泰、凤及明、越、金、商州皆有之。”[⑥]据《重修政和经史证类备用本草》记载：“一名巴椒，一名蓎，音唐，蘱，音毅。生武都川谷及巴郡……陶隐居云：出蜀都北部人家种之，皮肉厚，腹里白，气味浓。江阳、晋原及建平间亦有而细赤，辛而

① 郑玄：《礼记疏》附释音礼记注疏卷第二十八。
② 孙思邈：《千金食治》，中国商业出版社，1985，第54页。
③ 宋祁：《益部方物略记》，中华书局，1985，第10页。
④ 杨慎：《升菴集》卷八十引范成湖《成都古今记》，文渊阁四库全书补配文津阁四库全书本。
⑤ 杨升庵：《升庵外集》，中国商业出版社，1989，第166—167页
⑥ 唐慎微：《证类本草》卷八引《图经》，华夏出版社，1993，第386—387页。

不香，力势不如巴郡。”[①]又引《图经》：“蜀椒生武都川谷及巴郡，今归峡及蜀川陕洛间人家多作园圃种之。……此椒，江淮及北土皆有之，茎实都相类，但不及蜀中者。皮肉厚，腹里白，气味浓烈耳。”[②]可见在唐宋时期山东泰山、琅琊，浙江明州、越州，陕甘的秦州、凤州、金州、江淮及北土都产花椒。这时花椒出产分布的广阔与宋元明以来非川食的饮食品中较多用川椒可以互为证明。据宋代《吴氏中馈录》记载的脯鲊类食品中40%都要放花椒，有的放的是花椒末，如蟹生、肉鲊、算条巴子、蒸时鱼、风鱼、肉生、黄雀鲊、造肉酱、鱼酱、酒腌虾等。在制蔬类中也多有放花椒。[③]陆游《饮罢和邻曲》称：“白鹅炙美加椒后，锦雉羹香下豉初。”《居家必用事类全集》记载，宋元时全国的许多副食原料都少不了用川椒，如造椒梅、白酒曲、鹿醢、白酒糖醋、金山寺豆瓣、瓜豉，食用菜的胡萝卜菜、一了百当酱、马驹儿、眷兔、酥骨鱼、萝卜羹、团鱼羹，鲊，腌制品中的腌猪舌、牛腊鹿、鹿肺、鹅等都要用川椒。[④]连宫廷的神枕方中、羊肚羹都要用蜀椒，甚至还有专门的椒面羹。[⑤]元代文献中记载的馄饨馅中都要放花椒粉[⑥]，今天食花椒盛行的巴蜀也只是将花椒末放在馄饨汤汁中，而不是放在馅中。元明时期四川的饮食，仍继承了唐宋时期风味，腌川菜麻味影响已经更大了，特别是川椒的使用在全国饮食中影响十分大。明代政府曾每年从四川采办川椒6800斤，办买1000斤[⑦]，主要用于宫殿饮食之用。明代江南人宋诩《竹屿山房杂部》记载，烹饪各种菜品中花椒的使用比例也相当大。明代高濂《遵生八笺》中腌渍肉食普遍要放花椒粒，具体如《遵生八笺》和清代《调鼎集》中记载馄饨馅中仍像元代一样都是加花椒粉。明代《便民图纂》卷八和卷十四记载当时正月初一所饮屠苏酒中便要加川椒，而制造腌鹅鸭、牛腊鹿修、鹅鲊、酒蟹、酒虾、挦鸡

① 唐慎微：《证类本草》卷八引《图经》，华夏出版社，1993，第402页。
② 同上，第402页。
③ 《吴氏中馈录》，中国商业出版社，1987。
④ 《居家必用事类全集》，书目文献出版社。
⑤ 忽思赞：《饮膳正要》二，中国商业出版社，1987，第152、180、193页。
⑥ 元倪瓒：《云林堂饮食制度集》，中国商业出版社，1984，第5页。
⑦ 正德：《四川志》卷八《财赋》。

鲊、大料物法、素食中物料法、一了百当酱等都要用川椒。[1]这种在民间菜系中普遍使用川椒的风气显然是现在不具备的。值得注意的是，从历史文献来看，中国历史上使用花椒制品往往都是使用花椒粒，将花椒磨成粉使用的并不多，但我们发现宋代《吴氏中馈录》中有使用花椒末来做蟹生、算条巴子的。清初童岳荐《调鼎集》中更多反映的是江南地区的饮食，但其记载：“椒，川产大红袍最佳。花椒或整用，或研用，焙脆研末，须筛过。或装袋同煮，方无粗屑。椒盐，皆炒研极细末，盐多椒少，合拌处蘸用。”[2]在清代江南地区出现椒盐味型，仍然使用花椒末，辛麻度大增。现在看来，花椒使用的减少，可能与清中后期辣椒广泛进入饮食的侵夺有关。这种在民间菜系中普遍用川椒的风气显然是现在不具备的，因为现在除四川人外，几乎是谈“麻”色变了。

唐宋时期，四川饮食文化中个别地区对蒜的食用也是一个特色。范成大《石湖诗集》卷十六曾谈到当时“巴蜀人好食生蒜，臭不可近”[3]的情况，但这首诗中称巴蜀大蒜为“胡蒜”，并不是本土的重要调料，而且从总体上来看，巴蜀饮食中从古到今蒜的使用在全国地位和影响并不是十分突出，宋元明清时期没有任何其他的史料支持范成大的说法。对此，乾隆至嘉庆年李调元在其《雨村诗话》中也认为“至云‘蜀人好食生蒜，臭不可近’，今则不然矣”[4]。所以，后来清末《清稗类钞》中记载：“北人好食葱蒜，而葱蒜亦以北产为胜，直隶、甘肃、河南、山西、陕西等省，无论富贵贫贱之家，每饭必具。赵瓯北观察翼有旅店题壁诗：‘汗浆迸出葱蒜汁，其气臭如牛马粪。’”[5]不论是历代的记载还是现在的风味，巴蜀都不是一个嗜蒜重区。显然，巴蜀好食蒜的记载可能并不典型。

豆豉早在汉晋时期就在中国有较多食用，唐宋元明时期豆豉广泛作为副食出现，并开始作为俏料、调料运用于烹饪之中，如元代出现了著名的

---

① 邝璠：《便民图纂》，农业出版社，1959，第89、229—236页。
② 童岳荐：《调鼎集》（酒茶点心编），中州古籍出版社，1991，第40页。
③ 范成大：《范石湖集》卷十六，中华书局，1962，第226页。
④ 詹杭伦、沈时蓉：《雨村诗话校正》，巴蜀书社，2006，第23页。
⑤ 徐珂：《清稗类钞》第四十八册，商务印书馆，1928，第312页。

"成都府豆豉汁"。《居家必用事类全集》己集记载："（造成都府豉汁法）九月后二月前，可造好豉三斗。用清麻油三升，熬令烟断香熟为度，又取一升熟油拌豉，上甑熟蒸，摊冷晒干，再用一升熟油拌豉再蒸，摊冷晒干，更依此一升熟油拌豉，透蒸曝干，方取一斗白盐匀和，捣令碎以釜汤淋取，三四斗汁，净釜中煎之。川椒末、胡椒末、干姜末、橘皮各一两，葱白五斤。右件并捣细和煎之三分减一，取不津磁器中贮之，须用清香油，不得湿物近之，香美绝胜。"[①]根据这则记载可知，这种豆豉汁一般在九月后至第二年二月前造。用豉三斗，先用清麻油三升，熬令烟断香熟为度。取一升熟油拌豉上甑熟蒸，然后摊冷晒干。再用一升熟油拌豉，再蒸摊冷晒干。又用一升熟油拌豉，蒸透后晒干。在这时要加上一斗盐调好捣碎，加汤三四斗煎熬成汤汁。同时将川椒末、胡椒末、干姜末、橘皮一两，葱白五斤捣细并煎于汤中。最后要在瓷器中放上香油贮藏，绝不能沾上水。据说这种成都府豆豉在元代以"香美绝胜"风行一时，遗憾今已经失传，至今川人不知其味。

今天川菜的风味以麻、辣、鲜、香见长，已经为众人所熟知。前面已经谈到，汉晋南北朝时期巴蜀地区因"好辛香"喜欢用花椒、姜和加蜜"以助味"的方式，形成了巴蜀特殊的甜麻姜香相兼的口味。唐宋时期，这种风俗依然如故。据陆游《老学庵笔记》卷七：

> 族伯父彦远言，少时识仲殊长老，东坡为作安州老人食蜜歌者，一日与数客过之，所食皆蜜也，豆腐、面筋、牛乳之类皆渍蜜食之，客多不能下箸。惟东坡亦酷嗜蜜，能与之共饱。[②]

这则史料告诉我们唐宋时期巴蜀地区仍然食味清淡而普遍用饴糖助味，一般北方人因畏惧甜而不能下箸的事实。这个结论并不是孤立的。陆

---

① 《居家必用事类全集》己集，书目文献出版社，第145页。
② 陆游：《老学庵笔记》卷七，中华书局，1979，第89页。

游有诗“东门买彘骨，醯酱点橙薤”，便是用甜酱佐餐之事实。陆游《思蜀》有“金齑丙穴鱼”之句，其中的“金齑”即是用金橙切成细丝和酱而成的调味品，这种金齑丙穴鱼，当时是四川的一道名菜，难怪汪元量《水云集》卷一称“闪闪白鱼来丙穴，绵绵紫鹤出巴山”[①]。陆游在淳熙五年二月于成都夜饮，其桌上便有“磊落金盘荐糖蟹，纤柔玉指破霜柑”，这种“糖蟹”主要流行在当时的江南一带，宋代四川地区也流行。另外陆游有《甜羹》一诗，羹是用蔬菜与粳稻烹饪的，可能也是加了糖才称为甜羹的。前面我们谈到唐宋四川人吃苦菜、薤、棕笋时都喜用蜜渍或煮食，而且谈到的“蒸豕”也是“熟时更用杏浆浇”。看来，用盐、蜜渍食品而食是当时流行的饮食方式，其用蜜和果酱来渍食又最有特色，此所谓以糖蜜“助味”。

唐宋时期巴蜀饮食风味以甜为主，与当时巴蜀制糖业发达有关。早在汉晋时期，巴蜀就盛产蜂蜜，入唐以后，巴蜀仍是全国重要的产糖区。据《新唐书·地理志》《通典》《元和郡县志》《太平寰宇记》等记载，当时通州、集州、壁州、夔州产“蜜”，文州、翼州、涪州出“白蜜”，眉州、巴州产“石蜜”。蔗糖业也较发达，成都府、梓州、绵州、蜀州、遂州、资州都出产蔗糖。

宋代巴蜀的蔗糖业更是有了空前的发展，汉州、梓州、资州、遂州成为重要的种植中心，宋代益州、蜀州、梓州砂糖（红糖）为土贡之物。同时当时巴蜀与江南同为中国两大石蜜生产地，其中又以四川最有特色，宋苏颂《图经本草》：“炼沙糖和牛乳为石蜜，即乳糖也，惟蜀川作之。”[②]《证类本草》卷二三引《本草衍义补》：“甘蔗，今川、广、湖南、北、二浙、江东西皆有，自八九月已堪食，收至三、四月方酸坏。石蜜、沙糖、糖霜皆自此（甘蔗）出，惟川、浙者为胜。”[③]由此可见，宋代江浙、两湖、岭南和巴蜀都出产蔗糖，但岭南地区蔗糖的真正发展是在明清时

---

① 汪元量：《水云集》，清武林往哲遗著本。
② 唐慎微：《证类本草》卷二三引《图经》，华夏出版社，1993，第565页。
③ 同上，第565页。

期，故宋代蔗糖以江浙和巴蜀最出名，其中以巴蜀更具特色。

宋代遂州冲积平原甘蔗种植很普遍，有的地方四分之一的土地都用于种植甘蔗，而熬制糖霜户又达十分之三，以致当时遂州成为全国唯一的糖霜生产基地，形成“福、唐、四明、番禺、广汉、遂宁有之，独遂宁为冠”[①]的局面。当时唯西蜀所产的“西川乳糖”成为宋代十分畅销的产品。这种乳糖就是用牛乳与砂糖融合在一起的制品，又名石蜜，《证类本草》记载“惟蜀川作之”，用乳糖制成的“乳糖狮子”“乳糖狮儿”成为西川的进贡品，也被商人到处贩运，社会中广泛食用。宋代流行的“云英面”便是加西川糖蜜蒸成，在社会上已经出现有“川糖”的话语。[②]显然巴蜀民间甜食制作历史悠久。直到20世纪末巴蜀一般家庭腊月间都要制作甜食，如炒米糖、苕丝糖（苕粑丝）、蜜饯等。如内江蜜饯，据记载早在明代永乐年间内江一带就是家家渍果脯，户户酿煮货。[③]早在清代咸丰年间就有铨源号开始经营，后出现罗氏、朱氏两大商号。清末《成都通览》就记载当时内江、资阳、金堂赵家渡的蜜饯20多个品种出现在成都市场上。[④]特别是到民国三十年代随着成渝公路的通车而更是名声在外。[⑤]同样，明清时期巴蜀的蜂蜜仍然有很大的声名，如竹蜜有称“甘倍于常蜜”[⑥]。至今巴蜀蜂蜜在全国仍有重要地位。

我们这里讨论中古时期巴蜀地区饮食的口味特征，由于史料的局限，可能并不一定全面精准。由于中国古代历史的主体叙事中根本不可能出现菜品、口味之类的东西，所以相关记载十分少。而中国古代由于饮食信息的相对闭塞不畅，一个人往往不可能对全国的饮食口味有一个全面的认知。所以，关于中国古代饮食口味的记载十分混乱，即使有记载也相对感性、偏窄、粗略、模糊。

---

① 王灼：《糖霜谱》，清康熙楝亭十二种本。
② 陶谷：《清异录》，中国商业出版社，1985，第147页。
③ 四川省地方志编纂委员会编《四川省志·川菜志》，方志出版社，2016，第20页。
④ 傅崇矩：《成都通览》，巴蜀书社，1987，第288页。
⑤ 《甜城蜜饯》，《内江文史资料选辑》1984年第4辑。
⑥ 李调元：《井蛙杂纪》卷二，载《巴蜀珍稀史学文献汇刊》，巴蜀书社，2018。

如《黄帝内经·素问》卷第十二《异法方宜论篇》：

> 故东方之域，天地之所始生也，鱼盐之地，海滨傍水，其民食鱼而嗜咸，皆安其处，美其食。鱼者使人热中，盐者胜血，故其民皆黑色疏理，其病皆为痈疡，其治宜砭石，故砭石者，亦从东方来。西方者，金玉之域，沙石之处，天地之所收引也。其民陵居而多风，水土刚强，其民不衣而褐荐，其民华食而脂肥，故邪不伤其形体，其病生于内，其治宜毒药，故毒药者，亦从西方来。北方者，天地所闭藏之域也。其地高陵居，风寒冰冽，其民乐野处而乳食，脏寒生满病，其治宜灸焫，故灸焫者，亦从北方来。南方者，天地所长养，阳之所盛处也，其地下，水土弱，雾露之所聚也。其民嗜酸而食胕。故其民皆致理而赤色，其病挛痹，其治宜微针。故九针者，亦从南方来。中央者，其地平以湿，天地所以生万物也众，其民食杂而不劳，故其病多痿厥寒热，其治宜导引按跷，故导引按跷者，亦从中央出也。①

这里虽然谈治病，但其对各地饮食味道的认同，反映了中古时期人们的一些饮食上的味型地型的认同，值得关注。这里认为汉唐时期中国饮食地域风味是东方嗜咸，南方嗜酸。由于不知其南北方的具体空间范围，我们难以对其做准确的指定。在汉唐时期，巴蜀地区应该是南北皆融，东西兼汇，咸酸皆备。后来《本草纲目》卷五二引《河图括地象》：“青州：其音角羽，其泉咸以酸，其气舒迟其人声缓。荆扬：其音角征，其泉酸以苦，其气慓轻，其人声急。梁州：其音商徵，其泉苦以辛，其气刚勇，其人声塞。兖豫：其音宫徵，其泉甘以苦，其气平静，其人声端。雍冀：其音商羽，其泉辛以咸，其气驶烈，其人声捷。徐州：其音角宫，其泉酸以甘，其气悍劲，其人声雄。”②这就是说，梁州之地的风味咸酸兼备，辛香

---

① 《黄帝内经·素问》卷第十二《异法方宜论篇》，人民卫生出版社，1963，第80—82页。
② 《本草纲目》卷五二引《河图括地象》，人民卫生出版社，1982，第2969页。

为征。

北宋沈括《梦溪笔谈》卷二四："大抵南人嗜咸，北人嗜甘，鱼蟹加糖蜜，盖便于北俗也。如今之北方人喜用麻油煎物，不问何物，皆用油煎。"①这里又称南人嗜咸，北人嗜甜，好像与上面记载冲突。有两种解释，第一，北宋时期这里的南人是指今山东、河南一带的汉人，而北人是指河北塞外一带的游牧民族。第二，吴自牧《梦粱录》卷十六："南渡以来，凡二百余年，则水土既惯，饮食混淆，无南北之分矣。"②南宋的北方移民南迁对南方饮食文化影响也较大，已经无南北之分了。以北宋沈括而论，似四川嗜甜属北人之习了。不过这里笔者倒是怀疑沈括将南北搞混了，沈括的记载南北调正过来似更合理，要知道宋代糖蜜主要产生在南方，产鱼蟹也是南方为主。这也合于今天的风味地理。宋代朱彧《萍洲可谈》："大率南食多盐，北食多酸，四夷及村落人食甘，中州及城市人食淡，五味中唯苦不可食。"③这里与上面的认同更是出入较大，宋人在南人嗜咸一点上是统一的，但朱彧认为北食多酸，四夷多食甘与上面的记载矛盾较大。

明清以来也有不少讨论中国食味道的地域特征的，如明李中梓《医宗必读》卷四："故西北人不耐咸，少病多寿，东南人嗜咸，少寿多病。"④这里是从饮食是否淡食角度研究病理的，从侧面我们可能看出明代医生中有西北人淡食而东南人嗜咸的认知。不过这种认知至少从明代的地理局势来看，也较为牵强。明代的东南概念无论从何种角度来看，都应该是江南、东南沿海地区，从当时的饮食习惯来看，似嗜咸并不明显。造成这种认知可能是经济发展程度中社会对"淡食"理解的误差，即经济发达的东南地区食盐更容易之故，故西北内陆地区经济发展差，民间深受"淡食"之苦，是一种无可奈何的淡食之苦。

---

① 沈括：《梦溪笔谈》卷二四，中华书局，1985，第161页。
② 吴自牧：《梦粱录》卷十六，中国商业出版社，1982，135页。
③ 朱彧：《萍洲可谈》卷二，中华书局，1985，第22页。
④ 李中梓：《医宗必读》卷四，上海科学技术出版社，1959，第122页。

明万全《万氏家传养生四要》卷一主要对《黄帝内经》作了概括，认为：“四方之土产不同，人之所嗜，各随其土之所产也。故东方海滨傍水，其民食鱼而嗜咸。西方金玉之域，其民食鲜美而嗜脂肥。北方高陵之域，其民野处而食乳酪。南方卑温之域，其民嗜酸而食鲋。中央之地四方辐辏，其民食杂。故五域之民，喜食不同，若所迁其居，变其食，则生病矣。”①万全的讨论是基于风味随土产而来，基于一种感性的认知，从口味上认知是东方沿海因近海食海鱼而嗜咸。南方地区，可能是指南方山区，因环境阴湿寒冷而食酸。西北人高寒之地食油脂，口味不定，北方人游牧民族食动物乳汁，口味不定。这种分析应该有一定道理，但分析并不全面。明清时期巴蜀地区一直处于南北移民融合的时期，本土的嗜甜，外域的嗜咸嗜酸融入，南北东西兼容，显现在口味上的复合兼容。再到了清末，徐珂《清稗类钞》记载：“则北人嗜葱蒜，滇黔湘蜀人嗜辛辣品，粤人嗜淡食，苏人嗜糖。即以浙江言之，宁波嗜腥味，皆海鲜，绍兴嗜有恶臭之物，必俟其霉烂发酵而后食也。”②可以说，这里的饮食风味地域特征记载，是与近现代饮食风味地域特征最相吻合的。近代以前，前人认知的科学信度本身不高，同时期相关认知流传下来的又少之又少，所以，对近代以前的中国饮食味道的地域认知大多是不准确的、不全面的。

对中国饮食味道的认知研究是一个较为困难的研究课题，这在于历史上中国各地口味可能并不是一成不变的，而历史上我们的地域口味认知也相对随性、感性而无法准确定义。就如前面我们谈到的，宋代范成大由于见识因素一度误认为蜀人好吃生蒜，但到了清代人们的认知演变成北人嗜葱蒜，并不认为巴蜀人好食葱蒜。虽然巴蜀早在汉晋时期已经是“好辛香”了，但清代以来的“好辛香”与汉唐“好辛香”并不完全一样，辣椒明末传入中国并于清前中期在中国广泛食用后，才形成“黔蜀湘食辣重区”③，与传统时代的以花椒、茱萸、姜三香为主形成的口味分区完全不

---

① 万全：《万氏家传养生四要》卷一，湖北科技出版社，1984，第6页。
② 徐珂：《清稗类钞》第四十七册，商务印书馆，1928，第10页
③ 蓝勇：《中国饮食辛辣口味地理分布作其成因研究》，《地理研究》2001年2期。

一样。由于开发进程差异，粤人饮食进入中国主流饮食文化圈的历史并不太长，故在历史上以前并没其食淡食的记载，但现在粤食显现给我们的是食糖而不仅是食淡。现在整个东南沿海的苏南、浙江、福建、广东、海南都是清淡食区，唯粤地在这种清淡之上叠加了一点甘甜之味而已，看来清末徐珂的认知也不完善精确。现在有人认为："中国调味的地理特点是，南偏甜，北偏咸，东偏甜咸，西部和西南偏爱酸辣，中部是交错地带调味酸、甜、咸、辣偏爱的地域。"[①]这个认知相对准确，但仍然是一种感性的认知，故也有值得再研究的地方。

三 古典时期的游宴风尚与文人视阈下"川食"话语的出现

唐宋时期，巴蜀地区饮食文化的发展中有两个问题值得我们深入研究：一个是相当突出的游宴风尚对巴蜀地区饮食文化发展的影响；一个是这时已经出现了"川食""蜀味""蜀菜"等饮食话语，前者显示了巴蜀地区饮食文化的地域特色，后者显现了巴蜀饮食文化的地位和影响。

（一）古典时期的巴蜀游宴风尚对巴蜀饮食文化的促进

早在汉晋时期，巴蜀地区就有游宴之风俗，这可从大量有关饮食的画像砖石中看出。到了唐宋元明时期，这种风俗更加明显，形式更为多样，内容更加隆重。《隋书·地理志》记载巴蜀地区"多溺于逸乐，少从宦之士……士多自闲，聚会宴饮，尤足意钱之戏"，唐宋时期游宴之风正是在这种传统风尚背景下越来越盛行的。

唐宋时期巴蜀地区饮食风俗中的游宴，即将宴聚与娱乐性的野游紧密结合起来，可谓游乐日夜相接，名目繁多。

---

① 洪光住：《中国饮食文化的地理和历史背景》，载《首届中国饮食文化国际研讨会论文集》，中国食品工业协会，1991。

这种风俗的形成与蜀中统治者的倡导分不开。据记载，前蜀后主王衍便“好酒色，乐游戏，日与太后、太妃游宴于贵臣之家，及游近郡名山，饮酒赋诗，所费不可胜记”[①]。而后蜀主游宴有称“每春三月、夏四月，有游浣花香锦浦者，歌乐掀天，珠翠填咽，贵门公子，乘彩舫游百花潭，穷奢极丽”[②]。对此，花蕊夫人《宫词》称：“厨船进食簇时新，侍宴无非列近臣。日午殿头宣索鲙，隔廉催唤打鱼人。”[③]说明后蜀主游浣花溪锦浦之时，往往有专门的“厨船”紧跟其后，以食河里鲜鱼为时尚。而且当时有记载孟蜀时“孟蜀尚食，掌食典一百卷”[④]，一可能反映其后膳房菜品的丰富，一可能反映后蜀主对烹饪的热爱。也可以说，五代时期巴蜀的游乐之风一定程度上促进了巴蜀饮食烹饪的发展。

宋代的各级官吏也是钟情于美食，宋代益州知州宋祁则带头游宴，以致后来形成成都太守自正月二日出游称为“遨头”的惯例。对此，宋代祝穆《方舆胜览》卷五十一也记载：“遨头宴集。成都游赏之盛，甲于西蜀，俗好娱乐，凡太守岁时宴集，骑从杂沓，车服鲜华，倡优鼓吹，出入拥导，四方奇技幻怪百变序进于前，以从民乐。岁率有期，谓之故事。及期则士女闻道嬉游，以坐具列于广庭，谓之遨床，谓太守为遨头。”[⑤]元代阴劲弦《韵府群玉》卷八载：“遨头，太守出游，士女列于木床观之，谓之遨床，故太守为遨头，自正月出游至四月浣花乃止。”[⑥]追溯这种风俗的来源，这个“遨头”的故事源于宋仁宗时对宋祁的委任。据称宋仁宗时，准备命宋祁为益州守，宰相反对，认为“蜀风奢侈，祁喜游宴，恐非所宜”[⑦]。《东轩笔录》中这样记载此事：“而仁宗曰：‘益州重地，谁可守者。’二相未对，仁宗曰：‘知定州宋祁，其人也。’陈恭公曰：‘益俗奢侈，宋喜游宴，恐非所宜。’仁宗曰：‘至如刁约荒饮无度，犹在

---

① 《资治通鉴》卷二七〇贞明五年条，中华书局，1956，第8842页。
② 王明清：《挥尘录·后录余话》卷一引景焕《野人闲话》，中华书局，1961，第292页。
③ 花蕊夫人：《宫词》，载《全蜀艺文志》卷七，线装书局，2003，第146页。
④ 陶谷：《清异录》，中国商业出版社，1985，第31页。
⑤ 祝穆：《方舆胜览》卷五十一，中华书局，第905页。
⑥ 阴劲弦：《韵府群玉》卷八下平声，文渊阁四库全书本。
⑦ 费著：《岁华纪丽谱》，载《巴蜀丛书》第1辑，巴蜀书社，1988，第103页。

馆，宋祁有何不可知益州也？’刘公惘然惊惧，于是宋知成都，而不敢以约荐焉。”[①]而因财政制度变化，宋祁使“盘馔比旧从省”[②]，即使这样，游宴频繁之风仍然不改。对此，韩琦《安阳集》卷五称：“蜀风尚侈，好遨乐。公从其俗，凡一岁之内，游观之所，与夫饮馔之品，皆著为常法。后人谨而从之则治，违之则人情不安。”[③]韩琦认为当时成都如果没有游乐之制，连社会都不可能安宁，可见这种游宴之风在巴蜀地区植根之深。不难理解，上行下效，这种行为必然影响到民间，所以当时巴蜀各个城市中“士多自闲，聚会宴饮”[④]，“俗尚嬉游，家多宴乐”[⑤]，而乡村中“村落闾巷之间，弦管歌声，合筵社会，昼夜相接”[⑥]。有一些宴聚的规格还十分高，前蜀成都富商赵雄武在家中设宴，“事一餐，邀一客，必水陆具备，虽王侯之家不得相仿焉”[⑦]。一般老百姓也不甘示弱，有“虽负贩刍荛之人，至相与称贷，易资为一饱之具，以从事穷日之游”[⑧]之称，故有所谓“蜀俗奢侈，好游荡。民无赢余，悉市酒肉为声技乐”[⑨]。

费著《岁华纪丽谱》中记载了大量游宴项目，都少不了宴聚餐饮：

正月一日太守张宴安福寺塔；二日早宴移忠寺，晚宴大慈寺；五日太守五门外张宴；十四、十五、十六三天，早宴大慈寺，晚宴五门楼；二十三日圣寿寺宴，后变为早宴祥符寺，晚宴信相院；二十八日晚宴大智院。

二月二日晚宴宝历寺，八日早宴大慈寺，晚宴金绳院。

三月三日宴学射山，晚宴万岁池亭。九日早宴大慈寺，晚宴金绳

① 魏泰：《东轩笔录》卷十三，中华书局，1983，第151页。
② 费著：《岁华纪丽谱》，载《巴蜀丛书》第1辑，巴蜀书社，1988，第107页。
③ 《故枢密直学士礼部尚书赠左仆射张公神道碑铭》，韩琦《安阳集》卷五，明正德九年张士隆刻本。
④ 《隋书》卷二九《地理志》，中华书局，1973，第829页。
⑤ 刘锡：《至道圣德颂》，《全蜀艺文志》卷四五，线装书局，2003，第1369页。
⑥ 张唐英：《蜀梼杌》卷下，中华书局，1985，第22页。
⑦ 《太平广记》卷二三四《大饼》，民国景明嘉靖谈恺刻本。
⑧ 任正一：《游浣花记》，《全蜀艺文志》卷四五，线装书局，2003，第1231页。
⑨ 《宋史》卷二五七《吴元载传》，中华书局，1977，第8950页。

院。二十一日宴鸿庆寺，晚宴大慈寺。二十七日晚宴大智院。寒食，早宴移忠院。

四月十九日，宴于梵安寺。

五月五日，宴于大慈寺。

六月初伏，江渎庙早宴、晚宴。

七月七日，晚宴大慈寺。十八日宴于大慈寺。

八月十五日，宴于西楼。后改为宴于大慈寺。

九月九日，宴于五门。

冬至日，宴于大慈寺，第二早宴于金绳寺，晚宴于大慈寺。冬至前一天，也曾在天庆观晚宴。[①]

所以庄绰《鸡肋篇》卷上称：“成都自上元至四月十八日，游赏几无虚辰，使宅后圃名西园，春时从人行乐。”[②]在这种情形下，形成许多约定的游宴项目，如春游锦江船宴、冬游浣花溪、踏青野宴等。

对于春游锦江，《集异记》中有详细的记载，“天宝末，崔圆在益州，暮春上巳，与宾客将校数十百，人具舟楫游于江。都人纵观如堵。是日风色恬和，波流静谧。初宴作乐，宾从肃如，忽闻下流十数里丝竹竞奏，笑语喧然，风水薄送如咫尺。须臾渐近，楼船百艘塞江而至，皆以锦绣为帆，金玉饰舟，旄纛盖伞，旌旗戈戟，缤纷照耀。中有朱紫十数人，绮罗妓女凡百许。饮酒奏乐方酣，他舟则列从官武士五六千人，持兵戒严，泝沿中流，良久而过。”[③]故《岁时广记》卷一已经将“游蜀江宴”称为定制，称：“游蜀江，杜氏《壶中赘录》：‘蜀中风俗旧以二月二日为踏青节，都人士女络绎游赏，缇幕歌酒，散在四郊。’”[④]另魏泰《东轩笔录》卷十五记载：“宋子京博学能文章，天资酝藉，好游宴……多内宠，

---

① 费著：《岁华纪丽谱》，载《巴蜀丛书》第1辑，巴蜀书社，1988，第109—152页。
② 庄绰：《鸡肋篇》卷上，中华书局，1983，第20页。
③ 谷神子、薛用弱：《集异记》，中华书局，1980，第39页。
④ 陈元靓：《岁时广记》卷一，中华书局，1985，第11页。

后庭曳罗绮者甚众，尝宴于锦江，偶微寒，命取半臂，诸婢各送一枚，凡十余枚皆至。子京视之茫然，恐有厚薄之嫌，竟不敢服，忍冷而归。”[1]费氏宫词中有“厨船进食簇新时，列坐无非侍从臣”之句，表明为了施行春游锦江船宴，官府专门有厨船配备，而且有大量侍女从臣相伴。

再如游浣花溪，张唐英《蜀梼杌》卷下：“十二年八月昶游浣花溪。是时蜀中百姓富庶，夹江皆剏亭榭游赏之处，都人士女，倾城游玩，珠翠绮罗，名花异香，馥郁森列。昶御龙舟观水嬉，上下十里，人望之如神仙之境。”[2]后来宋任正一《游浣花记》也记载：“成都之俗，以游乐相尚，而浣花为特甚。每岁孟夏十有九日，都人士女丽服靓汝，南出锦官门，稍折而东，行十里，入梵安寺，罗拜冀国夫人祠下，退游杜子美故宅，遂泛舟浣花溪之百花潭，因以名其游与其日。凡为是游者，架舟如屋，饰以缯彩，连樯衔尾，荡漾波间，箫鼓弦歌之声喧哄而作。其不能具舟者，依岸结棚，上下数里，以阅舟之往来。成都之人于他游观或不能皆出，至浣花则倾城而往，里巷阒然。自旁郡观者，虽负贩刍荛之人，至相与称贷，易资为一饱之具，以从事穷日之游。府尹亦为之至潭上，置酒高会，设诸水戏竞渡，尽众人之乐而后返。其传曰，此冀国故事也。”[3]可以说，游浣花溪的项目一般成都人都“倾城而往”“倾城游玩”，隆重程度远远胜于锦江之游，可谓成都游宴之首。除此以外，“踏青野宴”也是一个重要的游宴项目。不论是“踏青野宴”，还是游锦江、浣花，宴集都是最重要的内容，具体讲，游锦江“宴于锦江”、游浣花溪“置酒高会”是官员的规定动作。

在这种风气下，外来的人也只有入乡随俗，如开元中进士韦弇游蜀，也只有一起“日为游宴”[4]。唐代路岩在成都“日以妓乐自随，宴于江津”[5]。为了适应这许许多多游宴和春游的人们，有关的食店也应运而生，

① 魏泰：《东轩笔录》卷十五，中华书局，1993，第171页。
② 张唐英：《蜀梼杌》卷下，中华书局，1985，第21页。
③ 任正一：《游浣花记》，载《全蜀艺文志》卷四五，线装书局，2003，第1230—1231页。
④ 李昉：《太平广记》卷三三《韦弇》，民国景明嘉靖谈恺刻本。
⑤ 孙光宪：《北梦琐言》卷三，中华书局，2002，第51页。

有时“酒肆夜不扃，花市春渐作”[①]，有时因为“万里桥边多酒家”以致有了“游人爱向谁家宿”的犹豫。当时，成都形成两处官员们宴乐的固定中心，一是大慈寺，一是西园。大慈寺是唐宋时期成都举行蚕市和药市之地，官府设厅专供官员们宴乐。而西园西楼更是可远眺西山的胜迹，《岁华纪丽谱》记载西园“自是每岁寒食辟园张乐，酒垆、花市、茶房、食肆过于蚕市”[②]，西园的食事繁华又过于大慈寺。

在这样的背景下，成都人自己也因此精于烹饪。前面谈到后蜀主亲自掌食典一百卷，可能历史上少有皇帝有此爱好。五代前蜀赵雄武虽身为富商，但“严洁奉身，精于饮馔，居常不使膳，夫六局之中，各有二婢，执役当厨者十余辈，皆著窄袖，鲜洁衣妆”[③]，可以想见当时一般百姓人家可能更是热心于烹饪。

实际上，唐宋时期，巴蜀许多地区的宴饮繁胜之状也较突出，如历史上利州、彭州、果州等地都有“小成都”“小益”之称，泸州则有“西南会要”之称，应该也有较多餐饮店铺。

从以上游宴盛行的地区来看，此风主要盛行于成都平原地区，川峡四路的其他地区此风并不明显，这反映了当时川峡四路中各地经济文化发展上的不平衡。

较为例外的是，唐宋时期三峡地区的万州、忠州、夔州、大宁监地区和川中地区的遂州、顺庆府也盛行宴游，只是有的称为迎富，有的称为踏碛（迹）。如万州“二月三日携酒馔鼓乐于郊外饮宴，至暮而回，谓之迎富”[④]。如夔州，唐代夔州就有踏迹之俗，《图经》载：“夔人重诸葛武侯，以人日倾城而出游八阵碛上，谓之踏迹。妇人拾小石之可穿者，贯以綵索，系于钗头以为一岁之祥，府帅宴于碛上。”[⑤]岳珂《桯史》卷第

---

① 张泳：《悼蜀诗》，载《全蜀艺文志》卷五，线装书局，2003，第113页。
② 费著《岁华纪丽谱》，《巴蜀丛书》第1辑，巴蜀书社，1988，第138页，
③ 《太平广记》卷二三四《大饼》，民国景明嘉靖谈恺刻本。
④ 乐史：《太平寰宇记》卷一四九《万州》，中华书局，2007，第2886页。
⑤ 祝穆：《方舆胜览》卷五七《夔州》引，中华书局，2003，第1008页。

汉代·四川德阳庖厨砖

汉代画像砖所见成都宴饮图

十四：“夔帅任子野，以人日置酒江濒，观武侯八阵图。”①如遂州，据魏了翁《鹤山全集》卷之九《二月二日遂宁北郊迎富故事》记载：“才过结柳送贫日，又见簪花迎富时。谁为贫驱竟难逐，素为富逼岂容辞。贫如易去人所欲，富若可求吾亦为。里俗相传今已久，谩随人意看儿嬉。”②如顺庆府，王象之《舆地纪胜》卷第一百五十六记载：“迎富，二月一日郡人从太守出郊，谓之迎富。”③如忠州，乐史《太平寰宇记》卷一百四十九记载：“夷獠颇类黔中，正月三日拜坟墓，二月二日携酒郊外迎富。”④如大宁监，王象之《舆地纪胜》卷第一百八十一：“踏迹，岁在人日，郡守宴于溪滨，人从守出游，簪花歌舞，团聚而饮，迫暮乃归，谓之踏迹。”⑤在成都地区以外形成一个宴游区域原因可能较复杂，很大的可能是一方面受成都游乐之风的影响，一方面也可能是受荆楚游春风俗的影响。可能正是在这种背景之下，形成了“蜀之士子，莫不酤酒”⑥之风，这就是《宋史》所谓“蜀俗奢侈，好游荡，民无赢余，悉市酒肉为声妓乐”⑦。

（二）巴蜀饮食文化的话语出现与巴蜀饮食的实际地位

必须承认的是，唐宋时期巴蜀地区的游宴风尚自然会促进巴蜀地区饮食业的发展，使巴蜀地区出现许多特色鲜明的菜品，逐渐在全国有了一定的影响，形成了“蜀味”“川食”“蜀菜”“蜀食”等话语。不过，在唐宋是否存在一种指巴蜀饮食的“川饭”话语还需要进一步研究。

必须说明的是，这些话语的出现，可能大多数还是一种地方性话语，绝大多数不过只存在于当时个别文人的诗文认同之中，并没有在区域内形成整个社会的一种共识，更谈不到在外面形成一种社会共识。但即使这

① 岳珂：《桯史》卷第十四，三秦出版社，2004，第342页。
② 魏了翁：《鹤山全集》卷九，四部丛刊景宋本。
③ 王象之：《舆地纪胜》卷第一百五十六，四川大学出版社，2005，第4702页。
④ 乐史：《太平寰宇记》卷一百四十九山南东道八，中华书局，2003，第2888页。
⑤ 王象之：《舆地纪胜》卷第一百八十一，四川大学出版社，2005，第5265页。
⑥ 孙光宪：《北梦琐言》卷三，中华书局，2002，第62页。
⑦ 《宋史》卷二五七《吴元载传》，中华书局，1977，第8950页。

样，这些话语的出现也显现了唐宋时期巴蜀在整个地区社会经济文化发展的基础上饮食文化的发展速度之快。

蜀味，主要出现在宋代的一些诗词之中，如宋代冯山《送张子立龙图知凤翔》："蜀味皆吾食，蜀音即吾民"①，陈起《平山堂吊古》："试评蜀味长泉变，欲唱欧词古柳空"②。应该说宋代虽然有这样的话语，但整体上社会中"蜀味"话语的影响面并不大，并没有成为广泛的社会共识，文人们已经有这样的说法，至少可以肯定巴蜀地区饮食已经有一定的地域特色，在全国有一定的影响了。

川食，到了南宋开始有"川食"的名称，主要是据陆游的诗《冬夜与溥庵主说川食戏作》一诗称："唐安薏米白如玉，汉嘉栮脯美胜肉。大巢初生蚕正浴，小巢渐老麦米熟。龙鹤作羹香出釜，木鱼瀹菹子盈腹。未论索饼与馈饭，最爱红糟并缹粥。东来坐阅七寒暑，未尝举箸忘吾蜀。何时一饱与子同，更煎土茗浮甘菊。"③这应该是我们所见到唯一一条明确指巴蜀饮食的地域话语名称。显然，在南宋时期，陆游在巴蜀地区已经感受到巴蜀饮食的独特性，才有了自己"川食"的话语，不过，从此以后，直到清末民国时期"川味""川菜"出现，期间并没有人沿用陆放翁的这个话语。

蜀食，唐代就有蜀食这种称法，主要是据唐欧阳询《艺文类聚》卷八十六果部上记载："梁刘孝仪谢宫赐城傍橘启曰：多置守民，晋为厚秩，坐入缣素，汉譬封君，固以俛尔穰橙，俯联楚柚，宁似魏瓜，借清泉而得冷，岂如蜀食，待饴蜜而成甜，重以倒影阳池，垂华金堞，信可珍若榴于式乾，贵蒲萄于别馆。"④显然，唐代已经有"蜀食"的这种称呼，也很遗憾，后人没有将这种称呼继承下来，更谈不到将这种话语融入社会之中去。

蜀菜，历史上主要是指一种特殊的巴蜀菜名，宋谢维新《古今合璧

---

① 冯山：《安岳集》四《送张子立龙图知凤翔》，清抄本。
② 陈起：《江湖小集》卷八九《平山堂吊古》，另见《两宋名贤小集》卷二六七。
③ 陆游：《剑南诗稿》卷十七，《陆放翁诗集》，中国书店，1986，第288—289页。
④ 欧阳询：《艺文类聚》卷八十六果部，中华书局，1965，第1478—1479页。

事类备要》别集卷六十蔬门：“巢菜，格物总论：巢，蜀菜，一名漂摇草。”[1]后来清代邓显鹤《沅湘耆旧集》卷一百二十三：“学灌闲情自葆真，小轩休暇岸纶巾。定应汉上机心息，当拟胶西治道醇。苦笋岂缘思蜀菜，秋风宁复忆吴莼。会须东府调元日，宰相堂餐计万缗。”[2]也是后人对唐宋蜀菜的回忆。

川饭，有关川饭的问题要复杂一些，以前我们经常引用下文《东京梦华录》中这一条资料来证明“川饭”存在并说明当时已经有巴蜀菜系的影子。

北宋孟元老《东京梦华录》卷四《食店》：

> 食店，大凡食店，大者谓之分茶，则有头羹、石髓羹、白肉、胡饼、软羊、大小骨角、犒腰子、石肚羹、入炉羊、罨生、软羊面、桐皮面、姜泼刀、回刀、冷淘、棋子、寄炉面饭之类。吃全茶，饶齑头羹。更有川饭店，则有插肉面、大燠面、大小抹肉淘、煎燠肉、杂煎事件、生熟烧饭。更有南食店，鱼兜子、桐皮熟脍面、煎鱼饭。又有瓠羹店，门前以枋木及花样启结缚如山棚，上挂成边猪羊，相间三二十边。[3]

这里孟元老的意思是当时开封食品分成大型的分茶店，中小型的川饭店、南食店、瓠羹店。分茶店应该是开封本土的综合食店，川饭、南食应该是外来移民文化的食店，瓠羹店应该是本土的小食店。但是“川饭”就一定是巴蜀菜系在开封城的影子吗？

对此，我们再看看南宋吴自牧《梦粱录》卷十六《面食店》中记载：

> 面食店，向者汴开南食面店、川饭分茶，以备江南往来士夫，谓其不便北食故耳。南渡以来，几二百余年，则水土既惯，饮食混淆，

① 谢维新：《古今合璧事类备要》别集卷六十蔬门。
② 邓显鹤：《沅湘耆旧集》卷一百二十三，清道光二十三年邓氏刻本。
③ 孟元老：《东京梦华录》卷四《食店》，中州古籍出版社，2010，第82页。

> 无南北之分矣。大凡面食店亦谓之分茶店，若曰分茶，则有四软羹、石髓羹、杂彩羹、软羊焙腰子、盐酒腰子、双脆石肚羹、猪羊大骨、杂辣羹、诸色鱼羹、大小鸡羹、撺肉粉羹、三鲜大熬骨头羹、饭食。更有面食名件：猪羊盦生面、丝鸡面、三鲜面、鱼桐皮面、盐煎面、笋泼肉面、炒鸡面、大熬面、子料浇虾蝶面、熬汁米子、诸色造羹、糊羹、三鲜棋子、虾蝶棋子、虾鱼棋子、丝鸡棋子、七宝棋子、抹肉、银丝冷淘、笋燥齑淘、丝鸡淘、耍鱼面。又有下饭，则有焙鸡、生熟烧、对烧、烧肉、煎小鸡、煎鹅事件、煎衬肝肠、肉煎鱼、炸梅鱼、鲑鰤杂鸡、豉汁鸡、焙鸡、大熬爊鱼等下饭。更有专卖诸色羹汤、川饭，并诸煎鱼肉下饭。[①]

以上南宋吴自牧的记载就显得更加混乱，认为南食店即分茶店，又将南食面店与川饭店、分茶店混在一起，最后还谈到作为一种风格的川饭，给人的印象是到南宋以后，孟元老谈到的分茶、南食、川饭已经混在一起了，川饭仅是作为一种店中风味或专卖店出现。

我们再看看南宋耐得翁《都城纪胜·食店》的有关记载：

> 都城食店，多是旧京师人开张，如羊饭店兼卖酒。凡点索食次，大要及时：如欲速饱，则前重后轻；如欲迟饱，则前轻后重。重者如头羹、石髓饭、大骨饭、泡饭、软羊、浙米饭；轻者如煎事件、托胎、嫁房、肚尖、肚胘、腰子之类。南食店谓之南食、川饭分茶。盖因京师开此店以备南人不服北食者，今既在南，则其名误矣，所以专卖面食鱼肉之属，如铺羊面、盦生面、姜拨刀、盐煎面、鲟鱼桐皮面、抹肉淘、肉虀淘、棋子、虾燥子面、带汁煎，下至扑刀鸡鹅面、家常三刀面皆是也。若欲索供，逐店自有单子牌面。饱饿店专卖大爊、燥子饦饳并馄饨。菜面店专卖菜面、虀淘、血脏面、素棋子、经

① 吴自牧：《梦粱录》卷十六，中国商业出版社，1982，第135页。

带，或有拨刀、冷淘，此处不甚尊贵，非待客之所。素食店卖素签、头羹、面食、乳蕈、河鲲、脯烯元鱼。凡麸笋乳蕈饮食，充斋素筵会之备。衢州饭店又谓之闷饭店，盖卖盦饭也。专卖家常虾鱼、粉羹、鱼面、蝴蝶之属，欲求粗饱者可往，惟不宜尊贵人。[①]

到了耐得翁的记载中，“南食店谓之南食、川饭分茶”，似又将川饭视作南食的一种类型，更加不清楚了。显然，如果仅就这三个文献的相关记载来看，两宋时期的饮食流派的记载是相当混乱的，我们还不敢肯定这里的“川饭”就一定是指巴蜀饮食。我们将三个文献中“川饭店”综合起来分析，可以看出，川饭是属于南方体系的饮食，但北宋孟元老谈到的“插肉麪、大燠麪、大小抹肉、淘煎燠肉、杂煎事件、生熟烧饭”在我们的巴蜀文献中一点影子都没有，令我们好生怀疑。

我们知道这里主要有一个“川”字的含义问题，即在中国古代，“川”字在这里可能与三种意义相关：一种我们指巴蜀，在宋代文献中，确实存在“川蜀”“蜀川”“西川”“东川”“四川”“川中”等地域称法，但单独将“川”与事物相连并不多见。第二种含义同“穿”“串”一样，本身是一种烹饪方式，这里的“川饭店”会不会是一种特殊的烹饪形式的食店呢？我们也不敢肯定。民国时期的日本人编的中国菜谱中解释道：“川，北方语，是与清汤一样的高汤，原料混杂在汤里面，几乎注意不到。”并且随后列举了川鱼片、川四件、川虾饭等众多带“川”字的菜品。[②]1941年编的《天厨食谱》中也记载：“川，物品投入沸水锅中，急火煮之，一滚即起锅。实为穿字，如川鲫鱼汤、川三片汤、川糟青鱼汤”[③]。我们仔细分析了民国时期“川粉肉片”的烹饪方式，发现类似今天的四川菜中的滑肉片汤[④]，显然，这里的“川”字确实是在沸水中急煮急起的意

① 耐得翁：《都城纪胜·食店》，中国商业出版社，1982，第6页。
② 井上红梅：《支那料理之见方》，东亚研究会，1927，第50—51页。
③ 庖丁：《烹饪名汇》，载天厨食谱编辑室《天厨食谱》，1941。
④ 《家政》，《女铎报》1917年6卷1期。

思。第三种含意是同“糁”，即米粉之意，谓将米磨制成的米粉。所以，面对如此多的可能，将“川”字与饭店相连是何意思，这里确实还需要慎重考察。

不过，在南宋《梦粱录》卷十六和《都城纪胜·食店》中谈到杭州饭馆中有“燥子”的面食，如今四川面条拌料仍称“臊子”。菜品中有一道“七宝棋子”，至今川菜中面块仍称“棋子”。而“腰子”“双脆”“三鲜面”仍沿用至今。不过，这也可能是当时的通食，就如唐宋时期的通语一样，并不一定就是巴蜀特有的事物。鲟鱼主要产于川江和长江下游，但当时汴京市面上已经有“大鲟鱼”“鲟鳇鱼”“鲟鱼鲊”出售。后来元代贾铭《饮食须知》称“鲟鱼鲊珍贵，但不益人”，这里的鲟鱼很有可能本来就是川食中的重要食品。以上这些又似印证了川饭店确实是指巴蜀饮食的事实。对此，笔者提出这种种怀疑，希望大家共同做出更科学的解释。

从前面对巴蜀饮食文化的复原来看，在唐宋元明时期巴蜀饮食客观上已经形成自己独特的菜品特征。具体地说古典川菜已经形成自己的三大特征：第一，在烹饪方式上以煮蒸炙烤等慢速烹饪方式为主，与同时期中原地区差异并不太大。第二，在食材选择上内陆性明显，荤素倾向上有“食必兼肉”的特征，尤其以猪肉所占比例较大。第三，味型上擅长用蜀椒、蜀姜来体现“好辛香”的传统特征，形成以蜜助味的食甜风尚。

我们要注意的是，一种地域饮食文化的出现、命名和出名往往是三种完全不同的概念。不过，我们今天的复原认知与当时本土的认知和当时本土以外的认知，是两种不同的认知体系下的三种认知。就唐宋元时期来看，对于巴蜀饮食的认知更多是将本土与非本土认知合在一起的，而这两种认知都主要是通过当时的文人的诗文认知进而来体现传播的，也就是说前面我们谈到的“蜀味”“蜀食”“川食”“蜀菜”等认知都是在个别文人的诗文中，具体的菜名的影响扩大也是借助文人的诗文来实现的，如这个时期诸葛菜、元修菜、东坡羹、棕笋等多是借助于食用者李白、杜甫、苏东坡、陆游、杨慎等文人的诗文来获得实际传播的，更有通过后来的文人有意加以附会产生的名菜，特别是历史上的“东坡菜品”现象尤为典型。

历史上以东坡命名的菜肴甚多，但大多是在南宋以后后人演绎出来的。北宋以“东坡”相称的菜品只有“东坡羹”“东坡玉糁羹”，分别见于苏轼《狄韶州煮蔓菁芦菔羹》《过子忽出新意以山芋作玉糁羹色香味皆奇绝天上酥陀则不可知人间决无此味也》和《东坡羹颂并引》。后来南宋陆游《食荠》谈道：“食荠糁羹甚美，盖蜀人所谓‘东坡羹’也。”[①]研究表明，宋代有一种用山芋和米做成的羹称“玉糁羹”，也称“东坡玉糁羹”；还有两种“东坡羹”，一种用蔓菁、萝卜做的，林洪《山家清供》称“骊塘羹”，一种以荠菜为主的芥羹。[②]南宋林洪《山家清供》记载：“东坡豆腐，豆腐，葱油煎，用研榧子一二十枚，和酱料同煮。又方，纯以酒煮，俱有益也。”[③]清末黄钺《壹斋集》卷二八也专门记载了东坡豆腐。[④]可见整个宋代真正以东坡命名的食物只有“东坡羹”“东坡玉糁羹”“东坡豆腐”三样。在元刻本的陈元靓《事林广记》中记载有东坡脯，是一种用鱼肉做成的食品[⑤]，但宋本《事林广记》中并无此条，可以说“东坡脯”的出现应该是在元代。吴曾《能改斋漫录》卷十五《方物》记载：“肉芝，东坡肉芝诗序曰：‘顷在京师，有凿井得如小婴儿手以献者。臂指皆具，肤理如生。予闻之隐者曰：此肉芝也。与子由烹而食之。予按，《仙传拾遗》载，进士萧静之掘地，得物类人手，肥润，色微红，烹食之。后遇异人曰：尝食仙药，因告之曰：肉芝食之者寿。何东坡忘此耶？”[⑥]东坡肘子的制作方式虽然见于宋代记载，但当时并没有东坡肘子之名，而且最早也不是属于巴蜀菜品。苏东坡喜欢吃猪肉并在黄州作《食猪肉诗》之事，较早见于宋代周紫芝《竹坡诗话》卷二之中[⑦]，但宋代并无任何“东坡肉”的话语。宋版《事林广记》中只记载有鱼脯的制作方式，

---

① 陆游：《剑南诗稿》卷七十四，文渊阁四库全书补配文津阁四库全书本。
② 徐海荣：《中国饮食史》第四卷，华夏出版社，1999，第153—154页。
③ 林洪：《山家清供》，中国商业出版社，1985，第94页。
④ 黄钺：《壹斋集》卷二八，清咸丰九年许文深刻本。
⑤ 陈元靓：《事林广记》卷九《饮馔》，元至顺西园精舍刊本。
⑥ 吴曾：《能改斋漫录》卷十五《方物》，中华书局，1960，第443页。
⑦ 周紫芝：《竹坡诗话》卷二，中华书局，1985，第28页。

在元本《事林广记》中才有将此鱼脯称为“东坡脯”的。[1]现在看来“东坡肉”之名首先出现在明代文献中，如明代《古今谭概》中《儇弄部》第二十二记载有东坡肉[2]，明代黎遂球《莲须阁集》卷二十二也谈到东坡肉[3]，明代王同轨《耳谈类增》卷三十七记载有“口啜东坡肉”[4]。明代沈得符《万历野获编》卷二六也谈道：“肉之大胾不割者，名东坡肉。”[5]清初李渔《闲情偶寄·饮馔部》谈道：“食以人传者，东坡肉是也。”[6]对于这种现象，明代末年王世贞早就谈道：“今人于豕肉豆腐及它巾服之类皆加以东坡名，谓为眉山所制也。”[7]显然，早在明代人们就已经看到这种后人对传统菜品附会名人的习惯。

唐宋元明时期的巴蜀的“川食”，主要是通过文人的传播而在外有一定的影响的，这种传播一种是当时的文人对当时之食的传播，一种是后来文人对前代之食的传播。换言之，这个时期的“川食”的传播基本上局限于文人的有限视阈之内。但餐饮这种东西还有一种传播更有意义，就是社会传播，即通过实体移民和食谱文本来实现的传播。某种程度上讲，在传统农耕时代，这种社会传播的作用可能更明显，影响更深远。但这正是巴蜀饮食文化的一个时代缺陷。我们发现的唐宋元明时期的食谱基本上都是全国性的食谱，其中明确指明是巴蜀特有的菜品真的太少。像唐代《千金食治》、宋代《山家清供》中真正可以称为巴蜀特色的菜品几乎只能列举一二，元代的几部食谱中有关巴蜀的菜品也相当少，有的则还不能明确是巴蜀的菜品。在这些食谱中自然更不可能出现“川食”“蜀菜”等话语。所以，我们复原这段时期的巴蜀饮食菜品也主要是依靠文人的诗歌和笔记来完成的。正是因为受古代巴蜀交通闭塞、传统媒介传播的缓慢、士人总体对饮食烹饪的不屑的局限，文人、诗文对饮食的传播力量在范围和速度

---

① 陈元靓：《事林广记》卷九，元至顺西园精舍刻本。
② 冯梦龙：《古今谭概》儇弄部第二十二，明刻本。
③ 黎遂球：《莲须阁集》卷二十二缘疏，清康熙黎延祖刻本。
④ 王同轨：《耳谈类增》卷三十七雅谑篇，明万历十一年刻本。
⑤ 沈得符：《万历野获编》卷二六，中华书局，1959，第663页。
⑥ 李渔：《闲情偶寄》，哈尔滨出版社，2007，第163页。
⑦ 王世贞：《弇州山人四部稿》，伟文图书出版社有限公司，1976，第7377页。

上受到制约，巴蜀地区饮食虽然在这几个时期本已经是相当具有特色，但在全国性饮食话语中的影响和地位却远非我们想象的那样辉煌夺目。而且，以两宋汴京、临安城中四方商品地域性来看，巴蜀的影响也并不是我们认为的那样突出。以名酒为例，虽然我们通过诗文发现了当时大量的所谓名酒，但在两宋京城的名酒销售名录中却没有川酒的影子。在宋元时期的一些酒名录中虽然出现了巴蜀的酒品，但有的是对前代文人的诗文的汇总辑要，有的酒名与我们考证的所谓名酒名完全两样。就是笔者认为的所谓汴京城中的“川饭”是否指巴蜀饮食也是很难确认的。所以，我们考证出唐宋时期如此多的巴蜀菜品，但在汴京、临安市面上却找不到这些菜品的一点影子。至少在南宋时期，临安的市场上已经出现了衢州饭店这样地域特色明确的饭店，但却没有明确的巴蜀地域饭店。所以，以前有认为早在唐宋时期“川菜已经脍炙人口，并逐渐推向全国”[①]，可能并不是事实。从后来的研究来看，川菜地位的突出可能是在清末民国时期才明显的。

附　录　古典时期的川酒、蜀茶与巴蜀饮食的关系

严格地讲，酒与茶虽然属于饮食的范围，却并不属于川菜菜品直接可以讨论的范围，但历史上川酒、蜀茶的地位曾相当重要，而且酒与川菜的烹饪、食用关系也较大。虽然蜀茶直接进入川菜烹饪案例并不多，可是与川菜的食用关系密切。所以我们在此也做一番梳理，以研究其与川菜发展的关系。

---

① 《四川省志·川菜志（1985–2005）》，方志出版社，2016，第5页。

一　古典时期的川酒与巴蜀饮食的关系

前面我们谈到汉晋南北朝时期，巴蜀的东南地区的清酒已经在外有较大的影响。唐宋以来巴蜀酒的生产和酒的品种已经十分多，但这个时期主要名酒却不在四川盆地东部地区，而是在川西和川南地区，基本上与今天的四川酒类的分布格局相似。

唐宋时期见于文献记载的酒名很多，不过主要是见于文人的诗文中。

鹅黄酒，有关的记载首见于唐代杜甫的诗中，其《舟前小鹅儿》一诗称："鹅儿黄似酒，对酒爱新鹅。引颈嗔船逼，无行乱眼多。翅开遭宿雨，力小困沧波。客散层城暮，狐狸奈若何。"[①]不过，杜甫诗中只谈到当时的酒黄色与小鹅黄绒相似，后来北宋苏东坡诗中称"白汗翻浆午景前，雨余风物便萧然。应倾半熟鹅黄酒，照见新晴水碧天"[②]，则已经明显是谈到有一种名鹅黄的酒了。到南宋时期陆游的诗中则频繁谈到这种酒，并认为已经是汉州的名酒了。如南宋陆游《剑南诗稿》卷三《游汉州西湖》称："房公一跌丛众毁，八年汉州为刺史。绕城凿湖一百顷，岛屿曲折三四里。小庵静院穿竹入，危榭飞楼压城起。空蒙烟雨媚松楠，颠倒风霜老葭苇。日月苦长身苦闲，万事不理看湖水。向来爱琴虽一癖，观过自足知夫子。画船载酒凌湖光，想公乐饮千万场。叹息风流今未泯，两川名酝避鹅黄。"并注："鹅黄，汉中酒名，蜀中无能及者。"[③]这里称是汉中酒，但陆游《剑南诗稿》卷四《蜀酒歌》称："汉州鹅黄鸾凤雏，不鸷不搏德有余。眉州玻璃天马驹，出门已无万里涂。病夫少年梦清都，曾赐虚皇碧琳腴。文德殿门晨奏书，归局黄封罗百壶。十年流落狂不除，遍走人间寻酒垆。青丝玉瓶到处酤，鹅黄玻璃一滴无。安得豪士致连车，倒瓶不用杯与盂。琵琶如雷聒坐隅，不愁渴死老相如。"[④]这里又明显是指汉州，

---

① 《全唐诗》卷二二八杜甫《舟前小鹅儿》，中华书局，1980，第2479页。
② 苏轼：《苏东坡集》卷五，商务印书馆，1933，第2页。
③ 陆游：《剑南诗稿》卷三，《陆放翁全集》，中国书店，1986，第53页。
④ 同上，卷四，第71页。

而不是汉中。显然，汉中为汉州之误。后来，陆游《剑南诗稿》中又多次谈到此酒，如其卷六《城上》称“鹅黄名酝何由得，且醉杯中琥珀红”，并注：“荣州酒赤而劲甚，鹅黄，广汉酒名。”[①]陆游《剑南诗稿》卷十二《感旧绝句》有“鹅黄酒边绿荔枝”之句，并注：“鹅黄，广汉酒名，绿荔枝出叙州。”[②]陆游《剑南诗稿》卷二十二《晚春感事》：“乍晴阡陌有莺声，酿成西蜀鹅雏酒。”并注：“鹅黄，广汉酒名。”[③]宋代这种酒在其他文化人的诗歌中也有咏叹到，如宋代方岳《秋崖集》卷六诗《又用胡尉韵》称：“茶桑天似鹅黄酒，杨柳花飞狐白裘。”[④]宋代李石《方舟集》卷三《谢刘韶美送酒》有称：“更酌鹅黄酒，如浮鸭绿川。”[⑤]宋代李正民《大隐集》卷七《春雪次韵》有“冷敌鹅黄酒，轻沾驼褐衣”[⑥]之句。我们注意到后来嘉靖《四川总志》卷三记载有“鹅儿酒”，可能也是此酒，但只是对昔日名酒的一种记忆。明代的流行酒品中已经没有此酒存在了。从唐宋的有关记载来看，这种酒色发黄的酒应该是还没有蒸馏过的非蒸馏酒。

眉州玻璃，首见于南宋时期陆游诗中，如陆游《蜀酒歌》称“眉州玻璃天马驹，出门已无万里途”[⑦]。《剑南诗稿》卷四其《凌云醉归作》中称：“玻璃春满琉璃钟”，并自注云：“玻璃春，眉州酒名。”[⑧]陆游《剑南诗稿》卷十五《病中忽有眉山士人史君见过欣然接之口占绝句》称：“蜀语初闻喜复惊，依然如有故乡情。绛罗饼馁玻璃酒，何日蟆颐伴我行。眉州以罗裹饼馁，至二十四子，号通义馁。玻璃春，郡酒名也，亦为西州之冠。”[⑨]《剑南诗稿》卷七十七《杂感十首以野旷沙岸净夫高秋月明为韵》称：“我昔游剑南，烂醉平羌月。一杯玻璃春，万里望吴越。”[⑩]陆

① 陆游：《剑南诗稿》卷六，《陆放翁全集》，中国书店，1986，第98页。
② 同上，卷十二，第201页。
③ 同上，卷二十二，第379页。
④ 方岳：《秋崖集》卷六《又用胡尉韵》，文渊阁四库全书本。
⑤ 李石：《方舟集》卷三《谢刘韶美送酒》，文渊阁四库全书本。
⑥ 李正民：《大隐集》卷七《春雪次韵》，文渊阁四库全书本。
⑦ 陆游：《剑南诗稿》卷四，《陆放翁全集》，中国书店，1986，第71页。
⑧ 同上，卷四，第58页。
⑨ 同上，卷十五，第263页。
⑩ 同上，卷七十七，第1061页。

游《剑南诗稿》卷十《夜泊合江县月中小舟谒西凉王祠》又称："羞我南溪苹，杯湛玻璃春。"[①]这里要说的是，陆游在合江时也能品到眉州的玻璃酒，看来此酒在巴蜀地区是有一定影响力的。

郫筒酒，最早见于杜甫《将赴成都草堂途中有作先寄严郑公五首》中称："鱼知丙穴由来美，酒忆郫筒不用酤。"[②]后来据苏轼《东坡诗集注》卷十一引《华阳风俗录》记载："郫人刳竹之大者，倾春酿于筒，闭以藕丝，包以蕉叶，信宿馨香达于林外，然后断之以献，俗号郫筒酒。"《蜀中广记》卷六五引《古郫志》也有类似的记载。宋代叶廷珪《海录碎事》卷六《饮食器用部》引《成都记》也称："郫筒酒，成都府西五十里，因水标名曰郫县。蜀王杜宇所都，以竹筒盛美酒，号曰郫筒。"[③]此处并没言宋代此酒是否存在。但我们发现范成大诗有"草草郫筒中酒处，不知身已在彭州"[④]的诗句记载郫筒酒。特别是其《吴船录》卷上记载更详，其称："郫筒，截大竹长二尺，以下留一节为底，刻其外为花纹，上有盖，以铁为提梁，或朱或黑或不漆，大率挈酒竹筒耳。《华阳风俗记》所载，乃刳竹倾酿，闭以藕丝蕉叶。信宿馨香达于外，然后断取以献，谓之郫筒酒。观此，则是为竹林中为之，今无则酒法也。"[⑤]按南宋范成大的说法，当时此酒法已经不传。但南宋陆游《思蜀》和《梦蜀》中还在不断咏叹此酒，如《思蜀》称"未死旧游如可继，典衣犹拟醉郫筒"[⑥]，而在《梦蜀》称"赪肩郫县千筒酒，照眼彭州百驮花"[⑦]，好像郫筒酒仍在流行。宋末元初汪元量《水云集》卷一《昝相公席上》也有"燕云远使栈云间，便遣郫筒助客欢"[⑧]的记载，也好像在流行。但到明代何宇度《益部谈资》卷中记

---

① 陆游：《剑南诗稿》卷十，《陆放翁全集》，中国书店，1986，第160页。
② 《全唐诗》卷二二八杜甫《将赴成都草堂途中有作先寄严郑公五首》，中华书局，1960，第2477页。
③ 叶廷珪：《海录碎事》卷六《饮食器用部》引《成都记》，上海辞书出版社，1989，第151页。
④ 《石湖居士诗集》下，商务印书馆，1937，第179页。
⑤ 范成大：《吴船录》卷上，中华书局，1985，第1—2页。
⑥ 陆游：《剑南诗稿》卷三十八，《陆放翁全集》，中国书店，1986，第583页。
⑦ 同上，卷四十，第623页。
⑧ 汪元量：《水云集》卷一《昝相公席上》，文渊阁四库全书本。

载：“郫筒酒乃郫人刳大竹为筒，贮春酿于中，相传山涛治郫用�管酿酴醿作酒，经旬方开，香闻百步，今其制不传。”[①]但明代冯时化《酒史》却记载：“郫筒酒，郫县人刳竹，倾春酿于筒，闭以藕丝，包以蕉叶，信宿馨达于竹外，然后断之以献，号郫筒酒。”[②]看来，明代郫筒酒是否存在，明代人就不统一，所以对此我们还需要进一步研究。

荣州琥珀，首见于陆游《城上》，其称：“鹅黄名酝何由得，且醉杯中琥珀红。”原诗注：“荣州酒赤而劲甚。”[③]历史上对于荣州琥珀酒的记载较少，从记载酒色赤红来看，也应该是一种低度的酒品。

云安曲米酒，可追溯至汉晋时期的云安巴乡村酒，直接的曲米酒首见于杜甫《拨闷》一诗，后来范成大《夔州竹枝词》等也有咏叹。杜甫《拨闷》一诗称“闻道云安曲米春，才倾一盏即醺人”[④]，说明杜甫是品过此酒的。范成大《夔州竹枝歌》称“云安酒浓曲米贱，家家扶得醉人回”，但范成大《夔门即事》称：“云安曲米春自差了，唐以来称之，今夔酒乃不佳。”[⑤]看来唐宋时期曲米春一直是当时的名酒，但到南宋时期，夔酒的影响已经不大，酒的质量也下降了。

戎州荔枝绿，首见于黄庭坚《山谷内集诗注》，该书卷十三《廖致平送绿荔枝为戎州第一王公权荔枝绿酒亦为戎州第一》诗中称：“王公权家荔枝绿，廖致平家绿荔枝。试倾一杯重碧色，快剥千颗轻红肌。”[⑥]后来宋黄罃《山谷年谱》卷二十七也谈道：“廖致平送绿荔枝为戎州第一，王公权荔枝绿酒亦为戎州第一。”[⑦]只是明清以后，这种荔枝绿已经不见记载和产食了。

戎州重碧酒，首见于杜甫《宴戎州杨使君东楼》，中有“重碧拈春酒，

---

① 何宇度：《益部谈资》卷中，中华书局，1985，第19页。
② 冯时化：《酒史》卷上，中华书局，1985，第12页。
③ 陆游：《剑南诗稿》卷六，《陆放翁全集》，中国书店，1986，第98页。
④ 《全唐诗》卷二二九杜甫《拨闷》，中华书局，1960，第2488页。
⑤ 《石湖居士诗集》卷十六、卷十九，商务印书馆，1937年，第160页、第194页。
⑥ 黄庭坚：《山谷内集诗注》内集卷十三《廖致平送绿荔枝为戎州第一王公权荔枝绿酒亦为戎州第一》，中华书局，1985，第247页。
⑦ 黄罃：《山谷年谱》卷二十七，文渊阁四库全书本。

轻红擘荔枝”[①]之句。以往有学者认为当时有一种重碧酒，但据上下文理解，此文形容春酒颜色，并不一定是指酒名，所以后来谈到有所谓重碧酒可能并不存在。

泸州有江阳酒、赤酒、野叉酒。据黄庭坚诗称：“江安食不足，江阳酒有余。”[②]这里是泛指江阳所产的酒，还是有一种酒名江阳酒不得而知。另《唐庚伊川六言诗》记载“百斤黄鲈余玉，万户赤酒流霞”[③]，此处所指的泸州赤酒，是不是指江阳酒，也不可知。另泸州有野叉酒，据《清异录》记载：“后周武帝置官于泸川，酿青药为酒，年以供进，而所用材品不一，名野叉酒。”[④]这里专门用泸州所造的酒做毒酒，也说明泸州酒当时可能确实有其特殊的地方。

剑南烧春，见于李肇《唐国史补》卷下记载了“剑南之烧春”，为当时的名酒。[⑤]刘昫《旧唐书》卷十二本纪第十二也记载“剑南岁贡春酒十斛”，欧阳修《新唐书》卷七本纪第七也记载有“剑南贡生春酒”。但在宋代剑南春酒似乎已经影响不大了，有关文人的咏叹少有提及。从唐代的记载看，这种剑南烧春在巴蜀地区的地域并没有特定。

青城山乳酒，见于杜甫《谢严中丞送青城山道士乳酒一瓶》[⑥]，其他的有关记载较少。

嘉州酒，见于杜甫《狂歌行赠四兄》：“今年思我来嘉州，嘉州酒香花满楼。”[⑦]这里谈到的嘉州酒应该是一个泛指，可能并不是指一种具体的酒名。

绵竹蜜酒，见于苏轼《蜜酒歌并序》，其序称：“西蜀道士杨世昌善作蜜酒，绝醇酽，余既得其方，作此歌遗之。”诗称：“真珠为浆玉为醴，六月田夫汗流仳。不如春瓮自生香，蜂为耕耘花作米。一日小沸鱼吐沫，二日眩转清光活。三日开瓮香满城，快泻银瓶不须拔。百钱一斗浓无声，甘露微

① 《全唐诗》卷二二九杜甫《宴戎州杨使君东楼》，中华书局，1960，第2488页。
② 黄庭坚：《豫章黄先生文集》第十四，四部丛刊景宋乾道刊本。
③ 王象之：《舆地纪胜》卷第一百五十三《泸州》。
④ 陶谷：《清异录》，中国商业出版社，1985，第86页。
⑤ 李肇：《唐国史补》卷下，古典文学出版社，1957，第60页。
⑥ 《全唐诗》卷二二七杜甫《谢严中丞送青城山道士乳酒一瓶》，中华书局，1960，第2456页。
⑦ 《全唐诗》卷二三四杜甫《狂歌行赠四兄》，中华书局，1960，第2583页。

浊醍醐清。君不见南园采花蜂似雨，天教酿酒醉先生。先生年来穷到骨，问人乞米何曾得。世间万世真悠悠，蜜蜂大胜监河侯。”[①]《东坡志林》卷八还具体记载了以蜜酿酒之法：“予作蜜酒格，与真水乱。每米一斗，用蒸饼面二两半，饼子一两半，如常法取醅液，再入蒸饼面一两，酿之三日，尝看，味当极辣且硬，则以一斗米炊饭投之，若甜软，则每投更入曲与饼各半两。又三日，再投而熟。全在酿者斟酌增损也，入水少为佳。”[②]但是这种蜜酒后来并没有太多的记载，此酒消失在历史的长河中，也不知与后来的绵竹大曲是否有源承关系。

射洪春酒，杜甫《野望》称“射洪春酒寒仍绿，目极伤神谁为携”[③]，这里可能也是泛指射洪县的美酒，并不特指一种酒名。

阆州斋酒，见于陆游《阆中作》：“挽住征衣为濯尘，阆州斋酿绝芳醇。”[④]此处也可能是对阆中酒的泛指。不过称为斋酒，可能与宗教信仰有关。

临邛饷酒，见于陆游《遣兴》：“一尊尚有临邛酒，却为无忧得细倾。”其诗并注：“邛州宇文吏部饷酒绝佳。”[⑤]同样，这种饷酒虽然可能是一种具体的酒名，但明显与后来的文君酒无直接关系，所以我们无法寻求其具体的传承关系。

成都烧酒，见于雍陶《到蜀后记途中经历》：“自到成都烧酒熟，不思身更入长安。”[⑥]这里谈到了成都烧酒，明显是泛指成都和烧酒，而并不是特指一种酒的品牌。

长宁兵厨酒，《方舆胜览》卷六五引《图经》称“极边之地酒茗驰禁，是以人乐其生”，又引《王章嘉鱼泉记》称：“兵厨之酒，冠于东川。”[⑦]《大元混一方舆胜览》卷下：“嘉鱼泉，邦人酿酒用之，味极甘，

---

① 苏轼：《蜜酒歌》，载苏轼《苏东坡集》卷十三，商务印书馆，1933年，第1页。
② 苏轼：《东坡志林》卷八，进步书局，第227页。
③ 《全唐诗》卷二二七杜甫《野望》，中华书局，1960，第2460页。
④ 陆游：《剑南诗稿》卷三，《陆放翁全集》，中国书店，1986，第46页。
⑤ 同上，卷七，第122页。
⑥ 《全唐诗》卷五一八雍陶《到蜀后记途中经历》，中华书局，1960，第5914页。
⑦ 祝穆：《方舆胜览》卷六五，中华书局，2003，第1139页。

否则刚硬。”[①]这种兵厨酒在当时号称“冠于东川”，影响应该较大，但是具体是何种酒，何时消失，嘉鱼泉在哪里，我们也无从考证。

巴州竹根注酒，即川东地区的咂酒。《舆地纪胜》卷一八七引《段氏蜀记》：“巴州以竹根为酒注子，为时珍贵。”[②]这则记载将川东地区咂酒的历史追寻到唐宋时期，至今四川盆地东部的咂酒仍然流行。

忠州引藤酒，首见于白居易《春至》一诗：“闲拈蕉叶题诗咏，闷取藤枝引酒尝。”[③]说明唐代三峡忠州、万州一带就有引藤酒了，后来《方舆胜览》卷六一引《图经》称：“蜀地多山，多种黍为酒，民家亦饮粟酒。地产藤枝，长十余尺，大如指，中空可吸，谓之引藤。屈其端置醅中，注之如晷漏，本夷俗所尚，土人效之耳。”[④]《蜀中广记》卷五七也引《图经》称：“蜀地多山，多种黍为酒，民家亦饮粟酒。地产藤枝，长十余尺，大如指，中空可吸，谓之引藤。屈其端置醅中，注之如晷漏，本夷俗所尚，土人效之耳。”[⑤]实际上这种引藤酒也就是前面我们谈到的咂酒，至少在唐代就已经出现了。

我们发现，这些名酒的大名之所以流传至今，与大多数唐宋文化名人的咏唱和记载有关。而且自古蜀人也喜欢喝酒，如《北梦琐言》卷三称：“蜀之士子，莫不沽酒，幕相如涤器之风也。”[⑥]蜀人喜欢喝酒的风尚与川酒的发展互为因果，蜀人“沽酒”对川酒的发展起了很大的推动作用，而巴蜀酒业的发展为蜀人沽酒、咏酒提供了条件。

不过，据周密《武林旧事》卷六记载杭州市场的诸色酒名来看，提到的五十八种名酒中，没有任何一种是巴蜀所产的，当然也不见上面这些名人所提及的酒名，似乎唐宋时期四川的酒类在全国的影响并不十分大。而且从宋代张能臣《酒名记》记载有关川酒名表来看，川酒主要分布在成都

---

① 《大元混一方舆胜览》卷下《长宁军》，四川大学出版社，2003，第316页。
② 王象之：《舆地纪胜》卷一八七，四川大学出版社，2005，第5471页。
③ 《全唐诗》卷二二七杜甫《野望》，中华书局，1960，第2460页。
④ 祝穆：《方舆胜览》卷六一引《图经》，中华书局，2003，第1076页。
⑤ 曹学佺：《蜀中广记》卷五七引《图经》，文渊阁四库全书本。
⑥ 孙光宪：《北梦琐言》卷三，中华书局，2002，第62页。

平原地区和嘉陵江流域的梓州、阆州、合州、果州、剑州、渠州地区，其不仅与前面唐代的分布和后来清代的分布有所差异，而且与上面文人诗文记载酒名相去较远，原因并不是十分明确。

表2　张能臣《天下酒名》记载的有关川酒名表①

产地	酒名
成都府	忠臣堂、玉髓、锦江春、浣花堂
梓州	琼波、竹叶青
夔州	法醽、法酝
剑州	东溪
合州	金波、长春.
汉州	帘泉
渠州	葡萄
果州	香桂、银液
阆州	仙醇

后来明代沈沈《酒概》一书中也列出了宋时酒名，其中包括四川出的名酒，即成都府忠臣堂、玉髓、锦江春、浣花堂，梓州琼波、竹叶青，剑州东溪，汉州帘泉，合州金波、长春，渠州葡萄，果州香桂、银液，阆州仙醇，夔州法醽、法酝，②基本上是对宋代张能臣《酒名记》记录的沿袭。另《古今图书集成·经济汇编·食货典》卷二七四引元代宋伯仁《酒小史》统计了历代国内外一〇六种酒名，其中巴蜀地区有郫县郫筒酒、云安曲米酒、成都刺麻酒、剑南烧春酒、廖致平绿荔枝酒、王公权荔枝绿酒六种，③似巴蜀酒在当时地位并不高。明代沈沈《酒概》卷二统计了古名酒五十多种，其中只有巴蜀酒烧春出剑南、郫筒出蜀、云安曲米春三种。④

---

① 朱弁：《曲洧旧闻》卷七引张能臣《天下酒名》，中华书局，1985，第51—52页。
② 沈沈：《酒概》，明刻本。
③ 《古今图书集成·经济汇编·食货典》卷二七四引元代宋伯仁《酒小史》。
④ 沈沈：《酒概》，明刻本。

明代王世贞《弇州四部稿》卷四十九诗部："成都刺麻酒，其法连糟置瓮中，中插一芦管，使客递吸之，浅则加水，至酒尽满瓮皆水也。味不能佳，然往往令客至醉，盖于新奇耳。瓮头嘈嘈泣泪红，吸来应唤小郫筒。何如换取莲花柄，千载风流属郑公。"[①]这种成都刺麻酒实际上也是明代的一种咂酒之类的名酒，但这种酒在成都也没有传承下来。

早在唐代，"蜀酒"作为一个地方话语已经频繁出现在唐诗中，如唐代杜甫《戏题寄上汉中王三首》一诗曾称"蜀酒浓无敌"[②]，《草堂即事》则称"蜀酒禁悉得，无钱何处赊"[③]，而刘禹锡《酬冯十七舍人宿卫赠别五韵》一诗则有"使星三蜀酒，春雨沾衣襟"[④]之说。到了宋代，蜀酒的声名更大了，如陆游专门有《蜀酒歌》一首[⑤]，高斯得有《蜀酒》诗称"顾得投岷江，咸使西南醉"[⑥]，称赞蜀酒的浓烈。

从唐宋时期这些酒品的分布来看，主要分布在四川盆地西部从绵州经成都平原沿岷江而下到川南这个地区，即绵竹、广汉、郫县、眉山、荣县、宜宾、泸州地区，四川盆地东部地区只有云安曲米酒和忠州引藤酒。[⑦]造成这种分布可能有两个原因，首先是唐宋时期金牛道和峡路是四川最重要的交通要道，成都是全省经济文化的中心，"万里桥边多酒家"和"益州官楼酒如海"的诗句，道出了成都酒文化的发达，酿酒业发达自在情理之中。还有一点要考虑到的是，这些酒名主要是由文化名人诗文留下来的，以上这些地区正是他们入出四川的重要通道，自然多有诗文留下。

巴蜀酒业的发展，一是社会经济发展到一定程度的产物，特别是农业经济发展背景下，粮食作物多余的结果。同时，餐饮业的发展，特别是商业性餐饮的发展，宴聚风尚盛行，都对酒业发展带来极大的推动。而且从

---

① 王世贞：《弇州四部稿》卷四十九诗部，伟文图书出版社有限公司，1976，第2493页。
② 《全唐诗》卷二二七杜甫《戏题寄上汉中王三首》，中华书局，1960，第2467页。
③ 《全唐诗》卷二二六杜甫《草堂即事》，中华书局，1960，第2445页。
④ 《全唐诗》卷三五五刘禹锡《酬冯十七舍人宿卫赠别五韵》，中华书局，1960，第3990页。
⑤ 陆游：《剑南诗稿》卷四，《陆放翁全集》，中国书店，1986，第71页。
⑥ 高斯得：《耻堂丛稿》卷六，武英殿聚珍本。
⑦ 宋代范成大认为"今夔酒乃不佳"（见《石湖诗集》卷十九），与宋代夔州有法醽、法醹两种名酒记载有冲突。

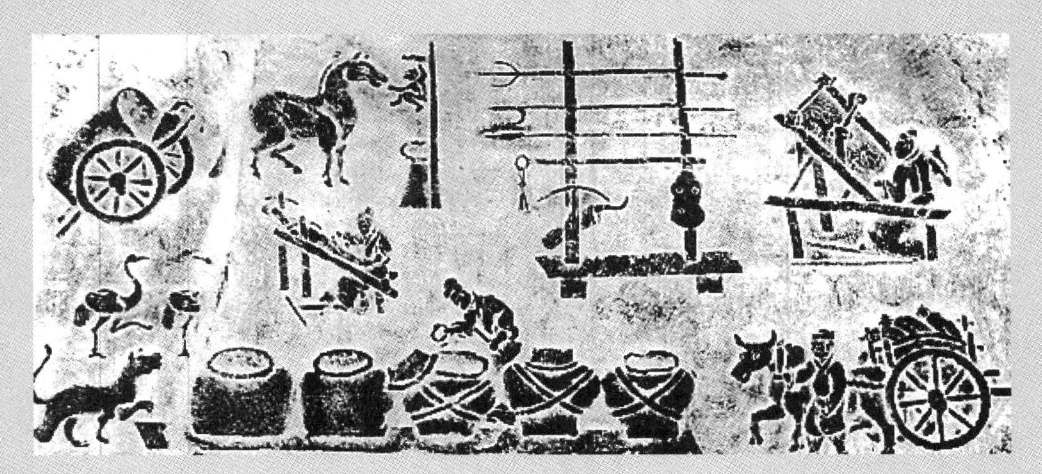

汉代·四川成都庖厨砖

唐宋巴蜀地区的菜品来看，已经有一些菜肴开始用酒作为调料压腥，甚至出现像酒骨糟这样用酒曲作为肉料的浸润增香剂的菜品。

不过，在古典川菜时期，中国酒正好经过了从低度非蒸馏酒向蒸馏酒发展的过渡时期。以前一般研究酒史的人认为蒸馏酒出现在宋代。主要是据《宋史》卷一百八十五《食货志》第一百三十八的记载：

> 太平兴国七年，罢，仍旧卖曲，自是惟夔、建、开、施、泸、黔、涪、黎、威州、梁山、云安军及河东之麟府州、荆湖之辰州、福建之福、泉、漳州、兴化军，广南东西路不禁。自春至秋，酝成即鬻，谓之小酒，其价自五钱至三十钱有二十六等。腊酿蒸鬻，候夏而出谓之大酒，自八钱至四十八钱有二十三等。凡酝用秫、糯、粟、黍、麦等，及曲法酒式，皆从水土所宜。[①]

一般认为这里的小酒仍是传统的一次性发酵低度酒，即米酒、黄酒类，而大酒即经过蒸馏发酵的白酒。[②]不过，从有关记载来看，唐宋时期诗人笔墨下的酒可能更多是小酒，所以才有“赤酒”“鹅黄”“郫红”等酒色的描述。所以，唐宋时期记载的巴蜀酒类虽然大小酒并存，但可能更多是指小酒，大酒的繁荣时期应该在元明清时期以来的几百年间。

二　古典时期蜀茶与巴蜀饮食休闲业的发展

西南地区在历史上是中国重要的产茶区，而云南地区又是我国重要的茶树原产地。从有关记载来看，早在汉晋时期西南便是重要的产茶地区。《华阳国志》中就记载巴地贡茶，有“园产香茗”之称。也记载涪陵郡产茶，同时在蜀志中记载南安、武夷产茗茶，什邡产好茶。[③]扬雄《方言》

---

① 《宋史》卷一百八十五《食货志》第一百三十八，中华书局，1977年。
② 赵永康：《人文三泸》，四川大学出版社，2016，第169页。
③ 常璩：《华阳国志》卷一《巴志》、卷三《蜀志》，刘琳校本，巴蜀书社，1984。

中记载蜀西南谓茶为蔎[1]，《广雅》记载了三峡地区产香茗，采茶作饼[2]。汉晋南北朝时期，四川饮茶已经十分普遍，王褒《僮约》记载僮每天“烹茶”和“武阳买茶”的事实，说明当时饮茶十分广泛。

在唐代，“蜀茶”已经成为社会经济生活中的重要话语和品牌，唐代陆羽《茶经》、杨晔《膳夫经手录》和宋代李肇《唐国史补》对蜀茶记载较详尽。陆羽《茶经》卷上记载：“茶者，南方之嘉木也，一尺、二尺，乃至数十尺。其巴山、峡川有两人合抱者，伐而掇之。”[3]这里谈到的可能是一种野生的大茶树，表明巴蜀地区可能是中国茶野生原产地之一。

唐代陆羽《茶经》将产茶区划分为山南、淮南、浙西、剑南、浙东、黔中、江南、岭南八区，其中剑南地区尤为重要。陆羽《茶经》卷下：

> 剑南：以彭州上，生九陇县马鞍山至德寺、棚口，与襄州同。绵州、蜀州次，绵州龙安县生松岭关，与荆州同。其西昌、昌明、神泉县西山者并佳，有过松岭者不堪采。蜀州青城县生丈人山，与绵州同。青城县有散茶、木茶。邛州次，雅州、泸州下。雅州百丈山、名山、泸州泸川者，与金州同也。眉州、汉州又下，眉州丹棱县生铁山者。汉州绵竹县生竹山者，与润州同。[4]

从《茶经》的记载可以看出，当时巴蜀的茶主要分布在彭州、绵州、蜀州、邛州、雅州、泸州、眉州、汉州八州，主要在四川盆地西部和南部，而四川盆地东部似开发不够，茶的影响不大。但李肇《唐国史补》卷下：“风俗贵茶，茶之名品益众。剑南有蒙顶石花，或小方，或散牙，号为第一……东川有神泉、小团、昌明、兽目。峡州有碧涧、明月、芳蕊、茱萸簝。……夔州有香山，”[5]具体讲，唐代产茶区剑南道有彭州、绵

① 扬雄：《方言》，中华书局，1985。
② 陆羽：《茶经》卷上，沈冬梅校注本，中国农业出版社，2006，第45页。
③ 同上，2006，第1页。
④ 同上，卷下，第81页。
⑤ 李肇：《唐国史补》卷下，古典文学出版社，1957，第60页。

州、蜀州、邛州、雅州、泸州、眉州、汉州、嘉州、简州、茂州、利州，山南西道有思州、播州、费州、夷州、浩州、渝州、开州、夔州、忠州、渠州。这种分布表明，唐代四川的产茶区主要是在上下川东、川西北和上川南三个相对独立的地区，四川盆地腹心地区分布尤为稀少。据范镇《东斋记事》卷四："蜀之产茶凡八处，雅州之蒙顶、蜀州之味江、邛州之火井、嘉州之中峰、彭州之堋口、汉州之杨村、绵州之兽目、利州之罗村，然蒙顶为最佳也。其生最晚，常在春夏之交，其芽长二寸许，其色白味甘美，而其性温暖，非他茶之比。蒙顶者，书所谓蔡蒙旅平者也。李景初与予书言，方茶之生，云雾覆其上，若有神物护持之。其次罗村，茶色绿而味亦甘美。"[①]唐代四川的名茶有以下：雅州蒙顶、新安茶，绵州神泉小田、昌明兽目，蜀州横原雀舌、鸟嘴、麦颗，彭州蒲村、堋口、灌口，渝州狼猱山茶，涪州宾化茶，泸州泸茶，渝州薄片，东川昌明茶，邛州火香茶，夔州香山茶，龙州骑火茶。从分布上来看与上面主要产地的分布基本吻合。

唐代巴蜀不仅茶品多，而且蜀茶的地位独步江湖，成为名贵天下的名产。如胡仔《苕溪渔隐丛话》前集卷四十六：

> 蔡宽夫诗话云：唐以前茶，惟贵蜀中所产，孙楚歌云：茶出巴蜀，张孟阳《登成都楼》诗云："芳茶冠六情，溢味播九区。"他处未见称者。唐茶品虽多，亦以蜀茶为重然。[②]

杨晔《膳夫经手录》：

> 新安茶，今蜀茶也，与蒙顶不远，但多而不精，地亦不下，故折而言之，犹必以首冠。诸茶春时所在吃之皆好，及将至他处，水土不

① 范镇：《东斋记事》卷四，中华书局，1980，第37—38页。
② 胡仔：《苕溪渔隐丛话》前集卷四十六，人民文学出版社，1962，第314页。

同或滋味殊于出处。惟蜀茶南走百越，北临五湖，皆自固其芳香，滋味不变，由此尤也……[①]

唐代“蜀茶”已经是文人生活中的一个名产话语，白居易诗中多次谈到蜀茶，如《萧员外寄新蜀茶》曾称“蜀茶寄到但惊新，渭水煎来始觉珍”[②]，还有《谢李六郎中寄新蜀茶》一诗[③]。唐代康骈《剧谈录》卷下曾记载：“蜀茶二斤，以为酬赠。”[④]孙光宪《北梦琐言》卷十：“郑谷郎中亦爱僧用比蜀茶，乃曰蜀茶与僧未必皆美，不欲舍之。”[⑤]王谠《唐语林》卷七：“蜀茶二斤以为报矣。”[⑥]而王溥《五代会要》卷十二谈道：“赐蜀茶三斤腊面茶二斤。”[⑦]

唐代的蜀茶自然是以蒙顶茶影响最大，文献记载甚多，如李昉《太平御览》第八百六十七：“《云南记》曰名山县出茶，有山曰蒙山，联延数十里，在县西南。按《拾道志》：《尚书》所谓蔡蒙旅平者，蒙山也，在雅州。凡蜀茶尽出此。”[⑧]杨晔《膳夫经手录》：“蒙顶自此以降言少而精者始，蜀茶得名蒙顶，于元和以前束帛不能易一斤先春蒙顶。是以蒙顶前后之人，竞栽茶以规厚利。不数十年间，遂斯安草市岁出千万斤，虽非蒙顶，亦希颜之徒，今真蒙顶有鹰嘴牙白茶，供堂亦未尝得，其上者其难得也如此……东川昌明茶与新安含膏，争其上下。”[⑨]宋阮阅《诗话总龟》卷之三十：“蜀中数处蜀茶，雅州蒙顶最佳，其生最晚，在春夏之交，其地即书所谓蔡蒙旅平者也。方茶之生，云雾覆其上，若有神物护持之。”[⑩]曾慥《类说》卷二十三：“蜀中数处产茶，雅州蒙顶最佳，其生最晚在春夏之

---

① 杨晔：《膳夫经手录》，毛氏汲古阁钞本。
② 《全唐诗》卷四三七白居易《萧员外寄新蜀茶》，中华书局，1960，第4852页。
③ 同上，《谢李六郎中寄新蜀茶》，第4893页。
④ 康骈：《剧谈录》卷下，古典文学出版社，1958，第36页。
⑤ 孙光宪：《北梦琐言》卷十，中华书局，1960，第81页。
⑥ 王谠：《唐语林》卷七，中华书局，1985，第189页。
⑦ 王溥：《五代会要》卷十二，中华书局，1985，第162页。
⑧ 李昉：《太平御览》第八百六十七饮食部二十五，中华书局，1960，第3845页。
⑨ 杨晔：《膳夫经手录》，毛氏汲古阁钞本。
⑩ 阮阅：《诗话总龟》后集卷之三十《咏茶门》，人民文学出版社，1987，第188页。

交，其地即书所谓蔡蒙旅平者也。方茶之生，云雾覆其上，若有神物护持之事。[①]民间传言的“扬子江中水，蒙山顶上茶”虽然最早见于明代谢氏的《五杂俎》卷十一中，称是“昔人谓”，显然民间流传可能更早就出现了。

宋代由于江南建茶的兴起，蜀茶的地位有所下降。李心传《建炎以来朝野杂记》甲集卷十四，谈到当时宋代的四大茶，即江茶、建茶、蜀茶、夔州茶，巴蜀地区占天下一半，其又称“旧博马皆以粗茶，乾道末，赵彦博为提举，始以细茶遣之。今雅州徼外夷人，亦有即山种茶者，由是纲茶遂为夷人所贱。然蜀茶之细者，其品视南方已下，惟广汉之赵坡、合州之水南、峨眉之白芽、雅安之蒙顶，土人亦自珍之，但所产甚微，非江、建之比也”[②]，也明显指出宋代蜀茶的地位不及唐代。

计宋代成都府路产茶区有眉州丹棱县、青城县和永康县，彭州九陇县、导江县和永昌县，绵州彰明和龙安，汉州什邡和绵竹，嘉州洪雅，邛州大邑和火井县，雅州名山、百丈、芦山和荥经县、简州，梓州路泸州、长宁军、合州，利州路巴州和利州，夔州路夔州、忠州、达州、涪州、南平军。[③]虽然宋代巴蜀地区总的来看其产茶业在全国的地位下降，但从整个四川盆地来看，随着经济开发加快，川东一些地区的产茶业，如达州、忠州、涪州开发较为突出。不过当时最重要的产茶区仍是集中在川西和川南地区。在宋代巴蜀仍然出现了许多名茶，如广汉赵坡、合州水南、峨岷白茶、雅安蒙顶等。[④]所以在宋代谢维新《事类备要》中记载的天下名茶中就有蒙山露芽、蒙山中顶、晋原嫩芽三种。[⑤]宋代三峡一带喜欢用茱萸煎茶饮，称为辣茶，可以辟岚瘴。[⑥]

元明清时期四川地区的产茶地位继续下降，但各州县仍有一些富有特色的茶品，如蒙顶的石花、邛州火井思南、渠州薄片、黔阳的都濡、泸

---

① 曾慥：《类说》卷二十三，文学古籍刊印社，1955。
② 李心传：《建炎以来朝野杂记》甲集卷十四，中华书局，1985，第200—201页。
③ 贾大泉、陈一石：《四川茶业史》宋代部分，巴蜀书社，1999。
④ 马端临：《文献通考》卷十八《征榷考》。
⑤ 谢维新：《事类备要》外集卷四二，四库全书。
⑥ 王象之：《舆地纪胜》卷一八十一《大宁监》，四川大学出版社，2005，第5265页。

州纳溪的梅岭[①]、灌县丈人山茶、邛州白鹤茶、城口鸡鸣茶、雅安蒙顶茶等。[②]据陈元龙《格致镜原》卷二十一引毛文锡《茶谱》记载称：“蜀州晋原、洞口、横原、味江、青城，其横芽、雀舌、鸟嘴、麦颗，盖取其嫩芽所造，以其芽似之也。又有片甲者……”

在这样的背景下，明清西南地区茶业实行边引制度。特别是川西地区天全、雅州、邛州、荥经、名山、新繁、大邑、灌县等地区茶业因此发展较快。具体讲，清代川西产茶地区的灌县、彭县、什邡、雅安、名山、荥经、天全、茂汶共有边引4469张，腹引31张。而当时川东产茶区的江津、南川、酉阳、彭水、太平只有腹引240张，川南产茶区的洪雅、丹棱、邛州、大邑有边引20 300张，川北产茶区的通江、安县、绵州有腹引860张。

这个时期饮茶习俗独特，陆羽《茶经》卷下引《广雅》：“荆、巴间采叶作饼，叶老者，饼成，以米膏出之。欲煮茗饮，先炙令赤色，捣末置瓷器中，以汤浇覆之，用葱、姜、橘子芼之。其饮醒酒，令人不眠。”[③]陆羽《茶经》卷下：“滂时浸俗，盛于国朝两都、并荆、渝间，以为比屋之饮。”[④]其实这个时期内西南地区，特别是今云南、贵州地区也普遍用姜、葱、桂、橘子放入茶中调味，饮茶风俗与今天相异，但体现了中古时期中国饮茶的基本风俗特征。

巴蜀地区茶业的发展与茶饮习俗的发展，对川菜也产生较大的影响，这种影响有时会对菜品产生影响，如明代宋诩《宋氏养生部》中记载有茶菜共二十五道[⑤]，台湾至今仍开发有专门的茶餐。在川菜中茶的影响并不算大，但仍有樟茶鸭子这样的名菜中运用了茶。茶对餐饮的影响可能更多是对餐饮方式的影响。首先，蜀茶与商业的结合，催生出了巴蜀地区特殊的茶馆行业，进而在近代发展出茶餐的经营方式。吴自牧《梦粱录》卷十六：“汴京熟食店张挂名画，所以勾引观者，留连食客。今杭城茶肆亦

---

① 《古今图书集成·经济汇编·食货典》卷二九〇引顾元庆《茶典》。
② 黄一正：《事物绀珠·茶类》。
③ 陆羽：《茶经》卷下，沈冬梅校本，中国农业出版社，2006，第45页。
④ 同上，第40页。
⑤ 宋诩：《宋氏养生部》，中国商业出版社，1989，第8页。

如之。插四时花，挂名人画，装点店面，四时卖奇茶、异汤，冬月添卖七宝擂茶、馓子、葱茶，或卖盐鼓汤，暑天添卖雪泡梅花酒，或缩脾饮暑药之属。”[①]而佚名《都城纪胜》茶坊记载：“大茶坊张挂名人书画，在京师只熟食店挂画，所以消遣久待也。今茶坊皆然，冬天兼卖擂茶，或卖盐豉汤，暑天兼卖梅花酒。”[②]显然，茶馆兼售食品的经营方式宋代就存在了，前面记载宋代京城中大的饭店称为分茶，川饭店称分茶，好像饮食店与茶分不开似的。巴蜀地区的茶坊皆卖饮食源于何时，缺乏文献记载，我们不敢肯定。在古代巴蜀，小食往往同称为茶点，一般小吃往往同茶饮分不开的。所以，我们发现《成都通览》中将点心铺称为茶食铺[③]，《芙蓉话旧录》中成都的点心铺为茶点铺[④]。

① 吴自牧：《梦梁录》卷十六，中国商业出版社，1982，第130页。
② 佚名：《都城纪胜》，中国商业出版社，1982年，第7页。
③ 傅崇矩：《成都通览》下册，巴蜀书社，1987年，第284页。
④ 周询：《芙蓉话旧录》，四川人民出版社，1987年，第67页。

第三章　本土传承与多元外域文化融合下的传统川菜

清中叶至20世纪中叶传统川菜的形成

从古典川菜向传统川菜的过渡是一个较为漫长的时期，这个时期正好与巴蜀历史上的一个文化小断层在时间上吻合，即我们经常谈到元末明初、明末清初巴蜀地区的重大战乱后形成的中古时期巴蜀文化的小断层，同时又与两次“湖广填四川”外来文化融合兼容的时期相吻合。在这种背景下，移民烹饪文化、新食材的进入、复合料的创新，成为这个时期的饮食文化的主题，而这三个主题为传统川菜的成型创造了条件。

第一节　移民、食材与复合调料创新：传统川菜形成的历史背景

一　承先启后：明清之际的历史与明代清代前期川菜的基本特征

广义的川菜的发展经历了一个漫长的时期，新旧石器时代和青铜时代除去不讲，从秦汉到清代前期的近两千年的古典川菜时期来看，也是岁月漫长。严格地讲，今天意义上的川菜，即本书所指的传统川菜定型不过只

有一百多年的历史。当然，应该看到，整个明清时期六百多年的四川历史发展的特殊性，为现代传统川菜的形成奠定了基础。

具体而言，明清时期有两个重要的事件促进了现代传统川菜的形成。

第一，元末明初和明末清初四川的两次大战乱后，四川人口锐减，原有的中古时期文化受到史无前例的摧残。所以，我们以前在研究“湖广填四川”的历史时往往都有一个巴蜀历史上“巴蜀中古文化小断层”概念。这个文化断层不仅体现在精神文化层面，也包括在物质文化层面。经过这个文化断层后，巴蜀历史上的“湖广填四川”移民文化的进入对巴蜀文化相当于一个本土与外域文化的重塑，也就是说现在巴蜀文化是大量外来移民文化与本土文化残存整合的结果。这种战乱和移民换血，自然会对中古时期的川菜文化也产生较大的影响，也一度形成一个“中古川菜的文化断层”。所以，随后伴随着的两次“湖广填四川”，湖北、江西、广东、安徽、陕西、浙江等外省移民大量进入，对巴蜀中古时期的居民来了个大换血，经济的复苏和外来移民饮食文化的传入与中古时期残留的饮食文化相融合，才逐渐形成了今天意义上的川菜，不过那已经是清末民初了。

第二，中国历史上有三次重大的外来生物引进对中国传统农作物和饮食食材产生了重大的影响：第一次是在两汉南北朝时期，大量西域瓜果蔬菜引进中国，如我们熟悉的苜蓿、葡萄、安石榴、胡桃、胡豆、胡瓜、胡麻、胡葱、胡荽、胡萝卜、胡椒等，基本上奠定了中古时期中国菜中外来食材的基础。第二次是唐宋时期，占城稻等大田农作物的传入，推动了中国水稻种植的进一步推广，稻米更广泛成为中国饮食的主食。同时，高粱、菠菜等农作物的传入，也对唐宋时期的饮食文化产生了一定的影响。第三次是明清时期，美洲饮食食材调料的传入，如丝瓜、番茄、马铃薯、甘薯、玉米、辣椒、烟草等的传入，[①]对近代中国饮食菜品的形成影响巨大，特别是辣椒的传入，改变了古典时期以花椒、姜、茱萸“三香”为主的辛香料格局，强化了中国菜系的区域辨识度，为现代川菜、湘菜、滇

① 蓝勇：《中国历史地理》，高等教育出版社，2012，第二版，第244页。

菜、黔菜、赣菜的味型的形成提供了条件。

其实在经历这个巨变之前，古典川菜已经在逐渐变化之中。具体讲，元明两代和清前期四川的饮食风俗，在前代的基础上有了一些创新和发展。元明清时期四川的饮食风尚仍具有鲜明的特色，虽然与现代传统川菜的风格还有较大的差别，呈现出既保留古朴的饮食风味，但与汉唐两宋时期的川菜相比又有一点变化，产生了一些新的气象。应该说这个时期是古典川菜与传统川菜的一个过渡时期，一个承先启后的时期。

明代及清代前期烹饪方式的多样化已经显现出来，除了古典川菜固有的蒸、煮、炖、炙、烤等传统方式外，快速烹饪的炒、爆、熘等方式已经出现并较多运用。这个时期巴蜀地区的食材越来越丰富，四川人张宗法《三农纪》一定程度上反映了乾隆年间巴蜀地区的农业生产情况，其记载的谷物有麦、大麦、禾广麦、青稞、荞麦、苦荞、御麦、稷麦、秫、黍、粱、糁、籼、陆稗、薏以、大豆、小豆、绿豆、豌豆、蚕豆、彬豆、拨山豆、泥豆、禾吕豆、苕子、粳稻、禾弟、水稗、蔓菁，其记载的蔬菜品种有芋、诸、芥、白菜、青菜、菠菜、莴苣、莴笋、苦荬、莕菜、苋菜、茱苋、马齿苋、蕹菜、茼蒿、地肤、灰藋、萝卜、胡萝卜、姜、大蒜、薤、葱、火葱、韭、生瓜、黄瓜、丝瓜、冬瓜、南瓜、苦瓜、瓠、葫芦、豇豆、扁豆、时（四）季豆、茄、芫荽、茴香、山药、芹、荠、蕨等。其中有巴蜀地区最早食用时（四）季豆的记载，称："早于诸豆，可种两季，故名二季豆，又名碧豆。"认为"和粳米煮粥食之甚佳"[①]。后来在四川做官的黄云鹄《粥谱》中也谈到芸豆粥，即用二季豆（北人称芸豆）"同粳米作粥"[②]。胡萝卜、丝瓜、马铃薯、甘薯、玉米等，在这个时期的不同阶段已经不断运用在饮食之中。在这个时期，巴蜀地区饮食味型上复合重油的特征已经显现，但大多数传统川菜的经典菜品还没有开发出来，"麻、辣、鲜、香、复合、重油"的川菜八字特征仍然没有完全显现出来。

---

① 张宗法：《三农纪》，农业出版社，1989，第303—304页。
② 黄云鹄：《粥谱》，中国商业出版社，1986，第64页。

在这个时期仍有一些特色风味食品存在，如射洪县的匾食，即馄饨，被称为绝品。只是这种馄饨与今天巴蜀地区抄手是否一样，不得而知。而丰都县的臭豆脯也有名气，据称："凡夏天，豆脯半日而酸，一夜而发空烂臭矣。惟丰都豆脯不然，虽盛暑，必经三五日，衣生寸余，色成黄（黑干），而味绝不败，转益坚实。目之曰臭豆脯，实不臭也，殆不可解。"[①]但今天丰都豆腐乳并不出名，而是在相邻的忠县产的豆腐乳声名较大，地域变化的原因不得而知。其他，建昌香猪、松潘的土犬也是一方的名产，其中香猪小而肥，肉颇香，入冬腌以馈人。土犬亦肥小而肥美。[②]这种香猪至今仍是特产。清初建昌鸭子就名气较大了，是当时总兵用于贡献的方物。而邛海中的一种长舌鱼，有称"其美在舌"[③]。另太平东乡一带的竹鼲，据记载"烹之味与黄鼠无异"[④]。同时，宜宾横江、屏山平夷司的竹鼲也有名气。[⑤]明代川南珙县少数民族中流行一种酸桶叶点的豆腐，这种酸桶叶具体为何种植物已不知了。[⑥]当时流行一种䊮辣汤，是用菜、肉、豆脯、米粉作羹，多加姜屑而成的一种汤菜，尤为特别[⑦]，这种食法现在四川已经不存在了。如当时流行一种称为豆脯食的菜品，系用"肉、韭、笋、木耳、椿芽、豆脯，报切如米麦大，用猪脂炒之，曰豆脯食"[⑧]，应该是一种家常下饭的菜品，现在四川只有豇豆肉末之类的下饭菜，如此多的混炒已经少见了。还有一种称"头脑酒"的菜品，名为酒，实际是一种菜品，其制作方式是"用肉、豆脯，报切如细麸炒，用极甜酒加葱、椒煮食之。俗曰掺头酒"[⑨]。又如不落荚，本是一种供佛的菜品，但当时也流行于民间食用，其制作方法是："用上白面稠调，摊桐子叶上，以笋菜碎切为料，置于中，

① 李实：《蜀语》，黄仁寿校注本，巴蜀书社，1990，第30、68页。
② 何宇度：《益部谈资》卷上，中华书局，1985，第9页。
③ 陈聂恒：《边州闻见录》卷四，康熙年间刻本。
④ 何宇度：《益部谈资》卷上，中华书局，1985，第27页。
⑤ 陈聂恒：《边州闻见录》卷二，康熙年间刻本。
⑥ 曹学佺：《蜀中广记》卷六五，文渊阁四库全书本。
⑦ 李实：《蜀语》，黄仁寿校注本，巴蜀书社，1990，第13页。
⑧ 同上，第75页。
⑨ 同上，第136页。

合其叶蒸而食之。本蔬品也，有以荤料作者更佳。”[①]这些食品有的已经改名，有的已经是失传。有一些菜品在巴蜀地区的中古时期并不见食用记载，如山药、百合等已经开始食用，只是名称上分别称为山茗、大头蒜，很独特。[②]在清后期的川菜中出现了百合子鸡、玫瑰百合、桃儿百合、烩百合泥、炒百合花等菜。[③]而山药早在张宗法《三农纪》中就记载：“实煮食，胜根补益”[④]，清末则出现了许多山药菜品，如熘山药糕、焌山药元、烩山药羹、烧山药块等。[⑤]

明清时期四川地区前承唐宋民间喜食鱼的风俗，特别是边远地区的进一步开发后，许多地方类鱼种见于记载，如成都的拙鱼（嘉鱼类）、泸州的鳇鱼、雅州的丙穴鱼（嘉鱼）、雅州的鲵鱼（娃娃鱼）、邛州荥经的鲕鱼都很有名。如清代嘉庆年间王培荀《听雨楼随笔》中就记载梁山桃花鱼（冰雪鱼）、重口鱼、嘉州墨鱼、彭县拙鱼、脆鱼（水底羊）、昭化白甲鱼、泸定虎鱼、雅州、彭州、什邡丙穴鱼，[⑥]大多是类似雅鱼这类齐口、重口裂腹鱼类。有的重口裂腹鱼据“取而烹之，肥美异诸鱼”[⑦]，雅州嘉鱼（丙穴鱼）则是“细鳞少刺，味极肥美”[⑧]。而彭县、什邡等地嘉鱼（丙穴鱼）“肉肥鳞细而少刺，味极鲜腻，迥异常品”[⑨]。清代成都市场上的墨头鱼“最美，间有来者，均自嘉定来”[⑩]。

---

① 李实：《蜀语》，黄仁寿校注本，巴蜀书社，1990，第168页。
② 陈聂恒：《边州闻见录》卷八，康熙年间刻本。
③ 佚名：《四季菜谱摘录》，载《筵款丰馐依样调鼎新录》，中国商业出版社，1987，第51、105页。
④ 张宗法：《三农纪》，农业出版社，1989，第310页。
⑤ 佚名：《筵款丰馐依样调鼎新录》附，中国商业出版社，1987，第63页。
⑥ 王培荀：《听雨楼随笔》，巴蜀书社，1987，第359—361页、第418页。
⑦ 同上，第359页。
⑧ 同上，第418页。
⑨ 张伸邦：《锦里新编》卷十五《异闻》，巴蜀书社，1984。
⑩ 傅崇矩：《成都通览》，巴蜀书社，1987，第345页。

二 辛香本色：辣椒传入中国的过程及对传统川菜形成的影响

现代川菜虽然形成于清代中后期，但是明代末年番椒（辣椒）的传入无疑是现代川菜形成的一个重要因素。关于番椒传入中国的时间，一般认为是在明代末年，明末徐光启《农政全书》卷三八《种植》：

> 番椒，亦名秦椒，白花，子如秃笔头，色红鲜可观，味甚辣。椒树最易繁衍，四月生花，五月结实，生青熟红。[①]

另浙江人高濂《遵生八笺》记载："番椒，丛生，白花，果俨似秃笔头。味辣，色红，甚可观，子种。"[②]高氏是将其纳入《遵生八笺》的观赏花谱中记载的。另明末陈继儒《致富奇书》卷二《花部药部畜牧部》记载"番椒，丛生，花似秃笔头，红如血，味辣，可充花椒用"[③]，好像又已经开始用于食品烹饪或药用代替花椒作为调料了。明末清初浙江陈淏子《花镜》卷六记载："番椒，一名海疯藤，俗名辣茄，本高一二尺，丛生白花，秋深结子，俨如秃笔头倒垂，初绿后朱红，悬挂可观。其味最辣，人多采用，研极细，冬月取以代胡椒，收子待来春再种。"[④]从此看出明末清初只是冬季才取以代胡椒或花椒，但这里是代花椒、胡椒的药用功能还是调味功能并不明确，我们只能称可能已经进入食品烹饪中了。

清代的省志较早记载辣椒的是雍正《陕西通志》，其称："番椒，俗呼番椒为秦椒，结角似牛角，生青，熟红，子白，味极辣。"[⑤]其他如清代汪灏《广群芳谱》与高濂的记载相同。后来，清代的《钦定授时通考》《本草纲目·拾遗》《植物名实图考》、道光《遵义府志》等文献上也多有记载。一般认为县志中最早记载辣椒的是康熙十年的《山阴县志》卷七

---

① 徐光启：《农政全书》卷三八《种植》，中华书局，1956，第764页。
② 高濂：《遵生八笺》燕闲清赏笺，巴蜀书社，1988，第598页。
③ 陈继儒：《致富奇书》卷二《花部药部畜牧部》，清乾隆刻本。
④ 陈淏子：《花镜》，农业出版社，1962，第394页。
⑤ 雍正《陕西通志》卷四十三，文渊阁四库全书本。

《物产志》："辣茄，红色，状如菱，可以代椒。"[1]

不过，辣椒在中国广泛使用于烹饪中可能是在清嘉庆以来。据嘉庆年间江西人章穆《调疾饮食辨》记载："辣枚子，近数十年，群嗜一物，名辣枚，又名辣椒……味辛辣如火，食之令人唇舌作肿，而嗜者众。或盐腌，或生食，或拌盐豉炸食，不少间断。至秋时最后生者，色青不赤，日干碾粉，犹作酱食。"[2]可见嘉庆初年在江西已经广泛食用辣椒。浙江人汪日桢所撰的《湖雅》中有以下的记载："辣酱，按油熬辣茄为辣油，和入面酱为之，或加脂麻油曰麻辣酱。"[3]汪日桢是主要生活在道光同治年间的浙江人，表明当时浙江一带已经食用辣椒了。今本《调鼎集》反映的是乾隆、嘉庆年间的事物，在其中专门谈到了大椒，称："一呼秦椒，一呼花番椒，草本。有圆、长二种，生者青，熟者红。西北能整食，或研末入酱油、甜酱内蘸用。"同时谈到利用辣椒来做成辣酱、拌椒末、大椒酱、大椒油、拌椒叶等佐料用于食品的调味。[4]

但是辣椒何时传入今天食辣椒中心地区四川、湖南、贵州的呢？早在2001年，笔者就据有关地方志记载提出，清初开始食用辣椒的今食辣重地主要在贵州及其相邻地区。[5]

康熙时田雯《黔书》卷上："当其匮也（引者注：指盐），代之以狗椒。椒之性辛，辛以代咸，祗诳夫舌耳，非正味也。"[6]此处"狗椒"就是指海椒。另康熙《思州府志》卷四在药品中有记载："海椒，俗名辣火，土苗用以代盐。"[7]可见最初辣椒传入是作为药品使用的，但在盐缺乏的贵州，辣椒起了代盐的作用。从乾隆年间开始，贵州地区就大量食用辣椒了。乾隆《贵州通志》卷一五《物产》贵阳府下有记载："海椒，俗名辣

① 康熙《山阴县志》卷七《物产志》，康熙四十年刻本。
② 章穆：《调疾饮食辨》，中医古籍出版社，1999，第174页。
③ 汪日桢：《湖雅》，载筱田统、田中静一《中国食经丛书》，书籍文物流通会，1972年。
④ 童岳荐：《调鼎集》，中国商业出版社，1986，第52页。
⑤ 蓝勇：《中国古代辛辣用料的嬗变、流布与农业社会》，《中国社会经济史研究》2001年1期。
⑥ 田雯：《黔书》卷上，贵州人民出版社，1992，第39页。
⑦ 康熙《思州府志》卷四《赋役志·物产》，民国抄本。

角，土苗用以代盐。”[①]乾隆爱必达《黔南识略》卷一：“海椒，俗名辣子，土人用以佐食。”[②]以后乾隆年间的几个地方志都有记载，如乾隆《独山州志》卷五《物产》记载有辣角，乾隆《镇远府志》卷一六《物产》蔬菜类记载有辣角，乾隆《玉屏县志》卷五蔬品第一为椒，也可能是指海椒。[③]

与贵州相邻的地区也首先得到辣椒。在贵州西边的云南镇雄也开始种辣椒，乾隆《镇雄州志》卷五记载有辣子。[④]雍正《湖广通志》记载有辣椒，但贵州东部的湖南地区西部食辣也较早，乾隆时期辰州府也开始食辣子，乾隆《辰州府志》卷一五：“茄椒，一名海椒，一名地胡椒，口实枝间，状如新月，荚色淡青，老则深红，一荚十余子，圆而扁，性极辣，故辰人呼为辣子，用以代胡椒，取之者多青红，皆并其壳，切以和食品，或以酱醋香油菹之。”[⑤]但乾隆年间湘东的长沙一带和湘南的宝庆府、衡州府一带食辣还不普遍，故乾隆《长沙府志》卷三六中只记载有花椒，不记载有番椒。乾隆《衡州府志》卷一九物产也只记载有花椒，不记载有番椒。乾隆《宝庆府志》也不记载有辣椒。

嘉庆以后，黔、湘、川、赣几省辣椒种植普遍起来，故嘉庆年间吴其濬《植物名实图考》卷六称：“辣椒处处有之，江西、湖南、黔、蜀种以为蔬。”[⑥]其中以贵州地区食用辣椒普及得最早。嘉庆《正安州志》卷三《物产》：“海椒，俗名辣角，土人用以代盐。”[⑦]道光《黄平州志》卷四《物产》记载：“海椒，又名辣子、甘露子。”[⑧]道光《遵义府志》卷二十《风俗》称：“通俗，居人顿顿之食每物必番椒。贫者食无他蔬菜，碟番

① 乾隆《贵州通志》卷一五《物产》，清乾隆六年刻嘉庆修补本。
② 爱必达：《黔南识略》卷一，贵州人民出版社，1992，第27页。
③ 乾隆《独山州志》卷五《物产》、乾隆《镇远府志》卷一六《物产》、乾隆《玉屏县志》卷五。
④ 乾隆《镇雄州志》卷五《物产》，清抄本。
⑤ 乾隆《辰州府志》卷一五《物产考》，乾隆三十年刻本。
⑥ 吴其濬：《植物名实图考》卷六，商务印书馆，1957，第139页。
⑦ 嘉庆《正安州志》卷三《物产》，1964年油印本。
⑧ 道光《黄平州志》卷四《物产》，1964年油印本。

椒呼呼而饱，则其好味、好辛，盖由方气然也。”[①]道光《遵义府志》卷十七《物产》：“郡人通呼海椒，亦称辣角，园蔬要品，每味不离，盐酒渍之，可食终岁。”[②]道光《思南府续志》卷三记载有海椒，咸丰《兴义府志》记载：“辣椒，按辣椒，全郡皆产，俗呼辣子……郡人四时以食。”[③]同治《毕节县志稿》卷七中也记载有辣椒。余上泗《蛮洞竹枝词》：“漫踏高枝摘海椒，冬来采得春花戴。”由于产辣椒，台江县专门有辣子寨。据徐家干《苗疆闻见录》卷下记载当地有吃辣椒避瘴气的风俗。[④]咸同之际的袁开第《古州杂咏》便称“隔岁红椒留旧本”，便是指海椒。清代末年贵州地区盛行的苞谷饭，其菜多用豆花便是用水泡盐块加海椒为蘸水，有点像今天富顺豆花的海椒蘸水。关于黔味很早就有人认为是以辣香为特色，如徐珂《清稗类钞》载“（贵州）居民嗜酸辣”[⑤]，自民国至今，贵州人食辣成性，不亚于巴蜀荆楚。

湖南一些地区在嘉庆年间食辣并不十分普遍，嘉庆《湖南通志》中便没有番椒的记载。但长沙、湘潭间已经食用辣椒了。前面谈到乾隆年间《长沙府志》不产辣椒，但嘉庆年间《长沙县志》卷一四记载：“番椒，亦名秦椒。三月种子，四月开细白花，五月结实，状如秃笔头。嫩时则青绿，色老则红鲜可观……”[⑥]当时在湖南，辣椒又称斑椒，嘉庆《湘潭县志》卷三九记载有“斑椒，生青熟红，有大小二种”[⑦]，可见道咸同光年间，湖南食用辣椒已经较普遍了。道光年间湘南一些地区开始食辣，道光《永州府志》引《湘侨闻见偶记》记载：“近乃盛行番椒，永州谓之海椒……土人每取青者连皮生啖之，味辣甚。诸椒，亦称辣子……永州作菹菜必与之同淹，寻常作饮撰无不用者，故其人多目疾血疾……则番椒之入

① 道光《遵义府志》卷二十《风俗》，光绪十八年刻本。
② 同上，卷十七《物产》。
③ 咸丰《兴义府志》卷四十三《货属》，宣统刻本。
④ 徐家干：《苗疆闻见录》卷下，贵州人民出版社，1997，第161页。
⑤ 徐珂：《清稗类钞》第四十七册，商务印书馆，1928，第18页。
⑥ 嘉庆《长沙县志》卷一四《风土》，嘉庆二十二年刻本。
⑦ 嘉庆《湘潭县志》卷三九《风土·物产》，嘉庆二十三年刻本。

中国盖未久也，由西南而东北习染所称……。”[①]

嘉道之交时，湖南已经普遍食辣，但辣椒的影响的程度可能也还有差异。如据道光年间的黄本骥《湖南方物记》并没有辣椒的记载，再者道光《晃州府志》、同治《沅州府志》《桂东县志》《巴陵县志》《衡阳县志》《清泉县志》《城步县志》《祁阳县志》等县志仍不记载有辣椒。但同治年间的《长沙县志》《新化县志》《平江县志》《湘乡县志》中已经将番椒记入物产。光绪以来，湖南食辣记载越来越多，显现食辣椒已经很普遍了，如民国《醴陵县志·食货志》记载：“邑人食辣，家家种之。”[②]据清末《清稗类钞》第四十七册记载：“滇、黔、湘、蜀人嗜辛辣品”、“（湘鄂人）喜辛辣品，虽食前方丈，珍错满前，无椒芥不下箸也，汤则多有之”，[③]说明清代末年湖南人食辣已经成性了。

但是辣椒何时传入四川呢？如前所述，辣椒在明末从美洲传入中国沿海，最早于康熙、雍正年间在中国湘西、贵州见于记载。但这时期，巴蜀地区并没有辣椒的记载，如明末清初李实《蜀语》中没有关于辣椒的记载，乾隆年间四川罗江人李化楠编的《醒园录》中仍没有辣椒使用的记载，雍正《四川通志》、嘉庆《四川通志》中都没有辣椒的记载。

目前有关巴蜀地区的辣椒记载始于清代乾隆十四年修的《大邑县志》，其卷三《物产》中记载：“家椒、野椒、秦椒又名海椒”[④]，这里“家椒”“野椒”是否指辣椒不可得知，而“秦椒”在历史上一度指花椒，但这里又称“海椒”。如果这里是指我们所称的辣椒，应该是我们发现的四川地区最早有关辣椒的记载。

到了嘉庆年间，巴蜀地方志中对于海椒的记载才多了起来：

嘉庆《成都县志》卷六《物产》记载有海椒。[⑤]

---

① 道光《永州府志》卷七上《食货志·物产》，同治六年刻本。
② 《醴陵县志·食货志·蔬菜》，1941年刻本。
③ 徐珂：《清稗类钞》第四十七册，商务印书馆，1928，第10、16页。
④ 乾隆《大邑县志》卷三《物产》，乾隆十四年修本。
⑤ 嘉庆《成都县志》卷六《物产》，嘉庆二十一年刻本。

嘉庆《华阳县志》卷四二："今名海椒，一名辣子，有大小二种。"[①]

嘉庆《金堂县志》卷三记载："辣椒，亦名海椒，有长、圆、大、小数种。"[②]

嘉庆《汉州志》卷三九记载有："辣椒，一名海椒，长、圆、大、小数种。"[③]

嘉庆《洪雅县志》卷四记载有海椒。[④]

嘉庆《纳溪县志》卷三记载有番椒。[⑤]

从嘉庆年间食及辣椒地区来看，主要在成都平原和川南、川西南地区。不过，在嘉庆年间，川、鄂、陕交界的大巴山区已经普遍食辣椒了，如严如熤《三省边防备览》卷八《民食》记载："地胡椒、辣椒也，一名海椒，有番椒、七姊妹、牛角椒、朝天椒数种，生青熟红子白，味极辣。"[⑥]从严氏的记载来看，当时人们已经对三省交界之地辣椒的不同种类有较为详细的认知了。

紧邻巴蜀地区的黔中地区早在康熙年间就有较多产食辣椒的记载，湘西地区在乾隆年间也有较多产食的记载。如果从区位迁移因素来看，巴蜀地区产食辣椒可能是从贵州和湘西首先传入，故道光《城口厅志》卷一八记载："黔椒，以其种出自黔省也，俗名辣子，以其味最辛也，一名海椒，一名地胡椒，皆土名也。有大小尖圆各种，嫩青老赤，可面可食可淹以佐食。"[⑦]

道光、咸丰、同治以后，巴蜀地区食用辣椒开始普遍起来。

曾懿《中馈录》是反映清道光时期巴蜀地区烹饪专书，书中已经有多处辣椒记载了，如在制辣豆瓣法中用了红辣椒，制豆豉时加了辣椒末，制

① 嘉庆《华阳县志》卷四二，嘉庆二十一年刻本。
② 嘉庆《金堂县志》卷三《物产》，嘉庆十六年刻本。
③ 嘉庆《汉州志》卷三九《物产志》，嘉庆二十二年刻本。
④ 嘉庆《洪雅县志》卷四《方舆志·物产》，清抄本。
⑤ 嘉庆《纳溪县志》卷三《疆域志·物产》，民国排印本。
⑥ 严如熤：《三省边防备览》卷八《民食》，光绪三角书屋本。
⑦ 道光《城口厅志》卷一八，道光二十四年刻本。

腐乳时加了红椒末，在泡盐菜中强调用青红椒尤好。[①]

道光《新津县志》卷二九："辣子，有大小二种，山野遍种之。"[②]

道光《补辑石砫厅志》："番椒，俗名海椒。"[③]

咸丰年间《邛嶲野录》卷一四《方物》："海椒，按各厅州县俱产……。"[④]

咸丰《冕宁县志》卷一一："秦椒，俗名辣子。"[⑤]

咸丰《资阳县志》卷七："海椒，非椒也，小而朝天生者极辣，大而肥厚者次之，北人谓之秦椒。"[⑥]

同治以后四川关于食用辣椒的记载更多了起来，记载食辣椒的有同治《会理州志》、同治《直隶理番厅志》、同治《筠连县志》、同治《彰明县志》、同治《新津县志》、同治《酉阳直隶州志》等，具体如同治《酉阳直隶州志》卷一九："海椒，一名番椒，又名竹叶椒，今北人曰秦椒，长沙人曰湖椒。"[⑦]

不过，历史文献中有辣椒记载和菜品中广泛使用辣椒为调料是两个不同的概念。实际上辣椒传入中国时，最初主要的功能是作为一种观赏植物和药用植物，所以明代文献中辣椒的记载往往是称"可观"，进入饮食的极少，清前期辣椒才广泛在中国作为食材的。

同样，在志书中记载有辣椒并开始食用，与在食谱中较多明确记载使用辣椒好像也有一个时间差，所以我们发现，清代中前期的川菜菜谱中还没有辣椒出现，就是在清后期的川菜菜谱中，辣椒的使用程度仍然是较为模糊的。如《筵款丰馐依样调鼎新录》反映的是清同治至光绪年间川菜的菜谱，其中已经有红汤、清汤之分，但红汤在其中有两种可能，一种可能是使用了胡椒、酱油呈微红，与辣椒无涉；一种可能是加辣椒油形成的红

---

① 曾懿：《中馈录》，中国商业出版社，1984，第12、13、16页。
② 道光《新津县志》卷二九《物产》，道光二十九年刻本。
③ 道光《补辑石砫厅志》物产志，石柱古代地方文献整理题组，2009年，第259页。
④ 咸丰《邛嶲野录》卷一四《方物》，清刻本。
⑤ 咸丰《冕宁县志》卷一一《物产志》，光绪十七年刻本。
⑥ 咸丰《资阳县志》卷七《食货考》，同治元年刻本。
⑦ 同治《酉阳直隶州志》卷一九《物产志》，同治四年刻本。

汤，再加上许多菜虽然从名字上并没有体现放海椒，但实际操作过程是要放辣椒的。同时，如果仅是放了豆瓣酱，也是等同于放了辣椒的。

如果是指前者，确实仅据记载当时真正在烹饪中直接使用辣椒的菜品并不多。清末《成都通览》和《四季菜谱摘录》多处谈到有麻辣味型的菜品，如麻辣鱼翅、麻辣海参、酸辣鱿鱼都是用麻酱，而不是海椒。据统计，《筵款丰馐依样调鼎新录》《成都通览》和《四季菜谱摘录》中共列举了2500多种菜品，但明确是用海椒为主要俏料或调料的只有十几种，如《筵款丰馐依样调鼎新录》记载有辣子鱼丝；《成都通览》记载的生爆鱼辣子、辣子醋鱼、酸辣鱿鱼、辣子鸡、新海椒炒肉丝、辣子鱼、辣子肉、泡海椒炒肉八种，同时还记载有会（回）锅肉；《四季菜谱摘录》记载有酸辣鲍鱼，明确是使用辣子[①]，可能也是用豆瓣，而所谓酸菜麻辣汤中只是加了胡椒。但是三个菜谱中添放花椒的随处可见，书中记载味型中的麻辣、糊辣味型主要是指用花椒。同光年间的四川人黄云鹄《粥谱》中列有众多粥品，虽然有花椒粥、吴茱萸粥、胡椒粥，却没有海椒粥。[②]以前认为是朱尊彝所著《食宪鸿秘》中记载有川椒、花椒、地椒、辣椒、胡椒，但当时“二椒”的概念仍是指花椒和胡椒。[③]现在学术界对于《食宪鸿秘》的作者争议较大，有朱彝尊、王士祯和乾隆时期学者伪作三种说法。近人考证认为此书可能是清代人伪作[④]，笔者认为其结论是正确的，因为在此书中已经将川椒、花椒、地椒、辣椒、胡椒同列入五种主香料之中，如果是雍正时期的朱彝尊所著，似不可能。以此反推，此书可能是出自嘉庆以后的作者。所以，乾隆嘉庆年间的顾仲《养小录》中记载江浙一带“二椒”的话语[⑤]，这二椒仍然是指花椒、胡椒，仍然没有辣椒进入的三椒概念。

根据傅崇矩《成都通览》下册记载，当时成都各种菜肴达1328种之

---

① 佚名：《筵款丰馐依样调鼎新录》，中国商业出版社，1987，附录《四季菜谱摘录》、《成都通览》相关章节。

② 黄云鹄：《粥谱》，中国商业出版社，1986，第96页。

③ 朱彝尊：《食宪鸿秘》下卷，中国商业出版社，1985，137—138页。

④ 孙铁楠：《〈食宪鸿秘〉及其作者考证》，《四川高等烹饪专科学校学报》2011年第1期。

⑤ 顾仲：《养小录》，中国商业出版社，1985，第72页。

多，辣椒已经成为川菜中的佐料之一，[①]但以前人们认为大菜中266种，只有6种带辣味，家常菜中113种，只有11种带辣，比例并不大。也有认为在这1328种菜中只有30个带麻辣。[②]但实际情况是，如果使用红汤是指加辣椒的红汤，那样清末川菜菜品中使用辣椒的比例可能会比以前我们认知的大得多。从许多清末民国时期的菜谱看出，当时许多在名字上只能看出是红烧、干烧、生爆、大烧、烧、酱烧、蒜烧、干炸类的菜肴都可能要放海椒、花椒。这样，我们仅以《成都通览》来看，266种大菜中，除了明确是清蒸、清炖、甜菜品等或者烹饪方式明显不放辣的菜品，可能都有放海椒的可能。如果以这种比例考量，《成都通览》中的大菜的荤菜类中三分之一或者四分之一的菜可能都是要放辣椒和花椒的。再以《成都通鉴》记载的家常菜来看，小炒、火爆、红烧、凉拌类大多是要放辣椒的，比例也应该不小。

当然，现在看来清中叶到民国初年这段时间内，川菜中食辣椒也确实有一个长时段的逐渐增辣增量过程，咸丰、同治《调鼎集》中已经有大量与辣椒有关的菜，如还出现了辣椒肉。[③]咸丰年间王士雄的《随息居饮食谱》中已经将辣茄（辣椒、辣子）与花椒、川椒并列了，而且称“种类不一，先青后赤，人多嗜之，往往致疾”[④]。清代末年，食椒已经成为四川人饮食的重要特色，吴其濬《植物名实图考》中记载：“辣椒处处有之，江西、湖南、黔、蜀，种以为蔬。”[⑤]可知道光时期四川的辣椒食用已经很普遍了，故清光绪年间徐心余《蜀游闻见录》记载：“惟川人食椒，须择极辣者，且每饭每菜，非椒不可。”[⑥]《成都通览》记载农家种植的辣椒品种有大红袍海椒、朝天子海椒、钮子海椒、灯笼海椒、牛角海椒、鸡心海椒等。[⑦]民国时期则更普遍了，特别是川南的自贡一带嗜辣尤重，故有载自贡

---

① 傅崇矩：《成都通览》下册，巴蜀书社，1987，第254—280页。
② 司马青衫：《水煮重庆》，西南师范大学出版社，2018，第133页。
③ 童岳荐：《调鼎集》，中州古籍出版社，1988，第91页。
④ 王士雄：《随息居饮食谱》，中国商业出版社，1985，第42页。
⑤ 吴其濬：《植物名实图考》，商务印书馆，1957，第139页。
⑥ 徐心余：《蜀游闻见录》，四川人民出版社，1985，第98页。
⑦ 傅崇矩：《成都通览》下册，巴蜀书社，1987，第296页。

“辣椒性烈，色淡形短，辣力较鸡心椒尤重，川省所出者，以此处之辣味为第一”[①]。故当时的《自流井竹枝词》有称：“性情恭烈惹风潮，味要和平缓缓调。怪得人心都辣坏，劝君少吃七星椒。”[②]20世纪30年代以来，巴蜀地区的食辣程度已经相当高了，杜若之《旅渝向导》记载：“四川是著名的喜欢吃辣的，他们说没有辣吃，便吃不下饭……上本地馆子第一特点是辣，不论是凉的、热的、炒的、煮的，只要是菜，终不会缺少辣子。”[③]所以侯鸿鉴一到四川境内就感到“菜皆辣甚，食后腹中不甚舒服，致腹泻两次”[④]。

总的来看，清末川菜对于辣椒的使用上可能并不是以往大家认为的辣菜极少，因为在清末民国时期就一般百姓的家常菜而言，使用辣椒的菜品所占的比例是相当高的。当然，这里有两个区别，一是在高档菜席的菜品中，由于受到外来文化的影响较大，使用辣椒的菜品相对较少，这也是明显的；二是对于今天而言，清末民初的整体食辣程度相对可能较弱，这是因为现在江湖菜的流行，小米辣的广泛使用，使川菜的辛辣程度在整体上有所上升所致。

三　复合神器：郫县豆瓣与传统川菜味型特征的形成

如果我们要考证传统川菜出现的具体时间，首先要考证号称“川菜之魂”的郫县豆瓣的时间，因为传统川菜一个重要特点就是复合味的出现，而复合味主要是依靠特殊的郫县豆瓣来实现的。我们熟悉的传统川菜菜品中，清末就有回锅肉，如果没有郫县豆瓣（早期的郫县豆瓣不放豆瓣酱，只放鲜辣椒粒）就不可能成型。

胡豆据传在汉代张骞通西域时从西域带回，巴蜀地区的记载已经很早。

① 樵斧：《自流井·自流井之食品》，成都聚昌公司，1917，第199页。
② 同上，第3页。
③ 杜若之：《旅渝向导》，巴渝出版社，1938，第25、38页。
④ 侯鸿鉴：《西南漫游记》，无锡锡成印刷公司，1935，第86页。

郭璞《尔雅》卷下："戎叔，谓之荏菽，即胡豆也。"[1]宋代《益部方物略记》："丰粒茂苗，豆别一类，秋种春敛，农不常莳。右佛豆，豆粒甚大而坚，农夫不甚种，唯圃中莳以为利，以盐渍食之，小儿所嗜。"[2]到后来，李时珍《本草纲目》中记载："蚕豆，南土种之，蜀中尤多……蜀人收其子以备荒歉。"[3]说明宋明以来蚕豆已经是巴蜀地区的特产，并且大量用于充饥。大量种植胡豆，不仅很早就出现了蚕豆爆虾、炒蚕豆泥、酱炙蚕豆、蚕豆鸡片等川菜菜品[4]，而且为郫县豆瓣酱的产生奠定了食材基础。

关于郫县豆瓣形成的时间，学术界并不统一。郫县地方志办公室曾在《四川烹饪》上撰文认为，早在康熙年间陈姓移民在移民入蜀路中因胡豆发霉与辣椒偶然拌入形成豆瓣海椒，后嘉庆初年郫县豆瓣已经小有名声，咸丰年间出现"益丰和"，光绪年间出现"元丰园"，1956年两家合并为国营郫县豆瓣厂。[5]但也有认为郫县豆瓣形成于嘉庆或道光年间，如有人认为嘉庆年间原籍福建的陈亮玉迁到郫县，用陈家祠堂的水酿出了豆瓣，受到人们的赞扬。[6]又如《郫县志》中记载道光年间陈姓人开始设店卖酱油，在咸丰年间才开始制造豆瓣酱。[7]不论出现在何时，可以肯定的是，康熙年间四川地区还没有食用辣椒的记载，乾隆晚期才有辣椒的记载。就是到晚清，川菜之中用辣椒作为调料的也只有一定的比例，所以所谓康熙年间就出现郫县豆瓣可能并不大，现在看来郫县豆瓣应该出现在嘉庆后期到道光年间可能更大。

现在一般认为郫县豆瓣是福建移民陈逸仙的后人于嘉庆九年（1804）在县城西街开设顺天号酱园起始的，到咸丰年间，陈守信设立"益丰和"酱园，将郫县豆瓣的名声扩展到境外。光绪三十一年（1905）陕西籍移民后人弓鹿宾开设了元丰园酱园，生产郫县豆瓣，形成两家共同发展的过

① 郭璞：《尔雅》卷下，中华书局，1985，第95页。
② 宋祁：《益部方物略记》，中华书局，1985，第9页。
③ 李时珍：《本草纲目》卷二四，人民卫生出版社，1982，第1519页。
④ 佚名：《筵款丰馐依样调鼎新录》附，中国商业出版社，1987，第70、102、113页。
⑤ 郫县县志办：《郫县豆瓣史话》，《四川烹饪》1997第10、11、12期。
⑥ 李树人等：《川菜纵横谈》，成都时代出版社，2002，第31页。
⑦ 四川郫县新县志编纂委员会编《郫县志》，四川人民出版社，1989，第426页。

程。后来在民国时期，又出现许多新酱园，郫县豆瓣在外的影响才越来越大。[①]

如果我们溯源豆类做酱的历史，可能要从宋代黄山谷谈到在川南某主簿家中的豌豆酱，说明宋代可能就已经有豆瓣酱的影子了，[②]只是这种豆瓣酱没有辣椒，与今天的郫县豆瓣完全不一样。另可能与明代刘基《多能鄙事》卷一中记载的豌豆酱方也有关："豌豆不拘多少，水浸蒸软，晒干去皮，每净豆一斗，小麦一斗同磨作面，水和作硬剂，切作片蒸熟，盦黄衣上晒干，依造面酱法下之。"[③]后来《竹屿山房杂部》、李时珍《本草纲目》中也有类似的记载。清代《调鼎集》中曾记载一种"蚕豆酱"，关键是这些原始的做法是要将蚕豆磨成粉后与面混在一起，后来发展到只磨去皮，也要煮烂，[④]与后来我们四川豆瓣酱做法完全不一样。

可能最早的四川豆瓣酱造法见于道光年间曾懿《中馈录》的记载：

> 制辣豆瓣法：以大蚕豆用水一泡即捞起；磨去壳，剥成瓣；用开水烫洗，捞起用簸箕盛之。和面少许，只要薄而均匀；稍凉即放至暗室，用稻草或芦席覆之，俟六七日起黄霉后，则日晒夜露。俟七月底始入盐水缸内，晒至红辣椒熟时。及红辣椒切碎侵晨和下；再晒露二三日后，用坛收贮。再加甜酒少许，可以经年不坏。[⑤]

曾懿是道光时期四川华阳人，虽然后来随夫多寓居江南，但其《中馈录》中的大量烹饪腌渍办法完全是蜀中制法。从这一则辣豆瓣的制法就可以看出这完全是最早的郫县豆瓣制法。早期的郫县豆瓣主要是直接作为下饭菜，作为调料广泛使用可能有一个发展的过程，所以晚清川菜谱中并没

---

① 陈述宇等口述，杨绍鹏整理《郫县豆瓣今昔》，《成都文史资料选编》工商经济卷，四川人民出版社，2007，第144—149页。
② 黄庭坚：《山谷老人刀笔》卷一八《离戎州至荆渚与东川路分武皇城乐共城九首》。
③ 刘基：《多能鄙事》卷一《饮食类》，明嘉靖四十二年范惟一刻本。
④ 童岳荐：《调鼎集》，中国商业出版社，1986，第14页。
⑤ 曾懿：《中馈录》，中国商业出版社，1984，第12页。

有郫县豆瓣的影子。在《成都通览》中《成都之五味用品》中并没有豆瓣酱，只有彭山胡豆瓣，不知是否是豆瓣酱。在《成都之咸菜》中也列有辣子酱和胡豆瓣，但无法考证与郫县豆瓣的关系。在《宣统二年三月劝业会之调查》中的各县物产中，郫县已经列有胡豆瓣酱，而彭山县酱豆瓣、射洪县豆瓣酱、眉州辣豆瓣是否与郫县豆瓣有关系，还不敢定论。[①]所以，离不开郫县豆瓣的回锅肉出现在清末；陈麻婆豆腐虽然出现在咸丰同治之间，但早期只是用鲜辣椒，并不是用豆瓣酱；鱼香肉丝出现在民国时期。这三样典型传统川菜菜品的出现时间是在郫县豆瓣出现以后，这在时间上是完全吻合的。

还有一个临江寺豆瓣出现的时间问题。有资料认为，早在清代乾隆三年（1738）聂守荣就开始在资阳临江寺创“义兴荣酱园”，研制了豆瓣，创立时间早于郫县豆瓣。[②]后来出现多家制造豆瓣的作坊，据记载最初原创时只有嫩姜豆瓣和香油豆瓣，在民国时期才发明了甜糟豆瓣、杏仁豆瓣、金钩豆瓣、火肘豆瓣、混合豆瓣等品种。四川地区有食用辣椒的记载是在清代乾隆后期到嘉庆年间，在乾隆初年就发明了临江寺豆瓣似不可能。当然，也有可能当时首创的豆瓣根本不放辣椒。后来，查秀清、王成义考证认为，聂氏是乾隆五十六年（1791）入川的，最初定居在资阳何家湾，以经营销售副食调料为生，后才开始研制豆瓣的。所以，资阳临江寺豆瓣可能出现在清代嘉庆年间，到清嘉庆二十五年（1820）才开始打出“义兴荣酱园”的称号正式生产豆瓣，后因子孙分家，在光绪年间分成义兴祥、义兴福两家酱园，后来又分合无常。到了光绪年间，朱国才的朱家创立“国泰长”酱园，与聂家竞争，大大促进了临江寺豆瓣的发展。[③]清末宣统年间，成都市场上资阳胡豆瓣已经在报刊上有广告出现了，显现了清末民初资阳豆瓣的影响较大。[④]1934年在成都举行的四川省第十三次劝业会上，资

---

① 傅崇矩：《成都通览》下册，巴蜀书社，1987，第260—341页。
② 徐树墉：《临江寺豆瓣》，《资阳文史资料》第1辑。
③ 查秀清、王成义：《临江寺豆瓣史略》，《内江文史资料选辑》第4辑。
④ 《通俗日报》，宣统元年九月二十五日，藏四川大学图书馆。

阳国泰明字号的各种豆瓣获得特等奖，而当时郫县益丰的红黑豆瓣只得了甲等奖。[①]与郫县豆瓣不一样的是，在很长的时间内，资阳临江寺豆瓣主要是作为副食直接佐餐下饭，并没有作为烹饪调料使用，所以，资阳临江寺豆瓣的影响力现在远不如郫县豆瓣。

第二节 多方式、广食材与经典菜品：晚清传统川菜雏形的显现

清代的“湖广填四川”移民运动是一个相当漫长的过程，随之而来的移民与原住民融合过程更是漫长。传统川菜的形成也与这个漫长的过程同步，有一个逐渐发展的过程。到了清末民初，我们今天熟知的川菜，即我们本书所指的传统川菜已经基本成型，今天川菜的雏形已经显现。这个雏形包括烹饪方式的多元化、食材的更加广谱性、主要经典川菜菜品的出现三大特征。

一 传统川菜的烹饪方式的多元化与食材进一步广谱性

如果从烹饪方式和食材结构的角度来看，清代后期的道光到宣统年间，传统川菜的主要烹饪方式和主要食材已经基本具备。

烹饪方式的多元化是近代菜品发展中的一个重要因素。清中叶以来，一方面随着“湖广填四川”大量外省移民进入，将移民本土的烹饪方式带入，如安徽、江西的粉蒸方式、湖广的红烧方式、江南的煨炖方式、北方的炒爆方式大量进入，一方面社会生活节奏在外来文化的影响下越来越快，快速烹饪的爆、炒类越来越流行。所以，晚清时期，川菜的烹饪方式已经多种多样，基本上与现代川菜的烹饪方式相同了。

① 四川省第十三次劝业会编《四川省第十三次劝业会报告书》，1934年。

仅据《筵款丰馐依样调鼎新录》《四季菜谱摘录》和《成都通览》相关章节就可发现，当时已经有烩（清烩、盐烩、爨烩）、炖（清炖）、蒸（清蒸、扣碗蒸、对蒸、粉蒸）、炒、爆（生爆、水爆、火爆）、烧（红烧、糖烧、酱烧、锅烧、生烧、全烧、干烧）、炙（酱炙、红炙、烧炙、鲜炙、酱炙、醋炙）、熏、茶熏、焖（黄焖、大焖）、炸（干炸）、拌（凉拌、卤拌）、焙、烘、炕、熘（鲜熘、煎熘、炸熘）、白煮、糊煮、火逡（清火逡）、炝（爨炝）、活捉、煎、糟、泡、醉、冻等方式。从以上可以看出，晚清时期，我们现在称的火直熟、水油介熟、化学反应的三大类烹饪方式已经存在了。

特别是一些现在还在流行的传统川菜菜品已经出现，如烧带鱼条（红烧带鱼）、磨菰炖鸡（磨菇炖鸡）、黄焖鸡、东坡肉（皱皮东坡）、樱桃肉（樱桃秀方）、笋子肉（笋子炒肉）、红烧肉（又名红烧大肉、红肉，早在道光年间的《旧账》中就谈到红肉）、里脊肉（熘里脊）、红烧肘子、白煮肉、糖醋鱼（糖醋熘鱼）、瓦块鱼、红烧鲢鱼（又名蒜烧鲢鱼，即今大蒜鲢鱼）、鲜爆肚尖（又名火爆肚头）、粉蒸肉（粉子蒸肉、粉蒸肉片）、腌菜肉丝（泡菜肉丝）、椒麻鸡、玉兰片、烧白（早在李劼人《旧账》中显现道光年间已经屡屡谈到烧白，仿佛已经成为重要家常菜，光绪年间已经有盐烧白、三才烧白、甜烧白、万字烧白、薄烧白）、粉蒸羊排、粉蒸鲩鱼、苏肉（酥肉）、熘白菜（熘莲花白）、子姜烧鸭（子姜鸭子、姜爆鸭子、嫩姜鸭子）、圆子汤、爨炝白菜（炝炒白菜）、辣子鸡、陈麻婆豆腐、豆腐滹（豆腐脑）、芙蓉豆腐、芙蓉蛋、灌汤包子、洗沙包子、水晶包子、炒腰花、炒猪肝、炒鸡杂、白肉、牛肉芹菜、会锅肉（回锅肉）、爨炝白菜、韭黄肉丝（韭黄炒肉）、腊肉、腊田鸡（坐鱼）、烟肉（腌肉、盐肉）、麻菇烧鸡、泡豇豆炒肉、酸腌生菜（泡菜）、腌蛋（盐蛋）等。由此可看出，晚清时期巴蜀地区的菜品味型已经十分丰富多样了，川菜复合味、多味型特征已经显现，已经出现麻辣、糊辣、荔枝、酸辣、椒麻、椒盐、糖醋、清汤、五香等味型。[①]

这个时期的食材广谱性已经相当明显，早在乾隆年间李调元《峨眉山赋》中谈到的食材有荠菜、茄子、扁豆、侧耳根、姜、薤、葱、蒜、雪蛆、龙颜菜、地蚕、树鸡、木耳、石发等。从晚清的菜谱中我们发现，川菜已经融入了大量调料、俏料配荤菜，仅以《筵款丰馐依样调鼎新录》《成都通览》和《四季菜谱摘录》的记载来看，调料有甜酱、白豆油、绍酒、胡豆瓣、醪糟、鱼辣子、花椒、胡椒面（辣子面）、酒、醋、糖、浮（糟浮）、牛奶、豆浆、酱、酱油、辣子、豆粉、蛋清、糖汁、冰糖、香油（麻油）、麻酱、丁香、风酱、豆豉等。其中主食小吃类有灰面、糯米（酒米）、蛋糕、仙米等。俏料和素菜食材有笋丝、笋尖、笋丁、笋干、石耳、榆耳、鸡枞（三大菌、伞塔菌）、绿紫、杏仁脯、口蘑、香菌、香菰、毛扣（蘑菇）、羊肚菌、肉菌、冬菰、香菌丝、白果、松仁、桃仁、莲米、芡实、苡仁、扁豆、海带（海带缠、海带捆）、腌韭菜、带丝、笋皮、黄牙、冬笋（冬笋片）、木耳、红菜豆、干菜、地菜、姜牙、大头菜、山药、松子、竹参（竹荪、竹萌）、独蒜、老盐菜、盐蛋、菠菜、酸菜末、银耳、榆肉、绿菜（海白菜）、桂花、洋菜、芥末、紫菜、凤尾菜、莼菜、鸡蛋、鸽蛋、山药饼、苔菜、酱瓜、芝麻、芹菜、藕根、老豆腐、茄子、茼蒿、茭白、紫菜薹、蚕豆（胡豆）、尖豆瓣、豌豆、菜头、菜心、芥菜、王瓜、鸡头红、芽菜、芹黄、冬瓜（东瓜）、吉祥菜、豇豆、娥眉、四豆、白扁、芗菜、苋菜、介南、莲花（白）、瓠瓜、癞瓜（苦瓜）、苤兰、莴苣、蒜薹、芋头、线瓜、薤蒜、西洋白菜、扁豆、面筋、缕瓜、豆干、金针（黄花）青菜、玉麦心、腐衣、黄秧白、黄瓜、鸭血、红萝卜（胡）、豌豆尖、香椿（春雅）、胭脂菜（木耳菜、落葵、染浆叶）、苕泥、桂花、燕菜、藜蒿、豆腐淖（脑）、牛皮菜、淡菜、瓜子、榧子、地菜（地地菜）、白菜薹、野鸡红、地瓜、豆芽、窝瓜（倭

① 佚名：《筵款丰馐依样调鼎新录》，中国商业出版社，1987，另附录《四季菜谱摘录》和《成都通览》。

瓜，南瓜）、老豆腐、萝卜、葱、姜、果馅、菱角、豆蔻、百合、米粉、千张、梅干菜、盐菜、柳叶菜、春笋、盐笋、潘茄（番茄）、雪里红、黄耳、小南瓜、海椒、南瓜尖、红油菜薹、冬寒菜、萝卜、青豆、青笋（青笋丝）、大蒜、白菜、白菜心、青菜、燕菜、葫芦、发菜、笋、韭菜、韭菜头、玉兰片、扁豆等。《筵款丰馐依样调鼎新录》在野蒿类中录有21种野菜，花卉类有13种花卉菜。另有大量水果、干果俏料，如桔红、葡萄、樱桃、枣仁、莲实、雪梨、花红、山楂、枇杷、苹果、水菱、莲子、板栗、慈菇片、石榴、核桃、荔枝、枣、羌桃、菠萝、柠檬、乌梅、橘、甘蔗、花生等。

清末川菜中的许多本土食材俏料因质量好在全国都有一定的口碑，如杨甲秀《徙阳竹枝词》称："绿菜出芦山大宁溪，黄山谷有赞，州灵关等处亦多。"许多川菜中使用的食材已经成为全国有名的食材，如当时四川的冬菜、榨菜、竹荪，清末鹤云《食品佳味备览》中谈到"川冬菜会板粟好"、"四川的竹荪好"。[①]四川蔬菜十分丰富，竹枝词中有大量记载，如颜汝玉《建城竹枝词》记载称"可口群推韭菜黄"，六对山人《锦城竹枝词》称"冬笋椿芽间韭黄"，吴好山《成都竹枝词》中称"每日清晨买豆芽"，王正谊《达州竹枝词》称"笋尖茭白味堪夸"，翁霪霖《南广杂咏》称"紫茄白菜碧瓜条，一把连都入市场"，万清培《面广竹枝词》中称"黄秧白觅成都种，圆萝卜仿嘉定栽"，并注"白菜、萝卜向推成都、嘉定"。[②]又有记载："夔、万等处，当初冬时，所出萝卜，色极白，略扁，如算珠形，大者如盆，小亦等于盘盎，有重十余斤者，每斤仅三五文，以刀劈之，清脆之中，略微甜，虽天津梨无以过也。"[③]清末巴蜀冬笋也较有影响，据称"味极干脆，为笋中佳品"[④]。特别是在《成都通览》中

---

① 鹤云：《食品佳味备览》，载筱田统、田中静一《中国食经丛书》，书籍文物流通会，1972年。

② 雷梦水等编《中华竹枝词》第5册，北京古籍出版社，2007年，第3478、3179、3216、3362、3395、3413页。

③ 徐心余：《蜀游闻见录》，四川人民出版社，1985，第98—99页。

④ 光绪《叙州府志》卷二十一《物产》，光绪刻本。

按月份列举了当时成都城内的各种蔬菜品种，可谓丰富多彩，同时也列举了当时四川各县的各种物产。[①]不过，由于巴蜀地区相对闭塞，有一些食材的进入相对较晚，如番茄早在明万历年间就传入中国，如明朱国祯《涌幢小品》卷二十七："又有六月柿，茎高四五尺，一枝结五实，或三四实，一树不下二三十实，火伞、火球，未足为喻，条似蒿，叶似艾，花似榴，种来自西蕃，故又名蕃柿。"[②]清汪灏等《广群芳谱》卷之五十八《果谱》也记载："原蕃柿，一名六月柿，茎似蒿，高四五尺，叶似艾，花似榴，一枝结五实，或三四实，一树二三十实，缚作架，最堪观，火伞火珠未足为喻，草本也，来自西蕃故名。"[③]但番茄传入巴蜀历史较晚，前面谈到清末四川的食谱中已经出现潘（番）茄，而据李劼人记载，20世纪20年代番茄才传入成都，被大众采用只是20世纪30年代以后的事情。[④]笔者曾在20世纪60、70年代的川南地区生活，对番茄都很不熟悉，记忆中只是到了80年代以后，四川民间才广泛使用番茄于菜品之中。

近代川菜的成型与巴蜀独特的调味料出现密不可分，著名郫县豆瓣、临江寺豆瓣、保宁醋、顺庆冬菜、自贡井盐、内江白糖、成都太和号酱油、中坝酱油、涪陵榨菜、夹江豆腐乳、丰都忠县豆腐乳、新繁泡菜、永川豆豉、潼川豆豉、汉源花椒、茂汶花椒、自贡七星椒、叙府芽菜以及各种曲酒，为近代传统川菜的烹饪创造了条件。特别要说的是，巴蜀地区的许多副食调料小吃往往将调料、小吃、俏料功能三合一，如豆瓣、豆豉、冬菜、芽菜、榨菜、泡菜往往既是烹饪俏料，也是调味料，也可以单独佐饭食用。

需要说明的是，晚清传统川菜烹饪方法、新味型和新的菜品的出现，除了巴蜀本土的环境滋生出的传统方法和味型的传承外，元明清时期大量外省移民的进入，引入的移民饮食文化对川菜的影响明显。以前就有学者

---

① 傅崇矩：《成都通览》下册，巴蜀书社，1987，第265—341页。
② 朱国祯：《涌幢小品》卷二十七，文化艺术出版社，1998，第647页。
③ 汪灏等：《广群芳谱》卷五十八《果谱》，上海书店出版社，1985，第1392页。
④ 李劼人：《漫谈中国人之衣食住行》，载《李劼人选集》第5集，四川文艺出版社，1986，第309页。

研究表明，内江在清嘉庆年间有大量两湖移民进入，修建禹王宫，将湖广地区擅长红烧、食辣的方法带入巴蜀，对川菜的形成影响很大。[①]清以前巴蜀的烹饪方式中，烧的方式运用并不多，但在晚清菜谱中是运用量较大的一种烹饪方式，出现了红烧、糖烧、酱烧、锅烧、生烧、全烧等烧法。又有记载成都东山一带的客家人将广东的“烫皮羊肉”带到四川，车辐先生曾在洛带、五凤溪一带吃过。[②]如咸同之际的《调鼎集》记载的红烧肉[③]，是典型的江南红烧肉，是比较早的有关红烧肉的制作方式。后来李劼人所录的道光年间《旧账》中记载的红肉，在时间上可能有一种传承关系。乾隆年间袁枚的《随园食单》就认为粉蒸烹饪法是“江西人菜也”[④]，但粉蒸之法在清后期川菜中相当流行，也表明江西移民对川菜的影响较大。爆炒一类的烹饪方式，虽然在唐宋已经出现了，特别是在中原地区较多使用，如我们熟悉的宋代张俊请宋高宗菜谱中就有鳝鱼炒鲎、南炒鳝、炒沙鱼衬汤等烹饪方法。[⑤]元代《居家必用事类全集》中记载有川炒鸡[⑥]，也见明代刘基《多能鄙事》卷二中[⑦]。明代《遵生八笺》中记载有炒腰子，先用“滚水微焯”，然后漉起放油锅中炒。[⑧]至今在四川方言中“滚水”指热水，显现炒腰子的烹饪也可能有移民文化的成分。据明代华亭宋诩《竹屿山房杂部》卷三《养生部》记载，在烹制肉类时已经出现了油炒牛、油炒羊、油炒兔、油爆鸡、油爆鹅、油爆猪、油煎鸡、辣炒鸡等，而在烹制素菜部分记载了油炒42制、油煎16制、炒10制，爆炒类烹饪方式比其他方法多得多。我们发现这种名为炒、爆的方法，有的是先在热水中焯一下起锅过腥再放在热油中爆炒的。[⑨]据《调鼎集》记载，炒猪肚的方法，是用肚子中心切骰子，“滚油炮炒”，而且“以极脆为佳，此北人法也”，还称“南人

① 孙晓芬：《清代前期的移民填四川》，四川大学出版社，1997，第300页。
② 车辐、熊四智等：《川菜龙门阵》，四川大学出版社，2004，第10页。
③ 童岳荐：《调鼎集》，中州古籍出版社，1988，第100页。
④ 袁枚：《随园食单》，江苏古籍出版社，2000，第22页。
⑤ 林乃燊：《中国饮食文化》，上海人民出版社，1989，第138页。
⑥ 《居家必用事类全集》庚集，书目文献出版社，第155页。
⑦ 刘基：《多能鄙事》卷二《饮食类》。
⑧ 高濂：《遵生八笺》饮食服务笺，巴蜀书社，1988，第684页。
⑨ 宋诩：《竹屿山房杂部》卷三、卷五《养生部》，文渊阁四库全书本。

白水加酒煨，以极烂为度”。[①]另外还记载有爆肚、爆肚片，前一种是先将肚焯过再油爆炒，后一种是生肚片直接爆炒。这种先焯水再爆炒的方式也用在炒猪肝上，其炒肝油就是这种方式。另外还有小炒肉、大头菜炒肉等方法。[②]又据梁章钜《归田琐记》卷七记载乾隆年间就有小炒肉，出于游光绎家厨之手。[③]游氏乃福建人士，可能小炒肉的烹饪方式源于东南，后才流布于湖南、四川、云南等地。以上众多的记载显现，爆炒一类方法在清代人眼中是北方人的烹饪方式，而小炒之法源于东南地区。

晚清的四川的菜谱中，炒、爆的方式就较为普遍了，《筵款丰馐依样调鼎新录》中记载有炒菊花菜、炒鹦哥菜、炒虾米芹菜、炒里脊丝、炒芥蓝菜、炒㸆肉丝、㸆爆虾仁、鲜爆肚尖、炒慈姑片、炒百合花、虾爆韭菜等。《成都通览》中则记载了生爆虾仁、韭黄炒肉、炒猪肝、炒腰花、炒腰片、炒罗粉、炒羊肝、炒细粉、炒片粉、炒蒜薹、炒韭菜、炒鸡杂、炒桂花、炒藕、泡海椒炒肉等，有专门“炒菜馆”之名，[④]小煎小炒成为四川民间家常和食店最重要的烹饪方式了。同样，在东南移民的影响下，煨汤之类的方式也在近代川菜中也得到一定程度的强化。显然，外来移民将爆炒、煨汤带入巴蜀，对川菜的烹饪方式多元化产生了很大的影响。

除了烹饪方式外，在一些食材和菜品上也可以看出大量的外来饮食文化因素，如清代《筵款丰馐依样调鼎新录》记载了徽州元子、满洲鱼皮、西湖莼[⑤]，而《成都通览》记载通州馍馍[⑥]，也表明当时南北方对巴蜀烹饪的影响都是明显的。

随着经济发展后物流越来越通达通畅，许多沿海食材进入巴蜀地区，成为重要饮食菜品，如《筵款丰馐依样调鼎新录》《成都通览》和《四季菜谱摘录》记载鱼翅类菜品达51种、海参类菜品多达51种，鱿鱼、鲍鱼、

---

① 童岳荐：《调鼎集》筵席菜肴编，中州古籍出版社，1988，第114页。
② 同上，1988，第116页、第118页、第96页、第97页。
③ 梁章钜：《归田琐记》卷七，清道光二十五年刻本。
④ 傅崇矩：《成都通览》下册，巴蜀书社，1987，第261页。
⑤ 佚名：《筵款丰馐依样调鼎新录》，中国商业出版社，1987。
⑥ 傅崇矩：《成都通览》下册，巴蜀书社，1987，第278页。

带鱼、海蜇、海带已经出现在高档川菜烹饪过程之中。[①]据李劼人《旧账》记载，早在道光十六年（1836）的川菜谱中就有海带、海参、蜇皮、蛏子、鲍鱼、鲨鱼、鱿鱼等海味。[②]一大批标出“南”字号的烹饪方式、风味、食材出现在菜品烹饪中，如南馆、南蟹、南味、南糟、南煎、南虾、南脚、南款、南荠。[③]这个南字，就是江南、华南、南方之意。历史上巴蜀地区的移民与文化可分成两个时期，一个是元代以前的北方移民与文化时期，一个是元明以来南方移民与文化时期，两次“湖广填四川”的移民运动主要是以南方移民为主。因此，晚清时期，巴蜀人心中的南方往往就是江南和华南地区。同时，晚清时期，西方人的触角已经深入到巴蜀地区，一些西方的饮食文化进入巴蜀地区，所以，清末巴蜀地区已经出现西洋肉、高丽肉、高丽虾仁、西洋松鱼、西洋卷、外国牛肉、外国洋桃、外国木瓜、西洋白菜等食材和菜品名称。[④]正因为如此，对川菜烹饪实践与理论都有贡献的熊四智先生认为：“现在四川还流行的菜点，蒜泥白肉源于满族白片肉，炒野鸡红源于道家菜野鸡红，叉烧鸡源于美国的火鸡，苕菜狮子头源于扬州的狮子头，八宝豆腐源于清宫御膳，八宝锅珍源于回族锅珍，熘黄菜源于北方摊黄菜，烤米包子源于土家族，山城小汤圆源于杭州汤圆。”[⑤]熊先生是发现了传统川菜的综合性与兼容性的特征了的。

当然，在大量外来饮食文化的影响下，本土的文化因素并没有完全丧失，一方面巴蜀地区几千年传统文化的深厚土壤的塑造力仍然存在，一方面即使经过几次重大的战乱，仍有大量土著居民存在，特别是在上下川南地区，土著居民的文化因子还相当强大。这样，古典川菜存在的许多基本特征，在清代后期仍然存在，只是往往与外来饮食文化融合在一起，重塑成为一种新的传统川菜。

---

① 佚名：《筵款丰馐依样调鼎新录》，中国商业出版社，1987。
② 李劼人：《旧账》，《风土什志》1945年第5期，第54—74页。
③ 佚名：《筵款丰馐依样调鼎新录》，中国商业出版社，1987，附《四季菜谱摘录》。另参傅崇矩《成都通览》下册，巴蜀书社，1987。
④ 傅崇矩：《成都通览》下册，巴蜀书社，1987，第265—341页。
⑤ 熊四智：《川菜的形成和发展及其特点》，载《首届中国饮食文化国际研讨会论文集》，中国食品工业协会，1991。

前面谈到古典川菜在烹饪方式上以煮蒸炙烤等慢速烹饪方式为主，但清代后期北方移民带入的炒爆类方式，使巴蜀地区菜品烹饪中逐渐形成了以小炒小煎火爆为特色。古典川菜时期在食材选择上内陆性明显，荤素倾向上有“食必兼肉”的特征，尤其以猪肉所占比例较大。清代后期以来这个特征仍然没有变化，但食材的完全内陆化有所改变。在这一点上不同地区的城乡之间有点差异，从《旧账》的记载来看，早在清代道光年间，成都附近烹饪中就有许多海味出现，但当时大多数地区“若海参、鱼翅等海味，则生平所未见，且莫能举其名也”①。如广安一带只是到了“咸丰末始有海参席，光绪中忽有鱼翅席，近有烧鸡、炙鸭、炮鱼、脍羊”②。民国《渠县志》也记载光绪以来县境才出现海参、鱼翅等东西。③清末金堂一带“海味产自江浙楚粤诸省，由水道运入本境”④，我们也是在《筵款丰馐依样调鼎新录》《成都通鉴》中看到了海参、鱼翅、鲍鱼的影子，《筵款丰馐依样调鼎新录》记载了烧带鱼条。清末民初《重庆城》中记载了湖北、湖南的水盐鱼，又名荷包鱼，还有东洋盐鱼、西洋盐鱼等。⑤看来，道光咸丰以来，鱼翅、海参、鲍鱼、鱼肚、带鱼、海带、海蜇等海鲜食材开始进入川菜烹饪之中，不过，从整体上来看，传统川菜仍然是一种内陆化明显的菜系，猪肉仍然是烹饪中的第一大荤食材。

古典川菜在味型上擅长用蜀椒、蜀姜来体现“好辛香”的传统特征，形成以蜜助味的食甜风尚。传统川菜时期，在传统的蜀椒、蜀姜使用的基础上，辣椒一定程度上侵夺了大量蜀椒、蜀姜的空间，烹饪中以蜜助味的传统沉淀转换成菜品中加糖回味减燥的方式。传统川菜仍然保留着相当强大的古典川菜的历史记忆，特别是在我们称为“老四川”地域的上下川南地区，这种遗留更是明显。可以说，近代传统川菜的定型是各种外来饮食文化与本土传统饮食文化结合的产物，传统川菜是一个多元文化融合形成

① 徐心余：《蜀游闻见录》，四川人民出版社，1985，第61页。
② 光绪《广安州新志》卷三十四《风俗志》，民国九年刻本。
③ 《渠县志》卷五《礼俗志》，民国二十一年排印本。
④ 清末《金堂县乡土志》，《国家图书馆乡土志钞本选编》第十册，线装书局，第301页。
⑤ 傅崇矩：《重庆城》，载《蜀藏·巴蜀珍稀旅游文献汇刊》第十册，第111—112页。

的产物。如果我们将近代中国四大菜系来作比较，可以看出鲁菜的北方原始性较为明显，粤菜则更显现华南地区的原始饮食特征，淮扬菜则是中原与江南文化二合一的产物，唯川菜兼容东西南北，亦南亦北，亦东亦西，北方的爆炒，南方的煨炖，东方的粉蒸，西方的炙烤，味型多元，食材广谱。仅以豆腐的产食来看，本来巴蜀的豆腐是用盐卤（巴蜀称为鉏水）来点制的北豆腐为主，但从清代开始，石膏、酸汤、硫美等豆腐凝固剂都在巴蜀流行起来，豆腐风格南北兼容。这种特征的形成，主要是在明清时期巴蜀地区特殊的人口大损耗后文化大断层下，移民运动中移民来源多元的历史背景所决定的。

二 熟悉味道出现之一：晚清传统川菜的代表性菜品的出现和发展

传统川菜的定型，除了烹饪方式的多样化、食材的丰富以外，最重要的是巴蜀父老日常食用的主要菜品的出现，即巴蜀传统家常菜的定型，这才应该是传统川菜最终形成的重要标志。作为中国乃至世界上平民化程度最高的一大菜系，川菜的代表性菜品往往源于民间，起于百姓，故往往都是家常的菜品。所以，研究传统川菜的定型，往往要以我们习以为常的川菜菜肴作为标杆。同时，传统川菜的出现到成型时期，正是四川历史上在“湖广填四川”后现代四川文化发展到成熟的时期，因此，传统川菜的菜品在保有本土历史因素的传承下，往往都有大量外来移民文化的因素，显现了传统川菜在烹饪方式、食材来源、味型味道、进餐（成菜）方式上兼收并蓄的综合特征。

（一）“川菜之王”回锅肉的出现与名实变化

应该说，川菜中最有影响的一道菜是回锅肉，历史上有“川菜之王”之名。一般认为回锅肉起源于民间祭祀祭肉回锅食用而得名，故有“打牙祭”之称。这种理解可能是从历史人类学角度来分析这一菜品的一种结论，因为成都在历史上确实是每月十六日为牙祭日而皆食肉。[①]现在看来还缺乏历史学直接文献记载支撑。另外巴蜀民间有称“回锅肉，铜钱厚”，也表明回锅肉在巴蜀民间社会的影响之深。

最早的回锅肉记载源于光绪宣统年间傅崇矩的《成都通览》中记载的会锅肉[②]，一作回锅肉。[③]在之前，并没有发现有回锅肉的任何记载。如果要从历史人类学认知角度研究回锅肉，将其起源与传统祭祀肉联系在一起，可能应该最先演变成我们的白煮肉，然后才有可能将传统白煮肉吃剩后重新回锅加工。笔者小时家中也是这样处理上顿饭剩下的白肉。道光、咸丰年间的《旧账》中记载了一道折会鸡，现在无人能考证出这个鸡的烹饪方法，如果我们仅从字面上来分析，“折”“会”都有重新烹饪之意，会不会是对历史上白切鸡的重新加工的菜品呢？如果是如此，折会鸡会不会是后来回锅肉的称法的类比呢？从可能性来看，道光、咸丰年间，正是郫县豆瓣开始流行的时期，也为回锅肉的出现提供了条件。当然，折会鸡究竟是何种菜品，还待进一步研究。

同样，我们在明代的文献中发现类似回锅肉、盐煎肉之类烹饪菜品。如宋诩《宋氏养生部》：“盐煎猪，先烹肉熟而切之，亦宜。用肉方破牒，入锅炒色改。少加以水烹熟，汁多则杓起，渐沃之。后凡有不宜汁宽者，多仿此。同花椒、盐调和，和物，俟熟宜。”[④]这里先将肉煮熟再煎，加少许水逐渐熬甘的细节，从方法上来看已经有一点回锅肉的烹饪影子。此书中还记载了酱煎猪、盐煎兔、油爆鹅、油爆鸡等，都有用煮熟的肉再加工的程序，已经有一点回锅的味道。当然，如果从味型上来看，只有到了郫县豆瓣出现后，真正的回锅肉的特殊酱香味型才得以实现。所以，实际上回锅肉的出现应该先有回锅的烹饪方式，后出现回锅肉的酱香味型。

以前，有认为回锅肉始于清末凌翰林之说，缺乏文献记载和具体口述

---

① 叔玉：《成都风土词》1937年3卷15期。

② 傅崇矩：《成都通览》，巴蜀书社，1987，第279页。

③ 据宣统元年成都通俗报社馆排印的《成都通鉴》原作“会锅肉”，但后来巴蜀书社点校的《成都通览》则改为回锅肉。

④ 宋诩：《宋氏养生部·饮食部分》，中国商业出版社，1989，第95页。

的支撑，不足为信。而又有人认为源于满人的煸白肉，也缺乏文献支撑，因白肉早在南北朝到元明就存在。整个中国南北，而将肉煮熟后再烹饪之法明代就有记载，但满族煸白肉出现时间较晚，还不能肯定为回锅肉的源头。相反，反而是回锅肉的加酱的程序可能影响到东北煸白肉。

道光、咸丰年间的《旧账》川菜食谱中并没有回锅肉的影子，而且咸丰、同治的《筵款丰馐依样调鼎新录》中也没有回锅肉的记载。所以，我们还是认为回锅肉最早见于记载是在光绪末年宣统元年的《成都通览》中，至少已经有一百多年的历史了，回锅肉可能最早出现也是在清代中后期的事情。

到了20世纪30年代，回锅肉已经成为四川菜中较有影响的菜品，如川菜名厨黄敬临在当时谈道："一盘回锅肉，若求其佳味，则一二百斤之肥猪，不过猪膀上一二斤肉可用，即此可见治味之一斑矣。"①可见那时回锅肉已经成为成都大餐馆姑姑筵的重要菜品，黄氏才有可能谈到此菜的精妙之处。再如20世纪30年代有记载："譬如回锅肉是四川的普遍菜，但不能填写在北方某机关的报销上。"②我们发现20世纪二三十年代，回锅肉与炒鸡蛋、青椒肉丝、冬瓜烧肉一样，在北京大学已经是学生外出进餐的重要荤菜品。1936年柳培潜编的《大上海指南》中四川菜的代表菜就有回锅肉了。③据记载在20世纪二三十年代的上海川菜中有一道与辣子鸡并列齐名的炒骨肉片，而在记载了炒骨肉片处没有谈到回锅肉的名字，又因以前巴蜀地区回锅肉往往是骨肉共烹，可能当时上海回锅肉又有称"炒骨肉片"④。在20世纪40年代上海的许多川菜馆中，回锅肉已经是重要的菜品，被视为典型的成都菜。⑤民国时期杨布伟在20世纪40年代编纂的*How to cook and eat in Chinese*（《中国食谱》）中记载："回锅肉虽然是川菜，但风靡整个中

---

① 老饕：《四川名菜姑姑筵史略》，《天文台》1937年44期。
② 《申报》1935年3月24日。
③ 柳培潜：《大上海指南》，1936，中华书局，第182页。
④ 《上海指南》卷五，1930年版，商务印书馆。冷省吾：《最新上海指南》，文化研究社，1946年，第106页。
⑤ 菱乐：《麻婆豆腐的变味》，《华阳国志》1947年15期。

国。”[1]显现了20世纪40年代中叶抗日战争结束后川菜在全国的影响越来越大，回锅肉不仅在川内本土成为家常菜，而且已经影响到本土以外的许多城市。

据1938年的《南京晚报》（渝版）记载：

> 黄焖肉是一道著名家庭菜，其制法系用半肥瘦猪肉，先入水煮熟，然后切成薄片，用干锅雄火爆之，至油汁半出，肉片成“灯盏窝”状，始下甜酱、白糖、豆瓣、酱油等香料及鲜菜片烹之，吃起来真别有风味，所以又称酱爆肉，亦称回锅肉。本地工厂店铺，每逢朔望牙祭吃肉日期，大都用这一菜肴，所以知道的人很多，而且远近驰名，如上海、南京、汉口等地方的川菜馆子，都有卖的，不过真正考究起滋味来，却离题远矣，因为这道菜是家庭风味，根本不是一般馆子弄得好的，虽然一般馆子也称“家庭爆肉”，但是名不符实啊。[2]

显然民国时期，这个菜在重庆又称“黄焖肉”“灯盏窝”“家庭爆肉”，影响已经很大了。不过，黄焖肉本是江南的菜品话语，早在乾隆年间的《调鼎集》中就记载有黄焖肉，其烹饪方法是：“黄焖肉，切小方块，入酱油、酒、甜酱、蒜头（或蒜苗干）焖。”[3]这道黄焖肉在民国时期本身也较流行，但其烹饪方法与回锅肉完全不同。可能是当时江南人用江南话语来命名了这道菜。同时，当时这道菜因为最早产生在成都，成都的厨师做得最到位，故也称为“成都肉”[4]，有记载当时“本地菜馆中，每以之供客，其制法先将肉煮熟，再切成薄片入油锅煎炒，妙在肥而不腻，油而能爽”[5]。在历史上，回锅肉在许多地方又称为“灯盏窝”“熬锅

---

① Buwei Yang Chao，*How to cook and eat in Chinese*. New york：The John day company，1945，p.73.

② 《黄焖肉——重庆食品介绍之二》，《南京晚报》1938年8月27日。

③ 童岳荐：《调鼎集》，中州古籍出版社，1988，第84页。

④ 吴济生：《新都闻见录》，光明书局，1940，第177页。

⑤ 同上。

肉”“酱爆肉”。有的菜谱将回锅肉与酱爆肉并列，但烹饪方式上几乎完全一样，酱爆肉只是不放郫县豆瓣和红酱油而已。历史上回锅肉又有“过门香”之称，以其烹饪过程中香气四溢透出门外而相称。有记载当时四川人普遍将煮回锅肉的汤用于煮榨菜汤吃[①]，至今我们日常家庭生活中仍习惯用煮回锅肉的汤来煮各种小菜汤食用。

据记载早在20世纪三四十年代回锅肉已经成为四川民间家常普通菜[②]，从大量老人口述可以看出，民国时期回锅肉已经成为当时四川民间重要的家常菜。1938年，杜若之《旅渝向导》中只介绍了两种四川菜代表，第一位就是回锅肉，其记载：“回锅肉，这是一样很适合下饭的菜，先把肉煮熟，再切成薄片，入油锅煎炒，故其味香美异常。另有回锅腌肉，就是把腊肉来回锅的。”[③]20世纪40年代《成都晚报》列出的当时成都家常饮食菜品中已经有回锅肉了。[④]但我们发现民国时期出版的全国性菜谱虽然较多，如李公耳的《家庭食谱》《食谱大全》，常熟人时希圣编的《家庭新食谱》一、二、三、四编，李克明编的《美味烹调食谱秘典》，韵芳《秘传食谱》，程冰心《家常菜肴烹调法》，许啸、高剑《食谱大全》等，[⑤]但其中并没有记载回锅肉。我们目前发现民国菜谱中唯独在俞士兰的《俞氏空中烹饪》中菜组第二期中发现了回锅肉的记载，其记载：“回锅肉为四川菜，味辣而香，洵是下饭好菜。”具体烹饪是用坐臀肉或者排骨烹饪，加豆瓣酱、甜酱、蒜苗、大蒜、糖，俏菜用芥蓝、白菜、黄芽菜均可。[⑥]只是《俞氏空中烹饪》中菜组共出了五期，年代一直无法详考，只能知道在民国时期。另很有意思的是我们在一本20世纪40年代编的《中国食

---

① 重庆通信：《四川榨菜》，《物调旬刊》1948年第43期。

② 陈明元：《文化人的经济生活》，上海文汇出版社，2005，第129页。

③ 杜若之：《旅渝向导》，巴渝出版社，1938，第38页。

④ 《饭菜问题》，《成都晚报》1944年1月14日。

⑤ 李公耳：《家庭食谱》，中华书局，1917年；《食谱大全》，世界书局，1924。时希圣：《家庭新食谱》一、二、三、四编，民国十年左右以来由中华书局、中央书店多次出版。韵芳：《秘传食谱》，马启新书局，1936。李克明编《美味烹调食谱秘典》，大方书局，1946。程冰心：《家常菜肴烹调法》，中国文化服务社，1945。许啸、高剑：《食谱大全》，国光书局，1947。

⑥ 俞士兰：《俞氏空中烹饪》中菜组第二期，永安印务所，民国时期，第24—25页。

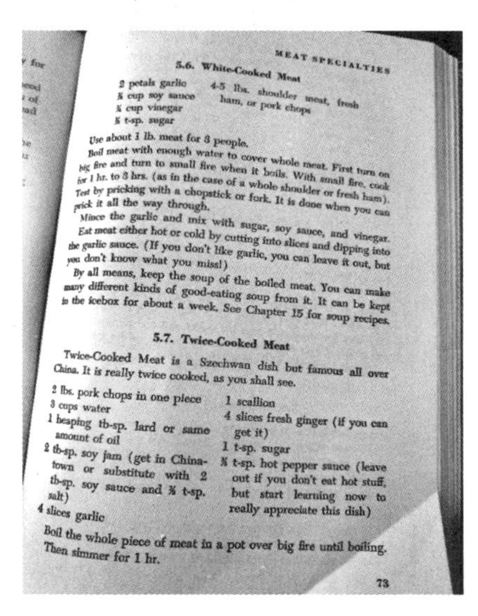

MEAT SPECIALTIES

5.6. White-Cooked Meat

2 petals garlic
⅜ cup soy sauce
⅛ cup vinegar
⅛ t-sp. sugar

4-5 lbs. shoulder meat, fresh ham, or pork chops

Use about 1 lb. meat for 3 people.

Boil meat with enough water to cover whole meat. First turn on big fire and turn to small fire when it boils. With small fire, cook for 1 hr. to 3 hrs. (as in the case of a whole shoulder or fresh ham). Test by pricking with a chopstick or fork. It is done when you can prick it all the way through.

Mince the garlic and mix with sugar, soy sauce, and vinegar. Eat meat either hot or cold by cutting into slices and dipping into the garlic sauce. (If you don't like garlic, you can leave it out, but you don't know what you miss!)

By all means, keep the soup of the boiled meat. You can make many different kinds of good-eating soup from it. It can be kept in the icebox for about a week. See Chapter 15 for soup recipes.

5.7. Twice-Cooked Meat

Twice-Cooked Meat is a Szechwan dish but famous all over China. It is really twice cooked, as you shall see.

2 lbs. pork chops in one piece
3 cups water
1 heaping tb-sp. lard or same amount of oil
2 tb-sp. soy jam (get in Chinatown or substitute with 2 tb-sp. soy sauce and ⅛ t-sp. salt)
4 slices garlic

1 scallion
4 slices fresh ginger (if you can get it)
1 t-sp. sugar
⅛ t-sp. hot pepper sauce (leave out if you don't eat hot stuff, but start learning now to really appreciate this dish)

Boil the whole piece of meat in a pot over big fire until boiling. Then simmer for 1 hr.

73

《中国食谱》记载的回锅肉

民国时期英文《中国食谱》中有许多川菜菜品的记载

民国时期姑姑筵餐馆

谱》中也发现了回锅肉的记载，并有详细的烹制方式资料。这本书是由杨布伟（Buwei Yang Chao）编纂的*How to cook and eat in Chinese*（《中国食谱》），于1945年在美国纽约出版，书中记载了回锅肉的烹制方法，将回锅肉译成“Twice-Cooked Meat”，意为两次烹制的肉。[①]这个最早记载回锅肉烹饪方法的文献是英文的，值得我们思考。

20世纪50年代以后，在地域性的菜谱中出现了专门的川菜菜谱，回锅肉才开始不断见于菜谱记载之中，回锅肉逐渐成为川菜菜品中的代表菜品。但是20世纪50至60年代，回锅肉在川菜食谱中的地位并不是很突出。如1961年由成都市饮食公司编写油印的《四川菜谱》一—五辑，共收录川菜253道，回锅肉收录在第1辑的18位。[②]1960年出版的《中国名菜谱》第七辑四川名菜点中介绍了117种名菜，仅是将回锅肉列在第66位。[③]在20世纪60年代编制的一些川菜菜谱中回锅肉的地位也不是十分突出，如1969年成都工学院编的《成都烹饪技术资料》中，居然没有介绍回锅肉烹饪方法，只是在后面《另如菜单》中罗列了几种回锅肉的菜名。[④]1968年重庆市饮食服务公司编的《重庆烹饪技术资料》中回锅肉仅列很不起眼的后面[⑤]，1960年重庆饮食服务公司编的《重庆名菜谱》中仅是在实验餐厅中列有回锅肉[⑥]。

但从20世纪70年代开始，在四川本土或四川厨师编写的四川菜谱中，往往是将回锅肉放在热菜或猪肉菜或整个川菜的第一二位来介绍，如1972年成都饮食革命委员会编的《四川菜谱》将回锅肉列在肉食类的第一位[⑦]，1973年《四川广元地方菜谱》中将回锅肉列为第一位[⑧]，1977年《四川菜谱》编写组的《四川菜谱》中将回锅肉列为猪肉的第一位[⑨]，1979年编的

---

① Buwei Yang Chao, *How to cook and eat in Chinese*. New york: The John day company, 1945, p.73.

② 成都市饮食公司：《四川菜谱》第一辑，内部刻印，1961，第15页。

③ 商业部饮食服务业管理局编《中国名菜谱》第七辑，中国轻工业出版社，1960，第89页。

④ 成都工学院：《成都烹饪技术资料》，内部刻印，1969。

⑤ 重庆市饮食服务公司编《重庆烹饪技术资料》，内部刻印，1968，第43页。

⑥ 重庆市饮食服务公司：《重庆名菜谱》，重庆人民出版社，1960，第66页。

⑦ 成都市饮食公司革命委员会：《四川菜谱》，内部印刷，1972，第1页。

⑧ 广元县饮食服务公司：《四川广元地方菜谱》，内部印刷，1973，第7页。

⑨ 《四川菜谱》编写组：《四川菜谱》，内部印刷，1977，第1页。

《大众川菜》将回锅肉作为肉食类的第一位列出[①]，1981年编的《中国菜谱》四川卷将回锅肉放在第一的位置[②]，1974年北京市第一服务公司编的《四川菜谱》将回锅肉列为热菜的猪肉第二位[③]。1980年四川省饮食服务技工学校的《烹饪专业教学菜》中也是将回锅肉列为热菜的第一位。[④]

在20世纪90年代编的四川菜谱中，对于回锅肉的定位较乱，如1990年，劳动部培训司组织编写的《四川菜系实习菜谱》中也是将回锅肉列为肉菜类的第一位。[⑤]1993年李刚编的《中国烹饪教学菜式指导》第2册《四川菜》中将回锅肉列为第一位。[⑥]但王圣莹著《四川菜》只将回锅肉放在第九位。[⑦]也有许多菜谱不记载回锅肉而或将其放在不重要的位置。总体规律是一般本土的教学性质的菜谱往往重视这道菜，而外地编印的商业气象的菜谱往往并不重视回锅肉在川菜中的地位。

从回锅肉的烹制方法来看，烹饪方式基本没有太大的变化。据杨布伟在20世纪40年代中期编纂的*How to cook and eat in Chinese*（《中国食谱》）和俞士兰《俞氏空中烹饪》记载的回锅肉来看，大体与现在相同，当然在烹饪方法上也有以下几点差异：一，以前主料是用带肉排骨或坐臀肉，而不是二刀肉。二，《中国食谱》认为肉在水中煮一小时，而不是现代的微煮，不能太软。但《俞氏空中烹饪》则记载只煮到外熟内生，明显有差异。三，煮后才将肉去骨再烹制，汤汁保留下作为汤煮其他东西。四，用料上用大豆酱，或酱油加盐，或用红油辣椒酱，也有直接用豆瓣酱。五，俏调料中除加大蒜、生姜外，往往要加葱段。这种差异有两种可能，一是当时的回锅肉本身就是这种做法，后来才演变完善成今天的回锅肉烹饪方法；一是当时外地对四川的回锅肉不甚了解出现的记载误差。以前有人认为川西北地区流行的“熬锅

① 刘建成等：《大众川菜》，四川人民出版社，1979，第27页。
② 《中国菜谱》四川卷，中国财政经济出版社，1981。
③ 北京市第一服务局：《四川菜谱》，内部印刷，1974，第86页。
④ 四川省饮食服务技工学校：《烹饪专业教学菜》，内部刻印，1980，第75页。
⑤ 劳动部培训司组织编《四川菜系实习菜谱》，中国劳动出版社，1990，第5页。
⑥ 李刚：《中国烹饪教学菜式指导》第2册《四川菜》，农业出版社，1993，第1页。
⑦ 王圣莹：《四川菜》，浙江科学技术出版社，1998，第23页。

肉”与回锅肉不一样[1]，实际在历史上各地流行的回锅肉的烹饪方法本身就有较大的差异，如果我们从煮后回锅加豆瓣酱熬制这个意义上讲，熬锅肉实际上也是回锅肉的一种流派或他名。

近几十年来，回锅肉的烹制方法也有一定的变化。1961年，由成都市饮食公司编写油印的《四川菜谱》1—5辑，回锅肉收录在第1辑的18位，其烹制是用二刀肉为主料，加蒜苗为主要俏料，但要将豆豉、豆瓣剁成细茸，称“为四川所创传统名菜”[2]。后来的有关记载表明，有的烹制加豆豉，有的不加，有的不将豆瓣剁细。20世纪70年代北京第一服务局编《四川菜谱》记载，当时已经开始用蒜薹、青椒、黄豆芽来做俏料代替蒜苗，而且称四川本地不用加糖，用的是甜红酱油和甜酱，也谈到四川民间往往将煮肉的汤加上萝卜、白菜、青笋作为汤。[3]笔者小时候也见家人这样做，现在笔者自己也这样做，只是一般是直接用不带骨的肉为之，印证了杨布伟《中国食谱》中记载的煮排骨后，汤汁可以作为其他用途。[4]近几十年来，回锅肉发生了较大的变化：一是俏料多元化，出现了用莲白、豆干、青红椒、莴苣、洋葱、苕粉、蒜薹、萝卜干等为俏料；一是烹制方法逐渐简化粗化，往往用五花肉（三线肉）代替排骨、坐臀肉、二刀肉，减少熬炸的过程，往往不放甜酱一类的调料；一是出现了许多回锅肉的新创品种，如旱蒸回锅肉、广汉连山大刀回锅肉等，更是出现将回锅烹饪方法嫁接到其他菜品之中的趋势，如甚至出了回锅鱼、回锅烧白、回锅腊肉、回锅香肠等品种。

传统川菜的定型一般认为是在清代末年到民国时期，个别菜品在中华人民共和国成立后才得以完善，主要表现在烹饪方法上以小煎小炒火爆干烧干煸为主，可称急火短炒，一锅成菜，味型上以麻辣鲜香复合重油为基本特征，大量传统菜品出现，包括我们所称的回锅肉、水煮牛肉、鱼香肉

---

① 林洪开：《话说川西北地区的熬锅肉》，《四川烹饪》1997年11期。
② 成都市饮食公司《四川菜谱》第一辑，内部刻印，1961，第15页。
③ 北京市第一服务局编《四川菜谱》，内部印刷，1974，第86页。
④ Buwei Yang Chao，*How to cook and eat in Chinese*. New york：The John day company，1945，p.73.

丝、麻婆豆腐、川式烧白、粉蒸肉、豆瓣鲫鱼、大蒜鲢鱼、盐煎肉、宫保鸡丁、家常豆腐、夹沙肉、火爆肚尖、蒜泥白肉、合川肉片、江津肉片、干煸鳝鱼、陈皮免丁、樟茶鸭子等，而回锅肉、麻婆豆腐、火爆肚尖是其中最早见于文献记载且在巴蜀流行最为广泛的煎炒烩爆类菜品，特别是回锅肉可称得上川菜中最具代表性的菜品，反映的川菜“麻辣鲜香复合重油”八字特征体现得最全面。

中国川菜是中国四大菜系中一个内陆平民性菜系，这种内陆性表现在食材的内陆性上，以猪肉为主的农耕家畜为主要食材，食材获取容易且相对廉价，烹饪方式的多元和味型的多样使川菜的适应性广泛而平民性特征明显。所以，一份地地道道的回锅肉可谓是雅俗共赏，既可登上高雅宴席成盘菜，也可天天进入百姓之家成家常便饭。一道回锅肉，将巴蜀地区传统文化中的世俗化、平民化的文化特征演示得十分得体到位。

（二）名声在外的麻婆豆腐的出现与变化

关于陈麻婆豆腐产生的具体经过，一直以来都有争论。陈雁荦《陈麻婆豆腐史话》一文认为，早在咸丰末年（1861）陈春富就在万福桥边开小饭铺，由他妻子上厨，由于妻子脸上有几颗麻子，人们习惯称之为陈麻婆。其店名一直叫“陈春富饭铺”，还有称为“陈兴盛饭铺”，只是所做豆腐特别好吃，后来才改名陈麻婆豆腐的。[①]但也有认为当初最早开的是小茶馆，并不是饭铺。[②]还有认为从1947年回推60年，当时万福桥边还是成都北门外榨油坊集中的地区，以此推论麻婆豆腐出现在1887年左右，应该在光绪前期。[③]但有的文献记载是在同治初年，人名为陈森富[④]，也有认为早在道光四年（1624）陈春富就在万福桥头开设“陈兴盛”饭店[⑤]。所以，至

① 陈雁荦：《陈麻婆豆腐史话》，《四川烹饪》2003年第10期。
② 芝生：《四川名产榨菜、麻婆豆腐》，《农业生产》1948年3卷9期。
③ 菱乐：《麻婆豆腐考》，《华阳国志》，1947年16期。
④ 商业部饮食服务业管理局编《中国名菜谱》第七辑，中国轻工业出版社，1960，第156页。
⑤ 袁庭栋：《成都街巷志》，四川教育出版社，2010，第107—108页。

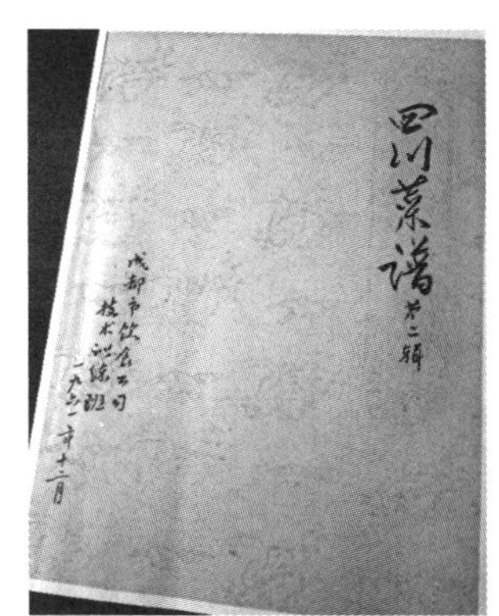

20世纪60年代川菜菜谱

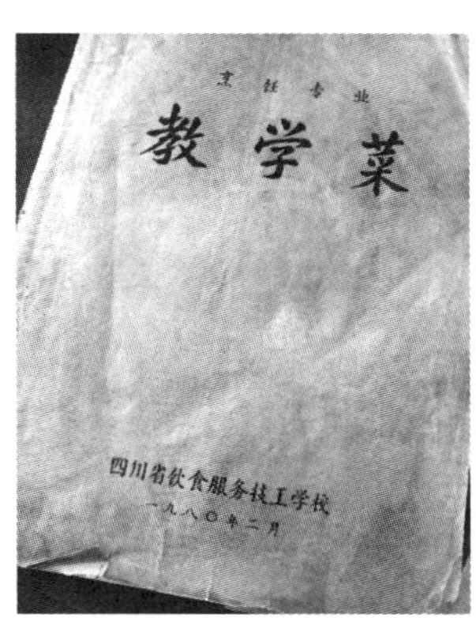

20世纪较早的川菜培训菜谱

少有三个问题还不统一，一是开办人是“陈春富”还是“陈森富”；二是饭店初称“陈春富饭铺”还是“陈兴盛饭铺”；三是开办时间是咸丰末还是道光四年，或是同治初年，或是光绪年间。

早在清末光绪年间，有关文献对麻婆豆腐就有明确的记载了，如《成都通览》已经将“陈麻婆之豆腐”列为当时成都的著名食品店。[1]

周询《芙蓉话旧录》卷四记载：

> 又北门外有陈麻婆者，善治豆腐，连调和物料及烹饪工资一并加入豆腐价内，每碗售八文，兼售酒饭，若须加猪、牛肉，则或食客自携以往；或代客往割，均可。其牌号人多不知，但言陈麻婆，则无不知者。其地距城四五里，往食者均不惮远，与王包子同以业致富。[2]

民国时期汪海如的一则记载值得重视，其称：“当初不过一小饭店，因路近洞子口，往来油贩胥驻此息肩，凡有偷漏者，皆以贱价售麻婆，故所煎豆腐用油特多，无怪较为爽口也。犹记少时曾同人会饮于此，见麻婆已六旬有余，高坐柜台，指挥徒众晓晓不绝口。鄙性好饮，一度醉倒此店，麻婆令儿入伊榻暂卧，且曰老孀床铺洁，睡睡不防也。事隔五十余年矣，而麻婆则早已去世。”[3]此为亲历者的记载，应该较为可信。以作者所处的1936年回溯五十余年，可知是在光绪十二年（1886）左右之事。由此可知麻婆确实存在，出生在道光初年。

有记载陈兴盛饭铺离老万福桥很近，当时饭铺并不备料，往往经营来料加工。20世纪30年代以后，陈兴盛饭铺发展快。宋幺娃在旁又开设一家经营豆腐菜的饭店，后来演变成为“伯庄饭店”“江归头餐馆”。陈春富后来将店名改为“陈麻婆豆腐老店”。抗日战争时期，成都的许多餐馆都

---

① 傅崇矩：《成都通览》下册，巴蜀书社，1987年，第262页。但有一种说法认为麻婆豆腐起源于光绪年间万宝酱园温家温巧巧及小姑的发明，参《老四川的趣闻传说》，旅游教育出版社，2012，第214页。

② 周询：《芙蓉话旧录》卷四，四川人民出版社，1987，第69页。

③ 汪海如：《啸海成都笔记·续编下卷》，载《巴蜀珍稀史学文献汇刊》，巴蜀书社，2018年。

能做麻婆豆腐，为对付竞争，陈氏专门打出了“陈麻婆豆腐”招牌。[①]1948年成都北门万福桥一带老陈麻婆店已经不存在了，但仍有几家打着真正麻婆豆腐的店子仍在营业。[②]一般认为陈麻婆豆腐以前是由陈春富女婿鲁氏继承，但多由女性当家。[③]需要指出的是，陈麻婆豆腐店里的厨师薛祥顺后来成为实际的掌灶大师傅，故20世纪50年代以来的有关麻婆豆腐的具体传承主要是由薛祥顺进行的。[④]到1959年陈麻婆豆腐迁到簸箕街，成渝铁路通车后迁到梁家巷，公私合营后迁西玉龙街。[⑤]

民国初年，陈麻婆的豆腐已经名气很大，冯家吉《锦城竹枝词百咏》称：“麻婆陈氏尚传名，豆腐烘来味最精。万福桥边帘影动，合沽春酒醉先生。”[⑥]到20世纪30年代，“北门外万佛桥侧陈麻婆之豆腐声名愈噪……闻有人从沪上来言，上海暨南北各省饭店皆有成都麻婆豆腐，名称何驰誉之远也”[⑦]。在民国时期出版的成都城市市政、旅游的志书中，也少不了记载陈麻婆豆腐，如1938年胡天的《成都导游》中记载北门外万福桥边陈麻婆牛肉豆腐[⑧]，佚名的《成都指南》中也将陈麻婆豆腐列入[⑨]，1943年的周芷颖的《新成都》记载陈麻婆的麻婆豆腐[⑩]，同年莫钟骕编的《成都市指南》中也记载北门外万福桥边的陈麻婆豆腐[⑪]，1946年《成都市社会特写》中谈到招待亲朋好友可以到北门外的陈麻婆豆腐吃麻、辣、烫的豆腐[⑫]。当时从上海来成都的人在餐馆点餐时往往第一道菜就是麻婆豆腐[⑬]。

---

① 陈雁華：《陈麻婆豆腐史话》，《四川烹饪》2003年第10期。
② 芝生：《四川名菜——麻婆豆腐》，《农业生产》1948年3卷9期。
③ 杨硕、屈茂强：《四川老字号：名小吃》，成都时代出版社，2010，第6页。
④ 王旭东：《一个值得我们回忆的大厨》，载《川菜文化研究续编纂》，四川人民出版社，2013年，第520—521页。
⑤ 《四川省志·川菜志》，方志出版社，2016，第217页。杨乾九：《陈麻婆豆腐》，载《四川文史资料选辑》第38辑，四川人民出版社，1988。
⑥ 雷梦水等编《中华竹枝词》第5册，北京古籍出版社，2007，第3293页。
⑦ 汪海如：《啸海成都笔记·续编下卷》，载《巴蜀珍稀史学文献汇刊》，巴蜀书社，2018。
⑧ 胡天：《成都导游》，开明书店，1938，第57页。
⑨ 佚名：《成都指南》，载《四川导游丛书》之一，第71页。
⑩ 周芷颖：《新成都》，复兴书局，1943，第150页。
⑪ 莫钟骕：《成都市指南》，西部印书局，1943，第16页。
⑫ 陈雄：《成都市社会特写》，载《益报丛刊》之一，1946，第12页。
⑬ 菱乐：《麻婆豆腐的变味》，载《华阳国志》1947年5期。

不过，对于清末民国时期陈麻婆豆腐的烹饪方法却记载很少，以上记载仅提供我们一个加牛肉，麻、辣、烫的特点。李劼人的记载也只是谈到当时可能是以猪肉片、豆腐块，加上葱、蒜苗、盐、辣椒烩炒，临吃加一点花椒面，同时谈到做法及佐料“一变再变”。[①]有关麻婆豆腐烹饪方式在中华人民共和国成立后才开始有详细的记载，如1960年商业部饮食服务业管理局编《中国名菜谱》第七辑中记载的麻婆豆腐，其烹饪特点是牛肉作俏，与传统相符，另外当时只是用辣椒末、豆豉、酱油，而不用豆瓣酱，方法是巴蜀传统的熇（熇），即一种慢火烧，起锅时撒入花椒面。[②]据早年吃过薛祥顺麻婆豆腐的车辐先生回忆，早年的麻婆豆腐确实是不用豆瓣酱而只用辣椒面的，20世纪50年代后才开始加豆瓣酱的。[③]1960年出版的《重庆名菜谱》记载了小竹林的麻婆豆腐几乎完全一样，只是要加豆瓣酱。[④]到了20世纪70年代，烹饪麻婆豆腐越来越多开始用豆瓣酱，如北京市第一服务局《四川菜谱》、万县地区厨师学习班《万县食谱》等。到了20世纪八九十年代，菜谱中有关麻婆豆腐烹饪普遍要用郫县豆瓣煎炒提香，但豆豉就不一定要加了。

麻婆豆腐可能不仅是川菜在海外影响最大的菜品，也是中国菜在海外影响最大的一个菜品。笔者注意到20世纪末期美国人尤金·N.安德森在《中国食物》一书中谈四川菜时，只谈到麻婆豆腐和樟茶鸭子，尤其对麻婆豆腐多有记载，连为何称麻婆的四种说法都做了评论。[⑤]近几十年来，笔者因工作和旅游，在海外感受到麻婆豆腐的影响确实很大，几乎所有的中餐馆都有此菜，有的还将其作为中餐店的店名招牌。只是由于各种原因，大多数海外的麻婆豆腐在食材、调料、口味上与地道的巴蜀地区麻婆豆腐相去甚远。

---

① 曾智中，尤德彦：《李劼人说成都》，四川文艺出版社，2007，第263—264页。
② 商业部饮食服务业管理局编《中国名菜谱》第七辑，中国轻工业出版社，1960，第157页。
③ 车辐、熊四智等：《川菜龙门阵》，四川大学出版社，2004，第238页。
④ 重庆市饮食服务公司：《重庆名菜谱》，重庆人民出版社，1960，第98页。
⑤ 尤金·N.安德森：《中国食物》，江苏人民出版社，2003，第163页。

（三）有故事和传奇的宫保鸡丁与荔枝味型川菜的发展

川菜中的宫保鸡丁是一道很有故事和传奇的菜品，其故事和传奇太多，使我们一时难以分清历史的真假。

其实，用爆炒方式烹饪鸡丁之法出现较早，早在元代《居家必用事类全集》中就记载川炒鸡丁：“每只洗净剁作事件，炼香油三两炒肉，入葱丝盐半两，炒七分熟，用酱一匙同研烂，胡椒、川椒、茴香入水一大碗，下锅煮熟为度，加好酒些小为妙。”[①]明刘基《多能鄙事》卷二饮食类也有类似的记载，其称：“川炒鸡，每只治净切作事件，炼香油三两炒肉，入葱丝盐半两炒七分熟，以酱一匙，同研烂胡椒、回香入水一大碗，下锅煮熟，加好酒少许。”[②]明代宋诩《宋氏养生部》中也记载这种鸡的炒法，名称为“辣炒鸡”，其制法：“用鸡斫为轩，投热锅中炒改色，水烹熟，以酱、胡椒、花椒、葱白调和，全体烹熟，调和亦宜。”[③]清乾隆年间袁枚《随园食单》中就记载有炮（爆）炒鸡丁这菜，称：“取鸡脯子，切骰子小块，入滚油炮炒之，用秋油、酒收起；加荸荠丁、笋丁、香菌丁拌之，汤以黑色为佳。”[④]在《调鼎集》中专门有烹饪鸡的部分，其中也有“鸡丁”这道菜，其烹饪方法是：“取鸡胸脯切骰子小块，入滚油爆炒之，用酱油收起，加荸荠丁、笋丁拌之，汤要黑色。”[⑤]《清稗类钞》中记载这一道炒鸡丁，略有出入，其法是：“取鸡之胸肉，切如骰子大，入滚油爆炒，用酱油酒收起，荸荠、笋、香菌等丁拌之，汤以黑色为佳。”[⑥]显然，历史上用爆炒的方式炒鸡丁历史悠久，但这些菜谱和地域背景往往都是在中国北方和江南地区，巴蜀地区以前并不见记载。当然，如果从具体的烹饪方式和味型来看，这些爆炒鸡丁与我们后来的宫保鸡丁还是不一样的。

---

① 《居家必用事类全集》庚集，书目文献出版社，第155页。
② 刘基：《多能鄙事》卷二饮食类，明嘉靖四十二年范惟一刻本。
③ 宋诩：《宋氏养生部·饮食部分》，中国商业出版社，1989，第119页。
④ 袁枚：《随园食单》，王英中标点、王英志校订，江苏古籍出版社，2000，第33—34页。
⑤ 童岳荐：《调鼎集》，中国商业出版社，1986，第286页。
⑥ 徐珂：《清稗类钞》第四十八册，商务印书馆，1928，第264页。

《成都通览》中记载有一道笋鸡丁的菜，只是没有具体的烹饪方式，其他晚清时期川菜谱中并没有肉丁爆炒之法，如咸丰同治年间的《筵款丰馐依样调鼎新录》《四季菜谱摘录》中均没有爆炒鸡丁的菜品，只是在清末宣统二年编的《御膳单》中有一道一品山鸡丁。从此可以看出，江浙地区采用爆炒烹饪鸡丁的方式远比巴蜀地区早，巴蜀地区的宫保爆炒类烹饪鸡丁可以肯定是来源于外地。

不过，学术界对宫保鸡丁起源说法众多。按《川菜烹饪事典》认为的传统说法，曾任山东巡抚的贵州人丁宝桢曾加为“太子少保”，简称丁宫保，其家厨用山东火爆之法烹制鸡丁，来川后将其烹饪方式传入。此说流传最广，影响最大。其他一说是巴蜀百姓向四川总督丁宝桢献其喜欢食用的鸡丁，故称宫保鸡丁；一说是丁宝桢在任四川总督时民间查访此烹饪法令家厨仿之而成；一说丁宝桢入川时下属接风宴中献食；一说丁宝桢家厨所烹饪来接待客人；一说丁宝桢家厨临时为自己制作而成名。[①]也有人认为李劼人《大波》一书中谈到丁宝桢时食用老家贵州这种油炸糊辣子炒鸡丁的烹饪方法，到四川时仍食此法，后人以宫保鸡丁名之。[②]但是李氏仅是一个文学家，在《大波》里面也没有点明此菜的来源出处，仍然存疑。吴正格先生考证认为更可能是来源于贵州贵阳的丁家鸡，也可能与山东一道酱爆鸡丁有关，早期并不放辣椒。[③]看来，在传统川菜中，宫保鸡丁（肉丁）可能是历史上最富有传奇、最有故事的一道菜。从众多历史故事中，我们可以看出的是这道菜出现在清末民初，来源可能确实与山东、江浙、贵州移民饮食文化有关，可能也与丁宝桢关系密切。至于熊四智等的《川食奥秘》中认为宫保鸡丁分别存有山东、贵州、四川风味，显现的是丁宝桢分别在三地的不同创造所形成的[④]，可能仅是一种推测，缺乏明确的史料支持。虽然上面我们已经对有关宫保鸡丁（肉丁）出现时间和来源上的争论

---

① 李新主编《川菜烹饪事典》，重庆出版社，1999，第96页。
② 同上，第96、97页。
③ 吴正格：《宫爆鸡丁史迹》，《四川烹饪》2013年12期。
④ 熊四智等：《川食奥秘》，四川人民出版社，1993年，第94页。

做了分析，但宫保鸡丁这道菜名在清代文献中并无任何记载，如果我们将这道菜的出现时间定在清末，实际上也仅是建立在对众多清末丁宝桢传说基础上的一种推论，实际上民国时期才有所谓宫保鸡丁的名称和具体的烹制方法的记载。

我们研究有一个很有意思的发现，即民国时期的中国人编的菜谱中，关于鸡丁的菜品并不多见，反而是在日本人编的中国菜谱中大量出现肉丁、鸡丁类的菜品，如井上红梅编的《支那料理的见方》中列举了炒两丁（猪肉和鸡肉丁）、炒三丁（猪肉、鸡肉、火脚）、炒全丁、烩两丁、全家福（烩全丁）、盒桃鸡丁、口磨鸡丁、杏仁鸡丁、醪糟鸡丁等。[①]1924年北原美佐子《家庭向的支那料理》中也专门有鸡丁之菜[②]，昭和五年大冈荐枝《一般向支那料理》一书中专门的生炒鸡丁[③]。为何民国时期中国食谱中少有鸡丁之菜而日本人记载的菜谱中多有鸡丁之菜呢？这可能是我们能见到的民国时期的中国食谱绝大多数是江南一带作者编著的，而切丁和爆炒之法源于中国北方，近代日本早期接触的中国饮食主要是中国北方的饮食，可能受此影响才形成这种记载差异。所以，我们发现中国人编的食谱中出现宫保鸡丁类菜品主要是在20世纪20年代以后，后来有记载20年代中叶川菜红烧羊肚菌、鸡蓉菜花、宫保鸡成为“普遍菜系”。[④]杨步伟编纂的*How to cook and eat in Chinese*（《中国食谱》）中记载“Chicken Cubelets”译成“宫保鸡”[⑤]，但宫保鸡丁现在也有译成：the diced chicken with peanuts，在西方国家一度成为中国菜的重要代表作。在民国时期《俞氏空中烹饪》曾记载有一道生爆干烧鸡块，其中要放豆瓣酱、泡姜、泡海椒、蒜苗、笋等[⑥]，所以，从火爆的方式看，有宫保鸡丁的感觉，从味型上看又与回锅肉相似。《俞氏空中烹饪》中还记载了一道辣子鸡丁，用红辣

---

① 井上红梅：《支那料理的见方》，东亚研究会，1927，第24—26页。
② 北原美佐子：《家庭向的支那料理》，北原铁雄，1924，第25页。
③ 大冈荐枝：《一般向支那料理》，1930，第99页。
④ 《晨报》1926年12月1日第6版。
⑤ Buwei Yang Chao，*How to cook and eat in Chinese*. New york：The John day company，1945，p.96.
⑥ 俞士兰：《俞氏空中烹饪》中菜组第五期，永安印务所，民国时期，第1页。

椒、青辣椒等爆炒，称四川馆中最出色，[①]可能也与宫保鸡丁有一定关系。《俞氏空中烹饪》中还记载的一道酱爆鸡丁可能与宫保鸡丁关系密切，其记载称："酱爆鸡丁为四川菜之一，其味是辣的。上海平川馆子，皆有此菜。"[②]然后记载此菜要用辣椒、豆瓣辣酱、甜酱等。

关于川式宫保鸡丁与贵州鸡的关系，各自是有一个发展过程的。民国时期贵州鸡的烹饪方式是否出现不得而知。在1938年编的《贵阳指南》中专门列出宫保鸡介绍认为"惟黔厨调制最精"，认为是用雄鸡子切小块烹饪，菜品入口脆而且烂，色红白美观，味鲜美而不大辣。[③]在四川地区，贵州鸡的烹饪方式最早见于20世纪五六十年代，1961年成都市饮食服务公司编的《四川菜谱》中记载了丁炳森师傅烹饪的贵州鸡制法，先要码芡鸡丁，先过油起锅，下姜、葱、蒜、海椒、料酒、味精、盐、糖、高汤少许混炒，再下鸡丁烩起锅。[④]所以，现代贵州鸡（宫保鸡）与四川宫保鸡丁的烹饪差异是贵州鸡要先过油合炒，用糍粑海椒，不用花椒，而川式宫保鸡丁是一次性炒熟，用干海椒、花椒炒成糊辣味，加花生米为俏头。[⑤]

20世纪二三十年代重庆流行一种醋溜鸡，其味道是要加酱油、黑醋、白糖、姜粒、豆瓣、绍酒，俏冬笋，有一种荔枝味道的特征。[⑥]这种醋溜鸡后来在巴蜀地区一直流行，在六七十年代的菜谱中多有记载，但这道菜也可能就是川式宫保鸡丁的雏形之一。如1960年重庆市饮食服务公司编的《重庆名菜谱》记载的宫保鸡丁、宫保肉丁、宫保腰块[⑦]和1961年成都市饮食公司编的《四川菜谱》第二辑中记载宫保鸡丁是比较早的有关烹饪方法的记载[⑧]。《重庆特级厨师拿手菜》中还记载了宫保鸭腰、宫保鲜贝。[⑨]在烹饪界有人认为宫保鸡丁与贵州鸡有渊源关系，有关贵州鸡烹饪方法出现

---

① 俞士兰：《俞氏空中烹饪》中菜组第二期，永安印务所，民国时期，第28页。
② 俞士兰：《俞氏空中烹饪》中菜组第一期，永安印务所，民国时期，第3页。
③ 中国航空建设会贵州分会航建旬刊编辑部：《贵阳指南》，1938，第59页。
④ 成都市饮食公司：《四川菜谱》第五辑，内部刻本，1961，第7页。
⑤ 《贵州传统食品》，中国食品出版社，1988，第260—262页。
⑥ 《醋溜鸡》，《南京晚报》（渝版），1938年9月26日。
⑦ 重庆市饮食服务公司：《重庆名菜谱》，重庆人民出版社，1960，第3、34、49页。
⑧ 成都市饮食公司：《四川菜谱》第二辑，内部刻印，1961，第21页。
⑨ 商业部重庆烹饪技术培训站：《重庆特级厨师拿手菜》，1990，第74、95页。

的时间无考，贵州鸡虽然是属于干辣爆炒鸡丁类的菜品，但其一般没有糖醋调料的融入，与宫保鸡丁在味型上还是有一定的差异。

实际在川菜中荔枝味型的菜品还有许多，但名称繁多，称法并不完全一样。仅以宫保鸡丁为例，据1980年四川省饮食服务技工学校《烹饪专业教学菜》中还记载有宫保肉花[①]，万县一带又将宫保鸡丁称为花仁鸡丁[②]，《四川广元地方菜谱》往往称为“公保肉丁”“公保鸡丁”“宫爆鸡丁”[③]。荔枝味型的川菜，实际上是中度糖醋基础味上叠加咸、干辣、葱姜香的复合味型，如江津肉片、广元肝片、荔枝腰花、宫爆腰花、荔枝肝片、荔杈腰块等。其中江津肉片最早见于菜谱记载1972年内部印刷的《内江市烹饪技术教材》中，又称“焦溜肉片”。[④]到1977年《四川菜谱》编写组的《四川菜谱》中正式收录了江津肉片[⑤]，为典型的荔枝味川菜的代表，其烹饪特点是过油炸香的基础上溜荔枝味型的汁而成。

（四）安徽、江西粉蒸方式传入与巴蜀样式的粉蒸肉定型

在巴蜀历史上，用米糁这种方式入菜并不少见，但采用粉蒸这种方式烹饪食物在清代以前并不存在。粉蒸方式应该最早起源于江南地区。早在明正德《建昌府志》卷三就记载：“九日，用百果及肉、杂米粉蒸菊花糕，不限老幼，登凤凰冈以昉登高避难之意。”[⑥]这里加肉与米粉和蒸已经有粉蒸之意了。明代江南华亭人宋诩《竹屿山房杂部》卷三记载：“和糁蒸猪，用肉小皴牒，和粳米糁、缩砂仁、地椒、莳萝、花椒粉、盐蒸，取饭干再炒为粉和之，尤佳。”[⑦]应该是较早的粉蒸肉原型的记载。

---

① 四川省饮食服务技工学校：《烹饪专业教学菜》，内部刻印，1980，第93页。
② 万县地区厨师学习班食谱编写组：《万县食谱》，内部印刷，1977，第89页。
③ 广元县饮食服务公司：《四川广元地方菜谱》，内部印刷，1973，第14、28、36页。
④ 内江地区工矿蔬菜饮食服务公司：《内江市烹饪技术教材》，内部印刷，1972，第62页。
⑤ 《四川菜谱》编写组：《四川菜谱》，内部印刷，1977，第10页。
⑥ 正德《建昌府志》卷三《四时土俗大略》，正德十二年刻本。
⑦ 宋诩：《竹屿山房杂部》卷三，文渊阁四库全书本。另见《宋氏养生部·饮食部分》，中国商业出版社，1989，第100页。

清代粉蒸肉之名最早开始出现也是在江右江左地区。乾隆年间袁枚的《随园食单》就有记载粉蒸肉："用精肥参半之肉，炒米粉黄色，拌面酱蒸之，下白菜作垫。熟时不但肉美，菜亦美。以不见水，故味独全。江西人菜也。"①到了清中叶《调鼎集》也记载："粉蒸肉：炒止白籼米磨粉筛出（锅巴粉更美），重用脂油、椒、盐同炒。又将肉切大片，烧好入粉拌匀上笼，底垫腐皮或荷叶（防走油）蒸。又，将方块肉先用椒盐略揉，再入米粉周遭粘滚，上笼，拌绿豆芽（去头尾）蒸（垫笼底同上）。又，用精肥参半之肉，炒米粉黄色，炒面酱蒸之，下用白菜作垫，熟时不但肉美，菜亦美，以不见水故味独全，此江西人菜也。"②这两则记载表明粉蒸肉是明显的江西菜品，与明代和糁蒸猪的地域相似。

到了晚清民国时期，粉蒸之法已经在全国较为普遍了，故徐珂《清稗类钞》记载："粉蒸猪肉者，以肥瘦参半之肉，敷以炒米粉，拌面酱蒸之，下垫白菜。又法，切薄片，以酱油酒浸半小时，再撮干粉少许，细搓肉片，俟干粉落尽，仅留薄粉一层，乃叠入蒸笼，上盖荷叶，温火蒸二小时，于出笼前五分钟，略加香料、冰糖，味甚美。"③同书还谈到荷叶粉蒸肉。1917年《学艺》杂志上专门记载了江苏风味的这种粉蒸肉，即荷叶蒸肉④，由此我们发现民国时期中学教师培训和女子家政培训中的重要菜品就有蒸米粉肉或粉蒸肉⑤，可以看出粉蒸之法在江南地区的普遍。俞士兰《俞氏空中烹饪》中也谈到鲜荷叶粉蒸肉，称"以徽州馆子所制者为最出色"⑥。陈诒先《故乡之鱼》一文谈到："实则故乡有一特别口味，即沔阳、天门一带之蒸菜，鸡鸭鱼肉，皆可加米粉蒸食。周沈观姻丈请客，有粉蒸鱼一味，其味不下于锦江等川菜馆中之小笼粉蒸牛肉，此为余怀念乡味之六。"⑦可见在民国人们的意识里，与江南为邻的湖北地区已经擅长于

---

① 袁枚：《随园食单》，江苏古籍出版社，2000，第22页。
② 童岳荐：《调鼎集》筵席菜肴编，中州古籍出版社，1988，第83页。
③ 徐珂：《清稗类钞》第四十八册，商务印书馆，1928，第237—238页。
④ 江苏女子师范学校友会《学艺》1917年2期。
⑤ 《女铎》1917年1期。萧闲叟：《中学教师学校烹饪教科书》，商务印书馆，1915，第24页。
⑥ 俞士兰：《俞氏空中烹饪》中菜组第一期，永安印务所，民国时期，第5页。
⑦ 陈诒先：《故乡之鱼》，《申报》1948年6月15日。

米粉蒸肉这类的饮食了。

巴蜀地区何时开始使用粉蒸之法呢？目前见到最早的巴蜀田席记载来源于李劼人的《旧账》，反映的是1836年道光年间和1862年咸丰同治之间的丧事田席菜单。其中1836年菜单中有传统田席大杂烩、酥肉、红肉、烧白、白煮肉等，但并没有粉蒸肉的影子。1862年的菜单除了大酥肉、烧白、红肉外，已经有蒸肉名列其中。[①]从上可以看出，粉蒸之法在四川开始流行可能始于清中叶道光到同治间。所以，同治年间的《筵款丰馐依样调鼎新录》中就开始记载有粉子蒸肉，又称粉蒸五花。[②]晚清光绪《成都通览》中就记载有“粉蒸肉片”。[③]显然，巴蜀地区粉蒸肉的出现是源于明清时期的江南移民，或者通过湖广移民转换传入。清同治到光绪年间，巴蜀地区的粉蒸之法已经相当普遍，如同治年间《筵款丰馐依样调鼎新录》中记载有荷米匿清香（荷叶蒸肉）、蒸雪花肉、粉蒸款鱼（草鱼）、粉蒸羊排，《成都通览》中则有粉蒸肉片、粉蒸鸡、粉蒸鸭的记载在民国时期的食谱中，对各地的粉蒸肉多有记载，如1927年李公耳《家庭食谱》中记载这道菜时谈到只用酱油、陈酒、青葱作调料，相对较为简单。[④]据《家庭新食谱》初编记载：“粉蒸菜以夏令食之为多，尤以徽馆所制为最杰出、最精彩，有粉蒸肉、粉蒸鸡、粉蒸鱼、粉蒸菜等数种名目”。[⑤]韵芳《秘传食谱》记载两种米粉蒸肉的方法，一是用加酱油、绍酒、盐、五香末、鸡汤直接烹制，一种系包裹荷叶蒸。[⑥]《家常菜肴烹调法》中曾谈到粉蒸肉法。[⑦]许啸、高剑《食谱大全》中记载这道菜时要先将肉用酱油、酒浸润一个小时再蒸，也较为特别。[⑧]不过，民国以来，四川人将粉蒸肉的米粉调料做得最丰富，且最有特色。据记载，20世纪二三十年代重庆人就将粉蒸

---

① 李劼人：《旧账》，《风土什志》1945年第5期，第54—74页。
② 佚名：《筵款丰馐依样调鼎新录》，中国商业出版社，1987，第111页。
③ 傅崇矩：《成都通览》，巴蜀书社，1987，第259页。
④ 李公耳：《家庭食谱》，中华书局，1917，第41—42页。
⑤ 时希圣：《家庭新食谱》，中央书店，1935，第118页。
⑥ 韵芳：《秘传食谱》，马启新书局，1936，第100—101页。
⑦ 程冰心：《家常菜肴烹调法》，中国文化服务社，1945，第8页。
⑧ 许啸、高剑：《食谱大全》，国光书店，1947，第65页。

肉称为“榨肉”，一般要加上豆瓣酱等多种调料，且要用红苕、南瓜等垫底，再用竹笼原笼蒸出，又称为笼笼。以此法当时就开发出了蒸肥肠、蒸牛肉等菜品。[①]其实，所谓“榨肉”，正确的称呼应该是“鲊肉”，如民国时期涪陵麻柳嘴的高昌馆的鲊肉就名气很大。民国时期粉蒸肉在巴蜀地区已经相当普遍且特色鲜明，当时的经济食堂中蒸肉往往是标配之菜。[②]1939年日本的《洋食与支那料理》一书中就将粉蒸肉认定为四川菜的代表之一。[③]据重庆市饮食服务公司《重庆名菜谱》中记载，首先米粉要与花椒同磨，然后加上入醪糟汁、糖、甜酱、姜米、酱油、葱花等[④]，与外地和传统的粉蒸更显川菜味的复合性。后来，基本上所有四川菜谱都记载这个粉蒸肉，又称米粉肉。从烹饪方式上来看，后来往往还要在米粉中加入豆腐乳汁、菜油、胡椒、料酒、鲜豌豆、高汤等，使米粉的味更为复合多层次。而且四川人将粉蒸之法推而广之，发明了粉蒸排骨、肥肠（板指、班指）、羊肉（羊肉格格）、牛肉（牛肉格格）等，形成粉蒸系列。所以，民国时期日本人谈到四川料理时，将四川料理的特点总结为以“蒸”为特征，并将粉蒸牛肉作为四川菜的最重要代表列出。[⑤]

（五）巴蜀田席代表菜烧白（扣肉）的出现与名实变化

今天，烧白（扣肉）是巴蜀地区知名的家常菜，也是传统巴蜀田席的代表菜之一。不过，这道菜好像首见于江南地区，早在清代乾隆嘉庆年间的童岳荐《调鼎集》中就有记载：

> 扣肉，肉切大方块，加甜酱煮八分熟取起，麻油炸，切大片，入花椒、整葱、黄酒、酱油，用小磁钵装定，上笼蒸烂，用时覆入碗皮面上。

---

① 《榨肉》，《南京晚报》1938年8月29日。
② 何玉昆等：《陪都鸟瞰》，陪都鸟瞰编辑部，1942，第6页。
③ 石川武美：《洋食与支那料理》，主妇之友社，1939，第372页。
④ 重庆市饮食服务公司：《重庆名菜谱》，重庆人民出版社，1960，第68页。
⑤ 井上红梅：《支那料理的食谱》，东亚研究会，1927，第52页。

民国时期巴蜀的格格（蒸肉）

这里的记载只谈到了油炸和蒸后扣翻的程序，没有谈到垫底的菜。《调鼎集》是以清中前期江南扬州菜为主，至今受江南籍移民影响大的云南地区称烧白为“千张”，名称较为特殊，而今天江南的梅菜扣肉名声仍很大。故今天巴蜀地区的烧白很有可能是受“湖广填四川”江南籍移民文化的影响的结果。所以，我们在清后期咸丰、同治年间的川菜菜谱中才发现有烧白的记载，如《筵款丰馐依样调鼎新录》中就开始记载有三才烧白，称是用五花肉倒扣蒸成[①]，同时期的《旧账》中记载咸丰同治年间的巴蜀食俗，就记载田席有烧白，烧白已经成为巴蜀地区家庭家常菜[②]，光绪年间的《成都通览》中有烧白、盐烧白、甜烧白、万字烧白的记载[③]。

在巴蜀地区，烧白（扣肉）习惯用盐菜（如冬菜）来垫底，巴蜀地区的冬菜最早的记载出现于曾懿《中馈录》中：“冬日选黄芽白菜风干；待春间天晴时将白菜洗净，取其嫩心，晒一二日后，横切成丝，又风干；加花椒、炒盐揉之。宜淡不宜咸。数日后取出晒干，再略加酒及酱油揉之，仍盛坛内。隔十余日一晒；晒干又加酒及酱油揉之。久之成红色，愈久愈佳，经夏不坏。夏日蒸肉最妙。”[④]对于烧白的具体制作方式，在《筵款丰馐依样调鼎新录》中曾记载有一款盐菜肉：“肉去皮、切片，盐菜底、蒸上。”[⑤]同时还有记载一道称为哈耳巴肉的烹饪方式是：“大肪肉（猪膀）出水，白炖，去上切大薄片，扣碗蒸。”[⑥]以上两款菜品都有用盐菜垫底、扣碗蒸的程序。所以，川菜中的现代成型的加冬菜、芽菜、花椒粒的咸烧白应该出现在清后期。我们知道在江南地区，烧白称为扣肉，以用梅干菜垫底著称。今天四川地区仍将烧白称为扣肉，可能也是受江南移民文化的影响。

在民国时期，烧白更是巴蜀地区的重要家常菜品。20世纪五六十年代

① 佚名：《筵款丰馐依样调鼎新录》，中国商业出版社，1987，第112页。
② 李劼人：《旧账》，《风土什志》1945年第5期，第54—74页。
③ 傅崇矩：《成都通览》下册，巴蜀书社，1987，第259、260、279页。
④ 曾懿：《中馈录》，中国商业出版社，1984，第16—17页。
⑤ 佚名：《筵款丰馐依样调鼎新录》，中国商业出版社，1987，第58页。
⑥ 同上，第60页。

重庆市饮食公司的《重庆名菜谱》就记载了著名的实验餐厅烹制的烧白，作为名菜传播。据记载这道烧白菜是先要用醪糟水涂于三线肉皮，然后放在锅中烙成酱黄色，切片后淋上酱油，压上叙府芽菜、豆豉、泡海椒，蒸后翻扣于碗内。成都市饮食公司于1961年编的《四川菜谱》第二辑中的咸烧白还要放一点甜酱油，下锅烙皮用酱油而不用醪糟汁。[①]成都市饮食服务公司《四川菜谱》除了记载咸烧白外，还记载有一种龙眼咸烧白，每片肉内夹辣椒和豆豉成卷筒状。[②]四川蔬菜水产饮食服务公司《四川菜谱》则称这种龙眼咸烧白为卷筒咸烧白。[③]1974年北京市第一服务局编的《四川菜谱》记载咸烧白称冬菜扣肉，一方面是用冬菜而不是宜宾芽菜，一方面在调料上增加了姜、葱。[④]1980年的《烹饪专业教学菜》中记载咸烧白烙肉抹饴糖成色，放花椒粒，并强调要选择宜宾芽菜和永川豆豉，与前面的不一样。[⑤]总体上来看，烧白的食材一直是用三线肉（五花肉），但各地用于垫底的并不完全一样，江南地区多用梅干菜，巴蜀地区多用盐菜，盆地中部多用冬菜，川南地区多用芽菜。从味型上来看，川式烧白用料更复合，如辣椒、豆豉、花椒、食糖也用于烹饪，所以，川式烧白味道更为复合。

（六）巴蜀田席夹沙肉和酥肉的出现与变化

今天巴蜀的田席中夹沙肉和酥肉是相当普遍的菜品。我们发现夹沙肉的名字首见于道光咸丰间的《调鼎集》中，其记载："夹沙肉，肉切条如指大，中括一缝，夹火脚一条蒸。又冬笋或茭白片夹入白肉片内蒸，亦名夹沙。"[⑥]这里记载的这种夹沙肉，并不像现在四川的夹沙肉夹洗沙糖，而是夹火脚、笋、茭白片来蒸。显然，《调鼎集》中记载的夹沙肉与巴蜀地

---

① 成都市饮食公司：《四川菜谱》第二辑，1961，第29页。
② 成都市饮食服务公司：《四川菜谱》，内部印刷，1972，第12、13页。
③ 四川蔬菜水产饮食服务公司：《四川菜谱》，内部印刷，1977，第26页。
④ 北京市第一服务局：《四川菜谱》，内部印刷，1974，第101页。
⑤ 四川省饮食服务技工学校：《烹饪专业教学菜》，内部刻印，1980，第95页。
⑥ 童岳荐：《调鼎集》筵席菜肴编，中州古籍出版社，1988，第83页。

区的夹沙肉并不是一样的。

在李劼人的《旧账》中的道光、咸丰年间的田席中，还没有夹沙肉的出现，只是到了光绪年间的《成都通览》中才记载有甜烧白，作为南馆菜的第一道菜列出。[①]在巴蜀话语里，所谓甜烧白即是夹沙肉。看来，巴蜀菜品中的夹沙肉可能出现在清末，与江南地区的夹火脚、笋、茭白之类的夹沙肉已经完全不一样。在传统巴蜀的田席中，夹沙肉一直是一道很重要的菜品。成都市饮食公司1961年编的《四川菜谱》第二辑中详细记载了夹沙肉的做法，先用洗沙、红糖、猪油、玫瑰做成玫瑰洗沙，选用猪肥肉切片破口中，将玫瑰洗沙卷入肉片内，再用糯米蒸熟拌红糖、猪油，覆在摆在碗内的肉片上再上笼蒸后，倒扣在碗内撒白糖即可。[②]总的来看，夹沙肉出现后烹饪方法变化并不大。只是后来夹沙肉又演变出卷筒甜烧白，又称龙眼甜烧白，主要是将夹沙的肉片卷成筒，在上面压上樱桃成龙眼状。

酥肉是四川菜中重要且很有特色的家常菜，早在清末《成都通览》中就记载了苏肉（酥肉），放在杂品之中，也列入南馆菜之中和家常便饭中。[③]早期酥肉只是用豆粉、盐和肉炸成，后来人们又加入花椒粉、鸡蛋，味更美。在四川往往一是将酥肉作为副食零吃，一可以煮成酥肉汤，也加入什锦火锅等中食用，近些年来人们将其放入火锅中烹制，或作为小吃佐餐。今四川南江县正直镇大酥肉，以体量大、嫩脆鲜美著称。以前川菜中受北方熘菜方法的影响还有一种变通性质的酥肉制品，就是猪肉码芡过油稍炸后略加水熘烩起锅，名称为熘里脊。不过，使用的猪肉并非全是猪的里脊肉，有时可用完全肥肉内加芡油炸，只是用里脊肉最好而已。在味型上主要是以咸鲜型为主，也可以烹制成糖醋味型即成为糖醋里脊。

---

① 傅崇矩：《成都通览》，下册，巴蜀书社，1987，第259、260页。
② 成都市饮食公司：《四川菜谱》第二辑，1961，第36页。
③ 傅崇矩：《成都通览》，下册，巴蜀书社，1987，第259、261、279页。

（七）川式腊肉和风肉的出现与相关菜品

这里还有一个腊肉的历史渊源问题。据江玉祥先生考证表明，中国古代祭祀的肉称臘肉，南宋时期才出现“腊肉”这个名称，但“腊”字的名称出现较早，主要是指腊月间做成的干肉。[①]但是我们发现，最早的有关腊肉的记载是在中原地区，早在汉代刘熙《释名》中就记载：“腊言干腊也。脯，搏也，干燥相搏著也。又曰脩，脩，缩也，干燥而缩也。”[②]

唐代韩鄂《四时纂要》记载干腊肉之法，是先“淹二宿”，然后“又以葱、椒、盐汤中猛火煮之，令熟后，挂著阴处，经暑不败，远行即致麨”[③]。从这里的记载可以看出，当时的腊肉是需要先煮熟后才风干的。对此北宋苏轼《物类相感志》中也记载“腊肉内用酒脚醋煮肉红，酒调羹，则味甜。”[④]也都记载腊肉是要先煮制和放醋的，而后来的腊肉没有煮制这个过程，前后的制法有一定差异。

《岁时广记》中记载腊日东京熏豕肉[⑤]，《事林广记》中还记载了腊肉和四时腊肉的制作方法[⑥]。南宋吴自牧《梦粱录》卷一三中记载有腊肉出售，周密《武林旧事》卷六中专门记载有腊肉。元代《易牙遗意》中也记载了三种腊肉制作法。[⑦]在这些记载中，有的是制作风肉的方法，有的则同时记载了熏制的过程。另《居家必用事类全集》中记载了江州岳府腊肉法和婺州腊肉法，同时还记载一种简易快速用腊肉汁做四时腊肉的方法。[⑧]到了明代高濂《遵生八笺·饮馔服务笺》《便民图纂》、宋诩《竹屿山房杂部》、刘基《多能鄙事》卷一饮食类中，也记载了制作腊肉的方法。特别是江南华亭人宋诩《竹屿山房杂部》卷三记载称腊肉为风猪肉：“风猪

① 江玉祥：《腊肉考（上）》《腊肉考（下）》，《四川旅游学院学报》2016年2—3期。
② 刘熙：《释名·释饮食》，中华书局，1985，第63页。
③ 韩鄂：《四时纂要》卷四，农业出版社，1981，第245页。
④ 苏轼：《物类相感志》，中华书局，1985，第8页。
⑤ 陈元靓编《岁时广记》卷三九，中华书局，1985，第425页。
⑥ 陈元靓编《事林广记》卷九，元致顺间西园精舍刊本。
⑦ 韩奕：《易牙遗意》，中国商业出版社，1984，第13页。
⑧ 《居家必用事类全集》己集，书目文献出版社，第149页。

肉，视火猪肉制，腌压之，用醋洗。又用醋压渍四五日，悬风中戾燥，仍置通风所。以五月五日水洗，虽久不败。《墨娥小录》云瘗灶灰中，若三伏中，视前揉压三日，每斤加盐五钱，复揉压三日，石灰冷汤洗之，浥以香油，烈日暴燥，烟熏之，置通风所。”[①]这里记载的醋洗的过程，可能与后来的腊肉制作也有点差异。

从以上记载可以看出两个特点：一是在清代以前中国南北地区都盛行腊肉制作和食用；一是不论是制作风肉还是熏过的腊肉，一般只记载用盐、酒糟制作，并没放茴香、花椒等香料。不过，到了清代，许多文献都记载腊肉制作开始放入大量香料，如朱彝尊《食宪鸿秘》记载多种制作腊肉的方法，其中有一种小暴腊肉腌制已经开始加入花椒、茴香之类香料，其他《随园食单》《调鼎集》《醒园录》也有许多腌制腊肉、风肉、酱肉的记载，但主要还是不加太多香料的制法，最多是加一点花椒。

童岳荐《调鼎集》中记载了风肉之法，谈到徐州风肉和尹府风肉的独特之处。[②]另还谈到多种腌肉的方法，其中有用花椒与盐拌料，再用甘蔗渣、米糠薰的方法[③]，与今天的四川腊肉制作已经较为相似了。遗憾的是曾懿的《中馈录》中并没有四川腊肉制作的记载，但较早的四川人李化楠在反映江南饮食的《醒园录》中记载的乾隆年间的腌猪肉法（风肉）、腊肉制作方法与四川腊肉都差异不大，已经谈到腌肉要加花椒，只是没加其他香料，可以看出家乡四川文化对他记载的影响。[④]

清代巴蜀地方志中已经较多谈到了腊肉，显现当时巴蜀地区腊肉已经相当流行了，如定远县“农家每于十二月宰杀肥豚，将盐腌透用微火熏之，名曰腊肉，味甚香美，南肘亦不能逮。”[⑤]太平县一带“十一月冬至日民闲多宰猪腌肉，一则用以祀先，一则留待来春宴客”[⑥]。四川民间早在咸

---

① 宋诩：《宋氏养生部》，中国商业出版社，1989，第95页。
② 童岳荐：《调鼎集》筵席菜肴编，中州古籍出版社，1988，第90页。
③ 同上，第91—92页。
④ 李化楠：《醒园录》，中国商业出版社，1984，第19、23页。
⑤ 光绪《定远县志》卷二《风俗》，光绪元年刻本。
⑥ 光绪《太平县志》卷二《风俗》，光绪十九年刻本。

同年间就开始用腊肉作为农忙时的菜肴，杨甲秀《徙阳竹枝词》中称“腊肉堆盘酒满卮，田畴正是插秧时”，注称“州人插秧，用腊肉饷工”。光绪年间颜汝玉《建城竹枝词》称西昌地带“岁暮争将腊肉腌”①，看来清代一般四川过年腊味是不可少的，以致有“腊尽呼屠宰腊猪”②之称，将用于腌腊肉而杀的猪称为腊猪。许多《竹枝词》中对腊肉都有记载，如嘉庆时六对山人《锦城竹枝词》中称“无多腊味有春饼”③，筱廷《成都年景竹枝词》记载吃年饭往往“腊味鲜肴杂几筵”④，请春酒时也是“腌鸡腊肉尝俱遍”⑤。据李调元记载：“腊月祭灶前后，川人以盐淹猪肉，至次年夏乃食，谓之腊肉”，而且谈到在北京城有腊肉会专门联句。⑥

有一个与腊肉有关的食品，即香肠。在中国制作香肠最早开始于何时，记载不详。乾隆年间李化楠《醒园录》中记载有风小肠法，要加豆（酱）油、花椒、葱珠等料，有“笼内蒸熟”风干的过程。⑦只是与后来曾懿《中馈录》记载的川味香肠相比，曾氏的记载更接近现代巴蜀地区的香肠制法，如加花椒、酱油、盐、酒、白糖、硝水、小茴、大茴、葱等，香料更多更全，而且川味香肠没有“笼内蒸熟”再风干的过程。⑧1947年编的《食谱大全》中的香肠制法已经明显有川味香肠的特点了，如要放酱油、酒、白糖、花椒、小茴香、大茴香制成的粉末和葱节。⑨发展到今天，川味香肠形成两个流派，一个是将辣椒、花椒磨粉加入肉中的咸辣型，一个是只加花椒粒和白糖的麻甜型。

资料显示，巴蜀地区腊肉的直接记载相对较晚，但现在却相当流行，这可能也有明清以来外省移民进入后，将传统的腊肉方法传入，再融合巴蜀地区特有的饮食口味，加入花椒、大料、糖糟等，形成独特的川味腊

---

① 雷梦水等编《中华竹枝词》第5册，北京古籍出版社，2007，第3480页。
② 同上，第3463页。
③ 同上，第3179页。
④ 同上，第3238页。
⑤ 同上，第3240页。
⑥ 詹杭伦、沈时蓉：《雨村诗话校正》，巴蜀书社，2006，第128页。
⑦ 李化楠：《醒园录》，中国商业出版社，1984，第24页。
⑧ 曾懿：《中馈录》，中国商业出版社，第4—5页。
⑨ 高剑、马啸：《食谱大全》，国光书店，1947，第128页。

肉，反而是以前流行腊肉的中国北方和东南地区在民间却并不流行食用腊肉制品了。

（八）火爆类菜品的大量出现与川菜小炒小煎特征

清末以来在传统川菜中，火爆这种快速烹饪方式尤为多起来，出现了许多火爆的川菜名菜，如火爆肚头、火爆腰花、火爆猪肝、白油肝片、火爆双脆、姜爆鸭丝、火爆郡肝、鱼香肝片等菜。这些菜如果从源头上来看，有的可以回溯到晚清，有的发源于民国，有的则创新于近几十年。清代道光至同治年间的川菜菜谱《旧账》中已经不断出现“炒”的方法。而同时代的《筵款丰馐依样调鼎新录》就已记载鲜爆肚尖、燚爆虾仁。[①]《成都通览》中也记载有生爆虾仁、火爆肚头。[②]由于川菜中炒与爆往往难以分开，急火重油的炒就是爆，所以《成都通览》中记载的家常便菜中的炒腰花、炒腰片、炒猪肝、炒羊肝都可以视作火爆的源头，表明到晚清四川民间爆炒一类方法已经相当普遍，小煎小炒火爆已经成为川菜在烹饪方法上的重要特色了。

民国时期韵芳《秘传食谱》中记载有炒肚尖、炒腰花和炒牛肉，只是调料较为单一，只用酱油、醋、绍酒、砂糖。[③]程冰心《家常菜烹调法》记载有炒腰花、炒猪肝、炒鸡杂，用料单一。[④]《俞氏空中烹饪》中菜组第五期曾记载有爆双脆，是用猪肚与鸡肫为之。[⑤]当时山东的馆子的火爆之法最有名，梁实秋就谈到爆双脆，系用鸡胗和羊肚。[⑥]1946年李克明编的《美味烹调食谱秘典》一书中将烹饪方式分成炒、蒸、熏、炸、煮、酱、糟、糖、酒、腌、西菜十一部，其中将炒列为首部，共列出80种炒菜法，[⑦]

---

① 佚名：《筵款丰馐依样调鼎新录》，中国商业出版社，1987，第102、109页。
② 傅崇矩：《成都通览》下册，巴蜀书社，1987，第258页。
③ 韵芳：《秘传食谱》，马启新书局，1936，第126、131、145页。
④ 程冰心：《家常菜肴烹调法》，中国文化服务社，1945，第12、13、20页。
⑤ 俞士兰：《俞氏空中烹饪》中菜组第五期，永安印务所，民国时期，第12—13页。
⑥ 梁实秋：《雅舍小品》，天津人民出版社，2011，第250页。
⑦ 李克明编《美味烹调食谱秘典》，大方书局，1946。

是十一部中数量最大的烹饪方法，这表明到了20世纪中叶中国烹饪方法已经从中古时期的主要以煮、蒸、炙为主要烹饪方式转变成为以快速烹饪的炒、爆、烩等为主流了。其中，川菜更是快速吸取了这种烹饪方式，使川菜的重油爆炒成为川菜烹饪方式上的一大特色。

到了20世纪五六十年代，重庆市实验餐厅火爆腰花成为当时重庆的名菜之一，成都厨师丁炳森烹制的生爆虾仁也是当时的名菜之一。20世纪七八十年代火爆之法更是运用较多，如1972年成都市饮食服务公司《四川菜谱》中列有川双脆，即火爆肚子与郡肝[①]，1977年四川蔬菜水产饮食公司的《四川菜谱》中则大量列有内脏的火爆法，计有白油肝片、鱼香肝片、火爆牛环喉、火爆牛肚梁、火爆腰花、火爆肚头等，也有姜爆鸭丝这样的名菜，其中记载的炒杂办，系用猪的肝、肉、腰、肚爆炒，[②]与川双脆一样，成为后来川菜肝腰合炒的源头。另1974年北京市第一服务局《四川菜谱》中酱爆肉丁、酱爆肉、火爆肚头等也是爆炒之法。[③]

应该看到，炒、爆等快速类烹饪方式的流行，正好与近代以来整个社会运行的快节奏相适应，所以得以广泛流行。川菜的急火重油类爆炒不仅有成菜迅速、方便食客的特点，更有使川菜菜品的鲜、香、色得以更好展现，这就更加造就了川菜的大众平民菜系特征。

（九）经典的豆瓣鲫鱼与大蒜鲢鱼的出现

巴蜀地区江河纵横，鱼类资源丰富，自古以来鱼的烹制技术就有特色。在传统川菜时期巴蜀地区的鱼类菜品中，可能以豆瓣鲫鱼与大蒜鲢鱼最为经典，也影响最大。

历史上有关鲫鱼的烹饪方式的记载在唐宋时期就出现了，如唐代孟诜

---

① 成都市饮食服务公司：《四川菜谱》，1972，第122页。
② 四川省蔬菜水产饮食服务公司：《四川菜谱》，1977，第72—83、153页。
③ 北京市第一服务局：《四川菜谱》，1974，第89、91、120页。

《食疗本草》中就记载了鲫鱼可用于和莼菜、姜酱、蒜一起烹饪的。[①]宋代陈元靓《事林广记》卷九中就记载了烧鲫鱼的烹调方法[②]，明代宋诩《宋氏养生部》中就记载了辣烹鲫鱼、法制鲫鱼的烹饪方法[③]。乾隆年间《调鼎集》中也记载了一道烧鲫鱼之法："腹填肉丝，油煎深黄色，酱油、酒、姜汁、豆粉收汤"[④]，有一点黄焖鲫鱼的影子。但这些烹饪技法与后来巴蜀地区的烧鲫鱼的方法差异还是较大的。

清代同治光绪间的《四季菜谱摘录》就记载了一道红烧鲫鱼的制作方法："鱼砍块，红烧，加肉块，大蒜，红汤上。"[⑤]在民国时期国内出版的菜谱中，只有程冰心的《家常菜肴烹调法》因是1945年在重庆初版，所以，受川菜的影响最为明显，故这个菜谱中最早记载了川菜中豆瓣鲫鱼的烹饪方法，说明豆瓣鲫鱼早在民国时期的巴蜀就较有影响了。从其记载来看，先将鱼切浸润纹，下锅炸成黄褐色，余油下酱油、糖、姜、醋、豆瓣、葱丝、冬菇炒，调豆粉入煮。[⑥]

民国时期，巴蜀地区的干烧鲫鱼在外影响较大，特别是《俞氏空中烹饪》中记载："干烧鲫鱼为川菜之有名者，锦江酒家此菜甚为著名。"用料有豆瓣辣酱、酒、红辣椒、葱末、姜末、盐等。在书中共记载了两种干烧鲫鱼的烹饪方法，一种是先将鱼用蒸或过水捞起，下锅炒料汁浇上，实际上类似今天我们的过水鱼。一种是先将鱼用油两面煎透备用，下锅炒料汁，将鱼放入略滚透盛起，将余汁浇上，是现在我们所指的干烧方式了。[⑦]

20世纪30年代重庆地区吃鱼也往往以豆瓣鱼、脆皮鱼、辣子鱼最为流行。[⑧]唐鲁孙曾谈到"在一般人的印象中，四川馆子最有名的是豆瓣鲫鱼"[⑨]。所以，钱歌川《战时零忆》也谈到豆瓣为川菜的代表，豆瓣鲫鱼为

---

① 孟诜：《食疗本草》，人民卫生出版社，1984，第90页。
② 陈元靓：《事林广记》卷九《饮馔》，元至顺西园精舍刊本。
③ 宋诩：《宋氏养生部》，中国商业出版社，1989，第138页。
④ 童岳荐：《调鼎集》，中州古籍出版社，1988，第215页。
⑤ 佚名：《筵款丰馐依样调鼎新录》，中国商业出版社，1987，第67页附《四季菜谱摘录》。
⑥ 程冰心：《家常菜肴烹调法》，中国文化服务社，1945，第30—31页。
⑦ 俞士兰：《俞氏空中烹饪》中菜组第一期，永安印务所，民国时期，第7—8页。
⑧ 《两吃鱼》，《南京晚报》，1938年10月4日。
⑨ 唐鲁孙：《中国吃的故事》，百花文艺出版社，2003，第61页。

鱼菜代表。[①]其实这道菜民国以来是巴蜀地区家庭中相当家常的一道菜，笔者父亲在家中一直就做这道菜。20世纪五六十年代，重庆市实验餐厅也经常烹制这道菜，其烹制的豆瓣鲫鱼肉质细嫩，味鲜美，兼酸辣而微带甜。[②]四川蔬菜水产饮食服务公司《四川菜谱》、1974年北京市第一服务局编的《四川菜谱》和1981年《中国菜谱》四川卷也详细记载这道豆瓣鱼。[③]其实，近几十年的一些巴蜀江湖菜，往往都从传统川菜的菜品发展而来，比如现在大足邮亭鲫鱼做法之一就有豆瓣鲫鱼与火锅融合的一点遗味，传统川菜的黄焖鲫鱼、干烧鲫鱼的味型也有传统豆瓣鲫鱼的影子。

川菜中见于记载较早的一道鱼菜是大蒜鲢鱼。实际上这里的鲢鱼应是我们称的鲇鱼，即鲢巴郎。早在清同治年间的《四季菜谱摘录》中记载了红烧鲢鱼："鱼砍块，红烧，加肉块、大蒜，红汤上"[④]，已经有大蒜鲢鱼的感觉，这应该就是今天大蒜烧鲢鱼的起源。早在《成都通览》中记载有蒜烧鲢鱼，只是没有记载具体的烹饪方法。[⑤]1937年邹瑞麟在成都三洞桥边开了一个小吃店带江草堂，以烹制软烧大蒜鲢鱼著称，故有"邹鲢鱼"之号。1960年《重庆名菜谱》中记载了大蒜烧鲢鱼的具体烹制方法：鱼切成方块微炸捞起，豆瓣下锅炸香下汤，将蒜瓣、醪糟汁、酱油、白糖、姜米放入，同时下鱼，烧好起锅前放入醋、葱花、水豆粉。[⑥]20世纪60年代初《中国名菜谱》中记载成都三洞桥的软烧大蒜鲢鱼先用豆瓣酱、蒜、姜米、酱油、盐炒料，后下水焖烧，起锅后剩汤入醋、糖、辣椒油，加芡，淋于鱼上即可，据称是"成色石朱红，味甜酸带辣，肉细嫩"[⑦]。

---

① 钱歌川：《钱歌川文集》，辽宁大学出版社，1988，第629页。
② 重庆市饮食服务公司：《重庆名菜谱》，重庆人民出版社，1960，第73页。
③ 四川蔬菜水产饮食服务公司：《四川菜谱》，内部印刷，1977，第155页。北京市第一服务局：《四川菜谱》，内部印刷，1974，第174页。《中国菜谱》四川卷，中国财政经济出版社，1981，第105—106页。
④ 佚名：《筵款丰馐依样调鼎新录》，中国商业出版社，1985，第68、149页附《四季菜谱摘录》。
⑤ 傅崇矩：《成都通览》，下册，巴蜀书社，1987，第258页。
⑥ 重庆市饮食服务公司：《重庆名菜谱》，重庆人民出版社，1960，第73页。
⑦ 商业部饮食服务业管理局编《中国名菜谱》第七辑，中国轻工业出版社，1960，第158页。

1981年《中国菜谱》四川卷中也记载了大蒜烧鲢鱼。[①]后来人们将其演变成红烧鱼，各种鱼都可以烹制，也发展成大蒜烧鳝鱼、大蒜烧江团、大蒜烧青波等。

（十）从满族跳神肉到川式蒜泥白肉

白肉，又名白切肉、白片肉、白肉片、白煮肉。早在北魏贾思勰的《齐民要术》中就记载了腊白肉：“腊白肉，一名白烹肉，盐豉煮令向熟，薄切，长二寸半，广一寸准，甚薄下新水中，与浑葱白、小蒜、盐豉清。”[②]显然这种腊白肉已经有白煮与拌葱、蒜而食的白肉雏形了。唐代《北户录》引颜之推称有“瀹白煮肉”[③]。到了北宋孟元老《东京梦华录》卷四《食店》也就谈到有白肉，[④]只是不知是否是《齐民要术》中记载的白烹肉，也不知是否是我们谈到清代以来的白肉片。据《都城纪胜·食店》记载：“又有误名之者，如呼熟肉为白肉是也，盖白肉别是砧压去油者。”[⑤]好像宋代的白肉又并不仅是指我们后来煮熟后蘸料而食的白肉、白煮肉，而是也指用砧将油榨去的肉。

明代韩邦奇《苑洛集》卷二、明代周文华《汝南圃史》卷九就有白煮肉的记载，只是我们不知道具体的烹饪方式。较早记载具体烹饪方法的是乾隆年间袁枚《随园食单》：“白片肉，须自养之猪，宰后入锅，煮到八分熟，泡在汤中，一个时辰取起。将猪身上行动之处，薄片上桌。不冷不热，以温为度。此是北人擅长之菜，南人效之，终不能佳。且零星市脯，亦难用也。寒士请客，宁用燕窝，不用白片肉，以非多不可故也。割法须用小快刀片之，以肥瘦相参，横斜碎杂为佳，与圣人‘割不正不食’一语

---

① 《中国菜谱》四川卷，中国财政经济出版社，1981，第108—109页。
② 贾思勰：《齐民要术》卷八，中华书局，1956，第139页。
③ 段公路：《北户录》卷二，中华书局，1985，第30页
④ 孟元老：《东京梦华录》卷四《食店》，中州古籍出版社，2010，第82页。
⑤ 耐得翁：《都城纪胜·食店》，中国商业出版社，1982，第6页。

截然相反。其猪身肉之名目甚多。满洲跳神肉最妙。”[①]正因如此，《清代野史大观》称白肉源于满族跳神肉。同时乾隆年间《醒园录》也记载有江南的白煮肉法：“白煮肉法，凡要煮肉，先将皮上用利刀横立刮洗三四次，然后下锅煮之。随时翻转，不可盖锅，以闻得肉香为度。香气出时，即抽去灶内火，盖锅闷一刻捞起，片吃食之有味。（又云，白煮肉当先备冷水一盆置锅边，煮拨三次，分外鲜美）。”[②]同治年间童岳荐《调鼎集》记载白片肉，在《随园食单》的基础上有一定的发展：

> 白片肉，须自养之猪，宰后入锅煮到八分熟，泡在汤中一个时辰。取起，将猪身上行动之处薄片上桌。此是北人擅长之物菜，南人效之终不能佳。且零星市脯亦难用也。寒士请客，宁用燕窝不用白片肉，以非多不可也。割法须用小刀片之，以横斜碎杂为佳，与圣人“割不正不食”一语截然相反。又凡煮肉先将皮上用利刀横、立割，洗三四次，然后下锅煮之，不时翻转，不可盖锅，当先备冷水一盆置锅边，煮拨三次，闻得肉香即抽去火，盖锅焖一刻，捞起分用，分外鲜美。又，忌五花肉，取后臀诸处，宜用快小刀披片，不宜切，蘸虾油、甜酱、酱油、辣椒酱。又，白片肉配香椿芽米，酱油拌。[③]

这则记载十分珍贵，首先再次强调这种菜品为北方人的菜品，更重要的是谈到食用白肉开始用辣椒酱，已经与川式白肉相对较为接近了。

另《清稗类钞》称早在乾隆年间福康安在四川某驿站就食到白片肉，只是当时白片肉不过是用水煮熟后蘸酱油、香油食，比较简单[④]，可以反映出白片肉传入四川地区较早，可能是与满族人进入有关。所以，到了道光、咸丰年间，《旧账》中已经有白煮肉作为巴蜀民间田席的重要菜品

---

① 袁枚：《随园食单》，江苏古籍出版社，2000，第20页。
② 李调元：《醒园录》，中国商业出版社，1984，第24页。
③ 童岳荐：《调鼎集》筵席菜肴编，中州古籍出版社，1988，第101—102页。
④ 徐珂：《清稗类钞》第四十八册，商务印书馆，1928，第232页。

了。清末白肉已经是巴蜀地区民间一般老百姓的主要肉食，所以清末周询《芙蓉话旧录》中记载："其次则饭馆，仅有家常肉蔬之品，以白片肉为最普通。"[①]而《成都通览》中记载的家常便菜中就有"白肉"和"椿芽白肉"两道。[②]

袁枚《随园食单》主要反映的是乾隆年间江南地区的菜品情况，可以知道白片肉、芙蓉肉、荔枝肉、韭菜炒肉丝、瓢儿菜、高邮腌蛋等已经出现，但这些菜名在晚清才出现在川菜谱里面，这也说明有可能是北人先将白片肉传到江南，再从江南地区传入巴蜀，所以清代江南移民对川菜的影响是很大的。巴蜀式的蒜泥白肉，可能与北方移民有关，也可能与江南移民有关。

前面谈到明清时期就有白煮肉出现。到了民国时期白切肉已较为普遍，1915年的《中学教师学校烹饪教科书》和1920年的《童子军烹饪法》中就记载了白煮猪肉、白煮肉[③]，而且已经形成一些地方版的白肉。如广东版白肉，其烹制方法相当特别，先是将猪肉抹猪血蒸或包鸡腹中蒸，第二步是放入鸡汤中煮一下，第三步才是切片，然后蘸酱油、醋、生姜吃，据称这种烹饪白肉法是"广东罗定州"的最好，显然是粤菜版的白肉。[④]还有一种上海版的白切肉，烹饪程序是先将肉放在水中稍煮，然后用火烧熟，最后才切片和酱油、姜末或芥末拌着吃。[⑤]杨步伟编纂的*How to cook and eat in Chinese*（《中国食谱》）中记载"White-cooked meat"，可以译成"白切肉"。[⑥]1945年出版的《家常菜肴烹调法》中记载的白切肉已经与今天多食用的四川蒜泥白肉较为接近了：一是只需要用水煮熟，而煮肉的水可以用来做豆腐菠菜汤；二是除了加酱油、芥末（姜末）外，开始加蒜酱，已

---

① 周询：《芙蓉话旧录》，四川人民出版社，1987，第33页。
② 傅崇矩：《成都通览》下册，巴蜀书社，1987，第279页。
③ 萧闳叟：《中学教师学校烹饪教科书》，商务印书馆，1915，第16页。蒋干等：《童子军烹调法》，商务印书馆，1920。
④ 韵芳：《秘传食谱》，马启新书局，1936，第101—102页。
⑤ 许哪、高剑：《食谱大全》，国光书店，1947，第63页。
⑥ Buwei Yang Chao，*How to cook and eat in Chinese*. New york：The John day company，1945，p.73.

经有一点川式蒜泥白肉的感觉了。[①]

现代版的川式蒜泥白肉成型是在20世纪中前期，20世纪20年代创立的成都福兴街的竹林小餐的蒜泥白肉，应该是较早的川式白肉成名菜品。重庆市饮食服务公司编的《重庆名菜谱》中记载了重庆著名的小竹林餐厅烹制的蒜泥白肉，一是分成两段煮肉后用原汁浸泡猪肉，一是用山奈、八角、花椒、老姜、白糖做成的红酱油，再用辣椒做成红油，食时用红酱油、红油、蒜泥淋上。后来人们又将这种红酱油称为复制酱油，专门用于白肉调料。近些年来，蒜泥白肉的调料不断丰富，红油中放入的香料越来越多，还要加入花椒、桂皮等，往往加香醋调味，加芝麻酱增香，使川味蒜泥白肉更显现复合味的特征。在蒜泥白肉中已经出现一些地方性品种，如宜宾李庄白肉、成都竹林白肉、中江廖白肉等。有人认为李庄白肉是来源于20世纪三四十年代温姓老板在慧光寺旁开的“留芳”饭店的蒜泥裹脚肉[②]，是抗战时期文化人陶孟建议改称“李庄刀工蒜泥白肉”的，这也可能是李庄白肉的直接来源，但此文认为可以将李庄白肉追溯到先秦的僰人可能就失之严谨了。

需要指出的是，白片肉的出现可能与后来回锅肉的出现有关，也就是说，如果我们要从历史人类学角度去研究回锅肉的起源，可能有两个源头，一个是祭祀肉使用完后的直接回锅，一是剩余白肉的回锅加工。

（十一）中国传统白切鸡与川味白砍鸡

白砍鸡这道菜原来并不是川菜的典型菜，此菜在历史上又称白煮鸡、白片鸡、白斩鸡、白切鸡、白砍鸡。早在明代张大复《醉菩提传奇》卷上就有“白斩鸡蒜泥蘸酱”的记载，到清乾隆年间的《随园食单》中称白片鸡：“肥鸡白片，自是太羹、元酒之味。尤宜于下乡村、入旅店烹饪不及

---

① 程冰心：《家常菜肴烹调法》，中国文化服务社，1945，第9页。
② 左照环：《李庄白肉的传说》，《四川烹饪》2008年第8期。

之时，最为省便。煮时水不可多。”[①]后来《调鼎集》中也记载：“白片鸡，肥鸡白片，自是太羹元酒之味。尤宜于下乡村，入旅店烹饪不及时最为省便。又河水煮熟取出沥干。稍冷用快刀片，取其肉嫩而皮不脱，虾油、糟油、酱油，俱可蘸用。”[②]我们同时发现在清佚名《御膳单》中就有白煮鸡之菜。[③]

关于巴蜀地区的白砍鸡最早的记载，来源于清代同治光绪年间的《四季菜谱摘录》中一道椒麻盐鸡，做法类似白砍鸡：“鸡煮好，切片，用葱、椒、盐槌茸，加香油拌上。”[④]还记载有一道姜汁鸡：“鸡煮好，切片，加姜、香油、豆油拌上。”[⑤]《成都通览》也有记载姜汁鸡和白炖鸡，只是没有记载具体的烹饪方法。[⑥]总的来看，不论是椒麻盐鸡或是姜汁鸡，两者的做法应该相差不大，但总体拌料比前面《随园食单》和《调鼎集》中的记载更丰富，但又比后来的川式白砍鸡调料更显单一。

在民国时期，全国性的菜谱中对这道菜的记载都较多，如民国初年李公耳的《家庭食谱》中就有了记载。到30年代韵芳的《秘传食谱》中就记载了三种吊水白斩鸡，另还记载了白切鸡，所用的调料有芥末。[⑦]1932年初版的《家庭卫生烹调指南》一书，也记载了白切鸡的做法，调料相当简单，只用酱油和芥末。[⑧]在二三十年代，重庆人眼中以湖北的白斩鸡最为有名，而不是本土的白斩鸡。[⑨]在日本人的中国料理书中，大正十三年的北原美佐子《家庭向的支那料理》一书中记载了白切块鸡的做法，其中主要用了酱油和糖为蘸料。[⑩]昭和五年（1931）出版的大冈茑枝《一般向支那料

---

① 袁枚：《随园食单》，江苏古籍出版社，2000，第32页。
② 童岳荐：《调鼎集》酒茶点心编，中州古籍出版社，1991，第154页。
③ 佚名：《御膳单》，清宣统二年钞本。
④ 佚名：《筵款丰馐依样调鼎新录》，中国商业出版社，1987，第53页，另附录《四季菜谱摘录》。
⑤ 同上，第52页，另附录《四季菜谱摘录》。
⑥ 傅崇矩：《成都通览》下册，巴蜀书社，1987，第279页。
⑦ 韵芳：《秘传食谱》，马启新书局，1936，第188—193页。
⑧ 胡华封：《家庭卫生烹调指南》，商务印书馆，1936，第75页。
⑨ 顺《醋溜鸡》，《南京晚报》1938年9月26日。
⑩ 北原美佐子：《家庭向的支那料理》，北原铁雄，1924，第33页。

理》也记载了白切油鸡，用麻油、酱油为蘸料。[①]《中国食谱》中记载有“White-Cut Chicken”，即“白切鸡”，其做法是先将鸡肉放入水中武火煮至沸腾，后用文火慢煮2—2.5小时，焖一会儿后取出冷却，再后将鸡肉切成鸡块放入盘中，浇上酱油或其他酱汁便可成为不同风味的鸡肉，如椒麻鸡是将20—30颗四川胡椒（川椒）或花椒炒一分钟，从煮鸡肉的汤表面铲三汤匙鸡油，与辣椒籽一起放入锅内炒热后加上四汤匙酱油，搅拌均匀后浇到盘中的鸡肉上便是椒麻鸡。此书又记载：“这道菜在四川的通常吃法是再加上几汤匙的辣椒粉一起食用。”[②]已经谈到少不了辣椒的巴蜀版白煮鸡的特色了。同时代的程冰心的《家常菜肴烹调法》中记载的白切肉要放酱油、姜末、蒜酱拌食，或可将煮肉后剩下的肉汤煮豆腐、菠菜汤[③]，已经明显有四川人吃白肉的习惯特征。另《俞氏空中烹饪》曾记载有棒棒鸡，又称麻辣鸡，是用粉皮、红海椒油、盐、糖、芝麻酱等拌吃，很有特色。[④]

20世纪中叶以来，川味白砍鸡的烹饪更加成熟完善，而且演变出许多新的流派、亚种，虽然总体上是将鸡用水煮熟切片（条），然后蘸调料或将调料拌入鸡片（条）中而食，只是由于加入调料不同，对鸡煮后处理方法不同，形成不同的名称而形成不同的菜品。如1960年重庆市饮食服务公司编的《重庆名菜谱》中的颐之时的椒麻鸡；成都市饮食公司1961年编的《四川菜谱》第一辑中的怪味鸡块，第2辑的棒棒鸡丝，第3辑中的自拌鸡丝；1972年成都市饮食服务公司编《四川菜谱》中的怪味鸡、棒棒鸡丝、豆芽拌鸡丝、自拌鸡丝；1972年《内江烹饪技术教材》中的怪味鸡、银芽拌鸡丝等；1974年北京市第一服务局《四川菜谱》中的怪味鸡、姜汁鸡块、红油鸡、椒麻鸡等；1977年《四川菜谱》的椒麻鸡、怪味鸡块；1980年四川省饮食服务技工学校《烹饪专业教学菜》中的怪味鸡、椒麻鸡、麻椒鸡片等。在以上众多白味鸡的烹饪过程中，有时鸡在白煮时会加上调

---

① 大冈茑枝：《一般向支那料理》，栅枫会，1930，第117页。
② Buwei Yang Chao, *How to cook and eat in Chinese*. New york: The John day company, 1945, p.96.
③ 程冰心：《家常菜肴烹调法》，中国文化服务社，1945，第9页。
④ 俞士兰：《俞氏空中烹饪》中菜组第三期，永安印务所，民国时期，第28页。

料，以增加味的多元复合性。总的来看，四川风味的白切鸡在四川除称白砍鸡外，由于烹饪方法的多样化，特别是调料的逐渐丰富，名称繁多，味型越来越丰富。历史上还出现过乐山杨鸡肉、周鸡肉的白砍鸡，合州棒棒鸡等名小吃，其中合州棒棒鸡实际上是白切鸡丝，所以又称“合州鸡丝”，早在民国时期就名气很大了。[①]杜若之《旅渝向导》一书中列举了两种川菜代表，除了回锅肉外，就是这道合州鸡丝，又俗称棒棒鸡。[②]另历史上成都青石桥棒棒鸡和青神县汉阳麻辣怪味鸡也是很有名气[③]，而当今重庆丰都麻辣鸡、四川荥经周记麻辣鸡、乐山棒棒鸡也是较为有名的品牌。

（十二）象形类的樱桃肉和芙蓉类名菜品的出现与名实变化

在中国烹饪中，用文雅加象形的名称来命名菜品是一个传统，川菜也不例外。在川菜中以樱桃肉和芙蓉类名称的菜品尤为突出。

樱桃肉这道菜最早见于清中叶的《调鼎集》中，原本主要指称的是江浙一带扬州菜的菜品，其最早的制法是：“樱桃肉，切小方块如樱桃大，用黄酒、盐水、丁香、茴香、洋糖同烧。又油炸蘸盐。又，外裹虾脯蒸。”[④]可以说，这本是一道荤菜，只是因外形像成熟的樱桃而得名。同时，这道菜原本也不是一道地地道道的川菜，而是一道江南地区的菜品，可能是在“湖广填四川”时由移民带入巴蜀地区，才逐渐形成了巴蜀版的樱桃肉。

道光咸丰年间《旧账》中已经出现了樱桃肉，可能是江南移民进入带来的菜品。不过，在咸丰、同治年间的《筵款丰馐依样调鼎新录》《四季菜谱摘录》中并无樱桃肉的影子，但这道菜在后来的菜谱又多有出现，如光绪年间的《成都通览》中多次出现樱桃肉。到民国时期，这道菜普遍出

---

① 吴济生：《新都闻见录》，光明书局，1940，第117页。
② 杜若之：《旅渝向导》，巴渝出版社，1938，第38页。
③ 车辐、熊四智等：《川菜龙门阵》，四川大学出版社，2004，第286页。曹伯亚：《游川日记》，中国旅行社，1929，第50页。
④ 童岳荐：《调鼎集》筵席菜肴编，中州古籍出版社，1988，第98页。

现在全国性的菜谱中，连日本人编的《支那料理》中也将这道菜列为猪肉菜的头菜[①]，显然并不是一道很典型的川菜。近些年来，由于樱桃肉的味型适应性和制作繁杂，在川菜中的影响也大大削弱。

用芙蓉命名菜品的记载最早可能是在明代，如高濂《遵生八笺》卷十二《饮馔服食笺》记载："芙蓉花，采花，去心蒂，滚汤泡一二次，同豆腐，少加胡椒，红白可爱。[②]不过，这里要指出的是早期的芙蓉类菜品真是用芙蓉花与豆腐做成的菜品。但我们发现清代的大多数记载中，往往并不是用真正的芙蓉花来做菜，而是用鸡蛋、豆腐等做成类似芙蓉颜色或形状的菜品。如《随园食单》记载芙蓉豆腐是："用豆脑放井水泡三次，去豆气，入鸡汤中滚起锅时加紫菜、虾肉。"[③]后据《调鼎集》记载的芙蓉豆腐也是这样的做法，只是俏料更丰富一些，烧制更复杂一点。[④]

袁枚《随园食单》卷二还记载一道芙蓉肉，至今在杭州仍是名菜："芙蓉肉，精肉一斤，切片，清酱拖过，风干一个时辰。用大虾肉四十个，猪油二两，切骰子大，将虾肉放在猪肉上。一只虾，一块肉，敲扁，将滚水煮熟撩起，熬菜油半斤，将肉片放在有眼铜勺内，将滚油灌熟。再用秋油半酒杯，酒一杯，鸡汤一茶杯，熬滚，浇肉片上，加蒸粉、葱、椒，糁上起锅。"[⑤]《清稗类钞》中记载的这道菜略有差异："芙蓉肉者，瘦猪肉切片，浸于酱油，风干二小时，用大虾肉四十个，猪油二两，切如骰子大，将虾置猪肉上，一只虾、一块肉，敲扁，滚水煮熟，撩起，熬菜油半斤，置肉片于有眼铜勺中，将滚油灌熟，再用酱油半小杯、酒一杯，鸡汤一大杯，熬滚，浇肉片，加蒸粉葱椒糁之，起锅。"[⑥]童岳荐《调鼎集》中还记载了一道芙蓉鸡："芙蓉鸡，嫩鸡去骨，刮下肉，配松仁、

---

① 福田谦二：《支那料理》，日本大阪杉冈文乐堂，1931，第9页。
② 高濂：《遵生八笺》卷十二《饮馔服食笺》，巴蜀书社，1988，第715页。徐珂：《清稗类钞》，商务印书馆，1928，第324页，转引此条称将芙蓉花去蒂在汤中泡一二次，加胡椒，入豆腐煮之。
③ 袁枚：《随园食单》，江苏古籍出版社，2000，第52页。
④ 童岳荐：《调鼎集》筵席菜肴编，中州古籍出版社，1988，第277页。
⑤ 袁枚：《随园食单》，江苏古籍出版社，2000，第22、23页。
⑥ 徐珂：《清稗类钞》，商务印书馆，1928，第234页

笋、山药、蘑菇或香蕈各丁，如遇栗菌时，用以作配更好，酒、醋、盐水作羹。”[1]另《调鼎集》中还记载了一道芙蓉蛋，是“取蛋白打稠炖熟，用调羹舀作芙蓉瓣式，鸡汁脍”[2]，在鸡蛋造型上下功夫。从以上菜品来看，当时所谓芙蓉之称不过是用一些虾、菌、鸡蛋作为俏料来做成像芙蓉之状的菜品，并不是直接用芙蓉花来制作的。

清后期的四川菜谱中，开始出现了芙蓉名称菜品的制作之法，但普遍是用一种鸡蛋花制成像芙蓉之状，如《筵款丰馐依样调鼎新录》中记载的芙蓉燕窝、芙蓉鲫鱼、芙蓉豆腐。[3]另《成都通览》中也详细了芙蓉豆腐的制法，其制法是“（豆腐）改小丁，鸡皮带芡，栎仁、火肘、口毛烩面”[4]，也是这样的。但巴蜀民间流传的芙蓉豆腐有另一种版本，如杨燮《锦城竹枝词》称：“仿绍不真真绍有，芙蓉豆腐是名汤。”按竹枝词的注文来看，是厨师临时将芙蓉花与豆腐等烩在一起充数的汤[5]，又与明代高濂《遵生八笺》记载直接用芙蓉花近似。

显然，与江南地区用虾、菌做芙蓉状不一样的是，在传统川菜中往往是用鸡蛋做成芙蓉花状，产生了一系列芙蓉菜品。如现在许多人将芙蓉豆腐作为典型的川菜，我们熟知的芙蓉豆腐不过是豆腐加一些俏料烧制如出水芙蓉之意，历史上这道菜的记载也证明如此，

民国时期，有关芙蓉名称的菜品多了起来，如杨步伟编纂的*How to cook and eat in Chinese*（《中国食谱》）中记载芙蓉鸡片（Fu-yung Chicken Slices）、芙蓉鱼片（Fu-yung Fish Slices）、芙蓉虾仁（Shrimp Fu-yung）、芙蓉蛋（Egg Fu-yung）、芙蓉燕窝汤（Fu-yung Bird，S-nest Soup）等菜品。[6]1936年出版的《秘传食谱》中记载了芙蓉鲫鱼。[7]时希圣《家庭新食

① 童岳荐：《调鼎集》，中国商业出版社，1986，第267页。
② 童岳荐：《调鼎集》筵席菜肴编，中州古籍出版社，1988，第12页。
③ 佚名：《筵款丰馐依样调鼎新录》，中国商业出版社，1987，第10、64、98页。
④ 傅崇矩：《成都通览》下册，巴蜀书社，1987，第276页。
⑤ 林孔翼：《成都竹枝词》，四川人民出版社，1986，第53页。
⑥ Buwei Yang Chao，*How to cook and eat in Chinese*. New york：The John day company，1945，p.92、113、118、135、170。.
⑦ 韵芳：《秘传食谱》，马启新书局，1936，第286页。

谱》中记载了芙蓉鱼烹制方法。[①]

20世纪五六十年代重庆民族路餐厅烹制的芙蓉鸡片，虽然用了鸡蛋，但主要是指色泽纯美、泡如雪花，故名。[②]成都市饮食公司1961年编的《四川菜谱》第一辑中的芙蓉肉片以黄白鲜明、形如芙蓉而得名。[③]1960年出版的《中国名菜谱》第七辑（四川名菜点）中记载的成都芙蓉餐厅中的芙蓉肉片烹制方法特别，需要先用蛋做成白芙蓉，然后用蛋清包裹肉片烤炸，最后再加香料沸油增香，再放上白芙蓉，做到形神皆备。[④]1972年成都市饮食服务公司《四川菜谱》中列有芙蓉肉片、芙蓉肉糕、芙蓉鸡片、芙蓉虾仁、芙蓉月光鸽蛋。[⑤]再如1977年四川省蔬菜水产饮食服务公司编的《四川菜谱》的芙蓉肉糕，也是以用鸡蛋黄色肉丝与胭脂糖黄红相间得名，另同书记载的芙蓉鸡片也是因洁白美观形似“芙蓉”而得名。[⑥]1974年北京市第一服务局《四川菜谱》中有芙蓉鸡片、口蘑芙蓉蛋汤。[⑦]1980年四川省饮食服务技工学校《烹饪专业教学菜》中也有芙蓉鸡片、芙蓉兔片。[⑧]

（十三）调、俏、佐三合一的巴蜀豆豉与水豆豉的制作历史

巴蜀地区的很多菜品，既可以作为烹饪的调料使用，也可以作为菜品的俏料使用，同时也可以单独佐餐下饭，功能上呈现三合一。在川菜语境中的豆豉便是如此。

豆豉在中国古代又称大苦，早在《楚辞·招魂》中就记载“大苦咸酸，辛甘行些”，王逸注称“大苦，豉也”。而汉代刘熙《释名·释饮

---

① 时希圣：《家庭新食谱》，中央书店，1935，第164页。
② 重庆市饮食服务公司：《重庆名菜谱》，重庆人民出版社，1960，第58页。
③ 成都市饮食公司：《四川菜谱》第一辑，内部刻印，1961，第14页。
④ 商业部饮食服务业管理局编《中国名菜谱》第七辑，中国轻工业出版社，1960，第73—74页。
⑤ 成都市饮食服务公司：《四川菜谱》，1972，第8、27、84、158、249页。
⑥ 四川省蔬菜水产饮食服务公司：《四川菜谱》，1977，第37、113页。
⑦ 北京市第一服务局：《四川菜谱》，1974，第146、215页。
⑧ 四川省饮食服务技工学校：《烹饪专业教学菜》，内部刻印，1980，第213、217页。

食》中也称："豉，嗜也，五味调和，须之而成，乃可甘嗜也。"[①]可知豆豉制品出现较早。北魏贾思勰《齐民要术》中详细记载了一般的豆豉的制作方法，同时记载了食经豆豉法、作家理食豆豉法。其记载的煮豆微软、晾晒生黄衣、洗尽窖藏的三大过程，[②]与今天我们一般制作豆豉基本相似了。唐代韩鄂《四时纂要》也记载了豆豉和咸豆豉的做法："作豆豉，黑豆不限多少，三二斗亦得。净淘，宿浸，漉出，沥干，蒸之令熟。于簟上摊，候如人体，蒿覆一如黄衣法。三日一看，候黄上遍即得；又不可太过。簸去黄，曝干，以水浸拌之，不得令大湿，又不得令大干，但以手捉之，使汁从指间出为候。安瓮中，实筑，桑叶覆之，厚可三寸。以物盖瓮口，密泥于日中七日，开之，曝干。又以水拌，却入瓮中，一如前法，六、七度，候极好颜色，即蒸过，摊却大气，又入瓮中实筑之，封泥，即成矣。"[③]又记载咸豆豉："咸豉，大黑豆一斗，净淘，择去恶者，烂蒸，一依腌黄衣法，黄衣遍即出。簸去黄衣，用熟水淘洗，沥干。每斗豆用盐五升，生姜半斤，切作细条子，青椒一升拣净，即作盐汤如人体，同入瓮器中。一重豆，一重椒，姜，入尽，即下盐水，取豆面深五七寸乃止。即以椒叶盖之，密泥于日中著。二七日，出，晒干。汁则煎而别贮之，点素食尤美。"[④]在孟诜《食疗本草》和陈藏器《本草拾遗》中有记载唐代的陕州和蒲州的豆豉较为有名，但巴蜀地区豆豉的影响在当时并不大。后来，《居家必用事类全集》中记载了金山寺豆豉、咸豆豉、淡豆豉的制作方法[⑤]，明代宋诩《竹屿山房杂部》中也记载了淡豆豉和香豆豉的制作方法[⑥]。但以上制作方法并没有标明是在巴蜀地区，所以我们并不知道这个时期巴蜀地区豆豉的特色所在。

宋元之际陈元靓编的《事林广记》记载了"西川豆豉"，其称："用

---

① 刘熙：《释名·释饮食》，中华书局，1985，第63页。
② 贾思勰：《齐民要术》卷八《作豉法》第七十二，中华书局，1956，第125—127页。
③ 韩鄂：《四时纂要》卷三，农业出版社，1981，第161页。
④ 同上。
⑤ 《居家必用事类全集》己集，书目文献出版社，第145页。
⑥ 宋诩：《竹屿山房杂部》卷五《养生部》，文渊阁四库全书本。

黑豆一斗，于腊月大寒节内逢庚日浸豆，癸日煮豆，熟烂控干，用净草包在萝内，仍用石压干为度，仍用好酒解开，拌湿，用小瓮盛了，泥封一面不动，直至次年六月大暑节内，逢庚日开，用橘叶、椒叶晒干为度。”[①]这应该是有关巴蜀地区最早的豆豉制品记载。后来元代《居家必用事类全集》中记载了成都府豆豉汁法。[②]可见宋元之际巴蜀地区的豆豉制造是较为发达且有特色的。清代前期，童岳荐《调鼎集》也记载了豆豉制法，但与元代的西川豆豉制法差异较大：“黄豆一斗，晒干去皮；菜瓜丁三升，要一日晒干；杏仁三升煮去皮，米再煮再浸，共五次，淬冷水再浸半日，以无药味为要；砂仁、大茴、小茴、川椒、陈皮各四两，姜丝一斤，紫苏十斤，阴干铺底，甘草四两，陈酱油十碗，将前药拌匀，如干粥盛缸内，闷一宿，如干，再照前酱油、酒数拌匀，装饼要装结实，泥头四面二十一日。”[③]显然，巴蜀地区豆豉制法可能是自成一体的。

清代《清稗类钞》中专门记载了四川豆豉：“豆豉之制，四川为最，出隆昌者大佳。”[④]遗憾的是今天隆昌豆豉的传承并不明显，我们已经不知道其具体的制作方法了。巴蜀地区著名的潼川府豆豉和永川豆豉，直接的传承只可以溯到清代。一般认为潼川豆豉起源于清初，据记载早在康熙九年（1670），江西人邱正顺的祖先迁到潼川府三台县就开始在南门外经营水豆豉，名气逐渐大起来。到了后来邱正顺时，在东街开设“正顺”酱园，影响很大。道光年间，卢正顺在东街开“德裕丰”酱园、冯扑斋（一说袁姓）在老西街开“长发洪（鸿）”酱园，生产豆豉，也是名气很大。[⑤]民国时期四川三台县的潼川豆豉和射洪县太和镇的太和豆豉最为有名，甚至还有加红苕、生姜制成的家常豆豉。[⑥]在20世纪二三十年代，三台县城内

---

① 陈元靓编《事林广记》卷八，元致顺间西园精舍刊本。

② 《居家必用事类全集》己集，书目文献出版社，第145页。

③ 童岳荐：《调鼎集》，中国商业出版社，1986，第496页。

④ 徐珂：《清稗类钞》第四十八册，商务印书馆，1928，第327页。

⑤ 刘朝根、杨运筹：《潼川豆豉》，《绵阳市文史资料选辑》第5辑。《潼川豆豉》，《四川商业志通讯》1985第1期。

⑥ 曾智中、尤德彦：《李劼人说成都》，四川文艺出版社，2007，第266页。

“批贩络绎不绝”[①]，远销陕西及省内各县。离三台县不远的射洪县太和镇，在同治至光绪年间，先后出现了万长顺、鲁德顺、福太昌酱园，生产太和豆豉，影响也不小。[②]永川地区的永川豆豉的起源往往被蒙上传奇色彩，如许多文献都认为是明末清初崔太婆偶然发现豆子长毛而发明，将其推到明代崇祯十七年（1644），不同的是有财主催租和躲避张献忠之乱两个原因之说。[③]其实，毛霉性豆豉出现时间较早，所谓崔太婆明末清初才发明并不可信。据记载民国时期，永川豆豉已经较有名气，如有鼎丰号、三荣祥、松溉吉祥号等二十多家[④]，影响就已经较大了。

现在巴蜀菜中有水豆豉，水豆豉是巴蜀地区特有的风味调味副食。在中国最早的水豆豉记载可能出现在明代，高濂《遵生八笺》卷十二《饮馔服食笺》记载：“水豆豉法，将黄子十斤，好盐四十两，金华甜酒十碗。先日用滚汤二十碗，充调盐作卤，留冷淀清听用。将黄子下缸，入酒，入盐水，晒四十九日，完，方下大小茴香各三两，草果五钱，官桂五钱，木香三钱，陈皮丝一两，花椒一两，干姜丝半斤，杏仁一斤，各料和入缸内。又晒又打三日，将坛装起，隔年吃方好，蘸肉吃更妙。”[⑤]另陈继儒《致富奇书》卷四四记载的水豆豉法与此略同，后来康熙年间的《食宪鸿秘》记载也一样[⑥]，但以上水豆豉做法与四川现在的煮熟发酵的水豆豉做法并不一样。

清代乾隆年间李化楠《醒园录》卷上：“做水豆豉法，做就黑豆黄十斤，配盐四十两，金华甜酒十碗。先用滚汤二十碗，泡盐作卤，候冷澄清，将黄下缸，入盐水并酒，晒四十九日。下大小茴香、紫苏叶、薄荷叶各一两剉粗末，甘草粉、陈皮丝各一两，花椒一两，干姜丝半斤，杏仁去皮尖一

① 民国《三台县志》卷十三《物产志》，三台新民印刷公司印本。
② 鲁智道：《太和豆豉》，《射洪县文史资料选辑》第2辑。
③ 李树人等：《川菜纵横谈》，成都时代出版社，2002，第34—35页。吴永厦：《毛霉永川豆豉的特点与原产地保护的探讨》，《中国酿造》2006年8期。《永川豆豉酿制技艺》，《重庆文理学院学报》2015年4期。
④ 重庆市地方志编纂委员会：《重庆市志》第9卷，西南师范大学出版社，2005，第420页。
⑤ 高濂：《遵生八笺》卷十二饮馔服食笺，巴蜀书社，1988，第698页。
⑥ 朱彝尊：《食宪鸿秘》，中国商业出版社，1985，第57页。

斤，各料和入缸内再搅，晒二三，用坛装起，泥封固。隔年吃极妙，蘸肉吃更好。按陈、椒、姜、杏四味，当同黄一齐下晒，或候晒至二十多天下去亦可。若待来年吃之，即当照原法晒为妥。”[①]李氏的记载与上面的记载略有出入，但大体程序相同。同治光绪年间薛宝辰的《素食说略》记载水豆豉法则是用豆豉水来作为调料，与上面的记载又不完全一样。[②]

真正记载巴蜀地区水豆豉的是曾懿《中馈录》，其称：

> 大黄豆淘净煮极烂，用竹筛捞起：将豆汁用净盆滤下，和盐留好。豆用布袋或竹器盛之，覆于草内。春暖三四日即成，冬寒五六日亦成，惟夏日不宜。每将成时必发热起丝，即掀去覆草，加捣碎生姜及压细之盐，和豆拌之，然须略咸方能耐久。拌后盛坛内，十余日即可食。用以炒肉、蒸肉，均极相宜。或搓成团，晒干收贮，经久不坏。如水豆豉，则于拌盐之后取若干，另用前豆豉汁浸之，略加辣椒末、萝卜干，可另装一坛，味尤鲜美。[③]

这是我们今天巴蜀豆豉和水豆豉具体的做法记载，与上面没有煮熟覆草发酵过程的水豆豉方法有较大的差异。巴蜀水豆豉在制作方法上因为有一个煮熟后覆草发酵的过程，所以，只需要不到二十天即可制成，而且加上辣椒后，味道更加特别。对此，民国时期李劼人记载水豆豉的做法是：“咸豆豉发酵后，蓄酵起涎，调水稀释（淡茶最好），加入干笋、萝卜丁、生盐、花椒、辣椒末者，乃成都家常做法，名曰水豆豉。”[④]巴蜀地区水豆豉与历史上记载全国各地的水豆豉的这种差异，显现了水豆豉传入巴蜀后在巴蜀本土饮食文化的影响下的重新塑造。不过，在近代由于移民文化的影响，现在巴蜀地区流行水豆豉的地区已经不多了，主要在四川盆地

---

① 李化楠：《醒园录》卷上，中国商业出版社，1984，第13页。
② 薛宝辰：《素食说略》，中国商业出版社，1984，第9页。
③ 曾懿：《中馈录》，中国商业出版社，1984，第12—13页。
④ 曾智中、尤德彦：《李劼人说成都》，四川文艺出版社，2007，第267页

南部产食相对较多。

（十四）传统川式腌制菜的发展与菜品烹饪的进入

中国历史上很早就出现了腌制法，汉代刘熙《释名·释饮食》中就认为：“菹，阻也，生酿之，遂使阻于寒温之间，不得烂也。”[①]到了北魏贾思勰的《齐民要术》中有“蜀芥咸菹法”的记载，说明很早的时期巴蜀地区腌制菜品就有较大的影响了。以前我们常称四川四大腌菜，现在看来应该是五大腌菜，包括泡酸菜。在川菜的历史发展中，榨菜、泡酸菜、芽菜、冬菜（盐菜）、大头菜为五大腌菜。这五种腌制菜既可单独作下饭菜食用，也可以进入川菜盘菜烹饪过程，作为俏料和调味料使用，显现独特的三合一的功能。

1. 大头菜

大头菜学名芜菁，即我们称的蔓菁类植物，民间有大头菜、圆根、盘菜等名称，本身并不是巴蜀地区特有的腌制菜品。在历史上大头菜的食用较早，早年称为封、苁等，也有人认为这种菜即是诸葛菜。民国时期全国许多地区都有腌制大头菜的风俗，如李公耳《食谱大全》记载有腌大头菜[②]，《家庭食谱续编》记载有糟大头菜[③]，李克明《美味烹调食谱秘典》也记载了腌大头菜秘诀[④]。不过，历史上中国许多地方将莲花白也称为大头菜，需要区别。

据《四川省志·川菜志》记载，早在嘉庆五年成都广益号酱园就开始商业性生产大头菜了[⑤]，只是没能说明资料出处。可以肯定的是，道光同治年间的《筵款丰馐依样调鼎新录》中就有巴蜀地区用大头菜作俏料的记

---

① 刘熙：《释名·释饮食》，中华书局，1985，第63页，
② 李公耳：《食谱大全》，世界书局，1924，第10页。
③ 时希圣：《家庭食谱续编》，中华书局，1923，第88页。
④ 李克明编《美味烹调食谱秘典》，大方书局，1946，第100页。
⑤ 《四川省志·川菜志》，方志出版社，2016，第19页。

载，如锅烧鸭子、红烧鸭子中。[①]同时期的《四季菜谱摘录》中记载烹制晾干肉也用大头菜。[②]早在《成都通览·成都之咸菜》中就记载有甜大头菜、咸大头菜、伏大头菜、醋泡大头菜、大头菜丝。[③]今天，大头菜在川菜中单独作为咸菜食用，出现川南宜宾大头菜这样的特色大头菜，不仅可以单独食用作为下饭小菜，而且在川菜的炒、煮、炖等烹饪方式中作为俏料广泛使用。川南宜宾大头菜讲究清香，盐渍程度低，盐渍时间不宜过长，故清甜脆香而可口。而其他地区大头菜往往浸渍时间过长，盐渍出水，使其没有香脆之口感。不过，这样的大头菜如果用于炖汤也是别有风味。

2. 泡酸菜

需要说明的是，四川泡菜出现时间一直未能确定，严格讲腌渍蔬菜出现时间较早，但四川这种用泡菜汁浸泡的泡菜出现的时间却一时难以确定。以前学界以在巴蜀地区发现汉代的双唇器为泡菜坛（覆水坛）例，认为汉代就开始出现了泡菜，实则太牵强。实际上，汉唐时期的双唇类器皿不仅是发现在巴蜀地区，在湖南、广东、河南、陕西、江西、江苏、浙江、湖北、贵州、广西等地区都有发现，时代也可延续到后来的唐宋。[④]历史上腌渍蔬菜的历史确实很早，古代有菹就是一种典型的渍蔬菜型的腌菜，双唇器皿主要是用来渍蔬菜的，但在大多数时期内，都是用盐、淘米水、醋等干渍蔬菜，在古代干渍也是要讲求封闭不透气的，至今在贵州地区仍用双唇类器皿来酿制酸腐。所以，发现双唇器皿并不简单等于四川泡菜已经出现。不过，《齐民要术》卷九《葵菘芜菁蜀芥菹法》中记载："收菜时，即择取好者，菅蒲束之，作盐水，令极咸，于盐水中洗菜，即内瓮中。若先用淡水洗者，菹烂。其洗菜盐水，澄取清者，泻著瓮中，令没菜把即止，不复调和，菹色仍青，以水洗去盐汁，煮为茹，与生菜不殊。"[⑤]后来，成都东城区饮食中心店《四川泡菜》一书以此认为早在北魏

① 佚名：《筵款丰馐依样调鼎新录》，中国商业出版社，1987，第44、45页。
② 同上，第95页附《四季菜谱摘录》。
③ 傅崇矩：《成都通览》，巴蜀书社，1987，第295页。
④ 王仁湘：《饮食文物庸谈》，《中国文物报》1991年9月1日。
⑤ 贾思勰：《齐民要术》，中华书局，1956，第159页。

就出现盐浸泡菜[1]，实际是一种误解。因为从表述上可以看出，这种方式仅是一种用盐水来保存鲜菜的保鲜方式，保鲜后仍要洗净后煮食。当然，这种方式已经离我们今天的泡菜不远，四川泡菜可能是受此影响而产生的。从《齐民要术》的记载来看，并没有指定仅是在四川地区，可能当时全国各地都有此法，这样，我们就可以解释当时为何全国各地都有双唇器了。也就是说，汉唐时期各地的双唇器，可能是用于蔬菜保鲜的，也有可能用于干渍菹，甚至可能用于保存酒类，而不是直接指用于泡可以食用的泡菜。所以，四川泡菜具体出现在哪一个时代还不能定论。记载四川泡菜最早的是清代嘉庆年间的竹枝词，如定晋岩樵叟《成都竹枝词》中记载“秦椒泡菜果然香，美味由来肉汆汤”[2]，这里言秦椒泡菜，似泡菜与陕西有关。无独有偶，目前有关四川泡菜最早具体操作方法的记载，见于同治光绪年间薛宝辰《素食说略》中的陕西风味的浸菜的记载：

> 用有檐浸菜坛子，除葱、蒜、韭等菜不用，余如胡瓜、茄子、豉豆、刀豆、苦瓜、莱菔、胡莱菔、白菜、芹菜、辣椒之类，皆可浸。浸用熟水，盐须炒过，酌加花椒、小香、生姜。浸好，以瓷碗盖之，碗必与坛檐相吻合，檐内必贮水，防泄气及见风也。取时必以净箸夹出，防见水及不洁也。[3]

薛氏此书主要说明陕西的饮食风俗的腌制各种菜都大量用花椒，其中多次记载竹松、竹荪出产于四川，笋衣出产于四川，记载了用辣椒和胡萝卜做成辣椒酱等，明显记载的饮食风味可能受巴蜀地区影响。考虑到清初成都外来移民中陕西移民影响早且较大的因素，今天四川泡菜与陕西饮食文化有一定联系是可以肯定的。

后来，道光至光绪年间曾懿《中馈录》中记载：

---

① 成都市饮食中心店《四川泡菜》，中国轻工业出版社，1959，第8页。
② 雷梦水等编《中华竹枝词》第5册，北京古籍出版社，2007，第3197页。
③ 薛宝辰：《素食说略》，中国商业出版社，1984，第7页。

> 泡盐菜法，定要覆水坛。此坛有一外沿如暖帽式，四周内可盛水，坛口上覆一盖，浸于水中，使空气不得入内，则所泡之菜不得坏矣。泡菜之水，用花椒和盐煮沸，加烧酒少许。凡各种蔬菜均宜，尤以豇豆、青红椒为美，且可经久。然必须将菜晒干，方可泡入。如有霉花，加烧酒少许。每加菜必加盐少许，并加酒，方不变酸。坛沿外水须隔日一换，勿令其干。若依法经营，愈久愈美也。[①]

这是我们发现的最早的典型巴蜀泡菜制作方式的记载。清后期的《筵款丰馐依样调鼎新录》中才出现酸腌生菜，才出现腌菜肉丝。到了民国时期，泡菜的影响已经走出巴蜀，在外省也有较大的影响。当时外省人吴济生从一个外乡人的角度谈道："重庆地方有所谓的泡菜者，其风味与下江之盐菜相等，而色泽的鲜美动人，更远胜之。大抵川人可说工于作菜，干的有榨菜，湿的有泡菜，都非他处可及。当地非但居家的制备着以为每餐佐膳必需之品，就在各菜馆中，也预备着于正菜之外，旁列泡菜数色，以应顾客之需。"[②]端木蕻良、钱歌川等笔下对四川泡菜都有记载。[③]在民国时期编纂的菜谱中记载四川泡菜的相当少，只有1947年高剑、马啸的《食谱大全》中记载有四川泡菜的制作过程，其中使用覆水坛、泡菜水煮沸、加烧酒、菜晒干、加菜加盐、换坛沿水等过程与我们四川家庭普遍制作泡菜的方式是完全一样的。[④]

将泡菜作为俏料、调味料用在盘菜的烹饪中，形成泡菜菜品系列也较早，早在李劼人收录的道光年间《旧账》中就谈到四川有一道鸭血酸菜豆腐汤，应该就是四川的泡酸菜。[⑤]《筵款丰馐依样调鼎新录》中有腌菜熘笋、拌腌盐笋、腌菜肉丝、腌菜荸荠，特别是已经出现"酸菜麻辣汤"，

① 曾懿：《中馈录》，中国商业出版社，1984，第16页。
② 吴济生：《新都闻见录》，光明书局，1940，第176页。
③ 钱歌川：《钱歌川文集》，辽宁大学出版社，1988，第629页。《大后方的小故事》，文摘出版社，1943，第2—3页。
④ 高剑、马啸：《食谱大全》，国光书店，1947，第125页。
⑤ 李劼人：《旧账》，《风土什志》1945年第5期。

主要是用胡椒煮汤，与今天的酸菜汤相似。同时，还谈到用酸菜炒羊肝。[①]《四季菜谱摘录》记载烹羊肉上天梯要用酸菜，而烹制大蒜合炒，炒羊肝、金钱腰要用酸菜炒。[②]《成都通览》中记载一道泡海椒炒肉，是作为家常菜列出。[③]

在今天的四川泡菜中，新繁县泡菜最为有名。新繁泡菜又以何泡菜最有名气。据记载，何泡菜的发明人何子涛本是新都人，后在新繁高房子饭店打工，泡制泡菜，研创了一套自己的泡菜经验。使用隆昌坛子、自贡盐、川西坝子二荆条辣椒。[④]同时，历史上成都朵颐餐馆的泡菜也很有特色，名气较大。

在巴蜀地区的众多泡菜中，泡酸菜作为中国三大酸菜之一，其影响力相当大。四川泡酸菜是用一种青菜加盐水来泡制的，并要加辣椒、花椒、姜、大料来共渍。四川酸菜与其他几种酸菜不一样的是不像东北酸菜不用盐或少用盐干渍，也不像苗家酸菜仅仅用米汤、番茄来泡渍，故酸味显现是正酸叠加辣、麻、香，而非酸中带臭腐之味。

3. 榨菜

榨菜系用一种称为羊角菜、奶头菜、菱菜、芥菜的植物制成的。四川榨菜起源于涪陵，或是江北洛碛，以前意见并不统一。有研究认为，榨菜最初起源于江北洛碛，光绪年间曾德诚泡青菜头出川外销失败后，到民国元年，涪陵研制外销成功（一说1898年），洛碛、丰都（一说1910年）、长寿、巴县、江津等地纷纷效仿，但品质以洛碛的最好。[⑤]一说是本来在嘉庆年间，洛碛一带就流行一种“登登”咸菜，后曾德诚改为泡活菜，外销失败。而同时涪陵人邱和尚采用风脱法制作咸菜，名称榨菜，成功外销。民国四年，曾德诚向邱氏学习后，洛碛的榨菜后来居上，民国时期产量一

---

① 佚名：《筵款丰馐依样调鼎新录》，中国商业出版社，1987，第84、111、116、113、116、94页。
② 同上，第93—94页附《四季菜谱摘录》。
③ 傅崇矩：《成都通览》下册，巴蜀书社，1987，第279页。
④ 车辐、熊四智等《川菜龙门阵》，四川大学出版社，2004，第280—283页。
⑤ 周开庆：《四川经济志》，台湾商务印书馆，1973，第362页。

青花鹿鹤同春纹泡菜坛
PORCELAIN PICKLE POT
WITH DEERS AND GRANES PATTERN
FOOD CONTAINER

古代巴蜀的双唇坛

并超过涪陵。[①]不过，据道光《涪州志》卷五《物产志》记载："青菜……又一种名包包菜，渍盐为菹，甚脆。"这里是指酸菜还是榨菜不太明确。如果是指榨菜，则可见早在嘉道年间，榨菜就可能出现了。民国时《涪陵县续修涪州志》卷五《风土志》记载："盐腌名五香榨菜，南人以侑。"

吴济生《新都闻见录》记载：

> 距涪陵城不数里有溪滨于大江之南，名洗墨溪，先是该地居民有邱寿安者，家世小康，平时自制榨菜多坛，藉供家馔，郇厨秘制，不是过也。前清宣统末年，邱君赴宜昌汉口一带，随带榨菜十余坛，分馈亲友，彼等初食榨菜深觉制造得法，味极可口，同声赞美。邱君获引好评，还川后遂秘密经营，专以销省外，继又联合戚友某扩大资本，锐意经营，凡二年，获利甚巨。后二人意见不合，宣告分股，各自经营。邻人见有利可图，遂设法盗其秘方，争相仿效，而日臻发达，以后涪陵榨菜遂名闻全国，行销省外，年值二百余万元。

另有记载是清末民初，涪陵人邱寿安发明后经过大商人骆培元的支持才得以扬名。[②]实际上榨菜这种制作方法可能早在清代中叶在涪陵民间就已经较为成熟了，在光绪年间经过改良加工形成商业经营，才开始在外面有较大的影响。具体讲，1898年，涪陵县城郊（现涪陵城区洗墨路）商人邱寿安将涪陵青菜头"风干脱水"加盐腌制，送一坛给在湖北宜昌开"荣生昌"酱园店的弟弟邱汉章，引来客商争相订货。1899年，邱寿安专设作坊加工，扩大生产，并按其加工工艺过程将其命名为"榨菜"（意即"经盐腌榨制过的咸菜"）。涪陵榨菜从诞生至1909年的十余年间，一直为邱家独家生产经营，直到1910年，其生产工艺才被泄漏并迅速传开，后逐渐形成一大产业，历久不衰。1931年，涪陵的榨菜加工厂（户）已达100余家。

---

① 叶问中：《洛碛榨菜》，《江北县文史资料》第1辑。

② 芝生：《四川名菜榨菜、麻婆豆腐》，《农业生产》1948年3卷9期。

1940年，涪陵榨菜产量首次突破20万担。民国时期，四川的榨菜主要产地以涪陵、江北、丰都、长寿最多最有名，当时四川的榨菜以洛碛、丰都、涪陵所产在外影响最大。据记载20世纪40年代上海市场内，以价格论洛碛的最高，丰都次之，涪陵最低。[①]其销售市场已形成以上海、武汉为中心辐射南北，如宜昌、汉口、长沙、京沪沿线，并以转销形式出口至香港、南洋群岛等地。当时，为了营销榨菜，丰都的四川三江实业已经在《陪都要览》上打出“三江榨菜”的广告。

榨菜虽然出现在清末，但真正广泛运用在烹调中并影响较大是在民国时期。民国时期榨菜又称为猪脑壳菜、笋子菜、香炉菜、蝴蝶菜、菱角菜，至今在巴蜀有些地区仍称菱角菜。[②]早在20世纪20年代，四川榨菜在外影响就较大了。李公耳《食谱大全》中将榨菜称为“四川菜”[③]，可以折射出榨菜在外的影响和地位。再20世纪20年代出版的时希圣的《家庭新食谱》记载制作磨腐时就将京冬菜与四川榨菜相提并论。[④]后来时希圣的《素食谱》记载了腌榨菜方法，称“榨菜即芥辣菜，以四川为最佳”[⑤]。民国时期下江人和广东人更是直接将榨菜称为“川菜”[⑥]，长江下游地区已经出现了榨菜肉丝这道菜，民国时期钱歌川的川菜记忆中榨菜、豆瓣酱、泡菜、糟蛋记忆最深[⑦]。1934年在成都举行的第十三次劝业会上，许多县参选的都有榨菜，可以想见榨菜产食已经相当普遍。当然，最后唯一得到特等奖的是忠县农事试验场的榨菜。[⑧]以前四川人往往将煮回锅肉的汤水用于制成榨菜汤。[⑨]后来在《四川菜谱》中很早就出现榨菜肉丝这道菜[⑩]，在巴蜀民间，榨菜肉丝是一道相当家常的菜品。

---

① 李祥麟：《丰都榨菜史料》，《丰都文史资料选取辑》第1辑。
② 越正平：《四川专号》，新中国建设学会，1935，第40—41页。
③ 李公耳：《食谱大全》，世界书局，1924。
④ 时希圣：《家庭新食谱》，中央书局，1933，第98页
⑤ 时希圣：《素食谱》，中华书局，1935，第32页。
⑥ 侯鸿鉴：《西南漫游记》，无锡锡成印刷公司，1935，第148页。
⑦ 钱歌川：《钱歌川文集》，辽宁大学出版社，1988，第629页。
⑧ 四川省第十三次劝业会：《四川省第十三次劝业会报告书》，1934。
⑨ 四川通信：《四川榨菜》，《物调旬刊》1948年43期，第21页。
⑩ 四川蔬菜水产饮食服务公司：《四川菜谱》，内部印刷，1977，第12页。

4. 芽菜

叙府芽菜的有关文献记载十分少，有研究者通过口述调查认为可能出现在晚清时期。据《四川省志·川菜志》记载芽菜分成咸、甜两大类，咸芽菜产于南溪、泸州等地，起源于道光二十一年（1841），而甜芽菜起源于宜宾，称为叙府芽菜，起源于民国元年。[①]民国时期在宜宾以合江门街的“赵丽金源”酱园厂、南街“张广大”干鲜海味店生产的芽菜最好。1930年后，杨显卿配用八角、山奈、花椒、茴香、桂皮等古代制的五香细嫩芽菜，取名“杨洪兴”，远销昆明、重庆、成都等地，叙府芽菜名气扩大。当时，除了宜宾做芽菜扣肉出名外，北街“荣华馆”的燃面和小南门“杨八根据”油条面都要放芽菜。[②]这里要说的是，宜宾芽菜在近代川菜中的地位重要，与担担面、宜宾燃面、烧白、叶儿粑一样，有不可替代的地位。

5. 冬菜

冬菜是用传统腌制法腌制而后食用的箭杆菜。一般认为南充冬菜是清代末年一个浙江人在顺庆发明的，到了民国初年，经营酱园的有鞠大源、陈永顺、张德兴、天成源、陈兴合、江良成、十里香等，其中尤以张德兴的影响最大。[③]早在宣统二年（1910），顺庆冬菜就远销日本了。[④]从这个意义上来看，南充的冬菜在腌渍方式上可能与江南的梅干菜有一定的传承关系。

从道光以来的川菜中就时常有盐菜、冬菜之类进入烹饪成为俏料，李劼人收录的道光年间《旧账》就谈到盐白菜炒肉[⑤]，《筵款丰馐依样调鼎新录》中记载有一道冬菜茭白[⑥]。清末《四季菜谱摘录》焖炉鸭子中用冬菜入肚，生烧填鸭中用老盐菜填肚[⑦]，其中还有盐菜肉、梅干肉记载，如记载“盐菜肉，去皮，切片，盐菜底，蒸上”，又如记载“梅干肉，梅干菜切

① 《四川省志·川菜志》，方志出版社，2016，第19页。
② 卓华清：《宜宾芽菜》，《宜宾文史资料选辑》第2辑，1982年。
③ 余晴：《南充冬菜》，载《四川文史资料选辑》44辑，1995，四川人民出版社，第100页。
④ 《四川省志·川菜志》，方志出版社，2016，第19页。
⑤ 李劼人：《旧账》，《风土什志》1945年第5期。
⑥ 佚名：《筵款丰馐依样调鼎新录》，中国商业出版社，1987，第109页。
⑦ 同上，第46、47页附《四季菜谱摘录》。

末，同红烧肉，原汤上”[①]。并记载羊肉顺风，用盐菜、笋合炒。还记载了活捉豆腐加冬菜，炙肠用盐菜作俏料。[②]看来，早在晚清时期，冬菜就已经成为川菜中的重要俏料了。

（十五）川菜中第二豆腐菜家常豆腐的来历

川菜豆腐菜类以麻婆豆腐与家常豆腐食用最广，名气最大。因此可以说家常豆腐（又称熊掌豆腐）是川菜中的第二豆腐菜。

在中国烹饪史上，将豆腐用煎的方式烹饪食用出现较早，早在宋代就有“豆油煎豆腐，有味”之称[③]，说明中古时期就已经有将豆腐煎食的事例。清代前期童岳荐《调鼎集》中记载有一道大烧豆腐，也是先要将豆腐煎成淡黄色再来烧制。所以《清稗类钞》中记载了乾隆年间扬州程立万家中煎豆腐，号称“两面黄干”，[④]可见江南一带很早就有食煎豆腐的食俗。清代同治光绪年间的《四季菜谱摘录》中记载了一款南煎豆腐：“切方块，干煎，加口蘑、木耳、金钩烩上。”又一处称为南尖豆腐[⑤]，这可能是我们见到的最早的后来川菜称熊掌豆腐或家常豆腐的制作方法的记载。熊掌豆腐，来源于清代末年薛宝辰的《素食说略》：“一切四方块，入油锅炸透，搭黄起锅，名熊掌豆腐。”[⑥]薛氏出生在西安，生活也多在西北，受巴蜀饮食文化的影响较大，故留下这道豆腐菜品的记载，另其记载的浸菜（泡菜）、辣椒酱、水豆豉、竹松（苏）等可能也正反映出受巴蜀饮食文化影响的痕迹。

但这道菜的具体烹制方法在文献记载中出现较晚。民国后期《俞氏空中烹饪》提到家常豆腐，可能是家常豆腐具体烹饪制法的最早记载。书中

① 佚名：《筵款丰馐依样调鼎新录》，中国商业出版社，1987，第58页附《四季菜谱摘录》。
② 同上，第93、100、95页附《四季菜谱摘录》。
③ 苏轼：《物类相感志》，中华书局，1985，第12页。
④ 徐珂：《清稗类钞》第四十八册，商务印书馆，1928，第323页。
⑤ 佚名：《筵款丰馐依样调鼎新录》，中国商业出版社，1987，第100、152页附《四季菜谱摘录》。
⑥ 薛宝辰：《素食说略》卷三，中国商业出版社，1984，第40页。

程序基本与现在一样，调料主要有四川辣酱（豆瓣酱）、糖、盐、酱油，俏料有冬笋、蒜苗、火腿、猪肉、冬菇。[①]1968年《重庆烹调技术资料》中记载这款豆腐称为熊掌豆腐。[②]20世纪70年代四川蔬菜水产饮食公司《四川菜谱》、内江饮食服务公司《内江烹饪技术教材》、北京市第一服务局《四川菜谱》、达县地区《巴山菜谱》、万县地区《万县菜谱》中都列有此菜，有的称家常豆腐，有的称熊掌豆腐。[③]这道菜在巴蜀民间又称"二面黄"，可能与乾隆年间江南地区的"两面黄干"有一定的渊源，可能是受东南移民影响下形成的菜品。总的来看，家常豆腐烹饪方式在历史上并没有太大的变化，只是《万县菜谱》中记载这道菜时，在煎黄豆腐后，会有一个挖洞填肉粒再补煎的过程，较为特别。另外，川南泸州的二面黄回锅肉也很有特色。

（十六）最有历史感的东坡肉与川式红烧肉

红烧肉的记载出现相对于东坡肉更晚一些，原来并不是典型川菜，如咸同之际的《调鼎集》记载的红烧肉，是典型的江南红烧肉，是比较早而原始的红烧肉。《调鼎集》卷二《特牲杂牲部》："红烧肉，切长方块油炸，加黄酒、酱油、葱姜汁烧半炷香。又，煮熟去皮，放麻油炸过，切片蘸青酱用。鸭亦然。又，配芋子红烧。又，甜酱，豆豉烧方块肉。"[④]从这则记载来看，最初的红烧肉都有一个油炸再烧制的过程，同时还有用芋儿、豆豉混烧的款式。

红烧肉很早就出现在巴蜀地区，在清道光、同治年间的巴蜀菜谱中就有记载。如早在道光年间的《旧账》中就多次谈到红肉，已经是当时民间

---

① 《俞氏空中烹饪》中菜组第五期，永安公司所刷，民国时期，第16—17页。

② 重庆市饮食服务公司《重庆烹调技术资料》，内部刻印，1968，第50页。

③ 四川蔬菜水产饮食服务公司：《四川菜谱》，内部印刷，1977，197页。内江饮食服务公司：《内江烹饪技术教材》，内部印刷，1972，第29页。北京市第一服务局：《四川菜谱》，内部印刷，1974，第217页。达县地区《巴山菜谱》，内部印刷，1979，第197页。万县地区《万县菜谱》，内部印刷，第168页。

④ 童岳荐：《调鼎集》，中州古籍出版社，1988，第100页。

田席的重要菜品了。《四季菜谱摘录》记载："红烧肉，用肉，方块，红烧上。"[①]记载十分简单。光绪年间《成都通览》中也记载了红烧肉称红烧大肉、红肉。[②]

民国时期，中国南北方都普遍食用红烧肉，所以民国时期的菜谱中基本上都有这道菜品。早在1915年、1917年、1920年，红烧肉就已经成为中学教师、女子家政、童子军培训必选的菜品。[③]在1917年李公耳的《家庭食谱》中也记载了红烧肉，需要放黄酒、酱油、盐、香料少许。[④]如李克明的《美味烹调食谱秘典》记载红烧肉是加葱、姜、酒、酱油、冰糖烧。[⑤]韵芳《秘传食谱》中记载了五种红炖肉，即五种红烧肉的方法，但差别并不是太大，主要都是用酱油、酒烹制，特殊的一道就是要加豆腐乳。[⑥]再如杨布伟编纂的*How to cook and eat in Chinese*（《中国食谱》）中将红烧肘子、红烧肉作为中国食谱中的第一、第二道菜展现，分别译作"Red-Cooked Whole Pork Shoulder""Red-Cooked Meat Proper"[⑦]。值得指出的是程冰心《家常菜肴烹调法》中记载的红烧肉要放酱油、糖、大茴、姜、葱等俏料[⑧]，已经与川式红烧肉接近了。

中华人民共和国成立后，四川地区红烧肉烹制手法越来越成熟。早期的红烧肉并不用酱油，如北京市第一服务局《四川菜谱》记载的红烧肉仅是用香油、白糖、料酒、葱、姜、花椒烹制。[⑨]据四川蔬菜水产饮食服务公司《四川菜谱》记载的红烧大肉的烹制方法，调料有姜、葱、鲜汤、糖汁、八角、桂皮、草果、盐、料酒、胡椒，并加鱿鱼、鸡肉、火脚、菜头

---

① 佚名：《筵款丰馐依样调鼎新录》，中国商业出版社，1987，第58页附《四季菜谱摘录》。
② 傅崇矩：《成都通览》下册，巴蜀书社，1987，第259、279页。
③ 《女铎报》1917年第6卷第1期。萧闲叟：《中学教师学校烹饪教科书》，商务印书馆，1915，第16页。蒋千等：《童子军烹调法》，商务印书馆，1920，第51页。
④ 李公耳：《家庭食谱》，中华书局，1917，第39—40页。
⑤ 李克明编《美味烹调食谱秘典》，大方书局，1946，第47页。
⑥ 韵芳：《秘传食谱》，马启新书局，1936，第93—97页。
⑦ Buwei Yang Chao, *How to cook and eat in Chinese*. New york: The John day company, 1945, p.52.
⑧ 程冰心：《家常菜肴烹调法》，中国文化服务社，1945，第6—7页。
⑨ 北京市第一服务局：《四川菜谱》，1974，内部印刷，第87页。

配料。[1]《烹饪专业教学菜》记载的红烧肉也是仅用盐、花椒、姜、葱、料酒，用糖着色。[2]近些年来，红烧肉的调料越来越丰富，除了传统八角、山奈、茴香、草果、胡椒外，加上干辣椒、酱油、醪糟、豆瓣，会使红烧肉的复合味更浓。同时，食品科技出现后，专门烧肉的鲜肉粉出现。

东坡肉在历史上出现的时间更早，红烧肉实际上是简版的东坡肉，或者是东坡肉在历史上的一个变种，或者称一种新发展。因东坡肉在味型上只是简单的咸甜味型，而后来发展出现的红烧肉，特别是川式红烧肉味型更多复合的特点，可以随性加俏料，民间适应性更强，出现较早的东坡肉反而成为简版红烧肉了。

以前我们谈到东坡肉往往从宋代谈起，但宋代并无东坡肉之命名，东坡肉之名首先出现在明代文献之中。

苏轼《苏东坡集》续集卷十记载：

> 净洗铛，少著水，柴头罨烟焰不起。待他自熟莫催他，火候足时他自美。黄州好猪肉，价贱如泥土。贵者不肯吃，贫者不解煮。早晨起来打两碗，饱得自家君莫管。[3]

这条史料常被人引用作为东坡肉的来源史料，但宋代并没有东坡肉名称一说[4]，东坡肉之名最早出现在明代文献中，如明代《古今谭概》儇弄部二二记载有东坡肉[5]，明代黎遂球《莲须阁集》卷二二也谈到东坡肉[6]，明代王同轨《耳谈类增》卷三七记载有"口啜东坡肉"[7]。明代沈得符《万历

---

① 四川蔬菜水产饮食服务公司：《四川菜谱》，内部印刷，1977，第36页。
② 四川省饮食服务技工学校：《烹饪专业教学菜》，内部刻印，1980，第112页。
③ 苏轼：《苏东坡集》续集卷十，商务印书馆，1933，第2页。
④ 徐海荣：《中国饮食史》卷四138页中以苏轼疏浚西湖为民工烹饪猪肉而得名东坡肉传说证史，不能作为信史。《老四川的趣闻传说》一书（旅游教育出版社，2012）认为"东坡肘子得名的三种说法"毫无根据。
⑤ 冯梦龙：《古今谭概》儇弄部二二，海峡文艺出版社，1985，第658页。
⑥ 黎遂球：《莲须阁集》卷二二，清康熙黎延祖刻本。
⑦ 王同轨：《耳谈类增》卷三七，明万历十一年刻本。

野获编》卷二六也谈道："肉之大胾不割者，名东坡肉。"[①]故后来清初李渔《闲情偶寄·饮馔部》谈道："食以人传之矣，东坡肉是也。"[②]在中国民间，东坡肉的产生往往与东坡朋友佛印和尚的故事有关，但正史并不见记载。所以，有关东坡肉名称产生的缘由主要是明代人对于东坡的崇拜附会之作。

清代中叶童岳荐《调鼎集》中记载了东坡肉的具体烹饪方式："肉取方正一块刮净，切长厚约二寸许，下锅小滚后去沫，每一斤下木瓜酒四两（福珍亦可），炒糖色入，半烂，加酱油，火候既到，下冰糖数块，将汤收干，用山药蒸烂，去皮衬底，肉每斤入大茴三颗。"[③]再据《清稗类钞》记载："东坡集，有食猪肉诗云：黄州好猪肉，价贱如粪土，富者不肯吃，贫者不解煮，慢著火，少著水，火候足时他自美。每日起来打一碗，饱得自家君莫爱。今膳中有所谓东坡肉者，即本此。盖以猪肉切为长大方块，加酱油及酒，煮至极融化，虽老年之无齿者亦可食。"[④]

到了民国时期，记载东坡肉烹制方式的文献较多，如民国十二年（1923）出版的时希圣的《家庭新食谱》中记载：先将方块肉叉烤两面黄，八角、加茴香、酱油、黄酒、冰糖煨，不断翻转后起锅。[⑤]但《家庭食谱》四编记载的东坡肉是用猪蹄做食材，也是将其烤红再煮之。[⑥]韵芳《秘传食谱》记载的东坡肉是用"八角包子"烹制。[⑦]东坡肉在烹饪方法上是用江南地区流行的煨这种方式，但即使在江南各地的烹制也略有差异。

巴蜀地区早在清代就有东坡肉的记载，如佚名《筵款丰馐依样调鼎新录》中就记载为邹皮东坡，称"走油，红收"[⑧]，《四季菜谱摘录》记载这道菜称东坡肉："肉烧皮，洗，红烧加冰糖，红上。"[⑨]《成都通览》则

---

① 沈得符：《万历野获编》卷二六，中华书局，1959，第663页。
② 李渔：《闲情偶寄》卷五《饮馔部》，浙江古籍出版社，2000，第230页。
③ 童岳荐：《调鼎集》，中国商业出版社，1986，第464页。
④ 徐珂：《清稗类钞》第四十八册，商务印书馆，1928，第234页。
⑤ 时希圣：《家庭新食谱》，中央书店，1923，第57—58页。
⑥ 时希圣：《家庭食谱》四编，中华书局，1936，第82页。
⑦ 韵芳：《秘传食谱》，马启新书局，1936，第100页。
⑧ 佚名：《筵款丰馐依样调鼎新录》，中国商业出版社，1987，第55页。
⑨ 同上，第55页附《四季菜谱摘录》。

称红烧肉。近代以来虽然在四川仍有东坡肉存在，但已经有巴蜀自己的特色。如1980年四川省饮食服务技工学校《烹饪专业教学菜》中记载川味的东坡肉法，在调料上多了花椒，并增加最后起锅后将浓汁淋上的程序。[①]但在四川菜中一般是将东坡肉演绎成红烧肉，而且将东坡肘子演变成红烧肘子、生（或干烧）烧豆瓣肘子、焦皮肘子等。所以，在红烧肉和东坡肉背景下，巴蜀田席中的肘子已经十分成熟，出现富顺牛佛烘肘、巴中恩阳砣子肉等名菜。

（十七）有区县地名标识的川菜：合川肉片和江津肉片

在传统川菜中，合川肉片和江津肉片可能是炒熘烩类盘菜中唯一带有县级地理标识的菜品，不仅在川菜中较为少见，在中国菜系中也较为少见。

巴蜀历史上将猪肉裹芡油炸后食用较早就出现了，李劼人《旧账》中就记载当时民间普遍食用酥肉[②]，说明早在清代中叶巴蜀就普遍食用酥肉。清末《成都通览》中酥肉排在杂品类菜第一，南馆菜也出现苏（酥）肉，家常菜中也有苏（酥）肉。[③]严格讲，不论是合川肉片还是江津肉片，都是在传统酥肉的基础上回锅烩熘加工而形成的。我们需要研究的是在何时何地由何人发明这种回锅加工过程。

有关合川肉片的起源有三种说法，一种认为早在南宋时期就出现了，一种认为源于清代河街袁大炮的油酥肉片，一种认为是某厨师用剩料偶然发明的。但我们没有发现可以佐证以上三种说法的任何证据，所以只有存疑待考。以陈光福厨师的回忆来看，可以将合川肉片从清末袁大炮算起，经过李树森、陈光福、尹代奎、尹代国几人的传承。[④]在这个传承体系中，

---

① 四川省饮食服务技工学校：《烹饪专业教学菜》1980，第138—139页。
② 李劼人：《旧账》，《风土什志》1945年第5期。
③ 傅崇矩：《成都通览》，巴蜀书社，1987，第259、261、279页。
④ 胡中华：《合川非物质文化遗产概览》，重庆出版社，2016，第173—174页。

除袁大炮与李树森的关系存疑外，其他基本是可信的。如果按这个体系算，合川肉片出现在清末民国时期是可以肯定的。

合川肉片最早见于文献记载是在1968年重庆市饮食服务公司编的《重庆烹饪技术资料》中[①]，后来在1972年《内江烹饪技术教材》、1973年的《四川广元地方菜谱》、1974年四川蔬菜水产饮食服务公司《四川菜谱》、1977年的《万县食谱》、1980年四川省饮食服务技工学校《烹饪专业教学菜》和《中国菜谱》四川卷中[②]，其烹饪方式在历史中总体变化并不大，只是略有差异，主料有的用全瘦肉，也有用肥瘦相间的肉。从烹饪方法上来看，合川肉片经过油炸、烩熘两个阶段，俏料主要有玉兰片、木耳等，调料主要有姜、蒜、糖、醋、花椒末等。现在民间的合川肉片形成两个流派，一种是油炸后仅仅简单烩炒后撒花椒末的流派，一种是油炸后有一个浇上糖、醋等汁的烩溜的过程的流派，后者在方法上与江津肉片较为相似。早期俏料为白菜，后改为玉兰片或木耳，早期面粉、鸡蛋、芡粉共用，后来只用鸡蛋和芡粉。在烹制时，有的放郫县豆瓣炸香，有的则不放。

有关江津肉片的记载传承体系要明确一些。据《江津县商业志》记载，清末江津县城河街的一家叫“兴隆”的饭店，主要经营一些河水豆花和家常小炒，常常将猪肉的边角余料油炸成肉片，淋上酸辣调料，受到欢迎，于是江津一带纷纷效仿，形成了江津肉片。[③]据我们调查发现，大约在民国时期，江津厨师罗灿荣、杜柄辉对民间的江津肉片进行改进，并将烹饪方法传柯永德、代开庆等，继而传承给了谌志详、颜世超、甘拥军等人。[④]

实际上，江津肉片和合川肉片都经过油炸、烧溜两个过程。1977年

---

① 重庆市饮食服务公司编《重庆烹饪技术资料》，内部刻印，1968，第50页。

② 内江饮食服务公司：《内江烹饪技术教材》内部印刷，1972，第92页。广元县饮食服务公司：《四川广元地方菜谱》，内部印刷，1973，第11页。四川蔬菜水产饮食服务公司：《四川菜谱》，内部印刷，1977，第6页。万县地区厨师学习班食谱编写组：《万县食谱》，内部印刷，1977，第7页。四川省饮食服务技工学校：《烹饪专业教学菜》，内部刻印，1980，第220页。《中国菜谱》编写组：《中国菜谱》四川卷，中国财政经济出版社，1981。

③ 江津县商业局：《江津县商业志》，内部刻印，第163页。

④ 江津商务局：《江津肉片——家乡的味道》，载《味道江津》，内部刊印，第40页。

四川省蔬菜水产饮食公司《四川菜谱》中记载了合川肉片与江津肉片的烹饪方法，两者实际差异并不大，唯一的差别是江津肉片总体上经过加芡油炸、调汁烧两道工序，后来人们改革增加了一道“回油”的过程，实际上出现了两道油炸的过程。[①]总的来看，江津肉片的烹饪方式相对比较固定，味型是明显的荔枝味，经过两道油炸后，肉片比合川肉片更干脆，荔枝味道的糖醋味道更明显，只是有放泡海椒烩成荔枝味的类型，也有用干辣椒炸成糊辣荔枝味的味型。而在民间合川肉片花样繁多，主要表现在现在大多数餐馆的合川肉片已经没有浇、溜加汁这个过程了，没有糖醋味道，完全成了片状酥肉。在有加汁的合川肉片烹饪过程中，也出现浇和溜烩两种方式，即一种是油炸后将在锅里烧好的调汁浇在起锅盘内的肉片上，一种是在锅内就用溜烩方式将调料汁放入快速烩熘一番起锅。在调味汁上，合川肉片大多数并不放糖醋而形成咸鲜汁，少数则放糖醋与江津肉片的味型完全一样。实际上据《四川菜谱》和笔者以前的食用体验来看，合川肉片的糖醋味要比江津肉片低一半左右，是一种低度荔枝味。

（十八）江南地区米花糖的传入与巴蜀米花糖的发展

米花糖是流行于四川的一种小食。米花糖的出现与历史上李时珍《本草纲目》中谈到第二种火米可能有关，即“有火烧治成者”火米。今天的江津、蒲江米花糖都有名气，但在清以前我们并没有发现有关记载。清末《清稗类钞》中谈到了炒米又称米花，即指《本草纲目》中火米的第二种。但据记载早在乾隆时期，江南太仓一带直塘镇就以出产米花糖闻名[②]，清代光绪年间何刚德《抚郡农产考略》就有江西出产米花糖记载。[③]民国时期时希圣《家庭新食谱》详细记载了米花糖又称棉花糖，并记载了详细的

① 四川省蔬菜水产饮食服务公司：《四川菜谱》，内部出版，1977，第6、7、10页。
② 嘉庆《直隶太仓州志》卷一七《风土》。
③ 何刚德：《抚郡农产考略》，清光绪抚郡学堂活字本。

制作方法。[①]清代中后期出现的巴蜀米花糖可能是从江南地区传入的。

清代竹枝词中对巴蜀米花糖多有记载，如嘉庆年间六对山人《锦城竹枝词》中“米花糖并兰花豆，费得闺人十指多”[②]，同时代定晋岩樵叟《成都竹枝词》称“更有米花糖叫卖”[③]，吴好山《成都竹枝词》中也有“下床先买米花糖”[④]之称，杨甲秀《徙阳竹枝词》中有“朝来更截米花糖”[⑤]之称，说明清中期以来，米花糖是巴蜀民间十分流行的甜食。

今天江津米花糖原为太和斋米花糖，源于20世纪20年代。在四川民间，民国以前社会上流行炒米糖，这种炒米糖是用沙炒制的，当时在重庆流动摊子往往一头是火炉开水，一头是碗和炒米糖，喊着“炒米糖开水”销售。正是清末民初江津陈汉卿、陈丽泉兄弟开创“太和斋”糖果店，在20世纪20年代开始对炒米糖进行改良，将沙炒改为油酥，名声越来越大，多次在省内外得奖。[⑥]蒲江城关的“聚香村”“荣吉祥”“永和号”和寿安镇的“同鑫号”成名于民国十年（1921），值得一提的是，今天巴蜀地区的小城市和乡村还普遍流行做炒米糖、苕丝糖，特别是在四川盆地的南部地区此风尤为明显。

（十九）影响深远的巴蜀辣子鸡

辣椒在巴蜀地区广泛食用是在清中叶以来的事情，所以，辣子鸡的出现时间不会太早，首见于清末的记载之中。今天，巴蜀地区的许多江湖菜都能在清末民国以来菜品中找到来源，如辣子鸡，早在清代《四季菜谱摘录》就有记载：“生鸡砍块，走油，酱油加蒜片、鱼辣子配合，熘上。”[⑦]

---

① 时希圣：《家庭新食谱》，中央书店，1935，第136页。
② 雷梦水等编《中华竹枝词》第5册，北京古籍出版社，2007年，第3195页。
③ 同上，第3198页。
④ 同上，第3216页。
⑤ 同上，第3463页。
⑥ 马骞、王志君：《江津米花糖》，《江津文史资料选辑》第2辑。
⑦ 佚名：《筵款丰馐依样调鼎新录》，中国商业出版社，1987，第52页附《四季菜谱摘录》。

后来《成都通览》中也记载了辣子鸡，已经成为巴蜀的家常菜。[①]民国时期重庆地区就流行有广东的脆皮鸡、湖北的白斩鸡、本土的米烧鸡、怪味鸡、醋烧鸡。[②]后来，巴蜀地区的许多鸡肉菜品不过是在这些鸡菜的基础上的发展，如歌乐山辣子鸡、南山泉水鸡、江津尖椒鸡、北碚缙云醉鸡、南川烧鸡公、万盛碓窝鸡等，虽然分别是爆炒、焖烧、火锅（煮涮）、汤锅类烹饪方式，但从味型来看，麻辣味型与鸡的结合成为主流，或多或少受传统辣子鸡风格的影响。

（二十）历史悠久的巴蜀平民小吃担担面

在历史上，担担面可以作为巴蜀地区最有影响的一道面食，但是现在担担面起源的历史并不是很清楚，可以说是说法众多，莫衷一是。一种认为早在1841年，自贡小贩陈包包在自贡用扁担挑食沿街叫卖而创立。[③]如果这种说法成立，担担面的历史可以追溯到清代道光年间了，自贡就可能是担担面最早见于记载的地方，但这种说法还需要文献记载支撑。又有记载，早在20世纪20年代合川担担面的名声就在外了。当时合川天福巷光生娃担担面和后来居上的戴家巷担担面名气很大。据称光生娃担担面用三种辣椒作料，功能不同，作色的用大红椒，作味的用朝天椒，作香的用加芝麻核桃的长焊椒，三椒必备，同时，不用酱油，而用永川豆豉加香油秘制的盐卤，加上陕西花椒。[④]

民国时期重庆的正东担担面影响也很大，《重庆名菜谱》记载正东担担面，以叙府芽菜、芝麻酱、猪肉粒、酱油、葱花为特征，据称是“辣而不燥，鲜香可口”。[⑤]钱歌川谈到抗战时期在重庆担担面或抄手是最普遍的饮

---

① 傅崇矩：《成都通览》下册，巴蜀书社，1987，第279页。
② 《南京晚报》1938年9月26日。《钱歌川文集》第一卷《战都零忆》，辽宁大学出版社，1988，第629页。
③ 杨硕、屈茂强：《四川老字号：名小吃》，成都时代出版社，2010，第90页。
④ 龙帮本：《合川担担面》，《四川文史资料选辑》38辑，四川人民出版社，1988。
⑤ 重庆市饮食服务公司：《重庆名菜谱》，重庆人民出版社，1960，第112—113页。

食。[1]所以抗战时期有民谣称："担担面，碗碗香，又有海椒又有姜，宽条面、细条面，吃一碗，又一碗，重庆巴有大餐馆，一桌筵席十几元，炸弹落下炸个希巴烂，要吃还是菜根香，千家万户平民小食堂。"注称："挑担子卖的熟面条，叫作担担面，本地风味，物美价廉，吃他的人多……"[2]显然，早期的担担面可能只是对用担子挑着卖的面的一种形式之称，何时发展成专门指一种以辣椒油、芝麻酱干拌为特色的担担面还需要考证。

由此也能看到，在20世纪五六十年代，重庆还没有重庆小面的概念。不过，现在有学者认为成都早在20世纪20年代就有担担面，不知根据何在。[3]我们虽然在《成都通览》中发现记载有许多面种，如甜水面、炉桥面、攒丝面、杂酱面、白提面、素面、卫生面、卤面、牛肉面、扬州面、鸡丝面、清汤面、菠菜面、荞面、面棋子等[4]，其中有一些面并不是巴蜀本土的，如卫生面可能来自扬州，但我们并没有发现有担担面的记载。可能早期的担担面泛指挑着担子卖的所有面条，所以才有担担甜水面等称呼，到后来才逐渐固定为特指麻酱红油干拌的担担面。但现人们潜意识里以四川成都的担担面为正宗，其原因是佚名《成都指南》记载有20世纪三四十年代成都槐树街的担担面，当时已经是成都的名小吃[5]，只是不知是否从自贡传入。如果是，是何时传入的？这些问题都有待考证。另外，在民国时期，泸州的川盐担担面、内江和涪陵的担担面也较有影响。

总的来看，巴蜀担担面最初是指用担子挑着卖的面的统称，后才发展成辣椒油、芝麻酱干拌的担担面特指。而重庆小面的概念在20世纪五六十年代都还没有存在。可以说担担面从形式上看可能是巴蜀所有面食的鼻祖。至今巴蜀地区的成都担担面、宜宾燃面、生椒面、口蘑面、重庆小面系列、荣昌铺盖面、武胜猪肝面、荥经挞挞面都特色鲜明。

---

① 钱歌川：《战都零忆》，载《钱歌川文集》，辽宁大学出版社，1988，第629页。
② 王常民：《大重庆》，教育部民众读物编审委员会印行，民国抗战时期，第14页。
③ 成都市西城区地区志编纂委员会编纂《成都市西城区志》，成都出版社，1995，第168—169页。成都市龙泉驿区地方志编纂委员会编《成都龙泉驿区志》，方志出版社，2013，第420页。
④ 傅崇矩：《成都通览》，巴蜀书社，1987，第256、257、264页。
⑤ 佚名：《成都指南》，重庆图书馆藏，第71页。

第三节 清末民初饮食商业发展与川菜的发展

在古典川菜时期，由于传统农业经济自耕自足的局限，商业经济相对薄弱，流动人口相对少，所以，商业性饮食的比例相对更少。在这样的背景下，受中国传统技术经验性传承的影响，饮食烹饪技术更显现其经验性传承，师徒和家庭传承成为烹饪技术传承的唯一途径。但在中国古代留下的大多数菜谱，绝大多数都是文化人对饮食文化的总结，而不是由厨师总结出来供社会上烹饪技术传承的文本。在这样的烹饪技术传承下，不论由师徒传承还是家庭传承，烹饪技术都不可避免地呈现一种私密性，这种私密性使烹饪技术的传承存在极大的局限，也客观上存在一种极大的技术中断风险。显然，这种局限和风险会对饮食技术的发展和饮食商业的经营带来许多负面的影响。所以，我们发现中古时期的川菜在烹饪方式、荤素食材、口感味型的整体上变化并不太大，而且许多一度见于记载的菜品现在已经失传而无法恢复。

应该看到，清中叶至民国以来，随着现代西方经济文化的进入，商业经济的发展，流动人口大增，交通信息交流的相对畅通，促使了饮食烹饪技术的广泛传播，增强了商业性烹饪信息的不断传扬，推动了商业性饮食规模的扩大。在这个时代，提供可操作烹饪技术的商业性菜谱出现，烹饪技术真正完成了从经验性传播向文本性传播的转换。在这个时代，大量报刊刊登出一些饮食广告，饮食信息的传递开始了从口述随机个体传播向媒介及时全面传播的转换。在这种背景下，巴蜀地区的饮食业发展很快，饮食经营形成随时散客散席、预约固定包席、预约到户包席等多种形式并存的格局。在这种背景下家庭饮食也受到影响而变化较快，形成商业饮食与家庭饮食互融的良性发展局面。

清末民初，成都是巴蜀地区的政治经济文化中心，也一直是巴蜀地区饮食商业最为发达的城市，相应的是川菜的饮食店面的繁多、烹饪技术的发达，菜品的多元和原创方面都是最突出的。重庆地区则是在重庆开埠以后，商业性饮食也有很大的发展，成为仅次于成都的一个饮食都市。其他在近代的经济和交通有重要地位的自贡、内江、泸州、南充、绵阳、万州等城市的饮食业也较为发达，成为这个时期与成渝两地一样的传统川菜创新发展的重要区域。

一　清代成都、重庆的城市发展与商业性饮食业的发展

前面谈到早在汉代，巴蜀地区的饮食商业就较为发达，如我们习惯谈到的文君当炉相如涤器、汉代画像砖石中的饮食店铺场面、唐诗中的“万里桥边多酒家”、宋代诗歌中的“酒肆夜不扃，花市春渐作”等。不过，很有意思的是，越是走向近古我们的文人们更关注历史的主体叙事，越是少了一些对日常生活关怀的情趣，更是越来越少将笔墨用来记载衣食住行这些琐碎的小事，所以，使我们对很长一个时期内的饮食商业缺乏整体的认知，使我们对清末以前巴蜀地区有关饮食店铺的了解几乎是空白，致使我们只是对清末以来的情况才有相对全面的知晓。

对于清代中前期成都城市的饮食商业的认知，我们只有通过承载着时代民俗信息的竹枝词来了解其一二。从有关竹枝词的记载来看，清代中期的成都城市餐饮业相当发达，如嘉庆年间就有“北人馆异南人馆，黄酒坊殊老酒坊”之称，显现了清代中叶在“湖广填四川”背景下，南北饮食文化进入巴蜀地区，各地餐饮店呈现出各有特色的饮食商业气象。又有竹枝词记载成都“‘三山馆’本苏州式，不及新开四大园”[①]，更是将当时成都在移民文化影响下外地餐饮的繁杂情况显现出来。至于四大园是哪四大园，今天已经不可具体考证了。据记载，20世纪初成都有家称“三义园”的餐馆，以经营牛肉焦饼著称，不知是否是这里谈到的四大园之一。[②]总的来看，正如咸同年间吴好山《成都竹枝词》中所描写的成都：“名都真个

---

① 林孔翼：《成都竹枝词》，四川人民出版社，1986，第61页。
② 李树人等：《川菜纵横谈》，成都时代出版社，2002，第50页。

极繁华，不仅炊烟廿万家。四百余条街整饬，吹弹夜夜乱如麻。”[1]当时成都的餐饮文化在全川乃至全国都可称繁盛。可以肯定的是早在嘉庆年间，成都就有大生堂、玉芳、玉顺等知名餐饮店，故其时有“延客官家嫌味劣，庖厨不及大生堂”[2]之称。

据《成都通览》记载，清末成都有两种性质的餐馆，一种是只包席的包席馆，一般不营零售散客，场面宏大，陈设豪华。据《旧账》记载：“长盛园为当时南城有名之包席馆，席点最好，而大肉包子尤著。四十年前犹存。”[3]按时间计算，应该早在道光十六年的1836年就出现了。《成都通览》称为“成都之包席馆”，列举了正兴园、复义园、西铭园、双发园、楼外楼、第一楼、一家春、聚堂园、可园等地。另还列有大餐馆一家春、第一楼、楼外楼、可园、金谷园。[4]可见大餐馆与包席馆之间是有重复的，说明包席馆有大小之分。据记载，清末光绪三十年（1904）以前成都“通城包席馆约有三四十家，当时宴客者无不设筵家中，且以此示敬重，故包席馆只到人家出席，无一卖堂菜者”[5]。显然，当时餐饮更多的是利用家庭环境氛围、包席馆的厨师技艺和烹饪条件来完成宴客，所以一般包席馆并不设堂散卖。但笔者根据其他史料来看，清末大多数包席馆本来是有厅面席桌的，只是不卖散客，只接受预定，故可到人家里制作出菜，但也可在包席包厅堂兴办，所以《成都通览》记载正兴园有利用自己大量的古器摆设的可能。

一种是既办筵席同时又售零餐的饮食店，分成高低档两种，高档的称为南馆、南堂，也称“川南堂”，而中低档的一般称炒菜馆和饭馆，一说称为“四六分”“四六分饭铺”。所谓南馆本是指清末以来江南人在成都办的经营江南菜肴的馆子，但很快被川菜融合，成为中高档菜馆的代表，所以李劼人《死水微澜》中称其源于1890年以后，既有一般的蒸菜、炒

---

① 雷梦水等编《中华竹枝词》第5册，北京古籍出版社，2007，第3029页。
② 林孔翼：《成都竹枝词》，四川人民出版社，1986，第60页。
③ 李劼人：《旧账》，《风土什志》1945年第5期。
④ 傅崇矩：《成都通览》，下册，巴蜀书社，1987，第254页。
⑤ 周询：《芙蓉话旧录》卷二，四川人民出版社，1987，第33页。

菜，还有高档的海味，号称“江南派头”，经营灵活，可以出堂外卖，也招客到馆。为此《成都通览》专门开出了一个当时成都的南馆名单，有劝业场楼外楼、成平街的曲香春、玉纱街醉霞轩、湖广馆的式式轩、纱帽街的龙云园、白丝街的培森园、卧龙桥隆盛园、棉花街正丰园、万发园、东顺街味珍园、红庙子的平心处、总府街的腴园、会府北街的可园、华兴街的一家春、德盛街新发园、正府街的龙森园、东华门义和园、学道街的协盛园。[①]据周询记载：“卖堂菜之最高者名曰‘南馆’，全城仅十余家，其品味不及包席馆之美备，遇仓卒客，作亦可藉以应急。”[②]显然，最初南馆因档次较高，又与成都人喜欢在家中设筵的风俗不合，往往更多是将办宴席与卖堂菜结合。

清末成都的包席馆和南馆有时也是统一在一起的，如楼外楼。这些馆子为了吸引食客，往往也要宣传。我们翻阅《通俗时报》，发现早在宣统元年（1909），成都劝业场的楼外楼、悦来园中西餐馆、品香春南堂大餐、可园味鲜大餐馆、一家春南堂和聚丰园等馆子开张或营业中就专门在《通俗时报》上打了广告，宣传各自的特色。不过，这个时期成都的饮食话语中并没有川味、川菜的影子，更多的是“中西餐”“饮食改良”“中外异语”“西洋大餐”“南堂大餐”“沪上名庖”“淮扬名师”“南北烧烤”“卫生”等话语[③]，说明到清末在巴蜀地区仍然没有一点四大或八大地方菜系的概念，更没有出现本土菜系“川味”“川菜”的话语。

清末，成都的南馆最有影响的是劝业场的楼外楼、会府北街的可园、华兴街的一家春、成平街的曲香春、玉沙街的醉霞轩、湖广会馆的式式轩、沙帽街的云龙园、白丝街的培森园、卧龙桥的隆盛园、棉花街的正丰园和万发园、总府街的腴园，而番菜馆有一家春和金谷园两家。[④]

在成都等地一般中低档的饭馆则为炒菜馆、饭铺、饭馆，经营更为

① 傅崇矩：《成都通览》下册，巴蜀书社，1987，第261页。
② 周询：《芙蓉话旧录》卷二，四川人民出版社，1987，第33页。
③ 《通俗日报》大清光绪宣统元年三月至九月，藏四川大学图书馆。
④ 《中国旅行指南》五一编，上海商务印书馆，1911，第97—98页。

灵活，李劼人将这类餐馆称为“红锅菜馆”，一般以蒸菜和小炒为主，如烧白、粉蒸肉、酥肉、小炒肉片肉丝、肝片、腰花、宫保鸡丁、辣子鸡丁等[①]，有的小炒店还可由顾客自备菜蔬代炒，只收火钱、香料钱，还时配腌菜、豆花，荤菜则以白肉片最为流行[②]。据周询记载：“其次则饭馆，仅有家常肉蔬之品，以白片肉为最普通，皆以分计，每分八文。每人二分或四分，即足果腹，其价特廉，盖以卖饭为主体，劳工多资以饔飧，官商中无入此馆者。”[③]周询《芙蓉话旧录》卷四记载：“豆花，各饭店均有，然以山西馆街者为最善，专售豆花，连调和每小碗钱三文，不兼售饭，又兼售锅魁以佐之，每日食者几无虚席。”[④]显然，近代以来巴蜀百姓仍以豆花、白肉、白饭为基本饮食风俗。在成都的一些旅游名胜的地区，餐饮业也发达起来，如成都武侯祠附近“酒馆茶楼，随处皆可入座”[⑤]，这些旅游区的餐饮餐馆可能与唐诗中的“万里桥边多酒家”一样，也是一种以炒菜馆为主的快速餐饮馆子。

清中叶以来成都已经有大量外省的风味饭店，如六对山人《锦城竹枝词》记载嘉庆年间有“北人馆异南人馆，黄酒坊殊老酒坊”之称，好像当时成都还有专门的“北人馆”[⑥]。嘉庆年间定晋岩樵叟《成都竹枝词》则称“三山馆本苏州式，不及新开四大园”，“苏州馆卖好馄饨，各样点心供晚餐”，可见有经营苏州风味的三山馆、苏州馆。[⑦]

成都自古就有游宴的风尚，到了清代这种传统仍然盛行，一些大型公共场所往往可以举办专门的大型宴聚，如城内的丁公祠、贵州馆、海会寺相国祠、三义庙相国祠、叶公祠、延庆寺、小关庙、西来寺等，城外的武侯祠、草堂寺、望江楼、二仙庵、冯园、双孝祠、大南海、白马寺、雷神庙、小天竺等处。据李劼人《旧账》中记载道光年间成都的宴席中，多的

---

① 曾智中、尤德彦：《李劼人说成都》，四川文艺出版社，2007，第270页。
② 傅崇矩：《成都通览》下册，巴蜀书社，1987，第261—262页。
③ 周询：《芙蓉话旧录》卷二，四川人民出版社，1987，第33页。
④ 同上，卷四《小食》，第69页。
⑤ 徐心余：《蜀游闻见录》，四川人民出版社，1985，第12页。
⑥ 雷梦水等编《中华竹枝词》第5册，北京古籍出版社，2007，第3189页。
⑦ 同上，第3198、3207页。

一次宴会可达126桌，一次丧事共办了421桌。这些宴席，有的是有鱼翅、海参、鲍鱼类的高档宴席，也有以猪肉为主料且以烧菜、蒸菜、小炒为主的田席。所以，我们发现《筵款丰馐依样调鼎新录》中燕窝、鱼翅、海参、鲍鱼等高档发菜品就达200多种，《成都通览》和《四季菜谱摘录》中也有大量海味的菜品。同时，这三个菜谱也记载大量家常菜品、民间小食。

同时，清代成都已经出现大量有特色、专一的馆子，如《成都通览》中记载有澹香斋之茶食，亢饺子之饺子，大森隆包子，钟汤圆之汤圆，包子，都一处之包子点心，嚼芬坞之油提面，开开香之蛋黄糕，允丰正之绍酒，官正兴之席面，三甚子之米酥，广益号之豆腐干，厚义园之席面，德昌号之冬菜，王包子瓤肠腌肉，山西馆之豆花，科甲甚之肥肠，九龙甚之大肉包子，王道正之酥锅魁，便宜坊之烧鸭，陈麻婆之豆腐，青石桥观音阁之水粉，楼外楼之甜鸭等。[①]另外还有冻青树之亢姓水饺，尤以辣子面制作尤精，“为他家所不及”，而肉包则以老玉沙街口店最有名，后来三倒拐王姓的蒸饺、肉包也精美。[②]当时，巴蜀已经有专门卖豆腐的店，称为“甘脂店”[③]。六对山人《锦城竹枝词》记载嘉庆年间成都满人居住区有专门的小猪肉馆，但汉人居民区没有，留有“马肠零截小猪肉”之称。[④]有一些地区餐饮业很发达，如兴龙庵一带，后在这一带出现著名的荣乐园。但在清嘉庆年间，这一带“烧鸭烧鸡烧鸽子”店云集[⑤]，似有各种专门卖鸡鸭饮食的店。也有专门卖酒的店，如吴好山《成都竹枝词》称“酒数森山与玉丰，别家香味总难同”[⑥]。

民国初年成都许多餐馆已经相当有名气，连许多竹枝词中也多有描述，如刘师亮《成都青羊宫花市竹枝词》称“聚丰餐馆设中西”[⑦]，盛赞聚

---

① 傅崇矩：《成都通览》下册，巴蜀书社，1987，第262页。
② 周询：《芙蓉话旧录》卷四，四川人民出版社，1987，第68页。
③ 汪曰桢：《湖雅》，载筱田统、田中静一：《中国食经丛书》，书籍文物流通会，1972。
④ 雷梦水等编《中华竹枝词》第五册，北京古籍出版社，2007，第3182页。
⑤ 同上，第3207页。
⑥ 同上，第3214页。
⑦ 同上，第3267页。

丰餐馆，又称“餐罢怡新又适宜”[1]，赞美怡新、适宜两个菜馆。

随着商业经济的发展，城坊制度完全打破，流动的餐饮形式越来越多，《成都通览》中的《七十二行现相图》中有大量不分白夜走街串巷的流动饮食商贩，如卖盐豌豆、蒸蒸糕、花生担子、瓜子花生胡豆、糖人、米酥、盆盆肉、咸牛肉、蒸馍、豆腐、蒸饼、凉粉、米凉粉、油糕、黄糕、糖饼、抄手、粘米花糖、茶汤、白麻糖、凉粉、打锅魁。[2]周询《芙蓉话旧录》中对这些流动的饮食小商贩情况作了描述：“油条更为普通，由作坊发与各小贩，用扁竹篮盛往各街叫卖，家家皆可就门前购食，每茶三文，购至三条，则减为八文。锅魁每枚四文，购至两枚，则七文，三枚则十文。又洗沙包子，作方形，上印“囍”安，大倍于肉包，每枚四文。米蒸黄糕，每枚二文。当时成都人家，殆无不以此数种作早点者，亦生活低下之一斑也。”[3]到民国时期，据《锦城竹枝词》记载“豆花凉粉妙调和，日日担从市上过。生小女儿偏嗜辣，红油满碗不嫌多”，描述了一幅流动摊贩前人头攒动的鲜活场景。刘师亮《成都青羊宫花市竹枝词》则称“不必中餐与小餐，庵前食货好摊摊。豆花凉粉都玩过，再把红苕捡一盘”[4]，也是将二仙庵门前食品店风貌展现在面前。

在很长一段时期，重庆的城市地位远不能与成都相比，而饮食业更是无法与成都相提并论。不过，明清以来随着中国政治经济文化重心的东移南迁，四川盆地东部因地缘的因素，城市的政治经济地位开始不断上升，特别是清末重庆开埠以后，重庆成为长江上游的物资集散地，商业贸易地位在长江上游首屈一指，餐饮业的发展也很快。所以清末傅崇矩《重庆城》记载：

近来重庆饮食店最为发达，席棹价廉，咄嗟可办，大小餐馆及

① 雷梦水等编《中华竹枝词》第五册，北京古籍出版社，2007，第3272页。
② 傅崇矩：《成都通览》上册，巴蜀书社，1987，第402—458页。
③ 周询：《芙蓉话旧录》卷四，四川人民出版社，1987，第69页。
④ 雷梦水等编《中华竹枝词》第5册，北京古籍出版社，2007，第3272页。

> 酒食馆，凡数百家。鱼鸭均贵，甜烧鸭不及成都。酒则绍酒，即渝酒也，大曲烧酒。餐馆中请客最便，与汉口、上海同。[①]

1911年编的《中国旅行指南》第五一编中，饮食店列有陕西街的留春幄和玉麟轩、白象街的随园和醉仙楼、三版坊的杏春五家。[②]而稍晚的《重庆城》中列举了当时重庆著名的餐馆有三牌坊的四时春、江家巷的陶乐春、大梁子的优胜旅馆、朝天门的大江东、陕西街的蜀东旅馆、半边街的艳阳春、白象街的洞天春、陕西街的留春幄等，大多是包席与外卖同做的。同时列举了餐馆中的各种餐饮标准，有64元的头等大餐，也有一般的十几元的中等餐席，也有只要3元钱的家常宴席。[③]其中有人考证认为陕西街的留春幄是重庆最早的现代经营特征的餐馆，是由沈通元等股东在宣统元年（1909）至二年（1910）组建的[④]，也有人据1910年3月10日的《广益丛报》认为留春幄为重庆的第一家餐馆，但《重庆城》列举的这些餐馆都是清末所开，可能还不好定下谁是最早的。况且从理论上讲重庆古代不可能没有餐馆。有人认为清末重庆也出现一些专门的包席馆，如宴喜园、双合园、琼林园、聚珍园，在厚祠坛、通远门也出现适中楼这样的名店，主要以包席为主。[⑤]但这些馆子的具体出现时间还需要认真考证。有人认为这些馆子中宴喜园以鲜汤最著名，名气较大。而在镇守使街的“慢慢绵”餐馆也是远近闻名。[⑥]清末民初重庆还有一些供游宴的民间花园和善堂，如许家花园、培德堂、魏家花园、宜园、刘家花园、汪家花园、至善堂、崇善堂、体心堂、同善堂、普善堂、地藏巷、尹家花园等，有的明确标明每席四百钱。[⑦]有人认为适中楼早在1895年就产生了，为重庆第一家大型高档菜

---

① 傅崇矩：《重庆城》，《蜀藏·巴蜀珍稀旅游文献汇刊》，第七册，第65—66页。
② 《中国旅行指南》五一编，上海商务印书馆，1911，第99页。
③ 傅崇矩：《重庆城》，《蜀藏·巴蜀珍稀旅游文献汇刊》，第七册，第65—66页。
④ 林文郁：《重庆老餐馆源头考》，《四川烹饪》2011年11期。也有人认为留春幄为卓甫臣所开办，见王祖远：《旧时重庆饮食趣闻》，《四川烹饪》2009年5期。
⑤ 重庆市渝中区人民政府地方志编纂委员会：《重庆市市中区志》，重庆出版社，1997，第213页。
⑥ 林文郁：《旧时重庆的餐饮趣事》，《四川烹饪》2012年2期。
⑦ 傅崇矩：《重庆城》，载《蜀藏·巴蜀珍稀旅游文献汇刊》第七册，第95—96页。

馆，可是缺乏可信的文献支撑。[①]如果真是第一家高档的菜馆，清末民初《重庆城》在列举的上馆中没有适中楼也就说不过去了。

清末有关重庆的火锅已经有一些零散的记载，如《重庆城》中记载火锅有烧十景香菜、十景火锅、十景菊花锅、火锅等名目[②]，这里的“十景”即我们后来的“什锦”，只是其中的火锅在具体烹制方法和食用的食材上记载并不明确，其中什锦火锅、菊花火锅在后来菜谱中仍有记载而现在仍然在流行，只是不知道这些火锅与民国以来毛肚火锅的关系了。

清末以来重庆地区一带的餐馆发展较快往往与码头经济密不可分。江河码头往往是人流最多的地区，故餐饮业尤为发达。清代在重庆的码头上，存在许多被称为“饭铺”的食店，专门经营多类餐饮，同时兼营招聘苦力等社会服务工作，故饭铺在重庆码头社会兼有重要的社会组织功能。在历史上重庆有的地方有大量坐船户，民国时期甚至一度专门划分出水上行政区，在船上经营饮食早在清末就较多，民国时期也还流行，如夔州奉节专门的饮食船，上面可以排四张八仙桌，特别是还有专门卖酒菜的小船更是众多。[③]

同样，重庆城市中一般百姓餐饮也是以豆花白饭为特色，当时一些经济食堂打出的招牌就是“豆花便饭，蒸炒俱全”[④]。在储奇门允丰正旁有一个叫“白豆花”的饭店在当时很有名气，人们争相去品尝。[⑤]民国时期舒心城在重庆黄桷垭尝了豆花后说：“我经常听得四川朋友夸他们底豆花”，认为“既是四川底特产，也是常食品”[⑥]。1934年，川东师范学堂举行会议，开幕式后中午就吃豆花饭，据称是“味甜气香”[⑦]，丁馨伯教授到重庆北碚兼善公寓也吃豆花饭[⑧]。

---

① 司马青衫：《水煮重庆》，西南师范大学出版社，2018，第129—130页。
② 傅崇矩：《重庆城》，载《蜀藏·巴蜀珍稀旅游文献汇刊》第七册，第67页。
③ 舒新城：《蜀游心影》，开明书店，1929，第25页。
④ 《南京晚报》，1943年4月16日第三版广告。
⑤ 李华飞：《烽火渝州话“三店”》，《四川烹饪》1995年4期。
⑥ 舒新城：《蜀游心影》，开明书店，1929，第55、57页。
⑦ 葛绥成：《四川之行》，中华书局，1946，第8页，。
⑧ 陈子展：《巴蜀风物小记》，《论语》1946，118页。

民国时期重庆的火锅

民国时期重庆的小餐馆

巴蜀地区川菜的发展在清代往往与大量名厨涌现和大量著名餐饮店的出现和发展相关。据《川菜烹饪事典》记载，有清末民初成都包席馆正兴园关正兴、三合园王海泉、正兴园戚乐斋及贵宝书、姑姑筵黄敬临、成都醉翁意傅吉延（傅瞎子）、怡新陈吉山、聚丰园李九如、荣乐园蓝光鉴、重庆适中楼杜小恬（杜胖子）、重庆陶乐春巫云程等。[①]当然，一大批著名餐饮店开始涌现，如成都的长盛园、正兴园、秀珍园、复义园、西铭园、双发园、一家春、金谷园、醉霞轩、云龙园、培森园、正丰园、万发园、味珍园、平心处、腴园、新发园、清心园、龙森园、义和园、可园、楼外楼、三合园、姑姑筵、嚼芬坞、亢饺子、开开香、王包子、都一处、钟汤圆、精记饭铺、金玉轩等。同时，清末重庆已经出现适中楼、四时春、陶乐春、优胜旅馆、大江东、蜀东旅馆、艳阳春、洞天春、留春幄、宴喜园、双合园、琼林园、聚珍园等知名餐饮店。[②]

这个时期的厨师可以分成两类，一类自己是名厨同时也是餐馆的创办人，一类是仅作为名厨，为餐饮名店和厨师队伍的发展做出过贡献。

第一类如关正兴与正兴园。我们谈近代川菜一般都要从关正兴谈起。关正兴，满族，生于1825年，卒于1910年。据《旧账》谈到“此为关正兴入川革命之前之菜单”[③]，可知关正兴可能是北方满人。研究表明，关正兴于咸丰十一年（1861）在成都棉花街相府创办包席馆正兴园，亲自主厨，将山西面食技艺、贺伦夔的京菜、周善培的周派苏菜、满人戚乐斋等的满汉全席与川菜融合，汇纳百川，不仅使餐馆在当时成都名扬一时，而且培养了一大批著名的川菜厨师，如戚乐斋、贵宝书、蓝光鉴、周映南等，为传统川菜的形成奠定了基础。[④]所以，清末成都餐馆往往以能从正兴园聘到厨师为荣，据宣统年间的《通俗日报》记载，当时成都悦来协记餐馆开

① 李新主编《川菜烹饪事典》，重庆出版社，1999，第143-145页。
② 傅崇矩：《重庆城》，《蜀藏·巴蜀珍稀旅游文献汇刊》第七册，第65—66页。李新主编《川菜烹饪事典》，重庆出版社，1999，第118页。重庆市渝中区人民政府地方志编纂委员会：《重庆市市中区志》，重庆出版社，1997，第213页。
③ 李劼人：《旧账》，《风土什志》1945年第5期。
④ 袁庭栋：《成都街巷志》，四川教育出版社，2010，第425—427页。

业，就专门打出请“关正兴园高等庖司接办”[①]。但在宣统二年（1910），正兴园停业。

在川菜的发展史上，姑姑筵的地位和其创立者黄敬临不得不说。黄敬临，四川成都人，他的经历多少有一些传奇，早在民国时期就有记载“传说他为清室御厨，一说他曾为百里宰”[②]，所以后来人们认为他清末曾在官场任职，曾在清宫御膳房做管理工作，并在四川射洪、巫溪、荥经任知事。但袁庭栋认为这些说法中前清进士、担任御厨等并不确切。[③]车辐先生在专门研究黄敬临时也没有谈到黄氏有这样一段历史。[④]

据研究，一说是少城公园开设“晋邻饭店”，后由其大儿子黄平伯转让他人改为静宁饭店。黄氏自己弃官后重新在1930年在包家巷开设姑姑筵，享誉巴蜀。[⑤]但一说是20世纪20年代（1920年左右）黄氏先在包家巷开办姑姑筵[⑥]，后在1935年迁到百花潭的[⑦]。据记载姑姑筵在历史上还先后迁到暑袜北街、宝云奄马家花园、陕西街和新玉沙街。[⑧]历史上姑姑筵以开创或改进樟茶鸭子、开水白菜、软炸班指、青筒肉（鱼）、肝膏汤、泡菜黄辣丁、豆渣猪头、香花鸡丝、坛子肉、烧牛头方、酸辣鱿鱼等菜品最有名。历史上姑姑筵也聘请过曾青云、杜鹤龄、罗国荣、陈海清、周秋海为厨。[⑨]

早在20世纪30年代初，就有人认为：“成都饮食事业之发达，也是事实，饭馆里，最名贵的一家字号是姑姑筵，店主黄敬临，他曾做过知府，素精烹调，后开饭馆，一切均由家人经理，因而取为姑姑筵。”当时“成都一般大人先生们都以在姑姑筵请客为风雅阔气，该处价目虽贵，但是生意发达，每日包席有定数，而且不许随意点菜。”[⑩]到了20世纪30年代中

---

① 《通俗日报》，宣统元年七月初三，四川图书馆藏。
② 白虹：《姑姑筵》，《绿茶》1942年1卷1期。白虹《巴渝风味》，《自修》1941年16期。
③ 袁庭栋：《成都街巷志》，四川教育出版社，2010，第1038页。
④ 车辐、熊四智等：《川菜龙门阵》，四川大学出版社，2004，第21—32页。
⑤ 袁庭栋：《成都街巷志》，四川教育出版社，2010，第1036—1038页。
⑥ 《四川省志·川菜志》，方志出版社，2016，第258页。
⑦ 同上，第203页。
⑧ 袁庭栋：《成都街巷志》，四川教育出版社，2010，第1036—1038页。
⑨ 车辐：《成都姑姑筵》，《四川烹饪》1994年5期。
⑩ 《姑姑筵》，《天津商报画刊》11卷25期，1934年。

叶，姑姑筵更是声名巨大，故有："四川菜以声誉洋溢南北，而四川人自己所矜许的烹调乃在成都，而黄敬临的菜在川菜中自成一派。"[①]再有人认为："姑姑筵之主人黄敬临翁年六十二，曾于满清时代供奉于大内，精烹饪调味道之美。"[②]又有人认为："天下美味，首推中国菜，而中国菜中，以川菜为尤佳，川中各地，烹饪之精，无过成都，成都之各家菜馆，以姑姑筵为最善。"[③]总的来看，姑姑筵除了菜品讲究，在经营和就餐形式上多有创造，如预约介绍制度、主人入席介绍、配餐制、桌数定额、古董配合计价等都独树一帜。其后，其三弟黄保临在打金街开了"古女菜"川菜馆，在暑袜中街和总府街开了"哥哥传"，长子黄延德（一说黄明全，一说黄平伯）在成都陕西街开设"不醉无归此酒家"（一说"不醉勿归小酒家"）。小儿子黄庭仲在祠堂街开了"东风一醉楼"川菜馆。[④]可以说黄氏一家人对川菜的发展都做出了较大的贡献。

不过，姑姑筵在历史上存有许多疑点，如黄氏办姑姑筵之前经历的谜团，前面已经谈到。对于黄氏到重庆的时间，就存在1936年、1937年、1938年三种说法。对于在重庆开办姑姑筵的地点，大多认为是在重庆中营街管家巷开姑姑筵，后一度迁至汪山。[⑤]但有的认为最初仅是在杨柳街至诚巷一号的家中设宴，只接受预定。[⑥]但还有说黄氏开的姑姑筵是在重庆总土地。[⑦]对于黄氏在重庆去世的时间，一般认为是在1941年因受大轰炸影响病故，但也有人认为是在1939年病故的。[⑧]故早在1943年《新天津画报》中就记载黄氏已经过世，但有记载1949年黄氏到重庆开姑姑筵后才过世。据白虹《姑姑筵》一文记载，黄氏去世后，1942年在重庆至诚巷中仍由黄氏次

---

① 《厨师黄敬临》，《十日杂志》1936年20期。
② 陈友琴：《川游漫记》，正中书局，1938，第90页。
③ 陆诒：《成都之姑姑筵》，《津浦铁路月刊》第4卷第10期，1947年。
④ 白虹：《姑姑筵》，《绿茶》1942年1卷1期。袁庭栋《成都街巷志》，四川教育出版社，2010，第680页、1037页。
⑤ 车辐：《成都姑姑筵》，《四川烹饪》1994年5期。
⑥ 陆思红：《新重庆》，中华书局，1939，第166页。
⑦ 王祖远：《旧时重庆饮食趣闻》，《四川烹饪》2009年5期。
⑧ 陆思红：《新重庆》，中华书局，1939，第166页。

媳继续开办姑姑筵[①]，具体情况不明。但也有人认为后来姑姑筵迁到民国路改名凯歌归。[②]

在巴蜀的名厨名店中，杜小恬清末在重庆开办的适中楼名气也很大，其最先在重庆后祠坡，后迁到通远门外适中花园，特别是其培养了廖青廷、熊维卿、曾亚光等名厨，以一品海参、坛子肉、米熏鸡、叉烧填鸭、豆渣鸭子、贝母蒸鸡、豆芽炖鸡爪等闻名，对川菜的发展有较大的影响。[③]有学者认为杜小恬是鱼香肉丝菜的发明者，有开创鱼香味型之功，[④]但还缺乏可信的史料支撑。

四川简阳人（一说合江人）李九如于清末光绪二十四年（1898）在成都华兴街创办聚丰园南堂馆，后于光绪三十三年至宣统元年间（1907—1909）在成都祠堂街开办第二家聚丰园餐馆，具体时间各种记载不统一。但据宣统元年的《通俗日报》的广告记载，宣统元年八月："开设聚丰园南菜馆，聘请淮扬名师特别烹调，不敢渔利，但求卫生。各有随便堂便酌，零折碗菜、南北烧烤出堂席棹……择于本月十九日开张。"[⑤]另1911年的《大汉国民报》也记载1911年11月18日聚丰园的开张广告。[⑥]这则史料给我们提供了两条珍贵信息：第一，祠堂街聚丰园的开业时间跨度较长，从宣统元年到三年间都有广告，但可以肯定的是聚丰园的开设应该是在宣统元年，而不是光绪三十三年或三十四年。第二，当时聚丰园是南堂食店，但同时又像包席馆一样可以出堂办席，经营十分灵活。聚丰园当时所售填鸭最为有名。所以，一般人认为聚丰园不仅菜品佳良，更善于将中餐与西餐、大餐与小吃结合，首开成都中菜西吃之先河。聚丰园也是汉人在满城所开的第一个商铺，对当时的上层社会有较大的影响。所以，早在20世纪

---

① 白虹：《姑姑筵》，《绿茶》1942年1卷1期。

② 袁庭栋：《成都街巷志》，四川教育出版社，2010，第1037页。

③ 李新主编《川菜烹饪事典》，重庆出版社，1999。重庆市渝中区人民政府地方志编纂委员会《重庆市市中区志》，重庆出版社，1997。袁庭栋《成都街巷志》，四川教育出版社，2010，第696页。

④ 司马青衫：《水煮重庆》，西南师范大学出版社，2018，第130页。

⑤ 《通俗日报》，宣统元年八月十六日，四川大学图书馆藏。

⑥ 《大汉国民报》辛亥年（1911年）农历十一月十八日。

30年代，时人就认为“聚丰园以烧鸭著名，成都味甲天下，大小各馆，均有特长，嗜于味者固有口皆碑也”①。我们发现，在20世纪40年代，成都总府路上还有一家新记老聚丰园餐厅，以综营苏式汤包出名，②不知与聚丰园是何关系。

蓝光鉴，晚清在正兴园学艺，其后1911年在成都与正兴园厨师戚乐斋等创办荣乐园，地址最初在湖广会馆街兴隆巷，后迁布后街。1980年恢复荣乐园，地址迁到骡马市街口。荣乐园开办后成为民国时期成都菜馆中在外影响较大的餐馆，培养了张松云、孔道生、刘读云、朱维新、曾国华、华兴昌、毛齐成等名厨，菜品上以烹制红烧熊掌、葱烧鹿筋、清汤鸽蛋燕菜、干烧鱼翅、虫草鸭子等在外负有盛名。一般认为荣乐园培养了大量川菜人才，规范了传统川菜的桌席范式，研制、改良和成型了传统经典菜品，有川菜窝子之称。③特别是张松云及其师弟孔道生口授的《满汉全席》一书④，对四川风味的满汉全席做了一个总结，在川菜史的发展上有重要地位。

其他如王金廷创办福华园，培养了大量厨师。在20世纪二三十年代，重庆开埠后的政治经济地位重要，从成都来渝的厨师队伍中主要以荣乐园和福华园的为主。⑤廖泽霖创办专业腌卤店德厚祥，成都腌卤饮食的鼻祖。⑥再如四川新津人王海泉，清末从贵州到成都，在成都书院街创办了包席馆三合园，亲主厨艺，培养出王金廷、黄绍清等大厨。⑦

又如成都人陈吉山最初在秀珍园学艺，后成为怡新等处主厨。双流人傅吉廷先后在成都醉翁意、怡新、适宜、枕江楼、静宁饭店担任主理，培养了蒋伯春、张光荣、李福元等名厨。⑧又如在1913年（一说1905年）由刘老太爷等11个股东集资在柳荫街紧邻万里桥边开办了“枕江楼餐馆”，以

① 陈友琴：《川游漫记》，正中书局，1936，第73页。
② 《成都晚报》1943年1月13日。
③ 袁庭栋：《成都街巷志》，四川教育出版社，2010，第400页
④ 成都饮食服务中心店：《满汉全席》，内部出版，1959。
⑤ 李树人、杨代欣、麦建玲：《川菜纵横谈》，成都时代出版社，2002，第19页。
⑥ 李新主编《川菜烹饪事典》，重庆出版社，1999，第145页。
⑦ 同上，第118、143页。
⑧ 同上，第144页。

烹饪河鲜著名，以河鲜现场点杀为亮点，唐炳如、傅吉廷等名厨都曾在此店掌厨，以醉虾、脆皮鱼、大蒜鲢鱼、醋熘五柳鱼、扁豆泥为特色。①

清末出现了一些特色的餐饮店，前面谈到姑姑筵就是一个典型的餐饮店。再如郫县人在清末成都北新街创办的精记饭铺，经营上以快炒、粉蒸为特色，故突出一个家常和快字，以香糟肉、樱桃肉、粉蒸肉、密风肉为特色。②再如成都吴碧澄在会府北街开办的可园，本是一个川戏园子，兼营茶餐，生意兴隆，一度成为成都餐饮市场的名餐馆。③

《成都通览》记载外来之酒中有东洋、西洋酒类④，说明西方饮食文化的影响已经存在了，但清末成都好像还没有西餐咖啡厅一类出现。据记载，1912年在重庆就出现了“生然罐头洋酒店”，出售洋酒咖啡，专做洋船上的生意，开了巴蜀西餐之先河。⑤此后才出现涨秋、祺春、英年会等咖啡厅。⑥

清代中后期是传统川菜成型的一个关键时期，是将中古以来本土饮食文化的遗留与多省籍的移民饮食文化最终融合成为整体川菜的一个重要时期，正是因为本土特色鲜明的饮食文化根基与众多省份的移民饮食文化的共同重塑，塑造出一个与中国中古古典川菜有较大区别、也与同时代其他菜系有较大区别、平民化明显的传统川菜新面貌。这种新面貌，形成了巴蜀饮食业一个高度发达时期，使巴蜀地区的饮食文化出现了空前的繁荣，正如时人所称“川省习尚奢华，素工酬应。成都、华阳两县，每以支差赔负，动辄巨万，人率视为畏途”。又有称：“省会冠裳所聚，宴会较繁，肴馔之精实甲通省。”⑦清末民初傅崇矩《重庆城》也记载：“近来重庆饮食店最为发达，席棹价廉，咄嗟可办，大小餐馆及酒食馆，凡数百家……

---

① 袁庭栋：《成都街巷志》，四川教育出版社，2010，第1002页。《四川省志·川菜志》，方志出版社，2016，第202—203页。
② 李新主编《川菜烹饪事典》，重庆出版社，1999，第119页。
③ 同上，第118页。
④ 傅崇矩：《成都通览》下册，巴蜀书社，1987，第250页。
⑤ 重庆市渝中区人民政府地方志编纂委员会：《重庆市市中区志》，重庆出版社，1997，第211页。
⑥ 李伟：《回澜世纪——重庆饮食1890-1979》，西南师范大学出版社，2017，第36页。
⑦ 周询：《芙蓉话旧录》，四川人民出版社，1989，第33页。

近来餐馆林立。”[1]可以说，从18世纪中叶到20世纪初叶，正是因为巴蜀地区文化上的各省大移民进入的文化整合造就了传统川菜的成型，从这个意义上来看，传统川菜是一个地域土壤浸润与移民文化进入整合的产物。

二 近代川酒地位的抬升及对川菜的影响

很长的一个时期内，学术界为了证明现代川酒的现实地位，总是想对历史上川酒品牌的起源追溯以越早越好，但历史的客观情况并非如此。在唐宋的酒业市场中，川酒的地位和影响并不是人们想象的那样重要，历史上存在于文人印象中的川酒与商业传播中的川酒有两种不同的传播路径的差异，所以，虽然唐宋文人中的川酒名牌甚多，但宋代京城销售的名酒中并没有川酒影子。再者，经过元代、明清时期的巴蜀战乱，大量中古时期的饮食技艺和文化失传，包括一些传统的酿酒技艺和酒品已经失传而一度形成酒业的一种断层。所以，明清时期，四川的酒类生产发展到了一个全新的阶段。这个新一方面在于唐宋时期的一些名酒一度失传，如嘉靖《四川总志》卷三《成都府》记载：“郫人刳大竹，倾春酿于中，号郫筒酒。相传山涛治郫，用筒管酿酴醾丑作酒，旬方开，香闻百步，今亡。”[2]天启《成都府志》卷五六《志余》也记载：“郫筒酒，乃郫人刳竹大为筒，贮春酿于中。相传山涛治郫，用�管酿酴丑作酒，经旬方开，香闻百步。今其制不传。”[3]故何宇度也称郫筒酒“今其制法不传”了。[4]就是到了清代初年，陈聂恒也称：“郫筒酒酿法不传。”[5]不过好像清代已经恢复，如袁枚《随园食单》记载：“郫筒酒，清冽彻底，饮之如黎汁浆，不知其为酒也。但从四川万里而来，鲜有不变味者。余七饮郫筒，惟杨笠湖刺史木牌

---

① 傅崇矩：《重庆城》，《蜀藏·巴蜀珍稀旅游文献汇刊》，第七册，第65—66、109页。
② 嘉靖《四川总志》卷三《成都府·土产》。
③ 天启《成都府志》卷五六《志余》。
④ 何宇度：《益部谈资》卷中，中华书局，1985，第19页。
⑤ 陈聂恒：《边州闻见录》卷三，康熙年间刻本。

上所带为佳。”[①]好像在清代袁氏也还有饮用，似又没有失传。所以，清中叶定晋岩樵叟《成都竹枝词》有“郫县高烟郫筒酒”[②]之称。就是1934年在成都的四川省第十三次劝业会上，郫筒酒仍然参加并获得了甲等奖。[③]从后来的有关记载也证明清代以来，在川东地区一直保留了这种酒的制作和食用方法。不可否认，前面我们谈到的唐宋以来的名酒绝大多数是没有将酒名保存下来的，故与明清以来的川酒至少在酒名上没有发现存在一种传承关系，在技艺上大多数也无法完全证明有一种直接传承关系存在。

另一新在于明清时期巴蜀地区出现一些新的酒品，如《蜀语》记载当时潼川府有粟谷酒、遂宁有火米酒[④]，嘉靖《四川总志》卷三记载成都府有酴醿花酒[⑤]，《蜀中广记》则记载四川重府酒（皮酒）和珙县麻柳叶酒为当时的名酒[⑥]。明代蓬溪县的五加皮酒最有名，称“五加皮，谓之白刺颠，或曰白刺叶，作酒麦药，蓬溪县产最多”[⑦]。后《广安州新志》也记载：“旧有五加皮者，曰文草酒，仿郫筒者，曰唼酒。”[⑧]不过，从有的记载来看，好像在清代乾隆时四川涪州琥珀酒、汉州鹅黄酒、峨眉玻璃春影响仍然有存[⑨]，而产酒重地的泸州已经有“市醪浇客醉”[⑩]之称了。

据《成都通览》记载，清末流行于成都市场上的酒类，除成都本地所产外，主要有渝酒、花雕酒、眉州酒、嘉定酒、泸州毕刘轩、内江烧、白沙烧、绵竹大曲、潞酒、陕西大曲和茅台酒。而据《成都通览》记载成都及各属地产酒和销售酒情况，计成都产老酒，销绍酒，华阳销渝酒，双流销烧酒，温江产酱酒，新繁产烧酒，新都县销烧酒，彭县产老酒，新津产烧酒，绵州产烧酒，绵竹产大曲酒、烧酒，乐山产老酒、绍酒、苞谷烧

---

① 袁枚：《随园食单》，江苏古籍出版社，2000，第83页。
② 定晋岩樵叟：《成都竹枝词》。林孔翼：《成都竹枝词》，四川人民出版社，1986，第65页。
③ 四川省第十三次劝业会编《四川省第十三次劝业会报告书》，1934。
④ 李实：《蜀语》，巴蜀书社，1990，第144页。
⑤ 嘉靖《四川总志》卷三《成都府·土产》。
⑥ 李实：《蜀语》，巴蜀书社，1990，第174页。
⑦ 《蜀中广记》卷六五《方物记》第七《酒谱》。
⑧ 宣统《广安州新志》卷三十四《风俗志》，重庆中西书局印本。
⑨ 洪良品：《东归录》。《小方壶斋舆地丛钞》第7帙。
⑩ 余昭：《大山诗草·初集》。

酒，峨眉烧酒，夹江销白沙烧酒，威远烧酒，雅安销烧酒，天全销烧酒，名山县销白沙酒，青神县销烧酒，蒲江销烧酒，三台县销烧酒，射洪县销烧酒，盐亭县销烧酒，中江产烧酒，遂宁县产烧酒、销烧酒，安岳县销烧酒，南部县销陕酒，广元县产大曲酒、销陕酒，昭化县销陕酒，通江县销陕酒，剑州销陕酒，宜宾产烧酒、老酒，销渝酒，庆符产烧酒，南溪县产烧酒，长宁县产烧酒，高县产烧酒，筠连产烧酒，珙县产烧酒，兴文县产烧酒、窖酒、常酒，隆昌县产烧酒，屏山县烧酒，马边厅产烧酒，雷波厅产烧酒，叙永厅产烧酒，销烧酒，永宁县销烧酒，江安县烧酒，合江县产烧酒，资州产烧酒，资阳产烧酒，内江产烧酒，巴县产渝酒，江津县产烧酒，永川县产烧酒，荣昌县产烧酒，合州产烧酒，大宁县销酒，万县产烧酒，开县产烧酒，达县销酒，东乡县产烧酒、销酒，新宁县销酒，太平县销酒，大竹县销酒，渠县销烧酒，忠州销烧酒，丰都销烧酒，垫江销酒。[①]从这个酒谱来看，清末巴蜀地区的酒产食销可谓是遍地开花，特别是在盆地内的各县普遍酿制烧酒，川酒的产食已经达到了相当高的地位。

我们再看《宣统二年劝业会调查》上外来农产品中，来自巴蜀地区的酒类有西昌仿潞酒、老酒、大曲酒、花酒，新津大麦酒、高粱酒、玉麦酒，邛州大曲酒，合江特别陈年窖酒、泡子酒、家常窖酒、兰花酒、葡萄酒、佛手酒、香花酒、玫瑰酒，内江烧酒、窖酒，宜宾大曲酒、犍为酒，隆昌蜀黍酒、青神，绵州烧酒，南部烧酒，遂宁桂圆酒、巴州酒，温江酒，成都甜酒、陈酒、坭酒、青果酒、桂花酒，华阳陈甜酒、地窖酒、老酒、糟公酒、高粱酒、玉麦酒、火煨酒、桂花酒、老甜酒，冕宁酒谷子酒，资阳干酒、马边酒，长宁窖酒，通江烧酒、大足酒，绵竹大曲酒，永宁县烧酒，青神花酒，郫县酒，巴县接口酒、红烧酒等。[②]又据《四川省成都市第三次劝业会工会调查表》的“四川物产表”中的记载来看，有成都烧酒、老酒，新繁烧酒，彭县烧酒、老酒，新都烧酒，绵竹烧酒，绵州

① 傅崇矩：《成都通览》下册，巴蜀书社，1987，第136—204页。
② 同上，第298—341页。

烧酒，汉州火酒，乐山老绍，庆符烧酒，宜宾烧酒、老酒，荣县烧酒，彭山烧酒，隆昌烧酒，珙县烧酒，广元烧酒，高县烧酒，遂宁烧酒，南溪烧酒，兴文烧酒，中江烧酒，合江烧酒、江安烧酒，叙永厅烧酒，合州烧酒，荣昌烧酒，永川烧酒，巴县渝酒，内江烧酒，万县烧酒，开县烧酒，东乡烧酒等。[①]

从以上酒名我们可以看出巴蜀地区普遍出产烧酒，所谓“川省田膏土沃，民物殷富，出酒素多，糟坊到处皆是。私家烤酒者尤众”[②]。有三个地方值得我们关注：一，重庆的渝酒在清末影响很大，在四川市场内华阳、宜宾都有销售，列为成都市场外地酒第一，在成都慈惠堂街专门有渝酒仿绍。二，陕酒在川北影响较大，川北的南部、广元、昭化、剑州、通江都在销陕酒。三，以上统计记载了成都市场上有毕罗轩酒，但在记载各地产酒和劝业会酒品中，居然泸州、纳溪无酒产销，古蔺酒、宜宾酒、绵竹酒也不突出，但《成都通览》中成都在双桂堂、三义庙有酒销售，鱼市口专门卖叙府酒，在劝业会上有绵竹大曲酒。[③]应该说这些正是清代四川酿酒业相对发达的地区。结合以上统计来看，清代四川重要的产酒地区主要是在成都平原地区、绵阳一带、上下川南的今乐山、宜宾、泸州、内江及江津、巴县一带，仍是在唐宋时期四川重要产酒区内。

实际上，清代前期和中期巴蜀地区最有名的酒并不是今天泸州老窖和五粮液的前身杂粮酒，而是渝酒。所谓渝酒，在民国时期又称为渝绍，即重庆仿绍兴之酒之意。[④]一般认为渝酒系清中前期浙江人到渝所创，早在康熙时陈祥裔《蜀都碎事》卷三记载“今人取（渝）水为酒，名曰渝酒”，卷四记载“渝水，土人取以造酒，名曰渝酒，味甚甘美”，那个时候市面上还不见五粮液和泸州老窖名称的影子。

就是到了清末，渝酒的影响也远在泸州酒、宜宾酒之上。

---

① 四川省商务局：《四川省成都市第三次劝业会工会调查表》，1908，第81—91页。
② 周询：《蜀海丛谈》，巴蜀书社，1986，第23页。
③ 傅崇矩：《成都通览》下册，巴蜀书社，1987，第205页。
④ 周开庆：《四川经济志》，台湾商务印书馆，1972，第356页。

据《丁文诚公奏稿》卷二五记载：

> 川省向无著名酒行，如浙江之绍酒、山西之汾酒等项，通行天下，利息甚厚。川省概系旋酿旋卖，仅供本地沽饮，即重庆所有渝酒，行销多而资本亦属无多。[①]

实际上，丁氏的看法不仅适用于清代，也可适用于传统时代川酒的地位，虽然在本土川酒确实很好，历代名人也多有记载咏叹，但酒好真怕巷子深，由于传统时代巴蜀地区交通局限，加上酒类专卖政策和传统时代酒类较难运输等特点，川酒在外的影响与本身的品质并不成正比。

对于渝酒，清代的记载很多。张之洞就谈道："四川渝酒颇有名，重庆所酿也。嘉定州酒最清信，罕有称者……蜀人喜夸渝州酒。"[②]清末华学澜也谈自己有四川渝酒一度"取而饮之"，还用于送人："渝酒一器，约十斤"[③]。所以光绪年间《成都通览》中记载的成都以外酒中，首列渝酒，可以想见当时渝酒的地位。清末《重庆城》则记载："酒则绍酒，即渝酒也，大曲烧酒。"[④]民国初年自贡市场上"有渝酒，甚贵"[⑤]，民国时期雅安市场内的"供饮绍酒，罕至者渝酒，士商或储备之。普通多饮白沙酒，间饮汾酒。境内酿者曰老酒，曰白酒，乡市专酿芋麦酒"[⑥]。这种表述让我们可以想到当时渝酒的地位较高。据民国《重修四川通志稿》记载，民国时期渝酒每斤2000文，比当时的老酒贵（1600文），而大曲酒3200文。[⑦]当时有记载："至于黄酒最好的就是绍酒，又名渝酒，味香而洌，可算上色的招待品，因为价钱很贵，所以普通人都不吃的。"[⑧]当时重庆允丰正很注

---

① 丁宝桢：《丁文诚公奏稿》卷二五，贵州历史文献研究会，2000，第803页。
② 《张公襄公古文书札骈文诗集》卷二。
③ 华学澜：《辛丑日记》，商务印书馆，1936，第121页。
④ 傅崇矩：《重庆城》，《蜀藏·巴蜀珍稀旅游文献汇刊》，第七册，第65—66页。
⑤ 樵斧：《自流井》，成都聚昌公司，1916，第198页。
⑥ 民国《雅安县志》卷四《服食》，1928年石印本。
⑦ 民国《重修四川通志稿》卷40—41，国家图书馆出版社，2015，第165页。
⑧ 《名酒之介绍》，《南京晚报》1938年9月16日。

重营销，绍酒广告已经打到宜宾等地。[①]这些记载说明民国时期渝酒的地位相当高，影响相当远。据记载，渝酒是重庆允丰正酿酒厂所酿制，民国时此厂在重庆的林森路，系用川南特有的高粱糯米酿造。[②]当时允丰正的花雕绍酒在外影响很大，除了在重庆、成都、万州有分店外，省内外分销处众多。[③]另外清代初年，重庆府还有一种称为茅酒的名酒，据陈聂恒《边州闻见录》卷五称："茅酒，重庆府茅氏所造，味较厚，胜市酤，蜀酒无足饮者，荼蘼、郫筒法不传，使茅酒得名，且有赝者可概也。"[④]不过，这种茅酒在后来的文献记载中出现少，影响并不是太大。

这样看来，清代前期四川酒的整体地位在全国的影响并不是很大。清乾隆年间袁枚《随园食单》中记载："今海内动行绍兴，然汾酒之清，浔酒之洌，川酒之鲜，岂在绍兴下哉。"并详细介绍了金坛于酒、德州卢酒、四川郫筒酒、绍兴酒、湖州南浔酒、常州兰陵酒、溧阳多饭酒、苏州孙三白酒、金华酒、山西汾酒等十种酒，巴蜀上榜的只有郫筒酒，而且是一个基本处于失传状态的老酒。不过，这里从外人角度提出了"川酒"的概念，也可说明川酒已经有一定的影响了。[⑤]

当然，这只是袁枚个人的认同，清代大多数名酒认同中，更少有川酒的影子。如朱彝尊《食宪鸿秘》中记载当时的北酒与南酒的地区差异，认为在北酒中"沧、易、潞酒皆为上品，而沧酒尤美"，而南酒中谈到了高邮五加皮、木瓜酒、镇江百花酒、无锡陈者、苏州状元红、扬州陈苦醇、南浔竹叶青等名酒，无一个川酒。[⑥]清代中叶的章穆《调疾饮食辨》中记载了许多全国名酒，列有绍兴酒、山西汾酒、浙江玉兰酒、会泉酒、金华酒（东阳酒）、秦蜀咂嘛酒、晋越襄阳酒、苏州小瓶酒、处州金盆露、建昌麻姑酒，[⑦]也仅谈到巴蜀地区的咂酒。同样清中叶日本人《清俗纪闻》中也

① 《戎州日报》，民国三十六年（1947年）4月24日广告。
② 周开庆：《四川经济志》，台湾商务印书馆，1972，第357页。
③ 杜若之：《旅渝向导》，巴渝出版社，1938，第28页。
④ 陈聂恒：《边州闻见录》卷五，康熙年间刻本。
⑤ 袁枚：《随园食单》，江苏古籍出版社，2000，第82—85页。
⑥ 朱彝尊：《食宪鸿秘》，中国商业出版社，1985，第17页。
⑦ 章穆：《调疾饮食辨》，中医古籍出版社，1999，第119—120页。

谈到当时中国的名酒有常州的惠泉酒、湖州乌程的浔酒、苏州福珍酒、山西潞酒安酒、山西汾酒、绍兴酒几种[①]，也没有谈到川酒。看来，清代中前期全国对川酒的印象还停留在历史上的郫筒、咂酒的记忆中。

不过，这个时期反而是江南绍酒在四川影响较大，《成都通览》记载的外地酒中，第一是渝酒，第二是绍酒。定晋岩樵叟《成都竹枝词》中称："绍酒新从江上来，几家官客喜相抬。绍兴我住将三载，酒味何曾似此醅。"[②]

今天四川酿酒业在全国有相当重要的地位，这个地位主要是由清代中后期酒业发展而来，而且这种发展与明末清初外省移民的进入带来酿酒技术有很大的关系。现在的巴蜀名酒中大多数都是在传统酒业环境背景下外来移民技术进入后，重新创造出现的酒品和品牌。

剑南春的前身是绵竹大曲，以前人们往往将唐代的剑南之烧春与宋代杨世昌的蜜酒结合来谈，以此来证明绵竹一带是有酿酒的传统的。绵竹民间传言是康熙时期陕西三元县移民朱煜所创，在绵竹开办朱天益作坊。后来陕西的杨、白、赵三家相继来绵竹，形成了四姓酿酒的格局。[③]不过，笔者发现嘉庆十八年编的《绵竹县志》《货殖》中并无大曲酒的记载[④]，只是到了道光《绵竹县志》卷四四中《货殖》中才记载有大曲酒[⑤]，到光绪年间的《绵竹县乡土志》中记载有"每年大曲坊十四五家，可出酒三四十万斤"[⑥]，到了民国《绵竹县志》则记载："现在大曲房二十五家，岁可出酒十数万斤。"[⑦]这个年代顺序可以看出绵竹大曲的真正发展是在清中叶以后。所以，清中叶时，李调元认为当时"以绵竹为上，绵州丰谷井次之。绵竹味甘美，有香气，丰谷稍辛燥触鼻，成都则不闻有些矣"[⑧]。在《成

① 中川忠英：《清俗纪闻》卷四，方克、孙玄龄译，中华书局，2006，第251页。
② 雷梦水等编《中华竹枝词》第5册，北京古籍出版社，2007，第3208页。
③ 剑南春史话编写组《剑南春史话》，巴蜀书社，1987，第17页。
④ 嘉庆《绵竹县志》卷四二《货殖》，嘉庆十八年刻本。
⑤ 道光《绵竹县志》卷四四《货殖》，道光二十九年刻本。
⑥ 光绪《绵竹县乡土志》，清末刻本。
⑦ 民国《绵竹县志》卷八《物产志》，民国九年刻本。
⑧ 詹杭伦、沈时蓉：《雨村诗话校正》，巴蜀书社，2006，123页。

都通览》中，我们看到了有绵竹大曲出现，说明绵竹大曲在清末就已经打入成都市场了，而不是以往说的1913年。不过，清末民初绵竹大曲仍是一种区域性的名酒，在全国的影响还极为有限。到了民国时期，一系列获奖使绵竹大曲的影响空前扩大，如1922年获四川省劝业会一等奖，1928年获四川省国货展览会奖章，1929年，乾元泰、大道生、瑞昌新、义全和等十二家大曲酒获四川省优秀酒类奖。在1934年四川省第十三次劝业会上绵竹的顶上庄大曲和荣昌县积庆祥烧酒得到特等奖，而其他泸县、宜宾、郫县、江津的酒仅得到甲等和乙等奖。[①]到1941年，绵竹全县造酒坊多达200多家，产酒200余万斤，出现了恒丰泰、天成祥、朱天益、杨恒顺等著名酒坊。[②]不过，民国时期绵竹大曲的行销地区还局限于四川盆地内，以成都、三台、合川、遂宁等地为主，主要在川西和川中盆地地区。不过，就地位而言，民国时期有“四川大曲酒首推绵竹”之称[③]，似在当时比泸州大曲更有名气。当时自贡的远大商行就专门经营绵竹大曲，而不是泸州大曲。[④]绵竹大曲真正在全国有较大影响是中华人民共和国成立以后的事情，主要是到了20世纪50年代因经营的需要，将绵竹大曲改为剑南春，到20世纪80年代才获得四川省级的酒类奖励，逐渐名声大振，开始在全国有了较大的影响。

前面谈到，川南民族地区在宋代没有酒禁，为川南酒业的发展创造了条件，故早在唐宋时期川南的酒业就较为发达。之前有人据所谓张宗本《阅微壶杂记》提出元代郭怀玉首酿泸州大曲和明代施敬章“窖藏酿制法”之说，因《阅微壶杂记》巴蜀历史学者多方寻找未获，而从引出行文看又明显之辞，故结论不足为信，现在流行的泸州大曲是在清代前期才开始有较为清楚的直接制造传承关系的，据民间传说是顺治年间从略阳归来的舒举人带回技术、曲药和技师所造的，当时酒坊名“舒聚源”。但赵永康先生发现民间对舒举人的传说历史曾提出质疑[⑤]，所谓《蜀南经略》一书记载的

① 四川省第十三次劝业会编《四川省第十三次劝业会报告书》，1934年。
② 剑南春史话编写组《剑南春史话》，巴蜀书社，1987，第20页。
③ 周开庆：《四川经济志》，台湾商务印书馆，1972，第359页。
④ 《川中晨报》1947年7月23日。
⑤ 赵永康：《泸州老窖大曲源流》，《四川大学学报》1994年第4期。

舒承宗的故事可信度不高，因为《蜀南经略》可能本身也是一部伪书。

温家原在广东经营酿酒坊，雍正七年（1729）从广东迁到泸州后，在同治八年（1869）温家九世祖从舒聚源酒坊买下十口陈年酒窖，改名“豫记温永盛酒厂”，生产老窖大曲。据周开庆《四川经济志》记载温永盛商号的起源可以追溯到嘉庆三年（1798），[①]在民国元年改“豫记”为“筱记”。据有关窖池和包装罐的历史来看，有的老窖酒窖池的起源可以追溯到400多年前。[②]也就是说，顺治年间，舒聚源也可能是从他人手中购得的明代老窖池。研究表明，到了清末在泸州已经有温永顺、天成生、协泰祥、春和荣、永兴诚、鸿兴和、义泰和、爱人堂、大兴和等十多家作坊。[③]不过，我们虽然在《成都通览》中看到了泸州酒，但也仅是一种在巴蜀区域内的影响。当时泸州产一种香花酒并有较大名气，在1916年有记载：“泸州以产香花酒著名，酒之种类不下数十，游其地者莫不宏醉焉。就予所过者论之，白沙销场虽广，产量虽多，而酒味浇薄；犍为酒虽甘冽浓粹而产量过少，未若泸州香花之既丰且美也。若能运至京，则北地盛行之白柑、玫瑰、茵陈、五加皮等类将退避三舍，而让香花执酒坛之牛耳耶。”[④]记载表明从清末到民国二十年代，成都市面上的酒主要是绵竹大曲、泸州香花酒、资阳陈色酒三雄并列，可见当时泸州的香花酒已经较有名气了，但老窖这个话语还没有出现，香花酒在省外的影响也还有限。直到1934年在成都举行的四川省第十三次劝业会上，泸县的天成生大曲、蓬米香大曲、合作商店大曲、小春秋大曲、温永顺大曲、乾丰豫大曲得到了甲等奖，泸州爱人堂大曲则只得了乙等奖，但当时绵竹大曲和荣昌的烧酒得的是特等奖。[⑤]20世纪三四十年代在市面上，特别是抗战时期，泸州出现温永

① 周开庆：《四川经济志》，台湾商务印书馆，1972，第359页。
② 泸州老窖史话编写组《泸州老窖史话》，巴蜀书社，1987，第24-25页。
③ 泸州曲酒厂公关部《泸州老窖大曲酒》，《四川文史资料选辑》44辑，四川人民出版社，1995，第84页。
④ 张大鉌：《巴蜀旅程谈》，《北京高等师范学校校友会杂志》第2辑，1916，第31页。
⑤ 四川省第十三次劝业会编《四川省第十三次劝业会报告书》，1934。

盛、天成生、协泰祥、春和荣等36家酒业争雄的壮观局面。[①]结合上面的历史来看，实际上虽然泸州大曲酒品在清代属上乘，但仍仅是一个小区域性的名酒，甚至在巴蜀影响力还远在渝酒、郫筒酒、绵竹大曲之下，在全国的影响并不太大。抗战时期，由于地缘的因素，在重庆泸州大曲的影响要比绵竹大曲大得多，民国时期重庆有记载："白酒的上乘，即是大曲，以泸州酿制的为最佳。"[②]又有记载称："大曲酒以绵竹产品最佳，但市上一般售品，大都是泸州货，真正绵竹的出产，很难买到。"[③]还有记载称："大曲酒是川省泸县名产，以高粱、小麦酿成，酒色清冽，似乎绍兴之白烧酒，而没有白烧酒的酗，微带淡逸之致。"[④]到了40年代，有"川中的酒，以泸州大曲最著名，仅次于贵州的茅台"[⑤]之称。经过近一个世纪的发展，泸州老窖以"浓香正宗"名誉享遍全国，才成为全国名酒。

成都地区在古代一直产酒，汉代画像砖"酿酒图"中就有整个酿酒过程的图像，甚至学者以此认为汉代就有蒸馏酒的可能。唐代成都曾出现生春酒，曾为贡酒。宋代张能臣《酒名记》曾记载宋代成都产酒有忠臣堂、玉髓、锦江春、浣花堂品牌。据研究明末清初一位王姓的山西客商在成都酿酒，乾隆五十一年（1786）在水井坊正式开设酒坊，取名福升全，酿出的名酒称为"薛涛酒"。1824年迁建于暑袜街形成新号，改名为"全兴成"，但仍保留福升全老字号，推出全兴酒和薛涛酒。一说当时主要生产冷气大曲、陈年大曲、茵陈大曲，统称全兴酒。[⑥]不过，在清末《成都通览》中，我们并没有发现薛涛酒和全兴酒的影子，但是嘉庆道光年间杨燮《锦城竹枝词》中有"回船买得薛涛酒，佛作斋公我醉仙"[⑦]之称。据《成都通览》记载，成都的本地酒中，以金谷园、八百春最有名，其他还记载

① 泸州曲酒厂公关部《泸州老窖大曲酒》，《四川文史资料选辑》44辑，四川人民出版社，1995。
② 顺：《酒》，《南京晚报》渝版，1938年9月16日。
③ 杜若之：《旅渝向导》，巴渝出版社，1938，第66页。
④ 吴济生：《新都闻见录》，光明书局，1940，第194页。
⑤ 白虹：《巴渝风味》，《自修》1941年160期。
⑥ 袁庭栋：《成都街巷志》，四川教育出版社，2010，第418页。
⑦ 林孔翼：《成都竹枝词》，四川人民出版社，1986，第50页。

有老酒、毛酒、大曲酒、玉兰香、香元酒、玫瑰酒、烧酒、竹叶青、桂花酒、荫酒、葡萄酒、家常酒、青果酒等[①]，不知这里记载的大曲酒是否与全兴酒有关系。所以，我们发现，就是在民国时期，薛涛酒的名气在巴蜀影响也并不太大，只是在成都市内有一定的影响，如20世纪40年代《成都市社会特写》中专门谈到，如果在成都吃小吃，可能加上全兴烧房的大曲二两就十分好。[②]另周芷颖《新成都》中也谈到暑袜南街全兴烧房的大麦酒。[③]只是到1951年，福升全和花果酒厂合并成为国营成都酒厂，开始生产全兴大曲和薛涛酒。由于酒质的优良，1959年全兴大曲获得四川省饮料酒评比奖头名，1963年获“四川名酒”称号，同年在全国第二届评酒会上获“中国名酒”称号。[④]所以，全兴大曲应该是四川五大名酒中影响力显现较晚的一种。

在川酒中，我们还没有发现五粮液的前身杂粮酒直接与外来移民有关系，说明宜宾酒来源的地域性相对单一。以前人们一般认为，宜宾在古代也是在川南弛禁区内，古代酒业较为发达，出现过重碧酒、荔枝绿等品牌。明代初期宜宾出现了大量糟坊，如温德丰、德盛福、长发升等，生产杂粮酒。考古工作者曾在宜宾牛口发现明代糟坊头白酒遗址，清代公馆坝徐氏糟坊传承下来就开始生产杂粮酒。[⑤]同治八年（1869），赵铭盛从温德顺陈三接下陈氏秘方，改温德顺为利川永，1915年，赵铭盛又外传给邓子均。[⑥]我们发现清末时，宜宾酒在巴蜀地区已经有一定的影响了，如《成都通览》中记载的成都市场上的酒就有宜宾烧酒、老酒，在宣统二年（1910）的四川省第二次劝业会上出现了宜宾大曲酒。当时宜宾大曲酒还仅是一个区域的名酒，在外的影响还相当有限。就是1934年在成都举办的第十三次劝业会上，绵竹、荣昌、泸县、江津的酒都得了特等和甲等奖，

---

① 傅崇矩：《成都通览》下册，巴蜀书社，1987，第249页。
② 陈雄：《成都市社会特写》，载《益报丛刊》之一，1946，第12页。
③ 周芷颖：《新成都》，复兴书局，1943，第150页。
④ 全兴大曲史话编写组：《全兴大曲史话》，巴蜀书社，1987，第33—56页。
⑤ 凌受勋：《宜宾酒文化史》，中国文联出版社，2012，第77—135页。
⑥ 《五粮液史话》编写组：《五粮液史话》，巴蜀书社，1987，第28—34页。

但宜宾的大曲酒只得了乙等奖。[①]只是20世纪20年代末到30年代初改名五粮液后，“利川永”五粮液不断在海内外推广营销，才逐渐成为全国很有影响的名酒。在民国三十年代中期，宜宾的糟坊发展到14家，除“利川永”“长发升”“德盛福”“张万和”四家老号外，新出现的有“全恒昌”“听月楼”“天赐福”“万利源长”“钟三和”“刘鼎兴”“赵元兴”“吉庆”“吉鑫公”“张广大”等十家，共计酒窖144口，生产出五粮液、元曲、提庄、尖庄、醉仙、提壶大曲等品牌。[②]到近五十年内，真正得到继续发展的只有五粮液、尖庄两个品牌。显然，五粮液真正成为全国性的名酒也是在近百年的时间之内的事情。

黔北川南地区一直酒禁弛禁，历史上酒业较为发达。特别是在乾隆年间赤水河整治以后，沿岸城市经济不断发展，清末二郎镇上已经有酒作坊、糟坊20余家。[③]早在宋明时期，赤水河二郎滩一带是否流行一种凤曲法酿酒的“凤曲法酒”的回沙工艺，我们还需要史料证明。1904年荣昌人邓惠川夫妇在二郎开创絜志酒厂，酿造各种酒品，后改为惠川糟坊，开始生产回沙郎酒，在当地有一定的影响。同时，十多年后还有一家集义酒厂，也产同类酒品。1933年，集义酒厂引进了茅台镇成义酒厂邓银安和惠川糟坊的莫绍成为总酒师，开始用回沙和茅台工艺生产酱香型酒郎酒，市面上进入惠川“回沙郎酒”与集义“郎酒”并行时期。[④]但在20世纪40年代两个酒厂先后消失。据记载，1933年，县城附近的十里小沟又一个蔺酒厂生产蔺酒，制法与郎酒相同。[⑤]到1957年国营四川古蔺酒厂才正式成立，开始生产郎酒。但在20世纪六七十年代，郎酒厂的发展经历风雨，在80年代以后发展较快，生产的酒品在1979年获得全国优质酒称号，1984年被评为第四届国家名酒，逐步在全国有了较大的影响。[⑥]在发展过程中，郎酒厂还开发

① 四川省第十三次劝业会编《四川省第十三次劝业会报告书》，1934。
② 《五粮液史话》编写组：《五粮液史话》，巴蜀书社，1987，第37页。
③ 王思铁、李硕军：《古蔺郎酒》，载《四川文史资料选辑》，四川人民出版社，1995，第95页。
④ 郎酒史话编写组：《郎酒史话》，巴蜀书社，1987，第17—22页。
⑤ 周开庆：《四川经济志》，台湾商务印馆，1972，第360页。
⑥ 郎酒史话编写组：《郎酒史话》，巴蜀书社，1987，第32—37页。

出浓香型的古蔺大曲和兼香型的郎泉酒。

在《成都通览》中，我们虽然看到了绵竹大曲、泸州酒两种今天川酒的前身，但泸州老窖这个商业品并没有出现，而宜宾的五粮液的前身杂粮酒更是在市场上不见踪影。就是到了20世纪20年代成都市场上的名酒也仅是绵竹大曲、资阳陈色酒、泸州香花酒三种。[①]这里要说明的是酒类生产的历史与酒类在商业市场的历史是两个完全不同的概念，巴蜀地区的许多酒品虽然在历史上生产较早，酒品也上乘，但与这些酒品在商业市场有较大的影响是不一样的概念，这一点以前我们注意不够。

川酒除了以上五大名酒外，近代川酒中沱牌曲酒、邛崃文君酒、江津老白干、太白酒也曾有过发展的辉煌时期。其中文君酒一般认为源于明代万历年间的寇氏烧房，清初转归安徽人余氏，形成后来的“大全烧房”，民国时期一度有“邛崃茅台”之称。[②]

四川一些地区仍是咂酒的重要饮用地区。据嘉靖《四川总志》和《皇舆考》记载，明代巴州竹根酒、忠州引藤酒仍流行。据《蜀语》记载，酒筲，又称咂嘛酒，其制法“以粳米或麦粟梁黍酿成，熟时以滚汤灌坛中，用细竹筲通节入坛内咂饮之。咂去一杯，别去一杯热汤添之，坛口是水，酒不上浮，至味淡乃止”[③]。清张乃孚《巴渝竹枝词》称“钩藤酒熟佐江鱼”，注即今咂酒[④]；蓝选清《梁山竹枝词》称“新醅咂酒味偏醇”[⑤]；李调元称“蜀酒名咂酒，俗称糟坛子……郫筒酒至今不传，此或其遗法”[⑥]；陈聂恒《边州闻见录》更是记载详细，称：“山农所出，红粟米杂草子焙干，蒸烂入药，覆以槁庋，置烟楼月余。客至连瓶舁之地，客饮若干，外则注水若干，插竹如管，更迭就而吸之，香冽胜市沽，亦以昭敬。”[⑦]《听

① 曹亚伯：《游川日记》，中国旅行社，1929，第50页。
② 邛崃市政协文史委：《卓女烧春文君酒》，载《成都文史资料选编》工商经济卷，四川人民出版社，2007，第125—127页。
③ 李实：《蜀语》，巴蜀书社，黄仁寿校注本，1990，第144页。
④ 雷梦水等编《中华竹枝词》五，北京古籍出版社，2007，第3306页。
⑤ 同上，第3375页。
⑥ 李调元：《雨村诗话》，詹杭伦等校注本，巴蜀书社，2006，第382页。
⑦ 陈聂恒：《边州闻见录》卷九，康熙年间刻本。

雨楼随笔》也记载："蛮中造曲饼晒干，将饮酒置罐中，沃以热汤，须臾成酒。以竹管通其节插于内，聚客环坐以口就吸，谓之咂酒，重庆一带民间亦善造。"[①]《三省边防备览》也谈道："川东乡民新朋燕集，皆用咂酒，以高粱为之，置于缸，遇燕煮透，仍装缸内，用咂管输，咂饮颇为价廉省事。"[②]光绪《丰都县志》卷一《风俗》："邑人多制咂嘛酒，黍、稷、粱、粟皆可以入酿，贮小坛中，月余始熟。"[③]光绪《定远县志》卷二《风俗》："民间多造咂酒，黍、稷、稻、粱皆可用。蒸熟后，和以曲药，贮坛中，用泥头封固，月余始熟，日久更佳。"[④]民国《渠县志》卷五《礼俗》："客至，倾家酿，常备者为高粱酒，或以大麦、高粱杂酿之，盛以大瓮，插竹管二，请客轮番吸饮，曰呷酒。"[⑤]据清代的统计表明，清代流行咂酒的有忠县、涪州、南川、石柱、梁山、垫江、岳池、盐亭、打箭炉、金川、章谷屯、理番厅等地。

酒与烹饪关系密切，在菜品的烹饪过程中加酒在中国古代很早就出现了，明代宋诩《宋氏养生部》中记载了酒烹鹅、酒烹鸡，并专门列有酒烹的制法多种。[⑥]川酒的发展同样与川菜的发展关系密切，主要表现在一方面川酒可以直接进入菜肴，佐助烹饪菜品。"糟"本身是川菜的一种烹饪方式，早在唐宋时期，川菜中就有一道酒骨糟，宋代陶谷《清异录·馔馐门》："孟蜀尚食，掌食典一百卷，有赐绯羊。其法，以红曲煮肉，紧卷石镇，深入酒骨淹透，切如纸薄，乃进。注云：酒谷，糟也。"[⑦]这道菜以加酒曲透骨的方法也是相当特殊。就宋代来看，吴氏《中馈录》中就记载有糟猪头、糟蹄爪、酒腌虾、醉蟹等与酒有关的菜品，而吴自牧《梦粱录》中则有酒烹鸡之菜。历史上有香糟肉、红糟肉、糟鸭等菜品。近代

① 王培荀：《听雨楼随笔》，巴蜀书社，1987，第159页。
② 严如熤：《三省边防备览》卷八《民食》，三角书屋刻本。
③ 光绪《丰都县志》卷一《风俗》。
④ 光绪《定远县志》卷二《风俗》，光绪元年刻本。
⑤ 民国《渠县志》卷五《礼俗》，民国二十一年排印本。
⑥ 宋诩：《宋氏养生部》，中国商业出版社，1989，第115、118、136、137页。
⑦ 陶谷：《清异录·馔馐门》，中国商业出版社，1985，第31—32页。

江南地区专门有一道酒焖鸡（鸭），白酒用量达一斤。[1]近代以来，川菜普遍用醪糟入川菜，一是压去荤肉的腥味，一是增加菜的回甜以减辛辣。同时，在制作许多有腥膻味的如猪肚子、鱼类、鸭子时，往往先将食材用酒浸泡冲洗一次。同时，中国许多地方烹饪菜品过程中也往往要放料酒去腥，这类料酒多是绍酒一类的米酒，川菜同样这样做。同时，与川菜大麻大辣相适应，川菜烹饪过程中往往直接放白酒，特别是放有曲香的曲酒以压腥增香。以上这些案例都显示了川酒对菜品烹饪过程的影响较大。近代以来，川菜更是发明了啤酒鸭之类的菜品，成为川菜中的名菜。

另一方面川酒促进了餐饮业的发展。前面我们谈到，早在唐宋巴蜀士人就有“蜀之士子，莫不酤酒”[2]之风，所谓“蜀俗奢侈，好游荡，民无赢余，悉市酒肉为声妓之乐”[3]。这种喜欢饮酒宴乐的传统风俗，极大地促进了餐饮业的发展。巴蜀地区早在唐诗里面就有“万里桥边多酒家”之说，将主要经营饮食的店面称为酒家，可以想见酒与餐饮的关系密切，直到现在巴蜀地区餐饮店往往都称为某某酒店、酒家。在巴蜀人眼中，品酒是与餐饮密不可分的。就是在以经营酒为主的酒店中，下酒的菜品也是不可少的，所以在川菜中往往有一个“下酒菜”的概念，如油酥花生米、卤猪耳朵、卤牛肉、豆腐干等成为川菜中重要的下酒菜，推动了川菜中凉拌、烧卤菜品的发展。

川酒的发展也极大地影响了川菜的进餐方式。在四川人餐饮过程中，饮酒是必不可少的，各地都形成了不少饮酒的风俗，如清末民初成都和重庆的饭店往往习惯称为“酒馆”“酒食馆”，喝酒与吃菜在形式上密不可分。[4]再如川南泸州、川北巴中上桌三杯为敬的风俗，喝酒往往成为品尝川菜的前奏。在巴蜀地区，劝酒成为一种文化，将餐饮与品酒结合起来，极大地增长了进餐的时间，扩大了菜品经营的空间。陪酒的需要，促使进

---

① 时希圣：《家庭食谱续编》，中华书局，1934，第33—34页。
② 孙光宪：《北梦琐言》卷三，中华书局，2002，第62页。
③ 《宋史》卷二五七《吴元载传》，中华书局，1971，第8950页。
④ 《中国旅行指南》，上海商务印书馆，1911年、1914年版。

餐人数增加，也相对扩大了餐饮企业的发展空间。同时，反过来，这种结合对酒业的发展也推动较大，像歪嘴郎酒、歪嘴五粮液和江小白的小瓶酒往往是在餐饮业发展的影响下出现的。中国古代酒令文化十分发达，巴蜀地区的酒令多元尤为明显，宋代曾有文人曲水流觞的风俗，而至今保留下来的相关遗迹主要在巴蜀，如四川宜宾江北和重庆涪陵北岩的流杯池。如果就饮酒群体的酒量而言，巴蜀地区在全国并不一定突出，但近代以来其民间饮酒划拳成为常态，可能在全国都是少见的。而且在川南等地区，由于饮酒的需要，许多传统的酒令被保留下来，如流传在川南滇东北地区的一道以唱为主的酒令称："幸会的酒，是两等的味，四季拿财两等味，划的新式拳……小的来敬酒啊，大的来碰杯，喝了这杯幸会酒，下次再来陪。"所以，以前在川南的许多城乡饭馆中，这种酒歌往往回荡于店内外、山谷间，显现了川南的豪情，成为巴蜀一道餐饮风景线。这首酒歌，记得当地有称为"广东酒歌"，也有称为"彝族酒歌"，可能是"湖广填四川"时广东移民引入的风俗，也可能是受云南彝族的影响。

第四节　民国时期巴蜀饮食商业的发展

巴蜀地区在近两千年的历史发展中大起大落，两汉、两宋时期地位十分高，元明清地位一落千丈，但晚清以来地位开始回升。特别是清末以来随着重庆、万县开埠，民国时期作为内陆地区的巴蜀地区与世界紧密联系起来，省外和海外饮食文化大量进入，同时巴蜀饮食文化也大量走出去，在这种内部川菜的自我认知强化和外部对川菜认同的基础上，形成了知名的传统川菜品牌，反过来促进了域内饮食业的不断发展，使川菜的创新进入一个新时期。特别是在抗日战争期间，大量外来移民进入，重庆作为抗战陪都，下江等地的饮食文化进一步影响川菜，川菜在整个非日本占领区的影响扩大。而抗日战争结束后，大量移民返回原籍，将川菜文化带到全国各地，更使川菜的影响得以进一步扩大，川菜的地位越来越高。

可以说，川菜能名副其实成为四大菜系之一，并具全国性影响力，与巴蜀地区在抗战时期成为大后方密不可分。由此可推测，民国时期对于传统川菜的最后定型是决定性时刻。传统川菜的定型很大程度上在于民国时期巴蜀大量知名商业性餐饮企业的发展而对传统川菜菜品的创新和完善，也因此，民国时期大量知名川菜餐饮店的发展也是传统川菜定型的标志之一。

一 开埠和陪都背景下重庆城市饮食业的繁荣

民国时期的重庆在巴蜀历史发展上相当重要。重庆开埠后，首先接受近代西方文明，促使重庆城市的现代化进程在巴蜀地区处于领先的地位，各类商业信息资源的传播速度加快，促进了饮食发展的文化多元。按当时的话语来看，“重庆地当水陆交通要冲，不仅为川省对外贸易之输出入总口，内地贸易之最大的集散市场，即黔、甘、陕、康邻近川省各地之进出商品，亦多以重庆为转运口岸，故商业之盛，西南各都市中，殆无出其右者”[①]。在这样的地位下，重庆餐饮业的发达也可以想见。

民国三年（1914）的调查表明，当时重庆城陕西街的留春幄、三牌坊的燕喜园、大梁子的隆记回教馆、打铜街的大雅、大什字的指嘉，白象街的洞天春、醉天春、裕胜馆，三牌坊的怡和、桂花街的大有园、培业新街的醉花酥、江家巷的陶乐春、石杠子的燕春园、菜根香，陕西街的第一香、玉麟轩，老鼓楼的长乐春，白象街的同记、生昶等都很有名气。[②]仅过两年的时间，即民国五年（1916），人们视野中的重庆餐饮业就发生了较大变化，当时进入人们视野的是江家巷的陶乐春、白象街的洞天春、陕西街的留春幄、后寺坡的颐乐春、左营街的适口香、三牌坊的四时春、长安寺的

① 四川省政府：《四川省概况》，四川省政府秘书处，1939，第75页。
② 《中国旅行指南》，上海商务印书馆，1914，第176—177页。

适中楼、左营街的二分春、大梁子的锦江春等[①]，可见刚进入人们视野的一些新的餐馆又退出了人们的视野，显现了餐饮业兴废较快的规律。

在20世纪20年代末，重庆有陕西街的留春幄、公园侧的适中楼，商业场的二分春、三民食店、高明远、依厨、经济食店、北海尊，左营街的秘香、鱼市口的大兴食店、打铁街的东南美等著名酒家，同时商业场有日本餐馆又来馆，还有西餐厅永年春、一枝香，馆子名字有点像中餐馆。[②]

到20世纪30年代初的重庆，已经有许多很有档次和影响的菜馆，如陕西街、公园路的青年会餐室，中区马路的适中花园、上清寺的陶园、陕西街的留春幄、状元桥的暇娱楼、大梁子三圣殿馆、香山王庙的四风会、后伺坡裕民社的永年春、公园内的涨秋（西餐）、后伺坡的小洞天、小梁子的陶乐春、第一模范市场的东道楼、商业场的宴宾楼（天津）、商业场西四街的大庆楼（浙江）、商业场西四街的中和园（天津）、大梁子的禄代耕、江北公园内的流霞、中区马路的维也纳、木牌坊的新川西餐馆、小梁子的醉霞飞（广东）等较大的餐馆。[③]这些餐馆以经营川菜为主。从以上的店名可以看出，20世纪20年代末和30年代初的重庆餐饮业发展很快，不仅本地菜馆发展很快，而且出现许多名气场面很大的新式餐馆，特别是西餐馆、广东味、成都味、天津味、浙江味经营外地或海外的菜品的餐馆，连名称也出现“维也纳”这样的洋名，出现了麦庐、群庐等咖啡馆，显现了外地文化对四川餐饮业的影响加深。

---

① 《中国旅行指南》，上海商务印书馆，1918，第181页。
② 《中国旅行指南》八七《重庆》，上海商务印书馆，1928年增订版。
③ 唐幼峰：《重庆旅行指南》，重庆书店，1933，第88页。

表3　20世纪20年代末30年代初重庆著名小吃馆名称表[①]

店名	地址	店名	地址
豆花村（豆花饭店）	龙王庙	小花园	下都邮街
农村味（豆花便饭）	武库街、左营街、小梁子	金园（甜水面）	小梁子
顺庆小食店	小梁子	菜根香	上大梁子
麦秋	武库街	天府食店	杂粮市
合记经济饭店	老鼓楼	朵园	老鼓楼
侬园（豆花便饭）	商业场	粤香村	苍平街、白龙池
竹林小餐	天宫街	九园	关庙街
巫家馆（兼包席）	大阳沟	考较	杂粮市关庙街
观阳春（兼席桌）	木牌坊观阳巷口	沧洲小食店	关庙街
节香（面点）	木牌坊机房街口	民康	天主堂街
醉月轩（抄手、包子）	关庙街	成都味	米亭子田中和巷口
松龄园	中营街		

以上这些菜馆中有的名为小吃店，实际上许多店子是以炒菜、蒸菜、豆花为主的简便中餐店，有的也承包桌席，当然也有许多经营抄手、包子、面条、糕点为主的真正意义上的小吃店。特别是随着城市商业化日趋发达，城市中低阶层流动人口的增多，本地菜馆的平民化越来越明显，特别是以经营豆花为特色的饭店的便餐成为巴蜀老百姓日常生活的最典型的餐馆，所谓“豆花便饭，通常价目，饭每客六分至七分，豆花四分，白肉及蒸菜炖菜等一角八分至二角五分。卖炒菜者较贵”[②]，清中叶以来巴蜀民间的豆花、白肉、白饭的“三白”平民大众餐在民国已经完全定型。30年代重庆还流行一种称为“连锅子”的菜品，就是用半肥半瘦的生肉和冬瓜等鲜菜清水烧煮后加调料拌吃，以成都帮的餐馆做得最好。[③]同时，街上除餐馆出售有合川鸡丝、怪味鸡以外，还流行一种棒棒鸡，其中以米花街、水神庙街较多，又以较场鱼市的余寿农鸡血摊的棒棒鸡最为有名。[④]另外当

① 唐幼峰：《重庆旅行指南》，重庆书店，1933，第88页。
② 唐幼峰：《重庆旅行指南》，重庆书店，1933，第89页。
③ 《连锅子》，《南京晚报》1938年8月26日。
④ 《棒棒鸡》，《南京晚报》1938年8月25日。

时重庆市面上还流行一种面条称为自由面，是用豆瓣椒片为调料的面条，为当时叙府名作，即来源于宜宾的菜品。[①]这种用豆瓣椒片的面条很像今天流行于宜宾的辣鸡面、生椒面之类的面食。

到20世纪30年代中叶，重庆有较大的中餐馆26家，中小型餐馆不计其数，不在统计范围之内，另有西餐5家，包席馆26家。[②]具体讲当时重庆的"西餐有涨秋（公园内）、永年春（后伺坡）、食必香（三圣殿）、新川西餐馆（小梁子）等，中餐有适中花园、陶园（皆通远门外）、留春幄（陕西街）、暇娱楼（状元桥）、食必香（三圣殿）、小洞天（后伺坡）、陶乐春（小梁子）、东道楼（第一模范市场）、宴宾楼（商业场天津馆）等，以陶园为最好，适中花园次之，最经济者则有大梁子青年会之中餐堂"[③]。据记载20世纪30年代公务人员到重庆开会往往就在适中花园中品尝川菜，适中花园一度成为30年代重要公务接待餐馆。[④]这个时期出现许多新的餐馆，同时，由于餐饮的多元认同的特征，每一个记录者往往是记载自己心中的餐饮名店，所以与前面的记载有较大的差异。在20世纪30年代没有实行新生活运动前，重庆的餐饮业奢侈之风较为明显，如美国人记载当时重庆流行的大汉全席，其中的菜品为烧整猪、汤品、米片夹炒肉、有骨鸡、鳝鱼、鱼翅、白老叟脚、水栗子（或笋、香蕈）、虾、猴脑，[⑤]其中鱼翅、猴脑等可能尽显奢侈，甚至野蛮。

到了30年代后期的重庆，外来餐饮文化的影响进一步加强，重庆地区餐饮业又有一些变化，当时人们将餐馆分成中餐馆、小食店、西餐馆、咖啡西餐小食四大类。

---

① 《自由面》，《南京晚报》1938年10月10日。
② 重庆市政府秘书处《重庆市一览》，1936，第46页。
③ 郑壁成：《四川导游》，国光印书局，1935，第26页。
④ 蔼绥成：《四川之行》，中华书局，1934，第8页。
⑤ 贝锡尔：《重庆杂谭》，交通书局，1936，第220—222页。

表4 1939年重庆重要中餐馆名录[①]

名称	地址	营业类
成渝大饭店	三圣店	
浣花	左营街	
都城饭店	上清寺	
重庆大饭店	关庙街	
粉江饭店	华光楼	
冠生园食品公司	都邮街	
暇娱楼	县庙街	
广东南园酒楼	会仙桥	
国泰饭店	柴家巷	
远东饭店	柴家巷	
生生花园	牛角沱	
大三元广东酒家	县庙街	
上海有一天食品菜社	都邮街	
一乐餐馆	大阳沟	
上海食品社	县庙街	
小洞天	中央公园	
燕市酒家	公园路	平津味

表5 1939年重庆重要小食店名录[②]

名称	地址	营业类
天津花园	华□□	
四明宵夜馆	大什字口	上海味
北平乐桃园	□丰□	
北平天林春	龙王庙	
燮园	商业场	
成都味	小梁子	
九园	县庙街	包子
小花园	都邮街	
好好小食店	机房街口	
苏州松鹤楼	柴家巷口	
十园	龙王庙	

① 杨世才：《重庆指南》，重庆书店，1939，第82页。
② 同上，第82—83页。

续表

名称	地址	营业类
天津龙海楼	龙王庙	
四财园	龙王庙	
观阳春	木牌坊	自由面
福禄寿上海食店	黄家垭口	
五芳斋	县庙街	上海味
时中	县庙街	鲫鱼面粉
精一	苍坪街	成都味
老乡亲	小梁子	清真馆
扬州瘦西湖	公园路口	
禹园食店	上清寺	
上海四季春	一牌坊	
新记饭店	陕西街	早油茶
维也纳	审判厅街	
同福	方家什字	
北平魁顺食店	上清寺	

从以上餐馆来看，除本土餐馆外，外地上海味、平津味、下江味、广东味等外来菜系的影响越来越大，在本土菜系中成都味仍然是一个重要的地方菜系。

表6 1939年重庆重要西餐馆、咖啡馆、小食名录[①]

名称	地址	营业类
永年春	第一模范市场	
青年会西餐堂	青年会	
克利食品商店	小梁子	
都城饭店	上清寺	
沙利文	商业场	
义泰	通远门	
康元食品公司	县庙街	
大升西点公司	第一模范市场	
冠生园	县庙街	

① 杨世才：《重庆指南》，重庆书店，1939，第83页。

续表

名称	地址	营业类
黛吉	三牌坊	俄国菜

20世纪30年代中期以前重庆就已经有日本餐馆又来馆，西餐厅永年春、一枝香、涨秋、食必香、新川西餐馆，甚至出现了多家俄国菜馆，在30年代后期又出现了克利、沙利文、麦庐等西餐名店，但多是“价昂而味不见佳”[①]。

另外1938年杜若之《旅渝向导》则记载当时川菜的大餐馆有陕西街的滨江楼、关庙街的重庆大餐馆等五六家，且外地菜众多，平津味方面有公园路的燕市酒家、龙王庙的天津北味乡，河南菜有新丰街的味香苑，下江菜有县庙街的五芳斋、小梁子的四五六、磁器街的金刚饭店，广东菜则有会仙桥的醉霞酒家和龙王庙的广州酒家。同时，成都味在重庆已经与本土味相区别，形成以苍坪街的精一饭店和小梁子的成都味两家川菜亚菜系馆子。西餐则有模范街的永年春、青年会的西餐堂、大阳沟的麦庐、模范市场的大升西点等[②]，可以与1939年杨世才《重庆指南》所列餐馆互为补充。

比较1939年杨世才《重庆指南》、1938年杜若之《旅渝向导》、1933年唐幼峰《重庆旅行指南》和1935年郑壁成《四川导游》中的菜馆名称可以看出，仅五六年的时间，各类餐馆名录变化出入相当大，造成这种变化的原因可能有三个，一是餐饮业本身是一个兴废很快的产业，时兴时废也很正常；二是由于餐馆众多，受调查者偏好的影响，对餐馆的选择可能本身也会形成差异；三是30年代重庆地位上升，流动人口激增，促使菜馆不断新生。

据1939年出版的《新重庆》记载：

重庆素称繁华，故菜馆酒家，各式俱备，战后人口增多，初莅客

① 陆思红：《新重庆》，中华书局，1939，第168页。
② 杜若之：《旅渝向导》，巴渝出版社，1938，第36—41页。

> 地者，每喜一尝异味，重庆之饮食店，因此营业鼎盛，新开设者，日有所开，互以乡味相号召……在黄敬临未死之前，达官富商之宴，非姑姑筵不足以示敬，最简单酒席，每桌非五六十元不可……重庆菜馆之多，几于五步一阁，但午晚餐时，试入其间，无一家不座无隙地。[1]

这个时期餐饮的特点，主要体现为大量下江菜的进入，一度形成以品尝下江菜为时尚的风尚。但久之下江菜往往入乡随俗，逐渐与川菜融合形成自己的特点，表现出川菜外地化、外地川菜化的相互融合重构的特征。所以，据《新重庆》记载：

> 大别之可分本地馆与下江馆。营业方面，全席则本地馆因房屋较宽大，故尚能维持。零折碗菜，则下江馆总占上风。如会仙桥之白玫瑰等，则本地馆中之下江化者，故其营业独盛，是又例外。考本地馆之逊色原因，最大问题在于招待之欠周到，且菜盘过大，不甚经济。又下江人不知者，或疑川菜每味皆辣，轻易不敢请教，有此数因，致下江馆如雨后春笋，应运而生。所谓下江馆，当包括各地而言，如冠生园、大三元等，皆以粤菜著名。松鹤楼以苏州菜著名，燕市酒家座位虽欠整洁，而富有北方风味，喜面食者趋之若鹜，此外宁波菜有四明、宵夜馆，扬州菜有瘦西湖，河南菜有梁园，又有川菜而南京化者，如浣花、国泰等数家，至菜馆招牌冠以上海二字者最多，此则往往名不副实。[2]

20世纪30年代后期在重庆有餐饮四大金刚之说，指当时重庆四间最有影响的餐饮名店，即陕西街的留春幄、县庙街的暇娱楼、关庙街的重庆餐馆、下陕西街的滨江第一楼等四家。后来三圣殿的成渝大酒店也名声较

---

① 陆思红：《新重庆》，中华书局，1939，第166—167页。
② 同上，第167页。

大。[①]这个时期除了大餐馆外，重庆地区小食店甚多，往往将鸡肉、猪肉和各种蔬菜挂在堂前，做标本广告。甜食店往往出售一些特产，如发面糕、面炒儿，是当时下江不具有的味道。[②]

重庆市渝中区人民政府地方志编纂委员会《重庆市市中区志》和蒋泰荣等所著《重庆市渝中区商业贸易志》记载有一个1939年重庆餐饮企业情况表，与上面的1933年唐幼峰《重庆旅行指南》、1935年郑壁成《四川导游》、1938年杜若之《旅渝向导》和1939年杨世才《重庆指南》记载的情况有一些出入。因两志均没有说明资料出处，我们也无法进行比较分析。

表7　1939年重庆著名中餐馆名称表[③]

店名	地址	营业类
燕市酒家	公园路	中餐
湖北饭店	龙王庙	饭店
久华园	复兴观	中餐
小洞天	打铁街	中餐
蜜香	开库街	中餐
新江	上陕西街	中餐
乐露春	一牌坊	中餐
上海社	县庙街	食店
一心饭店	二牌坊	饭店
九园	县庙街	食店
大都会	磁器街	中餐
冠生园	都邮街	中西餐
京都饭店	杂粮市	饭店
鸿运楼	中正路	饭店
四美香	民族路	中餐
白玫瑰	民族路	中餐
天林春	五四路	食店
久华园	九尺坎	中餐

① 吴济生：《新都闻见录》，光明书局，1940，第173页。
② 同上，第178页。
③ 重庆市渝中区人民政府地方志编纂委员会：《重庆市市中区志》，重庆出版社，1997，第208—210页。蒋泰荣等：《重庆市渝中区商业贸易志》，1998，内部印刷，第221—223页。

续表

店名	地址	营业类
新味腴	新生路	中餐
广东酒家	民权路	中西餐
九园	磁器街	饭店
粤香村	白龙池口	饭店
永远长	木货街	饭店
临江饭店	临江门丁口街	饭店
三六九	中四路、中一路、民族路	食店
国泰	陕西路	中餐
稀馐	保安路	食店
百龄餐厅	中正路	食店
味腴餐厅	民生路	中餐
鸿宾路	中二路	食店
天林春	中一路	食店
上海三六九	中一路、四德里	食店
味腴菜社	杂粮市	中餐
觉性	长安寺	食店
五芳斋	县庙街	中餐
暇娱楼	县庙街	中餐
白玫瑰	会仙桥	中餐
大三元	县庙街	中西餐
大三元支店	龙王庙	中西餐
国泰饭店	华光楼	中餐
生生公司	牛角沱	中餐
生生食堂	会仙桥	中餐
成渝饭店	大梁子	饭店

表8　1939年重庆著名西餐馆名称表[①]

店名	地址	营业类
新记永年春	第一模范市场	西餐

① 重庆市渝中区人民政府地方志编纂委员会：《重庆市市中区志》，重庆出版社，1997，第208—210页。蒋泰荣等：《重庆市渝中区商业贸易志》，内部印刷，1998，第221—223页。

续表

光利	小梁子	西餐
卡尔登	上清寺	西餐
汇利大饭店	武库街	西餐
国际饭店	洪学街	西餐
良友食品社	状元桥	西餐
俄国餐厅	临江路	西餐
卡尔登	中四路	西餐
惠尔登咖啡厅	小梁子	咖啡厅

从以上两种统计来源的材料来看，20世纪30年代末重庆城内外帮菜的进入对川菜影响已经很大了。据以上记载各地菜馆都各对重庆有影响，如平津一带菜馆中尤以燕市酒家、天津龙海楼、天林春较有影响，而苏帮菜馆中以松鹤楼、五芳斋、乐露春为有名，镇扬菜馆则有瘦西湖一家，而广东菜冠生园、大三元、南园三家最有名气，成都菜馆则以成都味、成都新世纪有名，南京菜馆则有国泰饭店、远东酒楼、南京味雅楼、南京浣华菜馆，还有以羊肉包子出名的老北风、中州老乡亲，以经营北方风味为特色。另还有经营素食的上海紫竹素食处、南京奇芳阁、清真教门使饭处，而西餐有青年会西餐堂、永年春、礼泰、克利西等，同时开始出现俄罗斯餐馆，如鲁宋菜馆、摩登俄国大菜馆[①]，故有记载称“苏式菜馆应时崛起者，无虑十余家”[②]。所以吴济生认为当时：“渝地本为通商大埠，平、津、苏、粤、各帮之菜馆，早已有之，惟去岁以来，下江人士来渝日多，为适应需要起见，于是苏、扬、京、粤的菜馆，更雨后春笋一般的多起来。”[③]早在20世纪30年代，重庆北碚经过卢作孚先生精心营造，社会经济都发展较快，餐饮业也有一定的发展，当时北碚“饭馆和小食店全镇有十八家，以大众餐堂的坐场较大，均和路的柏庐菜最好”[④]。如北碚的餐饮业当时以“川味”与“下江味”最显著，经营川味的有兼善、蓉香餐厅，

① 吴济生：《新都闻见录》，光明书局，1940，第179-180页。
② 同上，第178页。
③ 同上，第178页—179页。
④ 杜若之：《南泉与北碚》，巴渝出版社，1938，第51页。

经营下江味的主要以松鹤楼为代表。当时北碚人红白喜事都喜欢在松鹤楼开办，《北碚日报》中有大量这样的商业启事。另外北碚武昌路的杏花村的中餐、南京三六九的面食、香蜜园的甜食、中旅中西餐室的中西餐、精诚西餐厅、西餐等都有较大的影响。①

到了40年代，作为抗战陪都的重庆城市餐饮业发展更是明显。有记载，1943年市中区有大小餐馆1700余家，其中中西餐馆900余家，面店400余家，酒馆400余家，另有大量流动摊贩。当时中西餐食业同业公会会员名册中记载的川菜馆有110户，江浙菜馆45户，北方菜馆27户，粤菜馆15户，鄂菜馆15户，鲁菜馆5户，徽菜馆3户，另外有咖啡厅、西餐厅30户。②

表9　1941年重庆著名中餐馆名称表③

名称	地址	营业类
同庆楼	中华路	浙江味
陪都饭店	保安路	京苏味
京华饭店	保安路	四川味
生生花园	牛角沱	江苏味
国际饭店	林森路	江苏味
陪都饭店	林森路	四川味
上海洪福	林森路	江苏味
上海五芳斋	林森路	江苏味
大东	林森路	粤味
大三元	林森路	粤味
暇娱楼	林森路	江苏味
南华酒楼	林森路	江苏味
松鹤楼	中一路	江苏味
一心饭店	中一路	江苏味
皇后饭店	中一路	江苏味
白玫瑰	民族路	江苏味
国民酒家	民族路	粤味
清一色	民族路	粤味

① 《北碚旅游指南》，载《北碚日报》1949年8月29日，第32页。
② 转引自黄天缘、丁贤矩：《重庆市市中区志》，重庆出版社，1997，第208页，
③ 社会部重庆会服务处：《重庆旅行居向导》，内部印刷，1941，第24—28页。

续表

名称	地址	营业类
四美春	民族路	粤味
新聚丰园	民权路	京苏味
广东酒家	民权路	粤味
冠生园	民权路	粤味
北平饭店	民生路	北方味
广州酒家	民生路	粤味
嘉宾饭店	民生路	川味
陶陶酒家	民生路	粤味
汇利大饭店	民生路	江苏味
密香餐馆	民生路	下江味
汉口乐露春	上清寺	江苏味
白星	新生市场	江苏味
紫竹林素菜馆	磁器街	江苏味
清真百龄餐厅	中正路	
鸿运酒楼	中正路	江苏味
福禄寿	中正路	江苏味
老北风	新生路	北方味
新味腴	新生路	江苏味
瘦西湖	磁器街	北方味
沙利文	中大街	江苏味

表10 1941年重庆著名西餐馆名称表[①]

名称	地址	营业类
摩登俄国大餐厅	林森路	
上海社	林森路	
冠生园	林森路	
利泰	林森路	
吉士餐厅	民生路	
克生罗	保安路	
黛吉	第一模范市场	
礼泰	第一模范市场	
俄国大菜茶点	中一路	

① 社会部重庆会服务处：《重庆旅行居向导》，内部印刷，1941，第28—29页。

续表

名称	地址	营业类
莫斯科	中一路	
崽罗	中一路	
惠□登	五四路	
卡尔登	上清寺	
良友	上清寺	
俄国大餐厅	临江路	
中西大餐厅	公园路	

表11　1942年重庆著名食店名称表[①]

餐馆	地址	便餐	地址
震记五芳斋（京苏味）	民族路会仙桥	日新餐食（经济饭）	夫子池
小洞天（川味）	民族路复兴观巷内	嘉鱼饭店（本地味）	中华路中正路口
久华源（川味）	九尺坎	蜜香（本地味）	天主堂街
暇娱楼（川味）	林森路	青年会公共食堂（经济餐）	公园路
凯歌归（川味）	新生路国泰电影院旁	同庆楼（北味）	公园路及新街口
陪都大饭店（川味）	林森路凯旋路	平津酒家（北味）	公园路
国泰饭店（川味）	陕西路	曲园酒家（湖南味）	上清寺
冠生园（粤菜）	民权路	长江食品店（武汉小吃）	小什字
广东大酒家（粤菜）	民权路		
一心饭店（川味兼下江味）	中二路		
广东国民酒家（粤菜）	民族路		
滇真百龄餐厅（平粤名菜）	中正路神仙口		
上海洪福菜社（江浙味）	林森路		
聚丰园（京苏菜）	民权路		

① 杨世才：《重庆指南》，北新书局，1942，第83—84页。

表12　1942年重庆主要餐馆名称表①

店名	地址	营业类
冠生园	民权路	中西餐
大三元	林森路、新生路	中西餐
冠生园四支店	林森路	中西餐
五芳斋（震记）	民权路	中餐
上海乐露春	林森路	食店
小洞天	观阳巷口	中餐
竹林小餐	新生路	饭店
四五六	中四路	食店
良友冠生园	林森路	中西餐
经济饭店	新生路	饭店
首创三六九	新生路	食店
蜀珍	保安路	食店
好吃来	中四路	食店
广东省第一家	新生路	中餐
回民酒家	民族路	中餐
上海五芳斋	夫子池	食店
湖南曲园	中四路	食店
桃园	民族路	食店

表13　1943年重庆著名食店名称表②

餐馆	地址	餐馆	地址
滨江第一楼	下陕西街	留春幄	陕西街
重庆大餐馆	关庙街	暇娱楼	县庙街
成渝大酒店	二圣殿	生生公司中餐堂	鸡街口
一乐餐馆	大阳沟	上海食品社	县庙街
小洞天	中央公园	燕市酒家	公园路
蜜香餐馆	武库街		
小食店	地址	小食店	地址
白玫瑰	会仙桥	四明宵夜馆（上海味）	大什字
青年会中餐堂	公园路	醉霞酒家	会仙桥

① 重庆市渝中区人民政府地方志编纂委员会：《重庆市市中区志》，重庆出版社，1997，第210页。

② 杨世才：《重庆指南》，重庆指南编辑社，内部印刷，1943，第93—95页。

续表

餐馆	地址	餐馆	地址
燮园	商业场		
一般小食店	地址	一般小食店	地址
成都味	小梁子	九园（吃包子）	关庙街
九园分店	县庙街	小花园	都邮街
十园	龙王庙	天津龙海楼	龙王庙
广州酒家	龙王庙	天津北味乡	龙王庙
观阳春	木牌坊	上海夜宵馆	新市中一路
五芳斋（上海味）	县庙街	时中（鲫鱼面粉）	关庙街
精一（成都味）	苍坪街		
一般餐馆	地址	一般餐馆	地址
上海四如春	一牌坊	雅园	米花街
新记饭店	陕西街	维也纳	审判厅街
同福	方家什子	大观园	大溪沟
大新饭店	一牌坊		地址
西餐和咖啡馆	地址	西餐和咖啡馆	地址
永年春	第一模范市场	青年会西餐堂	青年会
沙利文	商业场	麦庐	大阳沟
大升西点面包公司	第一模范市场	美亚美	新丰街
大新饭店	一牌坊		

同一年的文献还记载有夫子池的日新餐室，新生路的凯歌归和松鹤楼，陕西路的国泰饭店，五尺坎的久华园，民生路的味腴，龙门浩的浩月楼，中一路的中央饭店、一心饭店和皇后饭店，民族路的国民酒家和四美春，民权路新聚丰园、冠生园、广东酒家，民生路的嘉宾饭店，中华路的嘉鱼饭店，新生路的新丰园，民生路的陶陶酒家，上清寺的汉口乐露春，磁器街的紫竹素菜馆，中正路的百龄餐厅、鸿运酒家和福禄寿，新生路的老北风，中正路的同庆楼，保安路的陪都饭店和京华酒家，牛角沱有生生花园，林森路的上海洪福，上海五芳斋、大东和大三元等中餐馆。①

由上表可见，到了20世纪40年代初期，重庆受外来餐饮文化的影响进

① 黄克明：《新重庆》，新重庆编辑社，1943。

一步加强，重庆地区餐饮业又有一些变化。当时人们将餐馆分成餐馆、小食店、一般餐馆、一般小食店四种，出现了许多著名的餐馆，有的配有宏大的礼堂，如下陕西街的滨江第一楼、陕西街的留春幄、关庙街的重庆大餐馆、县庙街的暇娱楼、二圣殿成渝大饭店。这个时期咖啡馆和西餐馆数量越来越多，名气越来越大。[①]当时中西餐馆中能见到各大菜系身影，形成“本地川菜已渐行渐少，只小洞天、久华园等，沪粤菜馆，代之而兴，冠生园、大三元、广东酒家、五芳斋等，其著者百龄餐厅，为有名之清真餐馆，此外小食店甚多，亦有素食店点缀其间”[②]的局面。其实，据钱歌川记载当时只是久华园和小洞天一类为影响较大的菜馆的代表，并非只有这几家。[③]西餐的影响在重庆也较大，当时经营西餐的有永年春（第一模范市场）、沙利文（商业场）、中法比瑞文化协会餐室（临江路戴家巷口）、冠生园（林森路）、摩登俄国大餐厅（林森路）、香港崽罗餐厅（中一路通远门对过）、莫斯科咖餐厅（民族路五四路口）、卡尔登（中四路上清寺），而咖啡馆有庐山（道门口）、大升（第一模范市场）、心心（会仙桥）、小花园（龙王庙）、崽罗餐厅（中一路）、俄国大餐厅（临江路）、百老汇花园（新生市场）等。这个时期出现大量俄罗斯餐厅，如莫斯科咖啡厅、俄国大餐厅、摩登俄国大餐厅等名店，显现了俄罗斯餐饮文化的影响。

从上面的表格我们还可以看出，20世纪40年代在重庆餐饮市场上出现了北味、湖南味、成都味、北方味、京苏味、粤菜、江浙味、江苏味的话语，显现了地域菜系的雏形已经出现，特别是在川味的基础上出现了“本地味”的话语，显现与成都味的区别，可能是当时重庆菜在川菜体系内的帮派的折射。当时粤菜价最高昂，如冠生园、广东酒家、大三元等，闽菜则有汇利饭店，川菜有国泰、味腴、小洞天、久华园，京苏大菜则有五芳

① 杨世才：《重庆指南》，重庆指南编辑部，1943，第93—95页。
② 傅润华、汤约生：《陪都工商年鉴》，文信书局，1945，第35页。
③ 钱歌川：《战都零忆》，载《钱歌川文集》，辽宁大学出版社，1988，第629页。

斋、聚丰园、生生花园等。[①]另外在新生活运动风潮下，重庆出现了大量公共食堂，主要有两路口的第一公共食堂、公园路的第二公共食堂、七星岗的第五公共食堂、上清寺的第六公共食堂、林森路的第十公共食堂、保安路的第十四公共食堂、夫子池的日新餐室、民权路的日新餐室、两路口的社会食堂等，主要以经济饭菜为主，成一时的风气。[②]

到了40年代中叶，重庆的主要餐馆发展又有变化。据记载，当时的情况如下表。

表14 重庆市政府《重庆要览》中的中西餐馆表[③]

中餐馆名称	地址	西餐馆名称	地址
百龄餐厅	中正路	摩登俄国大餐厅	林森路
爵禄饭店	中一路	上海社	林森路
日新餐室	夫子池	利泰餐厅	林森路
凯歌归	新生路	俄国人餐厅	临江路
新丰园	新生路	法比瑞同学会餐厅	临江路
陪都饭店	保安路	冠生园	都邮街
京华酒家	保安路	黛吉餐厅	民权路
松鹤楼	邹容路	虹影轩餐厅	五四路
广东第一家	邹容路	胜利大厦	民生路
五芳斋	林森路	中美文化协会饮食部	中三路
大东	林森路	中苏文化协会饮食部	黄家垭口
大三元	林森路	国民外交协会饮食部	中四路
广东酒家	民权路	留俄文化协会饮食部	民族路
生生花园	牛角沱		
国民酒家	民族路		
小洞天	民族路		
白玫瑰	民族路		
四美春	民族路		
国泰饭店	陕西路		
乐露春	上清寺		

① 何玉昆等：《陪都鸟瞰》，《陪都鸟瞰》编辑部，1942，第6页。
② 社会服务部重庆会服务处：《重庆旅居向导》，内部印刷，1941，第24—25页。
③ 重庆市政府：《重庆要览》，内部印刷，1945，第107页。

续表

中餐馆名称	地址	西餐馆名称	地址
嘉宾饭店	民生路		
陶陶酒家	民生路		
蜜香餐馆	民生路		
味腴餐厅	民生路		
嘉鱼饭店	中华路		

总的来看，20世纪30年代末到40年代初的抗日战争时期，重庆作为陪都，城市餐饮业发展最为迅速，重要的大餐馆主要集中于林森路、民族路、新生路、中四路一带，大小饭铺、小食店以校场口、大阳沟、朝天门、千厮门一带较为集中。[①]在这些饭店餐馆中，出现了许多名厨和名菜，如在20世纪20年代的重庆市场，巫云程于重庆江家巷内创办陶乐春饭店，出现了张松云、刘建成、田云胜等名厨，以包席为主，重要菜品有一品海参等。[②]20世纪20年代陕西街留春幄有主厨朱亚南，菜品中有著名的干烧鱼翅、叉烧填鸭、叉烧乳猪、春糕、鸡皮鱼肚、枣泥糕等。[③]20世纪20年代张少卿在中华路办竹林小餐，后其学徒在邹容路开分店名小竹林，以经营成都风味为特点，有蒜泥白肉、连锅汤、回锅香肠等名菜。[④]20世纪20年代由廖青云等创办并主厨的后伺坡的小洞天，以干烧岩鲤、清蒸江团、家常海参、叉烧乳猪、虫草鸭子、家常甲鱼、海参蒸鸡、酸溜鸡、格呢子鸡、挂炉鸭子、软烧鲫鱼等菜品著称。[⑤]据说小洞天当时还有一道鲫鱼拌面特色鲜明，较有名气，只是后人了解不多。[⑥]20世纪20年代由成都迁到重庆的蜜香也在当时名气很大。[⑦]清末民初，重庆江北熊汉江创研了熊鸭子，后来成为

① 重庆市渝中区人民政府地方志编纂委员会：《重庆市市中区志》，重庆出版社，1997，第210页。
② 李新主编《川菜烹饪事典》，重庆出版社，1999，第121页。
③ 同上，第121页。
④ 同上，第134页。
⑤ 重庆市渝中区人民政府地方志编纂委员会：《重庆市市中区志》，重庆出版社，1997。李新主编《川菜烹饪事典》，重庆出版社，1999，第134页。
⑥ 唐鲁孙：《中国吃的故事》，百花文艺出版社，2003，第61—62页。
⑦ 李新主编《川菜烹饪事典》，重庆出版社，1999，第122页。

重庆江北的名小吃。[①]

20世纪30年代创办的著名餐饮有华光楼的国泰，出现了熊维卿、曾亚光、肖清云、陈文清等名厨，以香酥鸭子闻名。还有打铁街的醉东风、炮台街的九华源、棉花街的暇娱楼、柴家巷的凯歌归和八一路的老四川、小洞天都是20世纪30年代重庆著名的餐饮店。打铁街的醉东风主厨陈德全，中餐为主，以包席为主，主要服务于巨商大贾。暇娱楼有主厨许洪兴，以价格适中受到欢迎。不过有文献称暇娱楼为卓甫臣所开办，其地点有状元桥、县庙街、林森路、棉花街等说法。九（久）华园有主厨张宗勋、华兴昌、刘永昌等人，以清蒸火脚、叉烧火脚著称。[②]其中老四川餐厅最初是在20世纪30年代以钟易凤夫妇摆摊经营灯影牛肉著称，后设店改名“老四川”，并以经营牛肉烹饪著名，以精毛牛肉、灯影牛肉、五香牛肉最为出名。同时在20世纪40年代骆云亭办的粤香村，陈青云是其主厨，以清炖牛肉汤、沙参牛尾汤、枸杞牛鞭汤出名。新中国成立后“老四川”并入粤香村，“老四川”一度消失，到1982年又将粤香村改称老四川。[③]再如1933年辛之创办的会仙桥的白玫瑰，有主厨周海秋、唐光云、熊青云等，以干烧鱼翅、干烧岩鲤、烧全猪等菜品有名，后合于颐之时。20世纪30年代末凭借兼善中学校董集资在北碚办的兼善餐厅，以王荣轩、陈华丰等主厨，经营川菜，以兼善汤、面、包为特色。另张壁成在磁器街创办九园饭店，后以经营包子最为有名。20世纪30年代还有经营火锅的云龙园和白乐天，出现了重庆风味食店的一四一食店。[④]早在清代同治年间白市驿张金山与杜三毛、赖开成一起发明了白市驿板鸭，开办了板鸭店，白市驿板鸭随着白市驿成为成渝公路重镇和白市驿机场的建立，不断在外扩大影响，成为当时

---

① 重庆市渝中区人民政府地方志编纂委员会：《重庆市市中区志》，重庆出版社，1997。

② 此处主要参考《川菜烹饪事典》有关章节和《重庆市市中区志》、《川菜龙门阵》等有关章节。

③ 曾祥朋：《粤香村老四川》，《四川烹饪》2000年5期。向东：《百年川菜史传奇》，江西科技出版社，2013，第145—150页。

④ 此处主要参考《川菜烹饪事典》有关章节和《重庆市市中区志》、《川菜龙门阵》等有关章节。

的重要食品。[①]

20世纪40年代重庆成为抗战大后方的中心，战时陪都，八方杂处，为餐饮的发展创造了条件。据统计1943年重庆全市的餐馆1789家[②]，20世纪出现了大量著名的餐饮店，如四川蓬溪人黄锡良在杂粮市创办的昧腴，当时影响很大。还有陈明卿在新生路创办的新昧腴也有很大的影响。成都人邱克明在上清寺创办的桃园，有主厨张达真、田德胜等，以承办高级宴席为主，以旱蒸仔鸡著称。1948年颐之时由成都迁到重庆后，名声越来越大，后来形成红烧熊掌、干烧岩鲤、开水白菜、一品海鲜、白汁鱼唇、家常海参、金鱼闹莲、四喜吉庆等名菜。20世纪40年代，重庆产生了大量风味小吃和著名的火锅店，如经营江浙卤味的陆稿荐、大什字的毛子，民权路德园的酸梅汤、泸州白糕、包心大汤圆等甜品，以及王忠杰（吉）的王鸭子等。另外李文俊的桥头火锅在当时就已创立，一直流传下来。[③]

抗战时期，新生活运动下开办公共食堂成为一时之风气，进而成为抗战时期四川饮食业的一大特点。据周俊元《陪都要览》记载："在20世纪40年代除大餐馆以外，新生活运动流行公共食堂，特别是新生活运动促进会主办的民权路的日新食堂、夫子池的新运服务所。"[④]另外社会部主办的社会食堂、两路口的社会服务处、社会局自办的委托办理的两路口、青年会、七星岗、中华路、中四路、林森路、南区马路公共食堂也较有影响。同时，出现了自助餐和新的进餐标准，称为自助饭。当时夫子池和民权路日新餐室的自助餐每客一元五角，而两路口的社会食堂标准餐每客二元[⑤]，故有记载："去冬总商会设有自助食堂，是切合新生活而又最平民化的一种餐室。"只是这种自助餐的形式在有的餐馆"开了月余就停止了"[⑥]。不过，即使在新生活运动中政府实行节约消费，当时重庆的广东酒家、小洞

① 丁国应、贺常一：《白市驿板鸭断忆》，载于《巴县文史资料选辑》第4辑。
② 李伟：《回澜世纪——重庆饮食1890-1979》，西南师范大学出版社，2017，第86页。
③ 此处主要参考《川菜烹饪事典》有关章节和《重庆市市中区志》、《川菜龙门阵》等有关章节。
④ 周俊元：《陪都要览》，内部印刷，1943，第58页。
⑤ 社会服务部重庆会服务处：《重庆旅居向导》，内部印刷，1941，第25页。
⑥ 吴济生：《新都闻见录》，光明书局，1940，第180-181页。

天、冠生园、百龄、暇娱楼五大餐馆每天营业额仍在3000—8000元之间，依然是生意兴隆。[①]

民国时期，重庆豆花饭仍是一般百姓的便饭，出现抗战纪功碑高豆花、黄家坡豆花、储奇门白豆花等知名品牌。[②]其中高豆花源于清末民初高和清创办于天花街，后人高白亮在邹容路重新开办，为一家集炒菜蒸卤为一体的中型饭店。[③]20世纪30年代各地公私人员到重庆参加各种会议往往将豆花儿（豆腐花）当成小吃食用，有称"不独味甜气香，而且滋养身体"[④]。时有白虹《巴渝风味》一文将豆花作为巴渝地区重要菜品介绍。[⑤]

重庆城郊、河坝上的下层餐饮业也较为发达，朝天门河坝上"满处都是'烧腊摊'，摊上的肉皮子、鸡爪子、猪脑壳，这是他们的营养物，馆子开堂的毛肚子，是他们的时令菜，其他的面馆、包子铺、糍粑店、豆粉店、杂粮店在这里都是应有尽有的，生意总是兴隆"[⑥]。

同时民国时期旅游休闲餐饮发展起来，如南温泉的温泉场"各家旅馆大都兼附餐室……菜肴大都是本地风味……几家餐馆比较起来，以青年会中餐堂的坐场最为轩朗明畅……小温泉附近设花溪酒家"，北碚温泉公园内则有一家嘉陵饭店以川味为主，味道"相当可口"。[⑦]

二　历史积淀深厚的成都饮食业的再度繁荣

在二千多年的巴蜀历史发展中，成都一直是巴蜀地区的政治经济文化中心，而且其经济文化地位在汉代和宋代就全国而言也是排在前列。到了民国时期，虽然重庆的政治经济文化地位大大上升，但并没有从根本上影响成都城市的发展，深厚的历史积淀仍然在推动成都的餐饮业继续发展，

---

① 《限制酒食三十天，五大餐馆不亏本》，《江津日报》1942年2月1日。
② 重庆地方志办公室：《重庆市志》第2卷，西南师范大学出版社，2004，第158页。
③ 李伟：《回澜世纪——重庆饮食1890—1979》，西南师范大学出版社，2017，第37页。
④ 葛绥成：《四川之行》，中华书局，1934，第8页。
⑤ 白虹：《巴渝风味》，《自修》1941年160期。
⑥ 《朝天门河坝巡礼》，《南京晚报》1942年3月15日。
⑦ 杜若之：《南泉与北碚》，巴渝出版社，1938，第23、91页。

并在民国时期形成了一个繁荣时期。

20世纪30年代“成都为省会所在，亦为内地贸易最大之集散市场”[①]，再加上由于几千年名都乐园的历史积淀的影响，餐饮业仍然是相当发达，所谓“成都味甲天下，大小各馆，均有特长，嗜于味者，固有口皆碑也”[②]。即使到了40年代的抗日战争时期，“四川饮食，只限成都，他如渝万等处，远不及蓉垣多矣，故小吃首推成都者，当之无愧”[③]。当时成都的大型餐馆繁多，既有像荣乐园、姑姑筵、努力餐、颐之时、带江草堂这样声名在外的中餐馆，也有沙利文、涨秋这样的中西皆备的餐馆，更有大量经济食堂以经营小煎、小炒、蒸菜、豆花为主。所以，20世纪30年代薛绍铭谈道：“成都饭馆茶馆之多，是中国任何一城市比不上的。”[④]

早在1914年，成都商业场的一品香、华兴街的聚丰园、商业场的菜根香、悦来茶园内的荣丰餐馆、少城剧场的长春南堂、皇华馆的雅叙南堂、可园对门的亦乐天、上金堂的饮诗楼、冻青树的洞云云、劝业场的可园包席馆等，在成都都名气较大，其中部分餐馆仍保留着清末南堂、包席馆的名称。[⑤]但仅过三年，餐饮业变化较明显。1916年，聚丰园在华兴街和少城关帝庙都开有店，其他梓潼街的海棠春，商业场的一品香、菜根香、锦江春，暑袜街的冬青云、锦华馆的醉翁意等又进入人们的视野。[⑥]

据1923年的调查，从民国初年到20世纪20年代初，成都开办了大量的餐馆。据《中国旅行指南》一书谈到当时成都有少城关帝庙的聚丰园、少城公园的海阁春、提督东街的海国春、玉皇观街的双柳村、商业场的一品香、青石桥锦江春、暑袜街的冬青云、华兴街的丰乐菜馆、锦华馆的醉翁意等。[⑦]但其中海国春、海阁春、双柳村、冬青云、丰乐菜馆等后来影响并不大。其他20世纪20年代还有陈锡候在少城公园开办的静宁饭店，有厨师

① 四川省政府《四川省概况》，四川省政府秘书处，内部印刷，1939，第75页。
② 陈友琴：《川游漫记》，正中书局，1936，第73页。
③ 周芷颖：《新成都》，复兴书局，1943，第144页。
④ 薛绍铭：《黔滇川旅行记》，重庆出版社，1986，第166页。
⑤ 《中国旅行指南》，上海商务印书馆，1914，第172页。
⑥ 《中国旅行指南》，上海商务印书馆，1916，第276页。
⑦ 《中国旅行指南》八六《成都》，上海商务印书馆，1928年增订版，第2页。

傅吉廷、叶正芳、冯汉成等。如总府街的朵颐食堂，有张守勋、张德善、陈如松、葛绍清等厨师。[①]特别是厨师温兴发所制泡菜闻名内外，成为当时四川泡菜的代表。[②]李子能在少城公园创办的桃花园，先后有吴绍宣、谢海泉、龙元章等大厨。叶氏兄弟在九龙巷开办的长春馆，后迁提督街改名长春食堂，有主厨张荣兴、马荣华、杜元兴、夏永清等，以烹制海参蛋饺、鱼肚蛋饺、苕菜蛋饺、苕菜狮子头、烧三珍等出名。[③]陈汉三于1923年在成都青石桥南街创办的竟成园，历史上先后有汤永清、刘读云、谢海泉、龙元章等名厨，代表菜有生烧筋尾短舌、糖醋脆皮鱼、奶汤杂烩、酥扁豆泥、鸡皮慈笋、鸡豆花、菊花鸡等。后来，竟成园在新南门外还开了一个分店。[④]

20世纪20年代成都的中餐馆还有王金廷在中山街开办的荐芳园、黄绍清在打金街办的桃园春、祠堂街经营豆花饭的印佛子、张子勤在忠烈祠北街可园对面办的亦乐天、春熙路北段由陈吉山等主厨的怡新、樊平锡在锦华宫创办的蜜香等。成都的许多以风味小吃为主的食店也出现在20世纪20年代，如灌县张合荣在忠烈祠街创建的珍珠圆子、牟茂林等在华兴街创办的腌卤盘飧市。[⑤]再如韩玉隆在南打金街创立玉隆园面食店（一说1909年开设，一说1914年），以出售南虾包子、火腿包子等著名，20世纪20年代其子韩文华改称韩包子。[⑥]荔枝巷的钟水饺历史悠久，据称钟水饺创始人钟少白，一名钟燮森，原店名协森茂，始于光绪十九年（1893），1931年开始使用荔枝巷钟水饺的名牌。另南暑袜街的矮子以经营抄手、排骨出名。[⑦]荣乐园在1923年于梓潼街开办“稷雪”面食店，后来创出鳝鱼面、蟹黄包子、猪油发糕、波司油糕、荷叶绿豆汤等小吃。[⑧]据称早在20世纪20年代成

① 李新主编《川菜烹饪事典》，重庆出版社，1999，第120页。
② 袁庭栋：《成都街巷志》，四川教育出版社，2010，第315页。
③ 李新主编《川菜烹饪事典》，重庆出版社，1999，第121—122页。
④ 莫钟骕：《成都市指南》，西部印书局，1943，第164页。
⑤ 李新主编《川菜烹饪事典》，重庆出版社，1999，第120、121、122、126页。
⑥ 林洪德：《老成都食俗画》，见《四川烹饪》1999年5期。
⑦ 李新主编《川菜烹饪事典》，重庆出版社，1999，第122页。
⑧ 袁庭栋：《成都街巷志》，四川教育出版社，2010，第564页。

都的耗子洞张鸭子就已经出现。[①]另1928年车耀先开办的新面馆，开巴蜀机制面条之先河。[②]早在20世纪20年代到30年代之交，就有“成都小吃嗑甲于各省”之称，而且与山西馆的豆花、万佛桥和江南馆的凉粉、锦江桥和大什字的素面名声在外。[③]

到了20世纪30年代，成都成为四川地区军政统一后的省会治地，经济地位更为显要，1935年成都共有餐饮食店多达2389家。[④]据20世纪30年代中叶的资料记载，当时“成都饮食向来有名，最贵族者为姑姑筵（时作时废），一席可用数百元。其次荣禄园（布后街）、竟成园（青石桥）、枕江楼（南门外万里桥边）、秘香（春熙路）、怡新（锦华馆）、桃园源、静宁（均少城公园）等，再其次竹林小餐（福兴街，1953年迁到盐市口）、长生店（中新街）、嘉乐小食店（锦华馆）、荣胜（华兴街）、努力餐（祠堂街）、大不同（总府街）、茹芳居（提督街）、不醉无归小酒家（陕西街）、稷雪（梓潼桥）等”。并称其余小酒店、面馆随处皆是。[⑤]具体如张宝桢在御西街创办的花近楼，有主厨田炳文、张荣兴、张德善等，以经营川菜为主，因张氏为江苏人，也有一些江苏名菜融入，如扬州狮子头、苏州豆腐等。[⑥]

姑姑筵创始人黄敬临长子黄明全（德健）在陕西街开办的不醉勿（无）归小酒家，由张华正主厨，以经营家庭风味菜品为主，其烹制的葱烧鲫鱼、红烧舌掌、蒜泥肥肠、豆泥汤、麻辣豆筋、白菜鸡汤、宫保鸡丁、青笋拐弯等很有名气。[⑦]由冯汉成等四人创办于成都华兴正街的东林餐馆，由冯氏及赖世华、万一清、刘寿之、刘永清等主持，也是有较大的影响。[⑧]姑姑筵创始人黄敬临的弟弟黄保临先后在石马巷、总府街开设有仿其

---

① 向东：《百年川菜史传奇》，江西科技出版社，2013，第119—121页。
② 车辐、熊四智等：《川菜龙门阵》，四川大学出版社，2004，第181页。
③ 汪如海：《啸海成都笔记·续编下卷》，《巴蜀珍稀史学文献汇刊》，巴蜀书社，2018。
④ 《成都饮食业旅店发店及厕所调查表》，《四川月报》1935年6卷1期。
⑤ 郑壁成：《四川导游》，国光印书局，1935，第72页。
⑥ 李新主编《川菜烹饪事典》，重庆出版社，1999，第122页。
⑦ 车辐：《且说成都姑姑筵》，《四川烹饪》1994年5期。
⑧ 李新主编《川菜烹饪事典》，重庆出版社，1999，第123页。

大哥姑姑筵风格的餐馆哥哥传，后来改名为可口筵大餐馆[①]，代表菜有冬笋烧牛护膝、清蒸大块鲢鱼、炒鸭脯、鸡豆花、肝膏汤等。

早在1928年，车耀先就在青羊宫开办“新的面店”。1929年车耀先等开办于三桥南街的努力餐，1930年迁到祠堂街，1983年迁到金河路上，历史上有何金鳌、盛金山、何金、白松云、冯键兴等名厨，其中以烹制的烧什锦、宫保鸡、白汁鱼、秸汤三鲜等有名。[②]1932年车耀先还在少城公园外开办“庶几”餐馆。[③]

20世纪30年代初郫县人（一说是简阳人）邹瑞麟就在三洞桥边开了一个小吃店，1937年又在西北巷三洞桥边的带江草堂，以烹制鲜鱼，特别是软烧大蒜鲢鱼著称，故有“邹鲢鱼”之号。同时开发出的“太白肉”号称“成都火腿”，影响也较大。[④]这种太白肉即“太白酱肉”，有称“赛火脚”。邹氏还独创有龟凤汤。[⑤]以前有人认为此店或以开创了巴蜀江湖菜杀活鲜之始，意义重大。但我们据《龙骨》一书记载，在二三十年代的成都，现场宰杀活鲜的鱼已经是较为平常的事情。[⑥]1930年，成都大学教授李劼人在指挥街开办了“小雅轩”餐馆，在川菜发展史上创造了一段教授开餐馆的雅趣。[⑦]

20世纪30年代成都还出现了其他如亚欧美、春和园、海国春、醉桃村等中餐名店，也出现许多重要的风味小吃店，如上大南街以经营腌卤为主的利宾筵（达记）和总府街（谅记）的利宾筵、以经营蒸牛肉出名的长顺中街的治德号以及总府街的赖汤圆等。[⑧]

---

① 《成都晚报》1944年7月11日广告。
② 宗骅：《历史名店努力餐》，《四川烹饪》1987年1期。袁庭栋：《成都街巷志》，四川教育出版社，2010，第952页。
③ 车辐、熊四智等：《川菜龙门阵》，四川大学出版社，2004，第1821页。
④ 林洪德：《老成都食俗画》，《四川烹饪》，1998年11期。袁庭栋：《成都街巷志》，四川教育出版社，2010，第205、206页。向东：《百年川菜史传奇》，江西科技出版社，2013，第160—163页。李新主编《川菜烹饪事典》，重庆出版社，1999，第128页。
⑤ 车辐、熊四智等：《川菜龙门阵》，四川大学出版社，2004，第59页。
⑥ 徐维理：《龙骨：一个外国人眼中的老成都》，四川文艺出版社，2004，第66页。
⑦ 李新主编《川菜烹饪事典》，重庆出版社，1999，第122页。
⑧ 李新主编《川菜烹饪事典》，重庆出版社，1999，第122、123页。向东：《百年川菜史传奇》，江西科技出版社，2013，第127页。

1938年胡天编制的《成都导游》一书中记载的成都市内的餐馆，可以反映20世纪30年代后期的成都市主要餐饮的情况，当时成都有布后街的荣乐园、祠堂街的聚丰园、暑袜北街的春和园、仝前醉陶村、锦华馆荣椿餐馆、华兴街东林餐馆、慈惠堂醉沤、西玉龙街醉花楼、陕西街不醉无归小酒家、暑袜街古女菜、湖广馆南北食店、西御街花近楼、祠堂街新雅酒楼、少城公园静宁饭店、少城公园桃花源、中山公园中央餐馆、东御街鑫记餐馆、皇城坝晏乐春、总府街明湖春、祠堂街努力餐、良医巷桃园春。①

当时有人将成都餐馆分成三大类，第一类为高档的，川菜馆有荣乐园、古女菜、镜（晋）如饭店（一说静如）、聚丰餐馆、东林餐馆，还有山东明湖春、粤菜津津酒家、金龙酒家等。第二类为中等川菜馆，如新亚酒楼、邱佛子、竹林小餐、新时代餐馆、乡村饭店、复兴餐馆等。第三类为面点类，实际上是指整个小吃类，包括吴抄手、矮子抄手、黄胖子鸭店、荔枝巷水饺、提督街赖汤圆、春熙路五芳斋蒸饺和包子、治德号粉蒸牛猪鸡肉等。②另外一般饭馆有学罗天、长美轩、三阳馆、五陵春、虹饮春、爱尔兰、维他命餐厅、竹林小餐、荣盛饭铺、李钰兴、红烧鲢饭店、复兴食堂、民众食堂、明星小食店、长生活、小园地等。这些饭店往往显现明显的平民化，但都有自己的特色，如竹林小餐的白肉罐汤、蒜泥白肉，荣盛饭店的烧牛肉和豆花，李钰兴的白肉豆花，明星小食的鸡汤饭，邱佛子的红油辣子豆花、粑豌豆肥肠血旺汤等。③再如乡村饭店的香糟肉、红烧鲢鱼、连锅子、白片肉等也很有特色。④

1938年胡天编制的《成都导游》一书也列出当时成都的主要小吃，如竹林小餐的罐汤蒜泥白肉、三道拐的肥肠羊肉、吴抄手的抄手和面、奎星楼口治德号的牛肉炸酱面、皇城坝的烧物烧鸭、利和森与盘飧市的各种葱

① 胡天：《成都导游》，开明书店，1938，第54—55页。
② 淳：《成都之食》，《千字文》1939年6期。
③ 胡天：《成都导游》，开明书店，1938，第56—57页。罗享长：《成都少城食风谈》，《四川烹饪》2000年11期。袁庭栋：《成都街巷志》，四川教育出版社，2010，第239页。
④ 莫钟骕：《成都市指南》，西部印书局，1943，第163页。周芷颖：《新成都》，复兴书局，1943，第144—150页。袁庭栋：《成都街巷志》，四川教育出版社，2010，第288页。淳：《成都之食》，《千字文》1939年6期。

烧肉类、祠堂街的鸡肉豆花、北门外的陈麻婆牛肉豆腐、暑袜街的矮子抄手、上升街的燃面、二十四春的扬州饺子、商业场昌福馆的汤圆和水饺、大可楼的麻饼子，另五芳斋、稷雪、守经街和南新街蒸真美的包子也很有影响。其他亢饺子的饺子、洁馨的面点、麦香的面点、荔枝巷钟饺子的水饺、二四春的汤圆、王包子的香肠、岳府街的蒸牛肉、锦花街的汤包、西御街的汤包、味虞轩的桃片、锦江春的面点等也有名气。[①]另还记载当时有沙利文、嘉丽、涨秋、国际等西餐和小巧粤菜馆。[②]据称，20世纪30年代洞子口的凉粉就开始出现，发源于一位赵姓农民，故有赵凉粉之称，以后才有陈、夏两家豆腐打出洞子口凉粉的招牌，迅速在市区发展。[③]也有人认为，早在20世纪20年代，张锡生就在成都洞子口卖凉粉，故称“洞子口张凉粉”。20世纪40年代有人分别打出“洞子口张老二凉粉”“洞子口张老三凉粉”“洞子口张老五凉粉”的招牌。[④]另外铜井巷的甜水面等也较为有名。[⑤]不过，甜水面虽然早在《成都通览》中就有记载[⑥]，但可能并不是巴蜀本土的面食。据记载甜水面是一种立体的精面条，加作料拌着吃。[⑦]

表15　20世纪40年代成都市大嚼餐馆一览表[⑧]

名称	地点	备注
荣乐园	布后街	
竟成园	青石桥南街	新南门外沿边有分馆
玉珍园	羊市街	
义森园	道街	
荐芳餐馆	忠烈祠南街	
东林餐馆	华兴正街	
轩	三倒拐街	

① 胡天：《成都导游》，开明书店，1938，第57—59页。
② 同上，第59—60页。
③ 汪洪定：《洞子口凉粉》，载《金牛文史资料选辑》第3辑，54—55页。
④ 袁庭栋：《成都街巷志》，四川教育出版社，2010，第603页。
⑤ 冯至诚编《市民记忆中的老成都》，四川文艺出版社，1999，第96页。
⑥ 傅崇矩：《成都通览》下册，巴蜀书社，1987，第264页。
⑦ 白虹：《巴渝风味》，《自修》1941年160期。
⑧ 周芷颖：《新成都》，复兴书局，1943，第150—152页。

续表

名称	地点	备注
明湖春	总府街	
醉花楼	小南街	
桃花源	少城公园内	
晋如饭店	少城公园内	
不醉无归小酒家	陕西街	
姑姑筵	新玉沙街	
哥哥传	总府街	
枕江楼	外南万里桥头	
涨秋	总府街	中菜西菜均有
沙利文	少城东胜街	中西菜馆
颐之时	华兴正街	中菜
长美轩	梓潼桥正街	中菜
普海春	春熙西路	中西菜肴
醉沤	慈惠堂街	中菜
全家福		江浙味
努力餐	祠堂街	中菜
冠生园	正科甲巷	中西菜

表16 20世纪40年代成都市中餐馆一览表①

名称	地点	名菜
荣乐园	布后街	
明湖春	总府街	
姑姑筵	陕西街头	多特菜
中国食堂	华兴街	坛子肉
哥哥传	总府街	
醉沤	慈惠堂街	
颐之时	华兴街	
冠生园	正科甲巷场	点心
静宁饭店	少城公园内	烤鸭
桃花源	少城公园内	
竟成园	新南门外江西路	
普海春	春熙西路	烧鱼头、豆腐鱼

① 莫钟骕：《成都市指南》，西部印书局，1943，第159—161页。

续表

名称	地点	名菜
枕江楼	桥北街	脆皮鱼、醉虾
不醉无归小酒家	陕西街	宫保鸡
努力餐	祠堂街	红烧十景
全家福	福兴街	
四五六	总府街	烧蹄筋
俄国饭店	总府街	炒螺丝
玉珍园	羊市街	

表17　20世纪40年代成都市西餐馆一览表①

名称	地点
涨秋	总府街
嘉丽	堂街
亚美	春熙路
普海春	春熙路

另1943年徐德先编的《成都灌县青城游览指南》也记载了一些成都的重要饭店餐室，如记载有荣乐园、醉沤、聚丰园、姑姑筵、不醉无归、哥哥传、静宁饭店、枕江楼等，也谈到当时的叶矮子抄手、吴抄手、治德号蒸牛肉、亢饺子、二十四饺子、麦香面点、赖汤圆等。②当时，成都有“东有大塗春，西有口叩品”之称，大塗春是在九眼桥附近星桥街的一家川菜馆，口叩品是半边街的甜食语。③这两家餐馆以前记载并不多，其他牛市口的东华馆、东门大桥头的陈记饭店较少有人关注。在成都也有粤香村、都一处等清真、回民馆子。其中粤香村于1942年在成都盐市口附近创办了粤香村，后来成为成都著名的清真餐馆。④

20世纪40年代，虽然巴蜀地区的政治经济重心已经东移到重庆，但成都的餐饮业发展仍然较快，所以在饮食业方面当时就有人认为“就是现在

① 莫钟骕：《成都市指南》，西部印书局，1943，第161页。
② 徐德先编《成都灌县青城游览指南》，1943，第4—5页。
③ 袁庭栋：《成都街巷志》，四川教育出版社，2010，第179页。
④ 向东：《百年川菜史传奇》，江西技出版社，2013，第178—180页。车辐、熊四智等：《川菜龙门阵》，四川大学出版社，2004，第187—188页。

荣任首都的重庆也赶不上她”[①]。所以，除了以前创办的餐饮仍然兴盛外，也出现了一些较为有名的新的餐馆。如1943年龙道三等五人在城守东大街办的味之腴餐厅，由有烧炖专家之称的刘均林掌勺，以东坡肘子、凉拌鸡块、粉蒸肉、鲜肉包子等菜有名。[②]其他这个时期在春熙路西段的耀华餐厅、老南门大桥头的枕江楼、城守东大街的香风味、华兴正街的市美轩等也较为有名。20世纪40年代赵志成开办中西合璧的耀华餐厅，后来成为成都著名的餐厅。[③]

从20世纪20年代到40年代，成都更多是出现了大量风味小吃，如悦来场的龙抄手、提督东街福禄轩的张鸭子（又称耗子洞烧鸭）、城守东大街香风味的腌卤、新集场的三友凉粉、治德号的小笼蒸牛肉、半边桥的痣胡子龙眼包子等。[④]在20世纪40年代开办的成都餐馆中，颐之时是非常值得提及的。曾国荣曾在三合园、姑姑筵等名餐饮店事厨，1940年（一说1941年）以技术入股的形式在成都华兴正街开办了颐之时小餐厅。1947年，成都民间已经有“清汤颐之时”之称，主要是因为其烹饪的清汤白菜相当有名。[⑤]后颐之时迁移到了重庆，仍以开水白菜著名。[⑥]不过，关于在成都、重庆开办颐之时的时间，学界并不统一，有的认为早在20世纪20年代罗国荣就在成都开办颐之时，有的认为早在1935年罗国荣就在重庆开办颐之时，有的认为40年代在重庆开分店，有的认为是1951年才在重庆开办颐之时。《四川省志・川菜志》认为，罗国荣是在1948年在重庆银行工会顶楼新开办颐之时，1949年底停业，1951年才重新开业，所以才有1951年之说。[⑦]

---

① 淳：《成都之食》，《千字文》1939年第6期。

② 袁庭栋：《成都街巷志》，四川教育出版社，2010，第239页。向东：《百年川菜史传奇》，江西科技出版社，2013，第166—167页。

③ 李新主编《川菜烹饪事典》，重庆出版社，1999，第117、129、130页。

④ 杨硕、屈茂强：《四川老字号：名小吃》，成都时代出版社，2010，第137页。

⑤ 饕客：《食在成都》，《海棠》1947年7期。

⑥ 罗开钰：《我的父亲罗国荣二三事》，《四川烹饪》2001年5期。石之好：《一代宗师罗国荣上、下》，《四川烹饪》2014年4、5期。蔡传：《颐之时》，《四川烹饪》2011年3期。袁庭栋：《成都街巷志》，四川教育出版社，2010，第736页。

⑦ 《四川省志・川菜志》，方志出版社，2016，第212页。

至于成都小吃馆更是以馆子众多、小吃名目繁多而闻名中外。以下表中所列仅是周芷颖个人所观之成都小吃，已经可谓丰富多彩，有人说“此地的小馆子在数量上固然布满大街小巷……他们底出品虽然都很精，然而价钱却比重庆的还廉”[①]。

表18　20世纪40年代成都市著名小食店一览表[②]

名称	营业地点	特长饮食
吴抄手	青石桥南街	灌汤抄手
子抄手	驿马市街	灌汤抄手
矮子斋	暑袜南街	抄手排骨
赖汤圆	总府街	鸡油汤圆
顺成园	西顺城街	鸡油汤圆
烧麦大王	悦来商场	烧麦
国家兴	走马东大街口	烧麦
天天好	春熙东路	金钩包子
铋其香	华兴正街	片耳卤面、金钩包子
肥肠大王	外北大桥侧	肥肠粉
源钱兴号	岳府街	粉蒸牛肉
永昌号	红庙子街	香油素面
无招牌	箍井街	香油米花糖
无招牌	学道街	苏稽米花糖
穹桂芳	东御街	花生糖
治德号	长顺下街	粉蒸猪肉、秦椒牛肉面
金玉轩	东玉龙街	糍粑醪糟
无招牌	中东大街20号	油果醪糟
无招牌	鼓楼北一街	浆酥油罐
同乐园	守经街	大肉包子
义园	走马街	牦牛肉牛、肉烧饼（成都土名焦巴）
邱佛子	祠堂街	烧肉豆花饭
无招牌	丝棉街第八号	甜咸花生米、颗颗酥胡豆
卿云号	鼓楼北四街	大肉包子

① 舒新城：《蜀游心影》，开明书店，1929，第157—158页。
② 周芷颖：《新成都》，复兴书局，1943，第144—150页。

续表

名称	营业地点	特长饮食
煨炙轩	鼓楼北一街	卤田鸡
馨家道工业社	咸平街	家常花生米
聚鑫	鼓楼北一街	大川号
胁隆	冻青树街	鸡蛋糕
全兴烧房	署袜南街	大麦酒
徐来小酒家	署袜北二街	宋嫂面
无招牌	丝棉街22号	专门包子
王维周	新集商场	面包（有酥味）
无招牌	沟头巷土地庙门前	豆浆蛋（限制早间）
无招牌	中山公园后门	担子春卷
青芳斋	冻青树街	各种素点心
无招牌	外北城隍庙门首	凉粉
长安市	外南下大桥	鹅当当
无招牌	城守东大街	棒棒鸡（夜市）
无招牌	冻青树街	粉蒸猪肉
无招牌	井巷子	担子抄手（每日午前十二钟至午后二钟过时不候）
无招牌	骡马市街	虾羹汤面
无招牌	外东牛市口	艾饽饽
回回馆	皇城坝街	卤牛肉
大可楼	提督东街	汤式包子
味虞轩	商业场	椒桃片
珍珠圆子	会府西街	珍珠圆子
无招牌	玉石街	豉面
亨记	中新街	手撕羊肉
司胖子	西顺城街	花生米
崇丽阁	外东望江楼	金鸡薛涛干
忙休来	冻青树	水饺
钟记	署袜街	水饺
陈兴泰	正府街	豆花饭
李珏兴	城守东大街	豆花饭
竹林小餐	福兴街	白肉饭
广东经济口豆花饭	福兴街	口豆花饭
廿四春	祠堂街	玻璃蒸饺

续表

名称	营业地点	特长饮食
盛祥	冻青树	各种卤肉
盘飧市	华兴正街	各种卤肉
吕记	总府街	牦牛肉松
王胖子	皇城坝街	烧鹅
稽雪	梓潼桥街	蟹黄包子
陈麻婆	外北万福桥街	麻婆豆腐
豆腐	西顺城街	准麻婆豆腐
廉美	古中市街	蓬溪凉粉
无招牌	华兴正街	肥肠湄饭（香山饭店隔壁）
无招牌	西御东街	削面
乡村	走马街	红烧鲢鱼
工记	东马棚街	太平葫豆瓣
排骨大王	总府街	排骨
四五六	悦来商场口	红烧蹄筋
明湖春	总府街	各种面点
三六九	总府街	汤圆
清真炖牛肉饭	提督西街	炖牛肉
陈脍面	鼓楼北四街	脍面
江楼老号	商业前场口	猪油发糕水饺
东北小食堂	四维街	汤包
朱源昌	隆兴街	葱烧麦饼
锦江春	商业后场	韭菜盒子
大麦铺	南打金街	蒸牛肉炖牛肉面

虽然莫钟骕《成都市指南》记载了20世纪40年代成都市中食店，但严格讲以下表中实际上仍是记载的小食店，即主要是一些经营小吃、单独蒸卤为主的食店。

表19　20世纪40年代成都市中食店一览表[①]

名称	营业地点	名菜
陈麻婆店	外北万福桥	麻婆豆腐

① 莫钟骕：《成都市指南》，西部印书局，1943，161—163页。

续表

名称	营业地点	名菜
老乡谷	祠堂街、湖广会馆街	涮羊肉
治德号	长顺中街	蒸牛肉、面食
吴抄手	青石桥	红烧牛肉、面食
磨子抄手	骡马市	抄手
协记水饺店	南暑袜街	水饺
竹林小餐	福兴街	白肉、香肠
邱佛子店	祠堂街	生烧肉、卤肉
钰鑫园	三倒拐	蒸牛肉
长美轩	梓潼桥	蒸肉
合记小食店	北新街口	链鱼面
盘飧市	华兴街	卤菜
畅和轩	湖广馆街	腌牛肉、腌猪头
乡村	马街	白肉片
铜井巷五号素面	铜井巷	面食
王胖鸭店	西御街	蹄筋、鸭子
利宾筵	总府街	脆皮鸭
矮子斋	暑袜南街	鱼香排骨
赖汤圆	总府街	汤圆
顺成园	西顺城街	汤圆
珍珠圆子店	会府西街	珍珠圆子、三合泥
三六九	总府街	汤圆

另佚名《成都指南》记载了成都的许多名小吃，如胖子花生米、太太汤圆、面状元、盘飧市的卤菜、长美轩的蒸肉、陈麻婆的豆腐、大蒸肉、洞子口的凉粉、钟水饺、矮子斋馄饨和面、王包子、廿四春蒸饺、得和森烧麦、吴抄手、馄饨、王胖鸭、槐树街担担面等。[①]20世纪40年代郭氏夫妻开创夫妻肺片[②]，流传至今。

民国时期，小炒小煎、蒸菜烧菜、白肉豆花仍然是成都的主要百姓餐饮，如盐市口的清洁食堂以经营豆花、白肉、小煎小炒、冒头饭著称，而

① 佚名：《成都指南》，重庆图书馆藏，第71页。
② 成都市西城区志编纂委员会：《成都市西城区志》，成都出版社，1995，第168—169页。

当时豆花的品种也较多，如有干豆花、口磨豆花、火锅豆花。[①]另当时成都的谭豆花还专门卖一种酸汤豆花素面。[②]在前面周芷颖《新成都》列举的小食店中，直接明确是以豆花为特色的有邱佛子烧肉豆花饭、陈兴泰的豆花饭、李钰兴的豆花饭、竹林小餐的豆花饭、广东经济饭店的豆花饭等，兼出售豆花白肉的饭店可能更多。除了陈麻婆豆腐外，还出现了西顺城街的准麻婆豆腐店。其中还有大量以粉蒸猪肉牛肉著称的有名号和无名号的小食店。上面莫钟骕《成都市指南》记载的20世纪40年代成都市中食店一览表中的治德号的蒸牛肉、竹林小餐的白肉、长美轩的蒸肉、乡村的白肉片等也仍是餐饭的特色之处。其中长美轩的蒸肉出名，所以，民国时期有“粉蒸长美轩”之称，与“清汤颐之时”相对应。[③]

受成都城市饮食文化的影响，成都四周区县的餐饮业也较为发达，如民国时期龙泉驿餐饮有200多户，从业人员四五百人之多，出现刘鸡肉、冯兔肉、油烫鸭等名菜。[④]郫县则有留久香的五香煮豆腐、江西馆的豆花素饭、耗子洞的二分白肉、三合居的红烧链鱼。[⑤]彭县县城出现品禄轩、醉春归、荣禄园等较有影响的餐饮名店。[⑥]而民国初年崇州人聂福轩创制的天主堂鸡片，一直由其弟子马龙图传承下来。[⑦]清代顺治年间，单洪顺在广汉将祖上传下来的卤兔推广，形成后来著名的广汉缠丝兔。[⑧]

民国时期的成都、重庆，是四川地区军政要员、巨商大贾的重要居住地，他们来自五湖四海、天南海北，往往各自聘用南北大厨，精研烹饪之术，汇集南北之长，形成秘而不宣的菜品，这就是我们后来称的公馆菜。一般公馆菜往往选料精良，做工精细，讲求味道，注重营养，如宫保府的狮子头、状元府的清炖粉蒸肉、李道台公馆的蛋黄清蒸海参、刘湘公馆的醪

---

① 林洪德：《老四川食俗画》，《四川烹饪》1998年8期。
② 同上，1994年6期。
③ 饕客：《食在成都》，《海棠》1947年7期。
④ 成都市龙泉驿区地方志编纂委员会编《成都龙泉驿区志》，方志出版社，2013，第420页。
⑤ 四川郫县新县志编纂委员会：《郫县志》，四川人民出版社，1989，第721页。
⑥ 同上，第508页。
⑦ 杨硕、屈茂强：《四川老字号“名小吃”》，成都时代出版社，2010，第28页。
⑧ 同上，第45页。

糟红烧肉，刘文辉公馆的钵钵鸡和砂锅雅鱼，李富公馆的龟鳖鱼王汤、刘神仙公馆的叫花子鱼和俞凤岗公馆的鸡包翅、吴敬成公馆的清蒸江团、马锡候公馆的“全家福”等。[①]不过，由于公馆菜本身随意性较强，往往烹饪技艺又是严格限制在师傅言传身教，致使传承的科学性和可信度都较低。

近代商务性饮食快餐在当时已经出现雏形，民国时期成都在商业发展的背景下，出现了专门为公司职员服务的“包饭作”[②]，说明成都当时的职业快速餐饮已经出现，开了巴蜀地区现代餐饮外卖的先河。

民国时期是传统川菜成型时期，而许多传统川菜的成型都是在成都完成的。我们发现1944年1月13日的《成都晚报》上刊出了一个成都市民在1944年十天的家常菜谱，可以看出当时一般成都人的日常饮食，也可以发现当时川菜的基本情况：

第一天：□菜炒肉丝、烧白菜、菠菜豆腐汤。

第二天：牛肉烧萝卜、焖豌豆、鸡蛋汤。

第三天：烧排骨、炒猪肝、白菜肉片汤。

第四天：洋芋烧猪肉、生拌芹菜、番茄牛肉汤。

第五天：猪肉烧豆腐、炒绿豆芽、青菜粉丝汤。

第六天：红烧鱼、炒青菜薹、豆腐牛肉汤。

第七天：肉丝炒大头菜、素炒卷心菜、猪肝菠菜汤。

第八天：红烧牛肉、炒菠菜、□肉肉丝汤。

第九天：回锅肉、醋溜白菜、肉片豆苗汤。

第十天：清炖或红烧鸡、牛肉炒菜心、豆腐汤。[③]

1943年，一位叫中魏小川的人士在重庆的家中饭菜多是泡菜、菠菜白

① 李煜森等：《公馆菜》，《四川烹饪》2001年7期。

② 佚名：《成都指南》，重庆图书馆藏，第70页。

③ 《饭菜问题》，《成都晚报》1944年月1月13日。

菜肉片汤、竹笋炒肉、豆瓣洋山芋酱泥等。[1]1947年，一位上海人士对川菜的记忆是豆瓣辣子烧鱼、粉蒸肉、鱼香肉丝、回锅肉、爆腌肉、火锅毛肚、吴抄手、叙府棒棒鸡。[2]《四川省志·川菜志》罗列了一个民国时期"四六分"饭店的菜牌，可以看出民国时期一般家庭和普通饭馆的菜品，其包括白油肉片、鱼香肉丝、肝腰合炒、白油肝片、火爆腰花、火爆双脆、炒什锦、青笋肉丝、锅巴肉片、鱼香肉片、家常肉片、炒大杂伴、芹菜肉丝、野鸡红炒肉丝、蒜薹肉丝、青椒肉丝、甜椒肉丝、仔姜肉丝、泥鳅钻沙、鱼香碎滑肉、辣子鸡丁、宫保鸡丁、姜汁肘子、小烧什锦、宫保肉丁、白油肉丁、家常肉丁、回锅肉、酱爆肉、甜椒回锅肉、红烧肉、盐煎肉、红烧豆腐、熊掌豆腐、国货什锦、豆瓣肘子、热窝姜汁鸡、红烧鸡、红烧肘子、蒜薹白肉、青笋烧鸡、红烧蹄筋、酸辣蹄筋、红白豆腐、三大菌烧鸡、豆瓣鲫鱼、大蒜鲢鱼、红烧酥肉、蚂蚁上树（烂肉粉条）等。[3]

从以上多个菜谱菜牌可以看出，20世纪40年代的普通家庭菜谱中，小炒小煎小烧已经成为主体，回锅肉、菠菜豆腐汤、鱼香肉丝、粉蒸肉、爆腌肉（爆腊肉）、豆瓣鱼、菠菜白菜肉片汤、竹笋炒肉、牛肉烧萝卜、爆炒猪肝、红烧肉、家常豆腐、宫保鸡丁、糖醋白菜等家常川菜已经深入家庭。不过，我们现代熟悉的水煮牛肉、干煸鳝鱼等由于条件和影响有限，虽然在民国时期已经出现，但没有完全深入到普通家庭之中。

三 民国时期巴蜀其他城市的发展与饮食业的繁荣

实际上，汉代以来，四川盆地内除成都以外的许多城镇的商业经济也较为发达，到了唐宋时期，遂州、果州、合州、彭州、绵州、嘉州、汉州、泸州等地的饮食也应该有地位有特色，只是由于资料限制，我们已经无法复原这些城市的商业饮食文化的状况了。按理说有关明清时期的资料

---

① 端木蕻良：《火腿》，载老舍等《大后方的小故事》，文摘出版社，1943，第2—3页。
② 阎哲吾：《川味》，《申报》1947年3月28日。
③ 《四川省志·川菜志》，方志出版社，2016，第74页。

应该较为丰富，但我们得到的资料仍是支离破碎，特别是对于明代，我们也无法复原这个时期区县的饮食商业情况。根据有关资料，除了重庆、成都以外，民国时期四川地区的主要城市的餐饮业发展也较快，特别是抗日战争时期，大量外省移民进入四川地区，四川成为抗战大后方，一是大量省外饮食文化进入，二是大量人口的迁入营造了更宏大的餐饮市场，反过来推动了餐饮业的发展。在当时成渝以外的城市中，自贡因为是四川盐业发展的中心，早在清代就餐饮业发达，后来出现了川菜菜系中较为有特色的亚菜系；而川南地区因保留中古巴蜀文化较为明显，饮食的特色也是最为鲜明；但川东地区的许多城市受下江文化的影响明显，下江菜的影响较为突出。

（一）自贡

自贡在清代民国时期是巴蜀地区最重要的盐业中心，城市的经济地位相当重要。经济地位的重要，为本土餐饮业的发展创造了条件。到了民国时期，自贡一带的餐饮馆形成包席馆、酒食馆和专门经营来料加工的红锅店三大类。清末民初，自贡一带就已经有许多包席馆，所谓“以清华园为佳，王家塘之鑫园亦好。又蒙太太之清香园，地方尚洁且僻，菜亦不差”[①]。但这些菜馆到了民国后期好像没有传承下来。民国初年以来到20世纪30年代，自贡及富顺出现了天生元、兴发园、文兴园、大码头饭店、清真教门馆、三圣桥桃园饭店、可园、留芬酒家、好园、岷江饭店等著名饭店。[②]抗日战争时期，自贡的包席业就业人口多达615人，酒食业多达417人，1947年有餐饮私营企业525个，人员1082人。[③]当时有名的餐馆有天德园、民江、金谷园、金谷春、鹿鸣春、华北食堂、炳盛园、清和园、三

① 樵斧：《自流井》，成都聚昌公司，1916，第200页。

② 吴晓东等：《自贡盐帮菜》，巴蜀书社，2009，第36—38页。陈茂君：《自贡盐帮菜》，四川科技出版社，2010，第60—71页。

③ 自贡市地方志编纂委员会：《自贡市志》，方志出版社，1997，第517页。

益祥、黄兴顺、王少成包席馆、富珍园、八珍园、富和园、福禄馆、杏花村、巧园、荣发园、蜀江春等。[1]其中特别是北方人林国富1937年在自贡三圣桥创办的新津菜社，主要经营家常便饭，也承包宴席。到1939年，改名为华北食堂，以烧制鱼类闻名，特别是以砂锅鱼头出名，其他如烧划水翅、烧中段、五块鱼、全家福、脆皮鱼、糖醋里脊等菜肴也很有影响，北方的馅饼、饺子、包子也很闻名。到1947年，新津菜社甚至在内江开设了分店。[2]民国时期，自贡的许多餐馆已经在报纸上打广告了，如宝元甜食店、回回餐馆、民新饭店、雋腴酒家、民生饭店、鸿禄源等，往往以"味精豆花""价廉物美""经济饭店""川味饮品""川味之王"等来招徕顾客。[3]这些饭店的经营也较为灵活，如鸿禄源饭店除店面经营外，也可以包席出堂，也可代包伙食，成为包饭作[4]，是继成渝二地之后第三个出现"包饭作"的城市，说明城市工商服务的深化。

民国时期自贡的一般小食店也因盐业而兴，贡井大桥沿河两岸，出现各种掌盘小摊（经营豆花、火边子牛肉、烧腊、牛肉蒸笼与米饭）。[5]至于小食也是名目繁多，如树叶三的剧把头、廖汤圆的牛肉蒸笼、牛栏湾的五香豆腐干和火边子牛肉、刘湘文的小笼包子、童兴发的汤圆、枣子园的周抄手、蔡文彬的牛肉抄手、蒋敬友的白水兔、老街子的邱花生等。[6]其他还有庆荣森的豆腐脑水粉、郑抄手等名小吃。[7]一般老百姓喜欢用白萝卜煮牛肉，牛肉水饺也很有名气。[8]自贡由于商业发达，回族人较多，当时湖广会馆的回回餐馆也较有名气。[9]紧邻自贡的富顺县，在唐宋时期曾管辖着今自

① 四川省自贡市自流井区志编撰委员会：《自贡市自流井区志》，巴蜀书社，1993，第240页。自贡市贡井区志编纂委员会：《自贡市贡井区志》，四川人民出版社，1995，第229、230页。
② 自贡市地方志编纂委员会：《自贡市志》，方志出版社，1997，第518页。四川省自贡市自流井区志编撰委员会：《自贡市自流井区志》，第240页。
③ 《川中晨报》民国三十三年至三十六年。
④ 《川中晨报》民国三十六年八月二十一日广告。
⑤ 自贡市贡井区志编纂委员会：《自贡市贡井区志》，第229页。
⑥ 同上，第230页。
⑦ 陈茂君：《自贡盐帮菜》，四川科技出版社，2010，第67—70页。
⑧ 樵斧：《自流井》，民国五年刻本，第197、199页。
⑨ 《川中晨报》民国三十六年十一月十六日。

贡大部分区域，在民国时期成为四川盆地一个重要的农业大县，曾有较大的餐馆52家，出现马德昌刷把头、欧糍粑、富顺豆花等名菜，特别是1943年刘锡禄创立的东门口饮食小店，以经营豆花闻名，影响至今。①

民国时期是川菜内自帮成型的重要时期，自贡的火鞭子牛肉、水煮牛肉等名菜可能都是源于民国时期，但并没有亚菜系的名称出现。不过，对于自贡火鞭子牛肉的起源与得名还有争议。有研究认为，自贡火鞭子牛肉起源于清末民初"叫化子"，因用火鞭子照明叫卖而得名。也有人认为是因为清末民初曾二娃用牛屎粑烤牛肉片得名。②到了光绪三十三年（1907）自流井盐商王三畏堂将其送成都劝业道比赛而名声大振，获得"灯影牛肉"的称号③，以后才逐渐闻名川内外的。

自贡的许多名厨在川菜烹饪方面做出了大量贡献，如董俊康、陈建民、刘锡禄、曾树根、范吉安、林青云、叶掌盘、粟焕章、刘义公、黄三胖、倪树章、梁东如等。④其中水煮牛肉、火鞭子牛肉、富顺豆花、冷吃兔成为风行巴蜀的重要菜品，可能与这些厨师有关。如有人认为正是范吉安改良了原始的水煮牛肉，使之成为川菜的经典菜品。而早在30年代自贡已经出现名小吃郑抄手，1945年正式在三圣桥西秦会馆旁开店。⑤另外民国时期自贡因陕西、山西商人较多，喜欢吃羊肉，专门从陕西、山西买来羊子，开发全羊宴席，形成的"自贡全羊"已经名扬全川。⑥

（二）泸州

泸州在宋代曾有"西南要会"之称，明代是百担大船从长江中下游上

---

① 《富顺县商业志》，第156、160页。
② 吴晓东等：《自贡盐帮菜》，巴蜀书社，2009，第117—122页。
③ 周云：《叫化子与火鞭子牛肉》，《四川烹饪》2011年2期。
④ 吴晓东等：《自贡盐帮菜》，巴蜀书社，2009，序。陈茂君：《自贡盐帮菜》，四川科学技术出版社，2010，第39、43页。
⑤ 杨硕、屈茂强：《四川老字号：名小吃》，成都时代出版社，2010，第81页。陈茂君：《自贡盐帮菜》，四川科技出版社，2010，第69页。
⑥ 孙建三等：《遍地盐井的都市》，广西师范大学出版社，2005，第156页。

溯上游的终点，明清时期为乌撒入蜀旧道起点，也就是当时四川盆地南下云贵的第一枢纽，商业地位重要。民国时期的泸州为川滇东路中枢，川江与川滇东路的交合处，商业地位也相当重要，有称泸州“介江、沱之交，当滇、黔北来之冲，为下川南一商业中心，实宜宾、重庆、自流井、贡井、资中输出入商品之转运地，贸易总额之大，居川省第五位”[①]。所以，泸州的餐饮业不仅特色鲜明，也较为发达。

清末，泸州有三牌坊的四时新、纽子街的藏彬园和赵盐巴（清真），其中赵盐巴的鸡脑、鸡塌子、脆皮鱼最好。[②]早在1914年，泸州有大河街的优胜餐馆、三牌坊的四时新、钮子街的藏彬园等知名餐馆。1917年又出现了钟鼓楼的聚盛园、大河街的蜀南餐馆。1923年，则有钟鼓楼的蜀都餐馆、白塔街的宝华园、东门口的合记优饭店等名店。到20世纪20年代末，泸州则有钟鼓楼的蜀都餐馆、明远街日日新饭店、韩家坳悦心饭店、鱼市街鼎丰恒便饭铺、武庙街的共乐天酒面馆、鱼市街的永发祥饭店等名店。[③]特别是抗战时期，大量外省移民进入，大量外省菜系从重庆向西渗透进入泸州，如上海菜的中央酒家、南京饭店，广东菜的冠生园，福建菜的交通银行食堂，以淮扬菜著称的燕京酒家、五福园、朝阳楼，以北味面食为主的三六九、排骨大王、北方馆，以成都菜为主的海国春、成都饭店，以重庆味出名的凯歌归泸州分店，加上本地的餐饮企业如刘文俊的新兴饭店、李玉林的八万春，饮食文化多元而有特色。同时，民国时期泸州还出现了仰光中西餐厅、民生咖啡厅、集美餐厅等中西合璧的餐馆[④]，另慈嘉路上的中国食品公司二楼上已经出现了专门的西餐厅。[⑤]同时，泸州名小食在民国时期已经出现许多品牌，如李海林的五香糕、李宣吉的猪儿粑、刘秀林的胖汤圆、范治安的范抄手、川盐担担面、戴饼子、郭饼子、熊饼子、炒米

---

① 四川省政府：《四川省概况》，四川省政府秘书处，1939，第76页。
② 《中国旅行指南》`，上海商务印书馆，1911，第100页。
③ 《中国旅行指南》，上海商务印书馆，1914，第180页。《中国旅行指南》，上海商务印书馆，1918，第287页。《中国旅行指南》，上海商务印书馆，1924。《中国旅行指南》八九《泸州》，上海商务印书馆，1928年增订版。
④ 泸州市地方志编纂委员会编纂《泸州市志》（1911—1990），方志出版社，1998，第565页。
⑤ 《泸县民报》1940年2月14日。

糖开水、泸州煮鸡、附骨鸡。[①]其他如泸州黄粑、白糕、纳溪桂林斋泡糖等也是重要的名小吃。其中泸州白糕在重庆等地也有较大影响。

（三）绵阳

绵阳当川陕交通枢纽，民国时期人们就称“位川陕要道”[②]，是当时川北的经济重镇。早在民国初期就出现了名气较大的房洪兴开设的窝窝店。民国时期绵阳出现了华北饭店、会芳园、满庭芳、荣乐饭店、永丰饭店、会芳园、菜羹香等知名饭店，其中菜羹香的“过江豆花”为一绝。[③]在江油出现了为腹餐馆、名扬居饭馆、可口佳餐馆、金谷园、素饭馆等名店，推出清炖猪蹄、川北凉粉、九皇素面、埋沙酥饼等特色餐品。另三台有万福居、亚芳等名店。当时绵阳的小吃有摩登面、席凉粉、任饼子、张稀饭、金麻花、何油糕、游汤圆、欧豆花、康鸭子等。江油则有赵矮子锅贴水饺、彰明的埋酥饼、中坝的川北凉粉、一口钟素面、三台的钟凉粉等。[④]民国初年，夏超元开办夏家素饭馆，以经营过江豆花出名，民国三十六年更名菜羹香。民国二十三年罗四维在绵阳开办四维中餐，以经营火（大）碗菜出名。同年新生饭店以经营坛子肉出名。民国二十五年倪镇华开办平津食堂，经营北方风味。民国二十八年，黄坤开办裕丰厚腌卤店，以经营缠丝野兔出名。另外还有三江食堂的罐罐汤和豌豆扯面。民国三十五年，李伯陵夫妇开办的川北凉粉出名，直至今天。[⑤]一般认为潼川豆豉在清代康熙九年由江西人邱正顺祖辈迁至三台后经营水豆豉而开始，邱正顺时创立正

---

① 泸州市市中区地方志编纂委员会编纂《泸州市市中区志》，四川辞书出版社，1998，第284—285页。

② 四川省政府：《四川省概况》，四川省政府秘书处，1939，第76页。

③ 绵阳市志编纂委员会：《绵阳市志》，四川人民出版社，2007，第1404页。绵阳市商业局：《绵阳市商业志》，内部出版，1997年，第301页。《四川省志·川菜志》，方志出版社，2016，第218页。

④ 绵阳市志编纂委员会：《绵阳市志》，四川人民出版社，2007，第1404页；绵阳市商业局：《绵阳市商业志》，内部出版，1997，第301页。江油市地方志编纂委员会编纂《江油县志》，四川人民出版社，2000，第906页。

⑤ 绵阳市志编纂委员会：《绵阳市志》，四川人民出版社，2007，第1404页。

顺号。道光年间德裕丰、长发洪从邱家聘用技师，与正顺号共同生产“潼川豆豉”，而光绪年间中坝仿北京六必居的口蘑酱油应市，影响越来越大。[①]据李劼人记载，当时三台县和射洪县太和镇都出产豆豉，分别名为潼川豆豉和太和豆豉。[②]

（四）内江

内江县在明清时期当成渝东大路中枢，20世纪40年代成渝公路开通后，其地位更是重要，故当时认为“内江位成渝公路中段，滨沱江中流，水陆交通便利，渐成货物流通枢纽，上游各地谷类、糖类多集于此销散各地，加以内江本县糖产之丰，甲于全川，形成川省糖业交易之中心点，故市场之繁，除成、渝、万三地外，当首屈一指”[③]。总之，民国时期的内江的糖业发达，加之为成渝公路中间枢纽，城市餐饮业也较发达。抗日战争时期，内江城市内苏馆、沪馆、北方馆、清真馆、四川馆、内江馆的风味兼存，1941年全县的餐饮业624家，饭店354家、面馆187家，经营品种100多种，名菜有家常牛肉、冬菜烂肉、豆瓣全鱼、火爆肚线、火爆黄喉、蒸肉丝、回锅腊肉、糖醋菊花鱼、米熏鸡、黄豆芽蒸元干、泡豇豆炒牛肉等，小食有凉粉、担担面、锅贴饺子、猪油泡粑、水煎包子、白糖烤粑、凉蛋糕、川糖果子、豆腐脑、冰粉等。[④]据有关记载当时交通路的宁波饭店以经营四川鲜菜著称，京川饭店聘请成渝二地高等技师主厨，其他还有餐旅兼营的鑫记京山饭店、文英街的经济食堂等。[⑤]

---

① 绵阳市志编纂委员会：《绵阳市志》，四川人民出版社，2007，第1405页。
② 李劼人：《漫谈中国人之衣食住行》，载《李劼人选集》第5卷，四川文艺出版社，1986，第325页。
③ 四川省政府：《四川省概况》，四川省政府秘书处，1939，第76页。
④ 四川省内江市东兴区志编纂委员会编纂《内江县志》，巴蜀书社，1994，第548页。
⑤ 《内江日报》1940年3月10、19日，7月23日，1945年11月17日。

（五）遂宁

遂宁在历史上曾十分繁荣，唐宋时期曾有“小成都”的称号，曾是四川糖业的中心，唐宋成渝北大路的要站，交通和经济地位远远超过当时的资州、渝州。明清时期，由于四川盆地的经济重心东南移，成渝东大路兴起，遂宁的政治经济地位相对下降，但仍为四川地区重要的农业产粮区，传统经济较为发达，故清末已经形成造膳帮。民国时期人们认为“遂宁为川东北之中枢，涪江水运又便，川东输出入于川西北一带货物，大多以此为转运集散地”①。所以，民国时期遂宁的餐饮业也较为发达，出现了麦村、丰腴餐厅、清真馆、嗜味嗜、华利餐馆、北方食店、大西南餐馆、川北凉粉店、百味酒家、三六九、嘉乐等著名饭店。到1949年已经有门市1303个，作业人员2861人。②

（六）广汉与德阳

广汉当成都北面门户，在汉唐时期的地位远远超过后来的宋明时期。明清以来地位相对下降。到明清民国时期，广汉仍然是四川盆地北出西北地区的要路所经。民国时期有餐饮酒店172家，出现了县城手工面、抄手、烧麦、黄糍粑、嚼雪包子、黑风洞凉粉及三水关郑凉粉、连山余豆花等特色菜品小吃。③德阳与广汉为近，早在20世纪20年代冯吉三就开设了“双柳村”食店，生意一度较好。后出现许多包席馆，如有名的叙乐、清和园。④清代民国时期也出现了许多名特小吃，先后有智远号、洪发祥、丰盛荣、合庆丰等名牌，特别是光绪年间出现的江兆丰开办的同庆丰酱园（后称合庆丰），成为德阳在外影响很大的酱油品牌，至今声名在外。⑤其他如民

---

① 四川省政府：《四川省概况》，四川省政府秘书处，1939，第76页。
② 遂宁市地方志编纂委员会：《遂宁县志》，巴蜀书社，1993，第368页。
③ 广汉县志编辑部编纂《广汉县志》，四川人民出版社，1992，第281、282页。
④ 德阳县商业局：《德阳县商业志》，1987，第104页。
⑤ 德阳市文史资料研究委员会：《德阳市文史资料先辑》第1辑，第22—23页。

国时期出现的徐馍馍、欧豆花、罗江豆鸡、孝泉果汁牛肉、文豆花、王凉粉、李二烟烘蛋、熊蒸肉也有一定名气。[①]

（七）乐山

乐山县是历史上川江上的一个重要城市，唐宋明清的嘉州当川江水路要站，近代仍是川江岷江水路的起点，西与川西南民族地区相连接，所谓“居岷江及大渡河合口处，民殷物阜，百业俱备”[②]，商业也较繁荣，民国时期饮食网点一度多达10 258个[③]，有宝华园等名店。民国时期眉山城内四季春饭店烹制的东坡肘子名声很大，其他苏稽香油米花糖、乐山萨其马、五通豆腐脑、眉山龙眼酥、眉州赖火脚、苏稽跷脚牛肉、仁寿芝麻糕、夹江豆腐乳、乐山五通桥桥牌豆腐乳、西坝豆腐等较有名气。乐山城内产生了许多名小吃，如盐关街午时粑和五通桥（叶儿粑）。[④]在民国时期乐山的棒棒鸡也有名气，主要是用汉阳坝的汉阳鸡为之[⑤]，所以民间有“嘉腐雅鱼汉阳鸡”之称。清末民国初年乐山的白宰鸡很有名气，如杨双喜的“杨鸡肉”和周贵明的“周鸡肉”。[⑥]

（八）南充

南充当嘉陵江航运中枢，也是四川盆地内的重要交通枢纽，早在古代就有“民喜商贾”之称，唐宋时期有“小益”“小成都”之称。明代就出现保宁醋品牌。清末出现了谢天禄的川北凉粉、朱老拱的羊肉粉（顺庆

---

① 四川省德阳县志编委会：《德阳县志》，四川人民出版社，1994，第540—544页。德阳县商业局：《德阳县商业志》，1987，第105页。
② 《四川风土述略》，《癸亥级刊》，1919年6期。
③ 乐山市地方志编纂委员会编《乐山市志》，巴蜀书社，2001，第836页。这个数字存疑。
④ 乐山市地方志编纂委员会编《乐山市志》，第941-948；乐山市市中区地方志办公室《乐山市中区志》，巴蜀书社，2003，第460页。
⑤ 杨硕、屈茂强：《四川老字号：名小吃》，成都时代出版社，2010，第19页。
⑥ 乐山市地方志编纂委员会编《乐山市志》，巴蜀书社，2001，第942—943页。

羊肉粉）、马癞子牛肉、顺庆卤鸭子（唐癞子鸭子）、阆中酸菜豆花面、阆中年杂碎面、保宁蒸馍、保宁府干牛肉、南充嫩尖冬菜等土特产。民国时期，南充为川北重镇，有许多包席馆、大众炒菜和街市小吃。据统计，1931年南充有各种餐饮企业248家，1945年达到750多家，出现了马兴顺的罐罐牛肉、朱老拱的羊肉粉、陈洪顺的川北凉粉、杨建钦的扬州蒸饺（花士林）、阆中热凉面等名吃。[①]20世纪30年代南充出现了蜀鲜、顺平、佳乐、家常饭店、大不同、醉乃归、排骨大王等餐饮名店，出现了任卤鸭子名牌。[②]顺庆羊肉粉首先出现在清末顺庆朱老拱经营的羊肉粉，以自养自宰牛肉、汤浓鲜香，成为南充饮食上最有名的特产。[③]川北凉粉也是起源于南充，为清末南充人谢天禄发明的谢家凉粉。[④]

（九）宜宾

宜宾当金沙江与岷江交汇处，处云南北上通道的水路口岸，历史上交通地位重要，商业也较为发达，民国时人们认为“宜宾握川、滇交通之要冲，当岷江、金沙江之交点，上游各地输出之山货、药材、食盐等，以及输入之棉纱、杂货、茶叶等，均于此地集散”[⑤]。到1948年，宜宾城区有餐饮门店404户，出现了竹林村、陶园、魁顺、西域春等著名的餐饮企业[⑥]，另泗合园也是较有影响的饭店，老板主厨唐泗卿，以坛子肉、白油肚头等出名。[⑦]西餐已经在宜宾有影响，民国时期有沙龙咖啡厅、吉普咖啡厅等出现。[⑧]宜宾在近代是川菜五大帮的大河帮的核心地域，以传统方法做河鱼

---

① 四川省南充县志编纂委员会编《南充县志》，四川人民出版社，1993，第387页。四川省南充市志编纂委员会：《南充市志》，四川科学技术出版社，1994，第1600、1904、1905、1908页。
② 四川省南充县志编纂委员会编《南充县志》，四川人民出版社，1993，第388页。
③ 四川省蔬菜饮食服务公司：《中国小吃》（四川风味），中国财经出版社，1987，第102页。
④ 《老四川趣闻传说》，旅游教育出版社，2012，第220页。
⑤ 四川省政府：《四川省概况》，四川省政府秘书处，1939，第76页。
⑥ 宜宾市志编纂委员会：《宜宾市志》，中华书局，2011，第361、616页。
⑦ 《四川省志·川菜志》，方志出版社，2016，第208页。
⑧ 《戎州日报》，民国三十五年五月十九日、五月二十四日广告。

著名。同时，宜宾作为老四川的重要地区，传统名小吃也是花样众多，如东街回饼、燃面（北街小十字、小北街江协和、水洞口陶七、北街蒋荣华馆、合江园等），东街的棒棒鸡（在重庆被称为叙府棒棒鸡），小北街的江鸭子，兰香斋熏肉和点心，走马街的吴醪糟，小南门的龙汤圆，罗四兴的白糖泡粑，周氏黄粑，北门林长发的椒盐花生，小北街的午时粑（鸭儿粑）、喜捷砂仁糕等，①许多小吃早在清末就出现了，至今仍然流行。

（十）雅安与西昌

雅安当巴蜀地区通西南民族地区门户，所谓“地处边陲，为通康藏孔道，边茶贸易最盛”②，即我们称的南方丝绸之路和茶马古道的重镇，历史上商业发达，餐饮业也较为发达。到1949年前，雅安县有餐饮300多户，有馥记、洞天、馔芬、鸭绿江等名店，河北街的雅鱼系列独具特色，出现了一口钟的豆花粉、白宰鸡，乐康餐馆的浑浆豆花、口蘑豆花，罗序江的挞挞面，以及白糖烘饼、棒棒鸡等小吃。③雅安南面的西昌曾是安宁河流域的政治经济中心，民国时期曾一度作为西康省省会，政治经济军事地位都较重要，民国时期出现三六九、闹中静、世界饭店、四合饭店、又一村、杏花村、好又来、小酒家等名店，出现莫见笑汤圆、酥包子、冲冲糕、白面酥锅魁、钵钵鸡、牛羊肉杂碎汤等小吃。④

（十一）灌县

灌县当成都平原北上川西北民族地区的门户，民国时期又称“为成都平原西北屏障，水利起点，以及通松、理、茂、懋、汶孔道”⑤，民国时期

① 黄藓青：《旧时宜宾的著名小食品》，《宜宾文史资料选辑》第7辑。
② 四川省政府：《四川省概况》，四川省政府秘书处，1939，第76页。
③ 四川省雅安市志编纂委员会：《雅安市志》，四川人民出版社，1996，第422页。
④ 四川省西昌市志编纂委员会：《西昌市志》，四川人民出版社，1996，第213页。
⑤ 四川省政府：《四川省概况》，四川省政府秘书处，1939，第76页。

餐饮业也较为发达，城区有几十家饭店，出现炳森园、水晶园、镜崇园、天禄园、精约小餐、标准饭店、青城餐厅、青年交谊厅等名店，出现周卖面、赵卖面、结子素面、周醪糟、毛汤圆、李猪儿卤菜、邹凉粉、代鸭子等名小吃。[①]

（十二）巴中、达州、广元

川北大巴山下的巴中、达州、广元，由于特殊的地理位置和晚清民国时期较为动荡的社会局势，社会经济的发展一直较为滞后，整体上经济较为落后，但在近代餐饮业也有较大的发展，特色较为明显。如巴中在1947年全县有伙食业人员1755户，其中城区153户，出现许多有影响的小吃名菜，如黎国洪的卤鸭和板鸭、李登明的灌汤面包、石德隆的蝴蝶鱿鱼瓤海参、钟鼓楼的烧烤、王绍恩的金钩包子、回民巷的教门牛肉、肖家巷粉蒸羊肉等较为有名。[②]而达县也是川北大巴山的门户，出现了一品香餐厅、翠屏园等在当地有影响的餐饮店[③]，还有灯影牛肉、甜咸菜、司铎鸡、大王包子、棒棒鸡、粑牛肉等名小食。[④]大巴山西面的广元县，曾是古代金牛道的要镇，明清时期政治经济地位相对下降，但仍是川陕交通的要镇，商业较为发达，饮食业也有特色，出现张丕渊罐罐肉、草街子赵包子、打铁街左包子、李凉面等名小吃。[⑤]

（十三）广安

广安当四川盆地的东部丘陵地区，是川中丘陵地区的一个重要物资集散地，1949年县城的餐食店112家，小食摊159个，出现了养生处餐厅、大

① 四川省灌县志编纂委员会：《灌县志》，四川人民出版社，1991，第464页。
② 四川省巴中县志编纂委员会：《巴中县志》，巴蜀书社，1994，第461页。
③ 达县商业局：《达县商业志》，第13页。《四川省志·川菜志》，方志出版社，2016，第215页
④ 达县商业局：《达县商业志》，第379—386页。
⑤ 广元县商业志编纂委员会：《广元县商业志》，1989，第149—153页。

东饭店等名店。清末民国时期，出现了坛子肉、怪味鸡块、糖醋脆皮鱼、广安排骨、鸳鸯蒸饺等名小吃。[①]

（十四）三台、射洪、阆中

四川盆地的三台、射洪一带是四川盆地丘陵地区的重要城镇，其中三台在历史上曾是作为一二级政区的重要治所，城镇基础一度较好，这一带城乡的餐饮业都较为发达。三台县在民国时期已经出现万福居包席、努力加餐家常菜、松鹤楼的白雪鸡、亚芳餐厅的金钩包子和八卦鸡、泗合园的清蒸鲢鱼、羊绍兴的凉拌白肉、钟明海的凉粉、雍土贵的蒸馍、金道三的五香牛肉、胡松廷的豆花、田辅臣的抄手等名吃。[②]而射洪县太和镇三义园、华北饭店、北方面馆、陶陶加餐、九三饭店等也很有名气，其他洋溪镇的达家牛肉馆也声名在外[③]，至今射洪牛肉菜品仍是声名在外，成为射洪县在饮食上的一个招牌。阆中在历史上地位相当重要，汉唐时期是除成都以外的重要城市，明代曾当川陕交通所经，清初一度还作为四川的省府所在地，在民国时期出现新边区、顺庆园、桃园、又一家、努力餐、国顺馆、回回春等著名餐馆。[④]阆中的名食较多，如乾隆年间王氏兄弟发明的保宁干牛肉，入口化渣，成为一时佳品，后来人们将其与张飞联系起来，命名为张飞牛肉。而阆中的白糖蒸馍为乾隆年间回民技师哈公奎所创，至今行销。[⑤]

（十五）万县

万县当川江门户，由于历史上从川江水路入川，一般在万县舍舟，

---

① 四川广安县志编纂委员会：《广安县志》，四川人民出版社，1994，第488—490页。
② 四川三台县志编纂委员会：《三台县志》，四川人民出版社，1992，第650页。
③ 射洪县商业局：《射洪县商业志》，第207页。
④ 四川阆中县志编纂委员会：《阆中县志》，四川人民出版社，1993，第682页。
⑤ 杨硕、屈茂强：《四川老字号：名小吃》，成都时代出版社，2010，第37、143页。

从陆路走小川北道进入四川地区，所以万县成为水陆交汇的重要城市，特别是近代万县开埠通商以后，其商业地位更是突出。民国时期，“万县为川省对外贸易上，仅次于重庆之第二商埠，同时亦为内地贸易之第二集散市场”①。早在清末就有赵立顺、同春园两家著名的餐馆。②1914年，万县有南津街的兰斋、城内的赵立顺、悦来馆等名店，1916年出现有西餐海国春，中餐有同春园、铨盛园、醉仙楼、藏春园、两全兴、聚盛园、月岩馆、玉壶春等，一般饭馆甚多。③1926年又有梅园春西餐馆、小南门同春园、衙门口铨盛园、杨家街口醉仙楼、上堡又街子藏春园、杨家街口两全兴、课家巷的聚丰园、大西门山月岩馆与玉壶春等著名酒馆。④1924年，万县著名的餐店有10家，如万州饭店、果尔嘉、南浦春、霏影阁、燕京楼等。1928年，万县有万州饭店、新世界、同春园、德胜楼、铨盛园、酸仙楼、藏春阁、郁香、清泰园等名店。1929年开业的高笋塘的太白楼餐馆，号称饮食界之名星，在万州有较大的影响。当时万州已经有可口咖啡店、远东咖啡店等西餐。⑤1935年登记的餐馆就有76家。抗日战争开始以后，大量移民进入，推动了万县餐饮的发展，不仅大量北平、汉口、江苏、沙市、宜昌人进入开餐馆，省内的巴县、内江、金堂人也进入开办餐馆，1946年统计重要的餐馆达125家，小餐馆不计其数，有考奇、吟雪、良友餐厅、美味春、小桃园、青年食堂等名店。⑥其中美味春开办于1937年，由幸世贵主厨，主要有清蒸肥头、烧划水、大蒜鲢鱼、烧八件等。⑦

---

① 四川省政府：《四川省概况》，四川省政府秘书处，1939，第75页。
② 《中国旅行指南》，上海商务印书馆，1911，第101页。
③ 《中国旅行指南》，上海商务印书馆，1922，第285页。
④ 《中国旅行指南》，上海商务印书馆，1914，第174页。《中国旅行指南》，上海商务印书馆，1918，第285页。
⑤ 《万州日报》1929年3月10日—1929年10月8日。
⑥ 万县志编纂委员会：《万县志》，四川辞书出版社，1995，第324页。
⑦ 《四川省志·川菜志》，方志出版社，2016，第214页。

（十六）涪陵

涪陵位于川江与乌江交汇处，历史上是四川盆地东南与贵州地区政治经济文化交流的重镇，在清末民初是川黔岸盐运道折转运点，地理位置也较为重要。民国时期，涪陵“举凡黔江流域之酉、秀、黔、彭、石、南诸县，以及贵州之后坪、沿河、婺川、正安、松桃诸县，其出入口货品，殆均以涪陵为集散转运之枢纽”[①]。早在乾隆年间城区就出现饮食行业的雷神会、詹皇会等，晚清时期已经出现卫增园、玉成园等名店。到民国时期的1939年，城内已经有较有名餐饮店158家。1949年全县餐饮店有880家之多。[②]在历史上，涪陵还出现了大量名小吃，如点易洞浑浆豆花、河街红汤火锅、蜘蛛蛋、高昌馆鲊肉、肥肠豌豆汤、担担面等。[③]另外涪陵的油醪糟也很有影响。

（十七）江津

江津县处川江要道，历史上沿綦江河向南也是四川盆地南入贵州地区要站。民国时期江津已经出现南华宫、白灿香等有名的餐饮。其中南华宫最早在20世纪初的大土地23号开办，后改名为几江餐厅。[④]抗日战争时期，大量外省移民进入对餐饮推动较大，开办了津津食店、适中楼、三六九、一支香、真公道等下江馆子。[⑤]早在清代，江津就出现了芝麻丸子、江津肉片、冰糖藕丸等名吃，民国时期出现了冰糖芋儿泥。其中江津肉片在清末由县城河街“兴隆”的饭店发明，后各店争相仿做，新中国成立后名厨周清云等加以改进成型[⑥]，成为川菜的典型代表之一。前面谈到早在清末江津

① 四川省政府：《四川省概况》，四川省政府秘书处，1939，第75页。
② 四川省涪陵市志编纂委员会编纂《涪陵县志》，四川人民出版社，1995，第688页。
③ 文伯箴：《涪陵地方风味小吃》，《涪陵文史资料选辑》，1989年第1辑。
④ 《四川省志·川菜志》，方志出版社，2016，第202页。
⑤ 江津县地方志编辑委员会：《江津县志》，四川科学技术出版社，1995，第456页。
⑥ 同上，第457页。

的白沙烧在四川省内的影响就很大了，1934年在成都举行的四川省第十三次劝业会上，江津张洪太的高粱烧酒得了甲等奖[①]，影响一度在宜宾酒和大多数泸州酒之上。

（十八）合川

合川在历史上的地位曾远远超过重庆主城，唐宋时期是成渝南北两道的交汇点，明清以来由于处嘉陵江、涪江、渠江三江汇合之地，商业较为繁荣。民国时期有“贸易之盛，超乎遂宁、南充之上”之称。[②]民国初期，合川有饮食店铺150余家，摊贩200余户。1925年以后，餐馆出现承办筵席的南馆、零售饭菜的餐馆（其中以经营豆花为特色的豆花馆）、面馆、粑粑馆。1939年县城有餐馆200多家，小吃摊300余户。1949年，全县饮食企业2278户，其中城区有142户，摊贩200余家。[③]民国时期县内著名的川菜馆有会仙楼、集仙楼、壶园、顺发园、新园、协记、郁香、湾馆等，另外以经营省外菜品著称的有一品香、三六九、金陵饭店、松鹤楼、排骨大王、江苏餐馆等。名菜已经有合川肉片、合川肝片、红烧江团、湾馆坨坨肉、罐罐鸡、清蒸香拐、红烧鲂鱼，名小吃有合江门抄手、断鸡处怪味鸡丝、朱烧腊烟熏牛肉、王德成川北凉粉、盘会礼挞挞面、张烧腊油酥鸭子、田玉合烩面、衙门口八宝粥和羊杂粉、大灯笼富油包子、戴家巷、天福巷担担面、水八块、龙海洲窝窝油饯、文星阁油果子、颜氏兄弟肉汤圆、戚饼子油茶、王成海薄饼、溪子口叠面汤圆等。[④]

---

① 四川省第十三次劝业会编《四川省第十三次劝业会报告书》，1934。

② 四川省政府：《四川省概况》，四川省政府秘书处，1939，第75页。

③ 四川省合川县地方志编纂委员会：《合川县志》，四川人民出版社，1995，第489页。

④ 同上，第490页。

（十九）永川与资中

永川县在历史上当成渝东大路要冲，特别是20世纪40年代成渝公路修通以后，永川的商业物流都有较大的发展。早在清光绪年间县城就出现了洪兴包席馆。1937年，县城有惠芳、万波楼、正时中等五六家大餐馆，30余家面食小店，家常饭店众多。到20世纪40年代正时中、香国、竹林村、永乐村、随园、滋味鲜、德安、渝香、华西等餐馆名气很大。20世纪30年代陈汉卿创立了豆豉鱼，在40年代广为流传。其他如鸳鸯包子、桂花糕、蒸抄手都较有名气。[①]民国时期，永川豆豉已经较有名气了，有鼎丰号、三荣祥、松溉吉祥号等20多家。[②]资中也是东大路的要镇，1943年县城有餐馆64家，各种小食店无数，有名的有北街食堂、南街南园、杏花村、天星园、衣铺街大雅、桃园、西街颐和园、大东街东城馆、北街长安市等。[③]

第五节　改良与创新：民国以来传统川菜菜品的定型

如前所述，川菜在历史上可分古典川菜、传统川菜、新派川菜三个时期，显现了不同历史时期的时代特征。现在看来，传统川菜的成型主要有三个基本特征：一是以麻辣鲜香、复合重油的川菜的味型特征的全面呈现，二是在烹饪方式上小煎、小炒、火爆主导烹饪方式的固定，三是现代经典家常川菜菜品的出现和流行。第一个特征在清末民初就已经较为明显，只是在民国以来时有完善，如鱼香、荔枝、怪味、陈皮等味型就应该是在民国出现的。第二个特征也是在清末民国初年就相当明显了，只是民国以来不断完善，像干烧、干煸、黄焖、水煮等烹饪方式却是在民国至新

① 四川省永川县志编修委员会：《永川县志》，四川人民出版社，1997，第476—477页。
② 重庆市地方志编纂委员会：《重庆市志》第9卷，西南师范大学出版社，2005，第420页。
③ 四川省资中县志编纂委会：《资中县志》，巴蜀书社，1997，第338页。

中国成立后才开创或完善、普及的。早在清末，大多数经典的川菜菜品已经出现，但仍有诸多是在民国时期才出现，或者经过民国时期的改良而成型的，有的甚至是在新中国成立以后的20世纪五六十年代才出现或者完善的。民国时期应该是传统川菜的成熟定型时期，传统川菜菜品在此时开始成熟定型，并且又开发出现了一批在后来很有影响的传统川菜，影响至今。

一　在创新中完成传统川菜从雏形到定型的过程

饮食商业的发展，对于川菜的发展推动很大。因各餐饮店出于商业竞争的需要，纷纷通过改良来优化传统菜品，同时在大量外来饮食文化的影响下又在不断开发新的菜品，烹制出许多著名的新菜，有的菜品不仅在市场流行，也逐渐进入巴蜀家庭成为家常菜品而固定下来，然后又回转到商业市场，更使传统川菜菜品固定下来，进而加速了传统川菜的核心菜品的定型。

应该说，从20世纪初到20世纪中叶，整个川菜在商业竞争的刺激下，创新和改良一直持续不断。在成都市场上，传统川菜一般要从关正兴的正兴园说起，其厨师中对川菜影响较大的是蓝光鉴。蓝氏先在正兴园事厨，清末民初与戚乐斋一起创立荣乐园，博采南北菜之长，对川菜逐步进行改革，并培养了大量厨师，成为后来川菜烹饪和创新的重要力量。[①]1923年创办的“竟成园”厨师汤永清、刘读云、龙云章烹制的叉烧火脚、脆皮鱼、鸡皮慈笋、生烧筋尾短舌、奶汤杂烩、酥扁豆泥、鸡豆花、菊花鸡等，一度风行成都。长春馆的厨师张荣兴、马荣华、杜元兴、夏永清等，烹制的海参蛋饺、鱼肚蛋饺、苕菜蛋饺、苕菜狮子头、烧三珍等也很有名。[②]20世纪30年代，陕西街开办的不醉勿（无）归小酒家张华正厨师等烹制的葱烧鲫鱼、红烧舌掌、蒜泥肥肠、豆泥汤、麻辣豆筋、白菜鸡汤、宫保鸡丁、

① 李新主编《川菜烹饪事典》，重庆出版社，1999，第145页。
② 同上，第121—122页。

青笋拐弯等影响较大。[①]哥哥传（可口筵大餐馆）烹制的冬笋烧牛护膝、清蒸大块鲢鱼、炒鸭脯、鸡豆花、肝膏汤等也影响很大。努力餐的何金鳌、盛金山、何金、白松云、冯键兴等厨师烹制的烧什锦、宫保鸡、白汁鱼、秸汤三鲜等也较为有名。[②]邹瑞麟带江草堂烹制的软烧大蒜鲢鱼风行成渝二地，影响至今。[③]即使是一些小餐馆，厨师们也极力想打造自己的品牌和特色，如竹林小餐的白肉罐汤、蒜泥白肉，荣盛饭店的烧牛肉和豆花，李钰兴的白肉豆花，明星小食的鸡汤饭，邱佛子的红油辣子豆花、粑豌豆肥肠血旺汤[④]，乡村饭店的香糟肉、红烧鲢鱼、白片肉等也很有特色。[⑤]

民国后期干煸之法已经在成都餐馆中出现，并成为特色。所以20世纪40年代成都人总结出当时成都各餐馆在烹饪方法上的特色是“清汤颐之时，粉蒸长美轩，干煸明湖春，红烧姑姑筵”[⑥]，不过，民国时期干煸之法在巴蜀并不是普遍流行的烹饪方法。

20世纪50年代以后这种创新与改良仍然在继续，如1958年建立的成都餐厅中的孔道生、谢海泉、张守勋、陈廷兴等厨师烹制的金钱鸡塔、坛子肉、红烧雪猪、清蒸鹿冲、鸡皮鱼丸、五福鱼丸、竹荪肝羔汤、玻璃鱿鱼、翡翠虾仁、豆沙鸭脯、龙凤火脚、成都酱鸭、开水白菜等也有很大的影响。1958年建立的成都餐厅的主厨蒋伯春、华兴昌、李德明等烹制的虫草鸭子、母子会、生烧大转弯、鸡蒙葵菜、黄焖鲢鱼、锅巴肉片等也较出名，其中以锅巴肉片影响较大。1958年建立的芙蓉餐厅的厨师陈志兴、白松云创新和改良了一些新菜品，如芙蓉肉片、葱末肝片、金钩玉笋、芹黄

---

① 车辐：《且说成都姑姑筵》，《四川烹饪》1994年5期。

② 宗骅：《历史名店努力餐》，《四川烹饪》1987年1期；袁庭栋：《成都街巷志》，四川教育出版社，2010，第952页。

③ 林洪德：《老成都食俗画》，载于《四川烹饪》1998年11期；袁庭栋：《成都街巷志》，四川教育出版社，2010，第205、206页。向东：《百年川菜史传奇》，江西科技出版社，2013，第160—163页。李新主编《川菜烹饪事典》，重庆出版社，1999，第128页。

④ 胡天：《成都导游》，开明书店，1938，第56—57页。罗享长：《成都少城食风谈》，《四川烹饪》2000年11期。袁庭栋：《成都街巷志》，四川教育出版社，2010，第239页。

⑤ 莫钟骕：《成都市指南》，西部印书局，1943，第163页。周芷颖：《新成都》，复兴书局，1943，第144—150页。袁庭栋：《成都街巷志》，四川教育出版社，2010，第288页。

⑥ 饕客：《食在成都》，《海棠》1947年7期。

鱼丝、怪味鸡块、凉拌麂肉、南卤醉虾等也很有影响。其他总府街的群力食堂的陈绍书、李少方烹制的蝴蝶海参、干煸鲜笋，海棠餐厅冯德兴烹制的红烧舌掌、荷叶蒸肉，杏花村餐厅的刘文俊等烹制的软炸口菜、清汤鱼卷、红烧甲鱼，食时饭店张荣兴等烹制的烘春芽蛋、魔芋鸭子、鱼香茄皮、萝卜连锅汤也较有影响。[①]不过，以上菜品除脆皮鱼、开水白菜、虫草鸭子、黄焖鲢鱼、锅巴肉片、芙蓉肉片、葱末肝片、怪味鸡块、烘椿芽蛋、魔芋鸭子、萝卜连锅汤等后来较多进入巴蜀民间家庭固定下来外，大多数并没有在后来流行流传。

从20世纪初到20世纪中叶，巴蜀地区的名小吃数量庞大，特别是在成都一带小吃又称小食、茶点，发展至今成都仍是以小吃众多而在全国影响很大。20世纪五六十年代，有的今天我们认为的中餐盘菜，在当时往往被认为是小吃，如陈麻婆豆腐、软烧的大蒜鲢鱼。很多在清末民国时期产生的小吃，在20世纪五六十年代仍然有较大的影响，如粤香村清真的八宝锅珍、浓花茶园开始的龙抄手、总府街的赖汤圆、荔枝巷的钟水饺、青羊宫的珍珠圆子、刘万发与彭绍清开发的宋嫂面、郭氏开创的夫妻肺片、铜井巷素面、玉龙街的金玉轩醪糟、长顺中街治德号小吃馆的粉蒸牛肉。[②]不过，20世纪五六十年代由于经营体制的改变，许多民间小吃逐渐消失。

20世纪30年代末到40年代初的抗日战争时期，重庆作为陪都，城市餐饮业发展最为迅速，许多名店名厨都在菜品的创新和改良上做了大量工作，出现了一些创新或改良的菜品。如20年代，陶乐春的张松云、刘建成、田云胜等厨师烹制的一品海参[③]，留春幄厨师朱亚南等烹制的干烧鱼翅、叉烧填鸭、叉烧乳猪、春糕、鸡皮鱼肚、枣泥糕[④]，竹林小餐烹制的蒜泥白肉、连锅汤、回锅香肠[⑤]；20年代小沿洞天廖青云等烹制的干烧岩鲤、

---

① 王大煜：《川菜史略》，载《四川文史资料选辑》38辑，四川人民出版社，1988，第193—196页。
② 商业部饮食服务业管理局编《中国名菜谱》第七辑，中国轻工业出版社，1960，第157—204页。
③ 李新主编《川菜烹饪事典》，重庆出版社，1999，第121页。
④ 同上，第121页。
⑤ 同上，第134页。

清蒸江团、家常海参、叉烧乳猪、虫草鸭子、家常甲鱼、海参蒸鸡、酸溜鸡、格呢子鸡、挂炉鸭子、软烧鲫鱼[①]；30年代，国泰熊维卿等厨师烹制的香酥鸭子，老四川烹制的精毛牛肉、灯影牛肉、五香牛肉[②]，白玫瑰厨师周海秋、唐光云、熊青云等烹制的干烧鱼翅、干烧岩鲤、烧全猪，颐之时烹制的红烧熊掌、干烧岩鲤、开水白菜、一品海鲜、白汁鱼唇、家常海参、金鱼闹莲、四喜吉庆。[③]其他大乐天的菊花鱼羹锅，陶园餐厅的酸菜海参、金鱼闹鲢，适中楼的鸳鸯锅贴、金银脑花，久华园的清蒸火腿、米熏鸡，滨江餐厅的酿冬菇、汁蒸脑花鱼，醉东风的酥扁豆泥、玻璃肚头汤，暇娱楼的烤酥方、烧鸭、凤眼鸽蛋，密香餐厅的汁蒸全鸡、叙八炸鸡，新味腴的肝羔汤、冬菜肉饼，长美轩的三色鱼丸、瑶珠葵菜等也影响较大。[④]

50年代以后，重庆的餐饮业仍然在民国时期基础上发展，继续创新和改良了许多菜品，如颐之时周海秋、江浙澄烹制的干烧岩鲤、清蒸肥头、樟茶鸭子、宫保腰块、犀浦鲢鱼、碎米肉丁，而民族路餐厅（今会仙楼餐厅）廖青亭烹制的叉烧全鸡、醋溜鸡、格呢子鸡、香酥鸭子、干煸牛肉，佳肴餐厅曾亚光等厨师烹制的牛头方、干烧鱼翅、鸡茸鱼翅、金钱海参、家常海参、响玲海参、酸菜鱿鱼、八炸鸡，粤香楼餐厅陈青云等厨师的清炖牛肉汤、牛尾汤、枸杞牛鞭汤，吴海云、姜鹏程烹制的火腿鸡淖、脆皮鱼、白片肉，而蓉村饭店张德荣烹制的口袋豆腐、豆瓣鲢鱼、小煎鸡、姜爆鸡丝、砂锅鲜菜、软笃豆油皮等也有很大的影响。[⑤]以上菜品中蒜泥白肉、连锅汤、干烧岩鲤、清蒸江团、虫草鸭子、软烧鲫鱼、香酥鸭子、灯影牛肉、五香牛肉、开水白菜、清蒸火腿、烧鸭、樟茶鸭子、宫保腰块、碎米肉丁、干煸牛肉、火腿鸡淖、脆皮鱼、口袋豆腐、豆瓣鲢鱼、小煎

① 重庆市渝中区人民政府地方志编纂委员会：《重庆市市中区志》，重庆出版社，1997。李新主编《川菜烹饪事典》，重庆出版社，1999，第134页。

② 曾祥朋：《粤香村老四川》，《四川烹饪》2000年5期。向东：《百年川菜史传奇》，江西科技出版社，2013，第145—150页。

③ 此处主要参考《川菜烹饪事典》有关章节和《重庆市市中区志》《川菜龙门阵》等有关章节。

④ 王大煜：《川菜史略》，载《四川文史资料选辑》38辑，四川人民出版社，1988，第196—197页。

⑤ 同上，第198-199页。

旅渝須知

黃燜肉

重慶食品介紹之二

「黃燜肉」是一種著名家庭菜，其製法係用半肥瘦豬肉，先入水煮熟，然後切成薄片，用乾鍋雄火爆之，至油汁半出，肉片成「燈盞窩」狀，始下甜醬，白糖，豆瓣，醬油等香料及鮮菜片蒸之，吃起來真別有風味，所以又名「醬爆肉」，亦稱「回鍋肉」。本地工廠店舖，每逢[illegible]「牙祭」吃肉日期，大都用這一看菜，所以知道的人很多，而且遠近馳名，如上海，南京，漢口等地方的川菜館子，都有賣的，不過真正[illegible]究起滋味來，卻是離題遠矣，因爲這看菜是家庭風味，根本不是一般館子弄得好的，雖然一般館子也稱爲「家庭爆肉」，但是名不符實啊。

民国报刊有关黄焖鸡的记载

旅渝須知

連鍋子

重慶食品介紹之三

廣東館子，最考究的湯味，這是許多人都知道的，如原盅花菇湯，[illegible]菜花菇，燉把鮮牛腩或牛精，以及原盅鴨湯等，都相當有名，其實廣東的是滾湯，四川的乃是濃湯，老實說，川省是講求的厚味，所以烹煮的菜都特具湯味，但又與湖北黃陂人之煨湯大不同，這裏介紹的「連鍋子」就是許多湯內的一種係用半肥瘦的生肉，和鮮菜久煮成的，最好是吃甜湯，不放一點鹽粒，在冬季用青菜頭或蘿蔔燒「連鍋子」湯，是唯一無二的佳肴，現在用冬瓜也很可吃，這種湯完全靠把肉與菜的原汁煮出，根本不放一點什麼香料，肉是切成片子，另用醬油等調合拌吃，與「白片肉」又不同味，這「連鍋子」湯，以成都幫的[illegible]

民国报刊有关连锅子的记载

旅渝須知

醋溜雞

重慶的名肴

雞子在菜餚中，算是一種主要的材料，勿論在那一省，甚至東洋西歐各國，都是如此，所以三餐之內，雞子佔了首位，不過各有作法不同，吃的滋味是各別的，而且都有一種特色的做品，如廣東的脆皮雞，湖北的[illegible]，北平的[illegible]，蘇州的八塊雞，以及歐美大菜中的燒雞，扒雞之類，在四川的肴饌中，雞子的作法也多極了，但是出名的幾種，卻值得介紹，如「醋溜雞」，即其中之一，這一看菜，特點有三：一是火色，二爲刀工，三爲調合，所以非名廚師不能成功，其作法係用子雞，尤其要雌雞，取其肉細筋上的嫩肉，[illegible]部份，順着刀路，截成小斜塊，[illegible]紅鍋下油，[illegible]火候猛烈之際，[illegible]油，待其作響，始將雞塊傾入，[illegible]

民国报刊有关醋溜鸡的记载

旅渝須知

榨肉

重慶食品介紹之五

「榨肉」又名「粉蒸肉」，在省外各處，都是有的，不過重慶卻大不同，第一的特色，是用原籠蒸出，又因此地出產有豆瓣調味，吃起來便與別處特殊了，重慶的「榨肉」，還是家常的好，先估量有多少人吃，醃肉若干，然後用相當的竹籠蒸出，並要配上鮮苕或芋，如此製的南瓜最好，又甜又糯，此外用紅苕（江浙名叫番薯）也是好的，要以文火久蒸，吃時纔由鍋裏捧出，不另用器裝盛，就將原籠置於桌上，大家圍吃，別有風味，同時蒸這一樣菜，是需要一鍋一灶，除此之外，不能空出弄旁的東西，所以相當麻煩，就因此，故家常的好，而館子裏不好，但是每年秋冬季，各小食店，都有粉蒸牛肉及肥腸（即豬腸）出售，也非常好吃，俗名「籠籠[illegible]

民国报刊有关榨肉（粉蒸肉，鲊肉）的记载

旅渝須知

棒棒雞

重慶食品介紹之一

許多外來的人，都知道重慶有一種很著名的食品，叫做「棒棒雞」，於是在擺館子點菜時，便來一樣「棒棒雞」，其實一般館子出賣的，不是「棒棒雞」，便是「怪味雞」，根本不是「棒棒雞」，真正道地的「棒棒雞」，乃是在每天夜晚，一般街頭所擺的「雞肉攤子」或「麵攤子」上纔有出賣。這是一種小食品，最宜佐酒，下飯亦可，其肉之細嫩，殊不亞於廣東館子所有的「白斬雞」，而且不用刀截，係用雙手撕成細絲，每一雞子，係分爲頭頸，（名神頭）兩翅兩腿，胸腹，雞雜，（即肚內之腸肝等，共爲一套），足爪各部出賣，最特色的，是每人一杯料汁，（俗呼作料），不過「棒棒雞」是要吃辣椒才有味，但是不用亦可。現在本地出賣「棒棒雞」的攤子，每夜米花街及火神廟街各有一二處，最有名的，要[illegible]

民国报刊有关棒棒鸡的记载

，用新鮮荷葉一塊塊包裹之，停半小時上籠蒸熟。

五　干燒鯽魚

干燒鯽魚為川菜之有名者，錦江酒家此菜甚為著名。

成份：

一・活鯽魚一尾（重約一斤左右）
二・辣醬一湯匙（係四川板荳辣醬）
三・酒釀二湯匙（即甜酒釀）
四・芡粉半湯匙（用水一湯匙開濕）
五・葱末一湯匙（最好細葱，細者名香葱。因味香故也）
六・紅辣椒三四只（無新鮮者乾者亦可。斬成細末）
七・薑末一茶匙

民国菜谱中最早的干烧鲫鱼烹饪方式记载

廿三　辣子雞丁

辣子雞丁四川館中所做者為最出色

成份：

一・雞胸肉一杯
二・青辣椒四只
三・紅辣椒二只
四・芡粉二湯匙
五・鹽少許（酌量）
六・油半斤
七・湯四湯匙

做法：

民国菜谱中最早的辣子鸡丁烹饪方式记载

鸡、姜爆鸡丝许多流传至今，深入平常饭店和日常家庭，影响至今。

以前一直认为是颐之时厨师陈志刚发明或改良“干烧法”，烹制了干烧各类鱼菜。[1]但据考证，早在《成都通览》中就有干烧鱿鱼、干烧大肠的菜品[2]，而民国时期的《俞氏空中烹饪》就记载有干烧牛肉丝、生爆干烧鸡块，特别注明干烧牛肉丝是四川菜之一。[3]所以，所谓陈志刚发明或改良干烧法是不正确的。不过，干烧之法最早流行在清末民国时期的巴蜀地区是可以肯定的，著名的干烧岩鲤、干烧鱼翅都是巴蜀名菜。

20世纪五六十年代出版的三本川菜菜谱所收入的川菜菜品，可以视为传统川菜定型后的代表菜品，这三本菜谱分别是1960年由商业部饮食服务业管理局组织编写的《中国名菜谱》第七辑（四川名菜点）、1961年由成都市饮食公司编辑内部出版的五辑《四川菜谱》和1960年重庆市饮食服务公司专门推出的《重庆名菜谱》。

1960年由商业部饮食服务业管理局组织编写的《中国名菜谱》第七辑（四川名菜点）[4]，是成都、重庆相关烹饪人员集体编写的教材性质的菜谱，基本上是对20世纪以来形成于四川民间的有影响的菜品做了一个总结，包含了传统川菜成熟完善后的基本菜品以及传统川菜时期的代表菜品。其中川味名菜有117种：

> 烤酥方、罐子肉、红烧雪猪、豆渣猪头、干烧鱼翅、红烧蹄筋、红烧熊掌、清炖鹿冲、红烧鸭卷、金钱鸡塔、软炸子盖、软炸腰卷、软炸虾包、清蒸青鳝、鸡皮鱼肚、三菌炖鸡、口袋豆腐、五福鱼丸、竹荪肝膏汤、玻璃鱿鱼、清汤白菜、酸辣虾羹汤、翡翠虾仁、干煸鱿鱼笋丝、干煸鳝鱼、陈皮鸡、熘鹅肝、蟹黄银杏、冰糖银耳、八宝全鸭、樟茶肥鸭、家常田鸡、豆腐鲫鱼、生烧大转弯、炸班指、肥肠豆

① 王大煜：《川菜史略》，《四川文史资料选辑》38辑，四川人民出版社，1988，第200页。
② 傅崇矩：《成都通览》下册，巴蜀书社，1984，第258页。
③ 《俞氏空中烹饪》中菜组第二期第5页、第五期第1页，永安印务所，民国时期。
④ 商业部饮食服务业管理局编《中国名菜谱》第七辑，中国轻工业出版社，1960。

沙汤、鸡蒙葵菜、锅贴鸡片、水煮肉片、虫草鸭子、八宝糯米鸡、子母会、锅贴豆腐、盐白菜冬笋、黄焖大鲢鱼头、辣子鸡丁、玫瑰锅炸、锅巴肉片、沾糖羊尾、菠饺银肺、芙蓉肉片、葱末肝片、金钩玉笋、芹黄鱼丝、凉拌鹿肉、南卤醉虾、怪味鸡块、叉烧宣腿、鸡淖脊髓、生烧筋尾舌、糖醋脆皮鱼、热窝姜汁鸡、奶汤大杂烩、酥扁豆泥、松子肉、回锅肉、包烧鱼、夹沙肉、软炸肚头、鸡皮慈笋、鸡豆花、菊花鱼羹锅、一品海参、蝴蝶海参、干煸鲜笋尖、粉蒸肉、咸烧白、红烧舌掌、荷叶蒸肉、酿冬菇、软炸口蘑、清汤鱼卷、红烧甲鱼、烘椿芽蛋、茉（魔）芋烧鸭、鱼香茄饼、萝卜连锅、浑浆豆花、烧牛头方、烟熏排骨、宫保腰块、姜爆鸭丝、犀埔鲢鱼、干贝烧冬苋菜、清蒸肥头鱼、冬菜肉饼汤、碎米鸡丁、干烧岩鲤、叉烧全鸡、醋溜鸡、家常鸡、格呢子鸡、半汤鱼、菜鱼汤、香酥鸭子、豆渣鸭子、软炸蹄筋、水煮牛肉、干煸冬笋、干煸牛肉丝、清炖牛肉锅、牛尾汤、枸杞牛鞭汤、小煎鸡、豆瓣鲢鱼、鱼香肝片、鱼香肉丝。

其中“三蒸九扣”中的名菜有：

清蒸杂烩、红糟肉、原汤酥肉、扣鸡、粉蒸鲫鱼、铝子千张、蛋皮蒸肉糕、稀收鲊、姜汁热肘子、坨子肉、扣肉、骨头酥、芝麻丸子。

而名小吃计有：

陈麻婆豆腐、三洞桥软烧大蒜鲢鱼、八宝锅珍、龙抄手、赖汤圆、钟水饺（红油水饺）、珍珠圆子、宋嫂面、夫妻肺片、铜井巷素面、金玉轩醪糟、粉蒸牛肉、灯影牛肉、麻辣牛肉丝、烟熏牛肉、卤牛肉、毛牛肉、九园包子、颐之时枣糕、丘三炖鸡汁、经济凉面、正东担担面、云龙园毛肚火锅、顺庆羊肉粉、竹林蒜泥白肉、星临轩凉拌牛肉、江北提丝发糕、川北凉粉（黄凉粉）、丘二锅贴饺、牛骨髓酥油茶、鲁抄手棒棒鸡、洁园猪油鸡蛋熨斗糕等。

1961年由成都市饮食公司编辑内部出版的《四川菜谱》共五辑，共介绍了253种川菜菜品，也可以视作传统川菜的繁荣鼎盛时期的菜品代表集大成者。其中第一辑《四川菜谱》中记载有：

溜鸭肝、红烧舌掌、鸡蒙葵菜、热窝姜汁鸡、水煮肉片、苿（魔）芋烧鸭、软炸子盖、锅贴豆腐、竹孙肝膏汤、金钱鸡塔、肥肠豆沙汤、生烧筋尾舌、口袋豆腐、辣子鸡丁、锅巴肉片、粘糖羊尾、芙蓉肉片、回锅肉芹黄鱼丝、鸡淖脊髓、怪味鸡块、一品海参、软炸口蘑、豆渣鸭子、萝卜连锅、葱末肝片、八宝糯米鸡、软炸腰卷、宫保腰块、糖醋脆皮鱼、荷叶蒸肉、炸斑指、樟茶肥鸭、蝴蝶海参、豆腐鲫鱼、软炸肚头、三菌炖鸡、香酥鸭子、龙眼甜烧白、叉烧鸡、干烧鲫鱼、红烧卷筒鸡、陈皮肉、四上玻璃肚、生烧大转弯、虫草鸭子、锅贴鸡片、姜爆鸭丝、字母会、盐白菜冬笋。（共49种菜）

第二辑《四川菜谱》记载有：

干煸鱿鱼笋丝、干煸鳝鱼、南卤醉虾、玻璃鱿鱼、鸡豆花、奶油大杂烩、鱼香茄饼、烘春芽蛋、叉烧宣腿、包烧鱼、干烧鱼翅、红烧鸭卷、炸软虾包、清汤白菜、冬菇、菊花生片锅、酥扁豆泥、红烧雪猪、鸡皮鱼肚、豆渣猪头、松子肉、凉拌鹿肉、烤酥方、家常田鸡、坛子肉、翡翠虾仁、八宝全鸡、棒棒鸡丝、红烧熊掌、咸烧白、清蒸鳝鱼、黄焖大连鱼头、玫瑰锅炸、菠饺银肺、金钩玉笋、红烧鹿筋、清炖鹿冲、夹沙肉、蟹黄银杏、红烧甲鱼、鸡皮慈笋、酸辣虾羹汤、红枣煨肘、粉蒸肉、芙蓉虾仁、五福鱼丸、陈皮鸡、浑浆豆花。（共48种菜）

第三辑《四川菜谱》中记载有：

生爆虾仁（丁炳森）、椒盐虾饼（丁炳森）、清烩虾仁（蒋伯春）、牡丹鸡片（蒋伯春）、软炸虾糕（丁炳森）、菠饺玻璃肚（丁炳森）、龙岩咸烧白（李少云）、泡菜鱼（蒋伯春）、花椒鸡丁（蒋伯春）、鱼香肉片（李少云）、火吧玉兰片、芙蓉肉片（曾国华）、溜珊瑚鸡丁（蒋伯春）、八宝锅蒸（蒋伯春）、米熏肉（白松云）、陈皮兔（白松云）、麻酥鸡（蒋伯春）、醉鸭肝（蒋伯春）、凉粉鲫鱼（李德明）、网油枣卷、干煸冬笋（李德明）、熏牛肉（白松云）、晾干肉（曾国华）、麻园肉（曾国华）、鹅黄肉（周金廷）、鸡皮冬笋（李德明）、溜鸡米（蒋伯春、刘文定）、锅贴鱼片（蒋伯春）、川双脆（蒋伯春）、番茄炒虾仁（蒋伯春）、雪花鱼淖（丁炳森）、家常鸡丝（蒋伯春）、宫保鸡丁（丁炳森）、瓦片肉（刘永清）、金钱豆腐（张荣兴）、银杏鸡脯（张荣兴）、辣子鱼（刘永清）、吉庆腊肝（张荣兴）、如意蛋饺（张荣兴）、刷把鸡丝（刘文定、蒋伯春）、碎米豆腐（张荣兴）、小滑肉（张荣兴）、自拌鸡丝（张荣兴）、锅烧全鸭（丁炳森）、烧皱皮肉（丁炳森）、海椒鸡丁（丁炳森）、银丝中段（刘永清）、鸳鸯豆腐淖（丁炳森）、三心芋珠（张荣兴）、珍珠园子（刘永清）。（共50菜）

第四辑《四川菜谱》中记载有：

荷包鱿鱼（李德明）、喇嘛仔鸡（李德明）、佛手海参（刘文定）、白果豆腐（刘文定）、金钱芝麻虾（刘文定）、干煸鱿鱼丝（刘永清）、神仙鸭子（李德明）、金银肉糕（蒋伯春）、菠饺鱼肚（刘永清、刘文定）、焦皮肘子（李德明）、八宝然藕（刘永清）、棋盘鱼肚（刘永清）、东坡肉（冯德兴）、白汁鲜鱼（冯德兴）、酥皮鸡糕（刘文定）、麻辣腥松（蒋伯春）、葱姑饼（周金廷）、椒盐鱼卷（蒋伯春）、葱酥鱼（张荣兴）、韭汁豆蕊（蒋伯春）、五彩土司（李德明）、油淋仔鸡（蒋伯春）、五柳鱼（丁炳森）、软炸蒸肉（冯德兴）、生烧鸡腿（白松云）、兰花土司（李德明）、抄手鸭子（周金廷）、炸荷花卷（曾国华）、锅酥牛肉（刘文定）、芙蓉月老鸽蛋（曾国华）、南卤肉（白松云）、冷汁盐水鸭子（刘永清、冯德兴）、米糖银耳、干煸肉丝（刘永清、刘文定）、椒盐豆腐糕（丁炳森）、五香脆皮鸡（冯德兴）、菱角豆腐（蒋伯春）、龙凤大腿（李德明）、釀鸡脯（刘文定）、龙眼脊髓（李德明）、八宝茗蛋（张荣兴）、叫化鸡（李德明）、兰花鸡丝、兰花肚丝、兰花溜鱼片、兰花田鸡、鸡蒙兰花、荷花绣球、荷花咘莲、炸玉兰、清汤荷花卷。（共51菜）

第五辑《四川菜谱》中记载有：

清汤鱼肚卷（蒋伯春）、釀萝卜（蒋伯春）、桂花蟠蛀（蒋伯春）、清蒸鲢鱼（蒋伯春）、家常海参（蒋伯春）、溜桃鸡卷（蒋伯春）、蟹黄凤尾（丁炳森）、干油海参（丁炳森）、一品南瓜蒸肉（丁炳森）、贵州鸡（丁炳森）、羊耳鸡塔（丁炳森）、白汁菠菜卷（丁炳森）、松鼠鱼（刘文定）、无色卷（刘文定）、芝麻肘子（刘文定）、绣球鱼翅（刘文定）、凤眼鸽蛋（刘文定）、五彩鸡片（刘文定）、鸡包鱼翅（张松云）、金钱海参（张松云）、玉笋烧环喉（张松云）、麒麟角（张松云）、鱼羊肚烩（张松云）、钢铁仔鸡（张松云）、酿鸽蛋（冯德安）、红烧鱼唇（冯德安）、松片肉（冯德安）、淘味什景（冯德安）、蜂窝豆腐（冯德安）、鸭腰炖菜（冯德安）、菊花蟠蛀（张荣兴）、筋鞭鸽蛋（张荣兴）、格花豆腐（张荣兴）、水晶球（张荣兴）、腐皮尤鱼（张荣兴）、苕菜狮子头（张荣兴）、蹄燕鸽蛋（谢海泉）、炸溜鱼元（谢海泉）、软炸鸭腰（谢海泉）、清汤把心鱼翅（谢海泉）、芙蓉鸡片（谢海泉）、鲜花海参丝（谢海泉）、三色鸡咘（华兴昌）、福建子鸡（华兴昌）、五色虾球（华兴昌）、红烧鸽蛋（华兴昌）、炸豆芽饼（华兴昌）、四宝汤（华兴昌）、让龙凤翅（李德明）、桃酥鸡糕（李德明）、四吃露笋（李德明）、蝴蝶竹笋（李德明）、凤尾鸡蛋（李德明）、杏元吐绿（李德明）。（共54菜）

到了20世纪50年代，重庆已经形成一些在社会上影响较大的名菜。1960年，重庆市饮食服务公司专门推出了《重庆名菜谱》，收集了150种影响较大的名菜，许多菜品一直流传到今天，仍在市场和家庭广泛使用。

表20　20世纪五六十年代重庆著名川菜菜品表①

餐厅名	代表菜品名称
颐之时餐厅	烧牛头方、宫保腰块、烟熏排骨、炸斑指、冬菜蒸肉饼、清汤竹参肝膏、冬菜腰片汤、锅贴肚头、夹沙肉、红烧什锦、干烧岩鲤、犀浦鲢鱼、汗蒸鱼、干煸鳝鱼、八保鸡、叉烧全鸡、烟熏子鸡、椒麻鸡、盐水子鸡、叫花子鸡、樟茶鸭子、锅贴鸭方、溜黄菜、火腿烘蛋、干煸冬笋、酿茄饼、枣糕、火腿饼、鲜花酥饼、燕窝粑、萝卜丝饼、开花白结子、核桃泥、酿梨。
重庆饭店	清真杂烩、传丝杂烩汤、锅巴肉片、清蒸肥头鱼、红烧脚鱼、宫保鸡丁、碎来鸡丁、汗蒸全鸡、番茄烩鸡腰、鲜溜鸭肝、烩鸭舌掌、炒鸭脯、虫草蒸鸭、酿鸽蛋、鱼香茄饼、叉烧火腿、奶汤素烩、开水白菜、网油黄秧白、干贝烧冬苋菜。
民族路餐厅	一品叉烧酥方、豆渣烘猪头、鐔子肉、宫保肉丁、东坡烧肉、椒盐蹄膀、干煸牛肉丝、半汤鱼、菜鱼汤、奶汤萝卜丝鲫鱼、醋溜鸡、冬菇烧大转弯、格呢子鸡、家常鸡、热窝姜汁鸡、芙蓉鸡片、八宝全鸡、魔芋烧鸡、豆渣鸡子、香酥鸭子、芹黄烧拌冬笋、玫瑰锅炸。
实验餐厅	回锅肉、酱爆肉、鱼香肉丝、豆瓣肘子、粉蒸肉、粉蒸肥肠、烧白、火爆腰花、白油肝片、鱼香肝片、红烧杂烩、炒杂拌、大蒜烧鲢鱼、豆瓣鲫鱼、脆皮鱼、小煎鸡、姜爆鸭块、蚂蚁上树、口袋豆腐。
渝香村	清炖牛肉汤、清炖牛尾汤、清炖枸杞牛鞭汤、炒牛肚梁、如意花卷。

① 重庆市饮食服务公司：《重庆名菜谱》，重庆人民出版社，1960。

续表

餐厅名	代表菜品名称
老四川	灯影牛肉、麻辣牛肉丝、烟熏牛肉、卤牛肉、毛牛肉。
小竹林	蒜泥白肉、水煮牛肉、盐煎肉、家常腌肉、家常香肠、榨菜肉丝、连锅汤、麻婆豆腐。

同时，这本菜谱还记载了大量这个时期已经有名的小吃，计有：

> 白市驿板鸭，江北食品公司的熊鸭子、王鸭子（挂炉烤鸭），丘三馆的炖鸡汁，鲁抄手的棒棒鸡，唯一酒家的怪味鸡丝，陆稿荐的熏鱼，马有碧星临轩的牛肉系列（凉拌、卤、清蒸），南岸桥头火锅，高豆花，磁器口合作食堂的烩千张、毛血旺，顺庆羊肉粉馆的羊肉粉，正东的担担面，经济食店的凉面，川北食店的川北凉粉（黄凉粉），特殊风味的牛骨髓酥油茶，四象村的豆皮，丘二馆的鸡汁锅贴，正东的红油水饺，特殊风味的过桥抄手，重庆抄手的清汤抄手，临江汤圆的鸡油大汤圆，山城的小汤圆，江北洁美食店的提丝发糕，红旗茶园的珍珠圆子，洁园茶社的猪油鸡蛋熨斗糕，九园的火腿鲜肉包子，玫瑰附油包子，黄岸黄桷垭的猪油麻花，北碚糖果厂的怪味胡豆，岳南的麻薄脆、蜂糕、泡糖。①

以上这些菜品，早在20世纪中叶许多已经进入巴蜀地区家庭，如宫保腰块、夹沙肉、干烧岩鲤、干煸鳝鱼、椒麻鸡、盐水子鸡、叫花子鸡、樟茶鸭子、火腿烘蛋、锅巴肉片、宫保鸡丁、碎米鸡丁、虫草蒸鸭、鱼香茄饼、开水白菜、网油黄秧白、鐔子肉、宫保肉丁、东坡烧肉、干煸牛肉丝、奶汤萝卜丝鲫鱼、醋溜鸡、芙蓉鸡片、魔芋烧鸡、回锅肉、酱爆肉、鱼香肉丝、豆瓣肘子、粉蒸肉、粉蒸肥肠、烧白、火爆腰花、白油肝片、鱼香肝片、炒杂拌、大蒜烧鲢鱼、豆瓣鲫鱼、脆皮鱼、小煎鸡、姜爆鸭

---

① 重庆市饮食服务公司：《重庆名菜谱》，重庆人民出版社，1960。

块、蚂蚁上树、口袋豆腐、灯影牛肉、麻辣牛肉丝、卤牛肉、蒜泥白肉、水煮牛肉、盐煎肉、家常腌肉、家常香肠、榨菜肉丝、连锅汤、麻婆豆腐等已成为巴蜀百姓的日常便饭了。

总的来看，我们今天熟悉的经典川菜菜品已经完全出现，传统川菜在20世纪中叶基本定型并流传于民间食店和家庭之中。1981年，中国财政经济出版社出版了《中国菜谱》四川卷，收录了227种川菜菜品，也是对19世纪中后期到20世纪80年代经典川菜的汇总。1980年四川省饮食服务技工学校的《烹饪专业教学菜》基本上将经典的传统川菜罗列其中，也就是说传统川菜菜品已经不仅深入到家庭，而且固化在教材中作为经典了。

这本教材是按烹饪方式来编的，基本上将传统川菜的烹饪方法全部列出。从这部教材上来看，传统川菜已经形成了拌、卤、熏、炸、收、汆、冻、腌、腊、风、糟、叉烧、脱水、酱、素菜及其他等十五类烹饪方式。其中的蒜泥白肉、椒麻鸡、樟茶鸭子、陈皮肉丁、陈皮牛肉、川味香肠和腊肉、罗江豆鸡等成为传统川菜的代表之作。热菜中有炒、蒸、烧、炸、煮、溜、爆、煸、炝、糁、蒙、贴、酿、淖、炖、焖、烩、羹、汆、煨、卷、推、冲、烘、煎、烤、烫、糟、粘、烙三十种，其中回锅肉、鱼香肉丝、宫保鸡丁、生爆盐煎肉、咸烧白、粉蒸肉、麻婆豆腐、锅巴肉片、水煮牛肉与肉片、火爆肚头、干煸牛肉丝、炝莲白、家常豆腐、合川肉片、鸡豆花等成为传统川菜的代表之作。目前我们经常讨论的川菜24种味型大多数在这些菜品中都可以找到。

汉唐两宋时期，川菜烹饪方式主要是煮炖和炙烤，元明时期，出现了炒、烩等较为快速的烹饪方式，特别是在清后期至民国时期，川菜中炒、爆等快速烹饪方式大量出现，到了20世纪中叶，川菜形成了烹饪方式多元的格局。据1961年成都市饮食公司出版的《四川菜谱》记载的250多种菜品来看，涉及熘、烧（红烧、生烧、叉烧、干烧）、煮、炸、煎、炒、爆、拌、蒸、炖、酥、烩、煸、卤、蒙、醉、烘、酿、烤、焖、煨、熏、晾、火南等20多种烹饪方式。1980年四川省饮食服务技工学校的《烹饪专业教学菜》中列举了川菜的主要烹饪方式，计凉菜有拌、卤、熏、炸、收、氽、冻、腌、腊、风、糟、叉烧、脱水、酱，热菜有炒、蒸、烧、炸、煮、溜、爆、煸、炝、糁、蒙、贴、酿、淖、炖、焖、烩、羹、氽、煨、卷、摊、冲、烘、煎、烤、烫、糟、粘、烙等，共计40种之多。在这些众多的烹饪方式中，许多为川菜厨师所首创，如熊四智曾谈到“川菜常用的煸、干烧、家常烧（熓），则是川菜厨师对中国烹饪技法的一大贡献”①。除此以外，民国时期创新的水煮之法、干煸之法对后来川菜影响巨大，近几十年形成的复式烧烤、鸳鸯火锅也是川菜的重要创新。

从食材的广谱化来看，传统川菜与古典川菜分界较明显。我们发现，古典川菜由于受地域梗阻、交通物流的制约，食材显现明显的内陆性，缺乏外地域食材，特别缺乏海参、鱼翅、鱿鱼、鲍鱼等海味食材。虽然早在明代燕窝等从东南亚进入中国，已经在高档宴席中有出现，清代普遍出现在一些地区高档宴席中②，但历史上巴蜀地区由于受经济文化水平的影响，内陆地区的高档食材，如燕窝、甲鱼也较少出现。由于受内陆农耕文化的影响，牛羊肉，特别是牛肉类食材也较少利用。虽然历史上外来蔬菜也时有流入，但整体对菜品的影响并不太大，所以清中叶以前古典川菜基本形成以猪羊鸡鸭为主体荤料，以大米、粟米、黄米为主食的格局，整体上食材相对较为单一。到了清中后期，随着巴蜀地区社会经济文化交流的增强，大量外省移民进入带来了大量外来的饮食文化，引进了大量外来食材和烹饪方式。所以，我们发现道光年间李劼人《旧账》中记载的各种宴席中就有许多海味出现了，如海参（光参、刺参）、海带、鱿鱼、鱼肚、虾仁、鱼翠、鱼翅、燕窝等。同样清后期的《筵款丰馐依样调鼎新录》的调鼎总目中已经列入燕窝、鱼翅、海叁、鱼唇、鱼肚、鱼肠、鱼皮、淡菜、群边、带鱼、乌贼、鲍鱼、鱿鱼、河豚等山珍海味，记载了燕窝菜24种、鱼翅菜19种、海参菜18种、鱼肚20种。光绪年间的《成都通览》中也有大量海参席、燕菜席、鱼翅席，另加上许多鲍鱼、海参、鱼翅、鱼肚、燕

① 熊四智：《川菜的形成和发展及其特点》，载《首届中国饮食文化国际研讨会论文集》，中国食品工业协会，1991。

② 俞为洁：《中国食料史》，上海古籍出版社，2011，第424页。

窝、虾仁类菜品。[1]这种现象到了民国时期，随着政治经济文化的发展，特别是外来移民大量进入，交通物流的不断发展，食材的内陆性特点有所削弱，外来海产品大量增加。

二　熟悉味道出现之二：民国以来出现和完善的传统川菜代表性菜品

如果说清末传统川菜已经显现雏形，大多数传统川菜的经典菜品已经出现，民国时期则一方面完成了对清末以来的经典川菜的完善，同时也创新了一些传统川菜中的经典菜品，一直流传到当下。这其中，有一些菜品一个菜的创新就培育出一个新的烹饪方法或新味型出来，影响就更为深远，如民国时期出现的鱼香肉丝与鱼香味型、干煸鳝鱼与干煸方法、水煮牛肉与水煮方法等等。

（一）鱼香肉丝与鱼香味型的推广应用

鱼香肉丝是四川菜中影响较大的一道菜品，它的出现代表着川菜鱼香味型的出现。晚清的《筵款丰馐依样调鼎新录》《成都通览》和《四季菜谱摘录》等川菜菜谱中，并没有出现鱼香味的味型名称，也没有发现这样的味型的菜品。这一是受郫县豆瓣出现时间的制约，一是受四川泡菜出现时间的制约。不过，就是这两样东西出现了，鱼香味型也不可能马上出现。

鱼香肉丝出现的时间，主要是与鱼香味型出现时间有关。现在一种观点认为鱼香味源于自贡威远县的一道下饭菜“假鱼海椒”，而另一种观点认为源于四川泡菜鱼。[2]需要说明的是，四川泡菜出现时间一直没有确定，严格讲腌渍蔬菜出现时间较早，但四川这种用泡菜汁浸泡的泡菜出现的时

① 李劼人：《旧账》，《风土什志》1945年第5期。佚名：《筵款丰馐依样调鼎新录》，中国商业出版社，1987。傅崇矩：《成都通览》下册，巴蜀书社，1987。
② 钟春华：《异国探源鱼香味》，《四川烹饪》1997年7期，罗俊华：《鱼香味并非源于自贡民间》，《四川烹饪》1997年11期。

间却一时难以确定。记载四川泡菜最早的史料是清代嘉庆年间的竹枝词。有关四川泡菜具体操作方法的最早记载，则见于同治道光年间薛宝辰《素食说略》中陕西风味的部分。道光至光绪年间曾懿《中馈录》有最早的巴蜀泡菜制作方式的记载。

《四川省志·川菜志》认为鱼香肉丝为宣统三年（1911）由四川厨师首创[①]，但没有提供资料来源，不可为据。现在看来，鱼香味型的出现是在民国时期。但我们在民国时期的菜谱中发现有鱼香味型的菜品并不太多。据民国时期《俞氏空中烹饪》记载有“鱼香四件”，实际上是用鱼香的味型烹制腊肝合炒。[②]同样《俞氏空中烹饪》也记载了著名川菜鱼香肉丝，主要是用酱油、辣椒粉、姜末、糖、醋、蒜合炒，不用豆瓣酱，用连叶莴笋作俏料。[③]不过，据大量老人的回忆，鱼香肉片等菜品在民国时期家常饮食中已经较为常见。据文献记载，早在20世纪20年代北京大学附近的餐馆中两元的便席中就有鱼香肉片、辣子鸡丁之类。[④]二三十年代，重庆市面上就有鱼香豆腐的菜品，是用各种调料烹制的完全没有鱼的鱼香味的豆腐菜。[⑤]而抗战时期作家张恨水就经常品尝和烹饪鱼香肉丝。[⑥]只是以前认为适中楼的老板杜小恬（杜胖子）发明了鱼香味型及鱼香肉丝[⑦]，应该说目前还没有可信的史料支撑这一说法。

据考证鱼香味型的出现与鱼辣子、泡鱼海椒有关，可能与威远的假鱼海椒并无直接关系。所谓鱼辣子主要是将鲫鱼与红海椒一起在盐水中浸泡成鱼辣子来做鱼香味的味型。如果从这个意义上来讲，鱼香肉丝还真与鱼有直接的关系。但是在实际烹饪过程中，完全用泡鱼海椒的并不多，主要是用泡鱼海椒太麻烦，而且增加的效果也并不明显。

---

① 《四川省志·川菜志》，方志出版社，2016，第45页。
② 俞士兰：《俞氏空中烹饪》中菜组第四期，永安印务所，民国时期，第7—8页。
③ 同上，第三期，第20页。
④ 陈明元：《文化人的经济生活》，上海文汇出版社，2005，第89、107页。
⑤ 《鱼豆腐作法的介绍》，《南京晚报》1938年9月30日。
⑥ 张树人等：《川菜纵横谈》，成都时代出版社，2002，第319页。
⑦ 李伟：《回澜世纪——重庆饮食1890—1979》，西南师范大学出版社，2017，第12页。司马青衫：《水煮重庆》，西南师范大学出版社，2018，第130页。

20世纪60年代初的菜谱中鱼香味型的菜品大量出现，如1960年重庆市饮食服务公司编的《重庆名菜谱》中记载了重庆饭店的鱼香茄饼、实验餐厅的鱼香肉丝和鱼香肝片[①]，主要是用泡海椒加糖、生姜、醋调出鱼香味道。1961年成都市饮食公司编的《四川菜谱》第二辑中记载的鱼香茄饼[②]，仍是用泡红海椒加糖、醋、姜末生成鱼香味。但第三辑记载李少云烹制的鱼香肉片谈到用泡鱼海椒加醋、糖、生姜做成鱼香味的，好像仍在用泡鱼海椒。[③]1960年出版的《中国名菜谱》第七辑（四川名菜点）中有鱼香茄饼、鱼香肝片、鱼香肉丝的记载，也都是用泡海椒，而没有用泡鱼海椒（鱼辣子）。[④]

后来，有关鱼香味的菜品不断涌现，如鱼香八块鸡、鱼香肝片、鱼得班指、鱼香豆腐、鱼香荷包蛋、鱼香蛋饺、鱼香海参、鱼香酥青圆，还出现一些地方性鱼香味，广元的鱼香碎米肉、鱼香碎滑肉、鱼香炒蛋，达县的鱼香腰片、鱼香鸭丁、鱼香白菜，万县的鱼香油菜薹等，不过很少用泡鱼海椒（鱼辣子），而仅是用泡海椒。早期的鱼香味俏料中，只有鱼香肉片中加木耳，鱼香肉丝、鱼香肚片中只加黄葱或葱段，后来才发展到加木耳丝。

（二）水煮肉片的出现与水煮方法的推广

关于水煮牛肉的出现时间一直也有争论，前面已经谈到。相传北宋以牛汲卤水产生，但直到晚清《筵款丰馐依样调鼎新录》《成都通览》和《四季菜谱摘录》中并没有在菜名上明确有水煮法，实际上经典的水煮之法可能到民国初年才开始在四川用于烹饪，水煮牛肉可能出现在民国时期。不过，在民国时期的菜谱中，并没有发现水煮之法，更没有看到水煮牛肉、水煮肉片之类的菜品。一般认为水煮牛肉出现在自贡盐场，是由自

---

① 重庆市饮食服务公司：《重庆名菜谱》，重庆人民出版社，1960，第41、67、70—71页。
② 成都市饮食公司：《四川菜谱》第二辑，内部刻印，1961，第6页。
③ 同上，第三辑，第6页。
④ 商业部饮食服务业管理局编《中国名菜谱》第七辑，中国轻工业出版社，1960，第113、141—142页。

贡厨师范吉安改良发明的。也就是说，烹饪方式中煮的方式出现较早，即我们认为一般意义上用清水水煮肉类蘸用调料食用的这种原始方法可能出现较早，但现在完整的水煮法出现的时间则可能在民国时期。

由于耕牛、黄牛在中国传统农业区有耕田、运输的特殊功能，古代往往是禁止杀耕牛的，百姓一般只有在社祭时分食或吃病死耕牛、黄牛，所以在传统时代中国农耕地区饮食菜谱中牛肉的比例是相当小的。据童岳荐《调鼎集》记载的猪、鱼、羊、鸭类的菜谱每样都是一二十样，但牛肉只有四样。咸丰年间王士雄《随息居饮食谱》对猪羊肉品多有提及，在牛肉部分下只说："余家世不食牛，奉祖训而守礼法，非有惑于福利之说也，故不谱其性味。"[①]所以据20世纪40年代《旧账》记载："十年前，牛肉且不能上席，一般皆称为小荤，百年前更勿论矣"[②]。可见，早期巴蜀地区牛肉的食用并不普遍，这主要是巴蜀地区传统的养殖水牛是农业耕作的主要畜力，不可能随时食用，民间往往是食用死去的老病牛肉，一般贫苦阶层简单用水煮后食用就在情理之中，故早期不可能出现这种精细烹制的水煮牛肉。也因此牛肉在传统时代一般食谱中记载很少，市场上牛肉的价格也往往要比猪肉、羊肉低得多，如《成都通览》上记载当时猪肉一斤在120文左右，羊肉也在130、140文左右，唯独牛肉在七八十文左右。[③]另有记载成都"当时猪肉每斤值钱百文，牛肉不过五六十文，羊肉又略贵"。[④]到了民国时期，成都市场上的牛肉一般只要每斤800文，但猪肉要1200文，羊肉要1100文。[⑤]

一般而言，在回民聚居的地区往往牛羊肉的食用更多，据记载清末成都"皇城正南大街售黄牛肉数十百家，每日杀牛至四五百头，其人数之多寡，可想见矣"[⑥]。这里称一天杀四五百头黄牛可能有夸张成分，但在回

① 王士雄：《随息居饮食谱》，中国商业出版社，1985，103—1043页。
② 李劼人：《旧账》，《风土什志》1945年第5期。
③ 傅崇矩：《成都通览》下册，巴蜀书社，1987，第280—281页。
④ 周询：《芙蓉话旧录》卷二，四川人民出版社，1987，第34页。
⑤ 《西陲日报》1926年3月15日。
⑥ 徐心余：《蜀游闻见录》，四川人民出版社，1985，第66页。

民地区多食牛肉是可能的。这种状况可能在民国以来才有所改变，如记载“清代常禁屠牛，无敢显然设肆者，民国前后弛禁抽捐，秋后夏前牛肉满街矣”[①]，所以，民国后期以来牛肉的菜品才不断增多，有记载“清季以后嗜黄牛肉者日多”[②]，可能民国时期食水牛肉还相当少。

不过，由于自贡地区推卤需要大量的牛，这些牛往往会老病死去，一般人不愿食用，只有盐工们食用。对此，据记载20世纪30年代摄影家孙明经到自贡时，盐工们称自己天天吃牛肉，往往就是用盐水煮或牛粪烤，或清水煮后蘸辣椒碟吃。[③]在这样的食用背景下，20世纪30年代以来自贡名厨范吉安在民江饭店烹饪汆汤牛肉（渗汤牛肉）时对水煮法改良创新，才形成今天我们将佐料同锅煮食的水煮牛肉，就是完全有可能的。[④]不过，水煮之法首见于菜谱可能是在20世纪五六十年代，如1960年重庆市饮食服务公司编的《重庆名菜谱》中小竹林餐厅的拿手菜就有水煮牛肉[⑤]，1960年出版的《中国名菜谱》第七辑（四川名菜点）中有水煮肉片、水煮牛肉[⑥]，1961年成都市饮食公司编的《四川菜谱》第一辑中也列有水煮牛肉[⑦]。

到了七八十年代，水煮之法被广泛利用，出现了水煮鸡肉、水煮肉片、水煮肉柳、水煮鱼、水煮兔等水煮菜品。有一些水煮方法烹饪的菜品影响越来越大，如水煮鱼逐渐从一道家常盘菜发展成为可以独立立门面独立立餐桌的江湖菜，风行全国。

历史上的水煮之法在烹饪方式上也产生了一些变化：第一，早期水煮之法一般是俏菜不起锅，直接下牛肉或肉片混煮，后期变成先将俏料断生起锅垫底，再下牛肉（肉片）烹制。第二，早期是牛肉（猪肉片）起锅

---

① 民国《南川县志》卷六《杂俗》。
② 民国《合江县志》卷四《风俗》，民国十八年铅印本。
③ 孙建三等：《遍地盐井的都市》，广西师范大学出版社，2005，第157、171页。《孙明经手记：抗战初期西南诸省民生写实》，世界图书出版公司，2008，第109页。
④ 孙建三等：《遍地盐井的都市》，广西师范大学出版社，2005，第171页。《老四川趣闻传说》，旅游教育出版社，2012年，第218页。陈茂君：《善于创新的范吉安》，《自贡盐帮菜》2008年1期。
⑤ 重庆市饮食服务公司：《重庆名菜谱》，重庆人民出版社，1960，第94页。
⑥ 商业部饮食服务业管理局编《中国名菜谱》第七辑，中国轻工业出版社，1960，第57、134页。
⑦ 成都市饮食公司：《四川菜谱》第一辑，内部刻印，1961，第4页。

后，将油下锅下干辣椒煎红棕色，再淋于肉上，也有出锅后加花椒粉调和的，后改为将干辣椒、花椒末撒于起锅的肉上，再淋油增香。因花椒过油容易变苦，又有改为在干辣椒上淋油后撒上花椒粉的。总的来看，水煮牛肉有一个从极其简易的水煮牛肉蘸干辣椒末吃向调料多元、程序繁锁改变的烹饪过程，这个改变的过程可能是从20世纪四五十年代开始，到六七十年代逐渐完善的。

（三）锅巴肉片的出现与“轰炸东京”的历史迷案

在近代川菜的发展过程中，传统川菜的许多菜品都是从民国到新中国成立这段时间内完成的。早在民国时期，就有一道锅巴类菜品，被爱国人士取名为“轰炸东京”，但关于这道菜的真实菜名和发明者的说法却相当混乱，存在多个版本。对于这道菜所指，有锅巴海参、锅巴肉片、锅巴虾仁、三鲜锅巴、榨菜冬仁汤、锅巴鱿鱼、虾仁锅巴汤等说法。至于这道菜的发明者在学术界的观点所指也不只一人，差异较大。民国时期杨步伟的《中国食谱》一书中专门记载了这道菜。1944年的《成都晚报》也曾经刊登过一个复兴街28号全家福餐厅的八大名菜，分别是“轰炸东京”“红烧天皇”“清炖小矶”“火蒸米内”“活捉汉奸”“收复南京”“同盟胜利”“中华万岁”，[①]但并没有指明是用哪八道菜来命名的，自然也无法明确这里的“轰炸东京”是具体指哪一道菜。同样，笔者还从一个网上的旧菜谱中发现了广州版的手抄菜谱中列出了23道爱国菜，其中一道名“炸平东京”，实际是指榨菜东瓜汤。有人认为这道菜的创始人应为颐之时的创始人罗国荣，是缘于其师黄敬临因日本轰炸重庆受到惊吓而去世，有人便建议将锅巴鱿鱼、锅巴海参改名为“轰炸东京”。[②]但又有人认为这道菜原名三鲜锅巴，首先出自重庆的小洞天餐厅。[③]也有人认为锅巴虾仁原是江苏

① 《成都晚报》1944年月10月9日，右下角广告。
② 石之好：《一代宗师罗国荣上、下》，《四川烹饪》2014年4、5期。
③ 向东：《百年川菜史传奇》，江西科技出版社，2013，第113页。

名菜，后在抗日战争时期重庆的江苏餐馆改称“轰炸东京”，或称源于凯歌归餐厅。[①]总的来看，这些说法都缺乏更多的资料佐证，只能是一家之言。看来，锅巴肉片改称为轰炸东京的历史沿革还需要做详细的考证工作。

锅巴肉片这道菜从民国以来烹制方法并没有太大的变化。有记载民国时期荣盛饭庄的锅巴肉片很有名气[②]，与今天不同的是当时浇在锅巴上的汁是豆瓣调好的红汤汁，与今天浇的清汤汁并不一样。这道菜的具体做法首次见于文献记载是1949年以后的事情，因在堂内发出响声，故又有“堂响肉片”之名。同时万县一带又将锅巴肉片称为“响玲（铃）肉片”[③]。我们最早发现20世纪60年代重庆市饮食服务公司的《重庆名菜谱》和成都市饮食公司1961年编的《四川菜谱》第一辑中出现了锅巴肉片的烹饪方式。[④]到了20世纪八九十年代，锅巴肉片在四川餐饮市场中知名度很高，1972年成都市饮食服务公司编的《四川菜谱》、1974年北京市第一服务局《四川菜谱》、1977年四川省蔬菜水产饮食服务公司编的《四川菜谱》、1980年四川省饮食服务技工学校《烹饪专业教学菜》、1981年《中国菜谱》四川卷中都有锅巴肉片。[⑤]总的来看，锅巴肉片成为传统川菜中重要的带声响的菜品，民国以来烹制方法并没有太大的变化。不过，现代川菜中已经有诸多带响声的菜品了，如铁板烧类、石烧类的鱼、牛肉类菜品。

（四）酱爆肉、盐煎肉的出现与小炒肉的发展

川菜中，盐煎肉、酱爆肉、小炒肉、熬锅肉、回锅肉，往往让人容易

---

① 李伟：《回澜世纪——重庆饮食1890—1979》，西南师范大学出版社，2017，第105页。
② 沉万：《乡味难忘》，《四川烹饪》1995年4期。
③ 万县地区厨师学习班食谱编写组：《万县食谱》，内部印刷，1977，第8页。
④ 重庆市饮食服务公司：《重庆名菜谱》，重庆人民出版社，1960，第31页。成都市饮食公司：《四川菜谱》第一辑，内部刻印，1960，第13页。
⑤ 成都市饮食服务公司：《四川菜谱》，内部印刷，1972，第5页。北京市第一服务局：《四川菜谱》，内部印刷，1974，第105页。四川蔬菜水产饮食服务公司：《四川菜谱》，内部印刷，1977，第5页。四川省饮食服务技工学校：《烹饪专业教学菜》，内部刻印，1980，第142页。《中国菜谱》编写组：《四川菜谱》四川卷，中国财政经济出版社，1981。

混淆，其实前三者主要是生肉直接炒制，而熬锅肉与回锅肉实际上是同一道菜，是煮后再回锅烹饪的。川菜中盐煎肉和酱爆肉与回锅肉一样是家常的重要菜品，虽然早在民国时期就有食用，盐煎肉在民国时期就有记载，20世纪二三十年代成都春熙路的复兴餐馆的菜品中尤以盐煎肉做得最好[①]，但具体的烹饪方法见之于文献的记载较晚。

1960年重庆市饮食服务公司的《重庆名菜谱》中记载了小竹林餐厅的盐煎肉和实验餐厅的酱爆肉。[②]1974年北京市第一服务局《四川菜谱》中记载有盐煎肉和酱爆肉，1977年四川省蔬菜水产饮食服务公司编的《四川菜谱》也记载有生爆盐煎肉和酱爆肉，1980年四川省饮食服务技工学校《烹饪专业教学菜》中也记载有生爆盐煎肉。总的来看，盐煎肉出现以来，烹饪方法一直变化不大，以去皮生爆，加豆豉、豆瓣、蒜苗为标配，而酱爆肉有的也是先微火断生，有的带皮生爆，只是不用豆瓣、豆豉，以加酱油或甜面酱为特征。如果酱爆肉先断生再炒，实际上加上豆瓣就是回锅肉的一种变种了。

在餐饮菜品中，酱爆肉有时往往与小炒肉在方式上差异并不大。小炒肉的记载较早，但本是一道江南地区的菜品。据记载，清初年羹尧家厨烹饪小炒肉需要用一头猪最精华的部分来炒制，要准备半天之久。[③]年氏乃安徽籍人士，可知小炒肉可能在安徽一带出现较早。又据梁章钜《归田琐记》卷七记载，乾隆年间就有小炒肉，出于游光绎家厨之手。[④]游氏乃福建人士，也发现小炒肉在福建地区出现较早。不过，小炒肉在菜谱中出现的时间与其他文献记载的时间基本相同，在乾隆年间袁枚《随园食单》卷一中就记载小炒肉要用后臀肉[⑤]，说明小炒肉已经见于菜谱记载，可能在民间已经较为常见了。后来《调鼎集》中虽然没有谈到小炒肉之名，但记载的“少炒肉”，可能就是小炒肉之实，其烹饪方法为将半肥半瘦的猪肉去

---

① 淳：《成都之食》，《千字文》1939年6期。
② 重庆市饮食服务公司：《重庆名菜谱》，重庆人民出版社，1960，第66、95页
③ 徐珂：《年羹尧食小炒肉》，载《清稗类钞》第四十八册，商务印书馆，1928，第240页。
④ 梁章钜：《归田琐记》卷七，清道光二十五年刻本。
⑤ 袁枚：《随园食单》卷一，江苏古籍出版社，2000，第6页。

皮，加酱油、椒末、甜酱、酒炒。[①]不过，民国以来的小炒肉可能与清代流行的小炒肉相比已经有一些变化，首先辣椒传入中国后，辣椒成为小炒肉的标配俏材。同时，在江南地区炒肉都有加韭菜增香之传统，所以，经典的小炒肉往往都要放一点韭菜，如云南宣威的小炒肉可能就明显是受江南移民文化的影响产生的。现在看来小炒肉的烹饪方式可能源于东南，后才流布于湖南、四川、云南等地，形成现在湘式小炒肉、川式小炒肉、滇式宣威小炒肉的。不过，从总体上来看，小炒肉在巴蜀地区的出现较晚，由于类似的盐煎肉的影响较大，所以小炒肉在巴蜀地区的影响并不是太大。

（五）干煸鳝鱼与干煸烹饪方式的出现和推广

在川菜烹饪方法中，干煸是一种很特殊的烹饪方式，在民国时期的食谱中我们并没有发现这类烹饪方法。但干煸的菜名已经见于民国时期文献记载，如20世纪30年代时重庆市面就有干煸鳝鱼的菜品[②]，40年代已经有“干煸明湖春”的话语[③]。干煸这种烹饪方式可能首先出现在民国时期，是巴蜀对中国传统烹饪方式的一大贡献。

目前发现干煸类具体的烹饪方法见于菜谱记载不过是在20世纪中叶以来的事。最早的烹饪方法具体记载是1960年重庆市饮食服务公司的《重庆名菜谱》中颐之时餐厅的干煸鳝鱼和民族路餐厅的干煸牛肉丝。[④]1960年出版的《中国名菜谱》第七辑（四川名菜点）中也有干煸鱿鱼笋丝、干煸鳝鱼、干煸鲜笋尖、干煸冬笋、干煸牛肉丝等。[⑤]成都市饮食公司1961年编的《四川菜谱》第二辑中记录了干煸鱿鱼笋丝、干煸鳝鱼。[⑥]1972年成都市饮食服务公司《四川菜谱》中列有干煸肉丝和干煸鳝鱼、干煸冬笋、干煸

---

① 童岳荐：《调鼎集》卷三，中国商业出版社，1986，第153页。
② 《南京晚报》1938年9月28日。
③ 饕客：《食在成都》，《海棠》1947年7期。
④ 重庆市饮食服务公司：《重庆名菜谱》，重庆人民出版社，1960，第12、51页。
⑤ 商业部饮食服务业管理局：《中国名菜谱》第七辑，中国轻工业出版社，1960，第39、40、99、135、136页。
⑥ 成都市饮食公司：《四川菜谱》第二辑，内部刻印，1961，第1页。

牛肉丝。1974年北京市第一服务局《四川菜谱》列有干煸青椒、干煸牛肉丝、干煸鳝鱼，1977年四川省蔬菜水产饮食服务公司编的《四川菜谱》列有干煸牛肉丝、干煸鳝鱼、干煸鱿鱼丝，1980年四川省饮食服务技工学校《烹饪专业教学菜》中也有干煸牛肉丝、干煸冬笋、干煸鱿鱼丝、干煸肉丝，显现干煸已经从干煸肉食向干煸蔬菜方向发展。①目前这种烹饪方式也主要在川菜中使用，其他菜系中少有使用。

同时，清末《成都通览》中就记载了干烧鱿鱼、干烧大肠②，民国时期《俞氏空中烹饪》中也记载了干烧牛肉丝、生爆干烧鸡块③，所以，以前有人认为干烧之法是民国时期厨师陈志刚发明的就完全不可为据。但在川菜中确实是在民国以后干烧法才有较多的运用，还出现软烧与干烧的区别。民国后，干烧之法在川菜中广泛运用，特别是干烧鱼类菜品，已经进入巴蜀家庭之中，成为经典川菜烹饪方式。

（六）陈皮鸡兔与川菜的陈皮味型的出现

在传统川菜中陈皮味作为一种特色的烹饪味型，尤为特别。早在民国时期编的《家庭食谱四编》中就有陈皮鸭④，只是没有说明这道菜的流行地域。不过，由于陈皮是用橘皮制成，所以这道菜只能产生于南方地区，而巴蜀地区柑橘在全国的地位相当高，后来其他地方并不太流行陈皮味型，反而是巴蜀地区以此为基础形成了陈皮兔、陈皮鸡、陈皮牛肉、陈皮肉等系列菜品，据此猜想陈皮味应该是源于巴蜀也盛行于巴蜀的一种味型。司马青衫考证认为陈皮鸡丁是蓝光鉴弟子周映男仿扬州江北花椒鸡而成，缺乏文献记载交代，可为一说。

---

① 成都市饮食服务公司：《四川菜谱》，内部印刷，1972，第3、141、179、289页。四川省蔬菜水产饮食服务公司：《四川菜谱》，内部印刷，1977，第55、178、187页。北京市第一服务局：《四川菜谱》，内部印刷，1974，第75、125、188页。四川省饮食服务技工学校：《烹饪专业教学菜》，内部刻印，1980，第170—174页。

② 傅崇矩：《成都通览》，巴蜀书社，1987，第258页。

③ 俞士兰：《俞氏空中烹饪》中菜组第二期第5页、第三期第1页，永安印务所，民国时期。

④ 时希圣：《家庭食谱》四编，中华书局，1936，第78页。

成都市饮食公司1961年编的《四川菜谱》第二辑中，详细记载了陈皮鸡的做法，第3辑记载了陈皮兔的详细做法。[①]1977年四川蔬菜水产公司编的《四川菜谱》就有陈皮烧肉烹饪方法的记载。[②]1980年四川省饮食服务技工学校《烹饪专业教学菜》中也有陈皮肉丁的烹饪方法记载。[③]

应该看到，现在陈皮味型在巴蜀家庭已经相当流行，只是陈皮兔丁味型菜品与民国产生的冷吃类型的菜品的关系还需要研究。

（七）樟茶鸭子与巴蜀鸭类烹饪方式的多元

在传统川菜中，鸭子的烹制尤为讲究，因为鸭子有一点腥膻之味，烹制过程中既要压腥膻，也要突出鸭子的鲜香，尤考厨师技艺。晚清的《筵款丰馐依样调鼎新录》中记载了18道鸭子菜品，《四季菜谱摘录》中则记载了19道鸭子菜品，《成都通览》中记载鸭子菜品多达近30种。可以说，川菜独有的多味型、复合味、重辛香的特点，对于烹饪鸭子、鱼类这类带腥膻的肉类尤为合适。

对于樟茶鸭子具体产生于何年，由谁发明，史料难证。但早在民国时期成都的洞子口张鸭子（后改福禄轩）制作的樟茶鸭子就有很大的名气了。[④]据记载四川洪雅人肖开泰曾用镜子聚光之法在成都烧制烧鸭子，与炉火烤制无异，成本很低。[⑤]只是这种鸭子的具体烹饪方式我们知之甚少。据记载，民国时期重庆一带的川菜中有影响的有酱烧鸭子、锅烧鸭子、挂炉鸭子，甚至有将烧腊鸭子改烧成火炕鸭子、姜爆鸭子、炒鸭丝三道菜的。[⑥]

传统川菜中，樟茶鸭子、魔芋烧鸭、姜爆鸭子是最为有名的三道菜肴。传统川菜中樟茶鸭子是一道特色鲜明的菜品。以前一说是姑姑筵黄敬

① 成都市饮食公司：《四川菜谱》，1961，第二辑第43页，第三辑第9页。
② 四川蔬菜水产饮食服务公司：《四川菜谱》，内部印刷，1977，第34页。
③ 四川省饮食服务技工学校：《烹饪专业教学菜》，内部刻印，1980，第28页。
④ 杨硕、屈茂强：《四川老字号：名小吃》，成都时代出版社，2010，第47页。
⑤ 徐珂：《清稗类钞》第四十九册，商务印书馆，1928，第274页。
⑥ 《烧腊鸭子》，《南京晚报》1938年8月30日，

临将福建漳州嫩芽茶用于熏鸭子得名，一说是指烹饪同时用了茶与樟树叶而得名。20世纪中叶以来大量菜谱中都有记载樟茶鸭子，以前巴蜀民间餐饮店也普遍有这道菜。如1960年重庆市饮食服务公司《重庆名菜谱》中颐之时餐厅的樟茶鸭子，成都市饮食公司1961年编的《四川菜谱》第一辑中的樟茶肥鸭，1972年成都市饮食服务公司《四川菜谱》中列有樟茶鸭子，1977年四川省蔬菜水产饮食服务公司编的《四川菜谱》列有樟茶鸭子，1974年北京市第一服务局《四川菜谱》中记载有樟茶鸭子，1980年四川省饮食服务技工学校《烹饪专业教学菜》、1981年《中国菜谱》四川卷中也有樟茶鸭子。[①]所谓樟茶鸭子就是利用四川特殊的樟树末与茶叶熏烤鸭子，一方面消除鸭子的腥臊味，一方面赋予鸭子樟树、茶叶的香味，风味特别。所以，西方人尤金·N.安德森的《中国食物》中谈到的川菜菜品并不多，但也记载了樟茶鸭子的具体烹饪方法，说明这道川菜在海外的影响也是较大的。[②]

而魔芋烧鸭也是利用巴蜀烹饪历史上传统的蒟蒻（魔芋）来烹制鸭子。早在20世纪五六十年代，重庆民族路餐厅的名菜中就有魔芋烧鸭，当用辣椒、花椒、绍酒、豆瓣压腥臊后，魔芋的青涩味与鸭子鲜味突出。[③]成都市饮食公司1961年编的《四川菜谱》第一辑中也有类似的烹饪方法做魔芋烧鸭。[④]以后相关的四川菜谱中这也是必选之菜。

前面我们谈到，蜀姜在全国的影响极大，由于鸭子有一股天然的腥膻，故川菜厨师擅长用姜来压腥膻。在川菜烹饪鸭子中姜的利用也较为广泛，基本上是每菜必入的辛香料。所以，在烹制鸭子的菜品中，姜爆鸭子也名气较大。晚清的《筵款丰馐依样调鼎新录》中记载了子姜鸭子、子姜

---

① 重庆市饮食服务公司：《重庆名菜谱》，重庆人民出版社，1960，第17页。成都市饮食公司：《四川菜谱》第二辑，内部刻印，1961，第29页。成都市饮食服务公司：《四川菜谱》，内部印刷，1972，第115页。四川省蔬菜水产饮食服务公司：《四川菜谱》，第138页。北京市第一服务局：《四川菜谱》，第162页。四川省饮食服务技工学校：《烹饪专业教学菜》，第24页。

② 尤金·N.安德森：《中国食物》，江苏人民出版社，2003，第163页。

③ 重庆市饮食服务公司：《重庆名菜谱》，重庆人民出版社，1960，第60页。

④ 成都市饮食公司：《四川菜谱》第一辑，内部印刷，1961，第5页。

烧鸭的做法，其制法记载为“用子姜烧”“用姜芽烧，收干”[①]，而清代另一文献记载：“鸭去骨切大片，鸭一片，姜一片，扣蒸，原汤上。”[②]又是一道蒸菜。不过，后来的有关鸭子的菜品中，姜爆鸭子、姜爆鸭丝是两道典型的川菜，不仅收入各种四川菜谱之中，至今仍在民间餐馆、家庭中广泛流行，后来的啤酒鸭也是在此基础上发展出来的。

（八）蚂蚁上树与开水白菜的出现

蚂蚁上树是近代四川餐饮的一道影响较大的菜品，但见于记载较晚。1974年北京市第一服务局编《四川菜谱》中才专门列有蚂蚁上树这道菜，是目前较早见于记载的文献。[③]在中国菜系中，使用粉条并不少见，但将其用一种烩熘方式与肉末结合的烹饪确实不多见。如果从使用肉末这一点来看，传统川菜也是使用普遍，如我们熟悉的麻婆豆腐、肉末蒸蛋、肉末豇豆、糖醋茄子中都少不了要放肉末。

早在清代，许多我们今天经常烹制的小菜方式已经出现，如清代中后期的《筵款丰馐依样调鼎新录》记载了燹炝白菜（炝炒白菜）、酸腌菜薹（炝炒红油菜加醋）[④]，至今炝炒莲白、糖醋油菜薹仍在巴蜀家庭广泛食用。在传统川菜中，素菜的小炒方式相当普遍，最常用的就是炝炒、蒜炒、清炒。实际上素炒早在民国时期就出现了。民国时期就已经出现用水焯、清蒸等来烹饪素菜，如开水白菜。据记载成都在20世纪40年代就有开水白菜。[⑤]民间传说这道菜是由姑姑筵的创始人黄敬临在清末发明[⑥]，后来经过罗国荣改进而成[⑦]，但有人认为是颐之时罗国荣单独创造[⑧]，所以早在

① 佚名：《筵款丰馐依样调鼎新录》，中国商业出版社，1987，第45、117页。
② 同上，第45页附《四季菜谱摘录》。
③ 北京市第一服务局：《四川菜谱》，内部印刷，1974，第222页。
④ 佚名：《筵款丰馐依样调鼎新录》，中国商业出版社，1987，第118、120页。
⑤ 饕客：《食在成都》，《海棠》1947年7期。
⑥ 《老四川的趣闻传说》，旅游教育出版社，2012，第216—217页。
⑦ 黄裳：《开水白菜》，《四川烹饪》2001年1期。
⑧ 罗开钰：《我的父亲罗国荣二三事》，《四川烹饪》2001年5期。

40年代就有“清汤颐之时”的话语。据《重庆名菜谱》记载重庆饭店的名菜中有“开水白菜”，实际是一种清蒸黄秧白菜，只用胡椒、盐做汤[①]，所以后来许多菜谱中又称这道菜为“清汤白菜”。现在，在川菜中除了我们习惯的炒、炝之类的方式，“焯”“涀”方式也十分流行，可能也正是受此影响产生的一种方法。

（九）巴蜀第一江湖菜重庆火锅的起源问题

最早的巴蜀火锅实际上应该是一种桌餐，所以，民国时期的毛肚火锅大多数都是作为中餐饭店兼营开始的。但从民国后期开始，毛肚火锅可以单独列桌席立门面。但即使开始从桌餐盘菜中分离出来，到20世纪五六十年代，毛肚火锅在四川的菜谱中也是作为川菜的一种菜品或小吃排列的，地位还不是很高。只是到了七八十代后，红油火锅才逐渐可以单独成为一种饮食系列，完全可以单独立桌席和门面而独行江湖，流行全国，甚至在人们习惯话语中“火锅”似乎可以与“中餐”相提并论了。所以，从这个意义上来看，重庆火锅可以说是巴蜀第一大江湖菜，时间应该只有四五十年的历史。

不过，巴蜀火锅或重庆火锅的起源问题一直困扰学术界、餐饮界，是一个在社会上争论较大的问题。这里需要将火锅、毛肚火锅、麻辣火锅的概念区别开来研究。如果单独谈火锅的起源，应该相当早，而且可能并不一定在今巴蜀地区。从饮食发展的基本规律来看，可能人类早期食用肉食时，都有一个简单的炙烤、水煮的起源，可能人类早期食用肉食都有用水煮（水介熟）的过程，也可能存在围在锅边边煮边食的过程。当然，当人类发展到跪地面案分餐时，边煮边食可能性就不大了。一般认为早在三国时期的五熟釜就是最早的火锅。[②]

---

① 重庆市饮食服务公司：《重庆名菜谱》，重庆人民出版社，1960，第43页。
② 《三国志》卷十三《魏书》，中华书局，1959，第294—295页。

以往有人认为宋代的骨董羹是火锅类，实误。据宋曾慥《类说》卷十："盘游饭骨董羹，江南人好作盘游饭，鲊脯脍炙无有不埋在饭中，里谚曰：'掘得窖子，罗浮颖老取饮食杂烹之，名骨董羹。'诗人陆道士出一联云：'投醪骨董羹锅内，掘窖盘游饭椀中。'"[①]再据元阴时夫《韵府群玉》卷七下平声引《明皇杂录》："骨董羹，取饮食杂烹之名骨董羹。"[②]显然，骨董羹是一种汇饭什锦锅，相当于今天的煲仔饭，并不是严格意义上的火锅。

我们也津津乐道在内蒙古自治区昭乌达盟出土的辽代壁画上的三人聚火锅场面，因仅是图像，也难以做出准确的认证。一般我们考察火锅起源总要谈到宋代林洪《山家清供》卷上的拨霞供的记载：

> 向游武夷六曲，访止止师。遇雪天，得一兔，无庖人可制。师云：山间只用薄批，酒、酱、椒料沃之，以风炉安座上、用水少半铫，候汤响一杯后，各分以箸，令自荚入汤摆熟，啖之乃随意各以汁供。因用其法。不独易行，且有团栾暖之乐……猪、羊皆可。[③]

应该说这是中国传统火锅最早的具体记载。元明时期的文献中已经有关于暖锅的记载，但功能记载得并不具体。到了清代暖锅最初是用于祭祀的，如顾禄《清嘉录》卷一二记载暖锅称：

> 年夜祀先，分岁筵中，皆用冰盆，或八，或十二，或十六，中央则置以铜锡之锅，杂投食物于中，炉而烹之，谓之暖锅……暖饮食之具，谓之仆憎。杂投食物于一小釜中，炉而烹之，亦名边炉，亦名暖锅，团坐共食，不复置几案，甚便于冬日小集，而甚不便于仆者之窃

---

① 曾慥：《类说》卷十，文渊阁四库全书本。
② 阴时夫：《韵府群玉》卷七下平声引《明皇杂录》，文渊阁四库全书本。
③ 林洪：《山家清供》卷上，中国商业出版社，1985，第48页。

食，宜仆者之憎也。[①]

清孔尚任《节序同风录》记载："取正月余剩蔬殽，合之一器，暖而食之，曰暖锅杂脍，又曰混元菜。"显然，这里的暖锅是将正月祭祀的剩余食物加热食用而称暖锅。[②]钱泳《履园丛话》卷十五也记载："余家凡冬日祭祀，必用暖锅，即古鼎彝之意。"[③]正是指此。当然，在清代火锅与暖锅之名是同时共存的，如清代皇帝的食谱中就有野味火锅、羊肉火锅、菊花火锅、生肉火锅等名称。

我们注意到曹庭栋《老老恒言》卷三中有关火锅分格的记载：

冬用暖锅，杂置食物为最便，世俗恒有之。但中间必分四五格，使诸物各得其味，或锡制碗，以铜架架起，下设小碟，盛烧酒燃火暖之。[④]

从上述文献看出，早在清代康乾时期，暖锅就已经有分格之制了。我们后来的重庆毛肚火锅的分格不过是对历史上的暖锅分格的重新再现，并不是无中生有的原创。

在清代暖锅逐渐民间化的同时，火锅之名早在民间同时流行，宝廷《偶斋诗草》外次集卷十《九九集》："火锅古罕闻，适用盛。今俗类釜，难调羹，充鼎终覆餗热中，嗤空心□□诮大腹，寒酸习菜根腥膻，□血肉烟煤杂，朱墨铜臭变黄绿，及殃潜伏鱼，贻祸晚节菊，吹嘘气乃雄，煽惑势良。"[⑤]但袁枚《随园食单》卷一《戒火锅》称："冬日宴客，置用火锅，对客喧腾，已属可厌。"[⑥]李光庭《乡言解颐》卷四也称："《随园

① 顾禄：《清嘉录》卷一二，道光刻本。
② 孔尚任：《节序同风录》，清钞本。
③ 钱泳：《履园丛话》卷十五，中华书局，1979，第416页。
④ 曹庭栋：《老老恒言》卷三，内蒙古科学技术出版社，2002，第147页。
⑤ 宝廷：《偶斋诗草》外次集卷十《九九集》，清光绪二十一年方家澍刻本。
⑥ 袁枚：《随园食单》卷一《戒火锅》，江苏古籍出版社，2000，第10页。

食单》内《火候须知》一条言：火锅对客喧腾，已属可厌，以已熟之味复煮之，火候亦失，且味果佳，想亦不待冷而欲罄矣，所言颇近理。”[①]我们以前津津乐道嘉庆皇帝登基的“千叟宴”火锅多达1550只，至于民间菊花锅、正阳楼羊肉火锅、正聚堂一品锅等也是闻名天下。

对于巴蜀毛肚火锅，即我们现在意义上的川味麻辣火锅的历史的研究，林文郁先生的《火锅中的重庆》[②]一书做出了较大的贡献，其基本结论是可信的，即其认为重庆毛肚火锅源于清末沿街串巷走码头的“水八块”，与船工开船的“开船肉”有关，到民国初年逐渐进入堂内，1921年重庆第一家固定的火锅店白乐天在较场坝出现[③]，笔者注意到清末民初《重庆城》一书中记载着十景（什锦）火锅、十景菊花火锅、火锅三种类型[④]，其中最后一种不知是不是后来红汤毛肚火锅的原型。20世纪30年代以后，重庆保安路、临江门、校场口及正阳街一线成为毛肚火锅的大本营，出现了云龙园、述园、一四一、不醉不归、桥头、化食居、四五六、平园、枫叶、临江仙、夜光杯等火锅店。所以白虹《巴渝风味》一文称：“入秋后，市场上很多挂着毛肚子开堂的牌子。”[⑤]特别是20世纪40年代，火锅餐饮达到了高峰时期，连一些高档的餐厅也增设有毛肚火锅。[⑥]如1946年开业的汉宫咖啡厅，后来也以经营汉宫鲜洁火锅毛肚而闻名。[⑦]民国时期，云龙园、汉宫、一四一、桥头、不醉不归等名气很大。据记载云龙园以经营毛肚火锅著名，30年代由杨海林在临江门开办，火锅用14种调料配制，据称终日火爆。[⑧]一四一由兰树云在抗日战争时期开办于保安路，专卖毛肚火

---

① 李光庭：《乡言解颐》卷四，中华书局，1982，第64页。
② 林文郁：《火锅中的重庆》，重庆出版社，2013。
③ 以前一直认为1932年一四一火锅最先让城内担子小摊进入饭馆。车辐、熊四智等：《川菜龙门阵》，四川大学出版社，2004，第261页。
④ 傅崇矩：《重庆城》，载《蜀藏·巴蜀珍稀旅游文献汇刊》，成都时代出版社，2014。
⑤ 白虹：《巴渝风味》，《自修》1941年160期。
⑥ 林文郁：《火锅中的重庆》，重庆出版社，2013，第1—10页。吴万里、张正雄：《川味火锅》，四川科技出版社，1988，第9页。
⑦ 林文郁：《火锅中的重庆》，重庆出版社，2013，第159页。
⑧ 同上，第162页。

锅，同样也是生意火爆。[①]不醉不归由杨建臣创建于抗日战争时期的五四路，号称毛肚大王。[②]桥头火锅创办于20世纪40年代的海棠溪通济桥桥头，创办者为李文俊，也是生意火爆，至今仍是重庆火锅的名店。[③]近代毛肚火锅在重庆社会中的影响很大，许多文化人笔墨之间、绘画中都有毛肚火锅的影子，如黄尧绘的《毛肚子》漫画、白丁先生的火锅毛肚漫画、刘元先生《克先生入川记》漫画、庄黎明《四川风土志》漫画，而民国时期各类报纸上有关餐馆毛肚火锅的更是众多。[④]1947年陈邦贤先生专门谈到了四川的毛肚开堂，对食用方式有了详细的记载。[⑤]林文郁的研究也表明1936年重庆毛肚火锅正式传入成都。[⑥]据林文郁先生考证，新中国成立初期，重庆火锅出现过一段衰败时期，称断档时期，除云龙园、一四一、安渝、桥头及山城火锅外，大部分火锅店已经消失。[⑦]实际上这个时期应该是指从20世纪50年代到70年代初的二十年。在这二十年内，不仅是火锅面临断档，可能整个传统川菜的发展都多多少少受到了影响。

目前还存在麻辣火锅发源于自贡、泸州的说法。如自贡说法认为自贡盐业发达因而病老牛的牛下水众多，故相传早在清朝雍乾时期，自贡盐场一带就有所谓“焖锅牛下水”的做法，民国时期成都市场上就有“川南毛肚子”火锅。正是当年自贡的盐工教会了重庆的船工，做出了最原始最民间的川味火锅。[⑧]具体是船工在滩上吃，然后形成汤锅铺、掌盘滩，最后移进店堂。[⑨]也有认为重庆火锅发源于泸州小米滩船工，后传入重庆的。[⑩]因这两说源于传闻，所以，还不能完全采信。不过，由于这两个地区都是劳

① 林文郁：《火锅中的重庆》，重庆出版社，2013，第163—164页。
② 同上，第164页
③ 同上，第164—165页。
④ 同上，第118—179页。
⑤ 陈邦贤：《自勉斋随笔》，上海书店出版社，1997，第21—22页。
⑥ 林文郁：《火锅中的重庆》，重庆出版社，2013，第137页。
⑦ 同上，第11页。
⑧ 沈涛：《四川麻辣火锅起源地辨析》，《中华文化论坛》2010年第2期。陈茂君：《自贡盐帮菜》，四川科技出版社，2010，第108—112页。
⑨ 陈茂君：《自贡盐帮菜》，四川科技出版社，2010，第108—112页。
⑩ 李乐清：《四川火锅》，金盾出版社，2001，第4页。

工（盐工、船工）集中的地区，喜欢吃牛下水这种低贱的食品，同时与重庆一样也有类似的火锅食法，也完全是可能的。所以，我们发现1947年自贡滨江路民新饭店就打出了“火锅毛牛肚”的称号，这种毛牛肚往往是中餐兼卖，还与豆花小炒同时经营[①]，从这一点来看，重庆地区也是一样的。

对于毛肚火锅的烹饪方式、食材与味型的变化，以前我们关注不够。据1938年的《南京晚报》（渝版）《毛肚子》一文介绍，当时用火锅（下江人称暖锅）来烫吃毛肚子，香料为红汤，所以才称：“如不吃辣椒，则最好自作。”而且也没谈到有蘸碟。[②]从美国人韦尔克斯·福尔曼拍的重庆火锅的照片可以看出，当时已经有陶炉、金属锅、托盘三件，食客烫后挟在碗中食用，有的小炒豆花店也兼营毛肚火锅，写上“毛肚火锅开堂”以招徕顾客。不过，这个时期的火锅调味料相对较为简单，有研究表明早期只有牛骨汤、牛油、豆瓣酱、豆母、辣椒末、花椒末、盐等。[③]从民国开始，毛肚火锅已经用香油加鸡蛋来降温增香。据1960年出版的《中国名菜谱》第七辑（四川名菜点）记载，云龙园毛肚火锅制法为：卤水（即汤料）用高汤作底，加陈年永川豆豉、牛油、大红花椒、姜末、精盐、料酒、辣椒面、冰糖、郫县豆瓣、糯米酒制成。与今天相比，用料相对简单。烫食的主料也只有牛毛肚、牛肝、牛脊髓、牛腰、牛脑花、牛肉（或猪肉）、青蒜、黄葱、白菜。烹饪器具也较特别，分成三个部分，一部分为瓦蒸钵盛器，一部分为陶瓦火炉，一部分为平底托盘。还配有一个装有香油、味精（当时叫味之素）、生鸡蛋的油碟，以增香减燥。[④]1960年出版的《重庆名菜谱》中记载了南岸的桥头火锅做法，可能是现代重庆红油火锅的起源。据记载，火锅底料用料较为单一，烹制过程也较为简单。其以牛肉汤为基础汤料，加入永川豆豉、郫县豆瓣、辣椒面、大红花椒、盐、牛油、姜末、绍酒、冰糖、醪糟汁做成火锅底料，烫煮的食材主要有毛

---

① 《川中晨报》民国三十六年（1947年）十一月十七日广告。

② 《毛肚子》，《南京晚报》1938年8月31日《重庆食品介绍之七》。

③ 沈涛：《四川麻辣火锅调味道料的演变》，《中国调味品》2010年5期。

④ 商业部饮食服务业管理局编《中国名菜谱》第七辑，中国轻工业出版社，1960，第189—191页。

肚、腰、肝、脑花、牛肉、猪肉、黄葱、青蒜、白菜等，仍是用特制的小炉子上席，还没有香油碗蘸吃，形式也较为简单。[①]

在20世纪六七十年代，毛肚火锅大多数仍是在餐桌上的一道大菜，还没有成为一道独立成桌的桌菜。如1974年北京市第一服务局《四川菜谱》、四川省蔬菜水产饮食服务公司《四川菜谱》中记载的毛肚火锅，仍是桌上放陶炉，还没有在桌上挖洞，这说明其周围还可以放盘菜。其底料制法虽然比之20世纪五六十年代差异并不太大，但食材更繁杂丰富，如菜品中除牛肚、牛肉、牛脑、牛脊髓外，加入了鸡血、鸭血、葱、蒜、猪肝、猪腰、猪肉、鱼、鳝鱼、田鸡、大白菜、团粉，有用香油合鸡蛋清作为蘸料而吃的习惯。[②]应该看到，这个时期的毛肚火锅的名气远远没有出来，只是作为川菜桌上的一道特殊菜品的形式存在。除桥头火锅外，大多数火锅并没有可以独立撑起门面而流行江湖，而传统的什锦火锅、菊花火锅、生片火锅还较为流行，如1980年四川省饮食服务技工学校《烹饪专业教学菜》中只记载生片火锅，而没有毛肚火锅的影子。到了20世纪80年代以后，饮食商业的发展，催生出多种火锅的形式，1987年出版的《川菜烹调技术》一书中列举了家常、麻辣、清汤、奶汤四种火锅底料的做法，其中麻辣火锅底料的用料已经远比五六十年代桥头火锅更为丰富，计有郫县豆瓣、红辣椒瓣、干辣椒、花椒、辣椒面、豆豉、宜宾芽菜、醪糟汁、白糖、盐、蒜米、姜、葱、八角、白蔻、砂仁、丁香、甘草、灵草、荜拨、栀子、山奈、胡椒粉、草果、橘皮、排草、鸡精、鲜汤、菜油等，[③]已经呈现各种动物、植物食材均可入烫的趋势。《重庆特级烹调师拿手菜》记载的双味火锅，食材就有毛肚、鸭肠、猪腰、牛黄喉、鸡片、鲍鱼、鳝鱼、牛肉、海参、猪蹄筋、莲花白、大葱、豌豆苗、黄豆芽、平菇、冬笋、粉条、菠菜、蒜苗、黄秧白等，总的来说与今天相比还是较单一。[④]笔者20世纪70年代末到重庆读书时，还没有听说过

---

① 重庆市饮食服务公司：《重庆名菜谱》，重庆人民出版社，1960，第107页。
② 北京市第一服务局：《四川菜谱》，内部印刷，1974，第226—227页；四川蔬菜水产饮食服务公司：《四川菜谱》，内部印刷，1977，第77页。
③ 马素繁：《川菜烹调技术》，四川教育出版社，1987，第296页。
④ 商业部重庆烹饪技术培训站：《重庆特级烹调师拿手菜》，1990，第131页。

重庆火锅之名，80年代初毕业时才听说有桥头火锅，只是1983年到部队工作后，重庆火锅才在社会上迅速发展，形成气候，开始出现九宫格、鸳鸯锅、子母锅这些锅式。到今天，重庆火锅已经发展成底料调料丰富、多种锅底类型、入品菜肴广谱的格局。

近几十年来，重庆小天鹅集团的何永智等对于重庆火锅的发展做出了重要贡献，发明了鸳鸯锅和子母锅。但也有人认为早在1983年阎文俊设计、陈志刚就制作了集毛肚红汤和菊花火锅一体的双味火锅，后经熊四智改称“鸳鸯火锅”。[①]可以肯定的是经过几十年的发展，在重庆出现了小天鹅、德庄、秦妈、刘一手、骑龙、大队长等在区域内外有很大影响的品牌，在成都也出现了皇城老妈、麻辣空间、热盆景、炉子火锅、三只耳、海底捞、狮子楼等重要品牌。巴蜀区县也出现了德阳谭火锅、绵阳东津鱼庄、泸州五味轩等品牌。

不过，应该看到，在巴蜀近百年的历史上，社会上清汤汤锅类什锦火锅与红汤涮烫类火锅并行发展着，清末民初《重庆城》中就谈到什锦火锅、什锦菊花锅与火锅并行存在。20世纪50年代以来，海味什景、生片菊花火锅、毛肚火锅一直都在社会上流行着，民间的汤锅类什锦火锅一直以土火锅的形式流行着，各地略有差异，但都可作为宴席头菜，也可单独食用。特别是川南高县、宜宾横江、筠连等地土火锅较有特色。

（十）夫妻肺片的名实与菜品的发展

关于夫妻肺片，一般综合车辐、张致强两文认为源于清末民初的皇城坝的盆盆肉（两头望）。在20世纪30年代，四川中江人郭朝华、张田正在成都长顺街、金河街经营“盆盆肉”（两头望）牛杂店，本意是“烩片”，后被食用的学生喊成夫妻肺片而出名，后来他们索性以“夫妻肺片”沿街叫买，并制作了匾额“夫妻肺片”，声名大振，后一度经荣乐

① 李伟：《世纪回澜——重庆饮食1890—1979》，西南师范大学出版社，2017，第139页。

园蓝光鉴改良进入荣乐园。1956年，郭氏夫妻肺片完成公私合营。20世纪末，郭氏夫人推出“郭氏传人夫妻肺片”。[①]

也有人认为“肺片”本应该是“废片”，后称牛废片，指的是牛肉下水。[②]也有人认为是“烩”与“肺”的字音相似而产生的误会。[③]看来，这里的“废”“烩”“肺”之间的关系还需要继续考证。

对于“两头望”之肺片，李劼人认为实际最早为牛脑壳皮。民间何时将肺片从仅是牛脑壳皮演变成牛肉牛杂类片，我们并不清楚。所以李劼人称：“发明者何人？不可知，发明之时期，亦不可知。”[④]显然，可能郭氏夫妻仅是将这种已经流行于民间的肺片做了商业的包装而名声在外。从现在来看，在几十年的过程中，夫妻肺片的主料和调料都有一些变化，早期主要是用肺片等牛杂、牛肉，故有肺片之称，后来因肺片色相、口感不好才弃用，所以车辐认为不存在“废”与“肺”喊讹了的问题。同时，肺片进入荣乐园后，放弃以前用的卤水拌料，改用干拌。[⑤]所以夫妻肺片发展到今天，主料进一步扩展，而调料也越来越丰富。

（十一）南北豆腐汇集地的豆腐类菜品的发展

在川菜中豆腐是一道重要的菜品。巴蜀的文化是南北兼容的历史格局，饮食文化也是亦南亦北而兼采南北。豆腐的原产地在皖豫鲁豆腐三角发源地，可能在唐代豆腐传入巴蜀，或巴蜀本地出现豆腐。早期与传统的北豆腐一样，都是用卤水（在巴蜀称为䱜水）来点制豆腐，但明清以来受移民文化的影响，豆腐凝固剂的使用也是南北兼容，卤水、石膏并用，周边地区也有使用硫苦、酸汤的，这就使豆腐的品味丰富多彩。

---

① 车辐：《成都肺片杂谈》，《四川烹饪》1999年第3期。张致强：《夫妻肺片的由来》，《四川烹饪》2004年第11期。

② 袁庭栋：《成都街巷志》，四川教育出版社，2010，第724页。

③ 杨硕、屈茂强：《四川老字号：名小吃》，成都时代出版社，2010，第30页。

④ 曾智中，尤德彦：《李劼人说成都》，四川文艺出版社，2007，第262页。

⑤ 车辐、熊四智等《川菜龙门阵》，四川大学出版社，2004，第244页。

前面谈到，四川人在中古时期将豆腐称为“黎祁”，这在中古时期也是相当特别，元代末年虞集曾谈到“成都人常呼邑（指仁寿）为食豆人，而乡语谓豆腐为来其”[1]，仁寿一带在元代仍称豆腐为“来其”，也是“黎祁”的一种变音。民国《渠县志》卷五《礼俗》载当地仍将豆腐称为“干湿黎祁”[2]，传承着中古时期的称法。到了近代，四川又将豆腐称为“灰磨儿”，也是称法独特，可见豆腐在巴蜀饮食中的地位和特点。

历史上巴蜀地区对豆腐的制作花样繁多，李劼人曾谈到巴蜀地区豆制品质的“六变”[3]，实际上应该是“八变”，分别是豆浆、豆花、豆腐脑、豆腐、豆腐干、毛豆腐、豆腐乳、豆渣。其中“豆花”是巴蜀特有的形式。如果加上宜宾特殊的臭千张、罗江和德阳豆鸡、开江豆笋等豆腐制品，巴蜀地区的豆类制品更是丰富多彩。

前面我们谈到麻婆豆腐、南煎豆腐成为经典的川菜菜品，实际上清代后期川菜中的豆腐类菜品已经相当丰富了，清后期的《筵款丰馐依样调鼎新录》中记载有豆腐菜多达50种，《四季菜谱摘录》中记载了豆腐菜14种[4]，而在清末《成都通览》中记载的豆腐菜也多达近20种[5]。在20世纪30年代，重庆一带流行鱼香豆腐、鲫鱼豆腐、鳅鱼豆腐。[6]

据考证，历史上乐山城一带的豆腐很有名气，明代万历《嘉定州志》卷五《物产志》有一则重要记载：

豆腐以黄豆及蚕豆为之，甜而细嫩，当甲海内，用卤水点化，凡一瓯可点数斗。其胜也，以此水故，他处所无也。宦游者常以竹筒携去，惜不能多，然本地亦惟城外北造者佳，余不及……（盐）用以点化豆腐者即此水。余所云二胜者，豆腐、蔬菜也。余足迹几半天下，

① 朱存理：《珊瑚木难》卷二，民国适园丛书本。
② 民国《渠县志》卷五《礼俗》，民国二十一年排印本。
③ 曾智中、尤德彦：《李劼人说成都》，四川文艺出版社，2007，第266页。
④ 佚名：《筵款丰馐依样调鼎新录》，中国商业出版社，1987，第98—99、152页。
⑤ 傅崇矩：《成都通览》，巴蜀书社，1987，第259、275、276、280页。
⑥ 《鱼豆腐》，《南京晚报》1938年9月30日。

惟都下差同。然菜胜而豆腐不及二物，乃措大必须此，亦足以饱矣。彼日费万钱者，竟何？盖特世俗不辨真味耳。苏子瞻诗云：葡萄生儿芥有蒜，人生何苦杀鸡豚。有味乎其言之也。识此味者，可以养生，可以治家，可以传。愿相与共之。[①]

据唐长寿考证，当时乐山城北一带、竹公溪河口一带豆腐最为有名。[②]不过，后来乐山一带却是城南的西坝一带豆腐更为有名，而且现在已经多用石膏来点豆腐，而不是卤水了。民国以来，有“嘉腐”之称，一是指乐山豆腐的名气，一是指乐山的豆腐脑，即嫩豆花儿。可以说乐山一带豆腐的名气由来已久。

巴蜀地区的豆腐类菜品中，豆花是最具特色的一道菜，历史上成都的河水豆花就很有影响。从民国以来，巴蜀的富顺豆花、温江豆花、重庆石磨豆花、重庆高豆花、乐山永善公豆花、綦江盖石豆花、北碚豆花、涪陵和荣县的浑浆豆花、合江豆花等也有一定影响。

由于许多地方豆腐的产食相当普遍，所以后来出现了许多以豆腐菜为特色的豆腐宴系列，如剑阁县剑门豆腐、蓬溪县河舒豆腐、乐山西坝豆腐、宜宾高县沙河豆腐、成都天回镇豆腐等。

如果单独从豆腐干与豆腐乳来看，巴蜀的豆腐菜品在全国来说可能并不突出。但如果从品种之繁多，不仅作为一种副食进入餐桌，而且作为配菜俏料入菜来说，巴蜀地区就很有特色了。以豆腐干来说，巴蜀地区有南溪豆腐干、广安岳池县顾县牛皮豆腐干、重庆武隆羊角豆腐干、剑门豆腐干、罗江豆鸡、梓潼许州豆腐干、宜宾王场豆腐干、大竹观音豆干等品牌，而豆腐乳则有夹江豆腐乳、大邑唐场豆腐乳、五通桥豆腐乳、丰都豆腐乳、忠县豆腐乳、秀山清溪豆腐乳、筠连红豆腐乳、资中罗泉豆腐乳、高县沙河豆腐乳等品牌。其中忠县万盛荣豆腐乳曾在1934年在成都举行的

① 万历《嘉定州志》卷五《物产志》，乐山市市中区地方志办公室影印。
② 唐长寿：《乐山美食四题》，《川菜文化研究续编》，四川人民出版社，2013，第483页。

四川省第十三次劝业会上得到甲等奖。[①]

这些豆腐制品有的出现得很早，如南溪县豆腐干也是在晚清就出现，1902年郭选清在东大街的酒店制作“大良心豆腐干”，不仅在店内销售，也在南溪码头销售，影响很大。后江安肖泽培也在1942年开始进行豆腐干销售，影响越来越大。[②]再如岳池顾县镇牛皮豆腐干，据称早在清代就开始出现，为禹王宫主持从广安引进的技术，后经民国时期吴秀礼的专营，出现吴豆腐干，后相继出现姚聋子豆干品牌。[③]再如成都天回镇豆腐，也是早在清代就较有影响了，名气一度在陈麻婆豆腐之上。[④]有的豆腐制品虽然出现得较晚，但形式独特，影响并不小，如20世纪30年代才创立的罗江豆鸡，仅是一位僧人袁通如创造，但很快在外影响巨大[⑤]。1934年在成都举办的四川省第十三次劝业会上，罗江菜根香豆鸡、豆筋得到特等奖[⑥]，至今仍在广泛食用。

由于巴蜀豆花影响较大，因此出现了“鸡豆花”“菜豆花”“荤豆花”的菜品。清代《成都通览》中就记载有“鸡豆花”“菜豆花”。[⑦]这道鸡豆花后来在1980年四川省饮食服务技工学校《烹饪专业教学菜》一书中亦有记载，同时还记载有肉豆花。[⑧]《重庆特级厨师拿手菜》中记载当时李跃华大厨擅长烹制荤豆花。[⑨]所谓荤豆花，实际上是用鸡做成鸡茸而形象类似豆花的菜品，由传统的素仿荤变成荤仿素。所谓“菜豆花”就是将青菜与豆花拌在一起食用的方法，至今在巴蜀地区饭店和家庭中仍在食用。而将豆花与猪肉同锅煮食的“荤豆花”早在民国时期就在川南地区流行，现在特别是叙永县江门镇的荤豆花，名气很大。在清代巴蜀地区仍然流行吃

---

① 四川省第十三次劝业会编《四川省第十三次劝业会报告书》，1934。
② 胡锡智：《南溪豆腐干》，《南溪文史资料选辑》第12辑，1985。
③ 杨汝升等：《顾县牛皮豆腐干》，《岳池文史资料选辑》第3辑，1987。
④ 刘万培：《天回镇豆腐》，《金牛文史资料选辑》第1辑，1984。
⑤ 刘仁铸：《德阳豆鸡》，《德阳文史资料选辑》第4辑，1984。
⑥ 四川省第十三次劝业会编《四川省第十三次劝业会报告书》，1934。
⑦ 傅崇矩：《成都通览》，下册，巴蜀书社，1987，第258—259页。
⑧ 四川省饮食服务技工学校：《烹饪专业教学菜》，内部刻印，1980，第215—216页。
⑨ 商业部重庆烹饪技术培训站：《重庆特级烹调师拿手菜》，1990，第9页。

魔芋，但民间往往将这种魔芋称为“鬼豆腐”[①]。

第六节 “川菜”的名实与传统田席菜品的定型

在研究历史的过程中，我们经常会遇到一种现象，就是一种现象或事物已经产生很久了，但在历史上却一直没有一种名称相称呼，出现名与实的时间差。笔者发现，川菜独特的菜品的形成与川菜的菜系话语出现在时间上就并不完全一致。同时，很有意思的是，当重庆从四川分割独立以后，重庆本土建立“渝菜”的呼声一浪高过一浪，与此相反的是历史上“川菜”的称呼却往往更多是从域外首先声势如潮的，而不是在本地先孕育出来。这是时代的差异，还是地域的差异？值得我们探索。

一 作为菜系名称的“川菜”名称出现的内外认知

川菜作为一个近代意义上的菜系名称，在社会上得到认同是一个漫长的过程。前文我们谈到早在宋代就已经有“川食”“蜀味”等饮食地域认同出现，但还不能表明是当时一种具有普遍意义上的菜系。因为绝大多数仅是文人墨客个体的感性认知，并没有形成一种整体社会的饮食地域认知。虽然，在中国古代已经有个别地方菜流派的名称，但严格讲，中国古代对于菜系的认知大多仅限于更宏观的“北食”“南食”“南烹”上的认同，要到了近代资讯较为发达的基础上才出现小区域菜系的认知，而且最初的认知也是较为含糊的，如清末徐珂《清稗类钞》认为清代末年京师、山东、四川、江宁、苏州、镇江、扬州、淮安等十处肴馔最有特色[②]，表明

---

① 陈聂恒：《边州闻见录》卷九，康熙年间刻本。
② 徐珂：《清稗类钞》第四十八册，商务印书馆，1928，第222页。

当时巴蜀菜已经被外人认同形成了特色，可自成一体系。但我们发现最早的“川菜”的名称可能出现在民国初年，而且最早是来自外省人的他称，而不是川人的自称。

1914年8月20日的《申报》中有“川味香店”的说法，所指不明确，我们不敢由此定论1914年就有“川味”之说。但清末上海可能就有川菜风格的菜馆。[①]据1918年的《顺天时报》记载，当时在北京已经开设有专门聘请四川大厨烹饪的成都浣花春川菜馆，是“西式楼房，眼界空阔，风景宜人……电灯电话，一应俱全”[②]，可以看出当时北京川菜馆已经很有档次，而且已有“菜”这种话语称法了。但我们发现1919年出版的《北京指南》中只列有本京馆、天津馆、山东馆、南饭馆、教门馆、闽、粤、河南等八种，并不列有四川馆。[③]到了20世纪20年代，北京还出现了花月楼川菜馆。[④]实际上，可能民国开始至20世纪20年代以来，川菜在外的影响才逐渐大起来，才在外域因比较区分的必要中出现了“川菜”的话语。

我们发现《成都之食》一文中谈道：“四川馆子的势力，在十数年前，就伸展到长江下游了……汉口、南京、上海都有不少洁美的四川菜馆巍立着……川菜在下江近年来并不弱于粤菜，没有粤菜馆的城市，不会找不到川菜馆子。”[⑤]如果以1939年倒推十数年算，可能在20世纪20年代川菜馆就在下江有影响，在30年代影响已经不亚于粤菜了。有关各个城市的情况确实如此。

所以，20世纪20年代北京城内饮食帮分成南北两派，其中四川菜馆已经成为南派之一，有东安楼、岷江春、春阳居、浣花春、福全楼、益华园、庆之春、富增楼等川菜名店出现。[⑥]当时，骡马市宾宴者“亦以川菜

---

① 《四川省志·川菜志》，方志出版社，2016，第70页。
② 《顺天时报》1918年6月15日。
③ 中华图书馆《北京指南》卷五《食宿游览》，1919。
④ 《顺天时报》1927年2月11日。
⑤ 淳：《成都之食》，《千字文》1939年6期。
⑥ 徐珂：《实用北京指南》，第八篇，商务印书馆，1923，第1—5页。佚名：《北京游览指南》，新华书局，1926，第61页。

名”，有称“瑞记发达之后川菜盛行，经营川菜者极多”。[①]到了20世纪20年代末，北京还出现了花月楼川菜馆、锦江春四川酒饭川菜部。[②]可以看出，20世纪20年代，北京的“川菜”的话语已经较多了。

民国初年，上海还没有川菜的话语。但民国初年，出现了式式轩、醉沤两个四川菜的馆子，后有古渝轩、锦江春，到20世纪20年代才有都益处、陶乐春出现。[③]1919年出版的《上海游览指南》中只有四川馆和四川帮的概念，谈到古渝轩、都益处、多一处三个川菜名店，并认为以川东烧鸭最为有名。[④]到了20世纪20年代情况就有所不同了。

据1923年的《红杂志》第一卷33期《沪上酒肆之比较》记载：

> 沪上酒馆，昔时只有苏馆（苏馆大率为宁波人所开设，亦可称宁波馆，然与状元楼等专门宁波馆又自不同）、京馆、广东馆、镇江馆四种。自光复以后，伟人、政客、遗老，杂居斯土。饕餮之风，因而大盛。旧有之酒馆，殊不足餍若辈之食欲。于是闽馆、川馆，乃应运而兴。今者闽菜、川菜，势力日益膨胀。且夺京苏各菜之席矣……（甲）川菜馆。沪上川馆之开路先锋为醉沤。菜甚美，而价奇昂。在民国元二年间，宴客者非在醉沤不足称阔人。然醉沤卒以菜价过昂之故，不能吸收普通吃客，因而营业不振，遂以闭歇。继其后者，有都益处、陶乐春、美丽川菜馆、消闲别墅、大雅楼诸家。

从以上记载可以看出，晚清川菜在上海影响并不大，主要是苏馆、京馆、广东馆、镇江馆影响大，只是到了民国初年醉沤川菜馆后才开始出现川馆、川菜的话语，并在20世纪20年代出现一些川菜馆，并且“川菜”的称法已经较为普通。所以，1922年出版的《上海指南》中已经将四川馆与福建

---

① 《晨报》1926年12月1日第6版。
② 《顺天时报》1927年2月11日。《北平指南》，北平民社，1929，第18页。
③ 胡寄凡等：《上海小志》卷九，永华书店，1930。
④ 闻野鹤：《上海游览指南》，中华图书集志编辑部，1919，第6、8页。

馆、广东馆、南京馆、苏州馆、镇江扬州馆、徽州馆、宁波馆、教门馆并列，并出现了大雅楼、美丽川记、消闲别墅、陶乐春、都益处、精记等著名川菜馆，但总体数量上与徽菜馆、苏扬菜相比还存在差距。[①]不过，当时已经存在一个四川菜馆同业组织了。[②]据1928年的《申报》记载："当时南京路四五六食品公司，以扬州点心、四川菜得名于上海。凡尝试过者，无不称美。"所以，20世纪20年代上海南京路上形成了京菜、苏菜、宁菜、徽菜、闽菜、川菜、粤菜七大菜系。[③]20世纪20年代上海就有"四川菜"的概念，但只有五六家川馆，以三（一说四）马路美丽川菜馆、爱多亚路都益处为有名。[④]所以，在20世纪20年代，舒心城记载："四川菜是海内闻名，就是我这不讲究饮食的人，也因振于其名而常在下江上四川馆子。"同时谈到上海的美丽川、华丽川四川菜馆子。[⑤]据当时记载，20世纪20年代初，在上海曾出现闽菜、京菜馆"遭川菜馆之打击"而"上海人日稀矣"之状。[⑥]在1928年的《申报》中有大量川味馆、川味面饺小吃的重要启事。

到了20世纪30年代上海的川菜馆子更是多起来，据《申报》本埠增刊姚陈沙《四川菜和四川戏》一文记载："就最近的情形看来，四川菜好像有日益发展的样子。你看，原来非常冷静的华格臬路现在不是很热闹了吗？……将近十家的接连着的川菜馆都有许多人在那里小吃或大嚼。"[⑦]到1930年上海已经有大雅楼、大西南、共乐春、美丽川记、陶乐春、都益处等餐馆。[⑧]20世纪30年代中叶，上海已经有平、津、镇、扬、闽、潮、粤、京、锡、徽、宁等帮菜并行，有陶乐春、南京饭店、消闲别墅等名店。[⑨]上海一些大学周围的饭馆主要以广东食堂、四川菜馆和西餐馆为主[⑩]，已经开

① 《上海指南》，商务印书馆，1922，第13—17页。
② 《申报》1921年9月12日。
③ 《商场消息》二，《申报》1928年6月10日。
④ 《吃的常识·四川菜》，《大常识》1930年第195期。
⑤ 舒心城：《蜀游心影》，开明书店，1929，第157页。
⑥ 《上海菜馆之鳞爪》，《申报》1924年11月21日。
⑦ 姚陈沙：《四川菜和四川戏》，《申报》1936年11月22日。
⑧ 《上海指南》，商务印书馆，1930，第1—4页。
⑨ 孙宗复：《上海游览指南》，中华书局，1935，第59、61页。
⑩ 李毅君：《大学生与国货》，《申报》，1936年10月28日。

始有称川菜“烹调精美，为各帮冠”[①]。武汉已经出现京都帮、浙江帮、广东帮、江苏帮、徽州帮、本帮、川帮、天津帮、湖南帮等地域帮派。[②]不过，在20世纪30年代川菜的总体影响还有限，在外国人心中的中国菜中，川菜的影响还不够。1936年在西方出版的《中国食谱》（*The Chinese Cook Book*）一书中几乎找不到川菜的影子。1939年西方人出版的《食谱指南》（*The Guide Cook Book*）中主要列举西餐，也简单介绍了当时外国人心中的一些中国菜，主要有八宝饭、狮子头猪肉丸、木樨肉、糖醋鱼等几样，也都没有川菜的影子。[③]1941年在西方出版的《蒋夫人中国食谱》（*Madame Chiang's Chinese cook book*）中也只谈到中国的江浙一带的菜品。[④]其实直到20世纪下半叶西方人对中国川菜的认知也还是相当不准确的，如美国人尤金·N.安德森的《中国食物》一书中对川菜的认知就很不精确，甚至有不少明显的错误。[⑤]

应该说日本人在文化上与中国文化有更多的亲近，近代对中国的调查也是远比我们自己对自己的调查更深入。虽然早在1927年出版的井上红梅的《支那料理的食谱》一书中就已经有“四川料理”的名词[⑥]，但20世纪二三十年代在日本出版的大多数中国的食谱中却并没有见到川菜话语，如大正十三年（1924）北原美佐子《家庭向的支那料理》一书列举了中国料理138种，但并没有典型的川菜菜品出现[⑦]。到了昭和五年（1931）大冈鸟枝在樱枫会出版的《一般支那料理》[⑧]和昭和六年（1932）福田谦二在杉冈文乐堂出版的《支那料理》中仍然没有川菜的影子[⑨]，说明川菜20世纪

---

① 柳培潜：《大上海指南》，中华书局，1936，第182页。
② 周荣亚等编《武汉指南》第八编，新中华日报，1933年，第2—4页。
③ Mrs. Janes H. Ingram and Mrs. Carl A. Felt, *The Guide Cook Book*.Union Press Peking, 1939, p.75—78.
④ Winona, *Madame Chiang's Chinese cook book*. Minnessota: Chinese cook book company, 1941.
⑤ 尤金·N.安德森：《中国食物》，江苏人民出版社，2003，第163页。
⑥ 井上红梅：《支那料理的食谱》，1927，东亚研究会，第52页。
⑦ 北原美佐子：《家庭向的支那料理》，北原铁雄，1924。
⑧ 大冈鸟枝：《一般支那料理》，樱枫会，1931。
⑨ 福田谦二：《支那料理》，杉冈文乐堂，1932。

30年代在海外的影响还相当有限。20世纪30年代中期，日本人对川菜的认知还是这样的："主食是大米……因为四川省是大米的产地，除了山间偏远居民或是底层人民常食用玉米、甘薯、粟等以外，省内多数人民还是以大米为主食，实在是令人惊讶！除了大米外食用最多的是麦子……副食则以肉汤、干烧蔬菜、煎鸡蛋、腌菜等最为普通。上层阶级多食用肉类，而下层阶级则多以辛辣的腌菜下饭。一般最受欢迎的是猪肉，而牛肉过于珍贵……鱼类以鲤鱼最为珍贵……蔬菜则数不胜数……最让人感到奇异的是在荔枝未成熟时称其为苦瓜而品尝，以及喜欢食用丝瓜。烹饪中用酱油比较少而多用食盐。砂糖也会用于调味，但更多是用于制作点心……所有的烹饪方式中都会加入不少辣椒，这一点可以说是四川料理的特色……可以说几乎没有不用猪油的菜色。"[①]显然，当时日本人对川菜已经有了一些了解，但这种了解可以说仅在皮毛上，而且有一些认知是不准确的，甚至是错误的。

虽然清中叶以来，有关川菜的菜谱在民间就已经出现，如道同年间的《旧账》，佚名的《筵款丰馐依样调鼎新录》《四季菜谱摘录》和傅崇矩的《成都通览》中的有关菜谱，但这些菜谱在自我认同上并没有出现川菜的自称。民国时期出现了许多食谱，这个时期编的食谱主要是全国性的，区域性的食谱相当少，目前笔者只发现编有粤菜和北京菜的区域食谱。就全国性食谱来看，不仅少有川菜的典型菜品出现，也少有出现"川菜"的话语，如民国四年（1915）《烹饪教科书》、民国五年（1916）李公耳编的《家庭食谱》、民国九年（1920）《童子军烹调法》、民国十三年（1924）编的《食谱大全》以及民国十二年（1923）时希圣编的《家庭新食谱》、民国十三年（1924）的《家庭食谱续编》、民国十九年（1930）的《家庭食谱三编》、民国二十五年（1936）编的《家庭食谱四编》和《素食谱》，都很难找到有关川菜菜品的影子，也没有发现"川菜"的名

① 神田正雄：《四川省综览》，海外社，1936，第107—109页。

称出现。[1]1932年初胡封华编的《家常卫生烹调指南》中也没有川菜菜品出现，也无川菜的菜系名称出现。[2]同样，1936年韵芳编的《秘传食谱》中也没有川菜菜品的出现。[3]1946年李克明编的《美味烹调食谱秘典》中同样没有川菜菜品的影子和川菜名称的身影。[4]

其实在这个时代川菜不仅在全国性菜谱中失语，而且本土的报刊广告、社会认知上，川菜仍然失声无语。民国早期在本土的饮食界内很少有自称的“川菜”的话语出现，与外面川菜话语如火如荼形成很明显的反差。如20世纪20年代报刊中有关餐饮的广告已经较多，出现许多的卫生中菜、扬州小笼点心、中国面食、西餐、参席、翅席、燕席、卫生便饭等话语[5]，却很少有川菜的本土话语。以20世纪30年代的《南京晚报》（渝版）的广告来看，重庆当时主要有南京干丝、镇江肴蹄、北味菜肴、平津名厨、新苏饭店、苏式汤饭、京江肴蹄、下江人烘饭、苏州菜馆、苏州饭店、著名闽菜、京苏大菜等话语。[6]而在20世纪30年代的《西南日报》中出现的是欧式大菜、中菜西吃、经济和菜、苏式汤包、经济粤菜等。[7]在《合川日报》中出现了下江味的话语，也无本土川菜话语。[8]当时成都的《新新新闻》的餐饮广告中也少有川味的话语，如津津酒店出现的是粤菜茶点、广州窝饭、佛山卤味等。[9]可以肯定，清末到20世纪30年代这个期间，在巴蜀本土话语中，川菜作为一个菜系出现并不明显，其原因一方面是因为客观上本土菜系本身的完整程度并没有完全彰显，另一方面因为没有一个外

---

① 李公耳：《家庭食谱》，中华书局，1917。李公耳：《食谱大全》，上海世界书局，1924。时希圣：《家庭新食谱》，中央书店，1923。时希圣：《家庭食谱续编》，中华书局，1934。萧闲叟：《中学教师学校烹饪教科书》，商务印书馆，1915。蒋干、吕云彪等：《童子军烹调法》，商务印书馆，1920。时希圣：《家庭食谱三编》《家庭食谱四编》《素食谱》。

② 胡封华：《家常卫生烹调指南》初版，商务印书馆，1932。

③ 韵芳：《秘传食谱》，马启新书局，1936。

④ 李克明编《美味烹调食谱秘典》，大方书局，1946。

⑤ 《万州日报》1929年5—10月。

⑥ 参见1938年至1939年的《南京晚报》（渝版）。

⑦ 《西南日报》1939年9月—1940年1月。

⑧ 《合川日报》1939年2月5日第一版。

⑨ 《新新新闻》1938年9月6日。

来菜系文化的比较彰显的衬托作用。可以说这个时期川菜虽然客观上已经形成自己独特的特征，但仍是有菜无系，有菜无语。

在20世纪20年代前仅有的一点川菜话语中，最早更多是来自在外读书的四川籍学生的生活话语，如民国初年在北京读书的四川籍学生中首先出现了“川菜”的话语，认为“川菜价廉而味美，烹调之法绝佳”[①]。可能正是因为四川籍学生本身对川菜有较深的了解，在外读书出于区别认同的需要，才将川菜话语彰显出来。所以，川菜话语的出现可能首先是从外地逐渐出现的。1922年出版的《上海指南》中出现了“四川式”的菜品的说法，1924年熊先生的《上海菜馆之麟爪》一文中频繁使用了川菜话语。[②]1925年出版的《上海竹枝词》中出现了“海上川菜馆不知凡几”、“川菜最宜都益处”等观点。[③]1930年出版的《上海指南》中出现了“四川省名菜”的说法，但并没有出现“川菜”“川味”的话语。只是到了20世纪30年代中叶以后“川菜”的使用越来越多，如1936年出版的《大上海指南》中出现了“四川菜”的说法，并与北京菜、天津菜、广东菜、徽州菜、宁波菜、上海菜并列，并且将辣白菜、醋酥鱼、神仙鸡、回锅肉、纸包鸡、酸辣面、鸡丝卷、奶油菜心、白炙鳜鱼、清炖鲥鱼、炒羊肉片、冬笋云腿、蟹粉蹄筋等作为四川菜的代表菜，并出现了成都川菜馆的名称。[④]

但在20世纪二三十年代上海人眼中的川菜馆名菜中有些并不是地道的川菜。如1924年熊先生的《上海菜馆之麟爪》一文谈到的奶油鱼唇、叉烧火腿、竹髓汤、四川泡菜中，奶油鱼唇、叉烧火腿并非传统的川菜，而竹髓汤也是竹荪汤之误。[⑤]再如《上海指南》谈到的炒骨肉片、辣子鸡丁、炒橄榄菜、虾子玉片、椒盐虾糕、咖喱虾仁、炸八块、虾子春笋、凤尾笋、炒羊肉片、炒山鸡片、炒野鸭片、松子山鸡丁、雪菜冬笋、米粉蒸肉、米

---

① 《癸亥级刊》1919年6月。
② 熊先生：《上海菜馆之麟爪》，《申报》1924年12月21日。
③ 刘豁公：《上海竹枝词》，雕龙出版部，1925，第53页。
④ 《上海指南》，商务印书馆，1922，第17页；1930年版，第4页。柳培潜：《大上海指南》，中华书局，1936，第182页。
⑤ 熊先生：《上海菜馆之麟爪》，《申报》1924年12月21日。

粉鸡、白炙烩鱼、奶油广肚、酸辣汤、红烧大杂烩、清炖鲥鱼、叉烧黄鱼、红烧春笋、火腿炖春笋、大地鱼烧黄瓜、白汁冬瓜方、清炖蹄筋、鸡蒙豇豆、奶油白菜心、红烧安仁蟹粉、蹄筋、四川腊肉、锅烧羊肉、烧踏菇菜、云腿土司、酸辣面、鸡丝卷、烧辣鸭子、蛋皮春卷、冰冻莲子、菊花锅等，大多并不是川菜的菜品。[①]1930年《大常识》中知味的《吃的常识》中谈到的红烧狮子头、奶油菜心、神仙鸡、纸包鸡等有的也不是传统的川菜。

20世纪30年代对于菜系的名称已经从以前的地域菜“馆”“帮”“式”演变成地域“菜”的话语命名趋势，但是“川菜”的使用命名并不太普遍，而且在上海列出的四川名菜中虽然有回锅肉（炒骨肉片）、辣子鸡丁、粉蒸牛肉、米粉鸡、鸡蒙豇豆、四川腊肉等四川特色鲜明的菜品，但大多数仍然是受各地，特别是受下江菜影响出现的菜品。所以，1930年《上海指南》《上海菜馆之麟爪》《大上海指南》《大常识》中所列的四川省名菜并不完全是四川特色的菜品，多是受下江文化影响的海派川菜。

到了40年代，由于巴蜀地区作为抗战大后方，战略地位明显提高，川菜不论是在经济上或在文化上的影响都远非以前可比，所以川菜的话语在外地更加强化而明显。如当时上海的餐馆中川菜的地位更是重要，有人认为当时上海餐馆备有广东、四川、宁波、苏州菜谱，显现了川菜在上海四大菜的地位[②]，已经有中国四大菜系川菜的认知影子了。当时的评论对川菜的地位和影响相当推崇，如有人则认为“川菜在上海可以和粤菜并驾齐驱”[③]，有的人认为“京菜、川菜、粤菜已经是驾乎各帮之上”[④]，有的人认为上海中菜西菜杂处，粤菜、川菜、湘菜、淮扬杂处[⑤]，有人认为“上海人的口福不坏，各地方的饮食，如苏州帮、无锡帮、湖州帮、宁波帮、

---

① 《上海指南》各省菜名一览，商务印书馆，1933，第4页。
② 《谈新的新都饭店》，《申报》1942年7月29日。
③ 宾谷：《川菜》，《艺海周刊》1940年29期。
④ 《在南国酒家印象记》，《申报》1942年12月14日。
⑤ 《最新食谱》，《申报》1946年8月25日。

杭州帮、粤菜、闽菜、川菜、西菜、俄国大菜，色色俱全”[①]。川菜仍然地位重要。从20世纪30年代到40年代，上海出现了大量著名的川菜馆，如浙江路小花园川菜馆，南京西路梅龙镇川菜馆，华格路、华龙路、宁海西路的锦江川菜馆，四马路上的美丽川菜馆，另外还有蜀腴川菜馆、大西洋川菜馆等。其中1940年锦江川菜馆打出“中国菜是全世界最好的，四川菜是全中国最好的”的广告词。[②]甚至有四川军阀弃妾杨春兰经营的川菜馆也是“生涯极盛”[③]。1946年，当时上海的川菜已经有“清洁味美”“食客如云”之称，而且文献中已经将川菜作为一个大菜系来介绍了。[④]1947年，在上海四川菜仍有“烹调精美，为各帮冠”之称，而且直接将经营四川菜的餐馆都称为某某川菜馆，如成都川菜馆、蜀腴川菜馆、聚丰园川菜馆、洁而精川菜馆、锦江川菜馆[⑤]，显现了外地川菜话语已经逐渐取得了社会的主流认同，甚至出现了新都饭店推出了广厨川菜的概念，其中烹饪的干炸牛肉丝即我们今天的干煸牛肉丝，20世纪40年代在上海名声就很大了。[⑥]

从20世纪20年代末到30年代南京的川菜馆也很多，形成了北京、四川、扬州、广东、山东、徽州、本地、教门等菜馆并行之局面，先后出现了都（一作又）益处川菜馆、新都四川餐室、四川民众食堂、浣花川菜馆、碧霞村川菜馆、农村味川菜社、新纪陶乐春川菜社、蜀峡饭店等，[⑦]到40年代还出现了蜀中饭店。[⑧]后来的美丽川菜馆，以经营高档川菜著称，被称为扬州厨师的仿制品。[⑨]天津在20世纪40年代也有锦江村川菜馆。[⑩]杭州在20世纪30年代除本地菜外，主要以京菜和粤菜影响较大，但已经有

---

① 《衣食往行在上海》，《申报》1946年8月31日。
② 《良友》1940年150期。
③ 《国学论衡》1935年第6期。
④ 冷省吾：《最新上海指南》，文化研究社，1946，第106页。
⑤ 王昌年：《大上海指南》，东南文化服务社，1947，第121页。
⑥ 《干炸牛肉丝》，《新都周刊》1943年第8期。
⑦ 《实业部公报》277期、281期、334期、214—215期广告。《首都导游》，中国旅行社，1931，第35、37页。方继之：《新都游览指南》，大东书局，1929，第136页。
⑧ 《南京导游》，中国旅行社，1948，第18页。
⑨ 徐海荣主编《中国饮食史》卷六，华夏出版社，1999，第140页。
⑩ 《简明天津游览指南》，1946，第20页。

大同川菜馆这样的名店。[1]东北大连在20世纪20年代就已经有东兴居川菜酒楼[2]，40年代广西桂林也出现美丽川菜厅[3]。20世纪40年代昆明先后有柏庐饭店、蜀光饭店、老乡亲等经营川菜的名店，其中蜀光饭店的干烧鱼很出名。[4]贵阳在20世纪40年代也有杏花村、西湖饭店、福禄寿川菜部等名店。[5]西安的成渝川菜馆较有名气。[6]20世纪30年代，长沙的川菜馆不多，只有又一村一家，但仍然形成粤、教门、浙、川、本地、素食六家流行的局面。[7]

20世纪三四十年代，香港开始出现许多川菜馆。20世纪30年代末，香港就有大华、蜀珍、桂园三家较有影响的川菜馆[8]。1940年左右，香港有九龙的桂园川菜馆、雷厂街的思豪大酒店的桂园川菜部、皇后大道的大华饭店川菜部、湾仔骆克道的蜀珍真川菜、德辅道中的远来酒味腴川菜部、上环大马路香港酒家味腴、六国饭店的川菜部、英京酒家川菜部、远来酒家、弥敦酒楼川菜部等[9]。所谓“菜馆纷纷设川菜部，蜀腴、锦江拟来此设立分肆”[10]，当时川菜与粤菜、回教、西餐、素食并列[11]，所以20世纪40年代，香港已经有“香港人士口味的变换，川菜已成了中菜中最时髦的菜肴”[12]的说法。不过，香港人列出的玉兰片、辣子鸡丁、炒羊肉片、咖喱虾仁、炒山鸡片、虾子春笋、白炙鱼等川菜名菜[13]，其中有的并不是传统川菜的菜品。据当时的记载，甚至美国纽约已经有川菜馆出现了。[14]对此，民国

---

① 张光钊：《杭州市指南》，杭州市指南编辑社，1935，第240页。
② 《辽东诗坛》1929年42期。
③ 《音乐与美术》1942年3卷1—2期。
④ 甘汝棠：《昆明向导》，云岭书店，1940，第82页。黄胜明：《昆明导游》，中国旅行社，1944，第190页。
⑤ 贵阳市政府《贵阳市指南》，交通书局，1942，第18、31页。
⑥ 王望：《新西安》，中华书局，1940，第94页。
⑦ 邹欠白：《长沙市指南》，1936，第261页。
⑧ 陈公哲：《香港指南》，商务印书馆，1938，第86页。
⑨ 香港《大公报》，1939—1941年的广告。屠云甫、江叔良：《香港导游》，中国旅行社，1940，第76页。邓超：《大香港》，香港旅行社，1941，第129页。
⑩ 《香港画报》1938年第11期。
⑪ 屠云甫、江叔良：《香港导游》，中国旅行社，1940，第71—77页。
⑫ 《毛康济君的菜经谈》，《香港商报》1941年第169期。
⑬ 邓超：《大香港》，香港旅行社，1941，第129页。
⑭ 耳食：《纽约中国菜馆多》，《快活林》1946年第22期。

时期楼云林《四川》总结认为："四川人长于烹饪，故国内大都市中往往有川菜馆之设，其烹调各菜多和以辛辣椒末之属，可知四川人多嗜食辣味也，四川人又嗜食渍物，渍物分盐渍、糖渍二种。"[①]

20世纪40年代以来，一方面在川菜本身的发展过程中，传统川菜的菜品基本定型，另一方面在抗战大后方的外来饮食文化陆续进入并与川菜进行相互比较和衬托下，川菜的特色愈加彰显，特别是随着抗战大后方移民回籍将川菜文化带到移民原籍，川菜在全国饮食话语中就变得更有影响了。

1939年张恨水谈道：

> 川菜驰名国内，殆与粤菜分庭抗礼，年来南北都市，川菜馆林立，其兴旺可知。顾至渝市，则纯粹川菜馆，营业黯淡，无可称述。其尚足当一名旗鼓者，乃为由京、沪回蜀之庖人，以下江川菜为号召。于是吾人恍然在夔门以外所尝之川菜，非真川菜也。渝市大小吃食馆本极多，几为五步一楼，十步一阁。客民麇集之后，平津京苏广东菜馆，如春笋怒发，愈觉触目皆是。大批北味最盛行，粤味次之，京苏馆又居其次。[②]

从此可以看出，20世纪30年代后期到40年代初，川菜在本土外的影响越来越大，而本土饮食文化的自我认知在外来因素的影响下是有一个渐变的过程的。

杜若之《旅渝向导》记载："在下江到处可以吃到川菜，在四川虽不能到处吃到下江菜，但在这号称华西最大都会的重庆，对于外省各方的口味，尚称粗备。"所以列举了当时县庙街的五芳斋、上海食品社等下江菜馆。[③]这则记载说明当时川菜在外的影响相当大，在外地人的眼中已经有川菜的话语，在重庆的下江菜也已经有一定的影响。所以，在本土认知上，

① 楼云林：《四川》，中华书局，1941，第63页。
② 张恨水：《重庆旅感录》，载施康强编《四川的凸现》，中央编译出版社，2001，第13页。
③ 杜若之：《旅渝向导》，巴渝出版社，1938，第36页。

20世纪30年代后期到40年代已经出现“下江川菜”这个概念或话语。值得指出的是，这里的“下江川菜”有人认为即“海派川菜”，乃是近代川人在外形成的返回四川受下江菜影响的川菜，而其构成只是在巴蜀地区的下江菜。[①]实际上在民国后期，下江菜在巴蜀地区已经相当流行，而且构成情况较为复杂，其中确实有回流形成的海派川菜，也可能有纯正的下江菜进入巴蜀以后染上川味特色的下江菜，还有保持原来风格而很地道的下江菜。

本土“川菜”话语的彰显主要从20世纪40年代开始，这可能是因为抗战时期，巴蜀地区作为抗战大后方，特别是重庆作为战时陪都，大量外地餐饮进入，出于区别众多的餐饮的需要，本土“川菜”才突出成为菜系中的一个重要话语存在，因此在那个时代的文献记载和文化人、食客中的“川菜”话语才突显出来。

20世纪三四十年代，许多外地人到巴蜀地区旅行，已经开始较多使用“川菜”的话语，如早在30年代中叶，葛绥成到巴蜀就谈到“热辣的川菜”、“川菜可口”、“我觉得川菜滋味很好”，[②]30年代末杜若之《旅渝向导》记载“在下江到处可以吃到川菜”[③]，40年代还有人将“川菜”与“巴子菜”并用[④]，湖南人钱歌川谈到抗战时期四川的饮食时将“四川味”、“川菜”、“川菜馆”混用。[⑤]

20世纪40年代，巴蜀地区本土的川菜话语已经较为普遍，如1938年胡天编的《成都导游》中时有“川味”的称法出现。[⑥]20世纪40年代的《南京晚报》（渝版）中除了出现大量的京苏船菜、苏式汤包、粤菜小食、粤点、粤菜小吃、扬州名厨、苏浙船菜、扬州小笼、扬州茶点、苏式船菜、京苏大菜、宁式日味、燕市风味、湘点、江浙口味、晋南香、北平全锅、广味腊肠、粤式风味等外地菜话语外，已经出现了白玫瑰的道地川菜、四

① 徐正木：《谈谈“下江菜”中的“海派川菜”》，《四川烹饪》1990年4期。
② 葛绥成：《四川之行》，中华书局，1934，第8页。
③ 杜若之：《旅渝向导》，巴渝出版社，1938，第36页。
④ 端木蕻良：《火腿》，载老舍等《大后方的小故事》，文摘出版社，1943，第2—3页。
⑤ 钱歌川：《战都零忆》，载《钱歌川文集》，辽宁大学出版社，1988，第629页。
⑥ 胡天：《成都导游》，开明书店，1938，第53页。

川名菜、桃园食店道地川菜、三天餐堂的纯粹四川风味、一心花园的川味筵席、渝味菜社的新型川菜、渝味点心社的高尚川菜、爱伦的四川口味、毛肚火锅、川味、成都味等本土菜的话语。[①]同样在1948年到1949年的《重庆日报》中，川味正宗、精研川菜、毛肚大王、锦城名厨、成都小食不断出现在其中。[②]1943年的徐德先编的《成都灌县青城游览指南》中已经有“蓉城川味名满江南”[③]之称。1944年《成都晚报》中的走马街的乡村饭店打出了“道地川味”的话语作为宣传口号。[④]自贡的《川中晨报》在1947年的餐饮广告中开始出现了“川味饮品”“川味之王”的话语。[⑤]

许多全国性的菜谱中已经有一些川菜品出现，如1945年程冰心编的《家庭菜肴烹调法》因是在重庆初版，出现了川菜的豆瓣鲫鱼[⑥]。1947年许啸、高剑编的《食谱大全》可能也是受抗战大后方时期四川文化的影响，开始有川菜菜品的记载，如四川泡菜、川式香肠。[⑦]到20世纪40年代中国人编的适应西方生活的中国食谱中，出现了许多川菜的影子，如杨布伟（Buwei Yang Chao）编纂的*How to cook and eat in Chinese*（《中国食谱》），于1945年在美国纽约出版，其中就记载了回锅肉、宫保鸡丁、轰炸东京等川菜的做法。[⑧]不过这部《中国食谱》的作者杨步伟本身是中国人。特别是俞士兰的《俞氏空中烹饪》中菜组第一——五期中，更是大量出现了川菜的菜品，如我们熟悉的回锅肉、鱼香肉丝、酱爆鸡丁、干烧鲫鱼、干烧牛肉丝、香酥鸡、家常豆腐、棒棒鸡等都出现在菜谱中，而且许多并没有标明是川菜的菜品中较多使用豆板（瓣）酱、泡姜、泡海椒等川菜调料。[⑨]

---

① 《南京晚报》（重庆版）1940年6月—1946年1月。
② 《重庆日报》1948年10月—1949年11月。
③ 徐德先：《成都灌县青城游览指南》，1943。
④ 《成都晚报》1944年4月22日。
⑤ 《川中晨报》1947年7月15日和8月11日广告。
⑥ 程冰心：《家庭菜肴烹调法》，中华文化服务社，1945。
⑦ 许啸、高剑：《食谱大全》，国光书店，1947，第125、128页。
⑧ Buwei Yang Chao，*How to cook and eat in Chinese*. New york：The john day company，1945.
⑨ 俞士兰：《俞氏空中烹饪》中菜组第一——五期，永安印务所，民国时期。

显然，在20世纪40年代“川菜”名称的彰显，究其因，一在于抗战时期众菜系汇聚于巴蜀地区产生的区分之需要，更在于抗战结束后，大量移民返乡，使川菜之名在外得以张扬，所以有人认为：“抗战以来，西行入蜀者多，居久浸兴同化，闻于辣有偏嗜。胜利而后，联翩俱至，于是川菜又卷土重来，风行一时，浸浸夺粤菜之席。”[①]也有人称：“抗战八年，大家都聚处南都，男女老幼，渐嗜麻辣，一旦成瘾，非有辣味不能健饭，现在川菜风行，是时势所造成。”[②]

本土对于川菜的认同，有一个从“川味”向“川菜”话语的转变的认知过程。这个过程可能是在20世纪30年代到40年代之间。民国时期有两本有关成都的《成都指南》，一本为1943年莫钟骕编的《成都市指南》，一本为不明出版时期且作者佚名的《成都指南》。在后一本《成都指南》中不仅记载了当时成都的主要餐馆，还将餐饭的菜系性质做了详细的标注，如其称：

> 荣乐园：川菜。中国食堂：川菜。明湖春：北味。姑姑筵：川味。不醉不归小酒家：川味。哥哥传：川菜。白玫瑰：下江味。枕江楼：川菜。普海春：中西菜。涨秋：中西菜。静宁饭店：川菜。四五六酒楼：下江味。小园地、颐之时：川菜。东鲁饭庄：山东味。鑫记餐馆：清真。一条龙：清真北味。小巧酒家：粤菜。俄国大饭店：西菜。利咖啡店：西菜。回回米：清真北味。江湖西餐：西菜。园：川味。南北食店：川味。白也醉酒家：川味。上海菜饭店：下江菜。王维渊小食店：西菜。[③]

由上可见此书将“川味”与“川菜”同时并用，前面我们谈到钱歌川的《战都零忆》中也同样将“川味”与“川菜”并用。同样1942年出版的《重庆指南》中也特别标明川味、本地味与江浙味道、下江味、京苏味、

---

① 西西：《卷土重来之川菜》，《革新》第17卷，1947。
② 唐鲁孙：《中国吃的故事》，百花文艺出版社，2003，第57页。
③ 佚名：《成都指南》，重庆图书馆藏，第67—68页。

粤菜、北味的区别。[①]我们发现，在20世纪30年代出版的有关指南、导游书、要览中往往只有中餐与西餐区别，但40年代以来这个时期有关指南、导游书、要览中已经大量出现川味、川菜的话语，与下江味、中西菜、清真北味区别。显然，20世纪30年代末到40年代初，是川味、川菜话语大量出现和从“川味”向“川菜”话语转变的一个重要时期，也应该是“川菜”成为全国社会大众话语的始发时期。

应该看到，从清末到民国时期，不仅烹饪界内人士对传统川菜的菜品传扬做出了贡献，而且许多文化人、商人和官员深受巴蜀饮食文化熏染，关怀川菜，对四川烹饪文化的发展和川菜话语的彰显起了极大的推动作用。如清代四川罗江人李化楠到江浙一带为官，潜心收集当时四川的餐饮文化资料，后其子李调元返川后，将其父亲的食谱整理成《醒园录》刊印，对川菜在吸纳外来饮食文化基础上形成自己的饮食特色创造了条件。同样四川华阳人曾懿撰《中馈录》对巴蜀地区重要的副食烹饪制作方法作了系统总结，在外影响较大。清末文化人傅崇矩的《成都通览》《重庆城》《自流井》中对巴蜀地区饮食记载甚详，成为清末民初川菜资料的集大成者。生于四川成都的文学家李劼人不仅在其著作中大量记载了清末民国时期川菜的情况，而且还留下了家传的道光同治年间的食谱《旧账》，还开办了小雅餐馆。民国时期著名画家张大千在历史上也是一位美食家，不仅自己喜欢品尝，而且亲自下厨烹饪，对菜品进行改良。[②]

民国时期许多商人对川菜的发展也起了重要的作用，海参就是陕西、甘肃商人最早传入四川，后四川厨师以此创造了许多重要的菜品。[③]自贡盐商李琼甫则自己编印自己的菜谱，名为《琼甫菜谱》。[④]部分对烹饪文化感兴趣的地方官员也对川菜的发展起了重要作用，如清末四川总督丁宝桢在宫保肉丁的形成和改良过程中可能起了一定的作用。而黄敬临也是亦

---

① 杨世才：《重庆指南》，北新书局，1942，第83—84页。
② 车辐、熊四智：《川菜龙门阵》，四川大学出版社，2004，第111-120页。
③ 杜莉：《川菜演变与发展纵横谈》，《四川烹饪》1998年3月。
④ 宋良羲：《盐都故实》，四川人民出版社，2014，第61页。

民国时期李劼人手书食谱

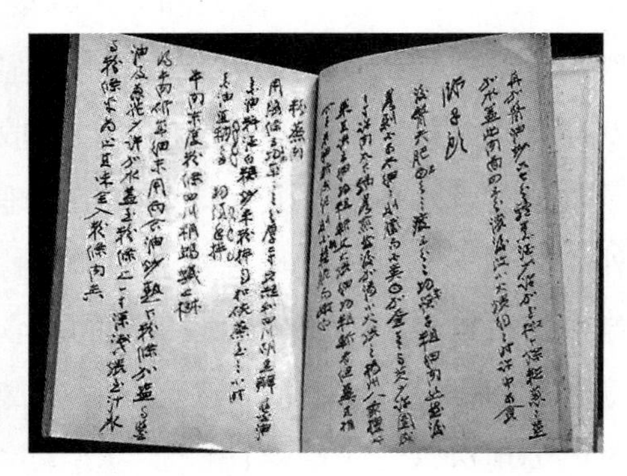

张大千《大千居士学厨》中的川菜谱

官亦民背景下开创的姑姑筵。民国初年四川省警察总监贺伦夔将北味引进川菜，倡导“北菜川烹，南菜川味”，而四川巡警道和劝业道周孝怀（善培）将江南菜入川菜，也促成了川菜的南北兼容风格的形成。

二　近代巴蜀传统田席的发展与巴蜀民间饮食风俗

前面我们谈到，早在汉晋南北朝以至唐宋时期，巴蜀地区就有游宴、野宴、田宴、船宴、荔枝宴之传统。实际上在巴蜀历史上存在贵族野宴与民间田席两种范式的发展，第一种是贵族等上层人士临时和固定出游产生的野宴，第二种是老百姓在日常的劳动作息、生老病死、婚嫁乔迁、科考中举过程中产生的民间宴席。这种传统一直发展到今天，流行于巴蜀地区红白喜事的田席、农家乐等都多多少少有传统巴蜀游宴之风的遗韵。

所谓巴蜀田席，即巴蜀民间称的九大碗、八大碗、十大碗、三蒸九扣等等。目前见到最早的田席记载来源于李劼人录下的《旧账》，反映的是1836年道光年间的丧事田席菜单。其中“祠堂待客席单”主要接待同乡宗亲的，为九大碗，即大杂烩、酥肉、折烩鸡、银鱼、羊肉、笋子、海带肉、红肉、烧白，但还配有八个围碟，即花生米、甘蔗、桃仁、橘子、排骨、盐蛋、鸡杂、羊尾巴。另外的送账早饭单，主要为更便捷的家常饭食，主要有白煮肉、白菜焖鱿鱼、樱桃肉、盐白菜炒肉丝、炒猪肝、吊子杂烩、鸭血火锅。到1862年的菜单为八大碗，先有八个围碟，即核桃仁、花生米、甘蔗、樱桃、熏蛋、排骨、高丽肉、香干肉丝，八大碗是大杂烩、慈菇鸡、大酥肉、海带肉、茗笋肉、蒸肉、烧白、红肉、清汤。[①]从上可以看出，今天巴蜀地区田席中的杂烩头碗、烧白、白肉、红烧肉、酥肉等在当时就已经成型。

具体来说李劼人的《旧账》中的菜席按朱多生、张宏琳划分可分成四等，显现不同的等级：

---

① 李劼人：《旧账》，《风土什志》1945第5期。

第一等是主官满汉席，其菜品有燕窝、鱼翅、刺参杂烩、鱼肚、火腿白菜、鸭子、红烧蹄子、整鱼。另有热吃八个，即鱼翠、冬笋、虾仁、鸭舌掌、玉肉、鱼皮、百合、乌鱼蛋。而围碟多达十六个，即瓜子、花生米、杏仁、桃仁、甘蔗、石榴、地梨、橘子、蜜枣、红桃粘、红果、瓜片、羊羔、冻肉、桶鸭、火腿。另有烧小猪一头，哈耳吧、大肉包一盘，朝子糕一盘，绍兴酒一坛，蛋青会绫二匹，门包二两，孝布一匹。这其实是一个典型的简版满汉全席，并不是一般田席。

第二等是“请”“谢”知客席单，主菜有刺参蹄花、鱼肚、板栗鸡、珍珠圆子、洋菜鸽蛋、整鱼、樱桃肉、烧白、白菜鸭子。另有热吃四个，即刺参蹄筋、鱼皮、乌鱼蛋、虾仁。另有醉虾一碗，围碟十二个，即瓜子、杏仁、花生米、桃仁、橘子、石榴、地梨、辣汁、鸡杂、蜇皮、火脚片、冻肉。另点心三道，中点大肉包，另有马蹄酥、酥角、千层糕、肉肉包、大卷子。这也不是一个单纯的田席，相当于后来的海参席。

第三等有奠期席单、成服席单、送账席单、复山席单。

奠期席单：主菜有光参杂烩、鱼肚、鱿鱼、地梨鸡、白菜鸭子、羊肉、烧白、笋子肉、红肉、虾白菜火锅。围碟八个，即花生米、甘蔗、桃仁、橘子、鸡杂、蜇皮、冻肉、皮渣，另有黄百饼一匣。

成服席单：主菜有洋菜鸽蛋、光参杂烩、八块鸭子、菱角鸡、鱼肚、笋子肉、海带、烧白、红肉。另有围碟八个，花生米、甘蔗、梨儿、桃仁、嫩藕、蜇皮、排骨、皮渣。另点心四道，佛手酥、麻芝酥、肉包、喇嘛糕。

送账席单：光参杂烩、鱼肚、白菜鸭子、地梨鸡、笋子肉、烧白、海带肉、红肉、圆子火锅汤。围碟八个，即花生米、甘蔗、桃仁、橘子、蜇皮、排骨、皮蛋、羊尾，另有点心大卷子。

复山席单：刺参烧蹄、酿鸭子、烧蹄肠、焖鱿鱼、清炖羊肉、白菜火脚、板栗鸡、樱桃肉、虾白菜汤。围碟八个：金钩、蜇皮、皮蛋、皮渣、花生米、甘蔗、瓜子、橘子。点心二道，即烧麦、糖三角。[1]

应该说，以上四种席都不完全是典型的田席，因为在巴蜀地区的传统时期，由于民间食材明显内陆化，民间中下层一般不会在田席中出现海味，这四种也像后来流行于巴蜀地区的简版海参席。

在《旧账》中其他桌席就明显有田席味道了，如请帮席、中间空闲一日主席、送埋席单照前、祠堂待客席，这些席主要是接待中下层的一般同乡同宗、帮助的朋友等人士：

请帮忙席单：主菜有大杂烩、白菜鸭子、虎皮肉、折会鸡、笋子肉、海带肉、烧白、红肉、清风蹄子。围碟八个，即花生米、石榴、桃仁、地梨、（火世木）羊尾、鸡杂、皮渣、排骨。

中间空一日菜单：十锦杂烩、酥肉、折会鸡、笋子鸡、海带肉、蒸肉、烧白、红肉、圆子汤。围碟八个，花生米、盐蛋、排骨、橘子、桃仁、羊尾巴、豆腐干、甘蔗。

以上两席中的大杂烩、十锦杂烩就是我们后来八大碗中的头碗，即杂烩汤（如梓潼香碗、粑粑肉等），其他还有烧白、红烧肉、虎皮肉（即是红烧肘子、陀子肉、蹄膀之类，与江苏的虎皮扣肉不一样）、蒸肉，而折会鸡估计是回锅一类的鸡肉。

其他各类的配菜，可能并不能单独成席，但有的可以成为简版的田席。这些菜品的组合可能反映了当时具体的家常饮食情况，对我们了解当时百姓日常生活多有益处。

送账早饭单：白煮肉、白菜焖鱿鱼、樱桃肉、盐白菜炒肉、炒猪

---

① 朱多生、张宏琳：《试述现代川菜形成的时间》，《四川烹饪高等专科学校学报》2012年第1期。

肝、吊子杂烩、鸭血火锅。

奠期早饭单：炒猪肝、白煮肉、韭黄炒肉、笋子炒肉、鸭血酸菜水豆腐汤，另小菜四碟。

苏坡桥早饭单：炒猪肝、白煮肉、片粉炒肉、白菜焖肉，萝卜汤二碗、小菜四碟。

祠堂午饭单：笋子肉、红肉、豆腐焖肉、红白萝卜三下锅、木耳黄瓜汤，小菜四碟。

夜酒菜单：蜇皮、冻肉、排骨、花生米、醉面筋、盐蛋、羊尾巴、桃仁、猪羊杂火锅。

祠堂消夜酒碟：桃仁、醋豆腐、蜇皮、盐白菜、花生米、豆腐干、盐蛋、羊尾巴、猪羊杂碎一大品。

从以上菜单我们可以看出，当时红白喜事的早餐的丰盛程度，远远超过我们现在一般的早餐，夜酒的菜单也是很丰富的。现在巴蜀地区的红白喜事仍重视早餐的习惯看来是有历史传统的。民间早餐、晚餐的丰盛传统主要是因为劳作的需要，因为在巴蜀农村，由于要耕作田地，往往午餐简略，早餐吃好。晚餐因一天的劳累后需要补充营养，也较为讲究。而用各类爆炒肉肝、萝卜咸菜、各种豆腐、白煮肉、笋子类菜正是当时民间家常经常食用的菜品，也一直流传影响到今天的巴蜀地区。

到了20世纪中叶，巴蜀地区民间田席仍然相当典型。据1960年成都市西城区饮食公司编的《席桌组合》一书记载，田席被定义为“很早以前，乡间农民因婚丧嫁娶，或清明祭扫，宴请亲朋的桌席，当时没有台布，没有圆桌，只是方桌（每桌八人），多安置在田间空地，因而由乡村田间流传开来，所以称田席”[①]。在20世纪50年代，传统川菜已经基本成形，而囿于交通通讯，外省和海外的饮食文化对川菜的影响还相对较少，故在巴蜀民间城乡中田席仍相当盛行，且还较为传统原始。这个时期，田席一般被

---

① 成都市西城区饮食公司：《席桌组合》，内部刻印，1960，第6页。

20世纪60年代编写的《席桌组合》

称为八大碗、九大碗、肉八碗、七星剑（六菜一汤）、十大碗之类，其中八大碗流行于全国各地，而九大碗之称主要是流行于巴蜀地区，主要以蒸菜、炖、烧菜为主，主料以猪肉为主，所谓三蒸九扣，与清中叶《旧账》中的田席一样。

1960年成都市西城区饮食公司编的《席桌组合》列举了四款田席菜，从中我们可以看出当时的田席菜品状态。

第一款：主菜：大杂烩、红烧肉、姜汁鸡、烩明笋、粉蒸肉、咸烧白、夹沙肉、蒸肘子，最后配清汤。这种田席民间又称“肉八碗”，或“软九大碗”，这是一种农村的起点宴席，四季适宜。

第二款：先是攒盘，然后主菜先有一个大热吃，其他有杂烩汤、拌鸡块、炖酥肉、白菜圆子、粉蒸肉、盐烧白、蒸肘子、八宝饭、攒丝汤。这种田席主要用于丧事为多。据记载这个攒盘相当古老，先用韭菜豆腐干垫底，然后摆排骨、片肝，再摆芋片，再在上层用一个划开的皮蛋封顶。而大热吃就是我们的大头碗，即用鸡卷、水滑肉、肚片、木耳烩成一大碗上桌。

第三款：中盘金钩，外九个围碟，分别是醋排骨、红油老肝、麻酱川肚、炸金箍棒、凉拌石花、炝莲白卷、红心瓜子、盐花生米。然后是四热吃，分别是烩乌鱼蛋、水滑肉片、烩鸡松菌、烩白合羹，然后才是九大碗，即攒丝杂烩、明笋烩肉、炖坨坨酥、椒麻鸡块、肉焖豌豆、米粉蒸肉、五花咸烧、蒸甜烧白、清蒸肘子，最后是大肉包子。这一款是在硬九碗的基础上增加了四热吃、九围碟，使“硬九碗”档次有所提高，适用于农村城镇各种红白喜事与会客。

第四款：中盘黑瓜子，四面围四个碟子，即姜汁肚片、鱼香排元、椒盐炸肝、松花皮蛋，大菜是芙蓉杂烩、白油兰片、酱烧鸭条、软炸子盖、豆瓣鲜鱼、热窝鸡、浠卤腰花、红烧肘子、八宝饭、酥肉汤，随席上草粑卷二盘。这也是一种比较简单的田席，适用于各种喜庆宴席。[①]

20世纪五六十年代还有一些田席菜单、菜品组合各具特色，如1960

① 成都市西城区饮食公司：《席桌组合》，内部刻印，1960，第5—12页。

年《中国名菜谱》第七辑（四川名菜点）中记载的田席，先用花生米作独碟打头起席，然后大菜有清蒸杂烩、红糟肉、原汤酥肉、扣鸡、粉蒸鲫鱼、馅子千张、皮蛋蒸肉糕、稀收鲊、姜汁热肘子、坨子肉、扣肉、骨头酥、芝麻丸子。[①]

直到今天，田席不论是八大碗还是九大碗、十大碗，由于各地文化物产风尚的差异，地域差异也是相当明显的。沈涛先生收集的一份四川民间九大碗菜谱是：清蒸姜汁肘子、烧杂烩、咸烧白、粉蒸肉、红烧肉、蒸鸡蛋、鲜笋烩肉片、糯米汤、酥肉带丝汤，没有记载围碟、热吃之类。[②]侯汉初《川菜筵席大全》中记载一款，菜单如下：起席：花生米（碗装）；正菜九碗：清蒸杂烩（蒸、扣）、扣鸡（蒸、扣）、姜汁鸭子（蒸、扣）、咸烧白（蒸、扣）、粉蒸肉（蒸、扣）、馅子芙蓉蛋（蒸）、鱿鱼烩笋子（烩）、八宝糯米饭（蒸、扣）、带丝酥肉汤（炖）。总的来看，20世纪末的田席与清代和20世纪中叶的田席相比，越来越趋于简略，围碟、热吃之类大多简略省去。

我们来看侯汉初《川菜筵席大全》中记载的20世纪80年代左右的各地田席菜单：

涪陵地区农村田席谱：起席：葵瓜子；大菜（八大碗）：扣杂烩、扣鸡、扣榨菜鸡条、红烧肘子、肉烩笋子、焖大脚菌、扣酥肉、攒丝汤。

温江地区农村田席菜谱：冷菜：三色拼盘；大菜（九大碗）：清蒸杂烩、红烧羊肉、白汁蛋卷、岷笋烩肉、五香蒸肉、跑油烧白、夹沙蒸肉、扣鸡、鱼香肘子、虾羹汤。

南江县农村田席菜谱：起席：葵瓜子；大菜：清蒸杂烩、腌菜烧白、清蒸肘子、粉蒸肉、馅子芙蓉蛋、红烧肉、肉片烩笋子、蒸八宝饭、酥肉带丝汤。

---

① 商业部饮食服务业管理局：《中国名菜谱》第七辑，中国轻工业出版社，1960，第144—155页。

② 沈涛：《田主席“九大碗”介绍》，《中国烹饪研究》1996年3期。

达县农村田席菜谱：冷碟：水八块、凉肚片、卤牛肉、炸排骨；大菜（九个）：清蒸杂烩、红烧鱼、荷叶蒸肉、扣鸡、龙眼烧白、蒸肘子、白糖羊尾、炒野鸡拱、虾米汤；最后两道咸菜。①

到了20世纪与21世纪之交，各地农村仍然流行田席，这仍是农村生老病死等红白喜事宴请的重要宴席，如开江县一带流行十大碗，分别是大杂烩汤、红苕粉炒老腊肉、麻婆豆腐、鱼香肉丝、河水豆花、水煮干豇豆、豆皮、毛肚火锅、慈姑拌肉丸子汤、酸菜炒烂肉。②渠县一带流行的九斗碗，分别是攒盘、酥肉蒸丸子、东洋菜、黄花烩肉丝、清炖鸡块、蒸鱼块、蒸肉、墩墩、蒸膀。③南充一带流行的九大碗分别是干盘菜（烟熏鸭凉盘）、凉菜（猪耳朵凉拌侧耳根、猪头肉凉拌黄瓜）、小炒（蒜薹肉丝、黄瓜肉片、四季豆干煸肥肠）、镶碗（有的称头碗、香碗）、墩子、肘膀、烧白（甜、咸肥、咸瘦、龙眼肉）、全鸡、鱼片汤。④在旺苍一带流行十大碗，分别是三黄鸡、黄鱼、肘子、丸子、米粉肉、扣肉、松肉、排骨、拼盘、虾米汤。⑤成都东山一带也流行九斗碗，分别是头菜品碗，实际上是大杂烩，然后上夹沙肉、甜烧白、咸烧白、蒸肘子、甜蒸肉、咸蒸肉，然后在韭黄酸汤、杂烩汤、清汤、酥肉汤中选二至三道，混成九斗碗。⑥自贡一带的田席九大碗一般是一个凉菜，八个热菜，凉菜是冷盘，实际上是一个以腊卤拌为主的杂镶，热菜一般是粑粑肉、清蒸鸡鸭、烘肘、咸烧白或甜烧白，然后在粉蒸肉、八宝糯米饭、家常鱼、回锅肉、炒猪肝、炒腰花、蚂蚁上树等中选择四样。⑦

① 侯汉初：《川菜筵席大全》，四川科学技术出版社，1986。
② 孙和平：《开江特色饮食与乡土文化》，载《川菜文化研究续篇编》，四川人民出版社，2013，第383页。
③ 田道华：《家乡九斗碗》，《四川烹饪》2006年3期。
④ 刘相萍：《川北民间九大碗》，《四川烹饪》2007年第6期。
⑤ 杨荣生：《旺苍坝民间传说饮食初探》，载《川菜文化研究续编》，四川人民出版社，2013，第479页。
⑥ 胡开全：《成都东山的传说九斗碗》，载《川菜文化研究续编》，四川人民出版社，2013，第467—475页。
⑦ 陈茂君：《自贡盐帮菜》，四川科技出版社，2010，第30页。

从有关记载来看，清代民国以来四川地区田席名称并不固定，有记载广安一带所谓“必贵寿、婚娶大庆，始备九豆，俗称‘十大碗’”[①]。但据《渠县志》记载：“若飨显客，则陈盛馔，曰肉八碗。”[②]民国《雅安县志》则记载为：“宴客昔人用五宾盘，嫌其简也，易为九碗席，踵饰增华，易为燕粉席，再易为参肚、为鱼翅。”[③]民国《南川县志》卷六《杂俗》中记载：“乡村饮食尚俭，通常曰平头席，曰干菜席，丰美者曰洋菜席……必满九器俗呼九大碗。”[④]

应该看到，巴蜀传统田席不过是民间家常川菜的一个大汇总，从传统田席中透视出民间家常菜的饮食常态。前面我们谈到，早在唐代巴蜀地区就以黄儿米、细子鱼为蜀人之家常便饭，当时大米的食用还不如今天这样普遍，主要以小米之类为主食。但从清末民国以来，巴蜀经济发达地区或中上等人户家常饮食中以大米为主食的特色已经完全定型，清代就有“南人饭米，北人饭面，常也”[⑤]之说。巴蜀地区在南宋以前主要是受中国北方文化的影响，但南宋以后更多南方文化的影响，形成了清代以来巴蜀文化亦南亦北的文化风俗，饮食文化自然也是南北兼容，亦南亦北。城镇一般主食上以米为主，米、面兼行。清末民国时期巴蜀地区稻米的食用最普遍，正如王培荀《嘉州竹枝词》称“顿顿香蒸云子饭”[⑥]，《蜀典》卷六记载：“今蜀中有碎砾状如米粒圆白，云子石也。”[⑦]《通雅》以“云子饭，言其白也”[⑧]称大米的色状，可见大米成为城镇一般中上人家的普遍主食。

清末民国以来，巴蜀各地区主食也存在一定的差异，一般经济发达的地区、平坝浅丘地区往往食用稻米更为普遍，反之在一些经济落后的地区或山地、深丘为主的地区食用稻米就相对较少，杂粮相对较多。以下众多

---

① 宣统《广安州新志》卷三十四《风俗志》。
② 民国《渠县志》卷五《礼俗志》，民国二十一年（1932）排印本。
③ 民国《雅安县志》卷四《服食》，民国十七年（1928）石印本。
④ 民国《南川县志》卷六《杂俗》。
⑤ 李渔：《闲情偶寄·饮馔部》，浙江古籍出版社，2000，第227页。
⑥ 雷梦水等编《中华竹枝词》第5册，北京古籍出版社，2007，第3405页。
⑦ 张澍：《蜀典》卷六，道光十四年刻本。
⑧ 方以智：《通雅》卷三十九《饮食》，中国书店，1990，第476页。

的史料就充分证明了这一点：

嘉庆《汉州志》卷十五《风俗志》："民闲无论贫富皆食白米，米有水碾、旱碾、旆礳、硙子，精粗各别。西北人闲用面，面以连山麦为佳。酒多家酿，藏久者谓之窨酒，闽粤人有红酒。市有黄酒、老酒，即鹅黄帘泉之遗。"①

民国《新繁县志》卷四《风俗》："吾县每日三餐，均以白饭为主，菜则各种圃蔬，佐以猪肉。此为普通常馔。"②

道光《新津县志》卷十五《风俗》："其地宜稻，食皆白米。酿糯为酒，醉必乡醪，鸡、鸭、鱼、肉，可资烹饪。"③

嘉庆《邛州直隶州志》卷六《风俗》："平地之农，恒以稻米为食；山居多食杂粮，如苞谷、荞豆、膏粱之属。"④

民国《大邑县志》卷四《风俗》："邑以稻粱为食，兼用杂粮。西北山甿，胼胝唯艰，食多啖荞麦、薯芋，有终年不食白米者，知物力之艰，生计良不易也。"⑤

光绪《增修崇庆州志》卷二《风俗》："州地皆产稻谷，故食以稻米为主，麦次之。惟西北山产苞谷，一名御麦，可为煮酒之用，多以为正粮者。"⑥

道光《江油县志》卷三《风俗》："食则专以稻为主。"⑦

道光《中江县新志》卷一《地理·风俗》："饮食，城乡皆食稻，山居贫民亦多食芋、粟。"⑧

光绪《德阳县新志》卷一《风俗》："饮食则以稻为主，酿酒、作饭皆稻米。虽极贫之家，少有以菽、麦供顿者。"⑨

同治《安县志》卷三十二《风俗》："安地百种咸宜，山多田少，食

---

① 嘉庆《汉州志》卷十五《风俗志》，嘉庆二十二年（1817）刻本。
② 民国《新繁县志》卷四《风俗》，民国三十六年（1947）铅印本。
③ 道光《新津县志》卷十五《风俗》，道光十九年（1839）刻本。
④ 嘉庆《邛州直隶州志》卷六《风俗》，嘉庆二十三年（1818）刻本。
⑤ 民国《大邑县志》卷四《风俗》，民国十九年（1930）铅印本。
⑥ 光绪《增修崇庆州志》卷二《风俗》，清刻本。
⑦ 道光《江油县志》卷三《风俗》，道光二十年（1840）刻本。
⑧ 道光《中江县新志》卷一《地理·风俗》，道光十九年（1839）刻本。
⑨ 光绪《德阳县新志》卷一《风俗》，道光十七年（1837）刻本。

稻者半，食旱粮者半。”[①]民国《安县志》卷五十五《礼俗》：“安县东南西三乡坝田，而外尚有小山沟田，以产米为大宗，以食米为最普通，逢年则种黍及红苕、红豆食，或添以杂粮，惟北乡永安场以上多山地出产，以黍为大宗，食料亦黍为普通。”[②]

道光《荣县志》卷十八《风俗》：“饮食无珍错，白米而外，或兼用杂粮番薯。”[③]

同治《合江县志》卷十八《风俗志》：“邑人以稻谷为常粮，不足则以荞麦继之。”[④]

民国《乐山县志》卷三《礼俗》：“日三餐，稻米、火米不等，下户或以荞麦、杂粮为食。”[⑤]

嘉庆《洪雅县志》卷三《风俗》：“三日餐稻，傍山家多以玉蜀黍及杂粮为食。”[⑥]

嘉庆《彭山县志》卷三《风俗》：“日食三餐，皆稻谷……西乡山居，多食火米，亦间用面、荞、芋、米。”[⑦]

嘉庆《峨眉县志》卷一《方舆》：“日三餐，稻米、火米不等。下户或以荞面、杂粮为之。山居则用玉蜀黍为多。”[⑧]

光绪《太平县志》卷二《风俗》：“附近城市得食稻米，乡居多食苞谷，高山专以洋芋为粮，粒米不易入口，宴客多以鸡、鱼、腊、菜。”[⑨]

光绪《大宁县志》卷一《风俗》：“城乡日食皆三餐。县、场皆食稻米，家常菜蔬，极丰不过鸡豕……山乡日食，以苞谷、红薯、洋芋为大宗，至荞面、麦粉，因时更易。”[⑩]

---

① 同治《安县志》卷三十二《风俗》，同治二年（1863）刻本。
② 民国《安县志》卷五十五《礼俗》，民国二十七年（1938）石印本。
③ 道光《荣县志》卷十八《风俗》，光绪三年（1877）刻本。
④ 同治《合江县志》卷十八《风俗志》，同治十年（1871）刻本。
⑤ 民国《乐山县志》卷三《礼俗》，民国二十三年（1934）铅印本。
⑥ 嘉庆《洪雅县志》卷三《风俗》，清刻本。
⑦ 嘉庆《彭山县志》卷三《风俗》，嘉庆十九年（1814）刻本。
⑧ 嘉庆《峨眉县志》卷一《方舆》，嘉庆十八年（1813）刻本。
⑨ 光绪《太平县志》卷二《风俗》，光绪十九年（1893）刻本。
⑩ 光绪《大宁县志》卷一《风俗》，光绪十一年（1885）刻本。

同治《仪陇县志》卷二《风俗》："饮食恒俭，素封之家，每食脱粟，亦时间以杂豆，无故不肉食也。至乡曲娄人子，一粥一饭，必杂以时蔬，秋冬则番薯半焉，今人谓之红薯。"[①]

民国《南江县志》第一编《风俗》："娄人多食杂粮、芋薯，取足度日；即稍裕之家，亦不过米饭、园蔬，佐以咸菜，常食肉者盖鲜。"[②]

咸丰《天全州志》卷二《风俗·饮食》："城中只食稻米饼，乡村米少，就地所生只用大小麦、玉芦黍、荞麦、膏粱为饼，聊以度日。"[③]

同治《隆昌县志》卷三十九《风俗·饮食》："富者以稻为主，贫民菽麦稷粟玉麦皆食之。"[④]

总的来看，这个时期巴蜀的平坝、浅丘地区一般以大米为主粮，但在落后地区普遍以杂粮为主食。不过，即使是在盆地内部以稻谷为主的地区，往往也要兼食豆麦，所谓："至正二月早豆、旱麦熟，三月则豆麦全收毕矣，谓之早春二豆，水淘磨开，去皮成瓣，和米蒸煮经供饔餐，贫家无米由专食豆麦，恒以早春充分半岁之食。"[⑤]

由于杂粮本身的环境适应性的差异，各种杂粮的地域分布也不均衡。在杂粮中玉米（苞谷）的适应性最强，平坝、丘陵、山地均能较好种植，所以广大落后山区往往食物单一，生活平实，一般以粗粮苞谷为主食，兼以蔬食。有记载，清中叶以来"川陕两湖凡山田皆种之，俗呼苞谷。山农之粮，视其丰歉"[⑥]。所以，清代巴蜀山地乡民认为苞谷"耐饥，胜于甜饭也"[⑦]。当时乡民将大米饭称为甜饭、干饭，就是认为苞谷的充饥效果比大米更好。有的地区乡民将苞谷与大米合蒸，称为"金裹银"，成为一时的习尚。[⑧]在杂粮中，红薯（苕）以产量大而著称，只适应在低海拔的低山和

① 同治《仪陇县志》卷二《风俗》，光绪三十三年（1907）刻本。
② 民国《南江县志》第一编《风俗》，民国十一年（1922）铅印本。
③ 咸丰《天全州志》卷二《风俗·饮食》，咸丰八年（1858）刻本。
④ 同治《隆昌县志》卷三十九《风俗·饮食》，同治元年（1862）刻本。
⑤ 严如熤：《三省边防备览》卷八《民食》，三角书屋刻本。
⑥ 吴其濬：《植物名实图考》卷二，商务印书馆，1957，第38页。
⑦ 严如熤：《三省边防备览》卷八《民食》，三角书屋刻本。
⑧ 王昌南：《老人村竹枝百咏》，载林孔翼、沙铭璞《四川竹枝词》，四川人民出版社，1989，第47页。

丘陵地区生长。所以，咸同以后四川盆地丘陵地区普遍种植红苕，红苕往往成为许多丘陵地区的主食，如西充县“借问平时糊口计，可怜顿顿是红苕”，所以俗称西充为苕县[①]，甚至将乡下人称为“苕广”[②]。应该看到，这个时期传统的粮食作物荞麦、燕麦、小米、高粱类仍然在一些地区有种植，但除了少量食用外，很多时候已经只是用于酿酒。在众多杂粮中，土豆（洋芋、马铃薯）传入中国相对较晚，但由于其适应高海拔而产量高的特点，在一些高海拔的地区开始成为百姓的主食。不过，土豆真正广泛成为巴蜀地区山地居民的主食是在20世纪中叶以来这几十年间，在民国时期种食并不突出。

清代民国时期巴蜀的一般日常饮食往往是豆花白饭，“豆花饭”成为巴蜀老百姓平常饮食的代称。豆制品不论是在口感和蛋白营养方面都具替代肉食的功能，又因成本较低，故成为百姓日常肉食替代品。据民国《雅安县志》：“浸豆磨浆，岩盐点之成乳，曰豆花；用粗布裹作方块，曰豆腐，黄煎白煮，色味俱胜，晨夕以佐饔食，比户皆然。”[③]山中居民往往也是“玉蜀黍膏兼豆花”[④]。在中国历史上形容某某官员清廉往往称这个官员吃豆腐不食肉，故历史上往往有都豆腐、严豆腐等说法。清代李调元就曾认为：“贵州李世杰总督四川，素清廉，喜食豆花，人称李豆花。豆花即豆腐之未成者。”[⑤]

在贫穷落后地区或一般地区的贫穷之人，采食野菜也是常例，如杨甲秀《徙阳竹枝词》称“子规夜半劝人归，结伴入山采蕨薇”[⑥]。据记载清代四川百姓往往喜欢吃一种蕨粑，有记载：“尝见山内农民，或远行，或耕作，均各身带蕨粑，和水食之，可以充饥。粑黑黄色，据称以蕨根汁，微

① 刘鸿典：《西充竹枝词》，载林孔翼、沙铭璞《四川竹枝词》，四川人民出版社，1989，第193页。
② 汪海如：《啸海成都笔记·续篇上卷》，载《巴蜀珍稀史学文献汇刊》，巴蜀书社，2018。
③ 民国《雅安县志》卷四《服食》，民国十七年（1928）石印本。
④ 雷梦水等编《中华竹枝词》第5册，北京古籍出版社，2007，第3233页。
⑤ 詹杭伦、沈时蓉：《雨村诗话校正》，巴蜀书社，2006，第415页。
⑥ 雷梦水等编《中华竹枝词》第5册，北京古籍出版社，2007，第3478页。

火烧之即成。”[1]据笔者在巴蜀地区田野调查的见闻，十多年前在许多地区的农村，做蕨菜粑粑仍是一种传统风俗。

当然，食物结构与社会的阶层结构也有很大的关系，一般而言在大城镇地区中上层或乡镇中的上层人家食用稻米较多，其他城镇下层社会的各种人群或落后山区的中下层往往多食杂粮。从社会阶层角度来看，正如李劼人所称：“光说肥沃的川西平原内，成都附近的乡村罢，若干种田莳菜的劳苦大众，一年四季连一顿白米饭尚能作为打牙祭，而主要食品老是玉蜀黍，老是红苕、芋头，老是杂菜和碎米煮的粥，老是豆多米少的饭，这还是有八成丰收的景象……倘若每顿有点盐水泡菜，有点豆腐或家造豆腐乳，有点辣子或豆瓣酱，那简直就是奢华极了。”[2]另徐维理也谈到成都一带“肉是相当贵的，很少人能够每天吃肉，有的人一周吃一次，而很穷的人只有过年过节时才吃”[3]。这还是在当时条件不错的成都平原地区的情况，其他落后地区情况可能更差。所以，在广大巴蜀地区，在近代，白米饭豆花、白肉应该是中上层人士的普通常食，而一般下层百姓仍是以苞谷等杂粮加泡菜过日子，只有过年过节时才能沾一点油腥，所以何其芳谈到万县一带自耕农“米饭里夹杂菜蔬番薯、豆类才得一饱”[4]。至于许多赤贫的人群可能就是食不果腹，根本谈不上饮食烹饪的意义了。

第七节　“时人”与“后人”认知的差异：传统川菜内部亚菜系的出现

当今中国960万平方公里陆上疆域，历史上的中国某一时段甚至多达

---

① 徐心余：《蜀游闻见录》，四川人民出版社，1985，第61页。
② 李劼人：《李劼人说成都》，四川文艺出版社，2007，第256页。
③ 徐维理：《龙骨：一个外国人眼中的老成都》，四川文艺出版社，2004，第103页。
④ 何其芳：《还乡日记》，良友复兴图书印刷公司，1938，第85页。

1300万平方公里土地，这样大区域内，中餐的亚菜系自然较多。从我们熟知的四大菜系到八大菜系，到现在每一个行政区都想树立自己本土的菜系，可能多多少少都能找到本区域内的一点差异性。但是，菜系划分是一个需要有逻辑性、辨识度的工作，如果没有逻辑性，菜系的内涵外延就会矛盾重重，就会有诸多悖论出现，反而会造成辨识度的极度混乱而制约菜系彰显力的提高。重庆这些年一部分人在力推渝菜，虽然在感情诉求上可以理解，但本身是完全不科学的，也是在商业竞争上不明智的。

一　近代川菜五大亚菜系话语出现的来龙去脉

有关川菜内部帮派是怎样形成的，可能大家都不是太清楚。通常这种川菜内部帮派如果客观形成后，肯定会形成一种“时人认知”，即当时一方面会在烹饪界内部形成一定的共识，另一方面在社会上也会形成一种共知。不过，我们翻阅大量的文献资料，至少在民国时期的文献中并没有看到有关川菜内部帮派详细的认知记载，最多也只是成都味、本土味、筵蜀帮等几个并不是很确定的话语。经笔者研究发现这种帮派认知更多是来自后人。实际上1988年王大煜在《川菜史略》中提出的川菜五大帮的话语，即成都帮、重庆帮、大河帮、小河帮、自内帮[①]，应该是我们见到的较早的有关川菜五大帮的以地理分布进行的分类命名。这种认知可能是来自王大煜对川菜的个人体会。至于我们谈到的盐帮菜、公馆菜等更是后人对以前川菜内部帮派特征的总结归纳，以前在本土并无这种认知。而将盐帮菜内部再分成盐商菜、盐工菜等类别，更是后人对以前事物特征的总结而已，并不是一种“时人认知”，而是一种“后人认知”。有人还将小河帮细分为自贡盐帮菜、内江糖帮菜、泸州河鲜菜、宜宾三江菜，更是“后人”加“个人”的认知。

另外，历史研究需要明确的时间坐标。王大煜的川菜五大帮的话语，

① 王大煜：《川菜史略》，《四川文史资料选辑》第38辑，1988年。

缺乏一个时间坐标，即到底是指哪一个时期的饮食地域认知？五大菜帮的认知必须基于一定时段来研究，因为不同的时段菜帮的特点都会不一样。

清末以前由于四川盆地本身菜品的地域差异并不明显，而且也囿于文献中有关菜品差异的资料记载缺乏，所以，我们根本不可能对清末以前的四川菜系内部的地域差异做出分析。从目前我们掌握的资料来看，只能分成两个时间断面，一个是从清末到20世纪90年代以前的川菜地域亚区认知，一个是近三十年来川菜的地域差异亚区认知。

就前者来说，巴蜀地区历史发展呈现三大特点，一是受中国政治经济文化重心的东移南迁大背景的影响，四川盆地内部的经济文化重心逐渐向东南方向移动，地域差异逐渐缩小，为川菜的全地域发展创造了基础。二是近代外来文化，往往都是沿着长江溯江而上，以江河为道路传播文化，所以，江河往往是地域文化的重要载体，饮食文化也可能是这样的格局。三是在这种格局下，四川盆地形成双子星座的城市结构，由于近代中国政治经济文化重心东移南迁，特别是重庆开埠、设立陪都和新中国成立三线建设后，重庆与成都成为盆地内的两个政治经济文化中心，形成了成渝双子星座的地理格局，这都为五大川菜帮派的形成奠定了地缘环境和政治经济文化的基础。

不过，如果以前真的已经形成一种川菜内部的地域差异帮派的社会认知，很有可能是缘于近代巴蜀地区船帮的名称。清光绪年间巴蜀地区存在大河七帮、下河六帮、小河四帮等三大船帮的说法，其中大河帮实际上包括岷江、重庆以上川江主流、沱江等七个帮，而下河六帮包括重庆以下川江六帮，小河帮则包括嘉陵江流域的船帮。[①]实际上由于历史上巴蜀地区还有将泸州的沱江称为小河的说法，沱江船帮又称为小河帮，有可能川菜在历史上也借用了这种称法。当然，川菜的帮派与船帮不完全统一对应，有的人则认为近代川菜只分成下河帮、上河帮和小河帮，形成重庆、成都、

① 四川省交通厅地方交通史志编纂委员会：《四川内河航运史料汇编》，内部印刷，1984，第145页。

川南三个地域菜帮，又与上面的五大菜帮认知相左。

所以，以下五大菜系的认知也是笔者对历史上川菜内部菜系的一种自我认知，属于“后人认知”，并不是近代以来川菜内部的一种认知。

（一）成都帮

成都帮，因处长江上游川江的最上段，故历史上也称上河帮。两千多年来成都一直是四川盆地的政治经济文化中心所在，自古物产丰富，气候湿润，衣食不期而至，人们有更多的时间和财力研讨饮食文化，使成都地区自古以来以饮食文化深厚而声名在外。所以，早在唐代就有“扬一益二”的说法，明清时期也还保存“名都乐园”的雅号，饮食业一直较为发达，许多传统川菜的菜品都发源于成都。成都特殊的政治经济文化地位，使其餐饮业的物质和文化基础都较为牢固，特别是近代外来文化传入，政治中心、海味传播和满人尚食三大因素使成都的菜品高中低档菜系完整。所以，以海味、山珍为基础的满汉全席在成都产生，成为全国三大满汉全席之一。

从总体上看，传统川菜的基础调料郫县豆瓣、德阳酱油、新繁泡菜基本上都是在这个区域内产生，调料的讲究为川菜的发展奠定了较好的基础。传统川菜的经典菜品麻婆豆腐、宫保鸡丁、樟茶鸭子、回锅肉、烧白、蒜泥白肉、夫妻肺片都可能是从成都菜帮发展起来的，许多菜在名称上都打上了成都的标识，如历史上的回锅肉，就有“成都肉”的称法。麻婆豆腐与成都万福桥的地名紧密相关，宫保鸡丁与四川总督丁宝桢相关联。从烹饪方式上来看，成都帮派手法多样，味型繁多，麻辣鲜香并存，辛辣度适中。在荤料原料运用上猪、羊、牛、鸭、鸡、鱼、海鲜、野禽并重，特别擅长烹制猪肉、猪杂、海鲜类菜品。

成都地区饮食文化还有一个特点就是小吃繁多，在《成都通览》中有大量记载，只是由于各种因素，历史上的许多小吃如今已经失传。在川菜发展史上，与川菜关系密切的名人大多出现在成都平原地区或与成都有关，如司马相如、卓文君、后蜀主孟氏、宋祁、苏轼、陆游、黄庭坚、杨慎、李调元、傅崇矩、李劼人、贺伦夔、周善培、丁宝桢等。可以说，成都帮是近代川菜的发源地、大本营，以菜品全面、做工精细、小吃繁多著称，故民国时期有“成都味”的话语出现，饮食文化在巴蜀地区最为深厚。

（二）重庆帮

重庆帮，因相对上河帮而言，处川江下段，故名下河帮。重庆的历史地位上升从南宋开始，特别是近代开埠后，地位显著上升，外来的文化大量渗入，成为中国西部地区最早接受西方文化和受西方文化影响最深的城市。到了抗日战争时期，重庆成为国民政府陪都所在，大量下江人进入，大量外来文化涌入，使重庆文化的多元化特别明显。从地理环境看，重庆城附近紧邻大江大河，山地丘陵相间，资源多样性明显。在这样的背景下，重庆菜帮烹饪方式多元，食材中山地、丘陵、平坝资源多样并存。所以，在近代重庆菜中既有传统川菜的一些精品，如颐之时的樟茶鸭子、干煸鳝鱼，重庆饭店的宫保鸡丁、鱼香茄子，民族路餐厅的芙蓉鸡片，实验餐厅的回锅肉、鱼香肉丝、粉蒸肉、烧白、口袋豆腐，小竹林的蒜泥白肉、水煮牛肉、盐煎肉等，也催生出一些有重庆地域特色的名菜，如在烹制鱼类菜品中成就突出，出现了实验餐厅的大蒜烧鲢鱼、豆瓣鲫鱼、脆皮鱼，民族路餐厅的半汤鱼、菜鱼汤、奶汤萝卜丝鲫鱼，重庆饭店的红烧鲫鱼，颐之时的汗蒸鱼、锅贴鱼等。许多菜都彰显出重庆的爽直的个性特征，如毛肚火锅、锅巴肉片、毛血旺、烧杂烩都显现了重庆率真、简单、粗犷的个性。在烹饪方式上重庆菜仍然多样，但力求简明扼要，用料生猛，喜欢用泡椒、干椒子，但红油、豆瓣、老生姜的使用相对较少。重庆菜的这种个性为近几十年江湖菜的流行打下了基础。特别是重庆开埠和抗战陪都时期，大量境外、域外的饮食文化进入巴蜀地区，更多集中在重庆地区，出现南北菜系汇聚重庆的局面，北京菜、粤菜、苏菜（下江味）与本土菜融合，使川菜创新达到一个新的高度，故民国时期在重庆已经出现“本土味”的话语。

（三）大河帮

大河帮，一般是指长江上游的江津、合江、泸县、宜宾、乐山一带，包括历史上的上川南和下川南的南部地区。这里历史上曾与四川盆地少数民族地区相邻，明清时期是四川盆地进入云贵地区的重要通道，同时在明清时期也是长江水运通道的重要枢纽，水运文化发达。明清之际，这个地区受战乱影响相对较少，土著保留较多，中古饮食文化保留多，故食糯文化发达。在人工商业性养殖鱼类之前，这个地区大河的鱼类资源丰富，擅长烹制地方河鲜，也擅长烹制家禽。在烹制手段上，煎、炒、爆、蒸、烧、煮并重，以小煎小炒火爆见长。在味型上，擅长用红油，酸、甜并重，保留中古时期重糖明显。如乐山的周鸡肉、甜皮鸭子，夹江的苦笋肉片、蒜泥田鸡，乐山西坝豆腐，宜宾的清蒸火脚、笼笼熗（鲊）、糟蛋、燃面、富油黄粑、叶儿粑，泸县的玉牌脆肚（火爆肚头）、荤豆花、罐罐鸡，古蔺麻辣鸡、糖醋脆皮鱼，泸州烘蛋、黄粑、猪儿粑，江津的江津肉片、芝麻丸子、合江肥头鱼（江团）、江津酸菜鱼等，乡土风味浓烈，地域特色突出。

（四）小河帮

小河帮，主要是指嘉陵江流域的中游及涪江、渠江及川江北地区，特别是川江阆中一带。这个地区正好是丘陵传统农耕地区，且受陕甘文化的影响较大，清真饮食文化相对较为发达，亦更多受粗放的北方饮食文化影响较大，在五大菜系中最为原始、粗简。另外因受北方豪放饮食文化和丘陵传统农耕文化的双重影响而田席发达，如梓潼的香碗（镶碗）、巴中的坨坨肉为田席中的特色菜品。牛羊肉菜品较多且较有影响，如顺庆羊肉、阆中张飞牛肉、达县灯影牛肉、醉竹轩清蒸牛肉、射洪县的达家牛肉等。其他川北凉粉（顺庆凉粉、绵阳席凉粉）、阆中白馍、梓潼片粉、绵元米粉也多有地方特色和民族风味。总体上来看，这个地区烹饪亦南亦北，川味特色本身并不鲜明，菜品辛辣指数明显比川南的自内帮低，也略比上河、下河帮低。

（五）自内帮

这个地区是四川盆地历史上的手工业核心和交通枢纽地区，主要是指自贡、内江、荣县、威远、资中一带。也有人认为小河帮是指自贡、内江、南充、泸州、广元等地[①]，可能是将嘉陵江小河帮与沱江小河帮混在一起产生的说法，因历史上嘉陵江和沱江相对于长江民间都有小河之称。自贡地区是明清时期的四川井盐业中心，商业发达，饮食业也相对发达。内江、资中一带较为发达是因为位于成渝东大路的中枢地区，过往商业也较为发达，餐饮业也较为发达。这个地区因自贡一带盐业中大量使用牛作为提盐卤的动力，大量病、老而死的牛肉催生出大量以牛肉为食材的菜品。而内江作为明清时期的糖业中心，以糖为食材的菜品也很有特色。在烹饪方式上，自内帮与大河帮相似，以炒、爆为特色。在味型上，自内帮以味厚、味重为特征，具体是用辛香料生猛，辛辣度十分高，以擅长加辣椒（以丝、块、红油为主）、姜来炒、爆、水煮、炸收冷吃。历史上自贡的水煮牛肉、火鞭子牛肉、冷吃兔、血泡肉、鲜椒兔、富顺豆花，内江的夹沙肉、红椒肉丝、豆瓣鱼、冰糖银耳，资中的球溪河鲢鱼等菜品都很有影响。这里要说明的是盐帮菜的概念最早是在2003年才提出的，明显是一个“后人”认知。有的学者更提出自贡盐帮菜下还可以分成盐商菜、盐工菜、会馆菜三大类[②]，也是一种后人加个人的分类。

① 华容道：《别有风味的小河帮——自贡菜》，《四川烹饪》2005年12期。
② 吴晓东、曾凡英、康珺：《自贡盐帮菜》，巴蜀书社，2009，第24页。

二　老四川饮食文化的保存与巴蜀特殊的历史发展过程

应该看到，以上川菜五大菜帮的认知本是一个历史的概念，只是现代人对20世纪末到21世纪初的川菜格局的一种感性认知。近几十年来，随着各地交通、通信的发展，一方面各地饮食文化互融交流，地域特色相对削弱，另一方面各地在饮食商业发展的利益催动下，开发创新菜品，新派川菜涌现，江湖菜独立发展，原来的五大菜帮的地域特征相对弱化。总的来看，川菜的地域逐渐演变与四川文化区划分的三大地域相吻合，形成了近30年来的川菜三大亚菜系，即成都地域菜系、重庆地域菜系、川南地域菜系，体现在地域上即成都帮融纳小河帮西部地域、重庆帮吸纳小河帮东部地域、自内帮与大河帮互通的格局。成都地域菜系传统川菜与新派川菜并重，烹饪方式兼容巴蜀，综合性强，特色相对削弱；重庆菜传统川菜空间大大削弱，新派川菜发达，江湖菜横行；川南地域菜仍然保留其用料生猛、辛辣度高、擅长用爆炒方式的特色。

在现代的川菜三大地域帮系中，川南地域菜的基础是更多保留了中国南方地区中古时期的烹饪饮食文化，即食糯文化鲜明、菜品辛辣指数高、擅长于用蜀姜烹饪的三大特征。

（一）食糯文化鲜明

以食糯文化来看，南方稻作文化区的各民族都有食糯吃糍的风俗。从某种程度上讲，食糯吃糍是南方土著饮食文化的一个重要特征，早在唐代就有“广州俗尚米饼”之称[①]，米制品的多少是显现南方文化的特征多少的重要标志。例如今天广东的裹蒸粽、广西叶包糍、福建的碗糕和粿类、云南的米糕，加上普遍流行于南方各地区的粽子、年糕、糍粑等，形成了一个十分庞大的食糯吃糍文化圈。现代川菜的三大地域亚区中，今天流行于

---

① 段公路：《北户录》卷二，中华书局，1985，第27页。

川南、黔北的黄粑（黔北称黄糕粑），实际上是中古时期南方民族饮食文化中食糯的遗存。

南方的食糯文化体系中，有代表性的是粉糍，即我们习惯称的糍粑。唐代文献中就有粉糍的记载，宋代陈达叟《本心斋蔬食谱》中记载了这种“粉糍”的东西，称“粉米蒸成，加糖曰饴”[①]，只是没言具体流行于南方哪些地区。明佚名《诸司职掌》：“粉糍糯米，糍糕。”[②]佚名《太常续考》卷一：“粉糍，用糯米粉成面，蒸熟，杵成糍糕，为大方块，待冷切小方块。”[③]再一个就是我们后来习惯称的粽子，如宋代吴自牧《梦粱录》卷十六记载有“裹蒸粽子”[④]，与今天裹蒸粽子的主要区别是不用馅，在明代仍称为“裹蒸”。高濂《遵生八笺》记载裹蒸方法：“糯米蒸软熟，和糖拌匀，用箬叶裹作小角儿再蒸。”[⑤]记载得十分具体，但也没有明确流行的地区。清代开始粽子有用馅的记载了，如顾仲《养小录》卷上具体记载了“蒸裹粽”的做法：“白糯米蒸熟，和白糖拌匀，以竹叶裹小角儿再蒸。或用馅。蒸熟即好吃矣。如剥出油煎，则仙人之食矣。”[⑥]顾仲是嘉兴人，这则记载可能是反映当时江南地区“裹蒸粽”的情况。朱彝尊《食宪鸿秘》则记载：“上白糯米蒸熟，和白糖拌匀，用竹叶裹小角儿，再蒸（核桃、肉、薄荷拌匀作馅，亦妙），剥开油煎更佳。”[⑦]这也是记载“裹蒸粽”的做法，与上面一则大同小异。袁枚《随园食单》卷四：“竹叶粽，取竹叶裹白糯米煮之，尖小如初生菱角。”竹叶粽与裹蒸粽属于同类，但有一定差异。

四川地区在这种“粉糍”和“裹蒸”的基础上既形成了蜀式年糕，又进而形成了今天的黄粑。蜀中在宋代称粽子为“糍筒”，主要是将米粽放

---

① 陈达叟：《本心斋蔬食谱》，商务印书馆，1936，第1页。历史还有一种用豆粉蒸成的粉糍，与此不一样。
② 佚名：《诸司职掌》，明刻本。
③ 佚名：《太常续考》卷一，文渊阁四库全书本。
④ 吴自牧：《梦粱录》卷十六，中国商业出版社，1982，第137页。
⑤ 高濂：《遵生八笺》，巴蜀书社，1988，第744页。
⑥ 顾仲：《养小录》，中华书局，1885，第14页。
⑦ 朱彝尊：《食宪鸿秘》，中国商业出版社，1985，第45页。

在竹筒中制作。[1]具体讲，巴蜀地区的黄粑是汲取了粉糍的和糖切块和裹蒸的包叶基础上改进形成的。

李化楠《醒园录》卷下记载了“年糕”的制作法：

> 蒸黏糕法，每糯米七升，配白饭米二升，清水淘净。泡隔宿捞起，舂粉筛细，配白糖五斤（红糖亦可），浇水拌匀，以用手抓起成团为度，不可太湿。入笼蒸之。俟熟倾出凉冷，放盆内，用手极力揉匀，至无白点为度。再用笼圈安放平正处，底下及周围俱用笋壳铺贴，然后下糕，用手压平，去圈成个。[2]

李化楠为乾隆时期的四川人，虽然其在外流寓，所记载并不完全是巴蜀地区的年糕，但也可能一定程度反映了巴蜀流行年糕的特点，如糯米与粳米配合拌糖，都被黄粑所借鉴。清代嘉庆年间成都流行一种“黄糕”，可能就有后来黄粑的影子。据嘉庆时杨燮《锦城竹枝词》：“芭蕉叶大贴甜饭，味似年糕方似砖。”[3]这种用芭蕉包裹方似砖的甜食“味似年糕”，又显然不是上面记载的年糕。光绪《成都通览》记载当时成都有卖“黄糕”者，其画中的“黄糕”就是方砖似的[4]，显然有今天的“黄粑”的影子。清末周询《芙蓉话旧录》卷四称“米蒸黄糕”仍是当时成都人重要早点之一[5]，只是今天成都一带已经不流行此风味甜食了。今天，黄粑只存留于川南宜宾、泸州和贵州的遵义、贵阳地区。

今流行于川南和川西地区的叶儿粑也是中古时期食糯文化的典型代表。叶儿粑，川南宜宾和川西地区称为叶儿粑，但川南泸州、黔北遵义一带称为猪儿粑，有的地方称鸭儿粑，也有的地方又称为三朝粑。历史上一般以崇庆、新都、宜宾等地的叶儿粑和泸州的猪儿粑最为有名，今天主要

---

① 陆游：《初夏》：“白白糍筒美，青青米果新。蜀人名粽为糍筒。”
② 李化楠：《醒园录》卷下，中国商业出版社，1984，第41页。
③ 雷梦水等编《中华竹枝词》第5册，北京古籍出版社，2007，第3195页。
④ 傅崇矩：《成都通览》上册，巴蜀书社，1987，第455页。
⑤ 周询：《芙蓉话旧录》，四川人民出版社，1987，第69页。

流行于川南和川西成都平原西南角等巴蜀文化稳定区。按旧俗，新婿第三朝请出席婚礼者吃三朝粑，而婚礼行三朝之礼甚古，早在宋代吴自牧《梦粱录》卷二十便有此记载。叶儿粑可能本身是中古时期南方食糯吃糍饮食文化的一个特征。民间流传着所谓叶儿粑系八国联军攻北京时光绪皇帝所造，自然无任何根据，不足为信。而目前四川崇州市的“三不粘”叶儿粑不过是20世纪初一个姓“宋”的人创造的，当时称为“艾馍馍”，以其用艾草叶包裹为名。不过，早在清代遵义府就十分流行猪儿粑，郑知同《饵块粑歌》自注“遵义猪儿粑与饵块相似而形差小”①，说明叶儿粑可能很早便出现，只是史料阙载。据民间调查表明，川南江安红桥猪儿粑系广东移民从广东传入，也证明这种食糯文化确实来自于南方地区移民。②

黄粑叶和叶儿粑叶主要是产于南方的姜科植物叶子，今川南称粑粑叶、黄粑叶，又称良姜叶、良姜杆杆，是一种产于广东、广西、云南、福建、四川南部的姜科植物叶。所以，川南的黄粑、叶儿粑明显是南方文化的遗存。

一般而言，从事米糕一类的制作，往往南方人更擅长，所以竹枝词中称“白粉红糖共和匀，作为最好数南人”③。在我们称为老四川的文化区内，米食制品多而有特色，除这里我们谈到的黄粑、叶儿粑外，在川南地区还有泸州白糕、宜宾潮糕、江安红桥磕粉等。

（二）菜品辛辣指数高

川南地区的川菜在辛辣度方面明显要比巴蜀其他地区更高。早在《华阳国志》中就记载蜀人“好辛香”，虽然二千多年来辛香料在不断替换更新中，但这种地域风土特征一直没变。特别是川南自贡一带，辛辣程度尤为突出。早在清末民初《自流井》一书中就谈道：“辣椒性烈，色淡形

---

① 郑知同：《屈庐诗稿》卷四《饵块粑歌》，载龙先绪《屈庐诗集笺注》，中国文联出版社，2004，第208页。

② 罗曲：《红桥猪儿粑》，载《川菜文化研究续编》，四川人民出版社，2013，第500页。

③ 雷梦水等编《中华竹枝词》第5册，北京古籍出版社，2007，第3237页。

短，辣力较鸡心椒尤重，川省所出者，以此处之辣味道为第一……辣椒之最烈者，为七星椒，其力倍于鸡心、钮子等椒。”[①]另有一首诗也谈道：“性情暴烈惹风潮，味要和平缓缓调。怪得人心都辣坏，劝君少吃七星椒。”并注称：“七星椒，辣性最烈，自流井之特产也。”[②]可以说正是因为处于老四川地区，传承巴蜀中古文化最多，所以川南地区将巴蜀传统的重辛香体现得最为突出。在巴蜀地区有“四大名椒”之说，即自贡威远新店海椒、永川尖尖椒、泸州单子朝天椒、攀枝花凉山的小米椒，这四个产椒地大多也是在四川盆地的南部地区，与川椒中的辛辣程度在地域分布上基本吻合。

（三）擅长用蜀姜烹饪

前面我们已经谈到，在历史上蜀姜与蜀椒一样地位重要，是传统巴蜀饮食的最重要的地域特征，所以，川南地区在种食姜方面也很明显，如威远县团结镇的仔姜就很有名气。故川南地域菜在用姜之普遍、用姜量之巨大方面在川菜中也是相当突出的。在川南的自贡、内江、宜宾、泸州等地，小煎小炒类菜品中，辣椒丝、姜丝基本是炒菜的标配。这种种食蜀姜的明显特征，显现出这个地区在饮食文化上传承着巴蜀汉唐的饮食遗韵。

同时，川南地区的饮食往往形成我中有你而你中无我的局面，像我们谈到的川南燃面、叙府糟蛋、黄粑、苦竹笋、猪儿粑、芽菜、川南爆炒菜品，更具有古典色彩，受“湖广填四川”移民文化的影响更小一些。可以说，在现代巴蜀三大亚菜系地区中，川南菜系区是文化相对稳定的亚区，是保留中古时期饮食文化更多的地区。而成都地区和重庆地区两个亚区受“湖广填四川”外来移民菜系的影响更明显，特别是近代以来下江菜等外来饮食文化对这两个亚区的影响更为明显。

---

① 樵斧：《自流井》，成都聚昌公司，1916，第199页。
② 同上，附录自流井之诗词，第3页。

第四章　饮食商业化背景下“新派”与“江湖”的不同结局

20世纪五六十年代传统川菜已经基本定型，但从定型到现在的半个多世纪，川菜的创新与改良仍然在不断进行之中。这几十年川菜基本上是沿着新派川菜层出不穷与江湖菜此消彼长两条道路发展着，但两条道路的结局却不尽相同，显现为新派川菜层出不穷但昙花一现和江湖菜的此消彼长但如火如荼两种不同的结局。当然，严格讲，许多江湖菜本身也是一种新派川菜，一种创新产生的菜品。这里谈的新派川菜主要是指中餐桌席中新发明的盘菜。

第一节　新派川菜的不断涌现与昙花一现

20世纪50年代以来，随着社会经济的不断发展，特别是在新的交通资讯、物流和新的技术设备条件下，烹饪从业人员对创新信息汲取更快，烹饪设备更现代，食材的来源更为丰富，为川菜的创新创造了更好的条件。

早在20世纪50年代，成都的芙蓉餐厅就云集了大量名厨，如陈志兴、白松云、张怀俊、蒋伯春、华兴昌、陈海桂等，创新了许多川菜，以南北大菜、特色川菜著名，如烹制的芙蓉鸡片、豆腐鲫鱼、炸班指、空心鸡元、瓤豆尖苞、豆渣鸭脯、八宝瓤梨等。而成都餐厅更是名厨云集，如谢海泉、张守勋、孔道生、张松云、曾国华、毛齐成、赖世华等，烹制的烤酥方、坛子肉、干烧鱼翅、樟茶鸭子、陈皮鸡、竹荪肝膏汤、菠饺鱼肚、凉粉鲫鱼等被赞不绝口。而耀华餐厅聘请蓝光鉴、黄保临、曾国华、刘建成、李春如等大厨，餐饮上中西合璧，研发出颇具特色的西餐中吃和中餐西吃，对川菜的发展影响较大。1957年建立的金牛宾馆、1960年建立的锦江宾馆作为政府接待的重要宾馆，厨师队伍强大，在川菜创新方面也做出了重大贡献。特别是锦江宾馆提出了"西菜川作，粗粮细作"等话语，推出了一些川式粤菜、川式淮扬菜、川式湘菜、川式西菜的新风格菜品。[①]其他如群力食堂、少城小餐、岷山饭店、滨江饭店等对川菜的发展都做出了贡献。

20世纪五六十年代以来，重庆地区的老牌川菜名店颐之时、小洞天、老四川等餐馆云集名厨，在川菜的创新方面也做出了大量贡献。在20世纪50年代公私合营后，当时重庆还保留有颐之时、皇后餐厅（后改为民族路餐厅、会仙楼餐厅）、重庆饭店、和平公寓餐厅等大型国营企业，另有九园、高豆花、嘉陵餐厅、上清寺餐厅、邹容路餐厅、老四川、竹林小餐、丘二馆、丘三馆、经济凉面、吴抄手、临江门毛肚店、正东担担面、粤香村、蓉村、蜀味、解放碑餐厅、心心牛奶场、永远长、白万发、稀馔、德元、川北凉粉、人和蒸馍、临江汤元、三元烧腊店、星临轩、鸿宾楼、七五烧饼店等。[②]外地口味的餐厅还有冠生园、三六九、陆稿荐、四象村、山东又一村、老北味、北方味道、回民餐厅、回民北方食店、平津食堂、杭州小汤圆、山西可口香、湖南米粉等品牌存在，出现许多有特色的菜品，如邹容路餐厅的干烧岩鲤、宫保鸡块、椒盐蹄膀、炸班指、烟熏排骨、樟茶鸭子，老四川的灯影牛肉、卤牛肉，民族路餐厅的开水白菜、红

---

① 向东：《百年川菜史传奇》，江西科技出版社，2013，第189—199页。
② 蒋泰荣等：《重庆市渝中区商业贸易志》，内部印刷，1998，第241—246页。

烧甲鱼、红烧肥头、鲜熘腰块、宫保鸡块，竹林小餐的蒜泥白肉，丘二、丘三馆的炖鸡汤，九园的包子，临江门的毛肚火锅，粤香村的牛尾汤，蓉村的成都臊子豆腐、贵州鸡、醋熘鸡、大蒜鲢鱼、豆瓣鲫鱼，蜀味的烘猪头、水煮牛肉、水煮肉片、干煸牛肉丝、麻婆豆腐，其他还有解放碑餐厅、上清寺餐厅、三六九和陆稿荐的江浙味菜品，平津食店、北方食店的北方味菜品，冠生园的广东味菜品，四象村的湖北味菜品等都有较大的影响。[①]在20世纪50年代之前半个世纪，巴蜀地区的各位大厨在川菜的创新方面已经做了大量工作，正如熊四智谈道："廖青亭创新的醋熘鸡、半汤鱼，孔道生创新的猪耳片、蟹黄银杏，周海秋创新的豆渣烘猪头、旱蒸鱼，曾亚光创新的原笼玉簪、荷包鱼肚，刘建成创新的淮山炊炸兔、地黄焖鸡，曾国华创新的干烧鹿筋、凉粉鲫鱼，张国栋创新的推沙望月、珊瑚雪莲等。"[②]到20世纪50年代末，在特殊的大跃进背景和生活相当困难的情况下，饮食界出现了"革新菜"的概念，当时的话语是"在党的领导下，打破'无肉不成馆'的保守思想，发扬敢想敢做的共产主义风格，大闹技术革新，以'一菜多吃''粗菜精吃''素菜荤吃'的办法"来实现这种技术革新，所以试制出了五百多种素食菜品，其中大量为素仿荤。如百页肉卷、东坡肉、烧白、粉蒸肉、松子肉、蒸火腿、蜜汁火腿、粉蒸红苕排骨、松花肉片、炸溜排骨、糖醋排骨、溜古老肉、糖醋酥鱼、脆皮鱼、醋溜鸡、关刀肉片、回锅肉、盐煎肉、炒滑肉片、合川肉片、冬笋炒肉片、炒肉丝、鱼香肉丝、青椒肉丁、辣子鸡丁、宫保鸡丁、贵州鸡、红烧肘子、红烧狮子头、家常鱼、葱烧鱼、豆瓣鱼、五柳鱼、一品海参、红烧海参、红烧鱼翅、椒盐排骨、椒盐肘子、锅贴鸡、陈皮鸡、水煮肉片、水煮牛肉片等等，几乎所有的川菜荤菜都用素菜料仿制出来了。具体是用萝卜、瓜类、牛皮菜、面筋、豆筋、鲜藕仿制成肉和排骨，用千张、面筋、豆腐仿制成鸡肉，用洋芋、千张皮、藕粉、豆筋、糯米等制成鱼肉、鱼

---

① 蒋泰荣等：《重庆市渝中区商业贸易志》，内部印刷，1998，第241—246页。

② 熊四智：《川菜的形成和发展及特点》，载《首届中国饮食文化国际研讨会论文集》，中国食品工业协会，1991。

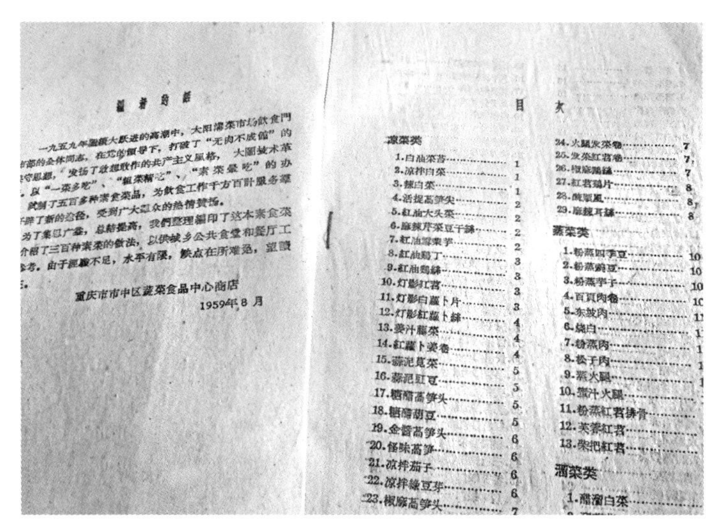
编者的话

一九五九年继续大跃进的高潮中，大阳沟菜市场飲食門
市部的全体同志，在党的領导下，打破了“无肉不成館”的
守思想，发扬了敢想敢作的共产主义風格，大闹技术革
。以“一菜多吃”、“粗菜精吃”、“素菜荤吃”的办
试制了五百多种素食菜品，为飲食工作千方百計服务羣
开辟了新的途径，受到广大羣众的热情贊扬。
为了集思广益，总結提高，我們整理編印了这本素食菜
介紹了三百种素菜的做法，以供城乡公共食堂和餐厅工
参考。由于經驗不足，水平有限，缺点在所难免，望讀
正。

重庆市市中区蔬菜食品中心商店
1959年8月

目 次

凉菜类

1.白油菜苔……1
2.凉拌白菜……1
3.辣白菜……1
4.活捉高笋尖……2
5.紅油大头菜……2
6.麻辣芹菜豆干絲……2
7.紅油凉薯芋……2
8.紅油鸡丁……3
9.紅油鸡絲……3
10.灯影紅苕……3
11.灯影白蘿卜片……3
12.灯影紅蘿卜絲……4
13.姜汁藤菜……4
14.紅蘿卜菜卷……4
15.蒜泥莧菜……5
16.蒜泥豇豆……5
17.糖醋高笋头……5
18.糖醋胡豆……5
19.金醬高笋头……6
20.怪味高笋……6
21.凉拌茄子……6
22.凉拌綠豆芽……6
23.椒麻高笋头……7
24.火腿发菜卷……7
25.发菜紅苕卷……7
26.椒麻鸡絲……7
27.紅苕鸡片……8
28.酸腰風……8
29.麻辣耳絲……8

蒸菜类

1.粉蒸四季豆……10
2.粉蒸豌豆……10
3.粉蒸芋子……10
4.百頁肉卷……10
5.东坡肉……1
6.烧白……1
7.粉蒸肉……1
8.松子肉……1
9.蒸火腿……1
10.蟹汁火腿……
11.粉蒸紅苕排骨……
12.芙蓉紅苕……
13.柴把紅苕……

溜菜类

1.醋溜白菜……

大跃进时期的素仿荤食谱

翅、虾仁、鱿鱼等。[1]不过，由于这些创新只能成荤食的形，但不能达到荤食主料的味，特别是在那个需要油腥的时代，再加上一般家庭和餐馆制作起来麻烦费事，这些“革新菜”在实际生活中的运用并不多，只不过成为餐饮界在大跃进时代像粮食亩产上万斤之类浮夸的时代产物。

应该看到，20世纪六七十年代特殊的政治和经济背景，对川菜的发展是有较大的影响的，主要体现在大量私营业主消失，民间饮食业人的自主创新能力不能很好发挥，国营企业餐厅由于制度因素对于菜品的创新制约较大，流行大锅炒菜，很大程度上影响了川菜的菜品创新。不仅如此，在当时特殊的政治背景下，许多传统餐馆名和菜名被更改，如重庆将陆稿荐改为勤俭，九园改为红星，上清寺餐厅改为向阳餐厅，连宫保肉丁也改为火爆肉丁。[2]另重庆的颐之时改为人民饭店，成都则将粤香村改为红岩餐厅。成都还将当时大多数的四川菜谱中的宫保肉丁、鸡丁改为麻辣肉丁、糊辣鸡丁，将麻婆豆腐统一改为麻辣豆腐，而东坡肉也被驱逐出川菜菜谱。

改革开放以来，随着社会经济的发展，各地餐饮经济发展加快。一方面经济发展，为餐饮业提供了更加广阔的市场空间，一方面地区之间的经济文化交流更加频繁，传统川菜已经不能完全适应社会经济的发展。所以，各餐饮企业主为了适应社会经济文化的飞速发展，也出于激烈商业竞争需要和文化创新理念的影响，大力主张在传统川菜的基础上吸纳中外菜系菜品的优点，创新菜品，形成了新的川菜创新风潮，“新派川菜”成为社会流行的话语。特别是作为川菜发源地的成都，一大批新的餐饮企业出现，像天府酒家、皇城老妈火锅、蜀风园、蜀苑酒楼、文君酒家、少坤甲鱼馆、飘香川菜酒楼、巴国布衣、银杏酒楼、老房子、老成都公馆菜、红杏酒家、乡老坎酒家、卞氏菜根香、大蓉和酒楼等，在川菜的创新方面做出了大量贡献。自贡作为盐帮菜的发源地，在改革开放以来，其盐府人

---

① 重庆市市中区蔬菜食品中心商店：《素食菜谱》，重庆人民出版社，1960。

② 重庆市渝中区人民政府地方志编纂委员会：《重庆市市中区志》，重庆出版社，1997，第213页。蒋泰荣等：《重庆市渝中区商业贸易志》，内部印刷，1998，第231页。

家、蜀江春、阿细、锦府盐帮、檀木林宾馆、沙湾饭店、盐城餐厅、东风旅馆餐厅等餐饮企业也在川菜的创新方面做出了重大贡献。绵阳的菜羹香饭店、涪城饭店、子云酒家、西蜀酒家，乐山的玉东餐厅、乐山虎厅、红利来酒楼、眉山餐厅、峨眉饭店，内江的民乐大厦，遂宁的品香园，万州的太白酒家，宜宾的岷江餐厅等也在川菜近几十年来的发展史上有重要贡献。川菜史上出现了成都的公馆菜、内江的大千系列菜、宜宾唐氏的全竹宴、自贡的牛肉和兔菜系列、绵阳史家菜系列等，携传统与创新，在川菜创新史上都有重要地位。改革开放以来，重庆又将小洞天等老字号恢复，陆续新建上会仙楼、小滨楼等餐厅。[①]后来重庆先后出现会仙楼、泉外楼、小天鹅、唐肥肠酒家、陶然居、阿兴记、渝信川菜、渝风堂、味苑等大型餐饮企业。如重庆的味苑餐厅、唐肥肠酒家、陶然居酒楼、渝信川菜、阿兴记酒楼、渝风堂、巴味堂等在川菜的创新上做出过大量贡献，像陶然居、渝风堂等还在不断力推渝菜概念。

在这个创新浪潮中，大量厨师汇纳中外菜系的烹饪方法、新的食材、新的味型、新的成菜进餐方式，结合本土传统，积极进行创新，开发研制出大量新派川菜菜品推向市场。1990年出版的《重庆特级烹调师拿手菜》中，介绍了20世纪80年代的53个特级厨师的创新菜品，涉及157种菜品，[②]分别是：

李跃华：干烧鱼翅、鸡豆花、咸菜什锦
吴海云：什锦素烩、芙蓉鸭方、四味鲍鱼
吴万里：黄焖鱼翅、味苑全鸭、蝴蝶牡丹
徐明德：串烧鸡柳、红袍大虾、口袋豆腐汤
苏贵恒：群猴戏乌龙、白玉栖红盅、盘龙竹荪
郑显芳：蜜贵牛肉、发菜蛋卷、山巅雄鹰

① 重庆市渝中区人民政府地方志编纂委员会：《重庆市市中区志》，重庆出版社，1997，第211页。
② 商业部重庆烹饪技术培训站：《重庆特级烹调师拿手菜》，内部印刷，1990。

蒋开智：腐皮包虾、干煸双蔬、天麻飞鸽

汪学军：灯笼大虾、天鹅踏青、金钱海参

邓孝志：雀巢鹌鹑、菊花兆银花、清白传家

王家玉：粉蒸青元、碎米牛肉、麒麟鸭脯

刘大东：花菇牛掌、四喜豆腐、百合酥泥

姚红阳：太白鹌鹑、左宗棠鸡、宫保鸭腰

陈远明：汗蒸胡辣鸡、干煸萝卜丝、水晶石榴蛋

张长生：家常溜鳝丝、冬菜豆芽饼汤、翡翠珍珠

邓世梅：干煸鳅鱼、江中竹筏、蜜汁紫薇蛋

邓万第：三鲜豆浆、软炸鱼条、吉庆鸭掌

黄国良：鲜花丝瓜卷、宫保仙贝、碧玉藏珍

陈光重：紫茄鳝段、百花枸杞鸭、八卦朝圣

王偕华：荷花江团、锅贴双椒、锅巴佛手鱼

张　平：烧板冬笋、葱油蛰卷、南国春色

曾亚光：葵花豆腐、一品驼掌、朝霞鳝卷

陈志刚：干烧岩鲤、蛟龙献珍、官宴孔雀

许远明：渝州羊肉、鸳鸯鲍鱼、双味火锅

谭光明：凤尾银杏、蚕豆鸭腰、荷包鲫鱼

代金柱：麒麟发菜、凤腿发菜、荷花鲍鱼

李有立：菠萝鱼卷、水煮鲶片、辣椒仙贝

冯山俊：玉笋明虾、渝味热窝鸡、马蹄莲鲍

谢荣祥：南海风情、地参金盒、金钱碧玉

秦德焰：芋艿烧鸡、鸡火瓤莲藕、芝麻脊片

汪天荣：鸳鸯凤尾、紫菜鸽蛋、家常裙边

周　泽：干烧海螺、火爆蹄筋、火把鳝丝

郑朝渠：葱烧野鸭、彩色兔糕、酸芥鲶条

刘俊安：怪味鱼饺、四季发财、一品鲜梨汁

余思綦：双扇扑蝶、糖醋松果鱼、双椒兔柳

冉茂文：干贝碧螺、凤凰鱼翅、家常瓤豆腐

张正雄：油淋包烧鱼、糖粘魔芋、瓤豇豆

张国柱：怪豆腰果、陈皮鹑腿、白头海鹛

王树云：鱼香藕荚、兰花冬菇、人参双边汤

陆庆德：百花鱼翅、长生凤脯粥、荷包肚

郭辉泉：家常鱼唇、月影江团、鳖腹藏珍

王志忠：葵花烘蛋、鲍脯珍珠鱼、雪兆丰年

李燮尧：八仙过海

张胜国：五彩凤卷、炝锅鱼柳、如意虾卷

邱长明：清汤螃蟹、鸡油茭白卷、八宝瓤鱼

刘小元：软炸香蕉、梅花鱼肚、麻花鸡柳

向芝贵：冬葵鲫仁羹、爆竹迎春、太极秧白卷

许道伦：香辣百叶、麻园萝卜、清溪牧歌

张金忠：春江水暖、桃仁鱼排、脱胎换骨

朱大能：琵琶凤脯、鱼香海参、绣球蹄燕

曾群英：鱼香水晶虾、茶熏五香鸡、五彩追月

谢　云：麻辣雀舌、椒麻脆笋、双雄争勇

李庆初：蟹黄鱼翅、佛手鱼唇、桂花紫薇

张汉卿：百花富贵鸭、蜀蔬聚会、菊花牛冲

可以说以上一百五十多种菜品，都是改革开放初期川菜创新菜品的结晶。总的来看，这些创新有的是在川菜内部体系各组成部分之间进行烹饪方法、主要食材、主要味型、成菜进餐方法的互换交融，有的则将这四个方面与外来菜品上的四个方面互相融通嫁接来创新，有的则是赋予了传统川菜或创新菜品新的文化寓意和名称。

如在传统川菜中干烧之法源于近代四川厨师，出现在清代末年，早

在《成都通览》中就有干烧大肠、干烧鱿鱼的记载。[①]李跃华大厨开发出干烧鱼翅，将无味道的鱼翅烧出浓鲜醇厚味道，使之成为川菜筵席中的头菜。而吴万里大厨则将传统的《筵款丰馐依样调鼎新录》中的红烧鱼翅改变成黄焖鱼翅，使味道更浓醇、烹饪更省时。黄国良厨师则将川菜中宫保法（火爆）与海鲜结合，开发了一道宫保鲜贝，成为川式海鲜的一道代表菜。李有立开发的菠萝鱼卷，中西结合，将川菜口味与西餐的用料形式结合起来。厨师曾亚光则发明葵花豆腐，将豆腐与鱼茸、海参加工成葵花一样的形色味兼有的品味。陈志刚的糊辣鲜贝则将川菜的糊辣味型、炝炒方式与海鲜结合起来，很有特色。周泽则以川菜干煸海鲜，开发出干煸海螺，新意别出。徐明德厨师则仿香港串烧，与川菜味型结合，开发出串炸鸡柳，所谓咸鲜微辣，风味别致。鱼香味是川菜特色最鲜明的味型，朱大能将川菜传统的鱼香味与海参结合，烹制出鱼香海参，而曾群英则烹制出鱼香水晶虾，两菜至今也多被食用。

有的厨师在传统川菜烹饪方式不变的前提下改变主料产生新菜，姚红阳将传统太白鸡改为用鹌鹑，形成太白鹌鹑，将宫保爆炒用于鸭腰形成宫保鸭腰，风味特别。干煸之法是20世纪中前期由四川厨师创出的烹饪方式，至今干煸鳝鱼在川菜中影响较大[②]，邓世梅厨师创出干煸鳅鱼，咸鲜麻香，陈远明厨师则将川南地区的干煸萝卜丝改为杠子牛肉。

三鲜之说起源于何地何时并不是很清楚，1936年出版的《家庭食谱四编》中三鲜汤的三鲜是指蘑菇、冬笋、冬菜。[③]民国时期《中国食谱》中三鲜汤中的三鲜是指鸡肉、火腿、竹笋。[④]时希圣《素食谱》中多谈到三鲜，但所指均不统一，如有时指笋干、木耳、香菌，有时指油面筋、芦笋、香菌，有时指麻姑、芦笋、榨菜。[⑤]近代川菜中三鲜的菜品较多，如三鲜汤、

---

① 傅崇矩：《成都通览》下册，巴蜀书社，1987，第258页。

② 据《清稗类钞》记载在清代有炙鳝之菜，主要是将鳝段加油炙干，再加俏料酱、姜汁。

③ 时希圣：《家庭食谱四编》，中华书局，1936，第139页。

④ Buwei Yang Chao，*How to cook and eat in Chinese*. New york：The John day company，1945，p.167.

⑤ 时希圣：《素食谱》，中华书局，1936，第49、108、156、192页。

烩三鲜等，但三鲜所指并不统一，鸡肉、冬笋、竹笋、肚条、舌片、火腿、火腿肠、木耳都可能成为三鲜之料。邓万弟师傅则发明了三鲜豆羹，主要是将鸡肉、火腿、冬笋三鲜与河水豆花结合起来。对于有些食材，传统的烹饪方式一般较为固定，如传统川菜一般多是烧、煮、烩来烹制蹄筋，但周泽则用川菜火爆法来烹制蹄筋，新意别出。

有的在传统烹饪方式不变的情况下，增加俏料来使菜品更加鲜美，如陈志刚的干烧岩鲤，名为干烧，实则汤烧，增加火腿、肥肉，体现了川菜味道的复合性。向芝贵的冬葵鲫鱼羹，用四川菜中传统的冬葵与鲫鱼合成为羹，绿白相间，清香可口，很有特色。陈光重厨师则将传统川菜茄子鳝段烧，煸、熘结合，咸鲜麻辣兼适。王偕华厨师则将川菜中锅巴肉片创新为锅巴佛手鱼。[①]

这个时期成都的新派川菜开发也是成就突出，1995年成都市饮食公司推出《川菜新作》一书，其中介绍了成都市内各餐厅厨师的152道创新川菜，其菜目如下：

魏光荣：三色葫芦掌、菠萝奶冻、虾盏酥蝎、凤凰酥烩、麻酥米粉肉

曾和平：刺猬虾球、海棠苦瓜、宫灯黄喉、开心鸭方、凉粉鲫鱼

喻　波：兰花熊掌、牡丹鱼片、荷花鲍裙、荷花鲍肚、孔雀海鲜串、鲜果豆腐、菊花青鳝、香炸腊肠

钟　杨：蔗味龙虾、珧柱酿冬茸、花篮生鱼卷、太极八卦鱼、香炸蟹钳

李　林：香辣鱿鱼卷、孔雀虾脯、雀巢海鲜会、香烤鹿肉、火夹冬瓜、芙蓉豆腐饺

陈信良：竹筒蒸鸭

兰贵军：鱼香芝麻大虾、汆蒸鹿肉、翡翠燕窝、芸豆鸭翅、酥皮

① 商业部重庆烹饪技术培训站：《重庆特级烹调师拿手菜》，内部印刷，1990。

鳗鱼

王权富：双味腐夹、莲蓬虾茸、兰花酥虾、圆盅甲鱼、翠珠蛇卷、威化三海丁

杨孝成：家常百叶卷、干烧牛肉卷、五彩鲜贝、椒麻酥皮虾

李　列：家常虾仁豆腐、枇杷蛙腿、菊花翡翠虾、孔雀香辣兔花、汤爆虾球、雏菊裙边

周久伦：太极大虾、川贝酿枇杷、花扇口蘑、清蒸火腿鱼、玉笋兰花

卫和平：花篮扇贝、招财进宝、菠萝西王羹、鸽蛋肘圆、孔雀猴头

丁翔容：湖边鲜鱼、金龙拜雪莲、雪花龙眼冻、香酥冬瓜、一帆风顺

赵正兴：彩蝶豆腐、凤尾鸡糕、花柚迎宾、双吃大虾、香炸时蔬

张胜跃：果味带子、腐糕鸭方、葵花鲍鱼、海棠青鳝、网油鳝卷、扇贝冬瓜牌、双味虾卷

王福盛：酥炸划水、五仁葫芦鸭、粉蒸鳝鱼、莲花鸭掌、桃盏香蕉泥

严乡琪：芙蓉鸭掌、一品牛掌、翡翠鸭翅、油泼牛脑脊、三蔬猴头菇

方昌源：山瑞腐鲍、太极豆腐、银杏鸭方、五宝豆腐卷、铁板海蟹

张玉华：八宝荷包、柠檬椰茸鸡、彩珠豆腐、葵花青椒

邓自成：鲜熘白腰、家常牛头方、柠檬酥牛、清汤毛肚、酥炸牛排、花仁汉堡、冬菜酿鸡

夏青泽：蝶恋花、冰汁双果冻、鸳鸯腐卷、盘龙三元、蟹戏海棠

缪　勇：茄汁鱼排、神仙豆腐、柠汁白玉牌、金钱虾饼

赵德安：红梅菜心、百花阮夹鱼

刘成贵：油爆虾贝、锅贴大虾、家常海鲜煲、铁板海鲜串、松仁

熘鹧鸪

李绪泽：孔雀争艳

黄新江：吉庆虾糕

曾　锋：孔雀鳗鱼、百花鱼面

钱寿彭：年年有余、金鱼鲍脯、菊花鱼翅、虫草琵琶鸭

奂成明：双味牛柳、长寿裙边

黄天孝：双吃龙凤卷、四季鲜鱿糕

吴　伟：三味鱼、菊花笋尖

温贤明：葵花鱼卷、茶花虾

王志勇：锅贴鱼卷、西兰扇面虾

赖兆永：虾仁藕丸、葫芦竹荪

刘华生：柠檬土司、孔雀鱼翅

魏宗德：芙蓉虾球、双味鲜鱿

曾焰森：八宝脱骨鱼、咖喱如意排、麦穗鲜鱿

曾长君：杨梅豆腐、面包酥虾

刘晓旭：咖喱兔花、龙珠鱼肚卷

李　林：玉扇葫芦

以上菜品中，有的厨师改变食材搭配，利用川菜中少有用到的奶与水果菠萝结合，比如魏光荣推出菠萝奶冻，喻波则将鲍鱼与甲鱼清烧摆盘成荷花，推出荷花鲍裙，色、香、味皆备。川菜本来就是以味型众多、味道复合为长，将两三种味型集于一道菜中或用多种味型烹制同一种食材也是一个新菜的道路，所以，厨师们也用心在此基础上开发出了许多多味型菜，如奂成明的双味牛柳、吴伟的三味鱼、张盛跃的双味虾卷、越正兴的双吃大虾、魏宗德的双味鲜鱿等。

有的则将海鱼一改过去蒸、煮、焖等方法，改为油炸，如喻波的孔雀海鲜串。有的一改过去青鳝多用清蒸之法，用熘法成菜，如喻波的菊花青鳝，形神皆备。有的则将传统川菜味道型用于烹饪海鲜，如钟杨的香炸蟹

钳、李林的香辣鱿鱼卷和孔雀虾脯、兰贵军的鱼香芝麻大虾、刘成贵的家常海鲜煲和铁板海鲜串、杨孝成的椒麻脆皮虾。也有的厨师用川味烹饪野味，如兰贵军开发了汆蒸鹿肉。

有的则对传统川菜基础上的味型味道、食用方式、烹饪方式和食材加以调整。魏光荣在传统粉蒸肉的基础上推出麻酥米粉肉，使传统粉蒸肉在咸鲜的基础上大增香味。有的则在传统川菜家常豆腐的基础上，改明烩的肉片为暗酿，并在摆盘上创新，如王权富推出双味腐夹，做到了形味皆美。有的将川菜干烧之法用于烧猪牛肉，杨孝成推出干烧牛肉卷，再配以水果垫底摆盘，也是很有新意。有的则改变传统川菜的坛子肉用料，用鸽蛋、小肉丸、肘子分别代鸡蛋、狮子头、五花肉，如卫和平推出的鸽蛋肘圆。有的则将川菜的粉蒸之法用于鳝鱼，并配蘸碟，如王福盛的粉蒸鳝鱼。有的则将川菜的烧牛头方，改为家常味来烧制，如邓自成的家常牛头方。有的则将川菜中少用的柠檬味融入牛肉的烧制中，如邓自成的柠檬酥牛。一般在川菜中冬菜粉蒸多用于蒸牛羊猪肉，在历史上也有粉蒸鸡，但在川菜中并不多见，所以，有邓自成厨师开发了冬菜酿鸡，在粉蒸鸡的基础上增加淋汁的过程，也很有特色。[①]

创新川菜不仅局限在热菜，凉菜、泡菜也有一些新的突破，如一改过去泡菜只泡素菜的传统，开发出来泡椒凤爪，影响巨大，现在已经形成工业化规模生产。同时在经营业态上更加多元灵活，从20世纪50年代前的“鬼饮食”开始，经营时间、场所都更加多元，出现冷酒馆、冷淡杯、夜啤酒、早面馆、茶餐厅、餐吧等新的经营业态。早在民国时期就在成都、重庆、泸州等地出现了包饭作，新中国成立后逐渐被食堂代替。到20世纪80年代后包饭餐业务又开始兴起，直到今天流行的外卖快餐。

应该说，巴蜀地区的许多餐饮企业都是通过以传统川菜为基础，开发新派川菜在市场中发展壮大的，如成都的巴国布衣、蜀府宴语、大蓉和、卞氏菜根香、唐宋食府、成都映象、红杏酒家、乡老坎、飘香、喻家等川

---

① 成都市饮食公司：《川菜新作》，四川人民出版社，1995。

菜馆，重庆的陶然居、阿兴记、渝信川菜，自贡的盐府人家、蜀江春、阿细、蜀南宴等。

在这众多的川菜餐饮企业中，成都的巴国布衣不仅在川菜创新与企业发展方面做出了突出贡献，而且善于总结自己的经验，出版了大量烹饪方面的菜谱和管理经验文献。以巴国布衣出版的《巴国布衣风味菜精选》为例，该书总结了凉菜多达111种，热菜多达175种，汤菜56种，小吃61种。凉菜中肚丝就有3种，善于将热吃味型融入凉菜，各种主配料科学配搭；热菜中排骨6种，肥肠菜品多达5种，仅回锅肉就有萝卜干、芋儿、干豉豆、红苕片、片粉5种，不断地在川菜内部将烹饪方式、主食材俏料、味型、食用方式之间互融创新，也不断吸取其他菜系的味型味道、烹饪方法、进餐方式、食材四个方面的元素。①

同时大量四川籍川菜厨师走出四川，将四川菜烹饪方法传到全国各地，特别是沿海各地，并与当地的各种菜肴结合，形成了许多新派川菜。如1995年由陈清华、陈清友编写的《新派川菜》一书②，主要是汇集了南下广东的川厨开发的300余款新派川菜，这些菜品往往是将川菜烹饪方式、味型与广东的食材和粤菜的烹饪方式结合，“粤菜川做”成一时风尚，形成一系列令人耳目一新的新派川菜。如有用川菜火爆方式烹饪海鲜的火爆海蜇、宫保肉蟹、火爆田螺片、宫保鸭舌、火爆鱼皮、火爆双脆、火爆鸭肠、火爆环喉、火爆毛肚、宫保牛百叶，有以四川味型推广的鱼香蟹丁、鱼香脆鳝、鱼香旱蒸白鳝、鱼香海参、鱼香凤爪、鱼香铁板鸡串、鱼香蕨菜肉丝、鱼香兔糕、鱼香锅巴、鱼香玉米笋，也有将四川水煮之法推而广之的水煮泥鳅、水煮环喉、水煮脑花、水煮腰片、水煮沙丁鱼、水煮鱼唇、水煮肥牛肉、水煮牛百叶、水煮花生，也有将四川的特殊食材融入的酸菜鲨鱼、酸菜鲜鱿、酸菜生鱼片汤、酸菜鱼、泡菜火锅鱼、芽菜烧牛肚、酸菜牛肚，也有将川菜中特殊的蒜泥、干烧、陈皮、粉蒸方法推而广之的蒜泥鱼肚、蒜泥鲜肉、粉蒸海参、荷

① 王胜武主编《巴国布衣风味菜精选》，成都时代出版社，2003。
② 陈清华、陈清友：《新派川菜》，重庆出版社，1995。

叶粉蒸白鳝、粉蒸牛蛙、粉蒸大肠、陈皮羊肉、粉蒸仔兔、蒜泥环喉、芭蕉叶蒸肉、干烧泥鳅、干烧富贵鱼等。

同时这个时期川菜在海外的影响越来越大，早在1980年，四川人就在美国开办了荣乐园川菜馆，在香港开办了锦江春川菜馆。随后大量巴蜀厨师到海外创业打工，将川菜文化带到了许多国家。在海外，麻婆豆腐、鱼香肉丝、宫保鸡丁成为相当知名的中国菜品。

总的来看，这个时期新派川菜的创新主要在食材（主料、俏料、调料）、烹饪方式、味型味道、进餐方式（含摆盘、食器、桌席、餐具、程序等）四个方面吸纳中国其他菜系及国外菜系的基础上以传统川菜为根脉进行的。这种创新一是在川菜内部四个方面进行调整改变，也是在吸纳各种外来菜系的这四个方面进行创新组合。

应该看到，近几十年来川菜创新的条件有了很大的变化。传统时期川菜文化的传播和技艺的传承，主要是依靠经营点的师徒相传和家庭的父（母）子相传来完成，历史上留下来可用于实际操作的菜谱相当少。但在20世纪后期，不论是川菜菜谱，还是有关川菜文化的文献都能随时出版。我们知道，中国古代的食谱并不少，但专门的川菜菜谱出现得较晚，较早的川菜谱可能有曾懿的《中馈录》、佚名的《筵款丰馐依样调鼎新录》《四季菜谱摘录》等，其他如李劼人的《旧账》只能是一个民间菜谱名录，而《成都通览》多是以文化记录角度将菜名记录下来，对操作方法的记录并不多。到了民国时期，虽然出现了粤菜和北京菜的地域菜谱，但整个民国时期没有一本有关川菜的食谱出现。只是到1960年，商业部饮食服务业管理局编的《中国名菜谱》第七辑（四川名菜点）和重庆市饮食服务公司的《重庆名菜谱》的出版，才有了第一部公开出版的可操作川菜谱。其间成都市东城区饮食中心店的《四川泡菜》（中国轻工业出版社，1959年）、《满汉全席》（内部出版，1959年）和重庆市市中区蔬菜食品中心商店的《素食菜谱》（重庆人民出版社，1960年）也开了川菜专业性菜谱的先河。另外在1959年，成都市东城区饮食中心店编纂了培训资料内部印刷供培训，如《制肴》《素菜谱》《白案》《腌、卤、蒸》《杂务与水案》《成都餐厅培训笔录》等，也对川菜文化的传承起了重要作用。

到了20世纪70年代后期，这种现象才有所改变，有关川菜的菜谱出版较多，相关的川菜文化的书籍也出版不少，特别是大量的创新川菜被总结写成菜谱推广。如1979年刘建成就编写了《大众川菜》，而上海锦江饭店推出了《四川菜点选取编》。这里值得重点说的是1985年出版的《川菜烹饪事典》，可以称为川菜烹饪技术、历史与文化方面的百科全书，对川菜技艺的推广和川菜文化的弘扬起了重要作用。20世纪80年代有关川菜的菜谱出版众多，举不胜举，但多是对传统川菜菜品的介绍为主，真正的创新川菜菜谱的出现多是在90年代以后，如1995年陈清代、陈清友编写了《新派川菜》由重庆出版社出版，收集了各种创新川菜。成都饮食公司同年也推出了《川菜新作》由四川人民出版社出版，主要介绍新派川菜。1998年，张雪峰主编了《新派川菜100种》由北京金盾出版社出版。2009年罗炎、陈其林编《新派川菜108式》由重庆大学出版社出版。餐饮企业中，巴国布衣不仅在川菜创新方式做出了较大贡献，而且出版了系列川菜文化方面的著述，胡志强主编的《巴国布衣烹饪经典》的凉菜、蒸菜、烧菜、炒菜、小吃、汤菜篇，其中大量都是创新川菜，由四川科学技术出版社2000年出版。另王胜武主编有《巴国布衣家常菜精选》《巴国布衣筵席菜精选》《巴国布衣江湖菜精选》，由四川科学技术出版社和成都时代出版社2001—2003年出版。2011年成都典尚文化工作室推出了《新派川菜精选800款》，由成都时代出版社出版；郑伟乾编《绝色新派川菜》，由重庆出版社在2013年出版。许多厨师也将自己的烹饪经验进行总结，撰写有关菜谱或烹饪体会，如陈松如的《正宗川菜160种》、肖见明的《川菜创新》、舒国重的《四川江湖菜》、杨国钦的《大千风味菜肴》、唐泽铨的《蜀南全竹宴》、史正良的《创新川菜集锦》等。熊四智、车辐等人在川菜文化的总结方面也做了大量的工作，撰写了大量川菜文化的著述。这些工作都为川菜的创新和传承起到了推波助澜的作用。

近几十年来，在川菜技术传承方面还有一个最大的变化，就是从以往个体的师徒、父子的传承变成一种社会的集体培训来实现技术传承，通过培训班和专业烹饪学校实现了川菜烹饪更快更全面的教育传承。早在20世纪50年代到60年代间，成都市饮食公司就开办技术培训班，后成立半工半读的学校。20世纪60年代，成都市东城区饮食中心店、西城区饮食总店也开展培训，并编写了许多专业教材。同时，重庆市饮食服务公司也编了《重庆烹调技术资料》供培训。重庆大阳沟试验餐厅培训班在1960年就开始培训，后在此基础上设立工农兵餐厅培养烹饪人才。其他内江、温江地区也在20世纪60年代就开始烹饪方面的培训。

有关烹饪技术的专门学校在20世纪70年代末如雨后春笋般出现，如1976年建立的四川省饮食服务技工学校，1985年建立的四川烹饪高等专科学校，1978年建立的成都市饮食服务培训学校，1978年建立的重庆市饮食服务技工学校，1978年建立的南充商业技工学校，1979年建立的乐山市商业技工学校，1978年和1979年建立的四川饮食服务技工学校成都班和温江分校，1978年建立的内江市商业技工学校，1979年建立的泸州饮食服务技工学校，1981年建立的商业部川菜重庆培训站。1980年，四川省饮食服务技工学校编写了川菜的教学菜谱《烹饪专业教学菜》。相关政府部门也不断组织各种川菜烹饪培训，而民间的各种烹饪培训学校和培训班更是如雨后春笋一样出现在巴蜀大地，特别如有的餐饮企业也开办培训学校，如巴国布衣、卞氏菜根香等。[①]同时相继创刊了《四川烹饪》和《成都烹饪》杂志，各种有关烹饪的社会团体和评奖纷纷出现，营造了一个创新开发新派川菜良好的社会氛围，极大地推动了巴蜀地区饮食业的发展，特别是新菜品的开发。

不过，从近四十年新派川菜的发展轨迹来看，新派川菜明显呈现创新快但菜品的传播发展慢和传承沉淀并不如人意的现象，绝大多数创新新派川菜的菜品的生命仅有很短的时间并局限在很狭小的范围内，绝大多数菜品昙花一现，快来快去，很快就成为历史。从历史的发展来看，一道成功

---

① 李新主编《川菜烹饪事典》，重庆出版社，1999，第77—79页。《四川省志·川菜志》，方志出版社，2016，第318—331页。

的菜品应该是传承沉淀下来进入家庭、走进江湖，但这种菜品在近几十年却很少。与之相反的是近几十年创新江湖菜却大行其道，风风火火，影响深远，有的江湖菜从原来的传统川菜盘菜脱胎而来，开发成功后又回到家庭而沉淀下来。究其原因，一在于许多新派川菜往往失去了川菜的“八字”根脉，没有遵循地方菜系创新基本规律，即保持地方菜系基本特征和重在口味的两大原则，将创新点更多放在引进方法、味型、食材上，或只重视菜品的造型和命名，失去了川菜的“八字”根本和菜品的“适口者珍”原则。

第二节 新派川菜的发展与江湖菜的盛行

改革开放以来，随着社会经济的发展，特别是西部大开发的实施，伴随着近代交通运输业的不断发展，城市化程度极大地提高，生活节奏大大加快，加上流动人口大增，客观上为餐饮企业的菜品提供了更大的发展空间。巴蜀餐饮业除了前面我们谈到的以大型餐饮企业为主、以盘菜为核心的新派川菜创新发展之路外，民间川菜却沿着一条江湖菜的道路并行发展着。这种江湖菜往往将传统川菜的某些菜品、味型加以改造，形成流行于民间的一种新派川菜。江湖菜在外观上往往以大盘大格（大盛器、份量大）为特征，刀工简约粗野，味型口感上大麻大辣大热（用海椒、花椒、胡椒、生姜等生猛调料，或重火大清汤）、重油鲜香（多用油与香料配合增香），食材上杂烩多样，在经营方式上一菜鼎立（独门冲），可以单独立门面，可以单独立桌席为特征，在社会属性上享有知名度、流行性两大基本特征，往往流行于巴蜀，散布于全国。总的来说，近四十年来新派川菜盘菜远远不如江湖菜的发展成功，这主要是因为江湖菜始终没有放弃传统川菜的基本特征。

从食材上来看，江湖菜是以鱼、鸡、兔三类荤料菜品为主体，鸭子、牛肉、猪肉类的江湖菜并不多。其中鱼类主要有璧山来凤鱼、渝北翠云水煮鱼、北碚三溪口豆腐鱼、綦江北渡鱼、潼南太安鱼、大足邮亭鲫鱼、江津酸菜鱼、巫溪烤鱼、万州烤鱼、资中球溪河鲶鱼、成都谭鱼头、新津黄腊丁、南溪黄沙鱼等。鸡类主要有歌乐山辣子鸡、南山泉水鸡、李子坝梁山鸡、璧山烧鸡公、黔江李氏鸡杂、奉节竹园紫阳鸡、南川方竹笋烧鸡、南川碓窝鸡、古蔺麻辣鸡等。兔类主要有铜梁三活鲜、自贡鲜锅兔、自贡冷吃兔、双流兔头等。其他杂类主要有磁器口毛血旺、白市驿辣子田螺、武陵山珍、黔江青菜牛肉、彭州九尺鹅肠、简阳羊肉汤锅、荣昌羊肉汤锅、乐山跷脚牛肉、成都老妈蹄花、乐山甜皮鸭、梁平张鸭子、荣昌卤鹅、四大豆腐宴等。

一 江河鱼类江湖菜的历史发展

（一）成渝公路运输繁忙与璧山来凤鱼的发展

明代定型的成渝东大路是四川盆地内最重要的交通通道，这条道路从成都锦官驿起经过龙泉驿、来凤驿、白市驿到重庆，驿道上商人、政客不断，沿路城镇经济十分繁荣，饮食业也较为发达。民国二十六年（1937），成渝公路修通后，成渝两地的交通更是发展较快。特别是20世纪80年代以来，随着改革开放后巴蜀地区经济发展大大加快，商业物流越来越频繁，成渝公路的交通运输物流大增。具体主要是大量货运车往返于成渝公路上，司机的饮食需要量大增，再次是大量客运往返于成渝间，特别是大量夜班客车的运输（当时客车往返于成渝间一般需要11个小时），大量司机和旅客都有休息和吃饭的需要，客观上使沿途的餐饮市场增大。来凤鱼正是在这种背景下发展起来的。

据调查，璧山一带一直有食鱼的传统，但以前影响并不太大。20世纪七八十年代璧山来凤镇东街食店唐子荣、唐德兴、陈中文、邓永泉等一直在烹制来凤一带的风味麻辣鱼。1981年重庆电视台记者杜渝前往大足，旅途中在东街食店吃了唐德兴做的麻辣鱼，深感味美，请北京书法家杨萱庭书写了"鲜鱼美"赠东街食店。后来，东街食店被货车撞垮后，唐德兴等人在原东街食店旁开了一家"鲜鱼美"的食店。从此，依托"鲜鱼美"的故事与名人效应，加上成渝间客货流的不断增加，来凤鱼的名声快速传播，不仅旅客、司机在来凤吃鱼成为习惯，而且各地政商各界人士往往慕名前往，一时四方食客云集。同时，原东街食店的邓永泉师傅被派到青杠的"大字号"食店，由于来凤镇上鲜鱼美食店停车不便，往返成渝路的司机往往就在大字号食店歇脚停车，而青杠后来也正当成渝高速路出入口，更使青杠一带的来凤鱼名声逐渐传开。邓永泉师傅退休后为传承手艺，收了不少徒弟。这批徒弟在前辈的基础上不断改进，推广来凤鱼的烹饪技艺，使来凤鱼名声越来越大。特别是借助改革开放后人流物流增大，趁着大量四川人外出打工创业的机遇，全国各地也相继开办了许多来凤鱼店或者推出有来凤鱼的食店。[①]

历史上虽然烹饪鱼类菜品较多，如《筵款丰馐依样调鼎新录》《旧账》《成都通览》《四季菜谱摘录》都有大量烹制鱼类的记载，但将麻辣作为味型烹饪鱼类的方法却少有记载。20世纪30年代，重庆一带已经流行一鱼两吃，可以在脆皮鱼、豆瓣鱼、辣子鱼之间选择。[②]所以，今天我们看到的来凤鱼的基础烹饪方法在民国时期可能就已经出现了。今天，来凤鱼实际上也主要是以三种烹饪味型为主，即麻辣味型、豆瓣味型、荔枝味型，其中前两种味型的基础在民国时期就已经出现，但荔枝味型的来凤鱼是近几十年来人们的创新菜品。

在来凤鱼近40年的发展过程中，菜品味道也发生了一系列变化，一是厨师们主观上在不断改革创新，一是在域外推广过程中无意识地产生变异，一是主料鱼和调料的品质变生了变化。总的趋势是味型在不断增多，味道的复合性在不断强化，但主料草鱼、花鲢的品质却有所下降。

---

① 蓝勇主编《巴蜀江湖菜历史调查报告》，四川文艺出版社，2019，第1—11页。
② 翁：《两吃鱼》，《南京晚报》1938年10月4日。

（二）资中球溪河鲶鱼的历史发展

资中球溪河鲶鱼的历史发展同样与成渝公路的发展密不可分。资中球溪镇一带正当成渝公路的中段，以前成渝间客货车10多个小时的运输过程中许多司机和乘客都需要中途休息吃饭。球溪河一带以前盛产鲶鱼，民间一直有烹饪鲶鱼的传统，正是这样，在改革开放后交通运输的物流人流量大增的背景下，球溪河鲶鱼声名显现。

早在20世纪80年代中后期，在321国道（成渝公路四川段）渔溪镇天马山一带就形成了鲶鱼街，有几十家鲶鱼餐馆，其他在距球溪镇139公里处和黄桷树之地已经有鲶鱼餐馆。其中以天马山的王永久的永久王鲶鱼名声最大。1985年在321国道边距球溪镇139公里处（后来的球溪河东站高速路出口）有后来名气较大的第一家“老书记周鲶鱼”和1990年出现的“老书记周鲶鱼”。1988年，在黄桷树（后来的球溪河西站高速路出口）有黄万资老字号鲶鱼餐馆。1995年成渝高速公路开通后，天马山鲶鱼街因不当道口失去了主要的客源，而球溪河东站出口和西站出口客流量大增，东西两站出口相距六公里左右，鲶鱼餐馆最多时达百余家，其中以黄资万的饭店生意尤为突出，有时还要通宵营业。这个时期球溪河鲶鱼通过客流大量宣传推广，资中球溪河鲶鱼的声名在外影响越来越大，逐渐成为巴蜀地区名气很大的江湖菜品。

进入21世纪后，成渝之间多条高速公路开通，如成遂渝高速（2002年成南高速、2007年遂渝高速）、2014年成自泸高速和2017年的成安渝高速公路开通，分流了大量原来走成渝高速的客货流，球溪河鲶鱼餐馆的生意受到很大的影响，形成节假日外地人专门驾车品尝者居多的格局，许多名声大一点的店子主要是做回头客，如黄资万饭店和永久王鲶鱼。张妈鲶鱼庄也主要多是由熟人介绍的客人。不过，随着快速交通的发展，球溪河鲶鱼的品牌在外不断扩大影响，巴蜀各地开的以球溪河鲶鱼为招牌的餐饮店越来越多，如历史上成渝高速路的龙泉山高洞水果市场内和大英县高速路出口处等尤为突出。

前面已经谈到在民国时期巴蜀地区民间家常普遍流行麻辣鱼吃法，所以，最初球溪河鲶鱼实际上是对传统乡土家常麻辣味型的菜品的打造提高，出现了以麻辣为核心，包括麻辣、家常干烧味、大蒜味、白味（酸菜味）多种味型的鱼菜。①

应该看到，球溪河鲶鱼的发展受到多方面的限制。总体上来看，资中球溪河鲶鱼烹饪味型相对于来凤鱼来说较为单一，基本是在家常味的基础上叠加麻辣，往往一般烹饪家庭都能复制烹饪。以前在人工养殖鲶鱼前，天然鲶鱼虽然价格较高，但品质能得到保证，而近些年来，由于市面上大多人工养殖的鲶鱼，品质下降，鲶鱼品质的优越性凸显不出来，但价格与其他鱼种相比并不太低，往往用食用花鲢替代鲶鱼，这些都在一定程度上制约了球溪河鲶鱼品牌的进一步发展。

（三）成渝交通、大足石刻与邮亭鲫鱼

邮亭镇本是明清时期成渝东大路上的一个重要站点邮亭铺，至今仍保留了一段邮亭老街可以显现当时邮亭的繁荣。大足处四川盆地中部的浅丘地带，小河小溪塘堰较多，适宜鲫鱼生长，所以，这一带民间传统上就有养殖和食用鲫鱼的习惯。

关于邮亭鲫鱼的产生历史，一定要将邮亭镇卖鲫鱼的饭店和作为江湖菜品的邮亭鲫鱼分开来讨论。在网上流传着的清代咸丰年间一渔民在邮亭路边开鲫鱼店即为邮亭鲫鱼之始的说法，一则缺乏文献资料和具体口述者的支持，一则卖鲫鱼不等于开创邮亭鲫鱼的烹饪方法和品牌。另有向姓老人开创的说法，称是1984年向俊东与妻子第一个在邮亭铺开办一家鲫鱼店，只是我们对其烹饪方法与今天的邮亭鲫鱼的差异无从得知。

现在有据可查的邮亭鲫鱼的起源应该从刘三姐鲫鱼和陈鲫鱼说起。

虽然《邮亭镇志》和刘著英非物质文化遗产申报材料中认为刘家从咸

① 蓝勇主编《巴蜀江湖菜历史调查报告》，四川文艺出版社，2019，第12—23页。

丰年间就开始卖鲫鱼，但完全来自刘家口述，并没有其他史料佐证，其真实性还待考察。同时卖鲫鱼和创造邮亭鲫鱼的烹饪方法及形成品牌是两个含义。

我们通过调查走访可以说明的是，刘著英与侄子李昆仑1992年开始在大足县邮亭镇驿新大道做鲫鱼卖，在传统巴蜀鲫鱼烹饪方法的基础上，借鉴了重庆火锅的一些烹饪方式，慢慢创造出了独具特色的邮亭鲫鱼烹饪方法，形成了大足县邮亭鲫鱼这种很有影响的江湖菜品，创造出“邮亭刘氏鲫鱼”（后称“刘三姐鲫鱼”）的品牌，刘氏对于邮亭鲫鱼的发展有开创之功。当然，大足传说邮亭高家店向氏老鲫鱼的向氏老人曾在刘三姐店中工作过，对刘三姐烹饪的邮亭鲫鱼产生了多大的影响，我们还不敢定论。同时，刘三姐的兄弟开办的“杨门正宗鲫鱼”店开办时间较短，影响并不大。可以肯定的是陈青和的陈鲫鱼虽然开始做餐饮的时间较早，早在20世纪80年代就开始卖火锅，但真正开始主营邮亭鲫鱼，以陈鲫鱼为招牌是在1999年，最初是在新街处开办。陈鲫鱼虽然出现得相对较晚，但因其善于经营，不断扩大产业规模，在全国各地开办了许多加盟店，将邮亭鲫鱼这个品牌推向全国，使得邮亭鲫鱼在全国享有较高的知名度。在江湖菜邮亭鲫鱼的发展过程中，刘著英和陈青和都做出了突出的贡献。[①]

邮亭鲫鱼的烹饪方法，主要是通过借鉴传统巴蜀地区豆瓣鲫鱼和重庆火锅的烹饪方式而形成的，只是在配料、食用方法上有较大的创新。巴蜀地区很早就开始食用鲫鱼，早在清代同治光绪年间的《四季菜谱摘录》中就记载了一道红烧鲫鱼，其制作方法是：“鱼砍块，红烧，加肉块，大蒜，红汤上。”[②]民国时期国内出版的菜谱中，程冰心的《家常菜肴烹调法》对豆瓣鲫鱼有记载，从其记载来看，先将鱼切浸润纹，下锅炸成黄褐色，余油下酱油、糖、姜、醋、豆瓣、葱丝、冬菇炒，调豆粉入煮。[③]民国时期巴蜀地区豆瓣鱼、辣子鱼在社会上相当流行。现在流行的邮亭鲫鱼包

① 蓝勇主编《巴蜀江湖菜历史调查报告》，四川文艺出版社，2019，第24—33页。
② 佚名：《筵款丰馐依样调鼎新录》，中国商业出版社，1987，第67页附《四季菜谱摘录》。
③ 程冰心：《家常菜肴烹调法》，中国文化服务社，1945，第30—31页。

括麻辣味邮亭鲫鱼、麻辣味道的锅巴鲫鱼、清汤鲫鱼、大蒜鲫鱼、红烧家常鲫鱼等品牌，主体邮亭鲫鱼主要是以火锅的形式烹饪，只是调料上较为讲究，特别是味碟中加碎米花生、碎米榨菜、油酥黄豆、香菜等调料，很有特色。

邮亭鲫鱼的品牌在大足邮亭能出现，除了成渝公路邮亭镇和成渝高速公路的大足出口因素外，还因为20世纪90年代兴起的大足石刻旅游的发展，邮亭镇正当成渝进入大足石刻的最重要的必经地，大量到大足石刻的游客出入形成极大的消费市场。现在对于邮亭鲫鱼来说最大的挑战，一是周边多条高速公路的出现，使进入大足的游客有更多的出入选择，相对削弱了邮亭镇的地理地缘优势和市场优势。二是传统环境下的鲫鱼肉质紧实，泥腥味淡，但现在人工养殖的鲫鱼肉质松软成粉状，泥腥味浓，怎样在经营和烹饪上消除这种不足，是需要不断研究的。

（四）205省道与重庆潼南太安鱼的发展

205省道南起大足邮亭镇，北至北川县桂溪镇，是贯通四川盆地南北的一条大通道，是川南川东地区联结川北地区的一条重要通道，潼南县太安镇正处在这样一个枢纽之地。太安鱼的起源与这条省道的交通地位密不可分。

有关太安鱼的发明时间和发明人说法较多，一说是20世纪80年代，重庆太安镇罐坝村人郑海清早年在外学厨艺，擅长烹饪红烧鱼，1985年退休后受雇于潼南太安镇利民食店，研发出了太安鱼的做法，此店后改称米记太安鱼。一说是1984年何良华与付元龙等在太安镇合作社食堂（太安大食店）共事，后创立太安何鱼鲜。一说是起源于双江镇王心贝，然后传给宋宗明、姜涛等人，1986年宋宗明开始开店。总的来看，太安鱼发源于潼南县太安镇，时间在20世纪80年代前期，主要发明人可能是郑海清、何良华、付元龙、王心贝、宋宗明等人，以郑海清最早，对其他人多多少少都有一定的影响。太安鱼发明人大多曾共事于一个集体食堂，对太安一带传统鱼的烹饪方法都较为熟悉，所以，在20世纪80年代省道205交通客货急增和下海风潮的影响下，他们纷纷下海创业，开办自己的太安鱼店，形成后来各自的传承体系，也可能在发展中大家都互有借鉴取舍，但郑海清应有开创之功。发展到今天，太安鱼形成一些较为著名的品牌店，如太安何鲜鱼、老桥头太安鱼店、Y牌太安鱼店、雅食居太安鱼、惠林、九九八、姐妹等，而且太安鱼店在全国各地都有开设。[①]

《调鼎集》中记载有大量红烧方法来烹饪鱼类的菜品。在巴蜀历史上，红烧鱼并不特别，道光同治年间的《筵款丰馐依样调鼎新录》《四季菜谱摘录》和清末的《成都通览》中记载有黄焖鱼、红烧鲫鱼、红烧鲢鱼、红烧鳊鱼的方法，其中黄焖鱼就有先过油这道工序。郑海清最重要的开创是将黄焖鱼的过油与红烧鱼的烧煨及泡椒、红汤结合。在历史上用红烧这种烹饪方式烹饪的鱼品较多，今天太安鱼也可以烹制鲤鱼、草鱼、花鲢、鲶鱼等。太安鱼的切块、过油、炒料、煨汤、装盘五大工序，与其他江湖菜相比较，可能最大的特点就是裹芡过油这道程序。而且巴蜀江湖菜的鱼类菜中，一类是用火锅汤锅形式的烹饪方式，如邮亭鲫鱼、江津酸菜鱼、綦江北渡鱼等；一类是用红烧的方式来烹饪，如来凤鱼、太安鱼、三溪口豆腐鱼、球溪河鲶鱼。但红烧前有码芡过油这道程序，在其他江湖鱼类菜中并不多见。

由于现在许多鱼类主要是由人工快速养殖，鱼的肉质本来就较为粉软，加芡过油后，鱼的肉质更不能显现出来，对太安鱼加芡过油的程序来说，可能并不是太理想。同时过油对于增香作用明显，但往往会一定程度上削弱鱼的鲜味。所以太安鱼的烹饪一是要注意鱼的肉质，一是可以改为鲜烧起锅后过油。

（五）成渝公路与江津酸菜鱼的发展

江津正当川江水路交通要道，往南可沿綦江河谷进入贵州，20世纪

① 蓝勇主编《巴蜀江湖菜历史调查报告》，四川文艺出版社，2019，第34—40页。

50年代以来江津又是成渝铁路经过之地，交通地位相当重要。但后来成渝公路和成渝高速都不经过江津城区，使江津的社会经济地位受到较大的影响。80年代以来，从重庆主城和成渝公路到江津的陆上交通往往经过江津北面的双河、津福一带，故这一带的客货流较为集中。

四川泡酸菜是中国三大酸菜系列之一，在四川民间广泛食用，江津一带民间就大量食用酸菜，用其来烹饪鱼类也许已普遍存在于以前的家庭中，但其成为一道单独开店的江湖菜可能是在20世纪80年代。如1972年成都市饮食服务公司的《四川菜谱》中就记载有泡菜鱼，认为其是四川民间家常菜，只是泡菜鱼烹饪方式不是后来酸菜鱼的汤锅性质，而是干烧。鱼也是用的鲫鱼，不是后来主要用的草鱼和花鲢。1977年四川省蔬菜水产饮食服务公司《四川菜谱》和1981年编的《中国菜谱》四川卷中同样列有泡菜鱼，也认为其是四川民间家常菜。[①]在这个时期用酸菜烹制的鱼仍是一道干烧盘菜，并不是水煮汤锅性质的酸菜鱼。

根据调查表明，邹开喜的父亲是一位乡厨，受其父感染，1979年，邹开喜在江津津福乡（福寿）开了一家小饭店。1982年邹开喜将饭店迁移到了双河场（即今双福），总结民间的酸菜鱼烹饪方法，研制出酸菜鱼，并打出“邹鱼食店”名号，后来改名并注册为邹开喜酸菜鱼，并在江津和重庆开了多家分店。受邹开喜的影响，江津双福一带供应酸菜鱼的饭店如雨后春笋般出现，影响不断扩大。随着改革开放以来社会上客流和物流的大大增长，酸菜鱼的影响越来越大，不仅在川渝地区，在全国许多地方都流行起来。[②]

据有关记载表明，邹开喜最初是将泡酸萝卜一类泡菜同煮鲫鱼，后来才发现用泡青菜做成的泡酸菜煮草鱼更受欢迎。[③]这里要说明的是在清代民国的菜谱中，将酸菜与鱼一起烹饪几乎不见记载，可以说在巴蜀江湖菜的鱼类菜品大多是以红汤麻辣为主的背景下，江津酸菜鱼以清汤微辣见长，应该是独

---

① 成都市饮食服务公司：《四川菜谱》，内部印刷，1972，第131—132页。四川蔬菜水产饮食服务公司：《四川菜谱》，内部印刷，1977，第159—160页。《中国菜谱》编写组：《中国菜谱》四川卷，中国财政经济出版社，1981，第109—110页。

② 蓝勇主编《巴蜀江湖菜历史调查报告》，四川文艺出版社，2019，第41—47页。

③ 同上，第46页。

具一格，很有原创的价值。正是因为清汤为特征，加上现代的养殖鱼往往泥腥味较重，对于厨师的手艺的考验就更明显。应该看到，经过众多厨师们改良后的酸菜鱼，由于有切片后除腥、略加泡椒、最后过油糊辣的工序，经典的江津酸菜鱼可以成为南北东西兼容的一道巴蜀江湖菜，在全国有广大的市场前景。

（六）川黔公路与綦江北渡鱼的发展

川黔公路，即我们说的210国道，是20世纪末四川盆地东部通往贵州高原的主要交通要道，特别是改革开放以来，区域间客货流大增，为沿途的商业经济提供了较好的条件。

调查表明，早在1980年就有人在彭桥乡开了一个副食店。1981年，吴文超在綦江县北渡与江津交界的江津广兴镇彭桥乡开店卖鱼，最初称为“彭桥过路食店”，后改为“彭桥过路鱼食店”，先后迁移到綦江下关地区、綦江中学队附近，现在位于綦江区高速路出口处，在1989年重新起楼台时改称“迎风楼”。受吴文超的影响，1983年吴文荣也在彭桥开办了食店卖鱼，最初称“圆门食店”，第二年改称“綦河春”。在历史上由于鱼与北渡关系更密切，彭桥乡在距离上离綦江更近，加上北渡正好在交通要道上，往往更多的人称之为北渡鱼。随着当时川黔交通客货流的增大，北渡鱼在外的影响越来越大，逐渐成为不仅在当地影响较大，而且在巴蜀地区乃至全国都有一定影响的巴蜀江湖菜。1998年渝黔高速公路通车后，北渡附近的北渡鱼生意大受影响，但在綦江高速公路出口处出现新的北渡鱼集中点，现在在綦江一带较有影响的北渡鱼有迎风楼、綦河春、鱼春香、老兵北渡鱼等店。①

北渡鱼最初的烹饪方式是以红烧为主，味型上以家常、豆瓣味为主，后来才开发出红汤锅烹饪方式，形成麻辣、番茄、酸菜等多种味型，鱼种

① 蓝勇主编《巴蜀江湖菜历史调查报告》，四川文艺出版社，2019，第48—54页。

也从以前以花鲢为主，变成现在多种鱼类入锅并形成一鱼多吃的格局。我们前文已经谈到，早在民国时期，重庆就形成了一鱼多吃的传统，而毛肚火锅已经对其产生了很大的影响。今天我们看到的北渡鱼，从烹饪方式来看主要为红汤锅加一鱼多吃的烹饪方式。从味型来看，是传统火锅的麻辣型为主体，也与同时期流行的水煮鱼、乌江鱼、艄翁鱼等有异曲同工的感觉。相比之下，北渡鱼的辛辣度比水煮鱼、乌江鱼、艄翁鱼要高一些。北渡鱼在经营推广方面比乌江鱼、艄翁鱼做得更好，但其较为辛辣对鲜香的侵夺，一定程度上影响了它在巴蜀以外的传播，这一点渝北水煮鱼相对要更成功一点。

（七）机场高速公路与渝北翠云水煮鱼的发展

今渝北一带处巴县最北部，交通地位并不突出，客货流并不太大。1988年重庆江北机场和机场高速公路开通后，渝北一带得到飞速的发展，为水煮鱼的产生和发展创造了条件。

调查表明，改革开放后的1985年，田仲明在翠云乡南山大队公路边开了一家饭馆，名为南山饭店，主要经营豆花、水煮肉片等家常菜，其中水煮肉片是南山饭店的特色，受到食客的欢迎。1988年机场高速开通后，田仲明的大儿子田其万继续经营南山饭店，而二儿子田其树则在1989年双凤桥机场路边开了一家路边食店。1990年，田其树将水煮之法引入鱼的烹饪，推出了水煮鱼，一下广受欢迎，后便将路边食店改名为翠云水煮。后来田其树的弟弟田利在1997年独立开店，名翠云水煮鱼渝北店。1999年，北京的杨战到重庆从田其树处获取了技术，在北京开设了沸腾鱼乡，水煮鱼一度风行京城，逐渐使水煮鱼在全国得到传播。同时，水煮鱼在巴蜀大地也遍地开花，特别是渝北地一带曾经形成水煮鱼一条街，2010年渝北区被称为中国水煮鱼之乡，2012年翠云水煮鱼成为区级非物质文化遗产保护项目。[1]

---

[1] 蓝勇主编《巴蜀江湖菜历史调查报告》，四川文艺出版社，2019，第55—62页。

在烹饪方式上，水介熟化食物由来已久，水煮之法烹饪的历史也较长。广义上讲，一切用水来烹饪食物的方式都可以称为水煮，但明确开始有水煮之名的烹饪方式可能出现在20世纪前中期的民国时期，所以，我们发现水煮牛肉、水煮肉片这两道经典的川菜实际上出现的时间较晚。但用水煮方式烹饪鱼类确实是出现在20世纪80年代。在水煮鱼的发展过程中，现在市面上麻辣水煮鱼实际形成红汤型和清汤型两种口味，其中以清汤型的麻辣水煮鱼尤考技艺。

传统的水煮之法是将花椒、辣椒磨成粉入菜，所以往往黏稠挂舌，过于辛燥刺激，口感并不好。而翠云水煮鱼的方法主要是在鱼片用水快速煮熟后，用适度花椒、大量干辣椒过油形成糊辣味型，将辣椒的香发挥到极致，同时也显现出适度的中微辣的口感，形成红油汤中一片糊辣块压住鱼片，视之恐惧、闻之浓香、食之细嫩，看似大麻大辣而不燥、看似清淡而醇厚的口感，将传统川菜“麻、辣、鲜、香、复合、重油”的八字特征演绎到了极致。

（八）北碚三溪口豆腐鱼与国道212线

巴蜀将豆腐与鱼一起烹饪的历史较早，1938年9月30日的《南京晚报》专门介绍了豆腐鱼做法，莫钟骕《成都市指南》记载了20世纪40年代成都市普海春餐厅出售有豆腐鱼，而在20世纪六七十年代的四川菜谱中多有豆腐鲫鱼、豆腐鱼这道菜。所以，将豆腐与鱼一起烹饪在巴蜀地区是有传统的。只是历史上的豆腐鱼多用鲫鱼，烹饪用料也较为单一。

从重庆经沙坪坝、双碑、井口、三溪口到北碚、合川直到兰州的国道212线，在高速公路出现之前，是四川盆地东部的一条重要的南北交通干线，也是重庆北碚与主城交通的必经道路，交通运输繁忙，客货流巨大。

大约在20世纪90年代初，三溪口“文明食店”老板王安忆从过往司机的诉求中得到启发，将麻辣鱼与当地豆腐结合，烹饪出豆腐鱼，大受欢迎。后来，三溪口的其他人在1992年后大量开设豆腐鱼店，故除文明食店外，出现了渝兴食店、新兴酒家、渝北食店、凉风垭鱼庄等较为出名的豆腐鱼店。三溪口豆腐鱼在20世纪90年代后期达到辉煌时期，不仅过路的客货车司机大量食用，因来往于北碚、合川到主城之间的商务、政务、旅游人流也大量停留在三溪口食豆腐鱼，三溪口一度曾有北碚区政府二食堂的称号。但是，随着2012年后内环高速与渝合高速公路的通车，大量客货车被分流，三溪口豆腐鱼生意一落千丈。不过，随着经济的发展，三溪口豆腐鱼开始走出三溪口，在重庆主城、北碚、秀山、铜梁、华蓥、广安等地都开设有三溪口豆腐鱼。①

从总体上来看，三溪口豆腐鱼与其他江湖菜的鱼类品种相比，对外扩张发展较为缓慢，在外的影响远远不够。当地有人认为是三溪口特殊的豆腐制品一到外地品质就受到影响，制约了其在外面的发展。笔者认为主要原因是在外宣传的力度不够，缺乏一批大商家在外面打拼。从饮食角度上讲，三溪口豆腐鱼的豆腐仅是质地较嫩，口感口味缺乏传统鲊水豆腐的涩香味，故与外面的豆腐相比还有一些差距，但三溪口豆腐鱼在对“麻、辣、鲜、香、复合、重油”的把控上受璧山来凤鱼的影响，并与来凤鱼不相上下，处理得相当成熟，这才是三溪口豆腐鱼成功的关键。

（九）巫溪烤鱼与万州烤鱼的产生与发展

炙烤这类烹饪方式是人类早期原始的烹饪方式，是传统三大介质烹饪（火、水、石）中最早的一种烹饪方式，早在《齐民要术》中就有炙鱼的记载。所以，在中国历史上，民间普遍用火来烤鱼应该是较为普遍的。清末《成都通览》中就记载着有炙鱼这道菜。特别是在一些江河两岸，船民船工直接将鱼用来烤食并不奇怪。所以，早在20世纪80年代巫溪大宁河沿线船工将鱼来烤食可能较为普遍，这就为巫溪烤鱼的产生奠定了基础。

通过调查我们发现，早在1986年张宗成就在巫溪县城操场南一带卖烧烤，烧烤这种流动性的摊子，主要是烤串，烤鲫鱼只是其中的一种，而且也类似现在烧烤烤鱼一样，烤后仅是简单撒上一点调料食用。这种烧烤在

① 蓝勇主编《巴蜀江湖菜历史调查报告》，四川文艺出版社，2019，第63—68页。

操场坝一共有二十多家。在1990年左右张宗成发现可以烧烤较大的鱼类，同时烤制成功后将烧制复合味的汤汁浇上继续烹煮更是美味。1997年他在文化馆租下门面正式打出了“成娃子烤鱼”招牌。后来经过一段波折后，2010年与朋友再度在马镇坝开出“成娃子烤鱼王”店。之后，先后在老城港口、北门外开店至今。2000年后巫溪漫滩路边形成了烤鱼一条街。同时，巫溪后来还出现了三毛烤鱼、鲍鸡母烤鱼等知名老店。巫溪烤鱼发展中，与万州烤鱼多有交织，互有影响。从宣传影响来看，巫溪烤鱼在万州这个大窗口中得到更大的弘扬宣传，而烤鱼技术可能在巫溪、万州间也互有影响。①

现在看来，巫溪烤鱼出现得更早是可以肯定的，故早期万州一带的烤鱼也多是打着巫溪烤鱼的招牌经营的。万州诸葛烤鱼的创始人吴朝珠本身就是巫溪人，早期在2004年万州心连心广场上的烤鱼店大多打的巫溪烤鱼的招牌。后来，随着万州的政治经济地位提高，交通运输物流客流增大，万州人在烤鱼烹饪方式的创新上更有实力和背景，便将传统的巫溪烤鱼技术不断发展。一是表现在将烤制的鱼类大大扩大，不仅限于鲤鱼，其他花鲢、白鲢也在运用。二是将味型增多，出现葱香、泡辣、豉香、香辣、酸菜、盐菜、蒜香、双椒、渣辣、表椒等多种味型。三是将烤制工具现代化、特制化，不仅用传统烤夹，而且出现专门的烤炉、电烤炉。这样万州出现了独一处烤鱼、小舅子烤鱼、666烤鱼、诸葛烤鱼等较有名的烤鱼店。其中诸葛烤鱼是万州烤鱼与文化结合的产物，由于诸葛烤鱼善于经营，发展得较好。在烤制方法上诸葛烤鱼开创先烤后炖的方式并加入大量配菜，影响了万州其他烤鱼店。应该看到，万州烤鱼在技术的创新上反而对巫溪烤鱼也产生了一定的影响，所以，现在两种烤鱼在鱼类选择、味型多样、烧烤工具、先烤后炖、多加配菜等方面的差异已经不是太明显了。②

近十多年来，巫溪烤鱼、万州烤鱼在巴蜀地区乃至全国各地都有较大

---

① 蓝勇主编《巴蜀江湖菜历史调查报告》，四川文艺出版社，2019，第69—74页。

② 同上，第75—82页。

的影响，在巴蜀江湖菜鱼类菜品中后来居上，影响力有超过来凤鱼、水煮鱼之势。

（十）成都谭鱼头的发展与衰落

成都是传统川菜的发源地，也是四川省政治经济文化的中心城市，传统时代经济文化都很发达，川菜的精细程度明显，江湖菜的流行程度远不及重庆地区，在这样的文化背景下产生谭鱼头这样的江湖菜较为意外。

调查表明，1996年转业军人谭长安在成都百花潭开办富源新津鱼头火锅，1997年开始使用谭鱼头的招牌，并开始在四川德阳、绵阳开设分店，后继续向外扩展，先后在北京、重庆、台湾、香港、新加坡等地开设分店，形成了原料基地、物流配送、烹饪学院一体的餐饮公司。2011年谭鱼头在全国餐饮百强排名第15位。但2007年以来，由于经营上的一系列问题，谭鱼头的经营状况一落千丈。2017年谭鱼头公司实际上已经破产。现在成都琴台路的谭鱼头店实际上以鱼之吻火锅店资格经营。[①]

谭鱼头的鱼头食法是一种单料火锅形式，从烹饪方式和味型来说，与传统的鱼火锅并没有太大的区别。谭鱼头最后的衰落，除本身经营上盲目扩张，客观上也存在一些不利因素，一是成都地区并没有产生和食用江湖菜的社会文化背景；二是鱼头的受众相比之下太为狭窄，难以不断扩大客源；三是绝大多数火锅都可以同时兼烫鱼头，使得鱼头火锅的不可替代性减弱。

（十一）宜宾南溪黄沙鱼与新津黄辣丁的发展与衰落

巴蜀烹饪史上对鱼菜一鱼多吃的运用历史应该较早，早在《筵款丰馐依样调鼎新录》中就记载了鱼肚、鱼脆、鱼唇、鱼皮、鱼尾、鱼肠等菜

① 蓝勇主编《巴蜀江湖菜历史调查报告》，四川文艺出版社，2019，第83—89页。

品[①]，《成都通览》中则记载了鱼的多种烹饪方法，如鱼圆、鱼脯等。[②]民国时期重庆市面上就有一鱼多吃的先例，如20世纪30年代重庆就有两吃鱼，可以在豆瓣鱼、脆皮鱼、辣子鱼之间选择。[③]

巴蜀地区有关鱼的江湖菜很多，但将鱼做成全鱼宴的并不多，宜宾南溪黄沙鱼就是其中突出的代表。

宜宾南溪黄沙鱼的发展与川云公路的地位变化关系密切。调查发现，1987年退伍军人孙泽云在川云公路68公里处开设了"68黄沙鱼馆"，开了黄沙鱼经营之先河，随后黄沙一带鱼馆如雨后春笋，1996年沿黄沙镇一段开设有鱼馆多达54家。后来因为高速公路通车后，川云公路车流量大量减少，黄沙镇的黄沙鱼生意逐渐惨淡，现在只有双燕鱼馆、老字号鱼乡餐厅、鱼乡鲜鱼府、新生鲜鱼馆、黄沙五里香酒家等几家，另孙泽云的弟子曹大春在宜宾开设了一家曹氏黄沙鱼馆，有较大的影响。

黄沙鱼主要是借助川菜，特别是味型的多样化来烹制鱼类，形成全鱼宴席，其中连鱼骨、鱼鳞都能入菜，出现了回锅鱼、鱼香鱼丝、怪味鱼排、鱼豆花、香酥鱼鳞等菜品。后来曹大春还发展出火锅、干锅、冷锅系列，将主要以草鱼花鲢为主料发展到对岩鲤、江团、青波等名贵鱼的烹饪上。[④]

如果说宜宾南溪黄沙鱼是因将鱼做成多种菜品而闻名，那新津黄辣丁则是将一种本土鱼类做成一种流行的江湖菜。黄辣丁，即我们称的中华倒刺耙。历史上我们也称为黄鱼，早在唐宋时期蜀人就喜欢食用。在长江上游的河流中，长江干流、嘉陵江、岷江都生存着大量野生的黄辣丁。记得笔者小时候就经常在金沙江下游捕获黄辣丁，当时江河野生鱼类较为丰富。

新津县当川藏、川滇公路要塞，高速公路没有通车之前，大量往西藏、云南、凉山一带的客货流要经过新津，所以这里有较为广大的客流市

① 佚名：《筵款丰馐依样调鼎新录》，中国商业出版社，1987，第32—39页。
② 傅崇矩：《成都通览》，巴蜀书社，1987，第258、273页。
③ 《两吃鱼》，《南京晚报》（渝版）1938年10月4号。
④ 蓝勇主编《巴蜀江湖菜历史调查报告》，四川文艺出版社，2019，第90—97页。

场。早在20世纪80年代中期，新津人林其良就在民航飞行学院新津分院门口开了一家清洁饭店，后改名陈四姐饭店，以烹制黄辣丁为特色。后来，在新津老川藏公路蔡湾街一带先后兴起了彭大姐黄辣丁、刘大姐黄辣丁、胖大姐黄辣丁、宋家黄辣丁等名店，兴盛时多达30多家店。现在，胖大姐黄辣丁已经迁到邓双镇，店面规模较大。

早期新津县的黄辣丁都是野生的，后来一方面饮食规模做大了，野生黄辣丁已经不能保证，但黄辣丁的人工饲养得到解决，现在全是用的人工饲养的黄辣丁。早期烹饪方式主要是红汤中的汤锅形式，后期经过改革，特别是胖大姐黄辣丁店开发出以黄辣丁为代表的麻辣、香辣、清蒸、黄焖、酸菜、苗家酸汤、奶汤、西红柿炖、野山椒、干烧、炝锅等十余口味的河鲜，并且在经营上已经不限于黄辣丁而兼及其他名贵鱼类。①

不过，宜宾黄沙鱼和新津黄辣丁除在本地有较大影响外，在外地的流传影响十分有限。

二　鸡鸭鹅类江湖菜的历史发展

（一）南川、璧山烧鸡公的历史发展

烧鸡公是巴蜀江湖菜中鸡鸭类江湖菜中出现较早并发展较好的一种，但对其起源的争论也较大。根据我们的调查发现，民间流传清代石达开入川时期万盛刘智润开发出烧鸡公的说法，主要来源于刘氏家族本身口述，缺乏文献资料旁证，所以，我们不敢作为定论。可以初步肯定的是1983年刘氏后人刘勇在重庆弹子石开了第一家烧鸡公店，经营两年后关门，是比较早的一家以“烧鸡公”命名的店面。刘氏认为其店在洋人街附近，但1983年左右洋人街一带仍是一片农田，所以，1983年在重庆开店之说在时间上还待考证。1985年刘氏在重庆万盛开了第二家烧鸡公店面。后来1995

① 蓝勇主编《巴蜀江湖菜历史调查报告》，四川文艺出版社，2019，第98—103页。

年回到老家南川二环路金佛大道开了刘氏烧鸡公，在鸡肉烧制中放入方竹笋，又称方竹笋烧鸡。即使将万盛烧鸡公店面的开设时间1985年作为确切时间来看，这可能也是较早的一家，所以刘氏在烧鸡公的开发方面是有首创之功的。刘氏烧鸡公近十多年来得到许多荣誉，为推动烧鸡公这一江湖菜的发展做出了贡献。应该看到，从20世纪90年代以来，烧鸡公在外的影响不断扩大，巴蜀地区乃至省外以烧鸡公为名的店也较多。[①]

璧山也曾是烧鸡公的发源之地。根据我们的调查来看，璧山的烧鸡公是2000年左右的花市烧鸡公，时间上远比南川、万盛晚，但有认为烧鸡公本是璧山一带的家常菜，形成较早，只是后来经过改良以后成为一道江湖菜。

从我们的调查来看，南川烧鸡公与璧山烧鸡公在烹饪方式、味型上略有差异。南川烧鸡公经过炒料、炖鸡、炝香三道程序，而璧山烧鸡公只有炒料、炖鸡两道程序。南川烧鸡公汤汁较少，更类似干锅，而璧山烧鸡公汤汁较多，更类似汤锅。与传统的火锅相比，烧鸡公的辛辣程度稍弱，但香料众多使得复合味更明显，更显川菜的一味调和之风。[②]

从烧鸡公目前在外的影响来看，虽然在外面以烧鸡公为名开店的并不少，但与其他江湖菜相比，烧鸡公的地理标识在外的影响明显不足，现在一般人认为烧鸡公为重庆江湖菜，将烧鸡公与南川、璧山联系在一起的并不多，这一点远不如来凤鱼、太安鱼、江津酸菜鱼等的地理标识明显。这种地理标识的缺失对于烧鸡公进一步扩大影响形成了障碍。

（二）重庆万盛碓窝鸡的历史发展

关于碓窝，古代又称为舂，本是将食材磨成粉末、碎细的一种加工工具，但将其作用于鸡肉确实较为少见。据《武隆日报》2013年8月27日的报道，在民国时期重庆歌乐山一带就流行将鸡舂后烹饪的做法，就已经有碓

① 蓝勇主编《巴蜀江湖菜历史调查报告》，四川文艺出版社，2019，第106—107页。
② 同上，第106—115页。

窝鸡的说法，由于缺乏其他文献佐证，只有存疑。

一说20世纪90年代一个名叫罗三的江湖厨师在万盛发明了礁窝鸡，一说90年代罗昭庆在万盛关坝开店创立碓窝鸡，不过，这里的罗三可能就是罗昭庆。罗昭庆在2002年将碓窝鸡注册为商标，2010年在贵州桐梓开店。现在除南川的店面外，只在江北、綦江、北碚、武隆等地有几家加盟店或其他性质的店面。在烹饪方式上，碓窝鸡分成舂鸡、调料、炖煨、炝香四个过程，与南川烧鸡公相比，多一道舂鸡过程，只有调料而无炒料过程。在成型上是一种半干半汤锅，吃完后可以加汤煮食配菜的菜品。不过，各地的做法由于种种原因并不完全统一，表现在汤汁多少、干辣椒种类上存在一些差异。[①]

应该看到碓窝鸡在烹饪方法上是很有特色的，但由于宣传推销、标准不统一的因素，在外面的影响远不如烧鸡公大。

（三）歌乐山辣子鸡（现南山泉水鸡）的历史发展

辣子鸡仅就名称来说，出现得较早。前面我们已经谈到，早在清代中后期辣子鸡就出现了，如《四季菜谱摘录》说：“生鸡砍块，走油，酱油加蒜片，鱼辣子配合，熘上。”[②]后来《成都通览》中也记载有辣子鸡，是作为家常便菜。[③]前面也谈到在民国时期辣子鸡丁是一道较为普遍的川菜。当然，我们称的歌乐山辣子鸡与传统的辣子鸡在烹饪方式上是有较大差异的。

根据我们调查，关于歌乐山辣子鸡的原创有一定争议。一种说法是1986年朱天才开始在歌乐山镇开店卖茶水、馒头等吃食，经过三年的研究，终于创出辣子鸡。现在朱天才的儿子朱健雄继承并经营林中乐辣子鸡；一种说法是1987年蔡春慧开办一家活鸡活鱼的饭馆，最初制作贵州鸡，后来将贵州鸡的糍粑海椒改为干辣椒，将过油炒烩改为快速生爆，形

---

① 蓝勇主编《巴蜀江湖菜历史调查报告》，四川文艺出版社，2019，第116—119页。
② 佚名：《筵款丰馐依样调鼎新录》，中国商业出版社，1987，第52页附《四季菜谱摘录》。
③ 傅崇矩：《成都通览》，巴蜀书社，1987，第279页。

成了歌乐山辣子鸡。现在蔡春慧仍经营着歌乐山的春山居辣子鸡店。20世纪90年代以来，辣子鸡在巴蜀地区风行一时，不仅以此开店的众多，而且许多中餐馆都推出了这道菜品。[①]

南山泉水鸡一般认为起源于20世纪90年代初，市民李人和在南山黄桷垭联合镇开办“泉水食店”，在开店过程中于1993年受歌乐山辣子鸡影响，开创南山优质泉水烹制农家鸡，被外界称为“泉水鸡”，店名也更名为“木楼泉水鸡”、“第一家泉水鸡”。受李人和的影响，南山上开始形成泉水鸡一条街，一度多达百家，绵延两公里长，形成了“老幺泉水鸡”“竹楼泉水鸡”“宝塔泉水鸡”等老店。[②]从烹饪方法来看，泉水鸡烹饪方式有点类似传统的黄焖，黄焖鸡本身是一道传统菜品，早在同治年间《四季菜谱摘录》中就有记载：“黄焖鸡，配合随加，原汤上。”[③]在全国以黄焖方法烹饪鸡的菜品较多，如现在贵州板桥娄山关的黄焖鸡、云南永平县的黄焖鸡、湖北松滋鸡都是很有特色的。但南山泉水鸡一鸡三吃，利用土鸡加南山泉水烹饪，特色较为鲜明。

总的来看，歌乐山辣子鸡和南山泉水鸡虽然在重庆地区地理标识度较高，但在重庆以外的地区，这两种烹饪菜品的影响很有限，特别是缺乏明确的地理标识，即使在外地有辣子鸡、泉水鸡的品牌店存在，歌乐山、南山的地理标识却并不明显。很多辣子鸡都打上自己的姓氏、吉祥的寓意和本土地名为标识，而不是歌乐山，而泉水鸡本身在外的复制加盟就更少，更谈不上有大的影响。

（四）渝中坝梁山鸡和奉节紫阳鸡的历史发展

在巴蜀烹饪历史上，药膳鸡和清汤汤锅鸡类并不少见，但将其打造

---

① 蓝勇主编《巴蜀江湖菜历史调查报告》，四川文艺出版社，2019，第120—125页。

② 同上，第126—134页。

③ 佚名：《筵款丰馐依样调鼎新录》，中国商业出版社，1987，第52页附《四季菜谱摘录》。

成品牌成为江湖菜的并不多，重庆渝中梁山鸡和奉节紫阳鸡就是其中的代表。

根据我们调查，1981年在重庆主城西部中梁山上一位民间江湖菜师傅独创的焖制鸡菜品，最初主要流行在中梁山上，故被重庆人称为“梁山鸡”。1985年，这位师傅将中梁山的小店搬到渝中区李子坝正街113号，形成了今天的李子坝梁山鸡店。2013年，这位师傅退休后将其传给关门弟子舒冠尘，继而发展成在重庆较有影响的一道江湖菜。近来在成都、邢台、武汉、邯郸、白银等地都曾开设店面。

梁山鸡的烹饪方式很有特色，首先要经过腌制、爆炒、焖制三个阶段，其中需经爆炒后再焖制，与其他江湖菜的鸡类有较大的区别。在味型上，梁山鸡加入大量中药材，发挥鸡的滋补功能，特别是作为红汤类滋补鸡，兼顾养生与口感。后来，随着火锅的影响，梁山鸡从汤锅类逐渐转变成火锅类，可以继续烫菜并配油碟蘸食。[①]

相比之下，奉节紫阳鸡的起源可能较为悠久。据调查，早在道光年间奉节县竹园一带龚弘虞就对鏊子鸡有研究，写有一首《鏊子鸡》诗，后来民间将这种鸡也称为“汽水鸡”、“干蒸旱鸡子”。有人认为在奉节将鏊子鸡称为“紫阳鸡”与东汉公孙述字子阳有关，历史上奉节就有子阳城（又称紫阳城）。笔者认为鏊子鸡与公孙述有关一说不大可能是事实。

早在1992年，李美云就在奉节开办了第一家紫阳鸡，称“川东第一锅”，后来出现了奉节陶记紫阳鸡、奉节王记紫阳鸡、竹园汽水鏊子鸡等名牌。2005年常引航、刘开俊等开办了金竹园紫阳鸡，成功申报了重庆市非物质文化遗产。这些年鏊子鸡称法的影响在增大，紫阳鸡称法的影响在缩小。所以，民间出现同一店中两种鸡的名字同时出现，将高压锅蒸的称紫阳鸡，用鏊子做的称为鏊子鸡。

鏊子鸡实际上是一种将鸡与腊肉同放在一起用一种特殊饮器鏊子共同烹饪的菜品，烹饪食用方法是清味汤锅，但因放入腊肉、陈皮、生姜、大

① 蓝勇主编《巴蜀江湖菜历史调查报告》，四川文艺出版社，2019，第135—143页。

头菜后，味道相当有特色。

（五）古蔺麻辣鸡与黔江李氏鸡杂的历史发展

白砍鸡在历史上出现较早，将鸡卤制后食用也较为普遍，但将卤制后的鸡用特殊的调料相拌食用的却并不太多。早在20世纪40年代古蔺县聂墩墩就创制麻辣鸡，当时外地人称椒麻鸡，本地人称麻辣鸡。20世纪60年代主要是用摆摊的形式销售，到1988年开始在水北门开店出卖至今。一种说法认为古蔺麻辣鸡首创于清代嘉庆年间杨氏，是东北酱菜与四川辣椒结合的产物，20世纪中叶经过姬三三在卤料和蘸料上的改进而形成。姬三三最初在马蹄乡做买卖，1970年才搬到古蔺县城，先在水北门，后到卫生局门口，后搬到县府前街。嘉庆年间就有麻辣鸡的可能性不大，因为辣椒虽然在明末传入中国，但进入四川是乾隆末到嘉庆年间，当时食用辣椒并不普遍，没有辣椒，自然不可能有麻辣鸡。但是不可否定的是杨氏、姬三三麻辣鸡也是古蔺麻辣的开创者之一，特别是将怪味鸡融进麻辣鸡，功不可没。另外以前还有王麻辣鸡，即王幺公，技术已经失传。另还有黄老头，可能就是历史上的“黄少华”。

从食用方式来看，古蔺麻辣鸡最初的卤料和调料都相对单一，而现在已发展到调料含各种药材达42种，蘸料中的中药材也达22种之多。以前食用多是用蘸料拌食，现在多改用蘸食。现在古蔺麻辣鸡已经出现真空包装，网邮销售。[①]

鸡杂作为一道历史久远的盘菜，存在的历史很早，食用的方式多种多样。早在清代乾隆《调鼎集》中就记载有“鸡杂”一项，并记载有一道“咸菜心煨鸡杂”菜品：“一切鸡杂切碎，配火脚片、笋片，腌菜心先用清水煮去咸味，挤干，同入鸡汤、酒、花椒、葱、飞盐煨。”[②]已经有一点

---

① 蓝勇主编《巴蜀江湖菜历史调查报告》，四川文艺出版社，2019，第144—153页。

② 童岳荐：《调鼎集》，中国商业出版社，1986，第294页。

煨鸡杂的感觉了。在清末《成都通览》中也记载南馆菜中有一道鸡杂，只是没有谈到是何种烹饪方式。黔江地区将盘菜的鸡杂改良为一种煨锅的鸡杂并成为一道有影响的江湖菜的时间是20世纪90年代。

1992年时黔江也流行歌乐山辣子鸡，但鸡内脏往往没人吃，在这种背景下李长明开饭店时开始专门经营鸡杂菜品，创立了煨锅的形式，并将其作为店铺的招牌菜推出，出现了长明鸡杂店。随后，除长明鸡杂店以外，出现了国庆鸡杂店、阿蓬记鸡杂、苏锅锅黔江鸡杂店等名店。后来，巴蜀地区乃至全国各地都出现了不少黔江鸡杂店，黔江鸡杂逐渐成为在全国都有一定影响的江湖菜。①

（六）彭州九尺鹅肠与荣昌卤鹅的形成与发展

中国历史上食用鹅肉虽然远比鸭肉少得多，但也并不少见，清代《调鼎集》《随园食单》中就有有关鹅肉的菜品，特别是《调鼎集》中记载了15道鹅肉菜品。在巴蜀历史上，人们一般并不喜欢食用鹅肉，因此，我们发现历史上几乎没有鹅肉相关的菜品。在《筵款丰馐依样调鼎新录》《四季菜谱摘录》《成都通览》中几乎找不到鹅肉的菜品，而现在流行于巴蜀的鹅肉菜品一是兴起较晚，一可能与外来移民的饮食影响有关。

彭州九尺鹅肠是1995年以当地居民赵吉祥在彭州九尺镇开设赵老四鹅肠火锅为标志，后来出现了赵老大鹅肠火锅店、赵老二鹅肠火锅店、赵老三鹅肠火锅店、赵老五鹅肠火锅店等店，在彭州一带成为一道著名的江湖菜，带动了当地经济的发展。九尺鹅肠的精到之处并非鹅肠长九尺，而是指九尺镇的鹅肠质地好，自制的火锅底料独特，鹅肠脆鲜美，久烫不绵。如果从烹饪方式上来讲，彭州九尺鹅肠并无特殊之处，主要采用传统火锅红汤的方式。②

---

① 蓝勇主编《巴蜀江湖菜历史调查报告》，四川文艺出版社，2019，第154—162页。
② 同上，第163—166页。

荣昌县在历史上是巴蜀地区重要的畜牧业发达地区，猪、牛、羊、鸭、鹅等饲养业较为发达。但前面谈到在历史上巴蜀地区食用鹅肉习惯并不明显，荣昌的卤鹅本为潮汕食物，可见食用方式确实是“湖广填四川”时外来移民带入的。清代乾隆年间四川籍张宗法《三农纪》中谈道：“鹅，煮汤不见气蒸者肉美，腌者味佳。”[①]可能食鹅在清前期已经较为普遍，而且腌卤类鹅肉味道较好。不过，《棠城的晚春》一书中认为荣昌鹅与乾隆年间赵万胜陕西入川有关，后来肉根香酒楼创造荣昌卤鹅[②]，但缺乏历史文献方面佐证，只有存疑待考。据光绪《荣昌县志》记载，清朝光绪年间荣昌白鹅就被列为全县的重要特产。[③]1989年，荣昌白鹅更被列入国家级保护鹅种，成为荣昌县重要而宝贵的地方资源。荣昌卤鹅经过数代客家人的创新与改进，以肉质更为细腻的“荣昌白鹅”取代潮汕“狮头鹅”，以潮汕传统卤制方法与川菜特色的麻辣鲜香结合，造就了今天地方风味的“荣昌卤白鹅”。

调查表明，1994年前，许多人就在荣昌街边用摊子形式出售卤鹅，1994年罗德建开始立招牌开门店经营，荣昌卤鹅的品牌逐渐扩大。目前荣昌名店主要有小罗卤鹅、小薛卤鹅、三惠鹅府、陈老五卤鹅、伴之鹅、小蒋卤鹅等。在重庆城区主要有罗眼睛卤鹅、一品鹅荣昌卤鹅、蒋记卤鹅、卤薇薇、鹅堂、一家鹅店等。[④]

（七）乐山甜皮鸭与梁平张鸭子

《筵款丰馐依样调鼎新录》就记载有盐卤鸭子：“盐卤煮，冷上。”[⑤]《成都通览》中也记载有卤鸭、盐鸭子。[⑥]可以说卤制鸭子对于巴蜀人来说

① 张宗法：《三农纪》，农业出版社，1989，第593页。
② 佚名：《筵款丰馐依样调鼎新录》，中国商业出版社，1987。雷平：《棠城的晚春》，重庆出版社，2011，第21—22页。
③ 光绪《荣昌县志》卷十六《物产》，光绪十年刻本。
④ 蓝勇主编《巴蜀江湖菜历史调查报告》，四川文艺出版社，2019，第167—175页。
⑤ 佚名：《筵款丰馐依样调鼎新录》，中国商业出版社，1987，第112页。
⑥ 傅崇矩：《成都通览》，巴蜀书社，1987，第279页。

是一个平常得很的烹饪菜品。不过，由于鸭子本身有一股腥膻味，能将鸭子卤制得味道鲜美又无腥膻味，也是很考量厨师技术的。

乐山甜皮鸭可能来源于巴蜀传统的香酥鸭，早在民国俞士兰《俞氏空中烹饪》一书中就记载有香酥鸭，认为是川菜中的“著名大菜”，味道“香酥无比”。[①]如果我们从烹饪方式上来看，乐山甜皮鸭实际是在香酥鸭的基础上发展出来的。

乐山甜皮鸭发源于彭山，创始人为杨万寿。20世纪70年代，彭山甜皮鸭才传到乐山。彭山甜皮鸭传到乐山后，结合乐山本来的卤鸭子的传统技艺，形成了今天我们吃到的乐山甜皮鸭。在20世纪七八十年代，乐山甜皮鸭主要是以流动性的小摊小贩出售为主，现在陆续开办了固定的门面，出现了章鸭子、刘鸭子、纪六孃、赵鸭子等较有名气的甜皮鸭子店。目前乐山甜皮鸭在味道风格上也形成两种流派，一种是油烫式甜皮鸭，一种是在此基础上再封糖浆的糖浆式甜皮鸭。[②]

研究表明，民国时期，张兴海随其义父张良俊在万县太白岩设店卖烧腊，为现代梁平张鸭子之始。20世纪50年代初期，张兴海到梁山县西中街卖烧腊，1953年7月研制出具有一定特色的卤烤鸭。1976年，张兴海搬迁到梁山镇大河坝街道318国道路边（今西城路285号）建起了小作坊（一说当时有店铺），扩大了经营规模，将卤鸭料方由原来的28味名贵药材增加到36味，研制出具有巴渝特色的卤烤鸭，成为地方名特小吃，张鸭子的知名度逐渐扩大。1992年6月，张兴海在大河坝街道138号租赁门面，建了卤鸭作坊和经营小店；随后，又在梁山镇西城路422号扩大生产加工卤鸭场地和餐饮经营面积，创立了张鸭子品牌。1996年，张兴海将卤制研制技艺传给孙女张恒琼和孙女婿刘昌仁。2006年，刘昌仁在新城工业园区建立重庆市梁平张鸭子食品有限公司，开始了规模化、集约化生产。刘昌仁在继承传统独特工艺的基础上，以西南农业大学食品科学学院为科技依托，改良加

① 俞士兰：《俞氏空中烹饪》中菜组第二期，永安印务所，民国时期，第9页。
② 蓝勇主编《巴蜀江湖菜历史调查报告》，四川文艺出版社，2019，第176—181页。

工工艺，使卤制鸭子药材从36味增加到48味，在国家工商局注册为“大河牌”张鸭子和“大河”张鸭子，在巴蜀地区影响越来越大。[①]

三 牛羊兔等杂类江湖菜的发展

（一）乐山苏稽跷脚牛肉的历史发展

乐山苏稽镇的跷脚牛肉在巴蜀地区影响较大，是巴蜀江湖菜少有的牛肉类江湖菜。传统时代在巴蜀地区牛是作为耕牛存在的，肉牛、奶牛相当有限，故在历史上牛肉的食用相对较少，一般菜谱中牛肉的菜品都较少。可以肯定乐山苏稽一带食用牛肉也并不是太普遍，为何会产生出这道菜品，值得我们研究。我们发现清代民国时期有关牛肉的重要菜品往往都是出于产盐的城市，如自贡的水煮牛肉、火鞭子牛肉，所以乐山的牛肉是否与五通桥的盐业有关值得讨论。这主要是与大量盐业用牛淘汰以后的食用有关，因食用正常的农耕水牛是极少的。

据传乐山跷脚牛肉可能出现在清末民国初年，当地人认为周村屠夫周天顺创制了跷脚牛肉，此说真实性有多大，可能还需要研究。另有关于20世纪40年代罗姓中医发明说，由于缺乏相关文献佐证，也难以确考。现在乐山已经有周村古食、古市香、周记跷脚牛肉等名店，在乐山城内及巴蜀地区打着跷脚牛肉牌子做生意的店面也较多。

从烹饪方法来看，跷脚牛肉实际上是一种药膳性汤锅牛肉，虽然说是牛肉，实际上包括牛杂，再加上用干辣椒面、味精、盐、花椒面形成的蘸碟。在巴蜀民间，像跷脚牛肉这样食用的菜品很多，但由于没有像乐山跷脚牛肉这样注入来源文化的发掘和地名标识的强化，其他菜品在外地并没有形成影响，这是值得我们注意的。[②]

---

① 蓝勇主编《巴蜀江湖菜历史调查报告》，四川文艺出版社，2019，第182—187页。

② 同上，第190—197页。

（二）黔江青菜牛肉的发展

前面我们谈到在传统农业耕种地区牛肉的食用较少，但黔江地区在历史时期是少数民族聚居的地区，农牧业相对较发达，民间牛的养殖可能比巴蜀其他传统农耕地区更为普遍。

实际上在传统时期，青菜炒牛肉这道巴蜀家常菜并不罕见，但将其创制成煨锅形式成为一道有较大影响的江湖菜却是20世纪后期的事情。根据我们的调查，关于青菜牛肉煨锅形式的原创者说法较多，在时间上一般认为是在20世纪80年代末到90年代初。一种观点认为国庆鸡杂店的厨师郑国庆受李长明鸡杂煨锅形式的启发而发明的，一种认为是长明鸡杂店的厨师李长明发明的，一种说法是两人同时创新出来的。可以肯定的是郑国庆和李长明在青菜牛肉的煨锅形式创新中都做出过重大贡献。

黔江青菜牛肉煨锅的形式相当于较大的干锅，先将牛肉加芡炒七成熟沥出和段状青菜备用，在煨锅内用油加干辣子、蒜等炝香青菜段，炒七八分熟后放入炒好的牛肉和青菜叶，加调料翻炒均匀上桌，上桌后可继续加热慢煨同时食用。实际上，黔江青菜牛肉是一道典型的干锅式菜品。

现在，黔江青菜牛肉在当地广泛传播，在黔江以外也有一定的影响。一般正宗的几家老鸡杂店同时都推出青菜牛肉，如长明鸡杂、天龙鸡杂、国庆鸡杂、阿蓬记鸡杂、苏锅锅鸡杂，单独以青菜牛肉为店名的相对并不多。故总的来看，黔江青菜牛肉的知名度不如黔江鸡杂。[①]

（三）自贡冷吃兔、鲜锅兔与双流老妈兔头的历史发展

在中国历史上吃兔肉并不普遍，一般菜谱中都没有兔类菜品。特别是在巴蜀地区，早在唐代段成式《酉阳杂俎》中就记载“蜀郡无兔、鸽”[②]。

---

① 蓝勇主编《巴蜀江湖菜历史调查报告》，四川文艺出版社，2019，第198—204页。
② 段成式：《酉阳杂俎》前集卷十六，中华书局，1981，第151页。

到清代乾隆年间的《调鼎集》中虽然收集的菜品多达近4000种，但兔肉菜仅4种，所以，巴蜀历史上兔肉的食用并不常见，有关巴蜀的清末菜谱中也基本上找不到兔肉的影子。

但是我们发现在《调鼎集》仅仅记载的4道兔肉菜中有一道“兔脯”菜，烹饪方式是：“去骨切小块，米泔浸掐洗净，再用酒浸，沥干，大小茴香、胡椒、葱花、酱油、酒，加醋少许，入锅烧滚，下肉。”[1]这种方法似乎已经有一点冷吃兔前期工序的感觉了。冷吃兔后期实际上是一个熏肉的过程。在四川民间，熏肉本是一道很家常的菜品，可以熏猪肉、牛肉、鸡肉、鸭肉、鱼肉，也包括兔肉。据我们调查，20世纪20年代自贡三多寨安怀堂刘毅恭在自贡灯杆坝开酒馆时，在刘青仕的帮助下发明了冷吃兔。冷吃兔的出现与自贡盐场盐工适应脱水后的兔肉容易保存有关。20世纪60年代刘毅恭胞弟刘青仕在自贡三多寨改良冷吃兔，引进郫县豆瓣、小磨麻油、口蘑豆油，使冷吃兔更上一层楼。不过，长期以来由于冷吃兔与巴蜀传统的陈皮兔丁在制作上有相似之处，冷吃兔仅是一种自贡地方小吃，到20世纪末期随着交通物流的发展，冷吃兔才逐渐在外有了影响，成为一道巴蜀江湖小吃。

现在自贡冷吃兔如果从烹饪方法上来看，一般是用干辣椒、姜、蒜、八角、花椒、酱油、料酒、糖、盐、食用油干煸热熏，实际上是一种慢速干煸加热熏脱水后冷食的方法，所以民间往往将这种方法烹饪出来的菜品称为熏肉，在川菜烹饪方法上称为冷吃炸收。从味型上来看这是一种不加陈皮而多加其他香料、多加辣椒的香辣咸香兔，与陈皮兔在味型上有相似之处，所以有的冷吃兔是加陈皮的。由于调料的多少不一样，不同厨师烹饪出来的口味有一定的差异。随着真空包装和快递兴起，冷吃兔的保鲜周期更是增长，在外的影响不断扩大，已经成为自贡菜品中在外影响较大的一道菜品。[2]

---

① 童岳荐：《调鼎集》，中国商业出版社，1986，第233页。
② 蓝勇主编《巴蜀江湖菜历史调查报告》，四川文艺出版社，2019，第205—213页。

自贡鲜锅兔出现的时间较晚，一般认为是2003年原来鸿鹤化工厂工人杨文杰在生焖兔的基础上加入仔姜、青椒提味增香，在大安区和平乡开了一个餐馆卖鲜锅兔，后来打出了“鸿鹤鲜锅兔”的招牌。后迁东兴寺附近，已经倒闭。经过十多年的发展，现在鲜锅兔遍地开花，不仅许多人打着鸿鹤鲜锅兔的牌子经营，全国各地标名自贡鲜锅兔的餐馆越来越多，就是在自贡，也出现了壹窝兔鲜锅兔、鸿鹤仔姜、兔行天下、盐帮兔当家等经营鲜锅兔出名的餐馆。考察表明，所谓自贡鲜锅兔起源于富顺县小南门陈八嫩兔的说法缺乏史料根据。

鲜锅兔的烹饪有热油炒料、主料过油、混合翻炒、装盘吸辣四道工序，除装盘吸辣外，程序上并无太多创新之处，但其充分体现出川南盐帮菜重辣、好姜、鲜热的特征。

根据我们调查，现在自贡一带是四川地区最大的兔子养殖基地，是世界上兔肉加工和消费最多的地区，一方面浅丘地理环境适合兔子的生长，一方面历史上盐业和商业区的发达提供了广大消费市场。自贡不仅有冷吃兔、鲜锅兔，还有兔全席、兔肉膏、酥兔排等，还出现自贡兔品种，催生了尖椒兔等菜品的出现。①

在历史上兔头并没引起人们重视，一般在吃兔时会扔掉，但就是这个兔头经四川人的研发，成为一道有影响的江湖菜品。根据我们调查，双流老妈兔头出现在20世纪90年代初，由双流人史桂如最初开设在双流区清泰路85号，从开设到现在一直没有变化，只是进行过多次装修。2005年以来，在成都以双流老妈兔头为招牌的店越来越多，如文殊院的老妈兔头、玉双路的老妈兔头、倪家桥的老妈兔头等。老妈兔头分成麻辣、五香两种形式，往往兼卖其他卤兔、卤鸡鸭菜品，由于老妈兔头单从经营角度来说显得较为单一，所以，现在往往呈现与家常菜、干锅、火锅等结合起来的趋势。②

---

① 蓝勇主编《巴蜀江湖菜历史调查报告》，四川文艺出版社，2019，第214—224页。
② 同上，第225—229页。

（四）成都老妈蹄花汤的历史发展

在中国烹饪菜品中，猪蹄的食用是较为普遍的。以清代《调鼎集》的记载来看，有关猪蹄的菜品就有20多道。[①]道光同治年间《旧账》中也记载有一道烧蹄肠，具体烹饪方式不明。[②]清末《成都通览》中记载的有关猪蹄的菜品就有炙肉蹄、炸蹄筋、炖蹄子、红烧蹄子肚子、炖火腿蹄五道。[③]其中炖蹄子明显就是我们后来的蹄花汤，说明巴蜀地区食用蹄花汤的历史还是较悠久的。民国时期重庆的外地餐馆中，镇江蹄肴（一称肴蹄）就曾是一道江南名菜。

可以肯定的是早在民国时期，在成都半边桥一带有一些流动性的专卖蹄花汤的摊子，一直沿袭下来。到20世纪末，在半边桥一带主要有雷祖芳的雷氏、姜蹄花姜氏和胖妈蹄花三家。后来因为城市改造等因素，陆续从半边桥搬出。现在成都打着“老妈”的蹄花店有几十家，主要集中在东城根南街、祠堂街和陕西街，主要有雷祖芳的老妈蹄花、易老妈蹄花、廖氏老妈蹄花、郭氏老妈蹄花、黄氏老妈蹄花、姜蹄花、丁太婆蹄花等。

据我们调查，现在的老妈蹄花汤在味道上有一些差异，有的放葱花，有的不放，大部分放大芸豆。大部分是用油辣椒作为调料，只有黄氏用小米辣。而姜蹄花的蹄花汤放了中药，较为别致。由于目前成都老妈蹄花主要考量的是汤汁味道的醇厚，往往将蹄花煮炖得太软，相对削弱了蹄花本身的口感。[④]

（五）简阳羊肉汤锅与荣昌羊肉汤的历史发展

与牛肉不一样，传统社会中羊肉的食用较早且较为普遍，《成都通

---

① 童岳荐：《调鼎集》，中国商业出版社，1986，第180—186页。
② 李劼人：《旧账》，《风土什志》1945年第5期。
③ 傅崇矩：《成都通览》，巴蜀书社，1987，第279—278页。
④ 蓝勇主编《巴蜀江湖菜历史调查报告》，四川文艺出版社，2019，第250—256页。

览》中就有炖羊肉的记载。在简阳一带，早在民国时期民间就较为普遍食用羊肉，用羊肉炖汤也较为普遍。不过，普遍将羊肉汤锅作为一种江湖菜单独成店单独列席可能还是在20世纪80年代中期以来。

1984年简阳谢国玉、廖延寿夫妻在简阳白塔路创立了第一家羊肉汤锅店，后用鲫鱼汤与羊肉汤合并试验做羊肉汤锅。这家店现在成为著名的廖氏羊肉汤锅。1985年，胡锡纯、段绍中在简阳南街三岔路创立第一家胡世羊肉汤锅，后又由胡氏养子樊氏继承，而在1994年再由三个女儿新立三家分店。而段氏也在简阳、南充、资中等地开店。其他1993年李群英在星科医院开店名玉成桥羊肉汤锅，后迁至今安象街。现在，除了胡世、廖氏、玉成桥外，还出现了赖世、马厚德等名店，在全川各地乃至全国各地打着简阳羊肉汤锅的店如雨后春笋般出现，成为主要流行于巴蜀的一道重要的江湖菜。

简阳羊肉汤锅烹制有爆炒羊肉片、大骨熬汤、炖羊肉三个阶段。简阳羊肉汤锅在几十年发展过程中，烹饪方式经历了两次较大变化，一次是骨肉分离，先用羊大骨熬汤，再用羊肉汤炖羊肉；第二次将羊肉坨改为片，据说是李群英女士做的改进。[①]

荣昌、隆昌一带地处浅丘，近代一直是四川盆地传统农副业较为发达的地区，特别是畜牧业较为发达，猪羊的饲养业较为发达。

民国时期荣昌一带就出现了羊肉汤，据说是一个叫陶铸光的人发明的，经过陶兴陆、陶前贵、李道明、徐富元、徐德元（全）等传播至今。20世纪90年代以来出现了多家知名的羊肉餐馆，如1992年昌元城西街的陶老八羊肉馆（2005年迁到盘龙镇）、1996年吴家镇的徐羊子羊肉汤店、1986年盘龙镇的明明羊肉汤，后来其他正宗盘龙镇羊肉汤、陶羊子酒楼、警民桥羊肉汤、富康酒楼、颜记羊肉馆也是较有名气的店子。通过调查来看，将荣昌羊肉汤与“湖广填四川”移民完全联系起来可能缺乏可信的文献支撑，所以清代前期有关荣昌羊肉汤锅的传说的真实性都值得怀疑。与

① 蓝勇主编《巴蜀江湖菜历史调查报告》，四川文艺出版社，2019，第230—237页。

简阳羊肉汤锅一样，荣昌羊肉汤近些年在巴蜀乃至全国都有一定的影响。

在烹饪方法方面荣昌羊肉汤锅与简阳羊肉汤锅有一定差异，荣昌羊肉汤要经过煮肉料、大骨熬汤、烫料三个过程，与简阳的炒羊肉片、大骨熬汤、炖羊肉三个阶段不一样，所以简阳的可以称为羊肉汤锅，可以继续烫菜，而荣昌的只能称为羊肉汤，需分碗蘸碟食用。[①]

（六）沙坪坝磁器口毛血旺与叙永江门荤豆花的发展

在巴蜀江湖菜中，重庆火锅本应该是属于第一位的，重庆火锅入烫食材的广谱性十分明显，几乎大多数食材都可以用来烫火锅。在汤锅类中可能毛血旺的广谱性也较为明显。

中国古代很早就开始食用血旺，巴蜀地区传统的红烧血旺、血旺汤一直在民间有较大影响。不过，毛血旺的历史本来并不是太久，但却疑云密布，难以厘清。

我们通过调查发现，毛血旺的起源众说纷纭，存在明初朱允炆品尝说、民国初年张氏发明说、船工发明说、毛氏妇女发明说、清末民国白氏发明说，但都缺乏相关文献记载支撑。而且也存在毛血旺之称源于其为毛氏创立、杀猪后的未处理血称毛血、食材中有毛肚等不同说法。可以肯定的是在清末民初时期，磁器口一带就已经有传统毛血旺的食法了。至于得名毛血旺，可能是将猪称毛猪、未处理的血称毛血有关。在20世纪中叶，毛血旺已经成为重庆很有影响的名菜，所以才收录进《重庆名菜谱》中。20世纪六七十年代，由于私营经济的发展受到政治的影响，毛血旺的发展也被波及。但改革开放以来，随着市场经济的发展，毛血旺的销售发展较快，烹饪方式和味型也在发生变化，不仅进入了家庭之中成为小火锅，而且在磁器口古镇开发的背景下，毛血旺成为磁器口古镇饮食文化中的一朵奇葩，发展更是迅速，不仅成为江湖菜并催生相关餐馆大量出现，而且发

① 蓝勇主编《巴蜀江湖菜历史调查报告》，四川文艺出版社，2019，第238—248页。

展成为一道重要的盘菜，在餐席中占有重要地位。

根据我们调查和相关文献记载，近五十多年的时间内毛血旺的烹饪方式和味型发生了重要变化。关于毛血旺最初的烹饪方式和味型有两种说法，一种认为最初的毛血旺只有清汤型的，只是在食碗汤中放辣椒油拌食。1960年出版的《重庆名菜谱》中记载的磁器口合作食堂的毛血旺的具体做法是将煮好的血旺放在白豌豆、肥肠、猪头肉、猪肺煮成的浓汤中，加上姜汁、油辣子、蒜米、酒醋、猪油、盐调味来食用。这与今天流行的以牛油火锅底料为基础汤汁，并以血旺、毛肚、火腿肠、黄豆芽等入锅同煮的汤锅型毛血旺相去甚远。[①]显然，早期毛血旺的汤料是清汤的，主料也较为单一，与现代我们食用的红汤型的毛血旺差异较大，也就是说现在的红汤毛血旺历史并不悠久。今天的这种火锅底料汤锅型毛血旺应该是在近二十多年的饮食发展过程中为适应市场产生的变异，这个变异过程应该是在20世纪末才开始的。不过，也有人认为以前就已经有红汤与清汤两种形式。但可以肯定的是今天毛血旺完全是红汤。当然在呈现方式上也有较大的区别，有的是用汤锅形式，有用盆菜形式，汤锅则有用大锅的，有用子母锅的。[②]

四川叙永江门一带是明清时期乌撒入蜀西道的重要节点，也是四川地区当时进入云贵地区主道的必经之地，商业贸易交通运输地位重要。

根据我们的调查，叙永县江门荤豆花出现在20世纪70年代末80年代初，是由江门人沈德富在江门老街312国道边创立沈氏豆花作坊开始的，现发展成为沈氏正宗荤豆花。当地也有认为是许大毛（许继荣）发明的，但考察证明可能沈氏更早。更有认为是清初吴三桂经过一沈姓老太所经营的小店发明的，此说缺乏文献支撑，不足征信。笔者早在20世纪70年代中前期到泸州时，就在泸州街上吃到过荤豆花，当时荤豆花应该是川南泸州一带民间较为普遍的菜品，只是后来江门一带较为集中，形成了品牌而已。

---

① 重庆市饮食服务公司：《重庆名菜谱》，重庆人民出版社，1960，第110—111页。

② 蓝勇主编《巴蜀江湖菜历史调查报告》，四川文艺出版社，2019，第272—281页。

据调查，20世纪90年代江门镇一带荤豆花店有100多家，2011年泸叙高速公路通车后，正当312国道的江门镇只有二三十家荤豆花店。现在随着荤豆花成为泸州市非物质文化遗产后，政府在高速公路口打造了荤豆花一条街，餐馆又发展到100多家。

严格讲所谓荤豆花就是一种将豆花、白肉、酸菜等汇在一起的汤锅，江门荤豆花的特色其一在于江门的永宁河河水质地，其二在于蘸料特色，除传统的油酥海椒外，增加糍粑海椒、青海椒、小米椒等类型的调料，所加的木姜油（山胡椒油）也是本地所产。[①]

（七）白市驿辣子田螺与武陵山珍的历史发展

在巴蜀饮食史上，吃田螺并不普遍，笔者小时看见田中的本土田螺和扇贝随手可拾，但经济再困难，人们都少有食用的。这主要是由于本土田螺和扇贝有一股明显的泥腥味，所以古代人的食谱中，几乎见不到田螺的身影。

根据我们的调查，大约是在1994年至1995年间，严琦发现了西南农学院教授引进的福寿螺的食用价值，遂参考川菜辣子鸡的做法，在重庆白市驿今天天赐温泉对面开始推出辣子田螺。在辣子田螺的热销背景下，严琦创立了陶然居饮食服务公司，开始以辣子田螺为主经营中餐。随后，陶然居开始在全国发展加盟店和直销主营店。同时，民间一般餐馆的餐桌上出售辣子田螺层出不穷，辣子田螺不仅成为巴蜀地区一道重要的江湖菜，也演变成川菜的一个重要盘菜，在川菜桌席中也经常出现。[②]

中国古代食用野生菌类相当早，巴蜀地区的野生家常菌类也较多，以菌类为主的鸡枞菌汤就一直很有名，道光年间的《筵款丰馐依样调鼎新录》和同治光绪年间的《四季菜谱摘录》中就有大量的口蘑、肉菌、冬

① 蓝勇主编《巴蜀江湖菜历史调查报告》，四川文艺出版社，2019，第281—287页。
② 同上，第257—264页。

菰、香蕈、处菇、羊肚菌、竹荪的记载，清末《成都通览》中也记载了一些使用口蘑、香菇、蘑菇的菜品。特别是《四季菜谱摘录》中，专门记载了口磨类菜品达十种。不过，以野生菌类为主开发出一种可以单独列门面立桌面的江湖菜却是武陵山珍的一个重要贡献。

据我们调查，受日本食用野生菌热的影响，大约是在1995年王竹丰（后改名毕麦）与妹妹王文君在石柱县菜市口的餐饮老店研发野生菌类汤锅。1997年在重庆观音桥开办了第一家武陵山珍店，开设分店，同年成立了重庆市武陵山珍经济技术开发有限公司。1999年在市场竞争中受挫折，毕麦将仅剩的一家两路口店改为土家苗寨。2001年土家苗寨重新改名武陵山珍，开办了武陵山珍龙湖总店，武陵山珍开始形成第二次扩张发展潮，现成为巴蜀地区影响很大的以菌类为主的清锅类汤锅江湖菜。①

武陵山珍是一种以菌类清香口味为主的汤锅类汤品，在发展的过程中培育出了不同的汤锅类型，入料也越来越广谱，但一直坚持清汤兼滋养的味型风格，将菌类的鲜字放在第一位，坚持不用辛辣的红汤，形成一大批喜欢滋养清淡的川菜食客群体，成为巴蜀以大麻大辣为主的江湖菜中一朵不可多得的奇葩。

（八）巴蜀传统豆腐菜品宴的形成与发展

前面谈到，在巴蜀历史的菜品的发展中，豆腐的菜品特色明显。今天，在巴蜀大地上出现了许多以豆腐为主的地方风味豆腐宴，主要有剑阁剑门豆腐、乐山西坝豆腐、蓬安河舒豆腐、高县沙河豆腐四大品牌。另外成都天回镇豆腐在历史上也较为出名，但现在相对衰败了。

在巴蜀四大豆腐宴中，剑门豆腐是出名较早的一个。剑门豆腐的历史虽然较早，但将其与三国姜维扯在一起却完全是附会之说，毫无历史根据。剑门豆腐开始出名可以追溯到20世纪30年代，主要得益于成都厨师岳

① 蓝勇主编《巴蜀江湖菜历史调查报告》，四川文艺出版社，2019，第265—271页。

仔英，1981年因中学老师李代信的介绍文章受到有关部门重视，当地政府着力打造，先后出现了六娃子、帅府、文家、剑门关、苟家等名店。特别是借助于剑门关旅游，当地一度有多达100余家以主营豆腐为特色的餐馆，可以烹饪几百种豆腐菜品。据说全国各地开的剑门豆腐店达500多家。在历史上剑门关豆腐是用飿水凝固，用井水和剑溪河水来点制的，但现在多用石膏、卤水、酸水（汤）来点制，个别也有用内酯豆腐的，用水多是用自来水来制作，故对豆腐品质有一定影响。目前剑门豆腐在全国都有一定的影响，在巴蜀地区的四大豆腐宴中是影响最大的豆腐宴。①

乐山西坝豆腐如果从可考的历史来看，应该是最早的，因为早在明代万历《嘉定州志》中就有豆腐的具体记载，而且明确是用卤（飿）水点制的。至于唐代僧人发明、宋代陈抟发明、丁嫂发明、八仙传说等纯属民间传说，不足为信。以前西坝豆腐做得最好的是一位称王绍华的人，人称“王豆腐”。不过，真正将西坝豆腐名气打出去的人应该是杨俊华。杨家早在清代嘉庆年间就开始制作豆腐，在20世纪五六十年代，杨俊华在西坝镇供销社开办庆元店。到70年代，在当地政府和有关人士支持下，西坝豆腐名声越来越大，在杨氏师传的影响下，出现了三八饭店、方德西坝豆腐、杨氏西坝豆腐、黄瓜瓢西坝豆腐、龚芬西坝豆腐大酒店等名店。西坝豆腐在20世纪90年代以前仍是用卤水点制的，但90年代以后改用石膏点制。现在西坝豆腐形成烧、炸、炒、熘、蒸、拌六大系统，可以烹饪100多种豆腐菜品。历史上西坝豆腐多用井水和岷江河水，如形成了著名的凉水井，但现在用水较为复杂。巴蜀四大豆腐宴中，西坝豆腐的影响仅次于剑门豆腐，在巴蜀地区都有较大的影响。②

蓬安县河舒镇在历史上也出产豆腐，但将其与司马相如联系在一起显然是缺乏文献支撑的，所以不足为信。据研究表明，早在清代咸丰年间，郑景友（郑驼背）就开始在河舒一带做豆腐，名气较大。后来他的滑竿力

① 蓝勇主编《巴蜀江湖菜历史调查报告》，四川文艺出版社，2019，第289—297页。
② 同上，第301—306页。

夫刘开帝学会了制法，经过刘国润、刘大春三代传承，形成了河舒镇的刘豆腐作坊。河舒豆腐出名时间并不太长，20世纪80年代以来，在政府的支持下，先后出现了张二娃豆腐店（张大胡子豆腐店）、黄二娃豆腐店（四季香豆腐店）、张二胡子豆腐店、文革酒家、河舒豆腐山庄、又一村餐厅、燕山豆腐城等豆腐名店。现在河舒豆腐能烹饪几十个品种，形成了著名的豆腐宴，在巴蜀地区，特别是四川盆地中部有较大的影响。历史上河舒豆腐一直是用石膏点制，豆腐用一口老井的井水来制作，制作方式相对较为原始。①

宜宾高县沙河豆腐的历史不能说悠久，但发展脉络较为清楚。20世纪60年代厨师张银安、张甫成发展传统豆腐菜肴，70年代侯永宽开始研究豆腐菜品，开创了杂烩豆腐等，并教授了一些徒弟。到八九十年代，沙河镇出现了数十家以经营豆腐为特色的餐馆，出现了钟氏豆腐、张记麻辣豆腐、五味轩徐记豆腐、欧记豆腐等豆腐店，现在可以制作出200多种豆腐菜品。目前沙河豆腐在宜宾等地区已经有较大的影响。在巴蜀四大豆腐宴中，沙河豆腐在外的影响力可能最小，但正是因为这样，不论是从凝固剂的使用，还是制作方式上都保留在较为传统的状态，体现传统巴蜀豆腐的特色更明显。沙河豆腐目前还保留使用卤水点豆腐的传统，形成烹饪店面自备豆腐作坊的业态，保证了豆腐的传统风味。我们知道，中国豆腐的起源地在皖豫鲁豆腐发源三角地，开始主要都是用鹵（卤）水点制的。在所有豆腐凝固剂中，卤水是最能保留大豆豆香味的一种，所以，如果从豆腐品质来看，沙河豆腐是最具传统风味的豆腐。②

在历史上，成都天回镇的豆腐历史也较为悠久，但当地民间曾将天回镇豆腐与历史上曾有唐玄宗幸蜀回銮联系起来，显然是没有任何根据的。可以肯定的是早在清末，天回镇的豆腐就已经较有名气了，当时民间流传着“天回镇豆腐当肉干”的说法。历史上天回镇先后经营豆腐生产销售的

① 蓝勇主编《巴蜀江湖菜历史调查报告》，四川文艺出版社，2019，第307—315页。
② 同上，第316—322页。

有刘、林、张、廖、何、钟、袁七家，其中早期以刘发祥的“刘豆腐”最为有名，而后来何氏家族的“溢珍园”“清河园”将豆腐的烹饪品种发展到150多种。[①]但近十多年来，随着各种原因，天回镇豆腐产销完全衰败。目前天回镇只有1989年开设的何氏豆腐一家店独撑门面了。

历史上虽然并不存在江湖菜这个概念，但都会出现这些多是源于民间而广泛流传于民间的菜品，只是没有人提出这个话语。巴蜀地区也不例外。这里我们研究的巴蜀江湖菜主要是流行在近几十年时间里的菜品，每道菜在味型、烹饪方式上都可以在历史上找到一定的影子。巴蜀江湖菜有几个特征可以总结：

首先，巴蜀江湖菜主要以鱼、鸡食材为主，而少有以猪肉类为主，原因很多，一在于计划经济时代猪肉是严格控制的肉食，民间不可能用来大量食用加工。笔者记得在那个年代，往往通过父亲到山野钓鱼和我们自己养鸡来改善生活，猪肉是可望而不可即的。这种状况为民间对除猪肉外的菜品的加工提供了更大的空间。二是鱼、鸡等便于斩杀，大小合宜，使民间点杀活鲜更有可能，而猪、牛肉体量太大，一般不可能随时点杀。鱼、鸡类陈肉与鲜活之间味道差异更明显，活鲜可能更有吸引力。三是在改革开放以后，猪肉放开成为家常主食肉类，食用较多，而鸡鱼的烹饪整体上比猪肉更加困难费时，所以在家庭以外餐馆中鱼、鸡、鸭等更有新鲜的吸引力和省时的客观必要性。

其次，很有意思的是在近几十年的时间内，巴蜀地区餐饮文化几乎是同时盛行两种风潮，一种是江湖菜风潮，一种是新派川菜风潮，但两者的命运却完全不同，前者继续演绎，越来越火，而后者往往如昙花一现，时过境迁。江湖菜起于民间，深得饮食之根本。宋代蜀中梓州人苏易简曾说“臣闻物无定味，适口者珍”[②]，即名句“食无定味，适口者珍”的来源，这本是对巴蜀饮食文化的最精辟的见解。以此为据，我们可以将传统川菜

① 李豫川：《细说天回镇豆腐》，《龙门阵》2007年第12期。
② 文莹：《玉壶清话》，中华书局，1984，第53页。

的特征概括为八个字：“麻辣鲜香，复合重油。”而这八个字在江湖菜中体现得最为深刻，故有强大的生命力。许多江湖菜完成了从民间菜到江湖菜再到民间家常菜的轮回，成为一种文化沉淀下来。而几十年来新派川菜的发展在盘菜上创新不断，虽然也有成功的案例，如韭菜腰丝、火爆鸡脆骨等作为新派川菜的重要菜品一度较为流行，但总体上来看，很少有生命力凝固下来成为重要的家常菜品。这其中的主要原因是新派川菜的三个致命缺点，一是盲目简单引进外来饮食味型、烹饪方法，放弃传统巴蜀的饮食固有的特征；二是只在造型工艺上用力，不注重饮食味道的“适口者珍”的饮食根本；三是多在菜品名称上花费心机，近几十年流行的许多所谓新派川菜，其烹饪方式、味道味型其实早就存在，许多人仅是生硬地取一些沾文化的名字而已。

第三，巴蜀江湖菜的流行与地缘、交通、旅游、文化关系密切。从我们调查的巴蜀江湖菜来看，不论数量还是影响力，巴渝地区的江湖菜明显比四川地区数量更多，影响更大。《巴蜀江湖菜历史调查报告》一书共调查了40种江湖菜，其中70%都是在巴渝地区。江湖菜的发源地大多在交通通道沿途，交通客货流对江湖菜的影响巨大，如成渝公路上的来凤鱼、邮亭鲫鱼、球溪河鲶鱼、歌乐山辣子鸡、荣昌和简阳羊肉汤，国道上的太安鱼、北渡鱼、三溪口豆腐鱼等。有些江湖菜则与旅游开发有关，如南川烧鸡公、南山泉水鸡、黔江鸡杂与青菜牛肉。从文化上来看，巴渝地区历史上社会经济文化发展相对滞后，山地农耕狩猎、峡江急流航行造就先民尚武直达之风，江湖码头文化发达，折射在食俗上也崇尚大盘大格、简约生猛、大麻大辣。

最后，从巴蜀江湖菜历史调查我们可以看出，江湖菜的历史确实很“江湖”。美食很难有一个统一的标准，江湖菜源于民间，流行于江湖，更是“江湖”得很，难以说清你我与好坏。许多江湖菜一谈历史总是想将其追溯得越早越好，名其曰文化深厚，更关乎经营利益。有的家族的非物质文化遗产申报书中的江湖菜历史往往是与自己的家族历史一起在重新构建，有的菜品的历史则明显是在地方经济文化诉求的背景下再重新打造。

这可真是江湖是属于人民大众的，人民大众是历史文化的创造者。笔者以前提出有两种历史，一种是作为科学的历史，一种是作为文化的历史，着重强调指出先秦传说的历史中作为文化的历史的重要性，后来在研究《西游记》的历史故事原型中发现这种作为文化的历史一直在与作为科学的历史争夺对历史的话语权。这次我们进行的巴蜀江湖菜调查也表明，就是近几十年的光景，这种作为文化的历史仍然被我们人民群众不断创造着。所以，江湖菜背后的历史往往是众说纷纭，莫衷一是。当然，这种作为文化的历史创造不仅是受到传统文化的推动，也受时代的政治气候、经济利益所影响。

第五章 川菜食性小事件与巴蜀社会大世界

传统川菜的基本特征与文化内涵

《孟子》有云："食、色，性也。"中国传统社会及当下，饮食名为大事，人人不可回避，但其相对于政治变换、经济格局、军事征战、文化环境来说，在人们眼中却又为区区小事，进不了当下的主流社会，入不了历史的主体叙事。我们的前人将大量笔墨投入到人与人的苦斗长征，人与神的感应交结上，却很少记载这些日常的饮食细节。所以，今天我们要写一部川菜史，面对的就是史料散见，资料难征。而就饮食本身来说，食色人性是最没有标准的，研究起来本身较有难度。正因此，有关饮食的话语往往很多认知都是与传说纠缠在一起，饮食文化的研究可能是最难区分我以前谈到的"科学的历史"与"文化的历史"两个概念的研究领域。

严格地讲，我们至今对川菜的基本特征的提炼还是不够精准的，所以，巴蜀内部或外部的人对于川菜的基本认知就是湘菜辣，川菜又麻又辣。也有人简单地认为川菜就是大把地放油，大把地放豆瓣，大把地放味精。总结川菜的基本特征是保护传统川菜的前提，也是创新川菜的基础。这本是两个不同的问题，但又是关系很密切的两个问题，因为川菜在一般人的眼里，麻辣可能概括一切，解释者往往出来说我们川菜麻辣所占的比例其实不高，川菜并不都是辛辣的。我们以前的研究表明，以整体辛辣程度而言，巴蜀地区可能是较高的，但如果仅指辣椒辛辣程度而言，巴蜀却不一定比得上湖南、贵州等地。[①]所以，科学地总结川菜的基本特征是有必要的。同时科学地总结川菜的基本特征也是相当重要的，因为这是我们进行川菜文化保护的前提，只有如此，才能真正保护这种文化，传承这种文化。

第一节　从“百菜百味，一菜一格”到“八字”特征

关于川菜的基本特征，前人已经做了大量总结，可能谈得最多的就是“麻辣鲜香”、“百菜百味，一菜一格”。不过，笔者接触的其他菜系朋友往往质问道，难道湘菜的“辣鲜香”不也是很明显吗？川菜只是多了一个“麻”吗？同时，也有朋友问道，难道“淮扬菜”“粤菜”不也是“百菜百味，一菜一格”吗？有何种统计证明川菜就是每道菜烹饪方式、味型都不一样，而其他的菜就每道都是一样呢？有的朋友认为如果要单独说“鲜”字，可能淮扬菜和粤菜对食材本味鲜方面的重视远远超过川菜。所以，更科学全面地总结川菜的特征尤为必要。当然，科学地总结川菜的特征，首先需要在历史的语境中来分析。我们对川菜菜品史的系统梳理也许能为我们更科学地总结川菜的特征提供更全面的历史背景。透过两千多年巴蜀地区饮食文化的过程轨迹的考证，笔者认为传统川菜的特征可以概括为“麻、辣、鲜、香、复合、重油”八字。

一　关于“麻”：从全国微麻到独麻天下

前面我们曾谈到花椒是中国古代“三香”中使用最普遍的辛香调料，在上古中古时期花椒并不仅是巴蜀地区唯一的特色之处，在全国各地的食

① 蓝勇：《中国饮食辛辣口味的地理分布及其环境成因》，《地理研究》，2001年2期。

谱中都曾大量使用。只是近古以来的明清时期，随着茱萸退出历史舞台，辣椒的传入，在许多地区花椒的市场被侵夺，花椒的食用遂龟缩在它的原产地巴蜀地区，成为巴蜀饮食上最有特色的一点。其实，今天其他菜系里也在使用花椒，只是使用量小，一般仅是整粒少量使用，而巴蜀地区不仅使用量大，而且除不断使用粒型花椒外，更多使用花椒粉、花椒油来作为调料，如经典的水煮肉片、麻婆豆腐、水煮鱼、椒麻鸡、椒麻火锅等使用花椒量很大，所以川菜的24种味型中有专门的椒麻、麻辣两种，其他怪味、五香、荔枝、家常、陈皮等味型都多多少少要放一点花椒的，这往往是其他菜所没有，或少有使用的。“麻辣鲜香”特征中唯一这个“麻”总结得最准确到位。同时，花椒不单体现辛辣，《华阳国志》上讲的“好辛香”更多是落实在“香”上面。也就是说川菜中使用花椒往往是增香，使用鲜的青花椒体现得更明显。不过，要注意的是花椒的椒香与苦味只有一纸之隔，椒香麻味的拿捏把控很考工夫。

二　关于“辣”：从多元辣味到辣得最香

这里的“辣”是专指辣椒之辣。辣椒传入中国是在明代末年，最初是作为观赏作物引进的，后来发现可以作为药物使用。明末清初中国人开始使用辣椒作为食物调料，在巴蜀地区最早见有辣椒的记载是始于清代乾隆后期，最早见于文献记载是在乾隆《大邑县志》中，到了嘉庆以后巴蜀地区才开始较多使用辣椒。

川菜中辣椒的使用量有一个逐渐增多的过程，以前人们以《成都通览》中明确使用辣椒的菜少来证明清末川菜使用辣椒较少，这是不科学的，因为当时普遍使用的红汤如果是用辣椒制成的话，再加上大量红烧、干烧、火爆、凉拌、小炒菜品，虽然并不在菜名上体现用辣椒，但实际操作是可能要放辣椒的，清末巴蜀地区使用辣椒的程度并不像以前人们想的那样低。可能就家常菜的辛辣程度而言，当时与今天相差并不大。今天，只是受江湖菜风行辛辣度高的影响，川菜的辛辣度才有所提高。

据以往的研究，如果单独从辣椒体现的辛辣程度来看，湖南、贵州远比四川、重庆更明显。但巴蜀地区对于辣椒的使用方式可能是最丰富多彩的，主要体现在善于用辣上面。其使用特征有两点，一是辣椒的使用形式众多，有鲜海椒、泡海椒、干海椒、糟海椒、糍粑海椒、海椒油、海椒酱等；一是将海椒油炸来减辣增香，如海椒油、炝炒辣椒、过油椒段等。所以，一大盆干辣椒密布的水煮鱼看似辣得恐怖，实际上只是香气逼人而略带微辣；一碗红油四溢的重庆小面应该是糊香包裹着中辣为佳；川菜的“炝炒”亦催生出“糊辣”味型，实际上是一种“糊香”，这都是川菜以辣增香的最典型的案例。所以，川菜的辣，往往辣得有层次，辣得有香气。

三　关于“鲜”：依甜而生的复合鲜

其实，几乎所有菜系都是将食物的“鲜”放在重要地位的，这不单单是川菜的突出之处。川菜的“鲜”在中国菜系中并不突出，这是我们应该坦陈的。但是我们知道，“鲜”有两种鲜，一种是食材的“本味鲜”，一种是食物的“复合鲜”。我们经常说，川菜百分之多少是不辣的，其实这些不辣的可能在体现食材的“本味鲜”上更明显。川菜更多是体现食物的“复合鲜”上，即通过复合性调味采用浸润、挂着使本味与其他调料混合显现出的另一种鲜味。如果从体现本味鲜来看，淮扬菜、粤菜可能体现得更明显。川菜还有一个特别的增鲜之道，就是利用“糖”。前面我们谈到，汉唐两宋时期川味的味道是以甜麻著称，经过“湖广填四川”，新的四川烹饪文化产生后，传统川菜虽然增加“辣”这个元素，但川菜的根“甜”仍然依稀可见。对此近现代有人就发现了这一点，如张恨水就谈到“人但知蜀人嗜辣，而不知蜀人亦嗜甜”，并列举了蜀人的甜食店和夹沙肉为例。[①]在传统川菜的菜品中，回锅肉、鱼香肉丝、水煮肉片、干烧鱼、黄焖鱼、大蒜鲢鱼、蒜泥白肉、白砍鸡中往往都少不了糖，用糖的回甜来

① 张恨水：《重庆旅感录》，《申报》香港版1939年2月2日。

包裹辣椒、花椒的辛燥，强化复合味的层次，增加回味的鲜，这是川菜的另一个绝妙之处。这一点是湘菜、黔菜、鲁菜所不具备的，也是粤菜的简单甘甜不可比的。

四 关于“香”：依油而生的复合香

十多年前，熊四智先生就提出川菜的根本在于香，所谓“味在四川，核心在香”[①]。所以，相对于“鲜”而言，“香”可能更体现川菜的特征。我们知道，“香”也可以有两种“香”，一种是食材本身就有的一种“香”味，一种是通过烹饪显现出来的“香”。川菜在两种“香”上都显现得明显。前者如多用芫荽、香葱、蜀姜等本味显现一种香，但川菜的精妙之处在于善于使用油炸来增香，如糊辣味就是通过将辣椒用油炸香减辣，如“炝炒”就是这种增香的过程。再者用芡粉包裹食材后用油炸香，这在北方菜系中使用较普遍，在川菜中也较多使用。川菜用油增香有两种方式，一种如巴蜀的水煮鱼、来凤鱼、水煮肉片、毛血旺等都有一个起锅前后用干辣椒段过油增香的过程，一种如干烧鱼、太安鱼、黄焖鱼、豆瓣鲫鱼往往要先将鱼勾芡粉来用油先炸香再烧制。所以，在川菜的“鲜”与“香”中，“香”更突出。在川菜中“鲜”与“香”在许多时候往往是对立矛盾的，聪明的厨师往往善于处理好两者之间的关系。一般而言，起锅前后走油增香更能保证食材的“鲜”与“香”的兼备。号称川菜之魂的郫县豆瓣加入菜品时往往通过油炸达到增香的效果，这是油炸酱油、大酱不可比的。所以，一般川菜的小炒小煎往往要用豆瓣来炸香后完成，而经典的重庆小面往往是油辣子炸得最香，而呈微辣的款式。

---

① 熊四智：《味在四川，核心在香》，《上海调味品》，2001年1期。

五　关于“复合”：百菜百味下味厚的基础

其实“川菜”的特征如果从口味上来看，最重要的是味型的“复合”。以往我们只谈川菜的味型众多，有23、24、25多种味型的说法，不论哪种说法，味型之多是其他菜不能相比的。人们将24种味型分成三大类，第一类为麻辣类味型，有：麻辣味、红油味、糊辣味、酸辣味、椒麻味、家常味、荔枝辣香味、鱼香味、陈皮味、怪味等；第二类为辛香类味型，有：蒜泥味、姜汁味、芥末味、麻酱味、烟香味、酱香味、五香味、糟香味等；第三类为咸鲜酸甜类味型，有：咸鲜味、豉汁味、茄汁味、醇甜味、荔枝味、糖醋味等。其实，川菜的味型多，主要是在于味道复合后产生的味型多。这就像绘画一样，“红蓝黄”三原色可以复合产生所有颜色，食物的原味道可能有酸、甜、苦、辣、咸五味，以此复合可以出现众多的味型。川菜的味型绝大多数是复合型的，如将糖与醋结合成为糖醋味型，再减糖醋增咸加糊辣成为荔枝味型，再减糖醋增咸加泡椒泡姜香葱成为鱼香味型。川菜的怪味型实际是将多种味型汇合而成的味型。而被称为川菜之魂的郫县豆瓣一则本身是一种复合性酱料，一则也是连接各种味道的凝固剂。所以，川菜之所以有魅力，往往是其味型众多，而复合味道的多元化更是对人富有吸引力。我们知道，大多数食材其本味并不体现鲜香，用复合性味道来覆盖并不影响其鲜美的本味，从而体现世间的更多复合口味，这本是深得烹饪之道的。这就如一盆红汤火锅一样，可以兼烫天下所有食材，只是不同的食材在火锅这种复合底料中会产生不同的味道，所以才有无穷的吸引力。

以往有人认为川菜味厚重，复合和麻辣侵夺了食材的本味鲜，但问题是像鱼、羊、牛等食材，鲜与腥膻往往并存，用厚重复合麻辣去腥膻后鲜味也才可以凸现出来。

六　关于“重油”：内陆性菜系增香保鲜之道

《隋书·地理志》记载梁州巴蜀一带“食必兼肉”，肉吃得多，油自然吃得多。与之相对应的是，历史上四川地区的生猪出栏率和人均食用猪肉量可能都是全国最高的。早在清代初年四川人张宗法谈到猪肉“为世常用”[①]，清末周询也谈到“川省之食猪，较南北各地为盛”[②]，民国时期四川地区的养猪总数和百户农家养猪数量都居全国最高[③]。所以，川菜作为内陆平民菜系的一个重要特征就是猪肉的烹饪技术尤为精道，早在民国时期有人就认为：“川人对于猪肉一道烹饪方法，颇有独到之处，精益求精。”[④]

直到现在，川菜的用油量可能是中国所有菜系中最多的，川菜产生的潲水油量最多也是众所周知的。在川菜中，小炒小煎的用油量特别大，这是爆炒类菜品需要较大的用油量来达到快速烹饪而不糊锅的目的，也是用油来增香的必要手段。大麻大辣的江湖菜用油量更是巨大，这一在于用油来增香，一在于用油来保温。当然，川菜绝不是让食客们直接喝油吃油，而是在于用油来让菜品的香更好地发挥出来，在于使菜能快速熟透而又不失成色。所以，川菜的用油量巨大，并不表示食油量巨大，从统计学上来看，巴蜀地区在中国并不是居民血脂最高的地区。可以说，如果川菜没有重油的特征，川菜的麻辣显得太直太燥，川菜就缺乏应有的香与脆。

对于传统川菜的总体认知，台湾美食家唐鲁孙先生曾谈道：“油而不腻，鲜而不腥；强而不烈，威而不猛；醇厚中见刺激，刺激中见醇厚。吃起来不仅有余味，更是回味无穷。”[⑤]应该是对川菜较为科学全面的认知，这里已经显现了重油、回味鲜、醇厚（复合）、刺激（麻辣）等特征，与上面我们总结的特征有异曲同工之处。当然，如果再加一个“香而不燥”

---

① 张宗法：《三农纪》，农业出版社，1989，第585页。
② 周询：《蜀海丛谈》，巴蜀书社，1986，第12页。
③ 徐旺生：《中国养猪史》，中国农业出版社，2009，第241—242页。
④ 凯礼：《巴蜀见闻录》，《旅行杂志》1948年14卷4期。
⑤ 唐鲁孙：《中国吃的故事》，百花文艺出版社，2003，第57页。

可能就更为全面了。

第二节 世界内陆平民菜系永远姓“川”姓“蜀”：传统川菜特征的保护与川菜文化的提炼

在全球化的世界大格局下，外来菜系的影响越来越大，我们现在就面临一个对传统川菜的保护问题，这种保护既有对传统川菜菜品特征的保护，也有对传统川菜体现的地域文化的提炼与传承。对于前者而言，大的前提是川菜是中国乃至世界上的一个内陆平民菜系，这个特征是不能放弃的。对于后者而言，饮食文化虽然相对于政治、军事、经济、文化等大事来说，是区区小事，但这种小事往往体现了一个地区的地域文化特征。

传统川菜由于食材内陆性和味型的多元，往往性价比最高，显现了极高的平民化程度，使川菜深入民间，植根深厚。但也因此容易受外来饮食文化的干扰而产生变化，而且这种变化往往以“创新”的话语出现，这在一定程度上影响传统川菜特征的传承和保护。在讨论这个问题之前，我们需要对一些概念作一点界别。

如果我们将川菜技艺申请为国家非物质文化遗产，就存在一个申请对象问题。前面我们谈到广义的川菜包括古典川菜、传统川菜和新派川菜三大类，我们的申请是以哪一类为主呢？如果是指古典川菜，这种川菜已经不流行，许多技艺已经失传，我们也不知如何去恢复它。如果是指传统川菜，将一个正在流行得如火如荼的菜系申请为非物质文化遗产来保护，犹如我们将仍在频繁使用的汽车申请报废一样，也不符合文化遗产濒临灭绝的基本条件。所以，我们对传统川菜的保护，应该是在实际流行过程中去注意保护传统的技艺，而不是作为一种遗产来申请而命名传承人来保护。因为如果申请为非物质文化遗产，谁是传承人呢？可能是广大的川菜厨师和广大民间的家庭主妇主男们。

不过，我们应该承认传统川菜面临巨大的挑战，这是不得不承认的险局。传统川菜面临怎样的问题呢？一是外来饮食菜系的冲击和影响，一是现代生活观念和节奏对传统川菜的影响。提出抢救传统川菜绝非危言耸听，因为我们现在吃的大多数川菜已经不是传统川菜的味道了。

前者一是指西餐对中餐的影响，一是受中国其他菜系的影响。应该看到，改革开放以来的几十年时间里，新派川菜层出不穷，但往往都是昙花一现，成功保留下来成为流行家常菜的菜品相当少。其最重要的原因是新派川菜只注重在摆盘造型、花样名字上下功夫，而放弃了川菜“麻、辣、鲜、香、复合、重油”的八字特征，生硬地将西餐及其他菜系的烹饪方法、味型、食材、成菜方式融入川菜，而不是立足传统川菜的基本特征来创新，所以，失去了存在的生命力。在某种程度上讲，巴蜀江湖菜的风风火火正是深得川菜的八字特征，创新但永不放弃“麻、辣、鲜、香、复合、重油”这个本性。我们经常见到中高档川菜席上的新菜品往往好看不好吃，好吃的又往往失去了川菜的风格，成了放在任何菜系中都可以存在的菜品。而在中低档川菜中，年轻厨师们对川菜的根脉不能掌握，如大量使用湘菜的生辣剁椒、猛放小米辣，使菜的鲜香完全被生辣所压住。又如放弃川菜用油增香减辣的绝妙，过多用水涙、焯来烹制菜品。传统川菜往往用咸鲜略甜为基础复合味型，以豆瓣酱的复合味为基础调料，但现在许多厨师为了显现自己的高明往往不用豆瓣酱，反而将并不绿色的食材的味道的负面口感更张扬出来。甜是中古时期川菜的显著特征，所以，川菜的传统菜品都是要用糖来减燥增加复合和回味的，如我们的回锅肉、鱼香肉丝、水煮肉片、宫保肉丁中都要用糖增加回甜，但现在中低档川菜厨师并没有认识到糖在川菜中的重要性，将川菜搞成鲁菜的大咸与湘菜的直辣结合，大大削弱了川菜的复合回味的魅力。传统川菜中，因为肉类食材的肉质较为紧凑，所以往往要勾芡粉来增加肉质的鲜嫩，但现在一方面快速饲养的肉类在质感上完全不能与传统饲养的肉类相比，而我们的厨师还大量使用工业的嫩肉粉，使本来就没有口感的肉类更完全吃不出来肉的感觉。要知道，肉类的味觉感受很大部分是通过牙齿舌头的咀嚼来感受美味的口感的，若滥用嫩肉粉，川菜的许多菜品的口感味觉便会大大削弱。

现代社会由于生活水平提高，“三高”成为威胁人们健康的大敌，这给以猪肉为主要荤料而烹饪重油的川菜系带来的冲击是可以想见的。面对这种冲击，许多川菜厨师都主动适应这种社会潮流，在菜品烹饪上做出新的改进。如大量将以重油炝炒的小菜改为“焯”“浞”来保持菜的鲜脆，同时大大减少烹饪过程中的用油。或将回锅肉的二刀坐臀改为三线肉，减少肉质的油腻程度。传统川菜是中国四大菜系中唯一一个内陆菜系，主要以猪肉为主荤料，江河海鲜所占比例相对较少。虽然早在清末民国时期海鲜即大量进入巴蜀地区，道光年间佚名《筵款丰馐依样调鼎新录》、同光年间的《四季菜谱摘录》和清末《成都通览》中就有大量海参、鱼肚、鱿鱼、鱼翅等海产品，但当时这些菜品基本上是在上层社会中食用。改革开放以来，一般平民百姓逐渐也能食用海鲜。海鲜进入后一方面经过了入乡随俗的川菜化，同时也侵夺了传统川菜主料——猪肉的空间。应该看到，许多引进和改良都是正确的，也是合理的。但是，这种改良也多少会对传统川菜产生一些负面影响，比如有许多蔬菜从“炒”改用“焯”以后，蔬菜的香嫩会受到较大的影响，特别是一些苦涩类蔬菜的影响更为明显。将回锅肉主料从二刀坐臀改为三线肉后，往往不能较长地熬锅，只有烩的过程，已经没有传统回锅肉称为熬锅肉的感觉，再加上饲料猪的肉质大大下降，回锅肉的香味便不能较好体现出来。传统川菜味型众多，但大多数是不断复合产生的新味型，味型的边界并不清晰，现在一方面本土川菜受外来菜系的影响明显，一方面川菜走出去受外来菜系的影响也发生变化，使川菜的味型产生许多变异。如糖醋、荔枝、鱼香本是三种不同的味型，但现在放在许多厨师手里往往烹饪成同一种糖醋味型。

以上种种原因，使我们在市场上品尝到的川菜乱象纷呈，一方面中高档餐饮中新派菜品不断涌现，但已经既不传统，也不川味了，不仅缺乏传承的生命力，而且现实经营中也口碑不佳，影响经营。而中低档餐馆中受其他菜系的影响，不川不湘不鲁不粤，传统川菜烹饪方法的“麻、辣、鲜、香、复合、重油”基本特征在大多数厨师眼里只有“麻、辣、鲜、香”四字，已经没有“复合、重油”的特征，使传统川菜独立性大大削弱，使川菜在外人的眼中就是“麻”“辣”二字，这对川菜的影响力和生命力不利。为了纠正外界对川菜的误读，我们总爱出来说川菜辣菜仅占很少的比例，大部分是不辣的。问题是这部分不辣的川菜特征何在？

现代川菜烹饪界都知道盐帮菜作为川菜的一个亚菜系，近些年的影响不断扩大，在川菜中的地位越来越高，生命力极强。有的人认为这种现象主要是盐帮菜重麻重辣的原因。其实谈到这里我们要回到《华阳国志》记载蜀人“好辛香”上，中国古代的香料主要是“三香”，即前文我们谈到的“花椒”“姜”“茱萸”。历史上“蜀姜”的影响并不在蜀椒之下，民国时期就有人感叹道：“蜀多产姜，其人不撤姜食，湘人不常食也……盖姜之为蜀中名产也久矣。”[①]盐帮菜的一个最大特征是善于用姜、长于用姜，一般菜品中都少不了姜丝、姜片，这实际是传统的根脉所在。其实，就整个包括盐帮菜的小河帮来看，除了用姜以外，小炒小煎是其长处，也是传统川菜的特征。小河帮的小炒小煎往往用油重而长于用红油，豆瓣酱的使用较为得体，所以泸县的玉蟾肚头、自贡的火爆三绝和仔姜牛肉丝都深得川菜的根本。为何川南的小河帮深得川菜的根本呢？这还得回到笔者以前研究过的“老四川”概念问题，即今泸州、宜宾、自贡、乐山一带和川南明末清初受战乱的影响相对较小，唐宋土著保存相对较多，清代“湖广填四川”中外来移民的比例相对较小，故保持唐宋中古时期的巴蜀文化更多更明显。自然，老四川地区在饮食文化上同样是保留以前川菜食蜀姜、重辛辣、重油的传统更多。前面我们谈到，巴蜀江湖菜之所以能与新派川菜同样风行但结局完全不一样，主要在于江湖菜的创新深得川菜的根脉，这个根脉当然不仅是大麻大辣，更在于复合重油，注重口味口感而不只注重外来食材、摆盘、造型和新意菜名上。

因此，传统川菜的保护，不在于申请非物质文化遗产，而在于在餐饮实践中不断向年轻厨师们讲授怎样传承传统川菜的八字特征来创新的观

---

① 陈子展：《巴蜀风物小记》，《论语》1946年118期。

念，要在继承“麻、辣、鲜、香、复合、重油”的基础上创新，不能只注重造型摆盘，只注重用新食材、新调料，只花费心思在怎样取一个文雅的菜名上，而是在味道味型上传承川菜根脉，永远记住“食无定味，适口者珍”的川菜古训。所以，笔者认为在具体操作上要将川菜的传承与创新分开，有一些川菜菜馆应该高举传统川菜的大旗，将经典原汁原味地传承下去；有一些川菜馆应该左手举着传统川菜，右手举着新派川菜，让这种传统川菜与新川菜根脉相同而互相影响浸润。

在传承川菜文化中，除了对川菜本身的菜品特征做总结外，可能要对川菜的历史文化做更多总结，怎样提炼传统川菜在中国传统文化中的独特地位也相当必要。

我们经常说川菜是中国传统菜系中平民化程度最高的一个菜系。研究巴蜀文化都可以发现，传统川菜的内陆性主要体现在食材的内陆性，即主食大米、小麦，副食以猪肉为核心的特征，显现了内陆农耕的相对封闭性。正是因为这种食材的限制，传统川菜成本相对较低，体现了大众化的前提。也正是因此，传统川菜往往只有在味型、烹饪方式上求变化，所以，前人总结的川菜的魅力在于“百菜百味，一菜一格”，实际上是讲川菜味型的特征。正是因为变化的丰富多彩，川菜才是一个让人不会产生疲劳的菜系，也是川菜成为性价比最高的平民化菜系的关键。

川菜平民化程度的显现，一在于传统巴蜀地区固有世俗文化传统的影响，一在于川菜在近代融汇百家之长的特殊历史进程。对于前者，笔者在《西南历史文化地理》一书中已经谈到，巴蜀传统文化有一种极强的世俗化特征，如我们发现汉代巴蜀的明（冥）器中，厨子俑众多，汉代画像砖石中则多是饮食歌舞场景，与同时代中原地区画像砖石中大量对帝王将相的歌颂题材形成鲜明的对比。同样是石刻艺术，巴蜀的大足石刻在内容和形式上更加的世俗化、平民化、生活化，与北方的大同云岗、洛阳龙门、甘肃麦积山存在明显的差异。早在隋唐时期就有蜀人“尤足意钱之戏”之称，摊钱博戏之类自古相传，近世麻将普及率也是全国最高。在这样的世俗化特征背景下，川菜体现平民化的特征就容易得到认同。可以说，巴蜀居民对饮食文化的关注在中国乃至世界上都是突出的。由于巴蜀内部大多数地区“儒化”程度低，传统伦理观念相对薄弱，所以巴蜀地区男人为家厨的比例可能是全国最高的，在巴蜀地区大多数男人的烹饪水平可能也是全国最高的，这种风尚强化了巴蜀地区饮食的大众性。

“湖广填四川”的移民过程对于巴蜀地区尤为重要，以前我们习惯说巴蜀地区有盆地意识，笔者的研究表明这种盆地意识只表现在待定的时间和空间范围内。大多数时期巴蜀地区的文化封闭性并不明显，不论是唐代的“自古词人多入蜀”，还是宋代“自古蜀之士大夫多卜居异乡”，还是元末明代的第一次“湖广填四川”，或清代前期的“湖广填四川”，对于巴蜀文化的兼容并蓄、汇纳百川都起有重要的作用。特别是清代前期的“湖广填四川”，使近代四川文化基本上是经众多移民文化在巴蜀根脉平台上的重塑后而形成的。这种特殊的历史进程，对于传统川菜的影响明显。所以，我们发现在传统川菜中，安徽江西的粉蒸、北方爆炒、江南煨炖和扣蒸、湘黔鲜椒、粤闽的食糯煲汤与本土干烧、干煸、水煮方法并存，这些外来菜品味型与本土的鱼香、荔枝、怪味等味型混为一体。传统川菜这种内在兼容性使川菜在外同时拥有更大的适应性，使川菜在全国乃至世界上都有更大的可食性和影响力，这自然会使川菜的平民化程度更加得到强化。

‖ 参考文献

一、历史文献：

《北平指南》，北平民社，1929年。

《大元混一方舆胜览》，四川大学出版社，2003年。

《古今图书集成·食货典》，中华书局、巴蜀书社，1985年。

《简明天津游览指南》，1946年。

《金堂县乡土志》，国家图书馆乡土志抄本选编，线装书局。

《锦绣万花谷》，文渊阁四库全书本。

《居家必用事类全集》，书目文献出版社。

《吕氏春秋》，高诱注，上海书店，1986年。

《吕氏春秋》，邱庞同《吕氏春秋本味篇译注》，中国商业出版社，1983年。

《明一统志》，三秦出版社，1990年。

《南京导游》，中国旅行社，1948年。

《钱歌川文集》，辽宁大学出版社，1988年。

《山海经》，时代文艺出版社，2000年。

《上海指南》，商务印书馆，1922年版、1930年版。

《首都导游》，中国旅行社，1931年。

《太平广记》，团结出版社，1994年，民国景明嘉靖谈恺刻本。

《太平御览》，中华书局，1960年。

《吴氏中馈录》，中国商业出版社，1987年。

《元通事谚解》，奎章阁丛书影印本。

《中国旅行指南》，上海商务印书馆，1911、1914、1918、1922、1924、1928年增订版。

爱必达《黔南识略》，贵州人民出版社，1992年。

宝廷《偶斋诗草》，清光绪二十一年方家澍刻本。

北原美佐子《家庭向的支那料理》，1924，北原铁雄。

贝锡尔《重庆杂谭》，交通书局，1936年。
蔡襄《荔枝谱》，福建人民出版社，2004年。
曹庭栋《老老恒言》，内蒙古科学技术出版社，2002年。
曹学佺《蜀中广记》，文渊阁四库全书本。
曹亚伯《游川日记》，中国旅行社，1929年。
曾懿《中馈录》，中国商业出版社，1984年。
曾慥《高斋漫录》，清守山阁丛书本。
曾慥《类说》，文学古籍刊印社，1955年。
常璩《华阳国志》，刘琳注本，巴蜀书社，1984年。
晁公遡《嵩山集》，清钞本。
陈达叟《本心斋蔬食谱》，商务印书馆，1936年。
陈公哲《香港指南》，商务印书馆，1938年。
陈昊子《花镜》，农业出版社，1962年。
陈继儒《致富奇书》，清乾隆刻本。
陈景沂《全芳备祖》，农业出版社，1982年。
陈聂恒《边州闻见录》，康熙年间刻本。
陈彭年《宋本重修广韵》，中华书局，1985年。
陈起《江湖小集》，文渊阁四库全书本。
陈师道《后山谈丛》，文渊阁四库全书本。
陈寿《三国志》，中华书局，1959年。
陈祥裔《蜀都碎事》，清康熙漱雪轩刻本。
陈雄《成都市社会特写》，《益报丛刊》之一，1946年。
陈耀文《天中记》，文渊阁四库全书本。
陈友琴《川游漫记》，正中书局，1938年。
陈元靓《事林广记》元致顺间西园精舍刊本。
陈元靓《岁时广记》，中华书局，1985年。
程冰心《家常菜肴烹调法》，中国文化服务社，1945年。
大冈荐枝《一般向支那料理》，栅枫会，昭和五年。
道光《补辑石砫厅志》，光绪十九刻七。
道光《城口厅志》，道光二十四年刻本。
道光《黄平州志》，1964年油印本。
道光《江油县志》，道光二十年刻本。
道光《荣县志》，光绪三年刻本。

道光《新津县志》，道光二十九年刻本。

道光《新津县志》，道光十九年刻本。

道光《永州府志》，同治六年刻本。

道光《中江县新志》，道光十九年刻本。

道光《遵义府志》，光绪十八年刻本。

邓超《大香港》，香港旅行社，1941年。

邓显鹤《沅湘耆旧集》，清道光二十三年邓氏刻本。

杜若之《南泉与北碚》，巴渝出版社，1938年。

段成式《酉阳杂俎》，中华书局，1981年。

段公路《北户录》，中华书局，1985年。

范成大《石湖诗集》，四部丛刊本。

范成大《吴船录》，中华书局，1985年。

范镇《东斋记事》，中华书局，1980年。

方继之《新都游览指南》，大东书局，1929年。

方以智《通雅》，中国书店，1990年。

方岳《秋崖集》，文渊阁四库全书本。

费著《岁华纪丽谱》，《巴蜀丛书》第1辑，巴蜀书社，1988年。

冯梦龙《古今谭概》，明刻本。

冯梦龙《古今谭概》，海峡文艺出版社，1985年。

冯山《安岳集》，清钞本。

冯时化《酒史》，中华书局，1985年。

冯贽《云仙杂记》，中华书局，1985年。

福田谦二《支那料理》，杉冈文乐堂，昭和六年（1932年）。

傅崇矩《成都通览》，巴蜀书社，1987年。

傅崇矩《成都通览》，宣统元年四川通俗画报社石刻本。

傅崇矩《重庆城》，《蜀藏·巴蜀珍稀旅游文献汇刊》，成都时代出版社，2014年。

傅润华、汤约生《陪都工商年鉴》，文信书局，1945年。

甘汝棠《昆明向导》，云岭书店，1940年。

高承《事物纪原》，中华书局，1989年。

高濂《遵生八笺·燕闲清赏笺》，巴蜀书社，1988年。

高濂《遵生八笺·饮食服务笺》，巴蜀书社，1988年。

葛立方《韵语阳秋》，中华书局，1985年。

葛绥成《四川之行》，中华书局，1934年。
谷神子、薛用弱《集异记》，中华书局，1980年。
顾禄《清嘉录》，道光刻本。
顾仲《养小录》，中国商业出版社，1985年。
光绪《大宁县志》，光绪十一年刻本。
光绪《德阳县新志》，道光十七年刻本。
光绪《定远县志》，光绪元年刻本。
光绪《丰都县志》，民国十门年铅印本。
光绪《绵竹县乡土志》，清末刻本。
光绪《太平县志》，光绪十九年刻本。
光绪《叙州府志》，光绪二十一年刻本。
贵阳市政府《贵阳市指南》，交通书局，1942年。
郭璞《尔雅》，上海古籍出版社，2015年。
郭璞《尔雅》，四部丛刊景宋本。
郭橐驰《种树书》，中华书局，1985年。
韩鄂《四时纂要》，农业出版社，1981年。
韩奕《易牙遗意》，中国商业出版社，1984年。
何刚德《抚郡农产考略》，清光緒抚郡学堂活字本。
何其芳《还乡日记》，良友复兴图书印刷公司，1938年。
何宇度《益部谈资》，中华书局，1985年。
何玉昆等《陪都鸟瞰》，陪都鸟瞰编辑部处，1942年。
洪良品《东归录》，《小方壶斋舆地丛钞》第7帙。
洪迈《夷坚志》，民国时期进步书局本，第4册。
洪迈《夷坚志》丙志，第5册，中华书局，1985年。
忽思赞《饮膳正要》，中国商业出版社，1987年。
胡华封《家庭卫生烹调指南》，商务印书馆，1936年。
胡寄凡等《上海小志》，永华书店，1930年。
胡天《成都导游》，开明书店，1938年。
胡仔《苕溪渔隐丛话》，人民文学出版社，1981年。
华学澜《辛丑日记》，民国商务印书馆，1936年。
黄铖《壹斋集》，清咸丰九年许文深刻本。
黄克明《新重庆》，新重庆编辑社，1943年。
黄伦《尚书精义》，文渊阁四库全书本。

黄胜明《昆明导游》，1944年，中国旅行社。
黄庭坚《黄山谷诗集》，世界书局，1936年。
黄庭坚《黄庭坚全集》，四川大学出版社，2001年。
黄庭坚《山谷别集》，文渊阁四库全书本。
黄庭坚《山谷内集诗注》，中华书局，1985年。
黄庭坚《石湖居士诗集》，商务印书馆，1937年。
黄庭坚《豫章黄先生文集》，四部丛刊景宋乾道刊本。
黄罃《山谷年谱》，文渊阁四库全书本。
黄云鹄《粥谱》，中国商业出版社，1986年。
惠洪《冷斋夜话》，中华书局，1985年。
嘉靖《四川总志》，嘉靖二十四年刻本。
嘉庆《成都县志》，嘉庆二十一年刻本。
嘉庆《峨眉县志》，嘉庆十八年刻本。
嘉庆《汉州志》，嘉庆二十二年刻本。
嘉庆《洪雅县志》，清抄本。
嘉庆《洪雅县志》，清刻本。
嘉庆《华阳县志》，嘉庆二十一年刻本。
嘉庆《金堂县志》，嘉庆十六年刻本。
嘉庆《绵竹县志》，嘉庆十八年刻本。
嘉庆《纳溪县志》，民国排印本。
嘉庆《彭山县志》，嘉庆十九年刻本。
嘉庆《邛州直隶州志》，嘉庆二十三年刻本。
嘉庆《湘潭县志》，嘉庆二十三年刻本。
嘉庆《长沙县志》，嘉庆二十二年刻本。
嘉庆《正安州志》，1964年油印本。
嘉庆《直隶太仓州志》，嘉庆七年刻本。
贾铭《饮食须知》，人民卫生出版社，1988年。
贾思勰《齐民要术》，中华书局，1956年。
江叔良《香港导游》，中国旅行社，1940年。
江休复《江邻几杂志》，中华书局，1991年。
蒋干等《童子军烹饪法》，商务印书馆，1920年。
井上红梅《支那料理的见方》，东亚研究会，1927年。
康骈《剧谈录》，古典文学出版社，1958年。

康熙《山阴县志》，康熙四十年刻本。
康熙《思州府志》，民国抄本。
孔尚任《节序同风录》，清钞本。
老舍等《大后方的小故事》，文摘出版社，1943年。
乐史《太平寰宇记》，中华书局，2007年。
雷梦水等《中华竹枝词》，北京古籍出版社，1997年。
冷省吾《新上海指南》，文化研究社，1946年。
黎遂球《莲须阁集》，清康熙黎延祖刻本。
李昉《太平御览》，中华书局，1960年。
李公耳《家庭食谱》，中华书局，1917年。
李公耳《食谱大全》，世界书局，1924年。
李光庭《乡言解颐》，中华书局，1982年。
李化楠《醒园录》，中国商业出版社，1984年。
李吉甫《元和郡县志》，中华书局，1983年。
李克明编《美味烹调食谱秘典》，大方书局，1946年。
李石《方舟集》，文渊阁四库全书本。
李时珍《本草纲目》，华夏出版社，2008年。
李时珍《本草纲目》，人民卫生出版社，1978年。
李实《蜀语》，巴蜀书社，1990年。
李调元《井蛙杂记》，载《巴蜀珍稀史学文献汇刊》，巴蜀书社，2018年。
李调元《雨村诗话》，詹杭伦、沈时蓉校正本，巴蜀书社，2006年。
李心传《建炎以来朝野杂记》，中华书局，1985年。
李渔《闲情偶寄》，哈尔滨出版社，2007年。
李肇《唐国史补》，古典文学出版社，1957年。
李正民《大隐集》，文渊阁四库全书本。
李中梓《医宗必读》，上海科学技术出版社，1959年。
郦道元《水经注》，岳麓书社，1995年。
梁实秋《雅舍小品》，天津人民出版社，2011年。
梁章钜《归田琐记》，清道光二十五年刻本。
林洪《山家清供》，北京商业出版社，1985年。
林孔翼等《成都竹枝词》，四川人民出版社，1982年。
林孔翼等《四川竹枝词》，四川人民出版社，1989年。
刘分文《彭城集》，中华书局，1985年。

刘豁公《上海竹枝词》，雕龙出版部，1925年。
刘基《多能鄙事》，明嘉靖四十二年范惟一刻本。
刘熙《释名·释饮食》，中华书局，1985年。
刘昫等《旧唐书》，中华书局，1975年。
柳培潜《大上海指南》，中华书局，1936年。
楼云林《四川》，中华书局，1941年。
陆海羽《三洞珠囊》，明正统道藏本。
陆容《菽园杂记》，中国商业出版社，1989年。
陆思红《新重庆》，中华书局，1939年。
陆廷灿《南村随笔》，清雍正十三年陆氏寿椿堂刻本。
陆游《剑南诗稿》，文渊阁四库全书补配清文津阁四库全书本。
陆游《老学庵笔记》，中华书局，1979年。
陆游《陆放翁全集》，中国书店，1986年。
陆羽《茶经》，中国农业出版社，2006年。
罗愿《尔雅翼》，中华书局，1985年。
马廷鸾《碧梧玩芳集》，民国豫章丛书本。
孟诜《食疗本草》，人民卫生出版社，1984年。
孟元老《东京梦华录》，中华书局，1982年。
孟元老《东京梦华录》，中州古籍出版社，2010年。
民国《安县志》，民国二十七年石印本。
民国《北碚旅游指南》，民国时期铅印本。
民国《大邑县志》，民国十九年铅印本。
民国《合江县志》，民国十八年铅印本。
民国《乐山县志》，民国二十三年铅印本。
民国《醴陵县志》，民国三十年年刻本。
民国《绵竹县志》，民国九年刻本。
民国《名山县新志》，民国十九年刻本。
民国《南川县志》，民国二十年铅印本。
民国《南江县志》，民国十一年铅印本。
民国《渠县志》，民国二十一年排印本。
民国《三台县志》，民国二十年铅印本。
民国《新繁县志》，民国三十六年铅印本。
民国《雅安县志》，民国十七年石印本。

民国《重修四川通志稿》，国家图书馆出版社，2015年。
莫钟《成都市指南》，西部印书局，1943年。
耐得翁《都城纪胜》，中国商业出版社，1982年。
倪瓒《云林堂饮食制度集》，中国商业出版社，1984年。
欧阳询《艺文类聚》，上海古籍出版社，1999年。
彭定求《全唐诗》，中华书局，1960年。
彭遵泗《蜀故》，乾隆补刻本。
钱易《南部新书》辛集，中华书局，1985年。
钱泳《履园丛话》，中华书局，1979年。
乾隆《辰州府志》，乾隆三十年刻本。
乾隆《大邑县志》，乾隆十四年修本。
乾隆《独山州志》，民国抄本。
乾隆《贵州通志》，清乾隆六年刻嘉庆修补本。
乾隆《玉屏县志》，清末抄本。
乾隆《镇雄州志》，清抄本。
乾隆《镇远府志》，乾隆五十门年刻本。
樵斧《自流井》，民国五年，成都聚昌公司。
阮阅《诗话总龟》，人民文学出版社，1987年。
社会服务部重庆会服务处《重庆旅居向导》，1941年。
神田正雄《四川省综览》，东京：海外社，1936年.。
沈德符《万历野获编》，中华书局，1959年。
沈沈《酒概》，明刻本。
盛如梓《庶斋老学丛谈》，知不足斋丛书本。
石川武美《洋食与支那料理》，主妇之友社，1939。
时希圣《家庭食谱》三编，中央书店，1935年。
时希圣《家庭食谱》四编，中华书局，1936年。
时希圣《家庭食谱续编》，中华书局，1934年。
时希圣《家庭新食谱》，中央书局，1923年。1935年再版。
时希圣《素食谱》，中华书局，1935年。
释文莹《玉壶清话》，凤凰出版社，2009年。
释赞宁《笋谱》，当代中国出版社，2014年页。
舒新城《蜀游心影》，开明书店，1929年。
司马光《资治通鉴》，中华书局，1956年。

司马迁《史记》，中华书局，1959年。

司膳内人《玉食批》，中国商业出版社，1987年。

四川省第十三次劝业会编《四川省第十三次劝业会报告书》，1934年。

四川省商务总局《四川省成都市第三次商业劝业工会调查表》，光绪三十四年，1908年。

四川省政府《四川省概况》，四川省政府秘书处，1939年。

宋祁《益部方物略记》，中华书局，1985年。

宋诩《宋氏养生部》，中国商业出版社，1989年。

宋诩《竹屿山房杂部》，四库全书本。

苏轼《东坡志林》，进步书局，民国时期。

苏轼《苏东坡集》下《续集》，商务印书馆，1933年。

苏轼《苏文忠公全集》，明成化本。

苏轼《物类相感志》，中华书局，1985年。

孙光宪《北梦琐言》，中华书局，2002年。

孙思邈《千金食治》，中国商业出版社，1985年。

孙宗复《上海游览指南》，中华书局，1935年。

唐慎微《证类本草》，1993年，华夏出版社。

唐幼峰《重庆旅行指南》，重庆书店，1933年。

陶谷《清异录》，中国商业出版社，1985年。

天厨食谱编辑室《天厨食谱》，1941年。

天启《成都府志》，四川地方志集成影印本，巴蜀书社，1992年。

田雯《黔书》，贵州人民出版社，1992年。

同治《安县志》，同治二年刻本。

同治《合江县志》，同治十年刻本。

同治《隆昌县志》，同治元年刻本。

同治《仪陇县志》，光绪三十三年刻本。

同治《酉阳直隶州志》，同治四年刻本。

童岳荐《调鼎集》（酒菜点心编），中州古籍出版社，1991年。

童岳荐《调鼎集》，中国商业出版社，1986年。

童岳荐《调鼎集》，中州古籍出版社，1988年。

屠云甫、江叔良《香港导游》，中国旅行社。

脱脱等《宋史》，中华书局，1977年。

万历《嘉定州志》，乐山市市中区地方志办公室影印本。

万全《万氏家传养生四要》，湖北科技出版社，1984年。
汪如海《啸海成都笔记》，载《巴蜀珍稀史学文献汇刊》，巴蜀书社，2018年。
汪应辰《文定集》，学林出版社，2009年。
汪元量《水云集》，四库全书本、清武林往哲遗著本。
王昌年《大上海指南》，东南文化服务社，1947年。
王谠《唐语林》，中华书局，1985年。
王明清《挥尘录·后录余话》，中华书局，1961年。
王培荀《听雨楼随笔》，巴蜀书社，1987年。
王溥《五代会要》，中华书局，1985年。
王汝璧《铜梁山人诗集》，清光緒二十年京师刻本。
王士雄《随息居饮食谱》，中国商业出版社，1985年。
王世贞《弇州山人四部稿》，伟文图书出版社有限公司，1976年。
王同轨《耳谈类增》，明万历十一年刻本。
王望《新西安》，中华书局，1940年。
王象之《舆地纪胜》，四川大学出版社，2005年。
王泽民《大重庆》，教育部民众读物编审委员会印行，民国抗战时期。
王桢《农书》，中华书局，1956年。
王灼《糖霜谱》，清康熙楝亭十二种本。
韦绚《刘宾客嘉话录》，中华书局，1985年。
魏了翁《鹤山全集》，四部丛刊景宋本。
魏泰《东轩笔录》，中华书局，1983年。
魏征《隋书》，中华书局，1973年。
闻野鹤《上海游览指南》，中华图书集志编辑部，1919年。
吴曾《能改斋漫录》，中华书局，1985年。
吴济生《新都闻见录》，光明书局，1940年。
吴其濬《植物名实图考》，商务印书馆，1957年。
吴自牧《梦粱录》，中国商业出版社，1982年。
西湖老人《西湖繁胜录》，中国商业出版社，1982年。
咸丰《冕宁县志》，光绪十七年刻本。
咸丰《邛嶲野录》，清刻本。
咸丰《天全州志》，咸丰八年刻本。
咸丰《兴义府志》，宣统刻本。
咸丰《资阳县志》，同治元年刻本。

萧闲叟《中学教师学校烹饪教科书》，商务印书馆，1915年。

筱田统、田中静一《中国食经丛书》，书籍文物流通会，1972年。

谢维新《事类备要》，文渊阁四库全书本。

徐德先编《成都灌县青城游览指南》，1943年。

徐光启《农政全书》，中华书局，1956年。

徐家干《苗疆闻见录》，贵州人民出版社，1997年。

徐珂《清稗类钞》第四十七、四十八、四十九册，商务印书馆，1928年。

徐珂《实用北京指南》，商务印书馆，1923年。

徐心余《蜀游闻见录》，四川人民出版社，1985年。

许啸、高剑《食谱大全》，国光书局，1947年。

宣统《广安州新志》，民国九年铅印本。

薛宝辰《素食说略》，中国商业出版社，1984年。

薛绍铭《黔滇川旅行记》，重庆出版社，1986年。

严如熤《三省边防备览》，清代三角书屋刻本。

扬炯《盈川集》，四部丛刊本。

杨慎《全蜀艺文志》，线装书局，2003年。

杨慎《升庵集》，文津阁四库全书本。

杨慎《升庵外集》，中国商业出版社，1989年。

杨世才《重庆指南》，1939年，重庆书店。

杨世才《重庆指南》，重庆陪都一周年纪念刊，北新书局，1942年。

杨世才《重庆指南》，重庆指南编辑部，1943年。

杨晔《膳夫经手录》，清初毛氏汲古阁钞本。

叶梦得《避暑录话》，中华书局，1985年。

叶廷珪《海录碎事》，上海辞书出版社，1989年。

佚名《北京游览指南》，新华书局，1926年。

佚名《成都指南》，《四川导游丛书》之一，重庆图书馆藏。

佚名《筵款丰馐依样调鼎新录》，中国商业出版社，1987年，附录《四季菜谱摘录》。

佚名《御膳单》，清宣统二年钞本。

佚名《馔史》，《学海类编》本。

佚名《馔史》，清学海类编本。

阴劲弦《韵府群玉》，文渊阁四库全书本。

雍正《陕西通志》，文渊阁四库全书本。

俞士兰《俞氏空中烹饪》中菜组第一—五期，永安印务所，民国时期。
元稹《元氏长庆集》，四部丛刊本。
袁枚《随园食单》，江苏古籍出版社，2000年。
岳珂《宝真斋法书赞》，中华书局，1985年。
岳珂《桯史》，三秦出版社，2004年。
韵芳《秘传食谱》，马启新书局，1936年。
张大鉌《巴蜀旅程谈》，《北京高等师范学校校友会杂志》第2辑，1916年。
张光钊《杭州市指南》，杭州指南编辑社，1935年。
张恨水《重庆旅感录》，施康强编《四川的凸现》，中央编译出版社，2001年。
张华《博物志》，中华书局，1985年。
张伸邦《锦里新编》，巴蜀书社，1984年。
张世南《游宦纪闻》，中华书局，1981年。
张澍《蜀典》，道光十四年刻本。
张唐英《蜀梼杌》，中华书局，1985年。
张宗法《三农纪》，农业出版社，1989年。
章穆《调疾饮食辨》，中医古籍出版社，1999年。
赵正平《四川专号》，新中国建设学会，1935年。
正德《建昌府志》，正德十二年刻本。
正德《四川志》，正德十三年刻，嘉庆十六年增刻本。
郑壁成《四川导游》，国光印书局，1935年。
郑处诲《明皇杂录》补遗，中华书局，1994年。
郑知同《屈庐诗稿》，龙先绪注本，中国文联出版社，2004年。
中国旅空建设会贵州分会航建旬刊编辑部《贵阳指南》，1938年。
中华图书馆《北京指南》，1919年。
重庆市政府秘书处《重庆市一览》，1936年。
周必大《二老堂诗话》，中华书局，1985年。
周傅儒《四川省》，商务印书馆，1933年。
周俊元《陪都要览》，民国32年。
周密《武林旧事》，山东友谊出版社，2001年。
周荣亚等《武汉指南》，新中华日报馆，1933年。
周询《芙蓉话旧录》，四川人民出版社，1987年。
周询《蜀海丛谈》，巴蜀书社，1986年。
周芷颖《新成都》，复兴书局，1943年。

朱弁《曲洧旧闻》，中华书局，1985年。
朱国祯《涌幢小品》，文化艺术出版社，1998年。
朱彝尊《食宪鸿秘》，中国商业出版社，1985年。
朱彧《萍洲可谈》，中华书局，1985年。
祝穆《方舆胜览》，中华书局，2003年。
祝穆《新编古今事文类聚》前集卷八天时部，日本中文出版社，1989年。
庄绰《鸡肋篇》，中华书局，1983年。
邹欠白《长沙市指南》，1936年。

二、现代文献：

《川菜文化研究续编》，四川人民出版社，2013年。
《贵州传统食品》，中国食品出版社，1988年。
《老四川的趣闻传说》，旅游教育出版社，2012年。
《四川省志·川菜志（1986–2005）》，方志出版社，2016年。
《孙明经手记：抗战初期西南诸省民生写实》，世界图书出版公司，2008年。
《味道江津》之《江津肉片——家乡的味道》，内部刻印。
《四川菜谱》编写组《四川菜谱》，内部印刷，1977年。
《中国菜谱》编写组《中国菜谱》四川卷，中国财政经济出版社，1981年。
北京市第一服务局《四川菜谱》，内部印刷，1974年。
曾智中、尤德彦《李劼人说成都》，四川文艺出版社，2007年。
曾纵野《中国饮馔史，中国商业出版社，1988年、1996年。
车辐、熊四智等《川菜龙门阵》第一辑，四川大学出版社，2004年。
车辐《川菜杂谈》，重庆出版社，1990年。
陈茂君《自贡盐帮菜》，四川科学技术出版社，2010年。
陈茂君《自贡盐帮菜经典菜谱》，四川科学技术出版社，2012年。
陈明元《文化人的经济生活》，上海文汇出版社，2005年。
陈清华、陈清友《新派川菜》，重庆出版社，1995年。
陈伟明《唐宋饮食文化初探》，中国商业出版社，1993年。
陈勇《中国烹饪简史》，四川烹饪专科学校，内部印刷，时间不明。
成都工学院编《成都烹饪技术资料》，内部刻印，1969年。
成都市东城区饮食服务中心店《四川泡菜》，中国轻工业出版社，1959年。
成都市东城区饮食服务中心店《制肴》，内部刻印，1959年。

成都市龙泉驿区地方志编纂委员会《成都龙泉驿区志》，方志出版社，2013年。

成都市西城区饮食公司《席桌组合》，职工教育办公室技术教研组，内部刻印，1960年。

成都市西城区志编纂委员会《成都市西城区志》，成都出版社，1995年。

成都市饮食公司《川菜新作》，四川人民出版社，1995年。

成都市饮食公司《四川菜谱》一—五册，内部刻印，1961年。

成都市饮食公司革命委员会编《四川菜谱》，内部印刷，1972年。

成都饮食服务中心店整理《满汉全席》，内部出版，1959年。

达县地区《巴山菜谱》，内部印刷，1979年。

达县商业局《达县商业志》，内部出版，1988年。

德阳县商业局《德阳县商业志》，1987年。

邓少琴《巴蜀史迹初探》，四川人民出版社，1983年。

商业部饮食服务业管理局编《中国名菜谱》第七辑，中国轻工业出版社，1960年。

杜莉《川菜文化概论》，四川大学出版社，2003年。

方铁、杜莉《中国饮食文化史》西南卷，中国轻工业出版社，2013年。

冯至诚《市民记忆中的老成都》，四川文艺出版社，1999年。

富顺县商业局《富顺县商业志》，内部印刷，20世纪80年代。

广汉县志编辑部《广汉县志》，四川人民出版社，1992年。

广元县商业志编纂委员会《广元县商业志》，1989年。

广元县饮食服务公司《四川广元地方菜谱》，内部印刷，1973年。

郭声波《四川历史农业地理》，四川人民出版社，1993年。

胡中华《合川非物质文化遗产概览》，重庆出版社，2016年。

贾大泉、陈一石《四川茶业史》，巴蜀书社，1999年。

剑南春史话编写组《剑南春史话》，巴蜀书社，1987年。

江津县地方志编辑委员会《江津县志》，四川科学技术出版社，1995年。

江津县商业局《江津县商业志》，内部出版，1986年。

江油市地方志编纂委员会《江油县志》，四川人民出版社，2000年。

蒋泰荣等《重庆市渝中区商业贸易志》，内部印刷，1998年。

蓝勇《西南历史文化地理》，西南师范大学出版社，1997年。

蓝勇《中国历史地理》，高等教育出版社，2012年第二版。

蓝勇主编《巴蜀江湖菜历史调查报告》，四川文艺出版社，2019年。

郎酒史话编写组《郎酒史话》，巴蜀书社，1987年。

劳动部培训司组织编写《四川菜系实习菜谱》，中国劳动出版社，1990年。

乐山市地方志编纂委员会《乐山市志》，巴蜀书社，2001年。

乐山市市中区地方志办公室《乐山市中区志》，巴蜀书社，2003年。

黎虎《汉唐饮食文化史》，北京师范大学出版社，1998年。

李刚《中国烹饪教学菜式指导》第2册《四川菜》，农业出版社，1993年。

李劼人《李劼人选集》第5集，四川文艺出版社，1986年。

李树人等《川菜纵横谈》，成都时代出版社，2002年。

李伟《味澜世纪——重庆饮食1890-1979》，西南师范大学出版社，2017年。

李新主编《川菜烹饪事典》，重庆出版社，1999年修订。张富儒主编《川菜烹饪事典》，重庆出版社，1985年。

林久华《中国烹饪史概述》，广州市服务中等专科学校，1992年。

林乃燊《中国饮食文化》，上海人民出版社，1989年。

凌受勋《宜宾酒文化史》，中国文联出版社，2012年。

刘大器主编《中国古典食谱》，陕西旅游出版社，1992年。

刘建成等《大众川菜》，四川人民出版社，1979年。

泸州市地方志编纂委员会《泸州市志》（1911-1990），方志出版社，1998年。

泸州市市中区地方志编纂委员会《泸州市市中区志》，四川辞书出版社，1998年。

罗伯茨《东食西渐——西方人眼中的中国饮食文化》，杨东平译，当代中国出版社，2008年。

马素繁《川菜烹调技术》，四川教育出版社，1987年。

绵阳市商业局《绵阳市商业志》，内部出版，1997年。

绵阳市志编纂委员会《绵阳市志》，四川人民出版社，2007年。

内江地区工矿蔬菜饮食服务公司《内江市烹饪技术教材》，内部印刷，1972年。

邱庞同《中国菜肴史》，青岛出版社，2010年。

全兴大曲史话编写组《全兴大曲史话》，巴蜀书社，1987年。

商业部重庆烹饪技术培训站《重庆特级厨师拿手菜》，1990年。

射洪县商业局《射洪县商业志》，内部出版，1988年。

司马青衫《水煮重庆》，西南师范大学出版社，2018年。

四川广安县志编纂委员会《广安县志》，四川人民出版社，1994年。

四川阆中县志编纂委员会《阆中县志》，四川人民出版社，1993年。

四川彭县志编纂委员会《彭县志》，四川人民出版社，1989年。
四川郫县新县志编纂委员会《郫县志》，四川人民出版社，1989年。
四川郫县志编纂委员会《郫县志》，四川人民出版社，1989年。
四川三台县志编纂委员会《三台县志》，四川人民出版社，1992年。
四川省巴中县志编纂委员会《巴中县志》，巴蜀书社，1994年。
四川省德阳县志编委会《德阳县志》，四川人民出版社，1994年。
四川省涪陵市志编纂委员会《涪陵县志》，四川人民出版社，1995年。
四川省灌县志编纂委员会《灌县志》，四川人民出版社，1991年。
四川省合川县地方志编纂委员会《合川县志》，四川人民出版社，1995年。
四川省交通厅地方交通史志编纂委员会《四川内河航运史料汇编》，内部印刷，1984年。
四川省民俗会《川菜文化研究》，四川人民出版社，2001年。
四川省南充市志编纂委员会《南充市志》，四川科学技术出版社，1994年。
四川省南充县志编纂委员会《南充县志》，四川人民出版社，1993年。
四川省内江市东兴区志编纂委员会《内江县志》，巴蜀书社，1994年。
四川省蔬菜饮食服务公司《中国小吃》（四川风味），中国财经出版社，1987年。
四川省西昌市志编纂委员会《西昌市志》，四川人民出版社，1996年。
四川省雅安市志编纂委员会《雅安市志》，四川人民出版社，1996年。
四川省永川县志编修委员会《永川县志》，四川人民出版社，1997年页。
四川省资中县志编纂委会《资中县志》，巴蜀书社，1997年。
四川省自贡市自流井区志编撰委员会《自贡市自流井区志》，巴蜀书社，1993年。
四川省饮食服务技工学校《烹饪专业教学菜》，内部刻印，1980年。
宋良曦《盐都故实》，四川人民出版社，2014年。
遂宁市地方志编纂委员会《遂宁县志》，巴蜀书社，1993年。
孙建三等《遍地盐井的都市》，广西师范大学出版社，2005年。
孙晓芬《清代前期的移民填四川》，四川大学出版社，1997年。
唐鲁孙《中国吃的故事》，百花文艺出版社，2003年。
唐沙波《川味儿》，三联书店，2011年。
陶文台《中国烹饪史略》，江苏科技出版社，1983年。
田中静一《中国食物事典》，柴田书店，1991年。
万县地区厨师学习班食谱编写组《万县食谱》，内部印刷，1977年。
万县志编纂委员会《万县志》，四川辞书出版社，1995年。
王利华《中古华北饮食文化的变迁》，中国社会科学出版社，2000年。

王仁兴《中国饮食谈古》，中国轻工业出版社，1985年。

王圣莹《四川菜》，浙江科学技术出版社，1998年。

王胜武《巴国布衣风味精选》，成都时代出版社，2003年。

王子辉《中国饮食史》，内部刊印，时间不明。

吴晓东等《自贡盐帮菜》，巴蜀书社，2009年。

五粮液史话编写组《五粮液史话》，巴蜀书社，1987年。

武仙竹《微痕考古研究》，科学出版社，2017年。

向东《百年川菜传奇》，江西科技出版社，2013年。

肖崇阳《川菜风雅颁》，作家出版社。2008年。

筱田统《中国食物史》，柴田书店，1974年。

熊四智、杜莉、高海薇《川食奥秘》，四川人民出版社，1993年。

熊四智《川食探秘》，四川人民出版社，1993年。

徐海荣《中国饮食史》，华夏出版社，1999年。

徐旺生《中国养猪史》，农业出版社，2009年。

徐维理《龙骨：一个外国人眼中的老成都》，四川文艺出版社，2004年。

杨辰《可以品味的历史》，陕西师范大学出版社，2012年。

杨硕、屈茂强《四川老字号：名小吃》，成都时代出版社，2010年。

姚伟钧《长江流域的饮食文化》，湖北教育出版社，2004年。

姚伟钧《中国饮食文化探源》，广西师范大学出版社，1989年。

宜宾市志编纂委员会《宜宾市志》，中华书局，2011年。

尹德寿《中国饮食史》，台湾新士林出版社，1977年。

尤金·N.安德森《中国食物》，马缨、刘东译，江苏人民出版社，2003年。

余勇主编、林文郁编著《火锅中的重庆》，重庆出版社，2013年。

俞为洁《中国食料史》，上海古籍出版社，2011年。

袁庭栋《成都街巷志》，四川教育出版社，2010年。

张光直《中国文化中的食品》（Food in Chinese Culture），yale university Press，1977.

赵荣光《中国饮食史论》，黑龙江科技出版社，1990年。

赵永康《人文三泸》，四川大学出版社，2016年。

中山时子《中国饮食文化》，徐建新译，中国社会科学出版社，1992年。

重庆地方志办公室《重庆市志》第2卷，西南师范大学出版社，2004年。

重庆地方志办公室《重庆市志》第9卷，西南师范大学出版社，2005年。

重庆市市中区蔬菜食品中心商店《素食菜谱》，重庆人民出版社，1960年。

重庆市饮食服务公司编《重庆名菜谱》，重庆人民出版社，1960年。
重庆市饮食服务公司编《重庆烹饪技术资料》，内部刻印，1968年。
重庆市渝中区人民政府地方志编纂委员会《重庆市市中区志》，重庆出版社，1997年。
周开庆《四川经济志》，台湾商务印书馆，1973年。
朱伟《考吃》，中国书店，1997年。
自贡市地方志编纂委员会《自贡市志》，方志出版社，1997年。
自贡市贡井区志编纂委员会《自贡市贡井区志》，四川人民出版社，1995年。

三、历史报刊:

《北碚日报》1949年。
《晨报》，1928年
《成都风土词》1937年。
《成都晚报》1943年。
《成都晚报》1944年。
《川中晨报》1947年。
《大常识》，1930年。
《大汉国民报》辛亥年（1911年）。
《风土什志》1945年。
《革新》第17卷，1947年。
《广益丛报》1910年。
《癸亥级刊》1919年。
《国学论衡》，1935年。
《海棠》1947年。
《合川日报》，1939年。
《华阳国志》1947年。
《江津日报》，1942年。
《津浦铁路月刊》，1947年。
《快活林》，1946年。
《良友》，1940年。
《辽东诗坛》，1929年。
《泸县民报》1940年。

《论语》1946年。

《绿茶》1942年。

《南京晚报》（渝版），1938—1946年。

《内江日报》1940年、1945年。

《农业生产》1948年。

《女铎报》1917年。

《千字文》1939年。

《戎州日报》，1946年、1947。

《申报》，1914年、1921年、1924年、1928年、1935年、1936年、1938年、1939年、1942年、1946年、1947年、1949年。

《十日杂志》1936年。

《实业部公报》277期、281期、334期、214—215期。

《顺天时报》，1918、1927年。

《四川月报》1935年。

《天津商报画刊》，1934年。

《天文台》1937年。

《通俗日报》，宣统元年，藏四川大学图书馆。

《万州日报》1929年。

《物调旬刊》1948年。

《西陲日报》，1926年。

《西南日报》，1939年、1940年。

《香港画报》，1938年。

《香港商报》，1941年。

《新都周刊》，1943年。

《新新新闻》，1938年。

《艺海周刊》，1940年。

《音乐与美术》，1942。

《重庆日报》，1948—1949年。

《自修》1941年。

香港《大公报》，1939—1941年。

四、现代报刊论文：

《甜城蜜饯》，《内江文史资料选辑》，1984年第4辑。

《潼川豆豉》，《四川商业志通讯》1985年第1期。

《永川豆豉酿制技艺》，《重庆文理学院学报》2015年4期。

蔡传《颐之时》，《四川烹饪》2011年3期。

曾祥朋《粤香村老四川》，《四川烹饪》，2000年5期。

车辐《成都肺片杂谈》，《四川烹饪》，1999年第3期。

车辐《且说成都姑姑筵》，《四川烹饪》1994年5期。

沉万《乡味难忘》，《四川烹饪》1995年4期。

陈述宇、杨绍鹏《郫县豆瓣今昔》，《成都文史资料选编》工商经济卷，四川人民出版社，2007年。

陈雁莘《陈麻婆豆腐史话》，《四川烹饪》，2003年第10期。

丁国应、贺常一《白市驿板鸭断忆》，《巴县文史资料选辑》第4辑。

杜莉《川菜演变与发展纵横谈》，《四川烹饪》1998年3月。

洪光住《中国饮食文化的地理和历史背景》，《首届中国饮食文化国际研讨会论文集》，中国食品工业协会，1991年。

胡开全《成都东山的传说九斗碗》，《川菜文化研究续编》，四川人民出版社，2013年。

胡锡智《南溪豆腐干》，《南溪文史资料选辑》，1985年，第12辑。

华容道《别有风味的小河帮——自贡菜》，《四川烹饪》2005年12期。

黄裳《开水白菜》，《四川烹饪》2001年1期。

黄藓青《旧时宜宾的著名小食品》，《宜宾文史资料选辑》第7辑。

江玉祥《腊肉考上》、《腊肉考下》，《四川旅游学院学报》2016年2—3期。

蓝勇、秦春燕《历史时期中国豆腐产食的地理空间初探》，《历史地理》第36辑，上海人民出版社，2018年。

蓝勇《中国古代辛辣用料的嬗变、流布与农业社会》，《中国社会经济史研究》2001年1期。

蓝勇《中国饮食辛辣口味的地理分布及环境成因》，《地理研究》2001年2期。

李华飞《烽火渝州话“三店”》，《四川烹饪》1995年4期。

李祥麟《丰都榨菜史料》，《丰都文史资料选取辑》第1辑。

李煜森等《公馆菜》，《四川烹饪》2001年7期。

李豫川《细说天回镇豆腐》，《龙门阵》2007年第12期。

林洪德《老成都食俗画》，《四川烹饪》，1998年11期。

林洪开《话说川西北地区的熬锅肉》，《四川烹饪》1997年11期。

刘朝根、杨运筹《潼川豆豉》，《绵阳市文史资料选辑》第5辑。

刘仁铸《德阳豆鸡》，《德阳文史资料选辑》，1984年，第4辑。

刘万培《天回镇豆腐》，《金牛文史资料选辑》，1984年，第1辑。

刘相萍《川北民间九大碗》，《四川烹饪》2007年第6期。

龙帮本《合川担担面》，《四川文史资料选辑》38辑，四川人民出版社，1988年。

泸州曲酒厂公关部《泸州老窖大曲酒》，《四川文史资料选辑》44辑，四川人民出版社，1995年。

罗俊华《鱼香味并非源于自贡民间》，《四川烹饪》1997年11期。

罗开钰《我的父亲罗国荣二三事》，《四川烹饪》2001年5期。

马骞、王志君《江津米花糖》，《江津文史资料选辑》第2辑。

郫县县志办《郫县豆瓣史话》，《四川烹饪》1997年，10、11、12期。

邛崃市政协文史委《卓女烧春文君酒》，《成都文史资料选编》工商经济卷，四川人民出版社，2007年。

沈涛《四川麻辣火锅起源地辨析》，《中华文化论坛》，2010年，第2期。

沈涛《四川麻辣火锅调味道料的演变》，《中国调味品》，2010年5期。

沈涛《田主席“九大碗介绍》，《中国烹饪研究》，1996年3期。

石之好《一代宗师罗国荣上、下》，《四川烹饪》2014年4、5期。

孙和平《开江特色饮食与乡土文化》，《川菜文化研究续篇编》，四川人民出版社，2013年。

唐长寿《乐山美食四题》，《川菜文化研究续篇编》，四川人民出版社，2013年。

田道华《家乡九斗碗》，《四川烹饪》2006年3期。

汪洪定《洞子口凉粉》，《金牛文史资料选辑》，第3辑。

王大煜《川菜史略》，《四川文史资料选辑》，四川人民出版社，38辑，1988年。

王仁湘《饮食文物庸谈》，《中国文物报》1991年9月1日。

王旭东《一个值得我们回忆的大厨》，《川菜文化研究续篇编》，四川人民出版社，2013年。

王祖远《旧时重庆饮食趣闻》，《四川烹饪》2009年5期。

文伯箴《涪陵地方风味小吃》，《涪陵文史资料选辑》，1989年第1辑。

吴永厦《毛雷永川豆豉的特点与原产地保护的探讨》，《中国酿造》2006年8期。

熊四智《川菜的形成和发展及其特点》，《首届中国饮食文化国际研讨会论文集》，中国食品工业协会，1991年。

徐正木《谈谈“下江菜”中的“海派川菜”》，《四川烹饪》1990年4期。

杨乾九《陈麻婆豆腐》，《四川文史资料选辑》，第38辑，四川人民出版社，1988年

杨荣生《旺苍坝民间传说饮食初探》，《川菜文化研究续编》，四川人民出版社，2013年。

杨汝升等《顾县牛皮豆腐干》，《岳池文史资料选辑》，1987年，第3辑。

叶问中《洛碛榨菜》，《江北县文史资料》第1辑。

余晴《南充冬菜》，《四川文史资料选辑》44辑，四川人民出版社，1995年。

张致强《夫妻肺片的由来》，《四川烹饪》2004年第11期。

赵永康《泸州老窖大曲源流》，《四川大学学报》1994年4期。

钟春华《异国探源鱼香味》，《四川烹饪》1997年7期。

朱多生、张宏琳《试述现代川菜形成的时间》，《四川烹饪高等专科学校学报》，2012年第1期。

卓华清《宜宾芽菜》，《宜宾文史资料选辑》第2辑，1982年。

宗骅《历史名店努力餐》，《四川烹饪》，1987年1期。

五、英文参考文献：

Buwei Yang Chao, *How to cook and eat in Chinese*. New york: The John day company, 1945 .

Mrs. Janes H. Ingram and Mrs. Carl A. Felt, *The Guide Cook Book*. Union Press Peking, 1939 .

Winona, *Madame Chiang's Chinese Cook Book*. Minnessota: Chinese cook book company, 1941 .

【后记】

《中国川菜史》终于要出版了。这是中国第一部菜系史和第一部川菜史，笔者感到自己做了一样应该做的工作，心中还是十分欣喜激动的。

曾经有人问我，作为一名高校历史学教授，为啥不关心那些主体叙事中的重大历史事件、历史制度和历史人物？其实，在走上学术道路的三十多年里，我也不是没有对历史上的兴衰存亡、天下得失、人间苦斗的历史发展给予过关心，做出过研究。比如，我曾对天地生人系统与东亚民族活动舞台、中国经济重心的东移南迁、历史时期中国西部资源的东调、清代慈善救生的公益性和历史上经济开发的结构性贫困等问题做过一些探索，也在研究具体问题中对一些基本的学术理论进行过讨论。但是，作为一位爱恋乡土又热爱生活的男人，出于对家庭的责任，我很早就对烹饪有一定的兴趣。另外，我一直倡导田野考察，近三十年来足迹遍及大江南北，特别是走遍了巴山蜀水，遍尝巴蜀民间美食，早在1997年出版的《西南历史文化地理》中就撰写了饮食地理的篇章，后来又针对历史时期辛辣口味、豆腐产食等问题发表了一些论著，并在十年前开发出古川菜菜品，与朋友一起推出了鼎道捌会馆餐饮。近几年来，出于对家人的关爱和对川菜发展的忧虑，我将更多的时间投入烹饪的实际操作之中，对川菜发展本身又有了新的认知。

巴蜀地区有许多闻名全国的文化标志和符号，如川菜、川酒、川剧、川茶等，这些标志本应有自己的专史，但目前除了一部《四川茶业史》和两部川剧史的专著，其他文化专史都还没有出现，这自然是一种遗憾！所以四五年前，我萌生了撰写一部川菜史的冲动。长期以来，饮食史进不了历史主体叙事中，历朝历代的相关记载相当零散。而中国传统烹饪是一门感性的经验科学，饮食文化研究是文化的历史与科学的历史混杂在一起，难以分开，传说、神话往往成为饮食史中的核心内容。这样，真正要写一部科学意义上的菜系史难度较大。本书参考的文献虽多达六百多部（篇）之多，但许多记载是否能采信，是需要一一鉴别的。

本书资料储备多达三十年以上，而实际执笔撰写是在近两年。难忘成都剑南南城的开笔，难忘成渝之间的日日夜夜和点点滴滴。这段时间，正是我人生道路上第二个风雨不断的岁月。我曾发出“任凭风吹浪打来，等闲云绕岫散去”的感想，虽然这些年风雨雷电与爱恨情仇相交，但一切困难险阻我都能克服，“三千里云和月，四千天日与夜，任凭风吹雨打，涉过急流暗滩，纵使伤痕累累，家国情怀，乡土之恋，团体力量，师生情谊，不变的是学术济世的初心”。

本书在撰写过程中得到许多师长、朋友、学生们的关心与支持，许多出版社也给予了关心，在与奉学勤交流后，最终定下在四川文艺出版社出版。张庆宁总编和编辑奉学勤等为本书的出版工作花费了大量心血，在此表示感谢！

最后要说的是，作为第一部菜系史著作，没有前人的体例可寻，有关菜品的资料也相当缺乏，加上本人学识有限，书中完全可能有不妥和错误之处，希望出版后得到大家指正。

蓝　勇　于西南大学历史地理研究所

2019.2.16